高职高专规划教材

建筑施工技术

蒋孙春　编著
冯锦华　主审

中国建筑工业出版社

图书在版编目(CIP)数据

建筑施工技术/蒋孙春编著. —北京：中国建筑工业出版社，2015. 1
高职高专规划教材
ISBN 978-7-112-17643-4

Ⅰ.①建… Ⅱ.①蒋… Ⅲ.①建筑工程-工程施工-教材 Ⅳ.①TU74

中国版本图书馆 CIP 数据核字（2015）第 002929 号

本教材主要结合我国土建类专业教学基本要求和国家及建筑业行业相关技术标准和验收规范编写。全书共分 10 章：建筑施工测量初步、土方工程、基坑支护及降水工程、地基处理、基础工程、脚手架及垂直运输机械设备、砌体结构工程、混凝土结构工程、防水工程、建筑装饰装修工程等。本书贯彻“结合现场实际、贴近最新相关技术标准”的原则。突出体现在学习完本课程后，在掌握建筑施工理论知识的前提下，能够与现场施工工作做到无缝对接，即学了能用的特点。

本教材适于土建类高职高专院校、应用型本科院校使用，也可作为土建技术人员的参考资料。

责任编辑：张 晶 张 健
责任设计：张 虹
责任校对：李美娜 赵 颖

高职高专规划教材
建筑施工技术
蒋孙春 编著
冯锦华 主审
*
中国建筑工业出版社出版、发行(北京海淀三里河路 9 号)
各地新华书店、建筑书店经销
北京天成排版公司制版
北京建筑工业印刷厂印刷
*
开本：787×1092 毫米 1/16 印张：23¾ 字数：578 千字
2015 年 2 月第一版 2020 年 1 月第五次印刷
定价：**45.00** 元
ISBN 978-7-112-17643-4
(26875)

前　　言

建筑施工技术是建筑工程技术和建筑工程管理等专业的核心专业课程，也是建筑工程造价等专业的主要专业基础课程。建筑施工技术具有实践性强，同时又具有一定的行业性的特点。近十来年，我国的建筑施工技术发展非常迅猛，大量的建筑施工新技术不断地在建筑施工领域涌现并得到广泛运用，特别是在深基坑支护技术、桩基础施工技术、高强高性能混凝土技术、防水技术等领域。目前我国的建筑施工技术水平在很多方面已处于世界前列。

为了适应目前我国建筑施工技术课程教学的需要，本教材在编写过程中融入了目前广泛运用的建筑施工技术，同时剔除了一些已淘汰、不常用以及专业跨度比较大的一些施工技术，如屋面刚性防水层、装配式混凝土结构和轻钢结构。因此本教材具有以下主要特点：

1. 内容选取贴合工程实际、符合社会需求。编者结合自己近二十年的现场施工经验和近十年来的教学经历，从众多的建筑施工技术中遴选出目前施工现场常用的施工技术以及一些目前广泛运用的建筑施工新技术。如目前运用比较广的旋挖桩机成孔工艺以及长螺旋成孔压灌桩、灌注桩后注浆施工等新工艺。并对主要的施工技术详述了其施工流程、施工要点、施工质量的控制要点等。

2. 教材内容融合了目前我国现行最新的施工规范、技术规程、设计规范等技术标准。最近两三年我国原有的技术标准已大量更新，如我国的《混凝土结构设计规范》、《建筑地基基础设计规范》等设计规范，《屋面工程技术规范》、《地下工程防水技术规范》等技术规范；一些新的技术标准也在不断推出，如《混凝土结构工程施工规范》、《砌体结构工程施工规范》等，具体可见教材后的参考文献目录。

3. 教材附随了大量的具体工程施工照片。建筑施工技术是一门实践性比较强的课程，依编者多年的教学经验，由于学生没有到过施工现场，学习过程中对建筑施工技术的许多内容难以理解。教材内的大量工程施工实物照片可以为学习人员提供一个直观的感受，帮助理解教材内容。

4. 教材内容增加了一些重要的结构构件的构造要求。如基坑支护结构中土钉、锚杆、排桩等构造要求；扩展基础、筏板基础和桩基础的构造要求；扣件式钢管脚手架和模板支撑系统的构造要求等。这样有助于建筑施工人员在掌握建筑施工技术的同时，也了解我国现行设计规范对结构构件的构造要求。

本教材编写过程中参考了大量文献资料，在此表示特别感谢。教材内注有“某工程”字样的少量照片来自于网络和其他渠道，其余照片均是编者在工程实践中拍摄的资料照片。

本教材正式出版前作为广西建设职业技术学院校本教材已使用两个学年，取得了良好的教学效果。

本教材全稿由具有房屋建筑工程施工总承包特级资质的广西建工集团第五建筑工程有

限责任公司总工程师冯锦华教授级高级工程师审核。

本教材可以提供配套的教学课件。

本书可作为高职高专教育土建类专业的教材、也可作为土建工程技术人员的自学参考用书。

由于编者水平有限，对教材内容及编写方面的不足之处，恳请读者不吝赐教。来信请寄 jsc4151@163. com。

目　　录

第 1 章　建筑施工测量初步

建筑施工测量的基本任务是将图纸上设计的建筑物、构筑物的平面位置和高程测设到实地上，又称建筑施工放样。

在施工测量中，和测绘一样，必须遵循“从整体到局部”的原则和工作程序。首先建立施工控制网，再进行具体的施工测量工作。施工控制网分平面控制网和高程控制网。

1. 建筑施工控制轴线的测定

首先根据建设单位提供的现场测量基准点或基准线，将建筑施工总平面图上的定位坐标测设到拟建场地上，这些坐标一般标在建筑四个大角的纵横轴线交叉位置以及建筑物的转折位置。所以将这些坐标测设定位后作为测设其他轴线的基准，即作为控制轴线。

(1) 建筑施工测量的基本原理

测量基准点或基准线由建设单位提供给施工单位，主轴线点的测设一般在附近的控制点上使用极坐标法进行。如图 1-1 所示，假设图中 1、2 点为测量基准点，M、O、N 点为拟建建筑物的一条主轴线上的点，以 1 点为基准点，可以根据点 1、2、M、O、N 的坐标测算出 1 点到 N 点的距离以及线 $1N$ 与线 12 的夹角，同理也可以测得 $1O$ 的距离及与 12 夹角、$1M$ 的距离及与 12 的夹角。这样可以利用经纬仪和卷尺测出点 M、O、N 的位置，在这三点位置处设置木桩，用铁钉确定三点的具体位置，并在木桩周围用混凝土桩固定。

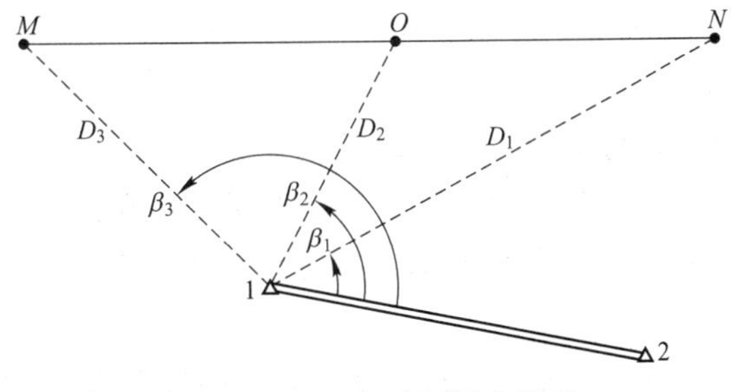

图 1-1　极坐标法测设主轴线

完成 M、O、N 点的测设后，就可以在 N 点安置经纬仪，瞄准 M 点，分别向左、向右转 90°，测设出与轴线 MN 相互垂直的其他主轴线，在这些主轴线的控制点位置处设置木桩，用铁钉确定其具体位置，并在木桩周围用混凝土桩固定。再利用测出的控制轴线将其他的轴线测出，利用轴线将设计图纸上的各种构件测设出来。

(2) 其他轴线的测设

控制轴线测设出来后，再按照底层建筑施工图其他纵横轴线与控制轴线的距离，采用经纬仪或全站仪，结合钢卷尺将这些轴线测设出来。对于一个比较规则的建筑物而言，其控制轴线一般取四条，纵、横向各两条，以其中两条纵横轴线作为测设其他轴线的定位轴线，另两条纵横轴线作为复核放线成果是否准确的轴线。

(3) 施工控制桩和龙门板的测设

各纵、横轴线测设出来后，为了后续施工恢复轴线的需要，同时也为了避免由于基槽开挖破坏轴线桩，因此，基槽开挖前，应将轴线引测到基槽边线以外的位置。引测轴线的方法有设置施工控制桩和龙门板两种。

1) 测设施工控制桩

施工控制桩一般设置在基槽边线外不易被破坏的地方，如图 1-2 所示。如是多层建筑，为了便于向上引点，应设置在较远的地方。如果可能，最好将轴线引测到固定建筑物上。为了保证控制桩的精度，控制桩应与中心桩一起测设。最后，在轴线桩之间拉线，用白灰在地面上撒出基槽开挖边线。

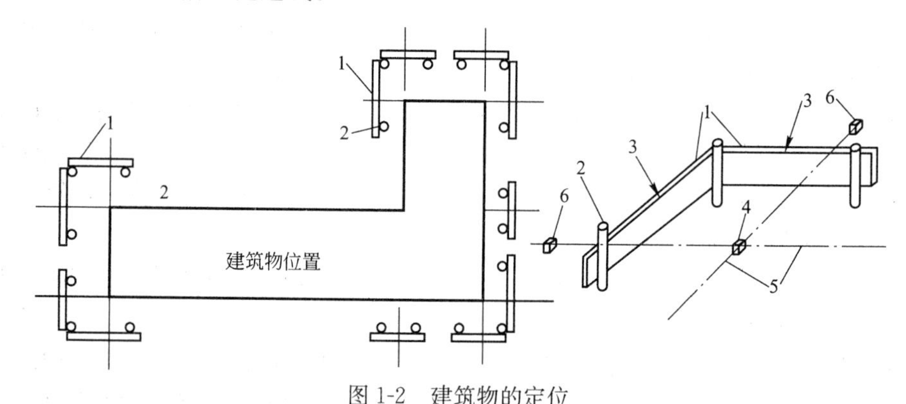

图 1-2　建筑物的定位

1—龙门板；2—龙门桩；3—轴线钉；4—纵横控制轴线交点；5—轴线；6—引至远处的控制桩

2) 测设龙门板

对一般民用建筑，为了施工方便，可在基槽边线外一定距离钉设龙门板(图 1-2)。钉设龙门板的步骤和要求如下：

① 在建筑物四角和隔墙两端基槽开挖边线以外的 1～1.5m 处(具体根据土质情况和挖槽深度确定)钉设龙门桩，龙门桩要钉得竖直、牢固，其侧面应平行于基槽。

② 根据建筑场地的水准点，用水准测量的方法在龙门桩上测设出建筑物的±0.000 高程线，其误差应不超过±5mm。

③ 将龙门板钉在龙门桩上，使龙门板顶面对齐龙门桩上的±0.000 高程线。

④ 用钢尺沿龙门板顶面检查轴线钉的间距，应符合要求。以龙门板上的轴线钉为准，将墙宽线划在龙门板上(图 1-3)。

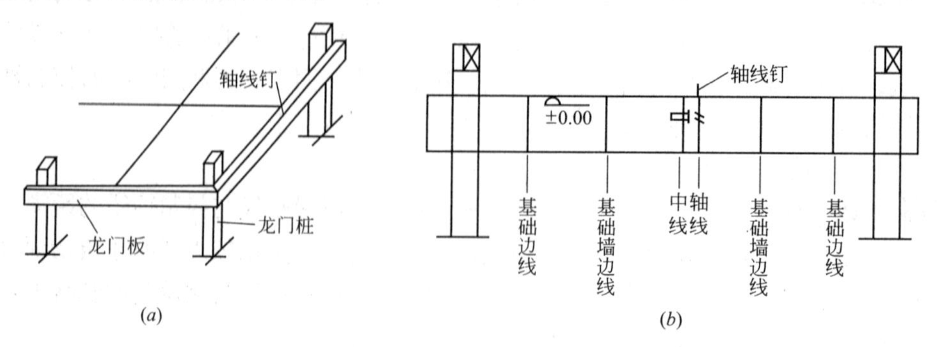

图 1-3　龙门板上的标识

2. 基础定位轴线及高程引测

在一般民用建筑物施工中，由于其基础多为条形基础或扩大基础，所以当完成建筑物轴线的定位和放线后，便可按照基础平面图上的设计尺寸，利用龙门板上所标示的基槽宽度，在地面上撒出白灰线，由施工人员进行破土开挖。为了控制好基础施工的质量，通常按如下步骤实施基础测量工作。

(1) 基槽与基坑抄平

基槽开挖到接近基底设计标高时，为了控制基槽的开挖深度，可用水准仪根据地面(或龙门板)上±0.000标志点在基槽壁上测设一些比槽底设计高程高0.3～0.5m的水平小木桩，见图1-4，作为控制挖槽深度、修平槽底和浇筑基础混凝土垫层的依据。为施工时使用方便，一般在各槽壁拐角处、深度变化处和基槽侧壁上每间隔3～4m均应设水平桩。

水平桩测设的高程允许误差一般为±10mm。槽底清理好后，依据水平桩可在槽底测设顶面恰为垫层标高的木桩，用于控制垫层的标高。

为砌筑建筑物基础，所挖基槽呈深基坑状的叫基坑。若基坑过深，用一般方法不能直接测定坑底位置时，可用悬挂的钢尺代替水准尺，将地面高程控制点的高程传递到基坑内，以进行基坑抄平。

(2) 基础垫层上墙体中线(建筑物轴线)的测设

基础混凝土垫层浇筑完成后，根据龙门板上的轴线钉或轴线控制桩，用经纬仪或用拉通线挂垂球的方法，把轴线投测到垫层上，见图1-5，并用墨线弹出基础轴线和基础边线(俗称撂底)，以作为砌筑基础的依据。由于整个墙身砌筑以此线为准，这是确定建筑物位置的关键环节，所以必须经过严格校核后方可进行基础的砌筑施工。

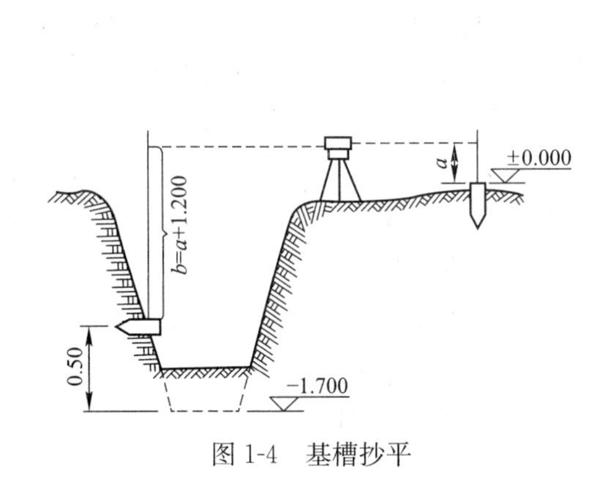

图1-4 基槽抄平

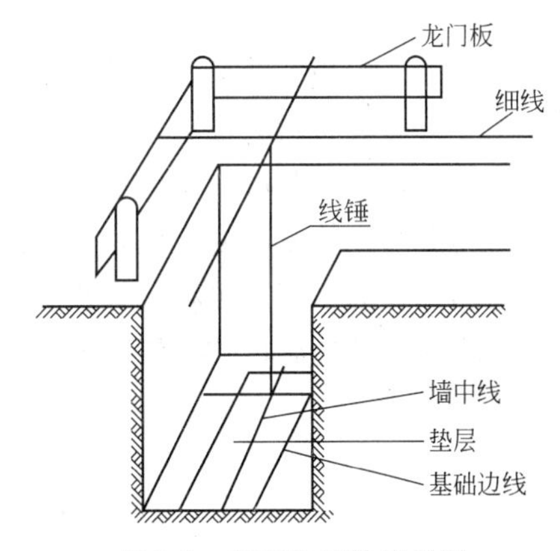

图1-5 基础垫层轴线投测

(3) 基础标高的控制

建筑物基础墙(±0.000以下的墙体部分)的高度是利用基础皮数杆来控制的，见图1-6。事先在杆上按照设计尺寸，将砖、灰缝厚度画出线条，并标明±0.000和防潮层等的位置。立皮数杆时，先在立杆处打木桩，并在木桩侧面定出一条高于垫层标高某一数值的水平线，然后将皮数杆高度与其相同的水平线与木桩上的水平线对齐，例：如图1-6，假设木桩侧的水平线标高为−0.8m，其到±0.000处有13皮砖的高度，则立皮数杆时，应将所有的皮数杆标有13的皮数位置水平线与木桩侧面的水平线对齐。并将皮数杆与木桩钉在一起，作为基础墙的标高依据。

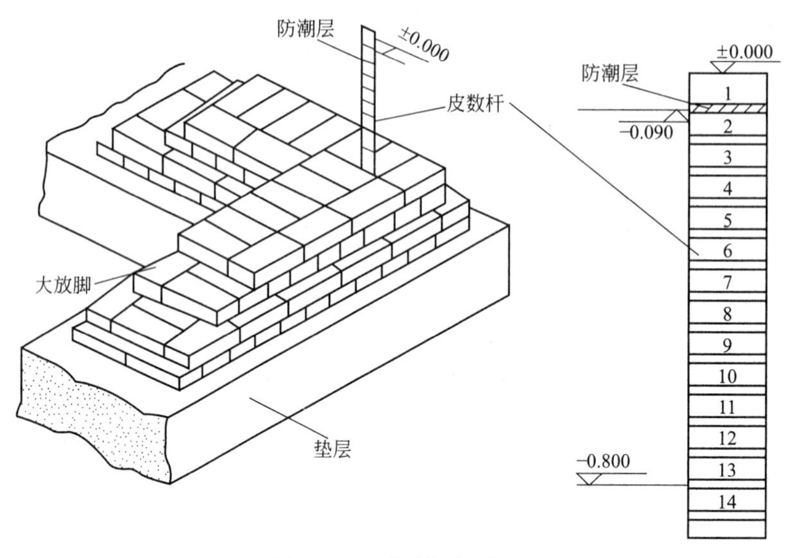

图 1-6 基础墙标高测设

基础施工完成后，应检查基础面的标高是否符合设计要求(也可检查防潮层)。一般用水准仪测出基础面上若干点的高程与设计高程相比较，允许误差为±10mm。

3. 建筑物墙体轴线及标高施工测量

民用建筑物墙体施工中的测设工作，主要是墙体的定位和墙体各部位的标高控制。

(1) 墙体定位

在基础工程施工结束后，应对龙门板(或轴线控制桩)进行检查复核，以防基础施工时，由于土方及材料的堆放与搬运产生碰动移位。检查无误后，便可利用龙门板或引桩将建筑物轴线测设到基础或防潮层等部位的侧面，并用红三角标示，见图 1-7，这样就确定了建筑物上部砌体或混凝土墙柱的轴线位置，施工人员可照此进行墙体的施工，也可作为向上投测轴线的依据。再将轴线投测到基础顶面上，并据此轴线弹出纵、横墙边线，同时定出门、窗和其他洞口的位置，并将这些线弹设到基础的侧面。

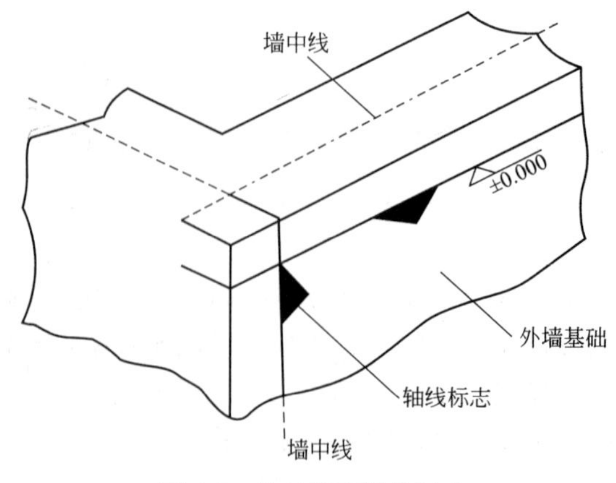

图 1-7 基础侧面轴线标志

(2) 墙体皮数杆的设置

在墙体砌筑施工中，墙身上各部位的标高通常是用皮数杆来控制和传递的。皮数杆是根据建筑物剖面图画有每皮砖和灰缝的厚度，并标有墙体上窗台、门窗洞口、梁、雨篷、圈梁、楼板等构件高度位置的专用杆，见图 1-8(*a*)。在墙体施工中，使用皮数杆可以控制墙身各部件的准确高度位置，并保证每皮砖和灰缝厚度均匀，且处于同一水平面上。

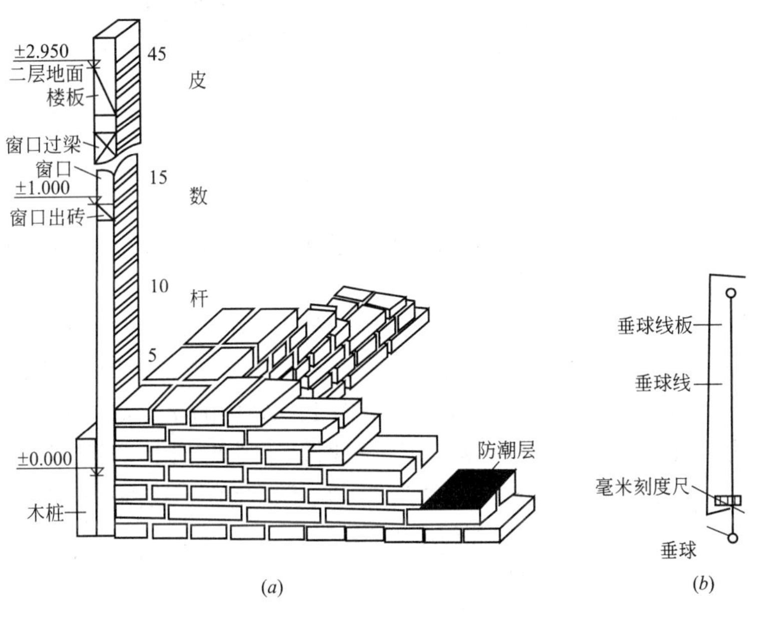

图 1-8　墙体各部件标高的控制

(*a*)皮数杆的设置；(*b*)托线板

皮数杆一般都立在建筑物拐角处和隔墙处，立墙体皮数杆时，应先在地面上打一木桩，用水准仪测出±0.000 标高位置，并画一水平线作为标记，然后把皮数杆上±0.000 线与木桩上的该水平线对齐，钉牢。钉好后，应用水准仪对其进行检测，并用垂球来校正其竖直，见图 1－8(*b*)。

为了施工方便，采用里脚手架砌砖时，皮数杆应立在墙外侧，若采用外脚手架时，皮数杆应立在墙内侧。若是砌筑框架或钢筋混凝土柱子之间的间隔墙时，每层皮数杆可直接画在构件上，而不必另外立皮数杆。

4. 高层建筑的轴线投测和高程传递

高层建筑物施工测量中的主要问题是控制竖向偏差，也就是各层轴线如何精确地向上引测的问题。

(1) 高层建筑物的轴线投测

《混凝土结构工程施工质量验收规范》中要求：竖向标高误差在本层内不得超过±10mm，全高的累积误差不得超过±30mm。高层建筑的轴线投测方法主要有经纬仪引桩投测法和激光垂球仪投测法两种。

1) 经纬仪引桩投测法

如图 1-9(*a*)所示，某高层建筑的两条中心轴线分别为③和 *C*，在测设施工控制桩时，应将这两条中心轴线的控制桩 3、3′、C、C'设置在距离建筑物尽可能远的地方，以减小投测时的仰角 a，如图 1-9(b)所示，提高投测精度。

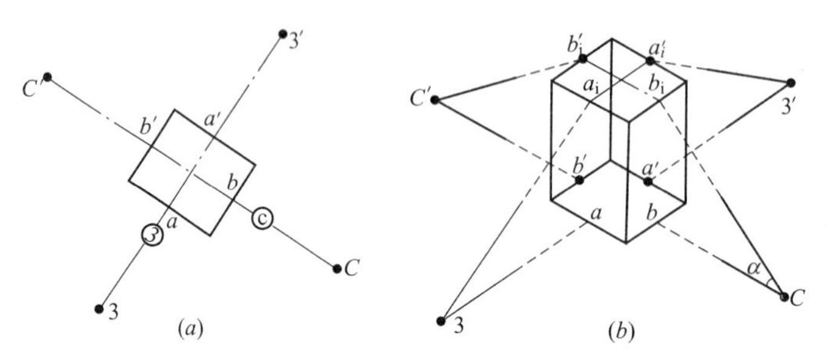

图 1-9　经纬仪投测控制桩

基础完成后，用经纬仪将③和 C 轴精确地投测到建筑物的底部并标定，如图 1-9(b)中的 a、a'、b、b'点。

随着建筑物的不断升高，应逐层将轴线向上传递。方法是将经纬仪分别安置在控制桩 3、3′、C、C'点上，分别瞄准建筑物底部的 a、a'、b、b'点，采用正倒镜分中法，将轴线③和 C 向上投测到每层的楼板上并标定。如图 1-9(b)中的 a_i、a'_i、b_i、b'_i点为第 i 层的 4 个投测点，再以这 4 个轴线控制点为基准，根据设计图纸放出该层的其余轴线。

随着建筑物的增高，经纬仪望远镜的仰角。也不断增大，投测精度将随 α 角的增大而降低。如图 1-10 所示，为了保证投测精度，应将轴线控制桩 3、3′、C、C'引测到更远的安全地点，或者附近建筑物的屋顶上。其操作方法是，将经纬仪分别安置在某层的投测点 a_i、a'_i、b_i、b'_i上，分别瞄准地面上的控制桩 3、3′、C、C'，对于控制桩 C、C'，以正倒镜分中法将轴线引测到远处的 C_1'点，将 C 点引测到附近大楼屋顶上的 C_1点。同理可以将控制桩 3、3′引测到远处。以后，从 $i+1$ 层开始，就可以将经纬仪安置在新引测的控制桩上进行投测。

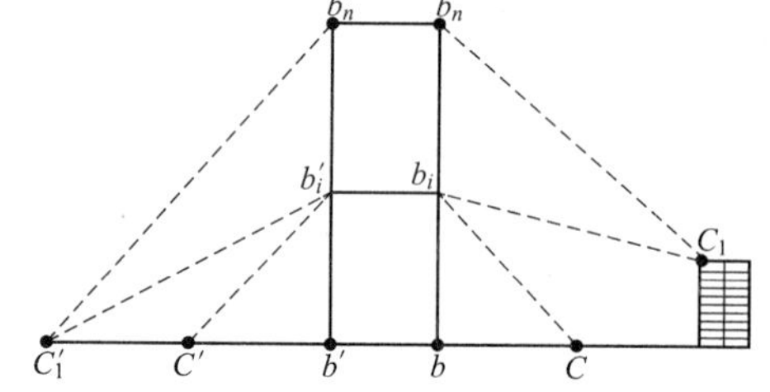

图 1-10　将轴线引测到远处或附近建筑物上

用于引桩投测的经纬仪必须经过严格的检验和校正后才能使用，尤其是照准部管水准器应严格垂直于竖轴，作业过程中，要确保照准部水准气泡居中。

2）激光垂准仪投测法

使用激光垂准仪(图 1-11)投测轴线点时，如图 1-12 所示，先根据建筑的轴线分布和结构情况设计好投测点位，投测点位距离最近轴线一般为 0.5～1.0m。基础施工完成后，将设计投测点位准确地测设到地坪层上，以后第 i 层楼板施工时，都应在投测点位处预留 30cm×30cm 的垂准孔，如图 1-13 所示。图 1-14 是预留垂准孔的工程实例照片。

将激光垂准仪安置在首层投测点位上，在投测楼层的垂准孔上，就可以看见一束可见激光；用压铁拉两根细线，使其交点与激光束重合，在垂准孔旁的楼板面上弹出墨线标记。以后要使用投测点时，仍然用压铁拉两根细线恢复其中心位置。也可以使用专用的激光接收靶，移动接收靶，使靶心与激光光斑重合，拉线将投测上来的点位标记在垂准孔旁的楼板面上，见图 1-14 楼板上的纵横控制线。

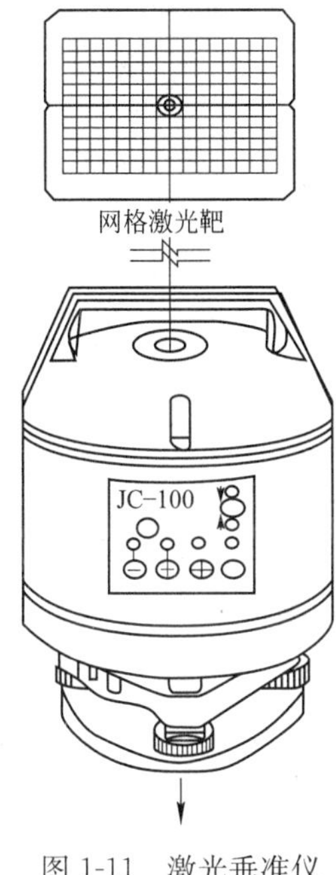

图 1-11　激光垂准仪

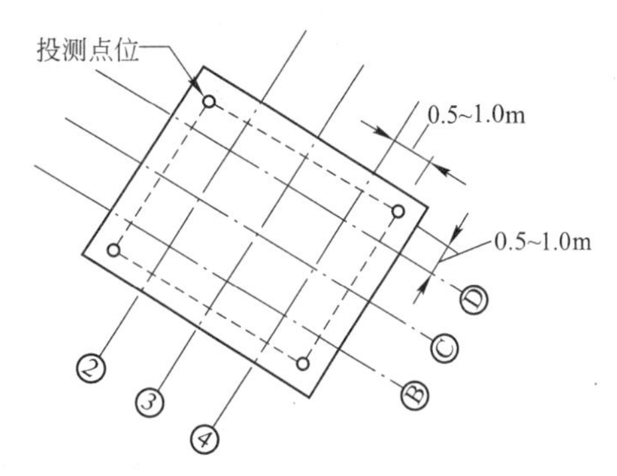

图 1-12　投测点位设计

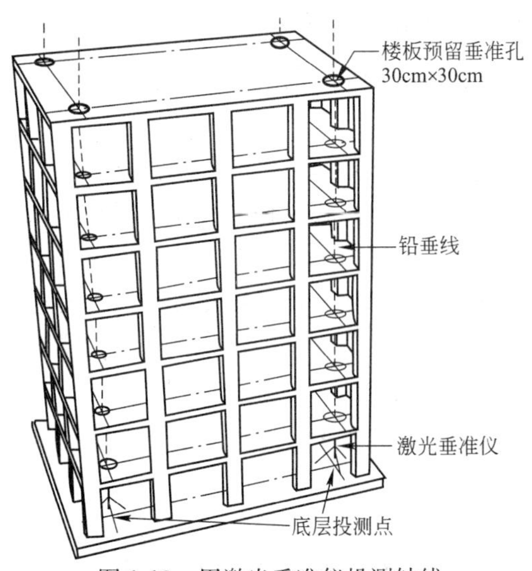

图 1-13　用激光垂准仪投测轴线

图 1-14　放线孔

根据设计投测点与建筑物轴线的关系（图 1-12），就可以测设出投测楼层的建筑轴线。

（2）高层建筑物的高程传递

如图 1-15 所示，首层墙体砌筑到 1.5m 高程后，用水准仪在内墙面上测设一条“+0.5m”的高程线，作为首层地面施工及室内装修的高程依据。以后每砌一层，就通过吊钢尺从下层的“+0.5m”高程线处，向上量出设计层高，测出上一楼层的“+0.5m”高程线。以第 2 层为例，图中各读数间存在方程$(a_2-b_2)-(a_1-b_1)=l_1$，由此可解出：

$$b_2=a_2-l_1-(a_1-b_1)$$

式中　a_2——第 2 层楼面水准仪测出在钢卷尺上的读数；

b_2——第 2 层楼面水准仪测出在标尺上的读数；

l_1——第 1 层的层高。

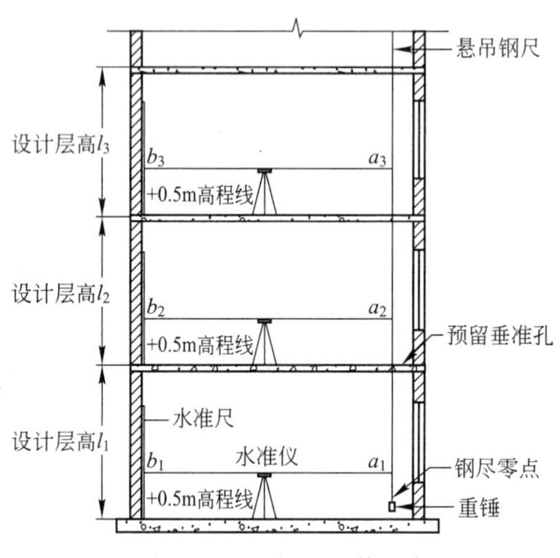

图 1-15　悬吊钢尺法传递高程

在进行第二层的水准测量时，上下移动水准尺，使其读数为 b_2，沿水准尺底部在墙上画线，即可得到该层的“＋0.5m”高程线。同理可得到其余各层的“＋0.5m”高程线。

【例 1-1】 某高层建筑每层层高为 3m，施工至三层楼面时，采用钢卷尺和水准仪往三楼引测高程，将钢卷尺从三楼的放线孔悬吊至底层，假设在底层的水准仪测得钢卷尺的读数为 533mm，测得立在底层＋0.5m 位置上的标尺读数为 1033；在三层的水准仪读到的钢卷尺读数为 6400mm，那么当立在三层的标尺读数 b_3 为多少时，标尺底部位置的标高就是三层的“＋0.5m”高程线？

【解】

$$\begin{aligned}b_3&=a_3-(l_1+l_2)-(a_1-b_1)\\&=6400-3000\times2-(533-1033)\\&=900\text{mm}\end{aligned}$$

【答】 当立在三层的标尺读数 b_3 为 900mm 时，满足题意。

如果现场没有水平仪，也可以采用一根细长胶管和钢卷尺完成标高的向上传递，具体做法是将细长胶管内灌水至每端 1m 位置，一人将胶管的一端至于底层的“＋0.5m”高程线位置，另一人将胶管另一端至于钢卷尺的下垂端，当置于“＋0.5m”高程线处的胶管液面与“＋0.5m”高程线齐平时读出钢卷尺上的读数(假如读数为 300mm)。将该读数加上楼层数总层高得到一个读数，该读数位置就是该楼层“＋0.5m”高程线的位置(假设楼层层高每层 3m，三层楼面“＋0.5m”高程线的位置在钢卷尺上的读数为 3000×2＋300＝6300mm)。

对于超高层建筑，钢卷尺不够长，吊钢尺有困难时，可以在投测点或电梯井安置全站仪，通过对天顶方向测距的方法引测高程，如图 1-16 所示。

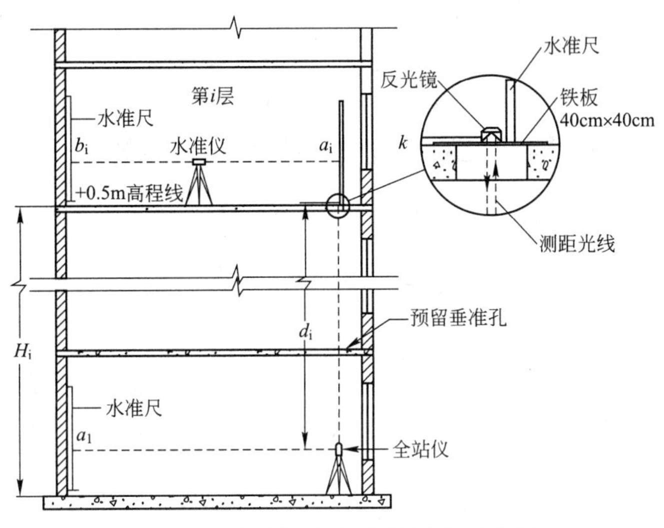

图 1-16　全站仪对天顶测距法传递高程

由图中可知，在第 i 层测设“+0.5m”高程线时，水准尺读数 b_i：

$$b_i = a_1 + d_i - k + (a_i - H_i) \tag{1-1}$$

式中　k——棱镜常数，可通过实验的方法测定；

H_i——第 i 层楼面的设计高程(以建筑物的±0.000 起算)。

上下移动水准尺，使其读数为 b_i，沿水准尺底部在墙面上划线，即可得到第 i 层的“+0.5m”高程线。

第2章　土　方　工　程

2.1　概　　述

土方工程是建筑工程基础施工阶段的主要工作之一。土方工程包括土(或石)的开挖、运输、填筑、平整和压实等主要施工过程。土方开挖前或开挖过程中还常涉及排水、降水和基坑支护的施工工作。

土方工程的工程量大，施工往往需要赶工，劳动强度大。由于目前城市土地资源稀缺，建筑在往高层发展的同时也在向地下发展，充分利用地下空间，因此建筑物的基坑越来越深，这就意味着在土方开挖时要解决好基坑支护的工作。

土方工程施工条件复杂，又多为露天作业，受地区气候条件、地质和水文条件等各种因素影响很大，开挖时存在较大和较多的不确定因素。因此在组织土方工程施工前，必须做好施工组织设计，合理选择施工方法和机械设备，施工过程中做好信息化施工。

2.1.1　土的工程分类与现场鉴别方法

土的分类方法较多，如根据土的颗粒级配或塑性指数分类，根据土的沉积年代分类和根据土的工程特点分类等。在土方工程施工中，为了土方计价的方便，根据土开挖的难易程度(坚硬程度)，将土分为松软土、普通土、坚土、砂砾坚土、软石、次坚石、坚石、特坚石共八类土。前四类属一般土，后四类属岩石，其分类和现场鉴别方法见表2-1。

土的工程分类与现场鉴别方法　　表2-1

土的分类	土的名称	坚实系数 f	密度(t/m^3)	开挖方法及工具
一类土(松软土)	砂土、粉土、冲积砂土层、疏松的种植土、淤泥(泥炭)	0.5～0.6	0.6～1.5	用锹、锄头挖掘，少许用脚蹬
二类土(普通土)	粉质黏土；潮湿的黄土；夹有碎石、卵石的砂；粉土混卵(碎)石；种植土、填土	0.6～0.8	1.1～1.6	用锹、锄头挖掘，少许用镐翻松
三类土(坚土)	软及中等密实黏土；重粉质黏土、砾石土；干黄土、含有碎石卵石的黄土、粉质黏土；压实的填土	0.8～1.0	1.75～1.9	主要用镐，少许用锹、锄头挖掘，部分用撬棍
四类土(砂砾坚土)	坚硬密实的粘性土或黄土；含碎石、卵石的中等密实的粘性土或黄土；粗卵石；天然级配砂石；软泥灰岩	1.0～1.5	1.9	整个先用镐、撬棍，后用锹挖掘，部分用楔子及大锤
五类土(软石)	硬质黏土；中密的页岩、泥灰岩、自主土；胶结不紧的砾岩；软石灰及贝壳石灰石	1.5～4.0	1.1～2.7	用镐或撬棍、大锤挖掘，部分使用爆破方法

续表

土的分类	土的名称	坚实系数 f	密度(t/m³)	开挖方法及工具
六类土 (次坚石)	泥岩、砂岩、砾岩；坚实的页岩、泥灰岩，密实的石灰岩；风化花岗岩、片麻岩及正长岩	4.0～10.0	2.2～2.9	用爆破方法开挖，部分用风镐
七类土 (坚石)	大理石；辉绿岩；玢岩；粗、中粒花岗岩；坚实的白云岩、砂岩、砾岩、片麻岩、石灰岩；微风化安山岩；玄武岩	10.0～18.0	2.5～3.1	用爆破方法开挖
八类土 (特坚石)	安山岩；玄武岩；花岗片麻岩；坚实的细粒花岗岩、闪长岩、石英岩、辉长岩、辉绿岩、玢岩、角闪岩	18.0～25.0 以上	2.7～3.3	用爆破方法开挖

注：坚实系数 f 为相当于普氏岩石强度系数。

2.1.2 土的物理性质

土一般由土颗粒(固相)、水(液相)和空气(气相)三部分组成，这三部分之间的比例关系随着周围条件的变化而变化。三者相互间比例不同，反映出土的物理状态不同，如干燥、稍湿或很湿，密实、稍密或松散。这些指标是最基本的物理性质指标，对评价土的工程性质、进行土的工程分类具有重要意义。

土的三相物质是混合分布的，为阐述方便，一般用三相图表示(见图 2-1)，三相图中把土的固体颗粒、水、空气各自划分开来。

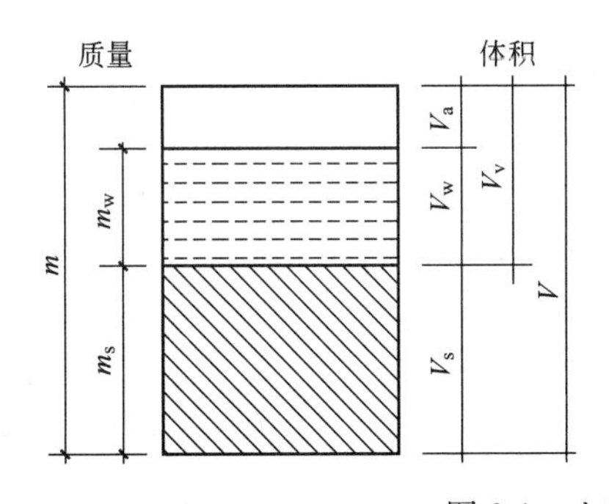

图中符号:
m—土的总质量(m=m_s+m_w)(kg);
m_s—土中固体颗粒的质量(kg);
m_w—土中水的质量(kg);
V—土的总体积(V=V_a+V_w+V_s)(m³);
V_a—土中空气体积(m³);
V_s—土中固体颗粒体积(m³);
V_w—土中水所占的体积(m³)

图 2-1 土的三相示意图

1. 土的天然密度和干密度

土在天然状态下单位体积的质量，叫土的天然密度(简称密度)，通常用环刀法测定。一般黏土的密度约为 1800～2000kg/m³，砂土约为 1600～2000kg/m³。土的密度按下式计算：

$$\rho=\frac{m}{V} \tag{2-1}$$

式中 m——土的总质量 (kg)；
V——土的体积 (m³)。

干密度是土的固体颗粒重量与总体积的比值，用下式表示：

$$\rho_d=\frac{m_s}{V} \tag{2-2}$$

式中　m_s——土中固体颗粒的质量（kg）。

干密度的大小反映了土颗粒排列的紧密程度。干密度越大，土体就越密实。填土施工中的质量控制通常以干密度作为指标。干密度常用环刀法和烘干法测定。

2. 土的天然含水量

在天然状态下，土中水的质量与固体颗粒质量之比的百分率叫土的天然含水量，反映了土的干湿程度，用 ω 表示，即：

$$\omega=\frac{m_W}{m_s}\times 100\% \tag{2-3}$$

式中　m_W——土中水的质量（kg）；

m_s——土中固体颗粒的质量（kg）。

通常情况下，$\omega\leqslant 5\%$的为干土；$5\%<\omega\leqslant 30\%$的为潮湿土；$\omega>30\%$的为湿土。

3. 土的可松性与可松性系数

天然土经开挖后，其开挖后的体积及土方回填夯实时其体积均会出现变化，这种变化的程度可以采用土的最初可松性和最终可松性系数来表示。在土方运输过程中配置运输车辆时要充分考虑土的最初可松性。土方回填时主要考虑土的最终可松性系数。土的可松性系数表示如下 ：

$$\text{最初可松性系数 } K_s=\frac{V_2}{V_1} \tag{2-4}$$

$$\text{最终可松性系数 } K'_s=\frac{V_3}{V_1} \tag{2-5}$$

式中　K_s、K'_s——土的最初、最后可松性系数；

V_1——土在天然状态下的体积(m^3)；

V_2——土挖后的松散状态下的体积(m^3) ；

V_3——土经压(夯)实后的体积(m^3) 。

4. 土的压缩性

土的压缩性是指土在压力作用下体积变小的性质。取土回填或移挖作填，松土经运输、填压以后均会压缩，一般土的压缩率见表 2-2。

土的压缩率 *P* 的参考值　　　　**表 2-2**

土的类别	土的名称	土的压缩率(%)	每 m^3 松散土压实后的体积/m	土的类别	土的名称	土的压缩率(%)	每 m^3 松散土压实后的体积/m
一～二类土	种植土	20	0.80	三类土	天然湿度黄土	12～17	0.85
	一般土	10	0.90		一般土	5	0.95
	砂土	5	0.95		干燥坚实黄土	5～7	0.94

5. 土的孔隙比和孔隙率

孔隙比和孔隙率反映了土的密实程度，孔隙比和孔隙率越小，土越密实。

孔隙比 e 是土的孔隙体积 V_V 与固体体积 V_s 的比值，用下式表示：

$$e=\frac{V_V}{V_s} \tag{2-6}$$

孔隙率 n 是土的孔隙体积 V_V 与总体积 V 的比值，用百分率表示：

$$n=\frac{V_V}{V}\times 100\% \tag{2-7}$$

对于同一类土，孔隙比 e 越大，孔隙体积 V_V 就越大，从而使土的压缩性和透水性都增大，土的强度降低。故工程上也常用孔隙比来判断土的密实程度和工程性质。

6. 土的渗透系数

土的渗透性是指土体被水透过的性质，通常用渗透性系数 K 表示。渗透性系数 K 表示单位时间内水穿透土层的能力，以 m/d 表示。根据土的渗透系数不同，可分为透水性土(如砂土)和不透水性土(如黏土)。土的渗透性影响施工降水与排水的速度，一般土的渗透系数见表 2-3。

土的渗透系数参考表 **表 2-3**

土的名称	渗透系数 K(m/d)	土的名称	渗透系数 K(m/d)
黏土	<0.005	含黏土的中砂	3～15
粉质黏土	0.005～0.1	粗砂	20～50
粉土	0.1～0.5	均质粗砂	60～75
黄土	0.25～0.5	圆砾石	50～100
粉砂	0.5～1	卵石	100～500
细砂	1～5	漂石(无砂质充填)	500～1000
中砂	5～20	稍有裂缝的岩石	20～60
均质中砂	35～50	裂缝多的岩石	>60

2.2 土方工程量的计算与调配

2.2.1 土方工程的种类与特点

1. 土方工程的种类

常见土方工程的种类有平整场地、挖基坑、挖基槽、挖土方、回填土等。

(1) 平整场地：指建筑场地厚度在±300mm 以内的挖、填、运和找平工作。

(2) 挖基槽：指开挖图示沟槽底宽在 3m 以内，且沟槽长度大于槽宽 3 倍以上时室外地坪以下的土方。

(3) 挖基坑：指挖图示基坑底面积在 20m^{2}以内，且长度小于或等于宽度 3 倍时设计室外地坪以下的挖土。

(4) 挖土方：指开挖图示沟槽底宽在 3m 以上，坑底面积在 20m^{2}以上，平整场地厚度在±300mm 以上，均为挖土方。

(5) 回填土：分夯填和松填。基础回填土和室内回填土通常都采用夯填。

2. 土方工程的特点

在土方工程施工之前，必须计算土方的工程量。但各种土方工程的外形有时很复杂，而且不规则(图 2-2)。一般情况下，将其划分成为一定的几何形状，采用具有一定精度而又和实际情况近似的方法进行计算。

图 2-2　土方开挖

2.2.2　基坑、基槽土方量计算

1. 边坡坡度

土方边坡用边坡坡度和边坡系数表示。

边坡坡度是以土方挖土深度 h 与边坡底宽 b 之比表示(图 2-3)。即：

$$土方边坡坡度=\frac{h}{b}=1:m \tag{2-8}$$

边坡系数是以土方边坡底宽 b 与挖土深度 h 之比表示，用 m 表示。即：

$$土方边坡系数\ m=\frac{b}{h} \tag{2-9}$$

土方边坡坡度与土方边坡系数互为倒数。

工程中常以 $1:m$ 表示放坡。

2. 基槽土方量计算

基槽开挖时，两边留有一定的工作面，分放坡开挖和不放坡开挖两种情形，如图 2-4 所示。当基坑需要放坡时，按施工组织设计规定计算；如果没有规定，可按表 2-4 放坡系数计算。

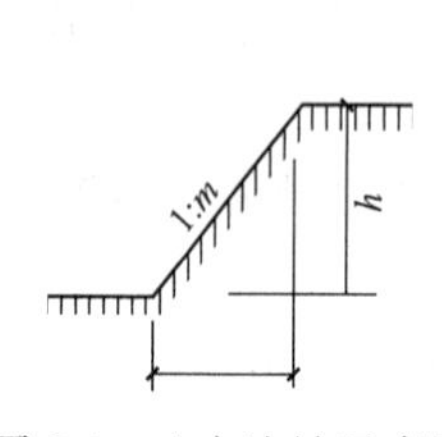

图 2-3　土方边坡示意图

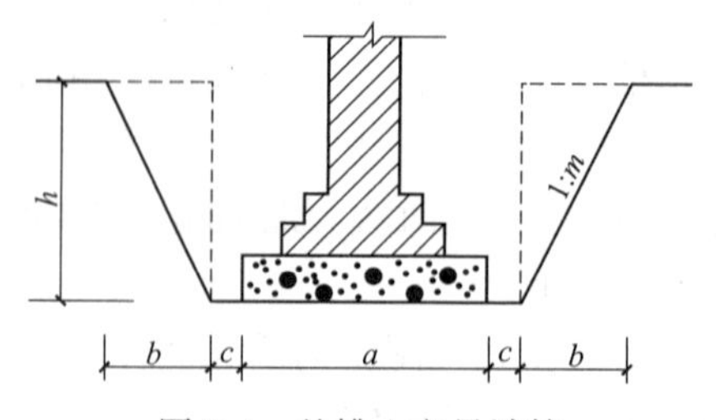

图 2-4　基槽土方量计算

放 坡 系 数 表 **表 2-4**

土的类别	深度超过(m)	人工挖土	机械挖土	
			在坑内作业	在坑外作业
一、二类土	1.20	1∶0.50	1∶0.33	1∶0.75
三类土	1.50	1∶0.33	1∶0.25	1∶0.67
四类土	2.00	1∶0.25	1∶0.10	1∶0.33

实际工程施工按设计图纸开挖土方时，基坑一般需要设置工作面，以满足工人施工操作要求。工作面可以按施工组织设计规定计算(施工不留工作面时，不得计算)；当无施工组织设计规定时，按表 2-5 的工作面宽度取值计算。

基础施工所需工作面宽度计算表 **表 2-5**

基础材料	每边各增加工作面宽度(mm)
砖基础	200
浆砌毛石、条石基础	150
混凝土基础垫层支模板	300
混凝土基础支模板	300
基础垂直面做防水层	800(防水层面)

(1) 当基槽不放坡时

$$V=h\cdot(a+2c)\cdot L \tag{2-10}$$

(2) 当基槽放坡时

$$V=h\cdot(a+2c+mh)\cdot L \tag{2-11}$$

式中 V——基槽土方量(m^3)；

h——基槽开挖深度(m)；

a——基础底宽(m)；

c——工作面宽(m)；

m——坡度系数；

L——基槽长度(外墙按中心线，内墙按净长线)(m)。

如果基槽沿长度方向断面变化较大，应分段计算，然后将各段土方量汇总即得总土方量，即：

$$V=V_1+V_2+V_3+\cdots+V_n \tag{2-12}$$

式中 V_1、V_2、V_3、… V_n——基槽各段土方量(m^3)；

(3) 基槽土方也可以按下式计算(图 2-5)

$$V_1=\frac{L}{6}(A_1+4A_0+A_2)$$

式中 A_1、A_2——分别表示基槽两端的垂直剖面面积；

A_0——基槽中间的垂直剖面面积；

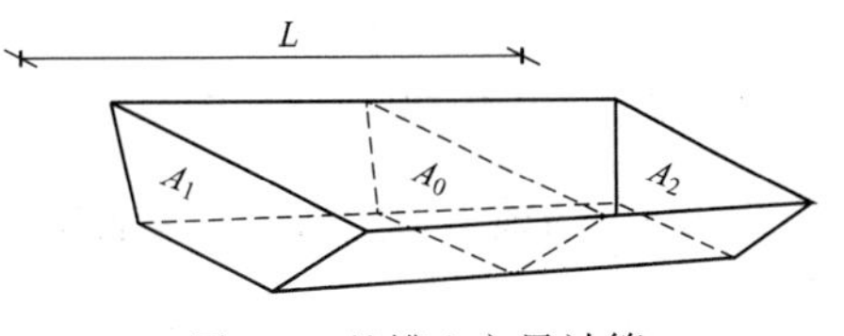

图 2-5 基槽土方量计算

L——基槽段长度，外墙按图示中心线计算，内墙按地槽槽底净长度计算，管道沟槽按图示中心线长度计算。

3. 基坑土方量计算

同样，按基础设计图纸进行基坑开挖时，四边也要求留有一定的工作面，工作面的取值按表 2-5，边坡可以采用放坡开挖和不放坡开挖两种情形，如图 2-6 所示。

（1）基坑土方量可以按下式计算(图 2-7)

$$V=\frac{H}{6}(A_1+4A_0+A_2) \tag{2-13}$$

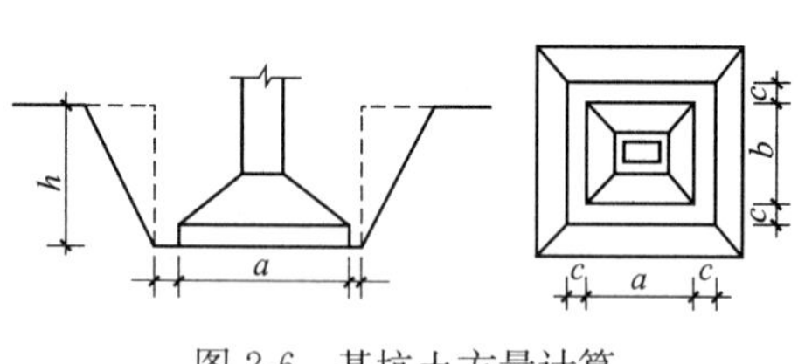

图 2-6 基坑土方量计算

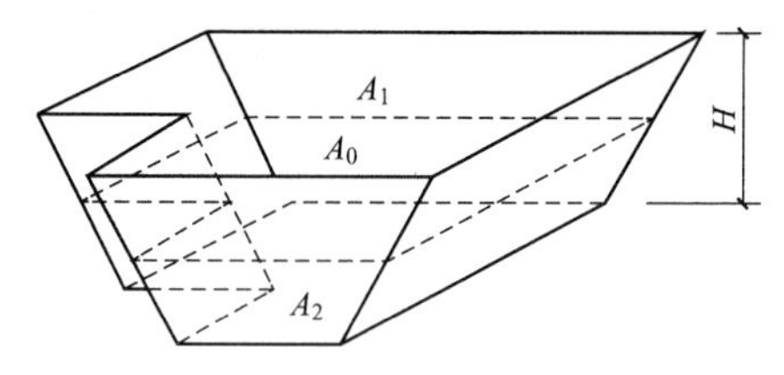

图 2-7 基坑土方量计算

（2）基坑土方量也可以按下式计算

1）当基坑不放坡时

$$V=h\cdot(a+2c)\cdot(b+2c) \tag{2-14}$$

2）当基坑放坡时

$$V=h\cdot(a+2c+mh)\cdot(b+2c+mh)+\frac{1}{3}m^2h^3 \tag{2-15}$$

式中 V——基坑土方量(m^3)；

h——基坑开挖深度(m)；

a——基础底长(m)；

b——基础底宽(m)；

c——工作面宽(m)；

m——坡度系数 。

【例 2-1】 某混凝土独立基础设计尺寸为 1500×1800，基础开挖深度为 2m，土方施工方案确定的基坑放坡坡度系数为 0.5，试计算该基坑的土方量。

【解】 取混凝土基础两侧的工作面为 300mm，则：

$$A_2=(1.5+0.3\times2)\times(1.8+0.3\times2)=5.04\text{m}^2$$

$$A_1=(1.5+0.3\times2+2\times0.5\times2)\times(1.8+0.3\times2+2\times0.5\times2)=18.04\text{m}^2$$

$$A_0=(1.5+0.3\times2+2\times0.5\times0.5\times2)\times(1.8+0.3\times2+2\times0.5\times0.5\times2)=10.54\text{m}^2$$

$$V=2\times(5.04+4\times10.54+18.04)/6=21.75\text{m}^3$$

【答】 该基坑的土方量为 21.75m^3

2.2.3 场地平整土方工程量计算

场地平整是将现场平整成施工所要求的设计平面。场地平整前，首先要确定场地设计标高，计算挖、填土方工程量，确定土方平衡调配方案；并根据工程规模、施工期限、土的性质及现有机械设备条件，选择土方机械，拟定施工方案。

1. 场地设计标高的确定

场地设计标高是进行场地平整和土方量计算的依据，合理地确定场地的设计标高，对于减少挖填方数量、节约土方运输费用、加快施工进度等都具有重要的经济意义。如图 2-8所示，当场地设计标高 H_0 时，挖填方基本平衡，可将土方移挖作填，就地处理；当设计标高为 H_1 时，填方大大超过挖方，则需要从场外大量取土回填；当设计标高为 H_2 时，挖方大大超过填方，则要向场外大量弃土。因此，在确定场地设计标高时，必须结合现场的具体条件，反复进行技术经济比较，选择一个最优方案。

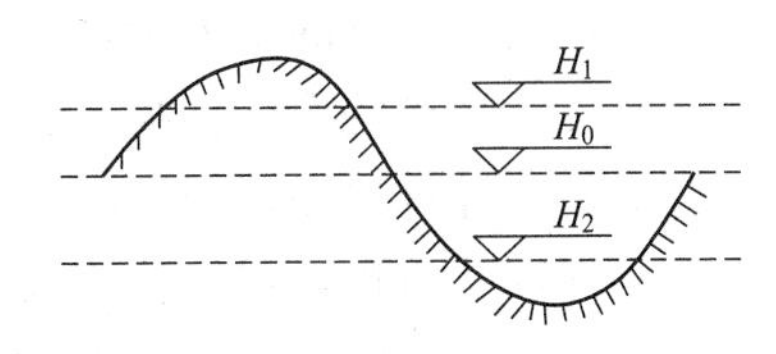

图 2-8　场地不同时设计标高的比较

确定场地设计标高时应考虑以下因素：

1）满足建筑规划和生产工艺及运输的要求；

2）尽量利用地形，减少挖填方数量；

3）场地内的挖、填土方量力求平衡，使土方运输费用最少；

4）有一定的排水坡度，满足排水要求；

5）考虑最高洪水位的影响。

在工程实践中，特别是大型建设项目，场地的设计标高一般在设计图纸中标出，并在设计图纸标出建设项目各单体建筑、道路、广场等设计标高，施工单位按图组织施工。

施工单位可依据设计图纸按下述步骤和方法确定土方挖(填)方量。

（1）划分方格网

根据已有地形图(一般用 1∶500 的地形图)划分成若干个方格网，尽量使方格网与测量的纵横坐标网相对应，方格的边长一般采用 10～40m。方格网的划分如图 2-9 所示。

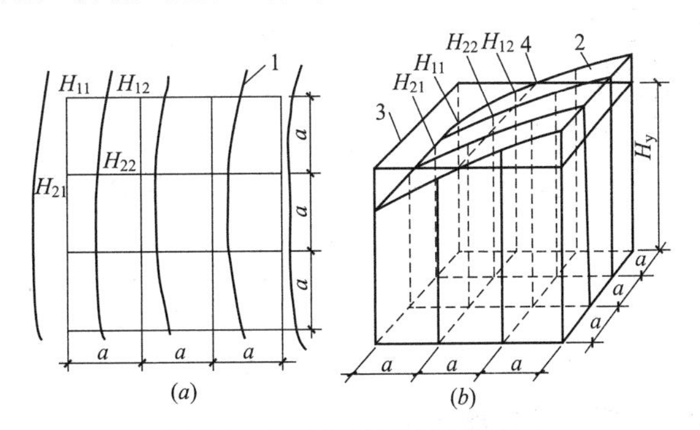

图 2-9　场地设计标高计算简图

(*a*)地形图上划分方格网；(*b*)设计标高示意图

1—等高线；2—自然地面；3—设计标高平面；4—自然地面与设计标高平面的交线(零线)

(2) 计算或测量各方格角点的自然标高

在现场用木桩打好方格网，然后用全站仪或水准仪等测量仪器现场测出各方格网角点的自然地面标高。也可根据地形图上相邻两条等高线的高程，用插入法求各方格角点的自然标高，并将自然标高标注在方格网网点的左下角。

2．场地土方量的计算

大面积场地平整的土方量通常采用方格网法计算。即根据方格网各方格角点的自然地面标高和实际采用的设计标高，算出相应的角点挖填高度（施工高度），然后计算每一方格的土方量，并计算出场地边坡的土方量。

（1）计算各方格角点的施工高度

施工高度是设计地面标高与自然地面标高的差值，将各角点的施工高度填在方格网的右上角。设计标高和自然标高分别标注在方格网的左下角和右下角，方格网的左上角填的是角点编号，如图 2-10 所示。

各方格角点的施工高度按下式计算：

$$h_n = H_n - H \tag{2-16}$$

式中 h_n——角点施工高度，即各角点的挖填高度，“+”为填，“－”为挖；

H_n——角点的设计标高（若无泄水坡度时，即为场地的设计标高）；

H——各角点的自然地面标高。

（2）计算零点位置

一个方格网内同时有填方或挖方时，要先算出方格网边的零点位置。所谓“零点”是指方格网边线上不挖不填的点。把零点位置标注于方格网上，将各相邻边线上的零点连接起来，即为零线，如图 2-11 所示。零线是挖方区和填方区的分界线，零线求出后，场地的挖方区和填方区也随之标出。一个场地内的零线不是唯一的，有可能是一条，也可能多条。当场地起伏较大时，零线可能出现多条。

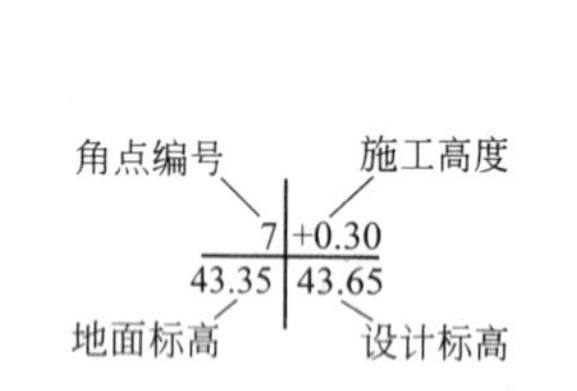

图 2-10 角点标高标注方式

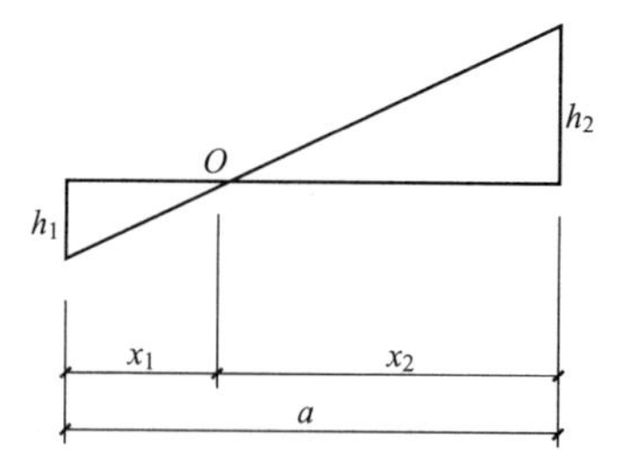

图 2-11 零点位置计算示意图

零点的位置按下式计算：

$$x_1 = \frac{h_1}{h_1 + h_2} \cdot a; \quad x_2 = \frac{h_2}{h_1 + h_2} \cdot a \tag{2-17}$$

式中 x_1、x_2——角点至零点的距离（m）；

h_1、h_2——相邻两角点的施工高度（m），均用绝对值表示；

a——方格网的边长（m）。

在实际工作中，为省略计算，常采用图解法直接求出零点，如图 2-12 所示，用尺在各角上标出相应比例，用尺相连，与方格相交点即为零点位置。此法比较方便，同时可避免计算或查表出错。

（3）计算方格土方工程量

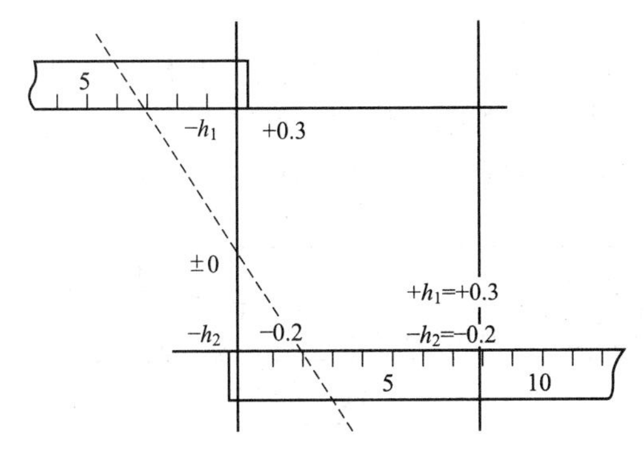

图 2-12　零点位置图解法

按方格网底面积图形和表 2-6 所列公式，计算每个方格内的挖方或填方量。此表公式是按各计算图形底面积乘以平均施工高度而得出，即平均高度法。

常用方格网点计算公式　　　　**表 2-6**

项　目	图　式	计算公式
一点填方或挖方（三角形）		$V=\frac{1}{2}bc\frac{\Sigma h}{3}=\frac{bch_3}{6}$ 当 $b=c=a$ 时，$V=\frac{a^2h_3}{6}$
二点填方或挖方（梯形）		$V_+=\frac{b+c}{2}a\frac{\Sigma h}{4}=\frac{a}{8}(b+c)(h_1+h_3)$ $V_-=\frac{d+e}{2}a\frac{\Sigma h}{4}=\frac{a}{8}(d+e)(h_2+h_4)$
三点填方或挖方（五角形）		$V=\left(a^2-\frac{bc}{2}\right)\frac{\Sigma h}{5}$ $=\left(a^2-\frac{bc}{2}\right)\frac{h_1+h_2+h_4}{5}$
四点填方或挖方（正方形）		$V=\frac{a^2}{4}\Sigma h=\frac{a^2}{4}(h_1+h_2+h_3+h_4)$

注：1. a——方格网的边长(m)；b、c——零点到一角的边长(m)；h_1、h_2、h_3、h_4——方格网四角点的施工高程(m)，用绝对值代入；Σh——填方或挖方施工高程的总和(m)，用绝对值代入；V——挖方或填方体积(m^3)。

2. 本表公式是按各计算图形底面积乘以平均施工高程而得出的。

(4) 边坡土方量的计算

如图 2-13 是一场地边坡的平面示意图，从图中可看出：边坡的土方量可以划分为两种近似几何形体计算，一种为三角棱锥体，如挖方区①、②、③、⑤、⑥、⑦，所有填方区⑧、⑨、⑩等；另一种为三角棱柱体，如挖方区④。其计算公式如下：

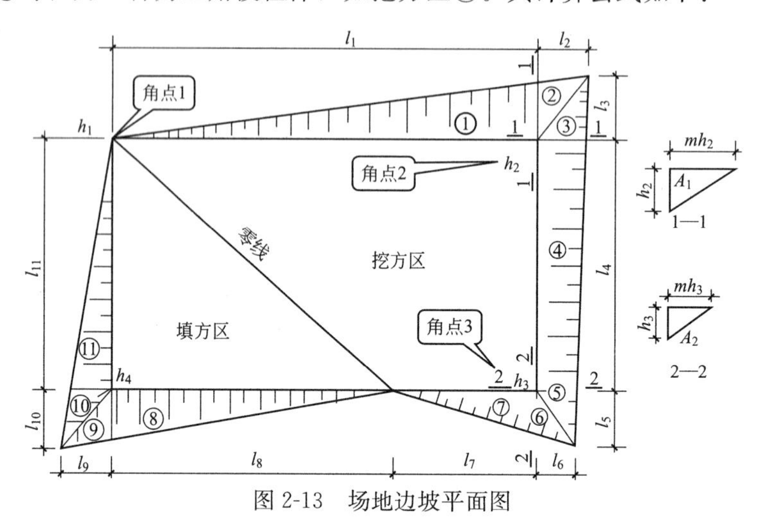

图 2-13　场地边坡平面图

1) 三角棱锥体边坡体积

三角棱锥体边坡体积(图 2-13 中的①)计算公式如下：

$$V_1=\frac{A_1 l_1}{3} \tag{2-18}$$

式中　l_1——边坡①的长度；

A_1——边坡①的端面积，即：

$$A_1=\frac{h_2\times(h_2 m)}{2}=\frac{mh_2^2}{2} \tag{2-19}$$

h_2——角点 2 的挖土高度；

m——边坡的坡度系数。

2) 三角棱柱体边坡体积

三角棱柱体边坡体积(图 2-13 中的④)计算公式如下：

$$V_4=\frac{(A_1+A_2)\times l_4}{2} \tag{2-20}$$

式中　A_2——边坡⑤的端面积，即：

$$A_2=\frac{h_3\times(h_3 m)}{2}=\frac{mh_3{}^2}{2} \tag{2-21}$$

当两端横断面面积相差很大的情况下，则：

$$V=\frac{(A_1+4A_0+A_2)\times l_4}{6} \tag{2-22}$$

式中　l_4——边坡④的长度；

A_1、A_2、A_0——边坡④两端及中部的横断面面积，算法同上(图 2-13 剖面是近似表示，实际上地表面不完全是水平的)。

3. 土方调配方案

土方量计算完成后，就可以进行土方调配工作。土方调配，就是对挖土的利用、堆弃和填土的取得三者之间的关系进行综合协调的处理。其目的在于使土方运输量最小(或土方运输费用最小)的条件下，确定挖填方区土方的调配方向、数量及平均运距。好的土方调配方案，应该是使土方运输量或费用达到最小，而且又能方便施工。

(1) 土方调配原则

1) 应力求达到挖方与填方基本平衡和就近调配、运距最短。使挖方量与运距的乘积之和尽可能为最小，即土方运输量或费用最小。但有时，仅局限于一个场地范围内的挖填平衡难以满足上述原则，可根据场地和周围地形条件，考虑就近借土或就近堆弃。

2) 土方调配应考虑近期施工与后期利用相结合的原则。当工程分期分批施工时，先期工程的土方余土应结合后期工程的需要，考虑其利用的数量和堆放位置，以便就近调配。堆放位置的选择应为后期工程创造良好的工作面和施工条件，力求避免重复挖填和场地混乱。

3) 应考虑分区与全场相结合的原则。分区土方的调配，必须配合全场性的土方调配进行。

4) 合理布置挖、填方分区线，选择恰当的调配方向、运输线路，使土方机械和运输车辆的性能得到充分发挥。

5) 好土用在回填质量要求高的地区。

6) 土方调配还应尽可能与大型地下建筑物的施工相结合。如大型建筑物位于填土区时，为了避免重复挖运和场地混乱，应将部分填方区予以保留，待基础施工之后再进行填土。

总之，进行土方调配，必须根据现场具体情况、有关技术资料、工期要求、土方施工方法与运输方案等综合考虑，并按上述原则经计算比较，最后选择经济合理的调配方案。

(2) 土方调配区的划分

进行土方调配时首先要划分土方调配区，在划分调配区时应注意下列几点：

1) 调配区的划分应与房屋或构筑物的位置相协调，满足工程施工顺序和分期分批施工的要求，使近期施工与后期利用相结合。

2) 调配区的大小应该满足土方施工用主导机械的技术要求，使土方机械和运输车辆的功效得到充分发挥。例如：调配区的范围应该大于或等于机械的铲土长度，调配区的面积最好和施工段的大小相适应。

3) 当土方运距较大或场区内土方不平衡时，可根据附近地形，考虑就近借土或就近弃土，这时每一个借土区或弃土区均可作为一个独立的调配区。

4) 调配区的范围应该和土方的工程量计算用的方格网协调，通常可由若干个方格组成一个调配区。

(3) 土方调配图表的编制

场地土方调配，需作成相应的土方调配图表，编制的方法如下：

1) 划分调配区

在场地平面图上先划出零线，确定挖填方区；根据地形及地理条件，把挖方区和填方区再适当地划分为若干个调配区，其大小应满足土方机械的操作要求。

2）计算土方量

计算各调配区的挖填方量，并标写在图上。

3）计算调配区之间的平均运距

调配区的大小及位置确定后，便可计算各挖填调配区之间的平均运距。当用铲运机或推土机平土时，挖方调配区和填方调配区土方重心之间的距离，通常就是该挖填调配区之间的平均运距。因此，确定平均运距需先求出各个调配区土方的重心，并把重心标在相应的调配区图上，然后用比例尺量出每对调配区之间的平均运距即可。当挖填方调配区之间的距离较远，采用汽车、自行式铲运机或其他运土工具沿工地道路或规定线路运输时，其运距可按实际计算。

调配区之间重心的确定方法如下：

取场地或方格网中的纵横两边为坐标轴，分别求出各区土方的重心位置，即：

$$X_0=\frac{\Sigma(x_iV_i)}{\Sigma V_i}\quad Y_0=\frac{\Sigma(y_iV_i)}{\Sigma V_i}\tag{2-23}$$

式中 X_0、Y_0——挖或填方调配区的重心坐标；

V_i——各个方格的土方量；

x_i、y_i——各个方格的重心坐标。

为了简化计算，可用作图法近似地求出形心位置来代替重心位置。

4）进行土方调配

土方最优调配方案的确定，是以线性规划为理论基础的，常用“表上作业法”求得。

5）绘制土方调配图

根据表上作业法求得的最优调配方案，在场地地形图上绘出土方调配图，图上应标出土方调配方向、土方数量及平均运距，如图 2-14 所示。

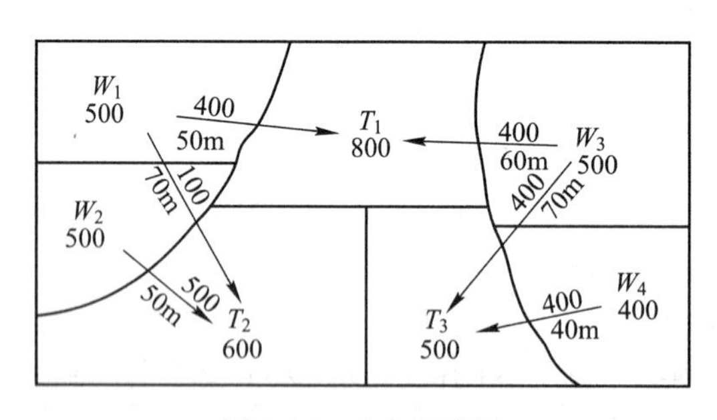

图 2-14 土方调配图

（注：W_i（T_i）是该区域总的挖（填）土方量，箭头下方是挖方区到填方区的平均运距，箭头下方是从挖方区运至填方区的回填土方量。）

2.3 土方机械化施工

土（石）方工程有人工开挖、机械开挖和爆破三种开挖方法。人工开挖只适用于小型基坑（槽）、管沟及土方量少的场所，对大量土方一般均选择机械开挖，常用的挖土机械是挖土机。当开挖难度很大，如冻土、岩石土的开挖，也可以采用爆破技术进行爆破开挖。土方工程的施工过程主要包括：土方开挖、运输、填筑与压实等。常用的施工机械有：推土机、铲运机、单斗挖土机、装载机等。施工时应正确选用施工机械，加快施工进度。

2.3.1 单斗挖土机施工

单斗挖土机在土方工程中应用较广，种类很多，按其行走装置的不同，分为履带式和轮胎式两类。单斗挖土机还可根据工作的需要更换其工作装置，按其工作装置的不同，分为正铲、反铲、拉铲和抓铲等。按其操纵机械的不同，可分为机械式和液压式两类，如图 2-15 所示。

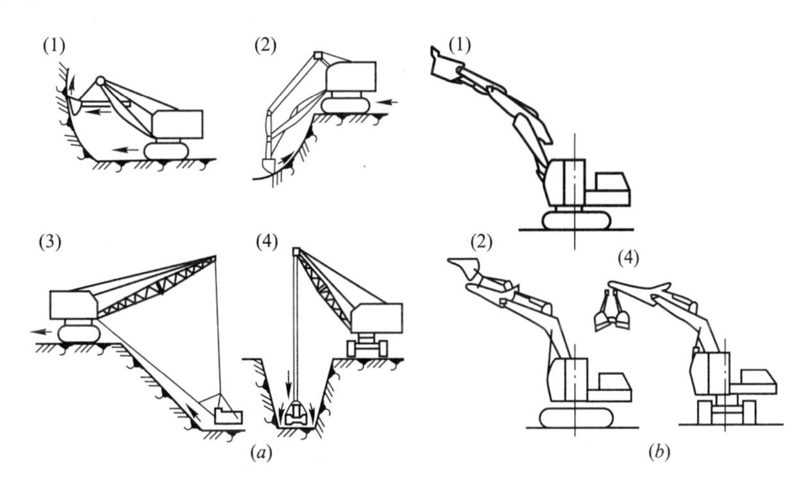

图 2-15

(a)机械式；(b)液压式

(1)正铲；(2)反铲；(3)拉铲；(4)抓铲

1. 正铲挖土机

正铲挖土机挖掘能力大，生产率高，适用于开挖停机面以上的一～三类土，它与运土汽车配合能完成整个挖运任务，可用于开挖大型干燥基坑以及土丘等。

(1) 正铲挖土机工作性能

正铲挖土机装车轻便灵活，回转速度快，移位方便；能挖掘坚硬土层，易控制开挖尺寸，工作效率高。

1) 作业特点

① 开挖停机面以上土方；

② 工作面应在 1.5m 以上；

③ 开挖高度超过挖土机挖掘高度时，可采取分层开挖；

④ 装车外运。

2) 辅助机械

土方外运应配备自卸汽车，工作面应有推土机配合平土、集中土方进行联合作业。

3) 适用范围

① 开挖含水量不大于 27%的一~四类土和经爆破后的岩石与冻土碎块；

② 大型场地整平土方；

③ 工作面狭小且较深的大型管沟和基槽路堑；

④ 独立基坑；

⑤ 边坡开挖。

（2）开挖方式

正铲挖土机的挖土特点是："前进向上，强制切土"。根据开挖路线与运输汽车相对位置的不同，一般有以下两种：

1）正向开挖，侧向卸土

正铲向前进方向挖土，汽车位于正铲的侧向装土(图 2-16*b*)。本法铲臂卸土回转角度最小(＜ 90°)，装车方便，循环时间短，生产效率高，用于开挖工作面较大，深度不大的边坡、基坑(槽)、沟渠和路堑等，为最常用的开挖方法。

2）正向开挖 ，后方卸土

正铲向前进方向挖土，汽车停在正铲的后面(图 2-16*a*)。本法开挖工作面较大，但铲臂卸土回转角度较大(在 180°左右)，且汽车要侧向行车，增加工作循环时间，生产效率降低(回转角度 180°，效率约降低 23%；回转角度 130°，效率约降低 13%)。用于开挖工作面较小，且较深的基坑(槽)、管沟和路堑等。

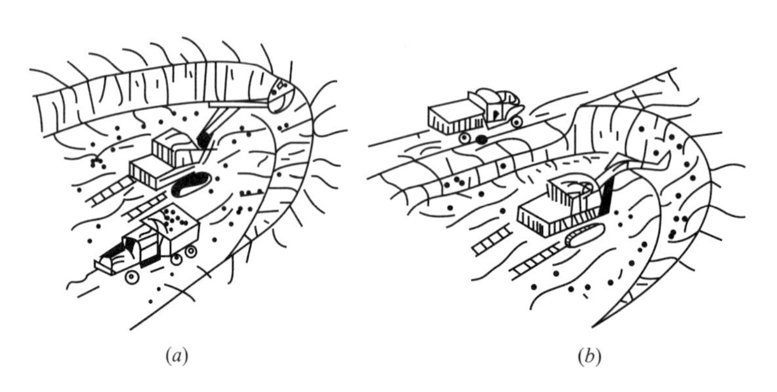

图 2-16　正铲挖土机开挖方式

(*a*)正向开挖，后方卸土；(*b*)正向开挖，侧向卸土

挖土机挖土装车时，回转角度对生产率的影响数值参见表 2-7。

影响生产率参考表　　**表 2-7**

土的类别	回转角度		
一~四	90°	130°	180°
	100%	87%	77%

2. 反铲挖土机

（1）工作性能

反铲挖掘机操作灵活，挖土、卸土均在地面作业，不用开运输道。

1）作业特点

① 开挖地面以下深度不大的土方；

② 最大挖土深度 4～6m，经济合理深度为 1.5～3m；

③ 可装车和两边甩土、堆放；

④ 较大较深基坑可用多层接力挖土。

2）辅助机械

土方外运应配备自卸汽车，工作面应有推土机配合推到附近堆放。

3）适用范围

① 开挖含水量大的一～三类的砂土或黏土；

② 管沟和基槽；

③ 独立基坑；

④ 边坡开挖。

（2）作业方法

反铲挖掘机的挖土特点是："后退向下，强制切土"。根据挖掘机的开挖路线与运输汽车的相对位置不同，一般有以下几种：

1）沟端开挖法

反铲停于沟端，后退挖土，同时往沟一侧弃土或装汽车运走(图 2-17*a*)。挖掘宽度可不受机械最大挖掘半径的限制，臂杆回转半径仅 45°～90°，同时可挖到最大深度。对较宽的基坑可采用图 2-17(*a*)的方法，其最大一次挖掘宽度为反铲有效挖掘半径的两倍，但汽车需停在机身后面装土，生产效率降低，适于一次成沟后退挖土，挖出土方随即运走时采用，或就地取土填筑路基或修筑堤坝等。

2）沟侧开挖法

沟侧开挖法反铲停于沟侧沿沟边开挖，汽车停在机旁装土或往沟一侧卸土(图 2-17*b*)。本法铲臂回转角度小，能将土弃于距沟边较远的地方，但挖土宽度比挖掘半径小，边坡不好控制，同时机身靠沟边停放，稳定性较差，适于横挖土体和需将土方甩到离沟边较远的距离时使用。

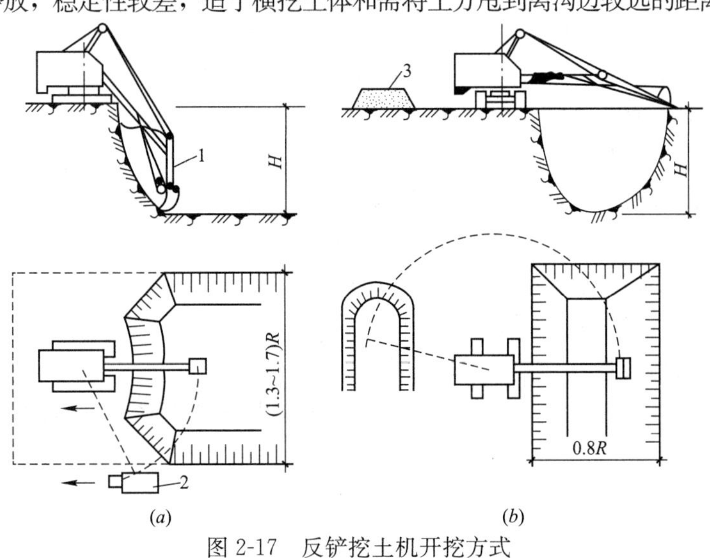

图 2-17　反铲挖土机开挖方式

(*a*)沟端开挖；(*b*)沟侧开挖

3）多层接力开挖法

多层接力开挖法用两台或多台挖土机设在不同作业高度上同时挖土，边挖土，边将土传递到上层，由位于地表的挖土机连挖土带装土（图 2-18，图 2-19），由自卸卡车运离现场。上部可用大斗容量挖土机，中、下层用大型或小型挖土机，进行挖土和传递土，均衡连续作业。一般两层接力挖土可挖深 10m，三层接力挖土可挖深 15m 左右。本法开挖较深基坑，一次开挖到设计标高，一次完成，可避免汽车在坑下装运作业，提高生产效率，且不必设专用垫道，适于开挖土质较好，深 10m 以上的大型基坑、沟槽和渠道。

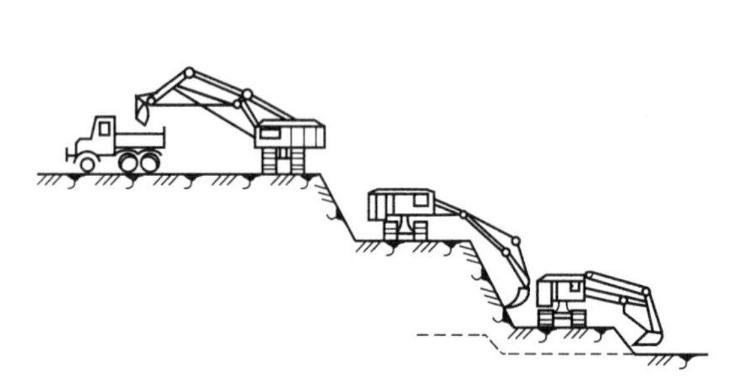

图 2-18　反铲挖土机多层接力开挖法

图 2-19　某工程反铲挖土机多层接力开挖照片

3. 单斗挖土机生产率计算

（1）单斗挖掘机小时生产率

单斗挖掘机小时生产率 Q（m^3/h）按下式计算：

$$Q_h=\frac{3600qk}{t} \tag{2-24}$$

式中　t——挖掘机每一工作循环延续时间（s），根据经验数字确定，一般情况下，W_1-100 正铲挖掘机为 25～40s，W_1-100 拉铲挖掘机为 45～60s；

q——铲斗容量（m^3）；

k——土斗利用系数，与土的可松性系数和土斗充盈系数有关，对砂土为 0.8～0.9，对粘性土为 0.85～0.95。

（2）单斗挖掘机台班生产率

单斗挖掘机台班生产率 Q_d（m^3/台班）按下式计算：

$$Q_d=8Q_hK_B \tag{2-25}$$

式中　K_B——工作时间利用系数，在向汽车装土时为 0.68～0.72；侧向推土时为 0.78～0.88；挖爆破后的岩石为 0.60。

（3）挖掘机需用数量

挖掘机需用数量 N（台），根据土方工程量和工期要求并考虑合理的经济效果，按下式计算：

$$N=\frac{Q}{Q_dTCK_t} \tag{2-26}$$

式中　Q——土方工程量（m^3）；

Q_d——单斗挖掘机台班生产率（m^3/台班）；

T——工期（d）；

C——每天作业班数(台班)；

K_t——时间利用系数，一般为 0.8～0.85 或查机械定额。

（4）自卸卡车的配制数量

假设单斗挖土机装满一车土所耗费的时间为 t_1，自卸卡车从单斗挖土机开始装土至装满后将土外运卸除后再回到挖土现场至下一次开始装土止所耗费的时间为 T_1，那么一台单斗挖土机应配制的自卸卡车数量 m 为：

$$m=\frac{T_1}{t_1}$$

N 台挖土机应该配制自卸卡车数 M 为：

$$M=N\times m$$

图 2-20 所示为挖土机与自卸卡车协调配合开挖土方。

图 2-20　挖土机与自卸卡车协调配合开挖土方

2.3.2　土方施工机械的选择

土方机械化开挖应根据基础形式、工程规模、开挖深度、地质、地下水情况、土方量、运距、现场和机具设备条件、工期要求以及土方机械的特点等合理选择挖方机械，以充分发挥机械效率，节省机械费用，加速工程进度。

1. 土方机械选择要点

（1）当地形起伏不大，坡度在 20°以内，挖填平整土方的面积较大，土的含水量适当，平均运距短(一般在 1km 以内)时，采用铲运机较为合适。如果土质坚硬或冬季冻土层厚度超过 100～150mm 时，必须由其他机械辅助翻松再铲运。当一般土的含水量大于 25%，或坚硬的黏土含水量超过 30%时，铲运机要陷车，必须使水疏干后再施工。

（2）地形起伏较大的丘陵地带，一般挖土高度在 3m 以上，运输距离超过 1km，工程量较大且又集中时，可采用下述三种方式进行挖土和运土。

1）正铲挖土机配合自卸汽车进行施工，并在弃土区配备推土机平整土堆。选择铲斗容量时，应考虑到土质情况、工程量和工作面高度。当开挖普通土，集中工程量在 1.5 万 m^3 以下时，可采用 0.5m^3 的铲斗；当开挖集中工程量为 1.5～5 万 m^3 时，以选用 1.0m^3 的铲斗为宜，此时普通土和硬土都能开挖。

2）用推土机将土推入漏斗，并用自卸汽车在漏斗下承土并运走。这种方法适用于挖土层厚度在 5～6m 以上的地段。漏斗上口尺寸为 3m 左右，由宽 3.5m 的框架支承。其位置应选择在挖土段的较低处，并预先挖平。漏斗左右及后侧土壁应予支撑。

3）用推土机预先把土推成一堆，用装载机把土装到汽车上运走，效率也很高。

2. 开挖基坑时根据下述原则选择机械

（1）土的含水量较小，可结合运距长短、挖掘深浅，分别采用推土机、铲运机或正铲挖土机配合自卸汽车进行施工。当基坑深度在 1～2m，基坑不太长时可采用推土机；深度在2m以内长度较大的线状基坑，宜由铲运机开挖；当基坑较大，工程量集中时，可选用正铲挖土机挖土。

（2）如地下水位较高，又不采用降水措施，或土质松软，可能造成正铲挖土机和铲运机陷车时，则采用反铲，拉铲或抓铲挖土机配合自卸汽车较为合适，挖掘深度见有关机械的性能表。

2.4 土方开挖

土方开挖工作是在准备工作完成后，首先应进行建筑物定位和标高引测，然后根据基础的底面尺寸、埋置深度、土质好坏、地下水位的高低及季节性变化等不同情况，考虑施工需要，确定是否需要留工作面、放坡、增加排水设施和设置支撑，从而定出挖土边线和进行放灰线工作，最后进行土方开挖。

2.4.1 土方开挖准备工作

为了保证施工的顺利进行，土方开挖施工前需作好以下各项准备工作：查勘施工现场、熟悉和审查图纸、编制施工方案、清除现场障碍物、平整施工场地、了解地下及周围环境、作好排水设施、设置测量控制、修建临时设施、修筑临时道路、准备机具、进行施工组织等。

2.4.2 基坑机械开挖工艺流程

测量放线→切线分层开挖→排降水→修坡→留足预留土层等。

2.4.3 基坑(槽)开挖

土方开挖应遵循“开槽支撑，先撑后挖，分层开挖，严禁超挖”的原则。基坑(槽)开挖有人工开挖和机械开挖。对于大型基坑应优先考虑选用机械化施工，以加快施工进度。开挖基坑(槽)按规定的尺寸合理确定开挖顺序和分层开挖深度，连续地进行施工，尽快地完成。因土方开挖施工要求标高、断面准确，土体应有足够的强度和稳定性，所以在开挖过程中要随时注意检查。

1. 墙基放线

根据房屋主轴线控制点，首先将外墙轴线的交点用木桩测设在地面上，并在桩顶钉上铁钉作为标志。房屋外墙轴线测定以后，以外墙轴线为依据，再按照建筑施工平面图中轴线间尺寸，将内部开间所有轴线都一一测出。然后根据边坡系数及工作面大小计算开挖宽度，最后在中心轴线两侧用石灰在地面上撒出基槽开挖边线。同时在房屋四周设置龙门板，以便于基础施工时复核轴线位置。

2. 柱基放线

在基坑开挖前，从设计图上查对基础的纵横轴线编号和基础施工详图，根据柱子的纵横轴线，用经纬仪在矩形控制网上测定基础中心线的端点，同时在每个柱基中心线上测定基础定位桩，每个基础的中心线上设置四个定位木桩，其桩位离基础开挖线的距离为0.5～1.0m 。若基础之间的距离不大，可每隔1～2个或几个基础打一定位桩，但两个定位桩的间距以不超过 20m 为宜，以便拉线恢复中间柱基的中线。桩顶上钉一钉子，标明中心线的位置。然后按基础施工图上柱基的尺寸和按边坡系数及工作面确定的挖土边线的尺寸，放出基坑上口挖土灰线，标出挖土范围。

大基坑开挖，根据房屋的控制点，按基础施工图上的尺寸和按边坡系数及工作面确定的挖土边线的尺寸，放出基坑四周的挖土边线。

3. 基坑(槽)开挖

开挖基坑(槽)时，应符合下列规定：

(1) 施工前必须做好地面排水和降低地下水位工作，地下水位应降低至基坑底以下 0.5～1.0m 后方可开挖。降水工作应持续到回填完毕。

(2) 挖出的土除预留一部分用作回填外，不得在场地内任意堆放，应把多余的土运到弃土地区，以免妨碍施工。为防止坑壁滑坡，根据土质情况及坑(槽)深度，在坑顶两边一定距离(一般为 1.0m)内不得堆放弃土，在此距离外堆土高度不得超过 1.5m，否则应验算边坡的稳定性。在桩基周围、墙基或围墙一侧，不得堆土过高。在坑边放置有动载的机械设备时，也应根据验算结果，离开坑边较远距离。如地质条件不好，还应采取加固措施。

(3) 为了防止基底土(特别是软土)受到浸水或其他原因的扰动，基坑(槽)挖好后，应立即做垫层或浇筑基础，否则挖土时应在基底标高以上保留 150～300mm 厚的土层，待基础施工时再行挖去。如用机械挖土，为防止基底土被扰动，结构被破坏，不应直接挖到坑(槽)底，应根据机械种类在基底标高以上留出一定厚度的土层，待基础施工前用人工铲平修整。使用铲运机、推土机时，保留土层厚度为 150～200mm，使用正铲、反铲或拉铲挖土时为 200～300mm。

(4) 挖土不得超挖(挖至基坑(槽)的设计标高以下)，注意这里所提超挖是指不能超过我国地基基础施工质量验收规范所允许的超挖深度，规范规定基坑超挖允许范围为 50mm。若个别处超挖，应用与基土相同的土料填补，并夯实到要求的密实度。如用原土填补不能达到要求的密实度时，应用碎石类土填补，并仔细夯实。重要部位如被超挖时，可用低强度等级的混凝土填补。

(5) 雨季施工时，基坑(槽)应分段开挖，挖好一段浇筑一段垫层，并在基槽两侧围以土堤或挖排水沟，以防地面雨水流入基坑(槽)，同时应经常检查边坡和支撑情况，以防止坑壁受水浸泡造成塌方。

(6) 基坑开挖时，应对平面控制桩、水准点、基坑平面位置、水平标高、边坡坡度等经常复测检查。

4. 深浅基坑开挖顺序

相邻基坑开挖时，应遵循先深后浅或同时进行的施工程序。挖土应自上而下分段分层进行，每层 2.5m 左右，在软土中挖土的分层厚度不宜大于 3m，边挖边检查坑底宽度及坡度，并及时修整边坡。挖至设计标高，再统一进行一次修坡清底，检查坑底宽和标高，要求坑底凹凸不超过 20mm。

2.4.4 深基坑土方开挖方法

深基坑一般采用“分层开挖，先撑后挖”和“对称、均衡、分层、限时”的开挖原则。

深基坑土方开挖方法主要有分层挖土、分段挖土、盆式挖土、中心岛式挖土等几种，应根据基坑面积大小、开挖深度、支护结构形式、环境条件等因素选用。

1. 分层挖土

分层挖土是将基坑按深度分为多层进行逐层开挖(图 2-21)。分层厚度，软土地基应控制在 3m 以内；硬质土可控制在 5m 以内为宜。开挖顺序可从基坑的某一边向另一边平行开挖，或从基坑两头对称开挖，或从基坑中间向两边平行对称开挖，也可交替分层开挖，可根据工作面和土质情况决定。

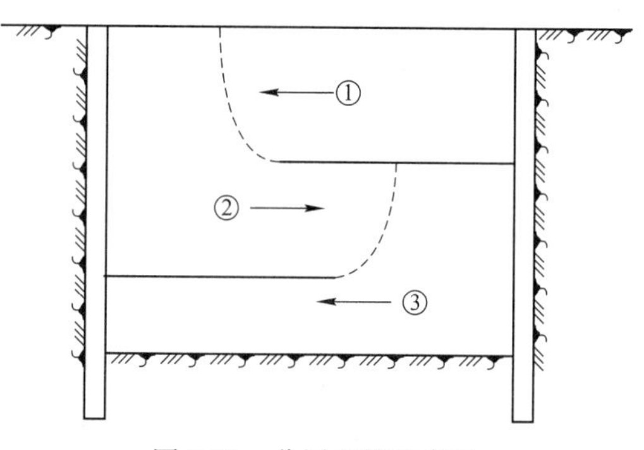

图 2-21 分层开挖示意图

运土可采取设坡道或不设坡道两种方式。设坡道土的坡度视土质、挖土深度和运输设备情况而定，一般为 1∶8～1∶10，坡道两侧要采取挡土或加固措施。不设坡道一般设钢平台或栈桥作为运输土方通道。

2. 分段挖土

分段挖土是将基坑分成几段或几块分别进行开挖。分段与分块的大小、位置和开挖顺序，一般根据开挖场地、工作面条件、地下室平面与深浅和施工工期而定，每层分段长度不宜大于 30m。分块开挖，即开挖一块浇筑一块混凝土垫层或基础，必要时可在已封底的坑底与围护结构之间加设斜撑，以增强支护的稳定性。

3. 盆式挖土

盆式挖土是先分层开挖基坑中间部分的土方，基坑周边一定范围内的土暂不开挖(图 2-22)，可视土质情况按 1∶1～1∶1.25 放坡，使之形成对四周围护结构的被动土压力区，以增强围护结构的稳定性，待中间部分的混凝土垫层、基础或地下室结构施工完成之后，再用水平支撑或斜撑对四周围护结构进行支撑，并突击开挖周边支护结构内侧部分被动土区的土，每挖一层支一层水平横顶撑(图 2-23)，直至坑底，最后浇筑该部分结构混凝土。此法优点是对于支护挡墙受力有利，时间效应小，但大量土方不能直接外运，需集中提升后装车外运。

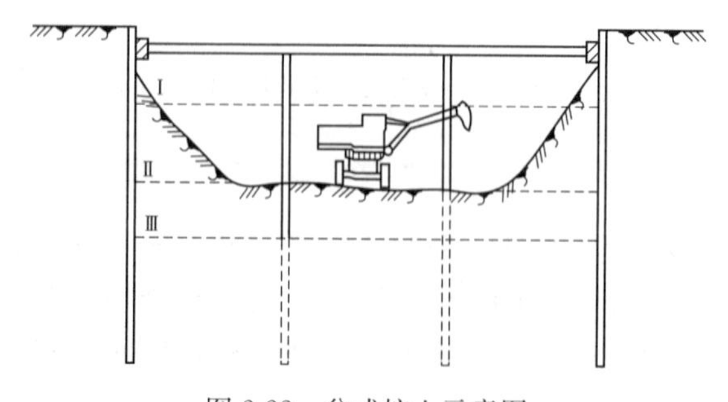

图 2-22 盆式挖土示意图

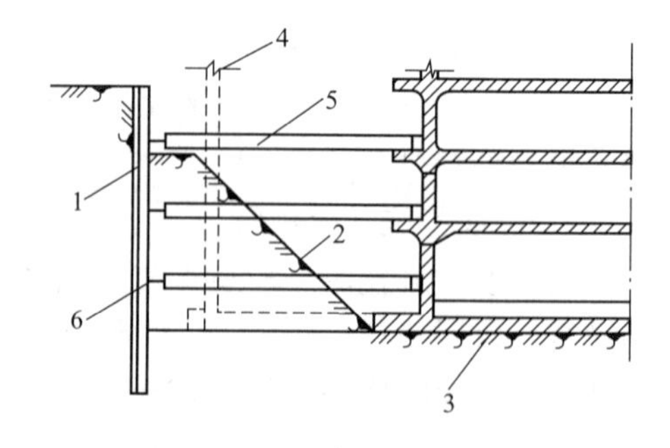

图 2-23 盆式挖土支撑示意图

1—钢板桩或灌注桩；2—后挖土方；
3—先施工地下结构；4—后施工地下结构；
5—钢水平支撑；6—钢横撑

4. 中心岛式挖土

中心岛式挖土是先开挖基坑周边土方，在中间留土墩作为支点搭设栈桥，挖土机可利用栈桥下到基坑底挖土，运土的汽车亦可利用栈桥进入基坑运土，可有效加快挖土和运土的速度(图 2-24)。土墩留土高度、边坡的坡度、挖土分层与高差应经仔细研究确定。挖土分层开挖，一般先全面挖去一层，每层 2.5m 左右，然后在中间部分留置土墩，周圈部分分层开挖。中心岛式开挖适用于支撑系统沿基坑周边布置且中部留有较大空间的基坑，基坑支护结构采用边桁架与角撑相结合的支撑体系、圆环形桁架支撑体系、圆形围檩体系的基坑采用岛式土方开挖较为典型，土钉支护、土层锚杆支护的基坑也可采用岛式土方开挖方式。挖土多用反铲挖土机，如基坑深度很大，则采用向上逐级传递方式进行土方装车外运。整个土方开挖顺序应遵循“开槽支撑，先撑后挖，分层开挖，防止超挖”的原则进行。

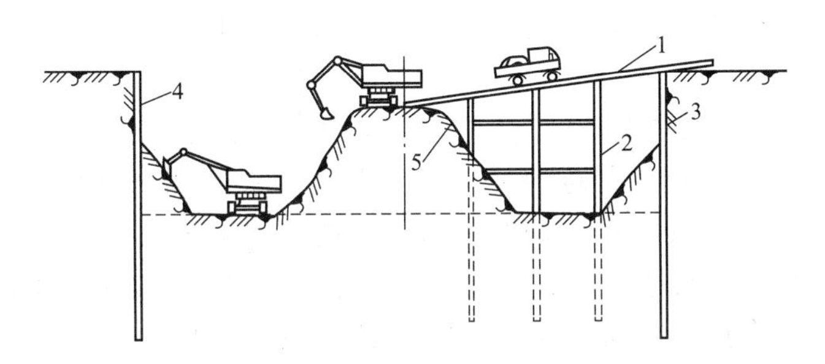

图 2-24　中心岛式挖土示意图

1—栈桥；2—支架或工程桩；3—维护墙；4—腰梁；5—土墩

深基坑开挖过程中，随着土的挖除，下层土因逐渐卸载而有可能回弹，尤其在基坑挖至设计标高后，如搁置时间过久，基底土隆起现象可能更为显著。如弹性隆起在基坑开挖和基础工程初期发展很快，它将加大建筑物的后期沉降。因此，对深基坑开挖后的土体隆起，应有适当的估计，如在勘察阶段，土样的压缩试验中应补充卸荷弹性试验等。还可以采取结构措施，在基底设置桩基等，或事先对结构下部土质进行深层地基加固。施工中减少基坑弹性隆起的一个有效方法是把土体中有效应力的改变降低到最少。具体方法有加速建造主体结构，或逐步利用基础的重量来代替被挖去土体的重量。

图 2-25 为某深基坑开挖施工实例，可将分层开挖和盆式开挖结合起来。在基坑正式

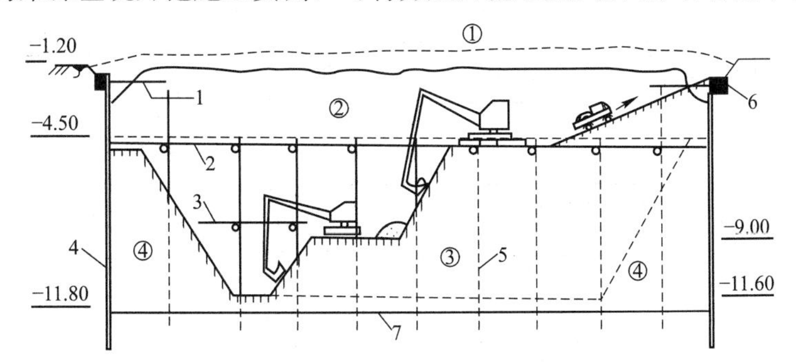

图 2-25　深基坑开挖示意图

1—第一道支撑；2—第二道支撑；3—第三道支撑；4—支护桩；5—立柱；6—冠梁；7—坑底

开挖之前，先将第①层地表土挖运出去，浇筑锁口圈梁，进行场地平整和基坑降水等准备工作，安设第一道支撑(角撑)，并施加预顶轴力，然后开挖第②层土到－4.50m。再安设第二道支撑，待双向支撑全面形成并施加轴力后，挖土机和运土车下坑，在第二道支撑上部(铺路基箱)开始挖第③层土，并采用台阶式接力方式挖土，一直挖到坑底。第三道支撑应随挖随撑，逐步形成。最后用抓斗式挖土机在坑外挖两侧土坡的第④层土。

2.4.5 地基验槽

地基开挖至设计标高后，应由施工单位、设计单位、勘查单位、监理单位或建设单位、质量监督部门等有关单位项目负责人共同到现场进行检查，鉴定验槽，核对地质资料，检查地基土与工程地质勘查报告、设计图纸要求是否相符，有无破坏原状土结构或发生较大的扰动现象。一般用表面检查验槽法，必要时采用钎探检查或洛阳铲探检查，经检查合格，填写基坑(槽)隐蔽工程验收记录，及时办理交接手续。

1. 表面检查验槽法

(1) 根据槽壁土层分布情况和走向，初步判明全部基底是否挖至设计要求的土层。

(2) 检查槽底是否已挖至原(老)土，是否需继续下挖或进行处理。

(3) 检查整个槽底土的颜色是否均匀一致；土的坚硬程度是否一样，是否有局部过松软或过硬的部位；是否有局部含水量异常现象，走在地基上是否有颤动感觉等。若有异常，要进一步用钎探检验并会同设计等有关单位进行处理。

2. 钎探检查验槽法

基坑(槽)挖好后用锤把钢钎打入槽底的基土内，据每打入一定深度的锤击次数，来判断地基土质的情况。

(1) 钢钎的规格和重量：钢钎用ϕ22～25mm的圆钢制成，钎头尖呈60°尖锥状，长度用1.8～2.0m。大锤用3.6～4.5kg的铁锤。打锤时，锤举至离钎顶500～700mm，将钢钎垂直打入土中，并记录每打入土层300mm的锤击次数。

(2) 钎孔布置和钎探深度：应根据地基土质的情况和基槽宽度、形状确定，钎孔布置见表2-8。

钎孔布置 **表2-8**

槽宽(m)	排列方式和图示	间距(m)	钎探深度(m)
小于0.8	中心一排	1～2	1.2
0.8～2	两排错开	1～2	1.5
大于2	梅花形	1～2	2.0

续表

槽宽(m)	排列方式和图示	间距(m)	钎探深度(m)
柱基	梅花形 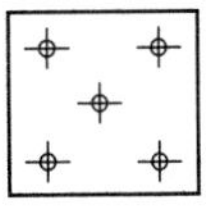	1～2	≥1.5m，并不浅于短边宽度

(3) 钎孔记录和结果分析：先绘制基坑(槽)平面图，在图上根据要求确定钎探点的平面位置，并编号制成钎探平面图。钎探时按钎探平面图标定的钎探点顺序进行，最后整理成钎探记录表。

全部钎探完后，逐层分析研究钎探记录，然后逐点进行比较，将锤击数过多或过少的钎孔在钎探平面图上做标记，然后再在该部位进行重点检查，如有异常情况，要认真进行处理。

3. 洛阳铲探验槽法

在黄土地区基坑(槽)挖好后或大面积基坑挖土前，根据建筑物所在地区的具体情况或设计要求，对基坑以下的土质、古墓、洞穴等用专用洛阳铲进行钎探检查。

(1) 探孔布置见表 2-9。

探　孔　布　置　　　　**表 2-9**

基槽宽(m)	排列方式和图标	间距 L(m)	探孔深度(m)
小于 2	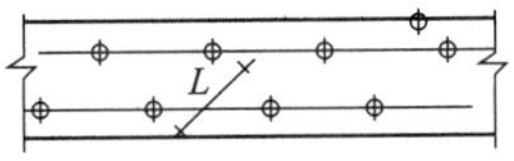 L	1.5～2.0	3.0
大于 2	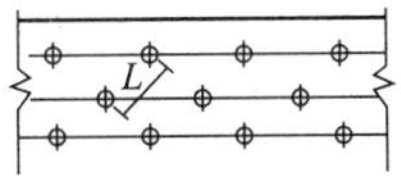 L	1.5～2.0	3.0
柱基	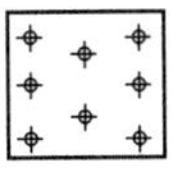	1.5～2.0	3.0 (荷重较大时为4.0～5.0)
加孔	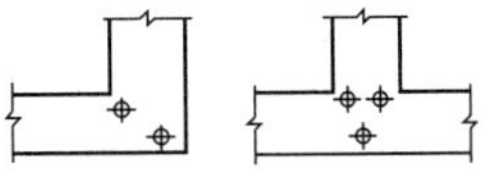	＜2.0 (基础过宽时中间再加孔)	3.0

(2) 探查记录和结果分析：先绘制基础平面图，在图上根据要求确定探孔的平面位置，并依次编号，再按编号顺序进行探孔。用洛阳铲钎土，每 3～5 铲土检查一次，查看土质变化和含有物的情况。如果土质有变化或含有杂物，应测量深度并用文字记录清楚。如果遇到墓穴、地道、地窖和废井等，应在此部位缩小探孔距离(一般为 1m 左右)，沿其周围仔细探查其大小、深浅和平面形状，在探孔图上标示清楚。全部探完后，绘制探孔平

面图和各探孔不同深度的土质情况表，为地基处理提供完整的资料。探完以后，尽快用素土或灰土将探孔回填好，以防地表水浸入钎孔。

2.5 土方填筑与压实

2.5.1 土料要求

填方土料应符合设计要求，保证填方的强度和稳定性，如设计无要求时应符合以下规定：

(1) 碎石类土砂土和爆破石渣（粒径不大于每层铺土厚的 2/3）可用于表层下的填料。

(2) 含水量符合压实要求的粘性土可作各层填料。

(3) 淤泥和淤泥质土一般不能用作填料，但在软土地区，经过处理含水量符合压实要求的，可用于填方中的次要部位。

(4) 碎块草皮和有机质含量大于 5%的土只能用无压实要求的填方。

(5) 含有盐分的盐渍土中，仅中、弱两类盐渍土一般可以使用，但填料中不得含有盐品、盐块或含盐植物的根基。

(6) 不得使用冻土、膨胀性土作填料。

2.5.2 填土压实方法

填土压实可采用人工压实，也可采用机械压实。当压实量较大，或工期要求比较紧时一般采用机械压实。常用的机械压实方法有碾压法、夯实法和振动压实法等。

1. 碾压法

碾压法是利用机械滚轮的压力压实土壤，使之达到所需的密实度，此法多用于大面积填土工程。碾压机械有平碾(压路机)、羊足碾和气胎碾。平碾对砂土、粘性土匀可压实；羊足碾需要较大的牵引力，且只宜压实粘性土，因为在砂土中使用羊足碾会使土颗粒受到“羊足”较大的单位压力后向四周移动，从而使土的结构遭到破坏；气胎碾在工作时是弹性体，其压力均匀，填土压实质量较好。还可利用运土机械进行碾压，也是较经济合理的压实方案，施工时使运土机械行驶路线能大体均匀地分布在填土面积上，并达到一定重复行驶遍数，使其满足填土压实质量的要求。

平碾压路机是最常用的一种碾压机械，又称光碾压路机，按重量等级分轻型(3～5t)、中型（6～10t)和重型（12～15t)三种；按装置形式的不同又分单轮压路机、双轮压路机及三轮压路机等几种；按作用于土层荷载的不同，分静作用压路机和振动压路机两种。平碾压路机具有操作方便、转移灵活、碾压速度较快等优点。但碾轮与土的接触面积大，单位压力较小，碾压上层密实度大于下层。静作用压路机适用于薄层填土或表面压实、平整场地、修筑堤坝及道路工程；振动平碾适用于填料为爆破石渣、碎石类土、杂填土或粉土的大型填方工程。

碾压机械压实填方时，行驶速度不宜过快，一般平碾控制在 2km/h，羊足碾控制在 3km/h，否则会影响压实效果。

2. 夯实法

夯实法是利用夯锤自由下落的冲击力来夯实土壤，主要用于小面积回填。夯实法分人工夯实和机械夯实两种。夯实机械有夯锤、内燃夯土机和蛙式打夯机。人工夯土用的工具有木夯、石夯等。夯锤是借助起重机悬挂一重锤进行夯土的夯实机械，适用于夯实砂性土、湿陷性黄土、杂填土以及含有石块的填土。

现主要介绍常用的小型打夯机。小型打夯机有冲击式和振动式之分，由于体积小，重量轻，构造简单，机动灵活、实用，操纵、维修方便，夯击能量大，夯实工效较高，在建筑工程上使用很广。但劳动强度较大，常用的有蛙式打夯机、内燃打夯机、电动立夯机等，其技术性能见表 2-10。适用于粘性较低的土(砂土、粉土、粉质黏土)基坑(槽)、管沟及各种零星分散、边角部位的填方的夯实，以及配合压路机对边线或边角碾压不到之处的夯实。

蛙式打夯机、振动夯实机、内燃打夯机技术性能与规格　　表 2-10

项目	型号				
	蛙式打夯机 HW-70	蛙式打夯机 HW-201	振动压实机 Hz-280	振动压实机 Hz-400	柴油打夯机 ZH7-120
夯板面积(cm^2)	—	450	2800	2800	550
夯击次数(次/min)	140～165	140～150	1100～1200(Hz)	1100～1200(Hz)	60～70
行走速度(m/min)	—	8	10～16	10～16	—
夯实起落高度(mm)	—	145	300(影响深度)	300(影响深度)	300～500
生产率(m^3/h)	5～10	12.5	33.6	336(m^2/min)	18～27
外形尺寸(长×宽×高)(mm)	1180×450×905	1006×500×900	1300×560×700	1205×566×889	434×265×1180
重量(kg)	140	125	400	400	120

3. 振动压实法

振动压实法是将振动压实机放在土层表面，借助振动装置使压实机械振动，土颗粒在振动力的作用下发生相对位移而达到紧密状态。这种方法用于振实非粘性土效果较好。若使用振动碾进行碾压，可使土受到振动和碾压两种作用，碾压效率高，适用于大面积填方工程，如我国一些黏土大坝工程采用凸块振动碾压机压实土方，效果非常好。

对密实要求不高的大面积填方，在缺乏碾压机械时，可采用推土机、拖拉机或铲运机结合行驶、推(运)土、平土来压实。对已回填松散的特厚土层，可根据回填厚度和设计对密实度的要求采用重锤夯实或强夯等机具方法来夯实。

2.5.3 填土压实的要求

1. 密实度要求

填方的密实度要求和质量指标通常以压实系数 λ_c 表示。压实系数为土的控制(实际)干土密度 ρ_d 与最大干土密度 ρ_{dmax} 的比值。最大干土密度 ρ_{dmax} 是当最优含水量时，通过标准的击实方法确定的。密实度要求一般由设计根据工程结构性质、使用要求以及土的性质确定，如未作规定，可参考表 2-11 数值。

压实填土的质量控制 **表 2-11**

结构类型	填土部位	压实系数	控制含水量(%)
砌体承重结构	在地基主要受力层范围内	≥0.97	$\omega_{op}\pm2$
框架结构	在地基主要受力范围以下	≥0.95	
排架结构	在地基主要受力层范围内	≥0.96	$\omega_{op}\pm2$
	在地基主要受力层范围以下	≥0.94	

注：1. 压实系数 λ_C 为压实填土的控制干密度 ρ_d 与最大干密度 ρ_{dmax}的比值，ω_{op}为最优含水量。

2. 地坪垫层以下及基础底面标高以上的压实填土，压实系数不应小于 0.94。

压实填土的最大干密度 ρ_{dmax}(t/m³) 宜采用击实试验确定，当无试验资料时，可按下式计算：

$$\rho_{dmax}=\eta\frac{\rho_W d_s}{1+0.01\omega_{op}d_s} \tag{2-27}$$

式中 η——经验系数，对于黏土取 0.95，粉质黏土取 0.96，粉土取 0.97；

ρ_W——水的密度（t/m³）；

d_s——土粒相对密度（t/m³）；

ω_{op}——最优含水量（%）(以小数计)，可按当地经验或取 ω_P+2(ω_P——土的塑限)。

2. 填土压实一般要求

(1) 填土应尽量采用同类土填筑，并宜控制土的含水量在最优含水量范围内。当采用不同的土填筑时，应按土类有规则地分层铺填，将透水性大的土层置于透水性较小的土层之下，不得混杂使用，边坡不得用透水性较小的土封闭，以利水分排除和基土稳定，并避免在填方内形成水囊和产生滑动现象。

(2) 填土应从最低处开始，由下向上整个宽度分层铺填碾压或夯实。

(3) 在地形起伏之处，应做好接槎，修筑 1∶2 阶梯形边坡，每台阶高可取 50cm、宽 100cm。分段填筑时每层接缝处应作成大于 1∶1.5 的斜坡，碾迹重叠 0.5～1.0m，上下层错缝距离不应小于 1m。接缝部位不得在基础、墙角、柱墩等重要部位。

(4) 填土应预留一定的下沉高度，以备在行车、堆重或干湿交替等自然因素作用下，土体逐渐沉落密实。预留沉降量根据工程性质、填方高度、填料种类、压实系数和地基情况等因素确定。当土方用机械分层夯实时，其预留下沉高度（以填方高度的百分数计）：对砂土为 1.5%；对粉质黏土为 3%～3.5%。

(5) 我国相关验收规范和技术规范规定，设计无要求时，建筑地面基土压实系数不应小于 0.9；筏形与箱形基础地下室四周回填土的压实系数不应小于 0.94。

2.5.4 影响填土压实质量的因素

填土压实的影响因素较多，主要有压实功、土的含水量以及每层铺土厚度。

1. 压实功的影响

填土压实后的密度与压实机械在其上所施加的功有一定的关系。土的密度与所耗功的关系如图 2-26 所示。当土的含水量一定，在开始压实时，土的密度急剧增加，待到接近土的最

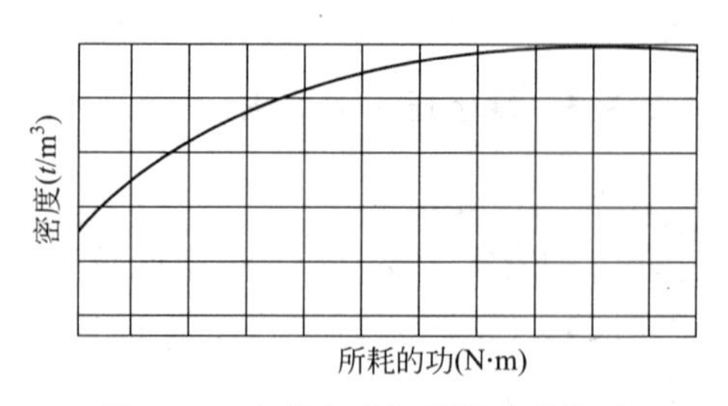

图 2-26 土的密度与所耗功的关系

大密度时，压实功虽然增加许多，而土的密度则变化甚小。实际施工中，对于砂土只需碾压或夯击2～3遍，对粉土只需3～4遍，对粉质黏土或黏土只需5～6遍。此外，松土不宜用重型碾压机械直接滚压，否则土层有强烈起伏现象，效率不高。如果先用轻碾压实，再用重碾压实就会取得较好效果。

2. 含水量的影响

填土土料含水量的大小，直接影响到夯实(碾压)质量，在夯实(碾压)前应预先试验，以得到符合密实度要求条件下的最优含水量和最少夯实(或碾压)遍数。含水量过小，夯压(碾压)不实；含水量过大，则易成橡皮土。当土的含水量适当时，水起了润滑作用，土颗粒之间的摩阻力减少，从而容易压实。每种土都有其最佳含水量，土在这种含水量的条件下，使用同样的压实功进行压实，所得到的密度最大。各种土的最佳含水量和最大干密度可参考表2-12。工地简单检验粘性土含水量的方法一般是以手握成团，落地开花为适宜。为了保证填土在压实过程中处于最佳含水量状态，当土过湿时，应予翻松晾干，也可掺入同类干土或吸水性土料；当土过干时，则应预先洒水润湿。

土的最优含水量和最大干密度参考　　　表2-12

项次	土的种类	变动范围		项次	土的种类	变动范围	
		最佳含水量(%)(重量比)	最大干密度(g/cm^3)			最佳含水量(%)(重量比)	最大干密度(g/cm^3)
1	砂土	8～12	1.80～1.88	3	粉质黏土	12～15	1.85～1.95
2	黏土	19～23	1.58～1.70	4	粉土	16～22	1.61～1.80

注：1. 表中土的最大干密度应根据现场实际达到的数字为准。
2. 一般性的回填可不做此项测定。

土料最优含水量一般以手握成团，落地开花为适宜，当含水量过大，应采取翻松、晾干、风干、换土回填、掺入干土或其他吸水性材料等措施；如土料过干，则应预先洒水润湿。在气候干燥时，须采取加速挖土、运土、平土和碾压过程，以减少土的水分散失。当填料为碎石类土(充填物为砂土)时，碾压前应充分洒水湿透，以提高压实效果。

3. 铺土厚度和压实遍数的影响

土在压实功的作用下，其应力随深度增加而逐渐减小，其影响深度与压实机械、土的性质和含水量等有关。铺土厚度应小于压实机械压土时的作用深度，但其中还有最优土层厚度问题，铺得过厚，要压很多遍才能达到规定的密实度，铺得过薄，则也要增加机械的总压实遍数。最优的铺土厚度应能使土方压实而机械的功耗费最少，可按照表2-13选用。在表中规定压实遍数范围内，轻型压实机械取大值，重型的取小值。

填方每层的铺土厚度和压实遍数　　　表2-13

压实机具	每层铺土厚度(mm)	每层压实遍数(遍)
平碾	200～300	6～8
羊足碾	200～350	8～16
蛙式打夯机	200～250	3～4
推土机	200～300	6～8
拖拉机	200～300	8～16
人工打夯	不大于200	3～4

注：1. 人工打夯时，土块粒径不应大于50mm。
2. 表中每层铺土厚度为虚铺厚度。

上述三方面因素之间是互相影响的。为了保证压实质量，提高压实机械的生产率，重要工程应根据土质和所选用的压实机械在施工现场进行压实试验，以确定达到规定密实度所需的压实遍数，铺土厚度及最优含水量。

2.6 土方工程安全技术

1. 基坑开挖时，两人操作的水平间距应大于2.5m，前后间距应大于3m多台机械开挖，挖土机间距应大于10m。挖土应由上而下，逐层进行，严禁采用先挖空底脚（挖神仙土）的施工方法。

2. 基坑开挖应严格按要求放坡。操作时应随时注意土壁变动情况，如发现有裂纹或部分坍塌现象，应及时进行支撑或放坡，并注意支撑的稳固和土壁的变化。

3. 基坑(槽)挖土深度超过3m以上，使用吊装设备吊土时，起吊后坑内操作人员应立即离开吊点的垂直下方，起吊设备距坑边一般不得少于1.5m，坑内人员应戴安全帽。

4. 用手推车运土，应先铺好道路。卸土回填，不得放手让车自动翻转。用翻斗汽车运土，运输道路的坡度、转弯半径应符合有关安全规定。

5. 深基坑上下应先挖好阶梯或设置靠梯，或开斜坡道，采取防滑措施，禁止踩踏支撑上下。坑四周应设安全栏杆或悬挂危险标志。

6. 基坑(槽)设置的支撑应经常检查是否有松动变形等不安全的迹象，特别是雨后更应加强检查。

7. 基坑(槽)沟边1m以内不得堆土、堆料和停放机具，1m以外堆土，其高度不宜超过1.5m；坑(槽)、沟与附近建筑物的距离不得小于1.5m，危险时必须加固。

2.7 深基坑开挖信息化施工

在深基坑施工期间要跟踪施工活动，对坑周围地层位移和附近建筑物、地下管道进行监测，通过监测信息可以反映变形及受力情况，这就是最常用的基坑信息化施工。

2.7.1 深基坑信息化施工的监测目的和内容

1. 深基坑信息化施工的监测目的

工程监测的目的可以分为以下几点：

(1) 将监测数据与预测值相比较以判断前一步施工工艺和施工参数是否符合预期要求，以确定和优化下一步的施工参数，做好信息化施工；

(2) 将现场测量结果用于信息化反馈优化设计，使设计达到优质安全、经济合理、施工快捷的目的；

(3) 将现场监测的结果与理论预测值相比较，用反分析法导出较接近实际的理论公式，用以指导其他工程。

2. 深基坑信息化施工的监测内容

深基坑监测的内容一般可分为以下几部分：

(1) 坑周土体变位测量；

(2) 围护结构变形测量及内力测量；

(3) 支撑结构轴力测量；
(4) 土压力测量；
(5) 地下水位及孔隙水压力测量；
(6) 相邻建(构)筑物及地下管线、隧道等保护对象的变形测量。

2.7.2 基坑工程信息化施工的监测项目

在基坑工程中，现场监测的主要项目有：
(1) 基坑围护桩(墙)的水平变位，包括桩(墙)的测斜和顶部的隆沉量及水平位移；
(2) 地层分层沉降(或回弹量)；
(3) 各立柱桩的隆沉量及水平位移；
(4) 支撑围檩的变形及弯矩；
(5) 基坑围护桩(墙)的弯矩；
(6) 基坑周围地下管线、房屋及其他重要构筑物的沉降和水平位移；
(7) 基坑内外侧的孔隙水压力及水位；
(8) 结构底板的反力及弯矩；
(9) 基坑内外侧的水土压力值。

在工程中选择监测项目时，应根据工程实际及环境需要而定。一般来说，大型工程均需测量这些项目，特别是位于闹市区的大中型工程；而中、小型工程则可选择几项来测。基坑工程中，测斜及支撑结构轴力的量测必不可少，因为它们能综合反映基坑变形、基坑受力情况，直接反馈基坑的安全度。

2.7.3 测点布置

按对基坑工程控制变形的要求，设置在围护结构里的测斜管，一般情况下基坑每边设1～3点；测斜管深度与结构入土深度一样。围护桩(墙)顶的水平位移、垂直位移测点应沿基坑周边每隔10～20m设一点，并在远离基坑(大于5倍的基坑开挖深度)的地方设基准点，对此基准点要按其稳定程度定时测量其位移和沉降。

环境监测应包括基坑开挖深度3倍以内的范围。地下管线位移量测有直接法和间接法两种，所以测点也有两种布置方法。直接法就是将测点布置在管线本身，而间接法则是将测点设在靠近管线底面的土体中。为分析管道纵向弯曲受力状况或在跟踪监测、跟踪注浆调整管道差异沉降时，间接法必不可少。房屋沉降量测点应布置在墙角、柱身(特别是代表独立基础及条形基础差异沉降的柱身)、门边等外形实出部位，测点间距要能充分反映建筑物各部分的不均匀沉降为宜。

立柱桩沉降测点直接布置在立柱桩上方的支撑面上。每根立柱桩的隆沉量、位移量均需测量，特别对基坑中多个支撑交汇受力复杂处的立柱应作为重点测点。对此重点，变形与应力量测应配套进行。

围护桩(墙)弯矩测点应选择基坑每侧中心处布置，深度方向测点间距一般以1.5m～2.0m为宜。支撑结构轴力测点需设置在主撑跨中部位，每层支撑都应选择几个具有代表性的截面进行测量。对测轴力的重要支撑，宜配套测其在支点处的弯矩，以及两端和中部的沉降及位移。底板反力测点按底板结构形状在最大正弯矩和负弯矩处布置测点，宜在塔楼范围内。

在实际工作中，应根据工程施工引起的应力场、位移场分布情况分清重点与一般，抓住关键部位，做到重点量测项目配套，强调量测数据与施工工况的具体施工参数配套，以形成有效的监测系统，使工程设计和施工设计紧密结合，达到保证工程与周围环境安全和及时调整优化设计及施工的目的。

2.7.4 监测设备

现场测量常用的仪器有水准仪、经纬仪、测斜仪、分层沉降仪、土压力计、孔隙水压计等。在监测设备、仪器埋设完成后，应立即测读初始值，以后在开挖过程中每天固定时间测读两次。基坑挖到设计标高后可改为每天测读一次。待数据变化不大时改为每5～7天测读一次。每次读数后应及时整理观测值，绘制变化曲线，及时反馈到基坑开挖单位，以指导安全挖土。

复习思考题

1. 试述土的可松性及其对土方施工的影响。
2. 试述土的基本物理性质对土方施工的影响。
3. 试述基坑及基槽土方量的计算方法。
4. 试述场地平整土方量计算的步骤和方法。
5. 土方调配应遵循哪些原则？调配区如何划分？
6. 试述土方边坡的表示方法及影响边坡的因素。
7. 常用的土方机械有哪些？试述其工作特点、适用范围。
8. 正铲、反铲挖土机开挖方式有哪几种？如何选择？
9. 填土压实有哪几种方法？有什么特点？影响填土压实的主要因素有哪些？怎样检查填土压实的质量？
10. 试述土的最佳含水量的概念，土的含水量和控制干密度对填土质量有何影响？
11. 深基坑土方开挖的方法有哪些？
12. 试述土方工程常见的质量事故及处理方法。
13. 试述土方工程质量标准与安全技术。

习　　题

1. 某基坑底长90m，宽60m，深10m，四边放坡，边坡坡度为1∶0.5。已知土的最初可松性系数$K_s=1.14$，最终可松性系数$K'_s=1.05$。

(1) 试计算土方开挖工程量。

(2) 若混凝土基础和地下室占有体积为57000m^3，则应预留多少回填土(以自然状态土体积计)？

(3) 若多余土方外运，问外运土方为多少(以自然状态的土体积计)？

(4) 如果用斗容量为3.0m^3的汽车外运，需运多少车？

第3章　基坑支护及降水工程

开挖土方时，边坡土体的下滑力产生剪应力，此剪应力主要由土体的内摩阻力和内聚力平衡，如果边坡中的剪应力大于土的抗剪强度，土体就会失去平衡，边坡就会塌方。为了防止塌方，保证施工安全，基坑开挖一般可以采取放坡开挖或有支护结构保护的基坑开挖方式。

3.1　土方放坡开挖

一般情况下放坡开挖是相对比较经济的土方开挖方案。放坡开挖必须在具备放坡条件的情况下才能采用，如果周围环境比较复杂，施工场地比较狭窄，则应采用有支护结构保护的基坑开挖方式。当基坑边坡的高度 h 为已知时，边坡的宽度 b 则等于 mh（注：m 为坡度系数），若土壁高度较高，土方边坡可根据各层土体所受的压力，其边坡可做成折线形或台阶形（图 3-1）。如果基坑较深，目前采用比较多的是分阶梯放坡，每一级阶梯平台的宽度一般不小于 1.5m。

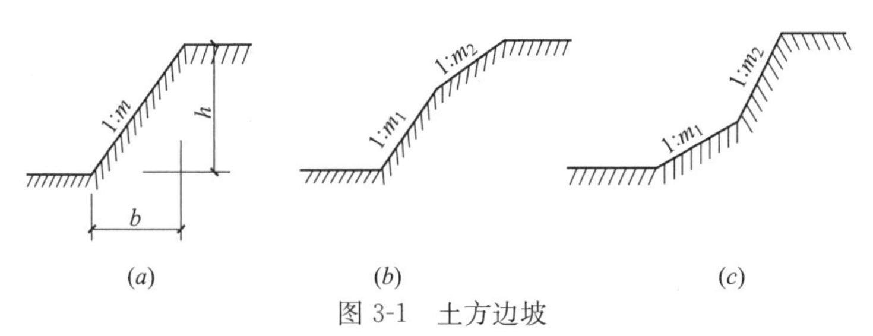

图 3-1　土方边坡

（a）直线边坡；（b）不同土层折线边坡；（c）相同土层折线边坡

土方边坡的大小主要与土质、基坑开挖深度、基坑开挖方法、基坑开挖后边坡留置时间的长短、边坡附近的有无堆土等额外荷载状况及排水情况有关。图 3-2 是放坡开挖工程实例照片。

图 3-2　基坑放坡情况

开挖基坑（槽）时，当土质为天然湿度、构造均匀、水文地质条件良好（即不会发生坍滑、移动、松散或不均匀下沉），且地下水在基坑底标高以下时，开挖基坑也可不必放坡，采取直立开挖不加支护，但挖方深度应满足表 3-1 的规定。

基坑（槽）和管沟不放坡也不加支撑时的容许深度　　表 3-1

项次	土的种类	容许深度(m)
1	密实、中密的砂子和碎石类土(充填物为砂土)	1.0
2	硬塑、可塑的粉质黏土及粉土	1.25
3	硬塑、可塑的黏土和碎石类土(充填物为粘性土)	1.5
4	坚硬的黏土	2.0

对使用时间较长的临时性挖方边坡坡度，应根据工程地质和边坡高度，结合当地实践经验确定。在边坡整体稳定的情况下，如地质条件良好，土质较均匀，高度在 5m 内不加支撑的边坡最陡坡度可按表 3-2 确定。

深度在 5m 内的基坑(槽)、管沟边坡的最陡坡度(不加支撑)　　表 3-2

土的类别	边坡坡度(高∶宽)		
	坡顶无荷载	坡顶有静载	坡顶有动载
中密的砂土	1∶1.00	1∶1.25	1∶1.50
中密的碎石类土(充填物为砂土)	1∶0.75	1∶1.00	1∶1.25
硬塑的粉土	1∶0.67	1∶0.75	1∶1.00
中密的碎石类土(充填物为粘性土)	1∶0.50	1∶0.67	1∶0.75
硬塑的粉质黏土、黏土	1∶0.33	1∶0.50	1∶0.67
老黄土	1∶0.10	1∶0.25	1∶0.33
软土(经井点降水后)	1∶1.00	—	—

注：1. 静载指堆土或材料等，动载指机械挖土或汽车运输作业等。静载或动载距挖方边缘的距离应保证边坡和直立壁的稳定，堆土或材料应距挖方边缘 0.8m 以外，高度不超过 1.5m。

2. 当有成熟施工经验时，可不受本表限制。

3.2 基 坑 支 护

3.2.1 基坑支护结构的安全等级及选型

如果周围环境比较复杂，施工场地比较狭窄，则应采取有支护结构保护的基坑开挖方式。目前在城市中心区，土地价值是寸土寸金，建设单位为了充分利用地下空间，常常会在土地规划允许范围内设计地下使用空间，这就造成基坑底距离市政道路或邻近建筑物(或构筑物)过近的情况，因此常常不具备放坡条件。或者周围环境(如附近有地铁)对变形要求非常高，为了保护邻近建筑物或构筑物的安全，也要求对基坑做好支护。

1. 支护结构的安全等级

基坑支护结构设计时，应综合考虑基坑周边环境和地质条件的复杂程度、基坑深度等因素，确定基坑支护的安全等级。对同一基坑的不同部位，可采用不同的安全等级。

安全等级	破坏后果
一级	支护结构失效、土体过大变形对基坑周边环境或主体结构施工安全的影响很严重
二级	支护结构失效、土体过大变形对基坑周边环境或主体结构施工安全的影响严重
三级	支护结构失效、土体过大变形对基坑周边环境或主体结构施工安全的影响不严重

2. 支护结构的选型

支护结构选型时，应综合考虑下列因素：

(1) 基坑深度；

(2) 土的性状及地下水条件；

(3) 基坑周边环境对基坑变形的承受能力及支护结构失效的后果；

(4) 主体地下结构和基础形式及其施工方法、基坑平面尺寸及形状；

(5) 支护结构施工工艺的可行性；

(6) 施工场地条件及施工季节；

(7) 经济指标、环保性能和施工工期。

支护结构选型可以按表 3-3 确定。

支护结构选型 **表 3-3**

<table>
<tr><th colspan="2" rowspan="2">结构类型</th><th colspan="3">适用条件</th></tr>
<tr><th>安全等级</th><th colspan="2">基坑深度、环境条件、土类和地下水条件</th></tr>
<tr><td rowspan="5">支挡式结构</td><td>锚拉式结构</td><td rowspan="5">一级
二级
三级</td><td>适用于较深基坑</td><td rowspan="5">1. 排桩适用于可采用降水或截水帷幕的基坑
2. 地下连续墙宜同时用作主体地下结构外墙，可同时用于截水
3. 锚杆不宜用在软土层和高水位的碎石土、砂土层中
4. 当临近基坑有建筑物地下室、地下构筑物等，锚杆的有效长度不足时，不应采用锚杆
5. 当锚杆施工会造成基坑周边建筑物的损害或违反地下空间规划等规定时，不应采用锚杆</td></tr>
<tr><td>支撑式结构</td><td>适用于较深基坑</td></tr>
<tr><td>悬臂式结构</td><td>适用于较浅基坑</td></tr>
<tr><td>双排桩</td><td>当锚拉时、支撑式和悬臂式结构不适用时，可考虑采用</td></tr>
<tr><td>支护结构与主体结构结合的逆作法</td><td>适用于基坑周边环境条件很复杂的深基坑</td></tr>
<tr><td rowspan="4">土钉墙</td><td>单一土钉墙</td><td rowspan="4">二级
三级</td><td>适用于地下水位以上或降水的非软土基坑，且基坑深度不宜大于 12m</td><td rowspan="4">当基坑潜在滑动面内有建筑物、重要地下管线时，不宜采用土钉墙</td></tr>
<tr><td>预应力锚杆复合土钉墙</td><td>适用于地下水位以上或降水的非软土基坑，且基坑深度不宜大于 15m</td></tr>
<tr><td>水泥土桩复合土钉墙</td><td>适用于非软土基坑时，基坑深度不宜大于 12m；用于淤泥质土基坑时，基坑深度不宜大于 6m；不宜用在高水位的碎石土、砂土层中</td></tr>
<tr><td>微型桩复合土钉墙</td><td>适用于地下水位以上或降水的基坑，用于非软土基坑时，基坑深度不宜大于 12m；用于淤泥质土基坑时，基坑深度不宜大于 6m</td></tr>
<tr><td colspan="2">重力式水泥土墙</td><td>二级、三级</td><td colspan="2">适用于淤泥质土、淤泥基坑且基坑深度不宜大于 7m</td></tr>
<tr><td colspan="2">放坡</td><td>三级</td><td colspan="2">1. 施工场地满足放坡条件
2. 放坡与上述支护结构形式结合</td></tr>
</table>

3.2.2 基坑支护结构的施工

基坑支护结构目前采用比较多的是排桩、水泥土搅拌桩和土钉墙等。支撑结构常采用内支撑和锚拉结构。在一些深基坑支护结构施工中，排桩经常结合支撑结构一起承担基坑围护安全工作。如果施工现场周围环境比较复杂，则往往采用内支撑结构。如果周围环境允许且有较好的土层作为锚固土层，则采用预应力锚杆作为外拉锚支撑结构。

3.2.2.1 水泥土搅拌桩

水泥土搅拌桩挡墙是以深层搅拌机就地将原状土和压入的水泥浆采用强力搅拌形式强制搅拌均匀形成水泥土桩，水泥土桩与桩在成桩过程中相互搭接。水泥土搅拌桩一般做成一排以上，排与排之间相互搭接成格栅状的结构形式，水泥土与其包围的天然土形成重力式挡墙支挡周边土体，使边坡保持稳定。这种桩墙是依靠自重和刚度进行挡土和保护坑壁稳定，一般不设支撑，或特殊情况下局部加设支撑，具有良好的抗渗透性能(渗透系数 $\leqslant 10^{-7}$cm/s)，能止水防渗，起到挡土防渗双重作用(图 3-3)。也可采用水泥土搅拌桩相互搭接成实体的结构形式。搅拌桩的施工工艺宜采用喷浆搅拌法，水泥土搅拌桩常用的水泥掺入比为 12%～15%。水泥搅拌桩支护结构常应用于软黏土地区开挖深度约在 6m 左右的基坑工程。为了提高水泥土墙的刚性，也有的在水泥土搅拌桩内插入 H 型钢，使之成为既能受力又能抗渗两种功能的型钢水泥土搅拌墙支护结构(也叫 SMW 工法)，可用于较深(8～10m)的基坑支护，水泥掺入比为 20%。

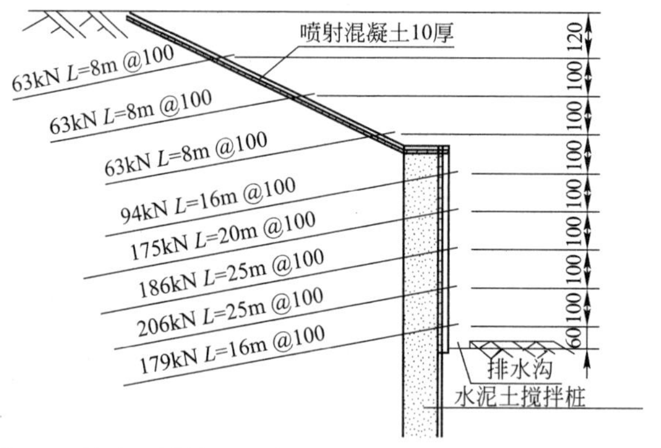

图 3-3 某水泥搅拌桩结合土钉支护(未注明长度单位：cm)

水泥土搅拌桩挡墙具有挡土挡水双重功能，坑内无支撑，便于机械化挖土作业。施工机具相对较简单，成桩速度快。使用材料单一，节省三材，造价较低。但这种重力式支护相对位移较大，不适宜用于深基坑。当基坑长度大时，要采取中间加墩、起拱等措施，以控制产生过大位移。适用于淤泥、淤泥质土、黏土、粉质黏土、粉土、具有薄夹砂层的土、素填土等地基承载力特征值不大于 150kPa 的土层，作为基坑截水及较浅基坑(不大于 6m)的支护工程。

1. 水泥土搅拌桩的构造要求

(1) 水泥土搅拌桩的嵌固深度，对于淤泥质土，不宜小于 1.2h(h 为基坑开挖深度)；对于淤泥，不宜小于 1.3h；水泥土墙的宽度，对淤泥质土，不宜小于 0.7h；对于淤泥，不宜小于 0.8h。

（2）水泥土墙采用格栅形式时，格栅的面积置换率，对于淤泥质土，不宜小于0.7；对于淤泥，不宜小于0.8；对于一般土、砂土，不宜小于0.6。格栅内侧的长宽比不宜大于2。

（3）水泥土搅拌桩的搭接宽度不宜小于150mm。

（4）水泥土墙体的28d无侧限抗压强度不宜小于0.8MPa。当需要增强墙体的抗拉性能时，可在水泥土桩内插入杆筋。杆筋可采用钢筋、钢管或毛竹，杆筋的插入深度宜大于基坑深度，杆筋应锚入面板内。

（5）水泥土墙顶部宜设置混凝土连接面板，面板厚度不宜小于150mm，混凝土强度等级不宜低于C15。

2. 水泥土搅拌桩施工工艺流程

定位放线→桩机就位→浆液的配制与输送→钻进预搅下沉→喷浆搅拌上升→重复下沉、提升搅拌→成桩（见图3-4）

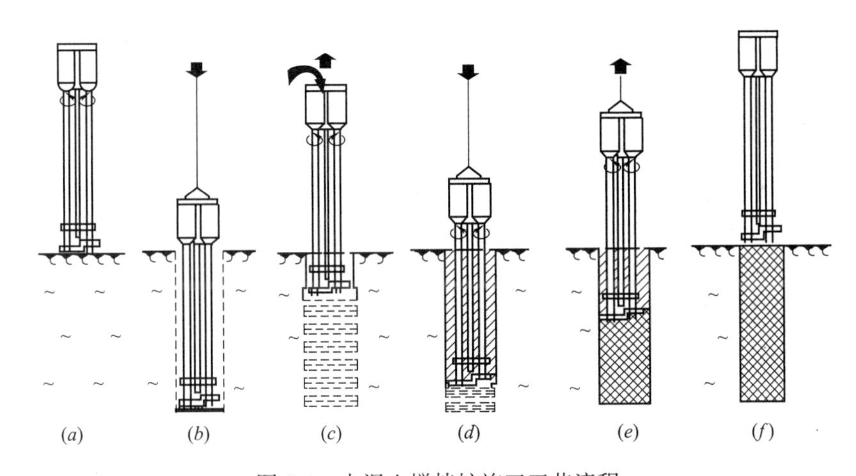

图3-4 水泥土搅拌桩施工工艺流程

（a）定位；（b）预搅下沉；（c）喷浆搅拌机提升；（d）重复搅拌下沉；（e）重复搅拌上升；（f）完毕

3. 水泥土搅拌桩施工

（1）桩机就位

桩机移步就位，调整好桩机，桩机的钻杆要保证垂直，可采用双锤法检验，要求垂直度＜1.0%桩长，防止斜桩。要求钻尖对准桩位标志后开始下钻，对中误差应小于20mm。

（2）浆液的配制与输送

水泥浆液应设专人负责配制，根据每米桩长用水泥多少，按设计配比，一般水灰比为0.45～0.5，搅浆时间应≥3min，浆液比重控制在1.75～1.85之间。进入贮浆桶的浆液要经过滤筛，筛网孔径不大于20目，且筛网不得有破损。贮浆桶内的浆液必须持续搅拌防止沉淀。对停置时间超过2h的水泥浆应降低强度等级使用或废弃。

水泥浆泵设专人管理，水泥浆液量必须严格按施工方案注入搅拌土层中。

（3）钻进预搅下沉

正式施工前要在现场进行水泥土搅拌桩的工艺性试验，达到设计要求后，确定好搅拌施工的各项技术参数（如搅拌速度、注浆量等），然后再正式开动深层搅拌机钻进施工。

预搅下沉施工时可以采用边搅边注浆，也可以下搅过程中采取不注浆的施工方法。图 3-5 是水泥土搅拌桩施工。

（4）喷浆搅拌上升

开动水泥浆泵进行第一次喷浆搅拌，应搅 30s，在水泥浆与桩端土充分搅拌后，再开始提升搅拌头。边搅边上升，上升速度依据地层不同及钻机型号不同可控制在(0.5m～1.5m)/min，喷浆量为(20～40L)/min。依据试验确定的参数进行控制，停浆面控制在设计桩项标高以上 0.5m。

图 3-5　水泥土搅拌桩施工的实例照片

（5）重复下沉、提升搅拌

根据设计要求的次数，按照上述 3 条、4 条的步骤重复进行。如喷浆量已达到设计要求时，只需复搅不再送浆。

（6）成桩

根据设计的搅拌次数，最后一次喷浆或仅搅拌提升直至预定的停浆面，即完成一根搅拌桩的作业。将搅拌机移动至下一桩位按照上述施工程序进行下一根搅拌桩的施工。

4. 水泥土搅拌桩挡墙施工质量控制要点

（1）水泥土搅拌桩挡墙施工机具应优先选用喷浆型双轴深层搅拌机械，无深层搅拌机设备时亦可采用高压喷射注浆桩（又称旋喷桩）或粉体喷射桩（又称粉喷桩）代替。

（2）深层搅拌机械就位时应对中，最大偏差不得大于 20mm，并且调平机械的垂直度，偏差不得大于 1%桩长。深层搅拌单桩的施工应采用搅拌头上下各二次的搅拌工艺。输入水泥浆的水灰比不宜大于 0.5，泵送压力宜大于 0.3MPa，泵送流量应恒定。

（3）水泥土桩挡墙应采取切割搭接法施工，应在前桩水泥土尚未固化时进行后序搭接桩施工。相邻桩的搭接长度不宜小于 150mm，如果水泥土搅拌桩还有隔水要求，搭接长度不宜小于 200mm。相邻桩喷浆工艺的施工时间间隔不宜大于 10h。施工开始和结束的头尾搭接处，应采取加强措施，消除搭接缝。

（4）深层搅拌水泥土桩挡墙施工前，应进行成桩工艺及水泥掺入量或水泥浆的配合比试验，以确定相应的水泥掺入比或水泥浆水灰比。

（5）采用高压喷射注浆桩，施工前应通过试喷试验，确定不同土层旋喷固结体的最小直径、高压喷射施工技术参数等。高压喷射注浆水泥水灰比宜为 1.0～1.5。

（6）高压喷射注浆应按试喷确定的技术参数施工，切割搭接宽度：对旋喷固结体不宜小于 150mm；摆喷固结体不宜小于 150mm；定喷固结体不宜小于 200mm。

（7）深层搅拌桩和高压喷射注浆桩，当设置插筋或 H 型钢时，桩身插筋应在桩顶搅拌或旋喷完成后及时进行，插入长度和露出长度等均应按计算和构造要求确定，H 型钢靠自重下插至设计标高。

（8）深层搅拌桩和高压喷射桩水泥土墙的桩位偏差不应大于 50mm，垂直度偏差不宜大于 0.5%。

（9）水泥土挡墙应有 28d 以上的龄期，达到设计强度要求时，方能进行基坑开挖。

(10) 水泥土墙的质量检验应在施工后一周内进行开挖检查或采用钻孔取芯等手段检查成桩质量，若不符合设计要求应及时调整施工工艺；水泥土墙应在设计开挖龄期采用钻芯法检测墙身完整性，钻芯数量不宜少于总桩数的2%，且不少于5根；并应根据设计要求取样进行单轴抗压强度试验。

3.2.2.2 土钉墙支护结构

土钉墙支护是在开挖边坡上每隔一定距离埋设土钉，并在表面铺钢筋网，再通过加劲钢筋将土钉杆体和钢筋网连成一个整体骨架，再在坡面喷射细石混凝土，使土钉与边坡土体形成共同承担支护的工作复合体，从而有效提高边坡稳定的能力，增强土体破坏的延性，变土体荷载为支护结构的一部分，它与上述被动起挡土作用的围护墙不同，而是对土体起到嵌固作用，对土坡进行加固，增加边坡支护锚固力，使基坑开挖后保持稳定(图3-6是土钉支护实例照片)。土钉墙支护为一种边坡稳定式支护结构，适用于可塑、硬塑或坚硬的黏性土；胶结或弱胶结(包括毛细水粘结)的粉土、砂土和角砾；填土、风化岩层等。地下水位较低，基坑开挖深度在12m以内时采用，经济适宜基坑深度6m左右。

图3-6 土钉支护

1. 土钉类型

土钉支护是沿通长与周围土体接触，以群体起作用，与周围土体形成一个组合体，在土体发生变形的条件下，通过与土体接触界面上的粘结力或摩擦力，使土钉被动受拉，并主要通过受拉工作给土体以约束加固或使其稳定。

常见土钉的类型有：

(1) 钻孔注浆钉

这种土钉目前最常用。即先在土中成孔，置入变形钢筋，然后沿全长注浆填孔，这样整个土钉体由土钉钢筋和外裹的水泥砂浆(有时用细石混凝土或水泥净浆)组成。

(2) 击入钉

用角钢、圆钢或钢管作土钉，用振动冲击钻或液压锤击入。此种类型不需预先钻孔，施工极为快速，适用于易塌孔缩径的软土，但不适用于砾石土、硬胶黏土和松散砂土。击入钉在密实砂土中的效果要优于粘性土。

(3) 注浆击入钉

这种土钉目前在不易成孔或成孔比较困难的土层使用非常普遍。常用周面带孔的钢管，端部密闭，击入后从管内注浆并透过壁孔将浆体渗到周围土体。

2. 土钉支护的构造

(1) 土钉的组成

土钉支护一般由土钉、面层和排水系统组成。

(2) 土钉的构造

土钉墙支护构造作法如图3-7所示，墙面的坡比不宜大于1：0.2，当基坑较深、土的抗剪强度较低时，宜取较小坡比。土钉必须和面层有效连接，应设置承压板或加强钢筋(加强钢筋的直径宜取 14mm～20mm)与土钉螺栓连接或钢筋焊接连接；土钉长度宜为开挖深度的 0.5～1.2 倍，间距宜为 1～2m，呈矩形或梅花形布置，与水平夹角宜为 5°～20°。

1）成孔注浆型钢筋土钉

成孔注浆型钢筋土钉的构造应符合下列要求：

① 成孔直径宜取 70～120mm；

② 土钉钢筋宜选用 HRB400、HRB500 钢筋，钢筋直径宜取 16～32mm；

③ 应沿土钉全长设置对中定位支架，其间距宜取 1.5～2.5m，土钉钢筋保护层厚度不宜小于 20mm；

④ 土钉孔注浆材料可采用水泥浆或水泥砂浆，其强度不低于 20MPa。

2）钢管土钉

钢管土钉的构造应符合下列要求：

① 钢管的外径不宜小于 48mm，壁厚不宜小于 3mm；钢管注浆孔应设置在钢管末端 $L/2$～$2L/3$ 范围内(注：L 为钢管土钉的总长度)；每个注浆截面的注浆孔宜取 2 个，且应对称布置；注浆孔的孔径宜取 5～8mm，注浆孔外应设置保护倒刺(图 3-8)。

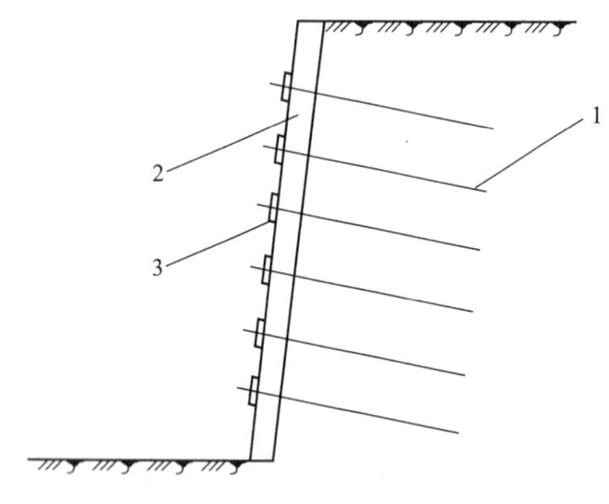

图 3-7　土钉墙支护

1—土钉；2—喷射混凝土面层；3—垫板

图 3-8　钢管土钉支护

② 钢管的连接采用焊接时，接头强度不应低于钢管强度；钢管焊接可采用数量不少于 3 根、直径不小于 16mm 的钢筋沿截面均匀分布焊接；双面焊接时钢筋长度不应小于钢管直径的 2 倍。

(3) 支护面层构造

临时性土钉支护的面层通常是喷射混凝土面层，并配置钢筋网，钢筋直径宜为 6～10mm，间距宜为 150～250mm；面层中坡面上钢筋网搭接长度应大于 300mm。喷射混凝土强度等级不宜低于 C20，面层厚度不宜小于 80mm。在土钉墙的顶部应采用砂浆或混凝土护面。喷射混凝土面层施工中要做好施工缝处的钢筋网搭接和喷混凝土的连接，到达支护底面后，宜将面层插入底面以下 300～400mm。如果土体的自立稳定性不良，也可以在挖土后先做喷射混凝土面层，而后再成孔置入土钉。

(4) 排水系统

土钉支护在一般情况下都必须有良好的排水系统，在坡顶和坡脚应设排水设施，坡面上可根据具体情况设置泄水孔。施工开挖前要先做好地面排水，设置地面排水沟引走地表水，或设置不透水的混凝土地面防止近处的地表水向下渗透。沿基坑边缘地面要垫高，防止地表水注入基坑内。同时，基坑内部还必须人工降低地下水位，有利于基础施工。

3. 施工工艺流程

基坑开挖→修整坡面(平整度允许偏差±20mm)→定位放线→钻孔→安设土钉→注浆→绑扎钢筋网和加劲筋→连接加劲筋和土钉杆体→喷射面层混凝土→设置坡顶、坡面和坡脚的排水系统→土钉检测

4. 土钉支护结构施工

(1) 排水设施的设置

水是土钉支护结构最为敏感的问题，不但要在施工前做好降排水工作，还要充分考虑土钉支护结构工作期间地表水及地下水的处理，设置排水构造措施。基坑四周地表应加以修整并构筑明沟排水和水泥砂浆或混凝土地面，严防地表水向下渗流。

基坑边壁有透水层或渗水土层时，混凝土面层上要做泄水孔，按间距1.5～2.0m均布插设长0.4～0.6m、直径40mm的塑料排水管，外管口略向下倾斜。

为了排除积聚在基坑内的渗水和雨水，应在坑底设置排水沟和集水井。排水沟应离开坡脚0.5m～1.0m，严防冲刷坡脚。排水沟和集水井宜采用砖砌并用砂浆抹面以防止渗漏。坑内积水应及时排除。

(2) 基坑开挖

基坑要按设计要求严格分层分段开挖，在完成上一层作业面土钉与喷射混凝土面层达到设计强度的70%以前，不得进行下一层土层的开挖。每层开挖最大深度取决于在支护投入工作前土壁可以自稳而不发生滑移破坏的能力，实际工程中常取基坑每层挖深与土钉竖向间距相等。

挖土要选用对坡面土体扰动小的挖土设备和方法，严禁边壁出现超挖或造成边壁土体松动。坡面经机械开挖后要采用小型机械或人工进行切削清坡，以使坡度与坡面平整度达到设计要求。

(3) 修整边坡

为防止基坑边坡的裸露土体塌陷，对于易塌的土体可采取对修整后的边坡，立即喷上一层薄的混凝土，强度等级不宜低于C20，凝结后再进行钻孔。若土质较好的话，可省去该道面层。

(4) 钻孔

土钉成孔前先进行定位放线，在土体上成孔，然后置入土钉钢筋并沿全长注浆，也可以采用专门设备将土钉杆体击入土体。

钻孔前应根据设计要求定出孔位并作出标记和编号，钻孔时要保证位置正确(上下左右及角度)，防止高低参差不齐和相互交错。

钻进时要比设计深度多钻进100～200mm，以防止孔深不够。采用的机具应符合土层的特点，满足设计要求，在进钻和抽钻杆过程中不得引起土体坍孔。在易坍孔的土体中钻

孔时宜采用套管成孔或挤压成孔。图 3-9 是螺旋钻机成孔。

（5）插入土钉杆体

插入土钉钢筋前要进行清孔检查，若孔中出现局部渗水、塌孔或掉落松土，应立即处理。土钉钢筋置入孔中前，要先在钢筋上安装对中定位支架，以保证钢筋处于孔位中心且注浆后其保护层厚度不小于 25mm。支架沿土钉长的间距为 1.5～2.5m 左右，支架可为金属或塑料件，以不妨碍浆体自由流动为宜。

图 3-9　螺旋钻机成孔

（6）注浆

注浆材料宜选用水泥浆、水泥砂浆。注浆用水泥砂浆的水灰比不宜超过 0.4～0.45，当用水泥净浆时水灰比不宜超过 0.5～0.55，并宜加入适量的速凝剂等外加剂以促进早凝和控制泌水。

注浆前要验收土钉钢筋安设质量是否达到设计要求。

一般可采用重力、低压（0.4～0.6MPa）或高压（1～2MPa）注浆，压力注浆时应在孔口或规定位置设置止浆塞，注满后保持压力 3～5min。重力注浆以满孔为止，但在浆体初凝前需补浆 1～2 次。

对于向下倾角的土钉，注浆采用重力或低压注浆时，宜采用孔底部注浆方式，注浆导管底端应插至距孔底不大于 200mm，在注浆同时将导管匀速缓慢地撤出。严禁采用孔口重力式注浆。注浆过程中注浆导管口应始终埋在浆体表面以下，以保证孔中气体能全部逸出。

注浆时要采取必要的排气措施。对于水平土钉的钻孔，应用孔口部压力注浆或分段压力注浆，此时需配排气管并与土钉钢筋绑扎牢固，在注浆前与土钉钢筋同时送入孔中。

向孔内注入浆体的充盈系数必须大于 1。每次向孔内注浆时，宜预先计算所需的浆体体积并根据注浆泵的冲程数计算出实际向孔内注入的浆体体积，以确认实际注浆量超过孔内容积。

注浆材料应拌合均匀，随拌随用，一次拌合的水泥浆、水泥砂浆应在初凝前用完。

注浆前应将孔内残留或松动的杂土清除干净。注浆开始或中途停止超过 30min 时，应用水或稀水泥浆润滑注浆泵及其管路。

为提高土钉抗拔能力，还可采用二次注浆工艺。

（7）绑扎钢筋网和加劲筋

在喷混凝土之前，先按设计要求绑扎、固定钢筋网。面层内钢筋网片应牢固固定在边壁上并符合设计规定的保护层厚度要求。钢筋网片可用插入土中的钢筋固定，但在喷射混凝土时不应出现振动。

钢筋网片可焊接或绑扎而成，网格允许偏差为±10mm。铺设钢筋网时每边的搭接长度应不小于 300mm，如为搭接焊则单面焊接长度不小于网片钢筋直径的 10 倍。采用双层钢筋网时，第二层钢筋网应在第一层钢筋网被喷射混凝土覆盖后铺设。网片与坡面间隙不小于 20mm。图 3-10 边坡钢筋网。

(8) 连接加劲筋和土钉杆体

土钉与面层钢筋网的连接可通过垫片、螺帽及土钉端部螺纹杆固定。垫片钢板厚 8～10mm，尺寸为 200mm×200mm～300mm×300mm。垫板下空隙需先用高强水泥砂浆填实，待砂浆达到一定强度后方可旋紧螺帽以固定土钉。土钉钢筋也可通过井字加强钢筋直接焊接在钢筋网上等措施。

(9) 喷射面层混凝土

喷射混凝土的配合比应通过试验确定，细骨料宜选用中粗砂，含泥量应小于 3%；粗骨料最大粒径不宜大于 20mm，水泥与砂石的重量比宜取 1∶4～1∶4.5，砂率宜取 45%～55%，水灰比取 0.4～0.45。使用速凝剂等外加剂时，应通过试验确定外加剂掺量；喷射作业应分段依次进行，同一分段内应自下而上均匀喷射，一次喷射厚度宜为 30～80mm；喷射作业时，喷头应与土钉墙面保持垂直，其距离宜为 0.6～1.0m。喷射混凝土终凝 2h 后应及时喷水养护，养护时间宜在 3～7d，养护视当地环境条件可采用喷水、覆盖浇水或喷涂养护剂等方法。图 3-11 为边坡喷射混凝土。

图 3-10　边坡钢筋网

图 3-11　边坡喷射混凝土

喷射混凝土强度可用边长为 150mm 的立方体试块进行测定。制作试块时，将试模底面紧贴边壁，从侧向喷入混凝土，按坡面每 500m^2 喷射混凝土面积的试验数量不应少于一组，每组试块不应少于 3 个试件。

(10) 土钉现场测试

应对土钉的抗拔承载力进行检测，土钉检测数量不宜少于土钉总数的 1%，且同一土层中的土钉检测数量不应少于 3 根；对安全等级为二级、三级的土钉墙，抗拔承载力检测值分别不应小于土钉轴向拉力标准值的 1.3 倍、1.2 倍；检测土钉应采用随机抽样的方法选取；检测试验应在注浆固结体强度达到 10MPa 或达到设计强度的 70%后进行。

应进行土钉墙面层喷射混凝土的现场试块强度试验，每 500m^2 喷射混凝土面积的试验数量不应少于一组，每组试块不应少于 3 个。

应对土钉墙的喷射混凝土面层厚度进行检测，每 500m^2 喷射混凝土面积的检测数量不应少于一组，每组的检测点不应少于 3 个；全部检测点的面层厚度平均值不应小于厚度设计值，最小厚度不应小于厚度设计值的 80%。

(11) 施工监测

土钉的施工监测应包括下列内容：支护位移、沉降的观测；地表开裂状态(位置、裂宽)的观察；附近建筑物和重要管线等设施的变形测量和裂缝宽度观测；基坑渗、漏水和基坑内外地下水位的变化。在支护施工阶段，每天监测不少于 1～2 次；在支护施工完成后、变形趋于稳定的情况下每天 1 次。监测过程应持续至整个基坑回填结束为止。

观测点的设置：每个基坑观测点的总数不宜少于 3 个，间距不宜大于 30m。其位置应选在变形量最大或局部条件最为不利的地段。观测仪器宜用精密水准仪和精密经纬仪。

当基坑附近有重要建筑物等设施时，也应在相应位置设置观测点，在可能的情况下，宜同时测定基坑边壁不同深度位置处的水平位移，以及地表距基坑边壁不同距离处的沉降。应特别加强雨天和雨后的监测。

在施工开挖过程中，基坑顶部的侧向位移与当时的开挖深度之比超过 360(砂土中)和 460(一般黏性土)时应密切加强观察，分析原因并及时对支护采取加固措施，必要时增用其他支护方法。

3.2.2.3　排桩支护结构

1. 排桩支护

排桩支护的桩型包括混凝土灌注桩、型钢桩、钢管桩、钢板桩、型钢水泥土搅拌桩等桩型。目前采用比较普遍的是混凝土灌注桩，所谓灌注桩(图 3-12)是指在基坑周围用钻机钻孔、吊钢筋笼，现场灌注混凝土成桩，形成桩排作挡土支护。桩的排列形式有间隔式、双排式和连接式等(图 3-13)。间隔式是每隔一定距离设置一桩，成排设置，在顶部设连系梁(即冠梁)连成整体共同工作。在一些开挖较深的深基坑工程中，由于周围建筑物或构筑物对变形要求比较高且又不便于在排桩上设置锚拉式结构或内支撑的情形，可以采用双排桩支护。双排桩一般设计前后两排，前桩和后桩的桩心连线宜与前排桩的轴线成垂直桩设置，并用刚架梁将前后桩连成整体形成门式刚架，以提高排桩抗弯刚度，减小位移。连续式是一桩连一桩形成一道排桩连续，在顶部也设有连系梁（即冠梁）连成整体共同工作。

图 3-12　排桩支护

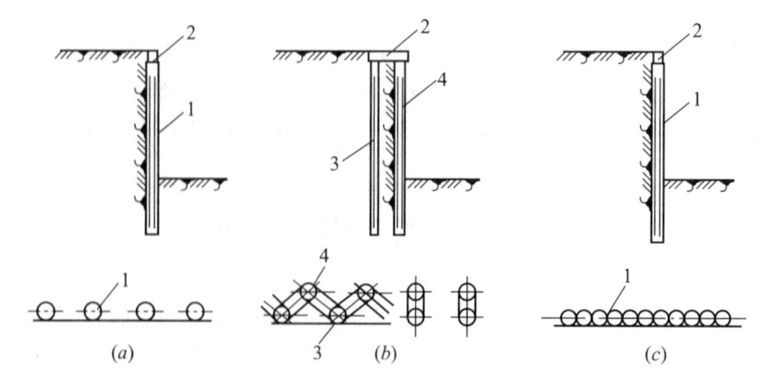

图 3-13　挡土灌注桩支护

(a)间隔式；(b)双排式；(c)连接式

1—灌注桩；2—冠梁；3—后排装；4—前排桩

混凝土灌注桩支护具有桩刚度较大，抗弯强度高，变形相对较小，安全感好，设备简单，施工方便，需要工作场地不大，噪声低、振动小、费用较低等优点。一般土质较好且基坑开挖不很深时可采用悬臂桩，在顶部设连系梁（冠梁）；如果基坑较深则可在中部设锚杆的锚拉式支护结构或内支撑的支撑式支护结构。

(1) 混凝土灌注桩排桩支护结构的构造要求

采用混凝土灌注桩时，灌注桩间距、桩径、桩长、埋置深度，根据基坑开挖深度、土质、地下水位高低以及所承受的土压力由计算确定。

混凝土灌注桩作为支护桩的构造要求：对悬臂式排桩，支护桩的桩径宜大于等于600mm，对于锚拉式排桩或支撑式排桩，支护桩的桩径宜大于或等于400mm；排桩的中心距不宜大于桩直径的2.0倍。支护桩的桩身混凝土强度等级不宜低于C25，纵向受力钢筋宜选用HRB400、HRB500钢筋，单桩的纵向受力钢筋不宜少于8ϕ12，其净间距不应小于60mm；支护桩顶部设置钢筋混凝土构造冠梁时，纵向钢筋伸入冠梁的长度宜取冠梁厚度；冠梁按结构受力构件设置时，桩身纵向受力钢筋伸入冠梁的锚固长度应符合现行国家标准《混凝土结构设计规范》GB50010对钢筋锚固(第8.3条)的有关规定；当不能满足锚固长度的要求时，其钢筋末端可采取机械锚固措施。箍筋可采用螺旋式箍筋；箍筋直径不应小于纵向受力钢筋最大直径的1/4，且不应小于6mm；箍筋间距宜取100～200mm，且不应大于400mm及桩的直径。沿桩身配置的加强箍筋应满足钢筋笼起吊安装要求，宜选用HPB300、HRB400钢筋，其间距宜取1000～2000mm。纵向受力钢筋的保护层厚度不应小于35mm，采用水下灌注混凝土工艺时，不应小于50mm。当采用沿截面周边非均匀配置纵向钢筋时，受压区的纵向钢筋根数不应少于5根。当施工方法不能保证钢筋的方向时，不应采用沿截面周边非均匀配置纵向钢筋的形式。当沿桩身分段配置纵向受力主筋时，纵向受力钢筋的搭接应符合现行国家标准《混凝土结构设计规范》GB 50010的第8.4.4条的要求。支护桩顶部应设置混凝土冠梁，冠梁的宽度不宜小于桩径，高度不宜小于桩径的0.6倍。在有主体建筑地下管线的部位，冠梁宜低于地下管线。排桩桩间土应采取防护措施，宜采用内置钢筋网或钢丝网的喷射混凝土面层，喷射混凝土面层的厚度不宜小于50mm，混凝土强度不宜低于C20，混凝土内配置的钢筋网的纵横向间距不宜大于200mm。钢筋网或钢丝网宜用横向拉筋与两侧桩体连接，拉筋直径不宜小于12mm，拉筋锚固在桩内的长度不宜小于100mm。钢筋网宜采用桩间土内打入直径不小于12mm的钢筋钉固定，钢筋钉打入桩间土中的长度不宜小于排桩净间距的1.5倍且不应小于500mm。采用降水的基坑，在有可能出现渗水的部位应设置泄水管，泄水管应采取防止土颗粒流失的反滤措施。

排桩采用素混凝土桩与钢筋混凝土桩间隔布置的钻孔咬合桩形式时，支护桩的桩径可取800～1500mm，相邻桩咬合长度不宜小于200mm。素混凝土桩应采用塑性混凝土或强度等级不低于C15的超缓凝混凝土，其初凝时间宜控制在40～70h之间，坍落度宜取12～14mm。

(2) 混凝土灌注桩排桩的施工工艺

灌注桩一般在基坑开挖前施工，成孔方法有机械和人工开挖两种，后者用于桩径不少于0.8m的情况。其成孔的具体施工方法与基桩的施工方法一样，具体见后面的桩基础施工章节。

(3) 混凝土灌注桩排桩支护结构的施工质量控制要点

用作支护结构的灌注桩施工前必须试成孔，数量不得少于 2 个，以便核对地质资料，检验所选的设备、机具、施工工艺以及技术要求是否适宜。如孔径、垂直度、孔壁稳定和沉淤等检测指标不能满足设计要求时，应拟定补救技术措施，或重新选择施工工艺。

当排桩桩位邻近的既有建筑物、地下管线、地下构筑物对地基变形敏感时，应根据其位置、类型、材料特性、使用状况等情况，采取间隔成桩的施工顺序。对混凝土灌注桩，应在混凝土终凝后，再进行相邻桩的成孔施工。对松散或稍密的砂土、稍密的粉土、软土等易坍塌或动的软弱土层，对钻孔灌注桩宜采取改善泥浆性能等措施，对人工挖孔桩宜采取减小每节挖孔和护壁的长度、加固孔壁等措施。支护桩成孔过程出现流砂、涌泥、塌孔、缩径等异常情况时，应暂停成孔并及时采取有针对性的措施进行处理，防止继续塌孔。当成孔过程中遇到不明障碍物时，应查明其性质，且在不会危害既有建筑物、地下管线、地下构筑物的情况下方可继续施工。

对混凝土灌注桩，其纵向受力钢筋的接头不宜设置在受力较大处和不同土层交界处。同一连接区段内，纵向受力钢筋的连接方式和连接接头面积百分率不宜大于 50%。

混凝土灌注桩采用分段配置不同数量的纵向钢筋时，钢筋笼制作和安放时应采取控制非通长钢筋竖向定位的措施。

混凝土灌注桩采用沿桩截面周边非均匀配置纵向受力钢筋时，应按设计的钢筋配置方向进行安放，其偏转角度不得大于 10°。混凝土灌注桩设有预埋件时，应根据预埋件用途和受力特点的要求，控制其安装位置及方向。

钻孔咬合桩的施工可采用液压钢套管全长护壁、机械冲抓成孔工艺，钻孔咬合桩施工前，在其桩顶应设置导墙，导墙宽度宜取 3m～4m，导墙厚度宜取 0.3m～0.5m。相邻咬合桩应按先施工素混凝土桩(也叫 A 桩)、后施工钢筋混凝土桩(也叫 B 桩)的顺序进行。钢筋混凝土桩应在素混凝土桩初凝前，通过成孔时切割部分素混凝土桩桩身形成与素混凝土桩的互相咬合，但要避免过早切割。钻机就位及吊设第一节钢套管时，应采用两个测斜仪贴附在套管外壁并用经纬仪复核套管垂直度，其垂直度允许偏差应为 0.3%；液压套管应正反扭动加压下切；抓斗在套管内取土时，套管底部应始终位于抓土面下方，且抓土面与套管的距离应大于 1.0m。孔内虚土和沉渣应清除干净，并用抓斗夯实孔底；灌注混凝土时，套管应随混凝土浇筑逐段提拔；套管应垂直提拔，阻力过大时应转动套管同时缓慢提拔。

排桩的施工桩位的允许偏差应为 50mm，桩垂直度的允许偏差应为 0.5%，预埋件位置的允许偏差应为 20mm，桩的其他施工允许偏差应符合现行行业标准《建筑桩基技术规范》JGJ 94—2008 的规定。

冠梁施工时，应将桩顶浮浆、低强度混凝土及破碎部分清除。冠梁混凝土浇筑采用土模时，土面应修理整平。

采用混凝土灌注桩时，其质量检测应符合下列规定：应采用低应变动测法检测桩身完整性，检测桩数不宜少于总桩数的 20%，且不得少于 5 根；当根据低应变动测法判定的桩身完整性为Ⅲ类或Ⅳ类时，采用钻芯法进行验证，并应扩大低应变动测法检测的数量。

2. 排桩+内支撑支护

对深度较大面积不大、地基土质较差的基坑，为使围护排桩受力合理和受力后变形小，常在基坑内沿围护排桩(墙)，竖向设置一定支承点组成内支撑式基坑支护体系，以减少排桩的无支长度，提高侧向刚度，减小变形。排桩内支撑支护的优点是：受力合理，安全可靠，易于控制围护排桩墙的变形；但内支撑的设置给基坑内挖土和地下室结构的施工带来不便，需要通过不断换撑来加以克服。适用于各种不易设置锚杆的松软土层及软土地基支护。图 3-14 是国内某工程内支撑设置情况。

排桩内支撑结构体系，一般由挡土结构和支撑结构组成，二者构成一个整体，共同抵挡外力的作用。内支撑一般由腰梁、水平支撑、八字撑和立柱等组成(图 3-14、图 3-15)。腰梁固定在排桩墙上，将排桩承受的侧压力传给纵、横支撑；支撑为受压构件，长度超过一定限度时稳定性降低，一般再在中间加设立柱，以承受支撑自重和施工荷载，立柱下端插入工程桩内，当其下无工程桩时再在其下设置专用灌注桩。

图 3-14　内支撑

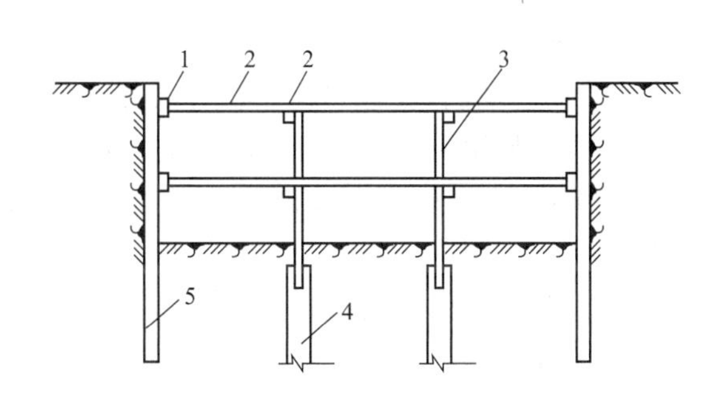

图 3-15　内支撑结构示意图
1—腰梁；2—纵横向水平支撑；3—立柱；4—工程桩；5—排桩

内支撑材料一般有钢支撑和钢筋混凝土两类。钢支撑常用的有钢管和型钢，前者多采用直径 609mm、580mm、406mm 钢管，后者多用 H 型钢。钢支撑的优点是装卸方便、快速，能较快发挥支撑作用，减小变形，并可回收重复使用，可以租赁，可施加顶紧力，控制围护墙变形发展。

3. 挡土灌注桩与深层搅拌水泥土桩组合支护

排桩支护，一般采取间隔式设置，在一些地下水位高于基坑底标高时，缺乏阻水、抗渗功能，会造成桩间土大量流失，桩背土体被掏空，影响支护土体的稳定。为此可以选择在排桩桩与桩之间加设水泥土搅拌桩，形成一种排桩挡土与水泥土桩隔水的支护体系(见图 3-16)。

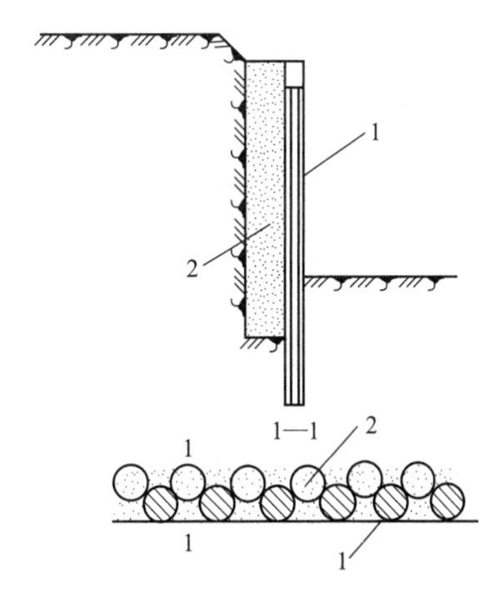

图 3-16　灌注桩与水泥土搅拌桩组合支护
1—灌注桩；2—水泥土搅拌桩

这种组合支护的做法是：先在深基坑的内侧设置直径 0.6～1.0m 的混凝土灌注桩，间距 1.2～1.5m；然后在紧靠混凝土灌注桩的内侧，与外桩相切设置直径 0.8～1.5m 的高压喷射注浆桩(又称喷桩)，以旋喷水泥浆方式使形成具有一定强度的水泥土桩与混凝土灌注桩紧密结合，组成一道防渗帷幕。

本法的优点是：既可挡土又可防渗透，施工比连续排桩支护快速，节省水泥、钢材，造价较低；但多一道施工高压喷射注浆桩工序。适用于土质条件差、地下水位较高、要求既挡土又挡水防渗的支护结构。

4. 排桩＋锚杆支护结构

建筑基坑支护中所用锚杆通常是土层锚杆，土层锚杆又称土锚杆，它一端锚入稳定土层中，另一端与挡土结构拉结，借助锚杆与土层的摩擦阻力产生的水平抗力抵抗土侧压力来维护挡土结构的稳定。土层锚杆的施工是在深基坑侧壁的土层钻孔至要求深度，或再扩大孔的端部形成柱状或球状扩大头，在孔内放入钢筋、钢丝束或钢绞线，灌入水泥浆、水泥砂浆或化学浆液，使与土层结合成为抗拉(拔)力强的锚杆。在锚杆的端部通过锚具在腰梁上施加预应力以使挡土结构受到的侧压力，通过锚杆杆体传给稳定土层，以达到控制基坑支护的变形，保持基坑土体和坑外建筑物稳定的目的。

(1) 锚杆的分类

土层锚杆的种类较多，主要可以分为拉力型锚杆与压力型锚杆，目前建筑基坑支护中最常用的是拉力型预应力锚杆。拉力型锚杆荷载是依赖其固定段杆体与灌浆体接触的界面上的剪应力由顶端向底端传递。锚杆工作时，固定段的灌浆体容易出现张拉裂缝，防腐性能差。压力型锚杆则借助特制的承载体和无黏结钢绞线或带套管钢筋使之与灌浆体隔开，将荷载直接传至底部的承载体，从而由底端向固定段的顶端传递。由于其受荷时固定段的灌浆体受压，不易开裂，防腐性能好，适用于永久性锚固工程。

土层锚杆按使用时间又分永久性和临时性两类。土层锚杆根据支护深度和土质条件可设置一层或多层。当土质较好时，可采用单层锚杆；当基坑深度较大、土质较差时，单层锚杆不能完全保证挡土结构的稳定，需要设置多层锚杆。土层锚杆通常会和排桩支护结合起来使用(图 3-17)。

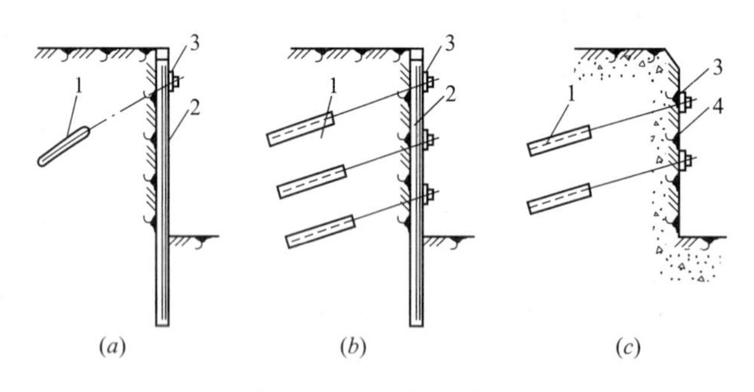

图 3-17 土层锚杆支护

(a)单锚支护；(b)多锚支护；(c)破碎岩土支护

1—土层锚杆；2—挡土灌注桩或地下连续墙；3—钢横梁；4—破碎岩土层

(2) 锚杆的构造与布置

1) 锚杆的构造

土层锚杆：由锚头、支护结构、锚杆、锚固体等部分组成(图 3-18)。土层锚杆根据主动滑动面，分为自由段 L_{fa}(非锚固段)和锚固段 L_c。土层锚杆的自由段处于不稳定土层中，要使它与土层尽量脱离，一旦土层有滑动时，它可以伸缩，其作用是将锚头所承受的荷载传递到锚固段去。锚固段处于稳定土层中，要使它与周围土层结合牢固，通过与土层的紧密接触将锚杆所受荷载分布到周围土层中去。锚固段是承载力的主要来源。锚杆锚头的位移主要取决于自由段。

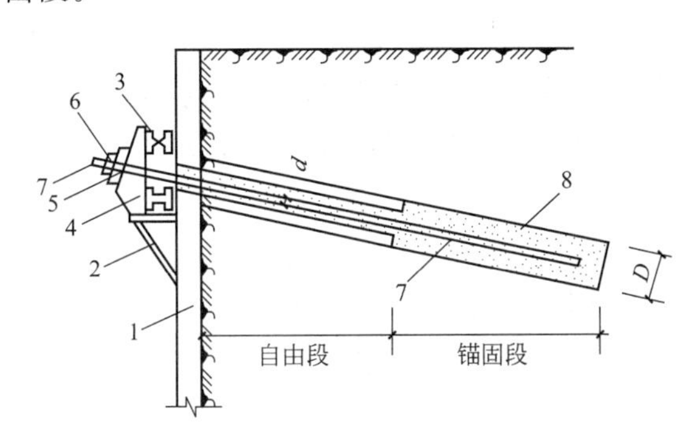

图 3-18　土层锚杆构造

1—支护桩；2—支架；3—腰梁；4—台座；5—承压板；6—锚具；7—锚杆；8—锚固体

锚头由台座、承压垫板和紧固器等组成，通过钢横梁及支架将来自支护的力牢固地传给拉杆，台座用钢板或 C35 混凝土做成，应有足够的强度。锚杆可用钢绞线、钢筋或钢丝束等，钢筋和钢丝束适用于承载力不高的锚杆，钢绞线用于承载力很高的情况。锚固体由水泥浆在压力下灌浆成形。

锚杆的构造应满足下列要求：

① 为了不使锚杆引起地面隆起，最上层锚杆锚固段的上覆土厚度不宜小于 4m，即锚杆的向上垂直分力应小于上面的覆土重量。锚杆的层数应通过计算确定，一般竖向间距不宜小于 2.0m，水平间距不宜小于 1.5m。当锚杆的间距小于 1.5m 时，应根据群锚效应对锚杆抗拉拔承载力进行折减或改变相邻锚杆的倾角。锚杆成孔直径宜取 100mm～150mm。

② 锚杆倾角的确定是锚杆设计中的重要问题。因为倾角的大小影响着锚杆水平分力与垂直分力的比例，也影响着锚固长度与非锚固长度的划分，还影响整体稳定性。锚杆的倾角宜取 15°～25°，不应小于 10°，也不应大于 45°。

③ 锚杆的尺寸。锚杆的长度应使锚固体置于滑动土体外的好土层内，锚固段长度不宜小于 6m，锚杆自由段长度不宜小于 5m，并应超过潜在滑动面并进入稳定土层不小于 1.5m。钢绞线和钢筋杆体在自由段应设置隔离套管。钢筋锚杆的杆体宜选用预应力螺纹钢筋、HRB400、lHRB500 螺纹钢筋。

④ 应沿锚杆杆体全长设置定位支架。支架应能使相邻定位支架中点处锚杆杆体的注浆固结体保护层厚度不小于 10mm，定位支架的间距宜根据锚杆杆体的组装刚度确定，对自由段宜取 1.5～2.0m，对锚固段宜取，1.0～1.5m，定位支架应能使各根钢绞线相互分离。

⑤ 锚杆注浆应采用水泥浆或水泥砂浆，注浆固结体强度不宜低于 20MPa。

⑥ 锚杆腰梁可采用型钢组合梁或混凝土梁，型钢组合腰梁可选用双槽钢或双工字钢，槽钢之间或工字钢之间应用缀板焊接为整体构件，焊缝连接应采用贴角焊。双槽钢或双工字钢之间的净间距应满足锚杆杆体平直穿过的要求。

⑦ 采用混凝土腰梁、冠梁宜采用斜面与锚杆轴线垂直的梯形截面；腰梁、冠梁的混凝土强度等级不宜低于C25；采用梯形截面时，截面的上边尺寸不宜小于250mm。

2）土层锚杆的布置

土层锚杆布置包括确定锚杆的尺寸、埋置深度、锚杆层数、锚杆的垂直间距和水平间距、锚杆的倾角等。锚杆的尺寸、埋置深度应保证不使锚杆引起地面隆起和地面不出现地基的剪切破坏。当锚杆上方存在天然地基的建筑物或地下构筑物时，宜避开易塌孔、变形的土层。

（3）锚杆的施工工艺流程

定位放线→钻机就位→调整角度→钻孔并清孔→安装锚索→第一次注浆→二次高压注浆→安装腰梁及锚头→预应力张拉→锚头锁定→下一层锚杆施工

（4）锚杆的施工工艺

1）确定孔位

钻孔位置直接影响到锚杆的安装质量和力学效果，因此钻孔前应由技术人员按设计图纸要求定出孔位，标注醒目的标志。

2）钻机就位

确定孔位后，将钻机移至作业平台，调试检查。

3）调整角度

钻机就位后，由机长调整钻杆钻进角度，并经现场技术人员用量角仪检查合格后，方可正式开钻。同时要特别注意检查钻杆左右倾斜度，如图3-19所示。

图3-19 锚杆成孔角度及成孔

4）钻孔并清孔

锚杆钻机就位前应先检查钻杆端部的标高、锚杆的间距是否符合设计要求。就位后必须调整钻杆，符合设计的水平角，并保证钻杆的水平投影垂直于坑壁，经检查无误后方可钻进。钻进时应根据工程地质情况控制钻进速度，防止憋钻。遇到障碍物或异常情况应及时停钻，待情况清楚后再钻进或采取相应措施。

钻至设计要求深度后，空钻慢慢出土，以减少拔钻杆时的阻力，然后拔出钻杆。

5）安装锚索

每根钢绞线的下料长度＝锚杆设计长度＋腰梁的宽度＋锚索张拉时端部最小长度（与选用的千斤顶有关）。钢绞线自由段部分应涂满黄油，并套入塑料管，两端绑牢，以保证自由段的钢绞线能伸缩自由。

捆扎钢绞线隔离架，沿锚杆长度方向自由段每隔1.5～2.0m设置一个，锚固段一般1.0～1.5m设置一个。

锚索加工完成，经检查合格后，小心运至孔口。安放锚杆前，干式钻机应用洛阳铲等手工方法将附在孔壁上的土屑或松散土清除干净。锚索入孔前将注浆管卡入锚索支架，然后将锚索与注浆管同步送入孔内，直到孔口外端剩余最小张拉长度为止。如发现锚索安插入孔内困难，说明钻孔内出现塌孔堵塞，不要强行用力插入，应拔出并再次清除出孔内的黏土，重新安插到位。图 3-20 为单根预应力锚索。

6）第一次注浆

宜选用灰砂比 1∶1～1∶2，水灰比为 0.40～0.45 的水泥砂浆或水灰比为 0.45～0.50 的纯水泥浆，必要时可加入一定的外加剂或掺合料。

在灌浆前将管口封闭，接上压浆管，即可进行注浆，浇筑锚固体，灌浆是土层锚杆施工中的一道关键工序，必须认真执行，并作好记录。

一次灌浆法只用一根灌浆管，利用泥浆泵进行灌浆，灌浆管端距孔底 300～500mm 处，待浆液流出孔口时，用水泥袋纸等捣塞入孔口，并用湿黏土封堵孔口，严密捣实，再以 2～4MPa 的压力进行补灌，要稳压数分钟灌浆才告结束。

第一次灌浆，其压力为 0.3～0.5MPa，流量为 100L/min。水泥砂浆在上述压力作用下流向钻孔。第一次灌浆量根据孔径和锚固段的长度而定。第一次灌浆后可将灌浆管拔出，以重复使用。图 3-21 为预应力灌浆工程照片。

图 3-20　预应力锚索

图 3-21　预应力锚索灌浆

7）二次高压灌浆

宜选用水灰比 0.50～0.55 的纯水泥浆。待第一次灌注的浆液初凝后，进行第二次灌浆，控制压力为 2.5～5MPa 左右，并稳压 2min，终止注浆的压力不应小于 1.5MPa。浆液冲破第一次灌浆体，向锚固体与土的接触面之间扩散，使锚固体直径扩大，增加径向压应力。由于压力注浆，使锚固体周围的土受到压缩，孔隙比减小，含水量减少，也提高了土的内摩擦角。因此，二次灌浆法可以显著提高土层锚杆的承载能力。

如果采用二次灌浆法要用两根灌浆管，第一次灌浆用灌浆管的管端距离锚杆末端 200mm 左右，管底出口处用黑胶布等封住，以防沉放时土进入管口。第二次灌浆用灌浆管的管端距离锚杆末端 500mm 左右，管底出口处亦用黑胶布封住，从注浆管末端相当于 1/4～1/3 锚固段的长度范围内每隔 500mm～800mm 左右对开注浆孔，花管的孔眼为φ 8。

注浆前用水润湿和检查注浆管道；注浆后及时用水清洗搅浆、压浆设备和灌浆管等，在灌浆体硬化之前，不能承受外力或由外力引起的锚杆位移。

8）安装腰梁及锚头

根据现场测量挡土结构的偏差，按设计要求制作腰梁，使腰梁承压面在同一平面上，受力均匀。将工字钢组装焊接成箱型腰梁，用吊装机械进行安装。也可支模板浇筑混凝土腰梁。

安装钢腰梁时，根据锚杆角度，调整腰梁的受力面，保证锚杆作用力方向垂直。

9）张拉

当锚固段的强度大于15MPa或达到设计强度等的75%后方可进行张拉。张拉前要校核千斤顶，检查锚具硬度，清擦孔内油污、泥浆。还要处理好腰梁表面锚索孔口使其平整，避免张拉应力集中，加垫钢板。然后用0.1～0.2倍的轴向拉力设计值N_1，对锚杆预张拉1～2次，使杆体完全平直，各部位接触紧密。

张拉力要根据实际所需的有效张拉力和张拉力可能松弛程度而定，一般按设计轴向力的75%～85%进行控制。

张拉时宜先使横梁与托架紧贴，然后再用千斤顶进行整排锚杆的正式张拉。宜采用跳拉法或往复式张拉法，以保证钢筋或钢绞线与横梁受力均匀。

张拉过程中，按照设计要求张拉荷载分级及观测时间进行，每级加荷等级观测时间内，测读锚头位移不应少于3次。当张拉等级达到设计拉力时，保持10min(砂土)至15min(黏性土)3次，每次测读位移值不大于1mm才算变位趋于稳定，否则继续观察其变位，直至趋于稳定方可。

10）锚头锁定

考虑到设计要求张拉荷载要达到设计拉力，而锁定荷载为设计拉力的70%，因此张拉时的锚头处不放锁片，张拉荷载达到设计拉力后，卸荷到0，然后在锚头安插锁片，再张拉到锁定荷载。

张拉到锁定荷载后，锚片锁紧或拧紧螺母，完成锁定工作。如图3-22所示。

(*a*)

(*b*)

图3-22　锚具锁定及锚杆完成情况

(*a*)钢腰梁锚具锁定；(*b*)混凝土腰梁完成情况

分层开挖并做支护，进入下一层锚杆施工，工艺同上。

(5) 锚杆施工质量控制要点

土层锚杆施工一般先将支护结构施工完成，开挖基坑至土层锚杆标高，随挖随设置一层土层锚杆，逐层向下设置，直至完成。

当锚杆穿过的地层附近存在既有地下管线、地下构筑物时，应在调查或探明其位置、尺寸、走向、类型、使用状况等情况后再进行锚杆施工。

锚杆的成孔应符合下列规定：应根据土层性状和地下水条件选择套管护壁、干成孔或泥浆护壁成孔工艺，成孔工艺应满足孔壁稳定性要求；对松散和稍密的砂土、粉土、碎石土、填土、有机质土、高液性指数的饱和黏性土宜采用套管护壁成孔工艺；在地下水位以下时，不宜采用干成孔工艺；在高塑性指数的饱和黏性土层成孔时，不宜采用泥浆护壁成孔工艺；当成孔过程中遇不明障碍物时，在查明其性质前不得钻进。

成孔后应及时插入杆体及注浆。采用套管护壁工艺成孔时，应在拔出套管前将杆体插入孔内；采用非套管护壁成孔时，杆体应匀速推送至孔内。

钢绞线锚杆杆体绑扎时，钢绞线应平行、间距均匀；杆体插入孔内时，应避免钢绞线在孔内弯曲或扭转。

钢绞线锚杆和钢筋锚杆的注浆液采用水泥浆时水灰比宜取0.5～0.55，采用水泥砂浆时水灰比宜取0.4～0.45，灰砂比宜取0.5～1.0，拌合用砂宜选用中粗砂。水泥浆或水泥砂浆内可掺入提高注浆固结体早期强度或微膨胀的外加剂，其掺入量宜按室内试验确定。注浆管端部至孔底的距离不宜大于200mm；注浆及拔管过程中，注浆管口应始终埋入注浆液面内，应在水泥浆液从孔口溢出后停止注浆，注浆后浆液面下降时，应进行孔口补浆。采用二次压力注浆工艺时，注浆管应在锚杆末端$\frac{l_a}{4}$～$\frac{l_a}{3}$(注：l_a为锚杆的锚固段长度)范围内设置注浆孔，孔间距宜取500～800mm，每个注浆截面的注浆孔宜取2个；二次压力注浆液宜采用水灰比0.5～0.55的水泥浆，二次注浆管应固定在杆体上，注浆管的出浆口应有逆止构造；二次压力注浆应在水泥浆初凝后、终凝前进行，终止注浆的压力不应小于1.5MPa。采用二次压力分段劈裂注浆工艺时，注浆宜在固结体强度达到5MPa后进行，注浆管的出浆孔宜沿锚固段全长设置，注浆应由内向外分段依次进行。基坑采用截水帷幕时，地下水位以下的锚杆注浆应采取孔口封堵措施。寒冷地区在冬期施工时，应对注浆液采取保温措施，浆液温度应保持在5℃以上。

锚杆的施工偏差应符合下列要求：钻孔孔位的允许偏差应为50mm；钻孔倾角的允许偏差应为±1°；杆体长度不应小于设计长度；自由段的套管长度允许偏差应为+50mm。

拉力型钢绞线锚杆宜采用钢绞线束整体张拉锁定的方法，锁定时的锚杆拉力应考虑锁定过程的预应力损失量；预应力损失量宜通过对锁定前、后锚杆拉力的测试确定；缺少测试数据时，锁定时的锚杆拉力可取锁定值的1.1～1.15倍。

当锚杆固结体的强度达到15MPa或设计强度的75%后，方可进行锚杆张拉锁定。

锚杆抗拔承载力的检测应符合下列规定：检测数量不应少于锚杆总数的5%，且同一土层中的锚杆检测数量不应少于3根，检测试验应在锚固段注浆固结体强度达到15MPa或达到设计强度的75%后进行。

3.2.2.4　地下连续墙

1. 地下连续墙的构造

地下连续墙的墙体厚度宜根据成槽机的规格，选取600mm、800mm、1000mm或1200mm。槽段的长度如采用一字形槽段长度宜取4～6m。当成槽施工可能对周环境产生不利影响或槽壁稳定性较差时，应取较小的槽段长度，必要时宜采用搅拌桩对槽壁进行加固。

地下连续墙的转角处或有特殊要求时，单元槽段的平面形状可采用L形、T形等。

地下连续墙的混凝土设计强度等级宜取C30～C40，地下连续墙用于截水时，墙体混凝土抗渗等级不宜小于P6。当地下连续墙同时作为主体结构构件时，墙体混凝土抗渗等级应满足现行国家标准《地下工程防水技术规范》GB 50108等相关标准的要求。

地下连续墙纵向受力钢筋应沿墙身两侧均匀配置，可按内力大小沿墙体纵向分段配置，但通长配置的纵向钢筋不小于总数的50%；纵向受力钢筋宜选用HRB400～HRB500钢筋，直径不宜小于16mm，净间距不宜小于75mm。水平钢筋及构造筋宜选用HPB300

或HRB400钢筋，直径不宜小于12mm，水平钢筋间距宜取200～400mm。冠梁按构造设置时，纵向钢筋伸入冠梁的长度宜取冠梁厚度。冠梁按结构受力构件设置时，墙身纵向受力钢筋伸入冠梁的锚固长度应符合现行国家标准《混凝土结构设计规范》GB 50010对钢筋锚固的有关规定。当不满足锚固长度的要求时，其钢筋末端可采取机械锚固措施。

地下连续墙纵向受力钢筋的保护层厚度，在基坑内侧不宜小于50mm，在基坑外侧不宜小于70mm。钢筋笼端部与槽段接头之间、钢筋笼端部与相邻墙段混凝土面之间的间隙不应大于150mm，纵向受力钢筋下端500mm长度范围内宜按1∶10的斜度向内收口。

地下连续墙的槽段接头应按下列原则选用：地下连续墙宜采用圆形锁口管接头、波纹管接头、楔形接头、工字钢钢接头或混凝土预制接头等柔性接头；当地下连续墙作为主体地下结构外墙，且需要形成整体墙体时，宜采用刚性接头；刚性接头可采用一字形或十字形穿孔钢板接头、钢筋承插式接头等；当采取地下连续墙顶设置通长冠梁、墙壁内侧槽段接缝位置设置结构壁柱、基础底板与地下连续墙刚性连接等措施时，也可采用柔性接头。

地下连续墙墙顶应设置混凝土冠梁。冠梁宽度不宜小于墙厚，高度不宜小于墙厚的0.6倍。冠梁钢筋应符合现行国家标准《混凝土结构设计规范》GB 50010对梁的构造配筋要求。冠梁用作支撑或锚杆的传力构件或按空间结构设计时，尚应按受力构件进行截面设计。

2. 地下连续墙的施工工艺流程

测量放线→导墙设置→槽段开挖→泥浆配制和使用→清槽→安放接头管→钢筋笼制作及安放→水下浇筑混凝土→拔出接头管→下一槽段施工

3. 地下连续墙的施工工艺

（1）导墙设置

在槽段开挖前，按设计图纸将导墙的定位线测设出来，沿连续墙纵向轴线位置构筑导墙，导墙可采用现浇或预制工具式钢筋混凝土导墙，也可采用钢质导墙(图3-23为某工程地下连续墙导墙施工)。导墙的厚度一般为100～200mm，内墙面应垂直，内壁净距应为连续墙设计厚度加施工量(一般为40～60mm)。墙面与纵轴线距离的允许偏差为±10mm，内外导墙间距允许偏盖±5mm，导墙深度一般为1～2m，导墙的种类、厚度和深度按设计要求施工。导墙顶面要求略高于地面100～200mm，以防止地表水流入导沟，导墙顶面应保持水平。

导墙定位线放出来后，即可进行导墙土方开挖并施工导墙。导墙宜筑在密实的地层上，背侧应用黏性土回填并分层夯实，不得漏浆。每个槽段内的导墙应设一个溢浆孔。导墙顶面应高出地下水位1m以上，以保证槽内液面高于地下水位0.5m以上，且不低于导墙顶面0.3m。

导墙混凝土强度应达70%以上方可拆模。拆模后，应立即在两片导墙间加支撑，其水平间距为2.0～2.5m，在导墙混凝土养护期间，严禁重型机械通过、停置或作业，以防导墙开裂或变形。

采用预制导墙时，必须保证接头的连接质量。

（2）槽段开挖

槽段开挖(图3-24为某工程地下连续墙槽段开挖)是地下连续墙施工的关键工序，其耗时占整个连续墙施工的工期一半以上。挖槽施工前，一般将地下连续墙划分为若干个4～6m长的单元槽段。每个单元槽段有若干个挖掘单元。在导墙顶面划好槽段的控制标记，如有封闭槽段时，必须采用两段式成槽，以免导致最后一个槽段无法钻进。

图 3-23　导墙设置

图 3-24　槽段开挖

成槽前对成槽设备进行一次全面检查，各部件必须连接可靠，特别是钻头连接螺栓不得有松脱现象。为保证机械运行和工作平稳，轨道铺设应牢固可靠，道碴应铺填密实。轨道宽度允许误差为±5mm，轨道标高允许误差±10mm。连续墙钻机就位后应使机架平稳，并使悬挂中心点和槽段中心上下一线。钻机调好后，应用夹轨器固定牢靠。

挖槽过程中，应保持槽内始终充满泥浆，以保持槽壁稳定。成槽时，依排渣和泥浆循环方式分为正循环和反循环。当采用砂泵排渣时，依砂泵是否潜入泥浆中，又分为泵举式和泵吸式。一般采用泵举式反循环方式排渣，操作简便，排泥效率高。但开始钻进须先用正循环方式，待潜水泵电机潜入泥浆中后，再改用反循环排泥。

当遇到坚硬地层或遇到局部岩层无法钻进时，可辅以采用冲击钻将其破碎，用空气吸泥机或砂泵将土渣吸出地面。

成槽时要随时掌握槽孔的垂直精度，应利用钻机的测斜装置经常观测偏斜情况，不断调整钻机操作，并利用纠偏装置来调整下钻偏斜。

挖槽时应加强观测，如槽壁发生较严重的局部坍落时，应及时回填并妥善处理。槽段开挖结束后，应检查槽位、槽深、槽宽及槽壁垂直度等项目，合格后方可进行清槽换浆。在挖槽过程中应作好施工记录。

(3) 泥浆的配制和使用

在施工过程中应加强检查和控制泥浆的性能，定时对泥浆性能进行测试，随时调整泥浆配合比，做好泥浆质量记录。一般作法是：泥浆必须经过充分搅拌，在新浆拌制后静止24h，测一次全项(含砂量除外)；在成槽过程中，一般每进尺1～5m或每4h测定一次泥浆密度和黏度。在成槽结束前测一次密度、黏度；浇灌混凝土前测一次密度。两次取样位置均应在槽底以上200mm处。应在每槽孔的中部和底部各测一次失水量和pH值。含砂量可根据实际情况测定，稳定性和胶体率一般在循环泥浆中不测定。

通过沟槽循环或混凝土换置排出的泥浆，如重复用，必须进行净化再生处理。一般采用重力沉淀处理，利用泥浆和土渣的密度差使土渣沉淀，沉淀后的泥浆进入贮浆池，贮浆池的容积一般为一个单元槽段挖掘量及泥浆槽总体积的2倍以上。沉淀池和贮浆池设在地上或地下均可，但要视现场条件和工艺要求合理配置。如采用原土渣浆循环时，应将高压水通过导管从钻头孔射出，不得将水直接注入槽孔中。

在容易产生泥浆渗漏的土层施工时，应适当提高泥浆黏度和增加储备量，并备堵漏材料。如发生泥浆渗漏，应及时补浆和堵漏，使槽内泥浆保持正常。

（4）清槽

当挖槽达到设计深度后，应停止钻进，仅使钻头空转，将槽底残留的土打成小颗粒，然后开启砂泵，利用反循环抽浆，持续吸渣10～15min，将槽底钻渣清除干净。也可用空气吸泥机进行清槽。

当采用正循环清槽时，将钻头提高至离槽底100～200mm，空转并保持泥浆正常循环，以中速压入泥浆，把槽孔内的浮渣置换出来。

对采用原土造浆的槽孔，成槽后可使钻头空转不进尺，同时射水，待排出泥浆密度降到1.1左右，即认为清槽合格。但当清槽后至浇灌混凝土间隔时间较长时，为防止泥浆沉淀和保证槽壁稳定，应用符合要求的新泥浆将槽孔的泥浆全部置换出来。

清理槽底和置换泥浆结束1h后，槽底沉渣厚度不得大于200mm；浇混凝土前槽底沉渣厚度不得大于300mm，槽内泥浆密度为1.1～1.25、黏度为18～22s、含砂量应小于8%。

（5）安放接头管

地下连续墙各单元槽段间的接头形式，一般常用的为半圆形接头。方法是在未开挖一侧的槽段端部先放置接头管(图3-25为某工程地下连续墙导管下放)，后放入钢筋笼，浇灌混凝土，根据混凝土的凝结硬化速度，徐徐将接头管拔出，最后在浇灌段的端面形成半圆形的接合面，在浇筑下段混凝土前，应用特制的钢丝刷子沿接头处上下往复移动数次，刷去接头处的残留泥浆，以利新旧混凝土的结合。

图3-25　接头管安放

接头管一般用10mm厚钢板卷成。槽孔较深时，做成分节拼装式组合管，各单节长度为6m、4m、2m不等，便于根据槽深接成合适的长度。外径比槽孔宽度小10～20mm，直径误差在3mm以内。接头管表面要求平整光滑，连接紧密可靠，一般采用承插式销接。各单节组装好后，要求上下垂直。

接头管一般用起重机组装、吊放。吊放时要紧贴单元槽段的端部和对准槽段中心，保持接头管垂直并缓慢地插入槽内。下端放至槽底，上端固定在导墙或顶升架上。

（6）钢筋笼制作及安放

钢筋笼的制作可以单独进行(图3-26为某工程地下连续墙钢筋笼制作)，一般与槽段成槽平行施工，并应在成槽清底前完成钢筋笼的加工绑扎安装工作。为了保证钢筋笼的几何尺寸和相对位置准确，钢筋笼宜在制作平台上成型。钢筋笼边角处(横向及竖向)钢筋的交点处应全部点焊，其余交点处采用交错点焊。对成型时临时绑扎的铁丝，宜将线头弯向钢筋笼内侧。为保证钢筋笼在安装过程中具有足够的刚度，除结构受力要求外，尚应考虑增设斜拉补强钢筋，将纵向钢筋形成骨架并加适当附加钢筋。斜拉筋与附加钢筋必须与设计主筋焊牢固。钢筋笼的接头当采用搭接时，为使接头能够承受吊入时的下段钢筋自重，部分接头应焊牢固。钢筋笼的加工制作，要求主筋净保护层为70～80mm。为防止在插入钢筋笼时擦伤槽面，并确保钢筋保护层厚度，宜在钢筋笼上设置定位钢筋环或混凝土垫块。所有用于内部结构连接的预埋件、预埋钢筋等，应与钢筋笼焊牢固。

纵向钢筋底端距槽底的距离应有100～200mm，当采用接头管时，水平钢筋的端部至接头管或混凝土及接头面应留有100～150mm间隙。竖向受力钢筋应布置在水平钢筋的内侧。为便于插入槽内，钢筋底端宜稍向内弯折。钢筋笼的内空尺寸，应比导管连接处的外径大100mm以上。

钢筋笼吊放应使用起吊架(图3-27为某工程地下连续墙钢筋笼下放)，采用双索或四索起吊，以防起吊时钢索的收紧力引起钢筋笼变形。同时起吊时不得拖拉钢筋笼，以免造成弯曲变形。为避免钢筋吊起后在空中摆动，应在钢筋笼下端系上溜绳，用人力加以控制。

图3-26　钢筋笼制作

图3-27　钢筋笼下放

钢筋笼需要分段吊入接长时，应注意不得使钢筋笼产生变形，下段钢筋笼入槽后，临时穿钢管搁置在导墙上，焊接接长上段钢筋笼。钢筋笼吊入槽内时，吊点中心必须对准槽段中心，竖直缓慢放至设计标高，再用吊筋穿管搁置在导墙上。如果钢筋笼不能顺利地插入槽内，应重新吊出，查明原因，采取相应措施加以解决，不得强行插入。

(7) 水下浇筑混凝土

接头管和钢筋就位后，应检查沉渣厚度并在4h以内浇灌混凝土。浇灌混凝土必须使用导管，其内径一般选用250mm，每节长度一般为2.0～2.5m。导管要求连接牢靠，接头用橡胶圈密封，防止漏水。导管接头若用法兰连接，应设锥形法兰罩，以防拔管时挂住钢筋。导管在使用前要注意认真检查和清理，使用后要立即将粘附在导管上的混凝土清除干净。

在单元槽段较长时，应使用多根导管浇灌，导管内径与导管间距的关系一般是：导管内径为150mm、200mm、250mm时，其间距分别为2m、3m、4m，且距槽段端部均不得超过1.5m。为防止泥浆卷入导管内，导管在混凝土内必须保持适宜的埋置深度，一般应控制在2～4m为宜。在任何情况下，不得小于1.5m或大于9m。

导管下口与槽底的间距，以能放出隔水栓和混凝土为度，一般比栓长100～200mm。隔水栓应放在泥浆液面上。为防止粗骨料卡住隔水栓，在浇筑混凝土前宜先灌入适量的水泥砂浆。隔水栓用铁丝吊住，待导管上口贮斗内混凝土的存量满足首次浇筑量后，既能使导管底端埋入混凝土中0.8～1.2m时，才能剪断铁丝，继续浇筑(图3-28)。

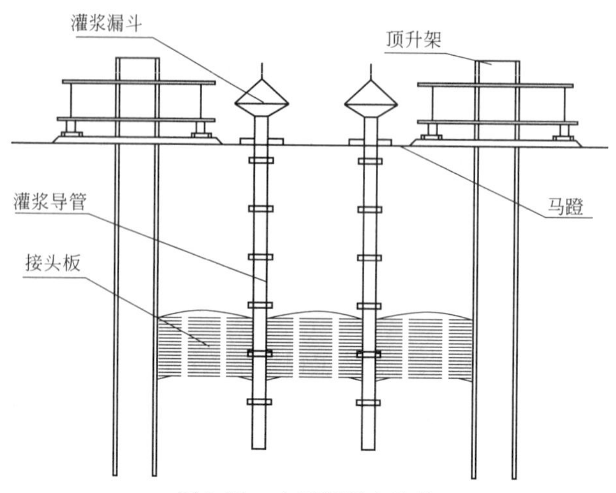

图 3-28　水下混凝土浇筑

混凝土浇灌应连续进行，槽内混凝土面上升速度一般不宜小于 2m/h，中途不得间歇。当混凝土不能畅通时，应将导管上下提动，慢提快放，但不宜超过 300mm。导管不能作横向移动。提升导管应避免碰挂钢筋笼。

随着混凝土的上升，要适时提升和拆卸导管，导管底端埋入混凝土以下一般保持 2～4m。不宜大于 6m，并不小于 1.5m，严禁把导管底端提出混凝土面。

在一个槽段内同时使用两根导管灌注混凝土时，其间距不宜大于 3.0m(图 3-29 为某工程水下混凝土浇筑)，导管距槽段端头不宜大于 1.5m，混凝土应均匀上升，各导管处的混凝土表面的高差不宜大于 0.3m，混凝土浇筑完毕，混凝土面应高于设计要求0.5m，此部分浮浆层以后要凿去。

在浇灌过程中应随时掌握混凝土浇灌量，应有专人每 30min 测量一次导管埋深和管外混凝土标高。测定应取三个点以上，用平均值确定混凝土上升状况，以决定导管的提拔长度。

(8) 接头管拔出施工

提拔接头管宜使用顶升架(或较大吨位吊车)，顶架上安装有大行程(1～2m)、起重量较大(50～100t)的液压千斤顶两台，配有专用高压油泵(图 3-30 为某工程接头管施工)。

图 3-29　水下混凝土浇筑

图 3-30　接头管施工

提拔接头管必须掌握好混凝土的浇灌时间、浇灌高度。混凝土的凝固硬化速度，不失时机地提动和拔出，不能过早、过快，也不能过迟、过缓。如过早和过快，则会造成混凝土壁塌落；如过迟和过缓，则由于混凝土强度增长，摩阻力增大，造成提拔不动和埋管事故。一般宜在混凝土开始浇灌后2～3h即可开始提动接头管，然后使管子回落。以后每隔15～20min提动一次，每次提起100～200mm，使管子在自重下回落，说明混凝土尚处于塑性状态。如管子不回落，管内又没有涌浆等异常现象，宜每隔20～30min拔出0.5～1.0m，如此重复。在混凝土浇灌结束后5～8h内将接头管全部拔出。

4. 地下连续墙的施工质量控制要点

地下连续墙的施工应根据地质条件的适应性等因素选择成槽设备。成槽施工前应进行成槽试验，并应通过试验确定施工工艺及施工参数。当地下连续墙邻近的既有建筑物、地下管线、地下构筑物对地基变形敏感时，地下连续墙的施工应采取有效措施控制槽壁变形。

成槽施工前，应沿地下连续墙两侧设置导墙，导墙宜采用混凝土结构，且混凝土强度等级不宜低于C20。导墙底面不宜设置在新近填土上，且埋深不宜小于1.5m。导墙的强度和稳定性应满足成槽设备和顶拔接头管施工的要求。

成槽前，应根据地质条件进行护壁泥浆材料的试配及室内性能试验，泥浆配比应按试验确定。泥浆拌制后应贮放24h，待泥浆材料充分水化后方可使用。成槽时，泥浆的供应及处理设备应满足泥浆使用量的要求，泥浆的性能应符合相关技术指标的要求。

单元槽段宜采用间隔一个或多个槽段的跳幅施工顺序。每个单元槽段，挖槽分段不宜超过3个。成槽时，护壁泥浆液面应高于导墙底面500mm。

槽段接头应满足混凝土浇筑压力对其强度和刚度的要求。安放槽段接头时，应紧贴槽段垂直缓慢沉放至槽底。遇到阻碍时，槽段接头应在清除障碍后入槽。混凝土浇灌过程中应采取防止混凝土产生绕流的措施。

地下连续墙有防渗要求时，应在吊放钢筋笼前，对槽段接头和相邻墙段混凝土面用刷槽器等方法进行清刷，清刷后的槽段接头和混凝土面不得夹泥。钢筋笼制作时，纵向受力钢筋的接头不宜设置在受力较大处。同一连接区段内，纵向受力钢筋的连接方式和连接接头面积百分率应符合现行国家标准《混凝土结构设计规范》GB 50010对板类构件的规定。钢筋笼应设置定位垫块，垫块在垂直方向上的间距宜取3～5m，在水平方向上宜每层设置2～3块。

单元槽段的钢筋笼宜整体装配和沉放。需要分段装配时，宜采用焊接或机械连接，钢筋接头的位置宜选在受力较小处，并应符合现行国家标准《混凝土结构设计规范》GB 50010对钢筋连接的有关规定。钢筋笼应根据吊装的要求，设置纵横向起吊桁架；桁架主筋宜采用HRB400级钢筋，钢筋直径不宜小于20mm，且应满足吊装和沉放过程中钢筋笼的整体性及钢筋笼骨架不产生塑性变形的要求。钢筋连接点出现位移、松动或开焊时，钢筋笼不得入槽，应重新制作或修整完好。

地下连续墙应采用导管法浇筑混凝土。导管拼接时，其接缝应密闭。混凝土浇筑时，导管内应预先设置隔水栓。

槽段长度不大于6m时，混凝土宜采用两根导管同时浇筑；槽段长度大于6m时，混凝土宜采用三根导管同时浇筑。每根导管分担的浇筑面积应基本均等。钢筋笼就位后应及时浇筑混凝土。混凝土浇筑过程中，导管埋入混凝土面的深度宜在2.0～4.0m之间，浇筑液面的上升速度不宜小于 3m/h，混凝土浇筑面宜高于地下连续墙设计顶面 500mm。

除有特殊要求外，地下连续墙的施工偏差应符合现行国家标准《建筑地基基础工程施工质量验收规范》GB 50202 的规定。

冠梁施工时，应将桩顶浮浆、低强度混凝土及破碎部分清除。冠梁混凝土浇筑采用土模时，土面应修理整平。

5. 地下连续墙的质量检测

地下连续墙的质量检测应符合下列规定：

(1) 应进行槽壁垂直度检测，检测数量不得小于同条件下总槽段数的 20%，且不应少于 10 幅；当地下连续墙作为主体结构构件时，应对每个槽段进行槽壁垂直度检测。

(2) 应进行槽底沉渣厚度检测；当地下连续墙作为主体地下结构构件时，应对每个槽段进行槽底沉渣厚度检测。

(3) 应采用声波透射法对墙体混凝土质量进行检测，检测墙段数量不宜少于同条件下总墙段数的 20%，且不得少于 3 幅，每个检测墙段的预埋超声波管数不应少于 4 个，且宜布置在墙身截面的四边中点处。

(4) 当根据声波透射法判定的墙身质量不合格时，应采用钻芯法进行验证。

(5) 地下连续墙作为主体地下结构构件时，其质量检测尚应符合相关标准的要求。

3.3 土方施工降排水

为了保证土方施工顺利进行，对施工现场的排水系统应有一个总体规划，做到场地排水通畅。土方施工降排水包括排除地面水和降低地下水。

3.3.1 地面排水

场地内低洼地区的积水必须排除，同时应注意雨水的排除，使场地保持干燥，便于施工。

地面水的排除通常采用设置排水沟、截水沟或修筑土堤等设施来进行。应尽量利用自然地形来设置排水沟，以便将水直接排至场外，或流入低洼处再用水泵抽走。

主排水沟最好设置在施工区域或道路的两旁，其横断面和纵向坡度根据最大流量确定。一般排水沟的横断面不小于 0.5m×0.5m，纵向坡度根据地形确定，一般不小于 3‰。在山坡地区施工，应在较高一面的坡上，先做好永久性截水沟，或设置临时截水沟，阻止山坡水流入施工现场。在低洼地区施工时，除开挖排水沟外，必要时还需修筑土堤，以防止场外水流入施工场地。出水口应设置在远离建筑物或构筑物的低洼地点，并保证排水通畅。

3.3.2 集水井降水

在开挖基坑、地槽、管沟或其他土方时，土的含水层常被切断，地下水将会不断地渗入坑内。雨季施工时，地面水也会流入坑内。为了保证施工的正常进行，防止边坡塌方和地基承载能力的下降，必须做好基坑降水工作。降低地下水位的方法有集水井降水法和井点降水法两种。集水井降水法一般宜用于降水深度较小且地层为粗粒土层或粘性土时；井点降水法一般宜用于降水深度较大，或土层为细砂和粉砂，或是软土地区时。

1. 集水井设置

采用集水井降水法施工，是在基坑(槽)开挖时，沿坑底周围或中央开挖排水沟，在沟底设置集水井(图 3-31)，使坑(槽)内的水经排水沟流向集水井，然后用水泵抽走。抽出的水应引开，以防倒流。

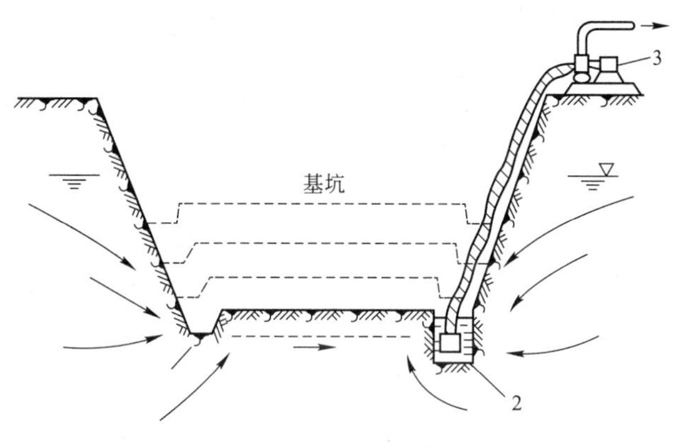

图 3-31　集水井降水

1—排水沟；2—集水井；3—水泵

排水沟和集水井应设置在基础范围以外，一般排水沟深 0.3～0.6m，底宽不小于 0.3m，沟底应有一定坡度，纵向坡度宜为 1‰～2‰，以保持水流畅通。根据地下水量的大小，基坑平面形状及水泵能力，集水井每隔 30～40m 设置一个，其直径和宽度一般为 0.6～0.8m，其深度随着挖土的加深而加深，要始终低于挖土面 0.8～1.0m。井壁可用砖砌、木板或钢筋笼等简易加固。当基坑挖至设计标高后，集水井底应低于坑底 1m，并铺设 0.3m 左右的碎石滤水层，以免抽水时将泥砂抽走，并防止集水井底的土被扰动。

2. 流砂产生及防治

当基坑(槽)挖土至地下水水位以下时，而土质又是细砂或粉砂，当水流由下向上流动时，动水力的方向与重力方向相反，使土颗粒悬浮。当动水力的大小等于或大于土的浮重度时，土体随水流动，称为流砂。流砂的发生可以用临界水力坡降来表示，如果水力坡降小于临界水力坡降，则会发生流砂现象。发生流砂现象时，土完全丧失承载能力，使施工条件恶化，难以达到开挖设计深度。严重时会造成边坡塌方及附近建筑物下降、倾斜、倒塌等。总之，流砂现象对土方施工和附近建筑物有很大危害。

(1) 流砂产生的原因

水在土中渗流时受到土颗粒的阻力，从作用与反作用定律可知，水流动时，水对单位体积土的骨架作用的，称为动水压力。当基坑底挖至地下水位以下时，坑底的土就受到动水压力的作用。如果动水压力等于或大于土的浸水重度时，土粒失去自重处于悬浮状态，能随着渗流的水一起流动，带入基坑边发生流砂现象。

当地下水位愈高，坑内外水位差愈大时，动水压力也就愈大，越容易发生流砂现象。实践经验是：在可能发生流砂的土质处，基坑挖深超过地下水位线 0.5m 左右，就要注意流砂的发生。

此外当基坑底位于不透水层内，而其下面为承压水的透水层，基坑不透水层的覆土的重量小于承压水的压力时，基坑底部就可能发生管涌现象。

(2) 易产生流砂的土

实践经验表明。具备下列性质的土，在一定动水压力作用下，就有可能发生流砂现象。

1)土的颗粒组成中，粘粒含量小于10%，粉粒(颗粒为0.005～0.05mm)含量大于75%；2)颗粒级配中，土的不均匀系数小于5；3)土的天然孔隙比大于0.75；4)土的天然含水量大于30% 。因此，流砂现象经常发生在颗粒细、均匀、松散、饱和的非粘性土中。

(3) 流砂的防治

是否出现流砂现象的重要条件是动水压力的大小和方向。在一定的条件下土转化为流砂，而在另一些条件下(如改变动水压力的大小和方向)，又可将流砂转变为稳定土。流砂防治的具体措施有：

1) 抢挖法：即组织分段抢挖，使挖土速度超过冒砂速度，挖到标高后立即铺竹筏或芦席，并抛大石块以平衡动水压力，压住流砂，此法可解决轻微流砂现象。

2) 打板桩法：将板桩打入坑底下面一定深度，增加地下水从坑外流入坑内的渗流长度，以减小水力坡度，从而减小动水压力，防止流砂产生。

3) 水下挖土法：不排水施工，使坑内水压力与地下水压力平衡，消除动水压力，从而防止流砂产生。此法在沉井挖土下沉过程中常用。

4) 人工降低地下水位：采用轻型井点等降水，使地下水的渗流向下，水不致渗流入坑内，又增大了土料间的压力 ，从而可有效地防止流砂形成。因此，此法应用广且较可靠。

5) 地下连续墙法：此法是在基坑周围先浇筑一道混凝土或钢筋混凝土的连续墙，以支承土壁、截水并防止流砂产生。

此外，在含有大量地下水土层或沼泽地区施工时，还可以采取土壤冻结法等。对位于流砂地区的基础工程，应尽可能用桩基或沉井施工，以节约防治流砂所增加的费用。

3.3.3 基坑隔水

基坑工程隔水措施可采用水泥土搅拌桩、高压喷射注浆、地下连续墙、咬合桩、小齿口钢板桩等。有可靠工程经验时，可采用地层冻结技术(冻结法)阻隔地下水。当地质条件、环境条件复杂或基坑工程等级较高时，可采用多种隔水措施联合使用的方式，增强隔水可靠性。如搅拌桩结合旋喷桩、地下连续墙结合旋喷桩、咬合桩结合旋喷桩等。

隔水帷幕在设计深度范围内应保证连续性，在平面范围内宜封闭，确保隔水可靠性。其插入深度应根据坑内潜水降水要求、地基土抗渗流(或抗管涌)稳定性要求确定。隔水帷幕的自身强度应满足设计要求，抗渗性能应满足自防渗要求。

基坑预降水期间可根据坑内、外水位观测结果判断止水帷幕的可靠性；当基坑隔水帷幕出现渗水时，可设置导水管、导水沟等构成明排系统，并应及时封堵。水、土流失严重时，应立即回填基坑后再采取补救措施。

3.3.4 井点降水

井点降水法也称为人工降低地下水位法，就是在基坑开挖前，预先在基坑四周埋设一定数量的滤水管(井)，利用抽水设备从中抽水，使地下水位降落在坑底以下，直至施工结束为止。这样，可使所挖的土始终保持干燥状态，改善施工条件，同时还使动水压力方向向下，从根本上防止流砂发生，并增加土中有效应力，提高土的强度或密实度。因此，井点降水法不仅是一种施工措施，也是一种地基加固方法。采用井点降水法降低地下水位，可适当改陡边坡以减少挖土数量，但在降水过程中，基坑附近的地基土壤会有一定的沉降，施工时应加以注意。

井点降水法有：轻型井点、喷射井点、电渗井点、管井井点及深井泵等。各种方法的选用，可根据土的渗透系数、降低水位的深度、工程特点、设备及经济技术比较等具体条件参照表3-4选用。其中以轻型井点采用较广，下面作重点介绍。

降水井类型以及适用范围　　表3-4

项次	井点类别	土层渗透系数(m/d)	降低水位深度(m)
1	单层轻型井点	0.1～50	3～6
2	多层轻型井点	0.1～50	6～12 (由井点层数而定)
3	喷射井点	0.1～2	8～20
4	电渗井点	＜0.1	宜配合其他形式降水使用
5	深井井点	10～250	＞10

3.3.4.1 轻型井点

1. 轻型井点设备

轻型井点设备主要包括井点管、滤管、集水总管、弯联管、抽水设备等(图3-32)。

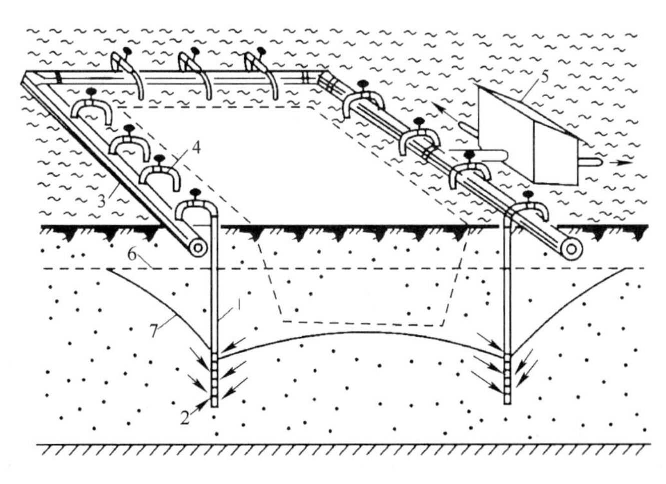

图3-32　轻型井点降水

1—井点管；2—滤管；3—总管；4—弯联管；5—水泵管；6—原有地下水位线；7—降低后水位线

井点管为直径38mm或51mm、长5～7m的钢管，可整根或分节组成。井点管的上端用弯联管与总管相连。下端与滤管用螺丝套头连接。

集水总管用直径100～125mm的无缝钢管，每段长4m，其上装有与井点管连接的短接头，间距0.8m或1.2m。

滤管为进水设备，通常采用长1.0～1.2m，直径38～57mm的无缝钢管，管壁钻有直径为12～19mm的呈星棋状排列的滤孔，滤孔面积为滤管表面积的20%～25%。

两层孔径不同的铜丝布或塑料布滤网。为使流水畅通，在骨架管与滤网之间用塑料管或梯形钢丝隔开，塑料管沿骨架管绕成螺旋形。滤网外面再绕一层 8 号粗钢丝保护网，滤管下端为一锥形铸铁头。滤管上端与井点管连接。

抽水设备是由真空泵、离心泵和水汽分离器（又叫集水箱）等组成。真空泵轻型井点设备由真空泵一台、离心式水泵二台（一台备用）和水汽分离器一台组成一套抽水机组，国内已有定型产品供应。这种设备形成真空度 67～80kPa，带井点数 60～70 根，降水深度达 5.5～6.0m；但设备较复杂，易出故障，维修管理困难，耗电量大。适于重要的较大规模的工程降水。

2. 轻型井点的布置

井点系统的布置，应根据基坑平面形状与大小、土质、地下水位高低与流向、降水深度要求等确定。

（1）平面布置

当基坑或沟槽宽度小于 6m，水位降低值不大于 5m 时，可用单排线状井点，布置在地下水流的上游一侧，两端延伸长一般不小于沟槽宽度（图 3-33）。如沟槽宽度大于 6m，或土质不良，宜用双排井点（图 3-34）。面积较大的基坑宜用环状井点（图 3-35）。有时也可布置为 U 形，以利挖土机械和运输车辆出入基坑。环状井点四角部分应适当加密，井点管距离基坑一般为 0.7～1.0m，以防漏气。井点管间距一般用 0.8～1.5m，或由计算和经验确定。

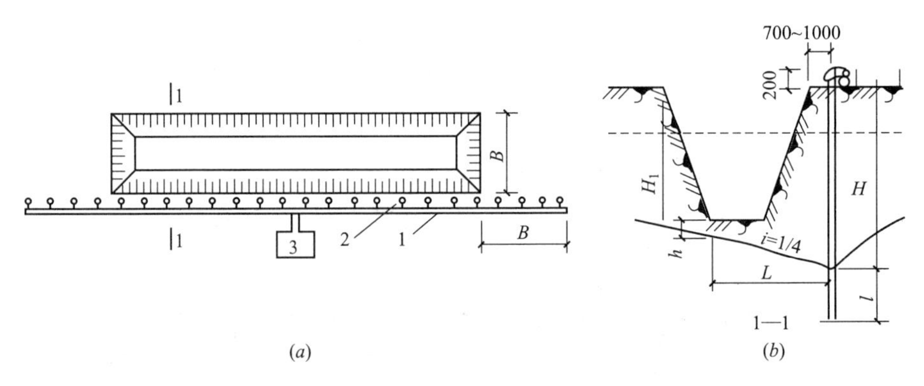

图 3-33　单排轻型井点降水布置

1—总管；2—井点管；3—排水设备

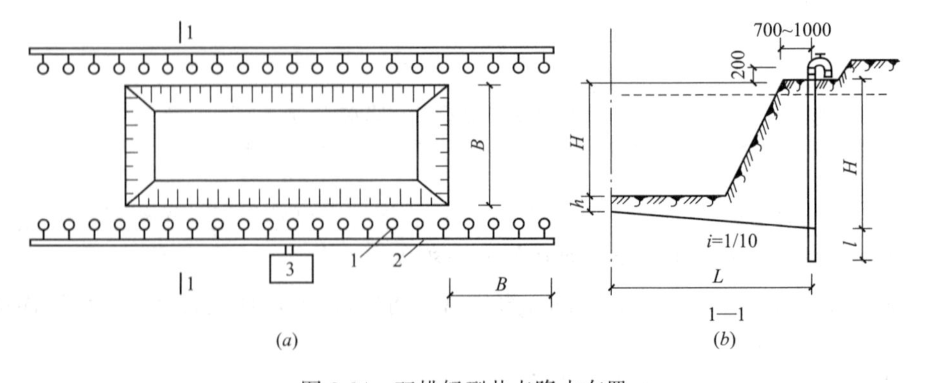

图 3-34　双排轻型井点降水布置

（a）平面布置；（b）高程布置

1—总管；2—井点管；3—排水设备

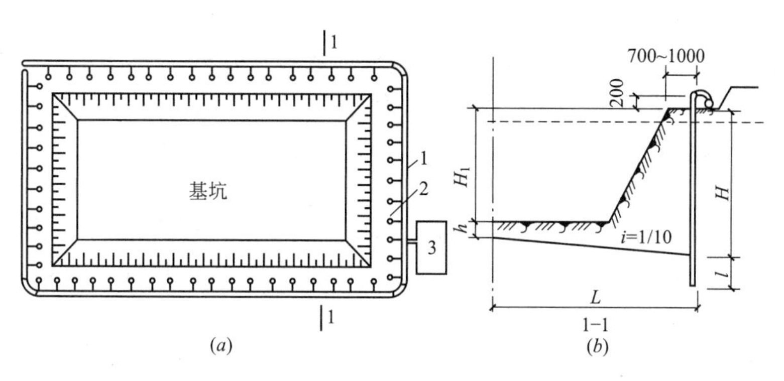

图 3-35 环形轻型井点降水布置

(a)平面布置；(b)高程布置

1—总管；2—井点管；3—排水设备

采用多套抽水设备时，井点系统应分段，各段长度应大致相等。分段地点宜选择在基坑转弯处，以减少总管弯头数量，提高水泵抽吸能力。水泵宜设置在各段总管中部，使泵两边水流平衡。分段处应设阀门或将总管断开，以免管内水流紊乱，影响抽水效果。

(2) 高程布置

轻型井点的降水深度在考虑设备水头损失后，不超过 6m。

井点管的埋设深度 H(不包括滤管长)按下式计算

$$H \geqslant H_1 + h + IL \tag{3-1}$$

式中 H_1——井管埋设面至基坑底的距离(m)；

h——基坑中心处基坑底面(单排井点时，为远离井点一侧坑底边缘)至降低后地下水位的距离，一般为 0.5～1.0m；

I——地下水降落坡度，环状井点 1/10，单排线状井点为 1/4；

L——井点管至基坑中心的水平距离(m)(在单排井点中，为井点管至基坑另一侧的水平距离)。

如果计算出的 H 值大于井点管长度，则应降低井点管的埋置面(但以不低于地下水位为准)以适应降水深度的要求。在任何情况下，滤管必须埋在透水层内。为了充分利用抽吸能力，总管的布置标高宜接近地下水位线(可事先挖槽)，水泵轴心标高宜与总管平行或略低于总管。总管应具有 0.25%～0.5%坡度(坡向泵房)。各段总管与滤管最好分别设在同一水平面，不宜高低悬殊。

当一级井点系统达不到降水深度要求，可视其具体情况采用其他方法降水。如上层土的土质较好时，先用集水井排水法挖去一层土再布置井点系统；也可采用二级井点，即先挖去第一级井点所疏干的土，然后再在其底部装设第二级井点(图 3-36)。

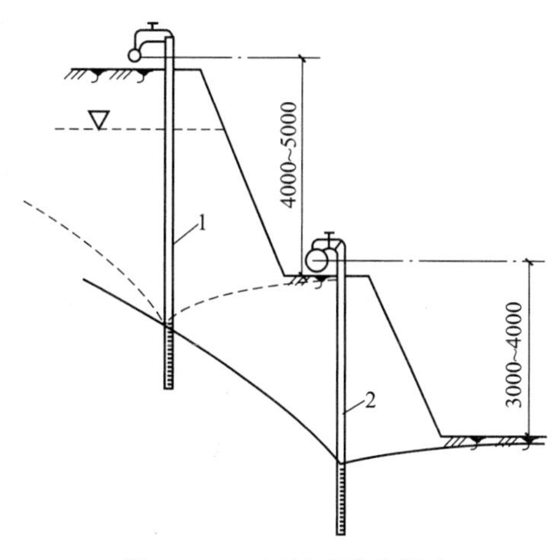

图 3-36 二级轻型井点降水

3. 井点施工工艺程序

放线定位→铺设总管→冲孔→安装井点管、填砂砾滤料、上部填黏土密封→用弯联管将井点管与总管接通→安装抽水设备与总管连通→安装集水箱和排水管→开动真空泵排气、再开动离心水泵抽水→测量观测井中地下水位变化

4. 轻型井点的计算

轻型井点的计算包括：根据确定的井点系统的平面和竖向布置图，计算井点系统涌水量，计算确定井点管数量与间距，校核水位降低数值，选择抽水设备和井点管的布置等。

(1) 井点系统涌水量计算

井点系统涌水量是按水井理论进行计算的。根据井底是否达到不透水层，水井可分为完整井与不完整井。凡井底到达含水层下面的不透水层顶面的井称为完整井，否则称为不完整井。根据地下水有无压力，又分为无压井与承压井，如图 3-37、图 3-38 所示。

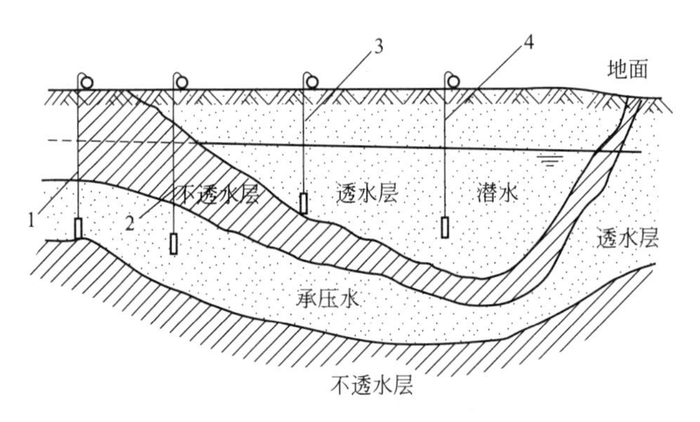

图 3-37 降水井的分类

1—承压完整井；2—承压非完整井；3—无压完整井；4—无压非完整井

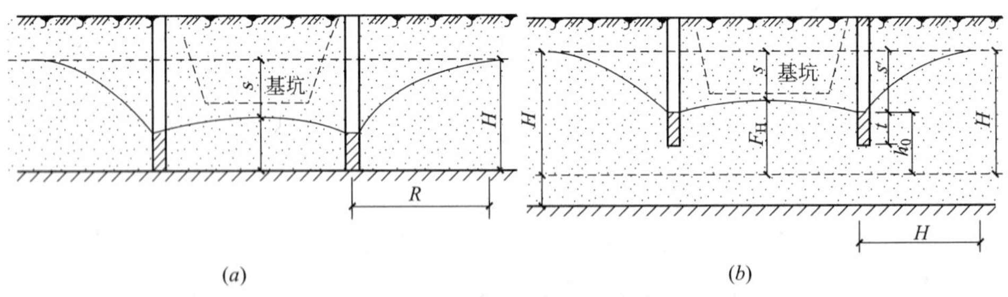

图 3-38 环状井点降水量计算简图

(*a*)无压完整井；(*b*)无压不完整井

对于无压完整井的环状井点系统(图 3-38*a*)，涌水量计算公式为：

$$Q=1.366K\frac{(2H-s)s}{\lg\left(1+\frac{R}{r_0}\right)} \tag{3-2}$$

式中 Q——井点系统的涌水量（m^3/d）；

K——土的渗透系数（m/d），可以由实验室或现场抽水试验确定；

H——含水层厚度(m)；

s——水位降低值（m）；

R——抽水影响半径（m ），常用下式计算：

潜水含水层：
$$R=2s\sqrt{HK} \tag{3-3a}$$

承压水含水层：
$$R=10s\sqrt{K} \tag{3-3b}$$

r_0——环状井点系统的假想半径（m），对于矩形基坑，其长度与宽度之比不大于5时，可按下式计算：

$$r_0=\sqrt{\frac{F}{\pi}} \tag{3-4}$$

式中　F——环状井点系统所包围的面积（m^2）。

对于基坑非圆形时，a，b 分别为基坑长、短边，$x_0=0.29\ (a+b)$

对于无压非完整井点系统(图3-38b)，地下潜水不仅从井的侧面流入，还从井点底部渗入，因此涌入量较完整井大。为了简化计算，仍可采用式(3-2)。但此时式中 H 应换成有效抽水影响深度 H_0，H_0 值可按表3-5确定，当算得 H_0 大于实际含水量厚度 H 时，仍取 H 值。

有效抽水影响深度 H_0 值　　**表 3-5**

$s'/(s'+l)$	0.2	0.3	0.5	0.8
H_0	$1.36(s'+l)$	$1.5(s'+l)$	$1.7(s'+l)$	$1.85(s'+l)$

注：s'—原地下水位线到滤管顶的距离；l—滤管长度。

对于承压完整井点系统，涌水量计算公式：

$$Q=2.73\frac{KMs}{\lg\left(1+\frac{R}{r_0}\right)} \tag{3-5}$$

式中　M——承压含水层厚度（m）；

K、s、R、r_0——同式(3-2)。

若用以上各式计算轻型井点系统涌水量时，要先确定井点系统布置方式和基坑计算图形面积。如矩形基坑的长宽比大于5或基坑宽度大于抽水影响半径的两倍时，需将基坑分块，使其符合上述各式的适用条件，然后分别计算各块的涌水量和总涌水量。

(2) 井点管数量与井距的确定

确定井点管数量需先确定单根井点管的抽水能力。单根井点管的最大出水量 q，取决于滤管的构造尺寸和土的渗透系数，按下式计算：

$$q=120\pi rl\sqrt[3]{K} \tag{3-6}$$

式中　r——滤管半径(m)；

l——滤管长度(m)；

K——土的渗透系数(m/d)；

井点管的最少根数 n，根据井点系统涌水量 Q 和单根井点管的最大出水量 q，按下式确定：

$$n=1.1\frac{Q}{q} \tag{3-7}$$

式中　1.1——备用系数(考虑井点管堵塞等因素)。

井点管的平均间距 D 为：

$$D=\frac{L}{n} \tag{3-8}$$

式中　L——总管长度(m)；

n——井点管根数 。

井点管间距经计算确定后，布置时还需注意：

井点管间距不能过小，否则彼此干扰大，出水量会显著减少，一般可取滤管周长的 5～10 倍；在基坑周围四角和靠近地下水流方向一边的井点管应适当加密；当采用多级井点排水时，下一级井点管间距应较上一级的小；实际采用的井距，还应与集水总管上短接头的间距相适应(可按 0.8m、1.2m、1.6m、2.0m 四种间距选用)。

5. 抽水设备的选择

真空泵主要有 W5、W6 型，按总管长度选用。当总管长度不大于 100m 时可选用 W5 型，总管长度不大于 200m 时可选用 W6 型。水泵按涌水量的大小选用，要求水泵的抽水能力应大于井点系统的涌水量(约增大 10%～20%)。通常一套抽水设备配两台离心泵，即可轮换备用，又可在地下水量较大时同时使用。

6. 井点管的安装埋设

井点管埋设一般用水冲法，分为冲孔和埋管两个过程(图 3-39)。冲孔时，先用起重设备将冲管吊起并插在井点的位置上，然后开动高压水泵将土冲松，冲管则边冲边沉。冲孔直径一般为 300mm，以保证井管四周有一定厚度的砂滤层；冲孔深度宜比滤管底深 0.5m 左右，以防冲管拔出时，部分土颗粒沉于底部而触及滤管底部。井孔冲成后，立即拔出冲管，插入井点管，并在井点管与孔壁之间迅速填灌砂滤层，以防孔壁塌土。砂滤层的填灌质量是保证轻型井点顺利抽水的关键。一般宜选用干净粗砂填灌均匀，并填至滤管顶上 1～1.5m，以保证水流畅通。井点填砂后，在地面以下 0.5～1.0m 内须用黏土封口，以防漏气。

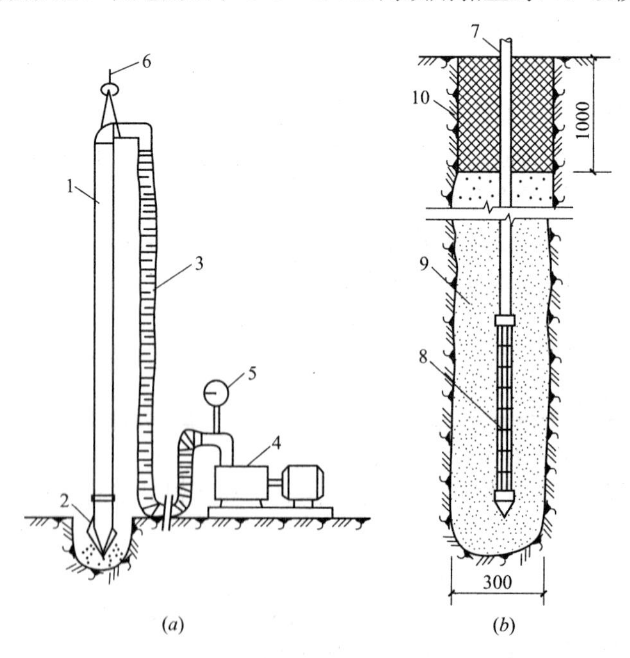

图 3-39　井点管的埋设

1—冲管；2—冲嘴；3—胶皮管；4—高压水泵；5—压力表；
6—起重机吊钩；7—井点管；8—滤管；9—填砂；10—黏土封口

井点管埋设完毕，应接通总管与抽水设备进行试抽水，检查有无漏水、漏气，出水是否正常，有无淤塞等现象，如有异常情况，应检修好后方可使用。

7. 轻型井点的使用

轻型井点使用时，一般应连续抽水(特别是开始阶段)。时抽时停容易致滤管网堵塞，以及出水浑浊并引起附近建筑物由于土颗粒流失而沉降、开裂。同时由于中途停抽，使地下水回升，也可能引起边坡塌方等事故。抽水过程中，应调节离心泵的出水阀以控制水量，使抽吸排水保持均匀，做到细水长流。正常的出水规律是“先大后小，先浑后清”。真空泵的真空度是判断井点系统工作情况是否良好的技术参数，必须经常观察。造成真空度不足的原因很多，但大多是井点系统有漏气现象，应及时检查并采取措施。在抽水过程中，还应检查有无堵塞的“死井”(工作正常的井点，用手探摸时，应有冬暖夏凉的感觉)，若死井太多，严重影响降水效果时，应逐个用高压反冲洗或拔出重埋。为观察地下水位的变化，可在影响半径内设孔观察。

井点降水工作结束后所留的井孔，必须用砂砾或黏土填实封井。

8. 轻型井点系统降水设计实例

某工程基坑平面尺寸如图 3-40 所示，基坑底宽 10m，长 19m、深 4.1m，边坡坡度为 1∶0.5，地下水位为－0.6m。根据地质勘查资料，该处地面下 0.7m 为杂填土，此层下面有 6.6m 的细砂层，土的渗透系数 $K=5\text{m/d}$，再往下为不透水的黏土层。现采用轻型井点设备进行人工降低地下水位，机械开挖土方，试对该轻型井点系统进行计算。

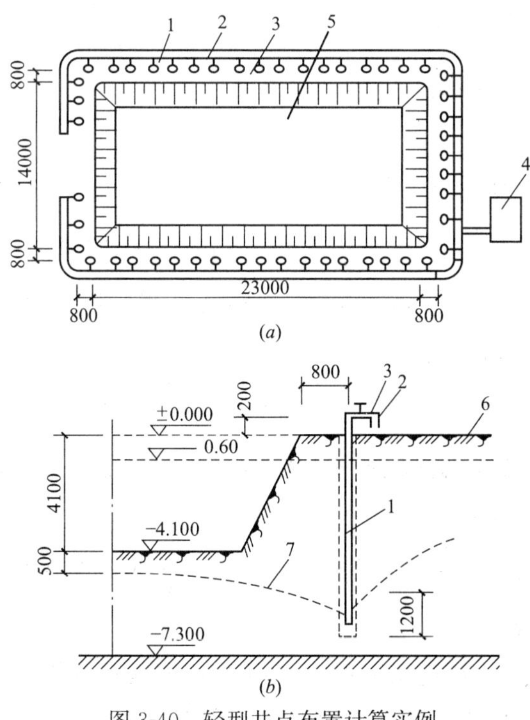

图 3-40　轻型井点布置计算实例

(a)井点管平面布置；(b)高程布置

1—井点管；2—集水总管；3—弯连管；4—抽水设备；5—基坑；6—原地下水位线；7—降低后地下水位线

【解】(1) 井点系统的布置

该基坑顶部平面尺寸为14m×23m，布置成环状井点，井点管离边坡距离为0.8m，要求降水深度为：$S=4.10-0.6+0.5=4.00$(m)。因此，用一级轻型井点系统即可满足要求，总管和井点布置在同一水平面上。

由井点系统布置处至下面一层不透水黏土层的深度为0.7+6.6=7.3(m)，设井点管长度为7.2m，其中井管长6m，滤管长1.2m，因此滤管底距离不透水黏土层只差0.1m，可按无压完整井进行设计和计算。

(2) 基坑总涌水量计算

含水层厚度：$H=7.3-0.6=6.7$(m)

降水深度：$S=4-0.6+0.5=3.9$(m)

基坑假想半径：由于该基坑长宽比不大于5，所以可化简为一个假想半径为r_0的圆井进行计算：

$$r_0=\sqrt{\frac{F}{\pi}}=\sqrt{\frac{(14+0.8\times 2)(23+0.8\times 0.2)}{3.14}}=11(\mathrm{m})$$

抽水影响半径：

$$R=2s\sqrt{HK}=2\times 3.9\sqrt{6.7\times 5}=45.1(\mathrm{m})$$

基坑总涌水量的计算：

$$Q=1.366K\frac{(2H-s)s}{\lg\left(1+\frac{r}{r_0}\right)}=1.366\times 5\times\frac{(2\times 6.7-3.9)\times 3.9}{\lg\left(1+\frac{45.1}{11}\right)}=357.6(\mathrm{m^3/d})$$

(3) 计算井点管数量和间距

单井出水量：

$$q=120\pi rlK^{\frac{1}{3}}=120\times 3.14\times 0.025\times 1.2\times 5^{\frac{1}{3}}=19.3(\mathrm{m^3/d})$$

井点管的数量： $n=1.1\times\frac{357.6}{19.3}=20.4$(根)，取21根

在基坑四角井点管应加密，若考虑每个角加两根井点管，采用井点管数量为21+8=29根，井点管间距平均为：

$$D=\frac{2(24.6+15.6)}{29-1}=2.87(\mathrm{m})，取2.5\mathrm{m}$$

井点管布置时，为让开机械挖土开行路线，宜布置成端部开口(即留3根井点管距离)，因此，实际需要井点管数量为：

$$n=\frac{2(24.6+15.6)}{2.5}-2=30.2(根)，用31根$$

3.3.4.2 喷射井点

当基坑开挖较深或降水深度超过6m，必须使用多级轻型井点，这样会增大基坑的挖土量、延长工期并增加设备数量，不够经济。当降水深度超过6m，土层渗透系数为(0.1～2.0)m/d的弱透水层时，采用喷射井点降水比较合适，其降水深度可达20m。

1. 喷射井点的主要设备

喷射井点根据其工作时使用的喷射介质不同，分为喷水井点和喷气井点两种。其主

要设备由喷射井管、高压水泵(或空气压缩机)和管路系统组成。

喷射井管分内管和外管两部分，内管下端装有喷射器并与滤管相接。喷射器由喷嘴、混合室、扩散室等组成。为防止因停电、机械故障或操作不当而突然停止工作时的倒流现象，在滤管的芯管下端设一逆止球间。喷射井点正常工作时，喷射器产生真空，芯管内出现负压，钢球浮起，地下水从阀座中间的孔进入井管。当井管出现故障，真空消失时，钢球下沉堵住阀座孔，阻止工作水进入土层。

管路系统包括进水、排水总管(直径 150mm，每套长 60m)、接头、阀门、水表、溢流管、调压管等管件、零件及仪表。

常用喷射井点管的规格直径为：38、50、63、100、150mm。

2. 喷射井点布置

喷射井点管的布置与井点管的埋设方法和要求与轻型井点基本相同。基坑面积较大时，采用环形布置；基坑宽度小于 10m，用单排线型布置；大于 10m 时，作双排布置。喷射井管间距一般为 2～3m；采用环形布置，进出口(道路)处的井点间距为 5～7m 。冲孔直径为 400～600mm，深度比滤管底深 1m 以上。

3.3.4.3　深井井点

深井井点降水是在深基坑的周围埋置深于基底的井管，通过设置在井管内的潜水电泵将地下水抽出，使地下水位低于坑底。适用于抽水量大、较深的砂类土层，降水深可达 50m 以内。

1. 井点系统的组成及设备

深井井点系统主要由井管和水泵组成，如图 3-41 所示。井管用钢管、塑料管或混凝土管制成，管径一般为 300mm，井管内径一般应大于水泵外径 50mm。井管下部过滤部分带孔，外面包裹 10 孔/cm^2 镀锌钢丝两层，41 孔/cm^2 镀锌钢丝两层或尼龙网。

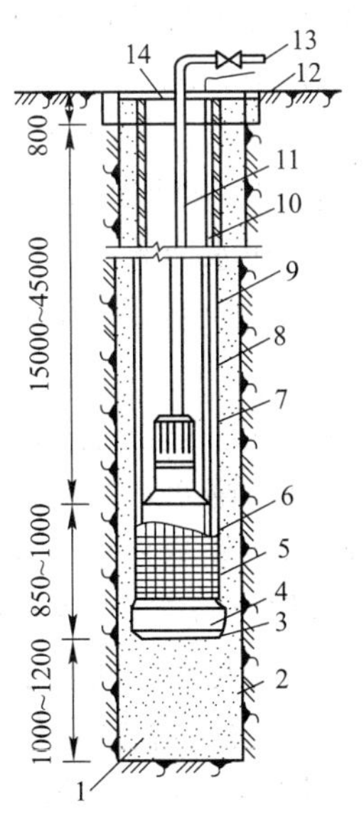

图 3-41　深井构造

1—中粗砂；2—ϕ600 井孔；3—开孔底板(下铺滤网)；4—导向段；
5—滤网；6—过滤段(内填碎石)；7—潜水泵；8—ϕ300 井管；9—中、粗砂或小砾石；
10—电缆；11—ϕ50 出水管；12—井口；13—ϕ50 出水总管；14—井盖

2. 深井布置

深井井点一般沿工程基坑周围离边坡上缘0.5～1.5m呈环形布置，当基坑宽度较窄，也可在一侧呈直线形布置；当为面积不大的独立的深基坑，也可采取点式布置。井点宜深入到透水层6～9m，通常还应比所需降水的深度深6～8m，间距一般为10～30m(相当于埋深)。基坑开挖深8m以内，井距为10～15m；8m以上，井距为15～20m。在一个基坑布置的井点，应尽可能多地为附近工程基坑降水所利用或上部二节尽可能地回收利用(图3-41)。

3.3.4.4 电渗井点

在饱和粘性土中，特别是在淤泥和淤泥质黏土中，由于土的渗透系数很小(小于0.1m/d)，此时宜采用电渗井点排水。它是利用粘性土中的电渗现象和电泳特性，使粘性土空隙中的水流动加快，起到一定的疏干作用，从而使排水效率得到提高。本法一般与轻型井点或喷射井点结合使用，效果较好。除有与一般井点相同的优点外，还可用于渗透系数很小(0.1～0.002m/d)的黏土和淤泥中。同时与电渗一起产生的电泳作用，能使阳极周围土体加密，并可防止黏土颗粒淤塞井点管的过滤网，保证井点正常抽水。另外，比轻型井点增加的费用甚微。

3.3.4.5 降水对周围建筑的影响及防止措施

在弱透水层和压缩性大的黏土层中降水时，由于地下水流失造成地下水位下降、地基自重应力增加和土层压缩等原因，会产生较大的地面沉降；又由于土层的不均匀性和降水后地下水位呈漏斗曲线，四周土层的自重应力变化不一而导致不均匀沉降，使周围建筑物基础下沉或房屋开裂。因此，在建筑物附近进行井点降水时，为防止降水影响或损害区域内的建筑物，就必须阻止建筑物下的地下水流失。为达到此目的，除可在降水区域和原有建筑物之间的土层中设置一道固体抗渗屏幕外，还可用回灌井点补充地下水的办法来保持地下水位。使降水井点和原有建筑物下的地下水位保持不变或降低较少，从而阻止建筑物下地下水的流失。这样，也就不会因降水而使地面沉降，或减少沉降值。

回灌措施包括回灌井、回灌砂井、回灌砂沟和水位观测井等。回灌砂井、回灌砂沟一般用于浅层潜水回灌，回灌井用于承压水回灌。回灌井点是防止井点降水损害周围建筑物的一种经济、简便、有效的办法，它能将井点降水对周围建筑物的影响减少到最小程度。

对于坑内减压降水，坑外回灌井深度不宜超过承压含水层中基坑截水帷幕的深度，以影响坑内减压降水效果。对于坑外减压降水，回灌井与减压井的间距宜通过计算确定，回灌砂井或回灌砂沟与降水井点的距离一般不宜小于6m，以防降水井点仅抽吸回灌井点的水，而使基坑内水位无法下降。回灌砂沟应设在透水性较好的土层内。在回灌保护范围内，应设置水位观测井，根据水位动态变化调节回灌水量。回灌井可分为自然回灌井与加压回灌井。自然回灌井的回灌压力与回灌水源的压力相同，一般可取为0.1～0.2MPa。加压回灌井通过管口处的增压泵提高回灌压力，一般可取为0.3～0.5MPa。回灌压力不宜超过过滤管顶端以上的覆土重量，以防止地面处回灌水或泥浆混合液的喷溢。

回灌井施工结束至开始回灌，应至少有2～3周的时间间隔，以保证井管周围止水封闭层充分密实，防止或避免回灌水沿井管周围向上反渗、地面泥浆水喷溢。井管外侧止水封闭层顶至地面之间，宜用素混凝土充填密实。

为保证回灌畅通，回灌井过滤器部位宜扩大孔径或采用双层过滤结构。回灌过程中为防止回灌井堵塞，每天应进行至少 1～2 次回扬，至出水由浑浊变清后，恢复回灌。回灌水必须是洁净的自来水或利用同一含水层中的地下水，并应经常检查回灌设施，防止堵塞。

为了观测降水及回灌后四周建筑物、管线的沉降情况及地下水位的变化情况，必须设置沉降观测点及水位观测井，并定时测量记录，以便及时调节灌、抽量，使灌、抽基本达到平衡，确保周围建筑物或管线等的安全。

思　考　题

1. 常见的基坑支护形式有哪些?
2. 土钉墙支护的施工工艺流程是什么？其施工过程中应注意哪些易导致质量问题的地方?
3. 锚杆施工的工艺流程如何?
4. 排桩支护的适用范围?
5. 基坑侧壁的安全等级是如何确定的?
6. 人工降水过程中将地下水进行回灌的目的是什么?

第四章 地 基 处 理

地基处理的目的是为了提高地基承载力，减少地基沉降，有时也为了减少地基的渗透性。地基处理的方法很多，确定地基处理方法时要因地制宜，选择技术适用、先进可靠、经济合理的处理方法。

《建筑地基处理技术规范》JGJ 79 规定在选择地基处理方案时，宜根据各种因素进行综合分析，初步选出几种可供考虑的地基处理方案，其中强调包括选择两种或多种地基处理措施组成的综合处理方案。这是因为当岩土工程条件较为复杂或建筑物对地基要求较高时，采用单一的地基处理方法处理地基，往往满足不了设计要求或处理费用较高。在这种情况下由两种或多种地基处理措施组成的综合处理方法很可能是最佳选择。很多工程实例证明，采用了综合处理方法取得了很好的技术经济效果。

4.1 换 土 垫 层 法

4.1.1 灰土地基

灰土地基就是将基础下一定厚度的软弱土层挖去，用一定比例的石灰与粘性土拌和均匀，分层回填，分层夯实而形成垫层。灰土地基具有一定的强度、水稳性和抗渗性，施工简单，费用较低。其承载能力可达 300kPa，适用于加固深度为 1～4m 的软弱土、湿陷性黄土、杂填土等，还可以作为结构的辅助防渗层。

1. 材料要求

(1) 土料。土料宜选用粉质黏土，不宜使用块状黏土和砂质粉土，有机物含量不应超过 5%，土料应过筛且最大粒径不得大于 15mm。

(2) 石灰。石灰宜选用新鲜的消石灰，其最大粒径不得大于 5mm。不应夹有未熟化的生石灰块粒及其他杂质，也不得含有过多的水分。

2. 施工工艺及要点

(1) 铺设前应先验槽，消除松土并夯打两遍，基坑中如有局部软弱土或孔洞，应予以挖除并用灰土分层回填夯实。

(2) 灰土的配合比应符合设计要求，设计没有要求，一般采用体积比为(石灰：黏土) 3∶7 或 2∶8 的灰土。

(3) 灰土施工时，应采用人工拌合均匀，一般人工翻拌 3 次，使达到灰土均匀，颜色一致，应适当控制其含水量，以手握成团，两指轻捏能碎为宜，如土料水分过多或不足时，可以晾干或洒水润湿。拌好后应及时铺设夯实。铺土厚度按表 4-1 规定。厚度用样桩控制，每层灰土夯实遍数，应根据设计的干土质量密度在现场试验确定，一般不少于 4 遍。

灰土最大虚铺厚度　　表 4-1

序号	夯实机具种类	质量(t)	虚铺厚度(mm)	备注
1	石夯、木夯	0.04～0.08	200～250	人力送夯，落距 400～500mm，一夯压半夯，夯实后约 80～100mm 厚
2	轻型夯实机械	0.12～0.4	200～250	蛙式打夯机、柴油打夯机，压实后约 100～150mm 厚
3	压路机	6～10	200～300	双轮

(4) 灰土换填应在基槽、基坑内无水情况下施工，夯实后的灰土 3d 内不得受水浸泡。

(5) 灰土分段施工时，不得在墙角、柱基及承重窗间墙下接缝，上下相邻两层灰土的接缝间距不得小于 500mm，接缝处的灰土应充分夯实，并做成直槎。当灰土地基高低不一时，应做成阶梯形，每阶宽不少于 500mm。对于用作辅助防渗层的灰土，应将地下水以下结构包围。

(6) 灰土应当日铺填夯实，不得隔日再夯实。应及时进行基础施工或做临时遮盖，避免日晒雨淋。如刚夯打完的灰土，突然受雨淋浸泡，则须将积水及松软土除去并补填夯实，稍微受到浸湿的灰土，可以在晾干后再补夯。

(7) 冬季施工时，应采取有效的防冻措施，不得采用含有冻土的土块作灰土地基的材料。

(8) 质量检查可用环刀取样测量灰土的干密度。质量标准可按压实系数 λ_c 鉴定，一般为 0.93～0.95。

(9) 灰土应逐层用贯入仪检验，以达到控制(或设计要求)压实系数所对应的贯入度为合格。

4.1.2 砂和砂石地基

砂和砂石地基(垫层)系采用砂或砂砾石(碎石)混合物，经分层夯(压)实，作为地基的持力层，提高基础下部地基强度，并通过垫层的压力扩散作用，降低地基的压应力，减少变形量，同时垫层可起排水作用，地基土中孔隙水可通过垫层快速地排出，能加速下部土层的沉降和固结(图 4-1)。

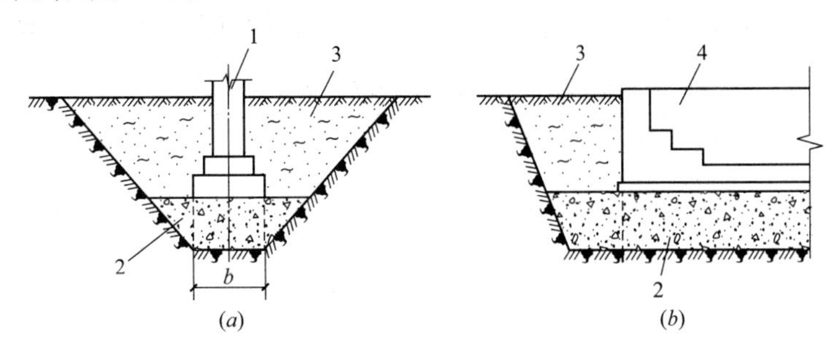

图 4-1　砂或砂石垫层

(a)柱基础垫层；(b)设备基础垫层

1—柱基础；2—砂或砂石垫层；3—回填土；4—设备基础

α—砂或砂石垫层自然倾斜角(休止角)；b—基础宽度

砂和砂石地基具有应用范围广泛；不用水泥、石材；由于砂颗粒大，可防止地下水因毛细作用上升，地基不受冻结的影响；能在施工期间完成沉陷；用机械或人工都可使地基密实，施工工艺简单，可缩短工期，降低造价等特点。适于处理 3.0m 以内的软弱、透水性强的黏性土地基，包括淤泥、淤泥质土；不宜用于加固湿陷性黄土地基及渗透系数小的黏性土地基。

1. 材料要求

（1）砂

宜用颗粒级配良好、质地坚硬的中砂或粗砂。当用细砂、粉砂时，应掺加粒径 20～50mm的卵石(或碎石)，但要分布均匀。砂中有机质含量不超过 5%，含泥量应小于 5%，兼做排水垫层时，含泥量不得超过 3%。

（2）砂石

宜选用碎石、卵石、角砾、圆砾、砾砂、粗砂、中砂或石屑，并应级配良好，不含植物残体、垃圾等杂质。当使用粉细砂或石粉时，应掺入不少于总重量 30%的碎石或卵石。砂石的最大粒径不宜大于 50mm。对湿陷性黄土或膨胀土地基，不得选用砂石等透水性材料。

2. 施工工艺要点

（1）铺设垫层前应验槽，将基底表面浮土、淤泥、杂物清除干净，两侧应设一定坡度，防止振捣时塌方。

（2）垫层底面标高不同时，土面应挖成阶梯或斜坡搭接，并按先深后浅的顺序施工，搭接处应夯压密实。分层铺设时，接头应做成斜坡或阶梯形搭接，每层错开 0.5～1.0m，并注意充分捣实。

（3）人工级配的砂砾石，应先将砂、卵石拌合均匀后，再夯铺压实。

（4）垫层铺设时，严禁扰动垫层下卧层及侧壁的软弱土层，防止被践踏、受冻或受浸泡，降低其强度。如垫层下有厚度较小的淤泥或淤泥质土层，在碾压荷载下抛石能挤入该层底面时，可采取挤淤处理。先在软弱土面上堆填块石、片石等，然后将其压入以置换和挤出软弱土，再做垫层。

（5）垫层应分层铺设，分层压实，基坑内预先安好 5m×5m 网格标桩，控制每层砂垫层的铺设厚度。每层铺设厚度、砂石最优含水量控制及施工机具、方法的选用参见表 4-2。振夯压实要做到交叉重叠 1/3，防止漏振、漏压。夯实、碾压遍数、振实时间应通过试验确定。用细砂作垫层材料时，不宜使用振捣法或水撼法以免产生液化现象。

砂和砂石地基每层铺筑厚度及最佳含水量　　表 4-2

捣实方法	每层铺筑厚度(mm)	施工时最佳含水量(%)	施工说明	备注
平振法	200～250	15～20	用平板式振捣器反复振捣	不宜用于干细砂或含泥量较大的砂所铺筑的砂地基
插振法	振捣器插入深度	饱和	（1）用插入式振捣器 （2）插入点间距可根据机械振幅大小决定 （3）不应插至下卧黏性土层 （4）插入振捣完毕所留的孔洞应用砂填实	不宜用于干细砂或含泥量较大的砂所铺筑的砂地基

续表

捣实方法	每层铺筑厚度(mm)	施工时最佳含水量(%)	施工说明	备注
水撼法	250	饱和	(1) 注水高度应超过每次铺筑面层 (2) 用钢叉摇撼捣实插入点间距为 100mm (3) 钢叉分四齿，齿的间距 80mm，长 30mm，木柄长 90mm，重量为 4kg	在湿陷性黄土、膨胀土、细砂地基上不宜使用
夯实法	150～200	8～12	(1) 用木夯或机械夯 (2) 木夯重 40kg，落距 400～500mm (3) 一夯压半夯全面夯实	适用于砂石垫层
碾压法	250～350	8～12	6～12t 压路机反复碾压	适用于大面积施工的砂和砂石地基

(6) 当地下水位较高或在饱和的软弱地基上铺设垫层时，应加基坑内及外侧四周的排水工作，防止砂垫层泡水引起砂的流失，保持基坑边坡稳定；或采取降低地下水位措施，使地下水位降低到基坑底 500mm 以下。

(7) 当采用水撼法或插振法施工时，以振捣棒振幅半径的 1.75 倍为间距(一般为 400～500mm)插入振捣，依次振实，以不再冒气泡为准，直至完成；同时应采取措施做到有控制地注水和排水。垫层接头应重复振捣，插入式振动棒振完所留孔洞应用砂填实；在振动首层的垫层时，不得将振动棒插入原土层或基槽边部，以避免使软土混入砂垫层而降低砂垫层的强度。

(8) 垫层铺设完毕，应即进行下道工序施工，严禁小车及人在砂层上行走，必要时应在垫层上铺板行走。

4.2 深层搅拌桩复合地基

深层搅拌桩复合地基系利用水泥作为固化剂，通过深层搅拌机在地基深部就地将软土和固化剂(浆体或粉体)强制拌合，利用固化剂与软土产生一系列物理、化学反应，使凝结成具有整体性、水稳性好和较高强度的水泥加固体，与天然地基形成复合地基。其加固原理是：水泥加固土由于水泥用量很少，水泥水化反应完全是在土的围绕下产生的，凝结速度比在混凝土中缓慢。水泥与软黏土拌合后，水泥矿物和土中的水分发生强烈的水解和水化反应，同时从溶液中分解出氢氧化钙生成硅酸三钙($3CaO \cdot SiO_2$)、硅酸二钙($2CaO \cdot SiO_2$)、铝酸三钙($3CaO \cdot Al_2O_3$)、铁铝酸四钙($4CaO \cdot Al_2O_3 \cdot Fe_2O_3$)、硫酸钙($CaSO_4$)等水化物，有的自身继续硬化形成水泥石骨架，有的则因有活性的土进行离子交换和团粒反应、硬凝反应和碳酸化作用等，使土颗粒固结、结团，颗粒间形成坚固的联结，并具有一定强度。

1. 特点及适用范围

深层搅拌法的特点是：在地基加固过程中无振动、无噪音，对环境无污染；对土无侧向挤压，对邻近建筑物影响很小；可按建筑物要求做成柱状、壁状、格栅状和块状等加固形状；可有效地提高地基强度(当水泥掺量为 8%和 10%时，加固体强度分别为 0.24MPa 和 0.65MPa，而天然软土地基强度仅 0.006MPa)；同时施工工期较短，造价低廉，效益显著。

深层搅拌桩可采用浆液搅拌法或粉体搅拌法施工。深层搅拌桩复合地基可用于处理正常固结的淤泥与淤泥质土、素填土、软塑-可塑黏性土、松散-中密粉细砂、稍密-中密粉土、松散-稍密中粗砂及黄土等地基。当地基土的天然含水量小于30%或黄土含水量小于25%时，不宜采用粉体搅拌法。

含大孤石或障碍物较多且不易清除的杂填土、硬塑及坚硬的黏性土、密实的砂土，以及地下水呈流动状态的土层，不宜采用深层搅拌桩复合地基。

深层搅拌桩复合地基用于处理泥炭土、有机质含量较高的土、塑性指数(I_p)大于25的黏土、地下水的pH值小于4和地下水具有腐蚀性，以及无工程经验的地区时，应通过现场试验确定其适用性。

深层搅拌桩复合地基宜在基础和桩之间设置褥垫层，厚度可取200～300mm。褥垫层材料可选用中砂、粗砂、级配砂石等，最大粒径不宜大于20mm。褥垫层的夯填度不应大于0.9。搅拌桩的长度，应根据上部结构对地基承载力和变形的要求确定，并应穿透软弱土层到达地基承载力相对较高的土层；当设置的搅拌桩同时为提高地基稳定性时，其桩长应超过危险滑弧以下不少于2.0m；粉体搅拌法的加固深度不宜大于15m，浆液搅拌法加固深度不宜大于20m。

2. 水泥土搅拌桩平面布置

水泥土搅拌桩平面布置可根据上部建筑对变形的要求，采用柱状、壁状、格栅状、块状等处理形式。可只在基础范围内布桩。柱状处理可采用正方形或等边三角形布桩形式。

3. 施工机具设备及材料要求

水泥土搅拌桩的主要施工设备为深层搅拌机，有中心管喷浆方式的SJ B-1型搅拌机和叶片喷浆方式的GZB-600型搅拌机两类。

深层搅拌桩加固软土的固化剂可选用水泥，掺入量一般为加固土重的7%～15%，每加固$1m^3$土体掺入水泥约110～160kg，为增强流动性，可掺入水泥重量0.20%～0.25%的木质素磺酸钙减水剂，另加1%的硫酸钠和2%的石膏以促进速凝、早强。水灰比为0.43～0.50，水泥砂浆稠度为110～140mm。

4. 施工工艺流程

浆液的配制与输送→桩机就位、调平→预搅下沉至设计加固深度→边喷浆(粉)边搅拌提升至预定的停浆(灰)面→重复下沉至设计加固深度→根据设计要求，喷浆(粉)或仅搅拌提升直至预定的停浆(灰)面→关闭搅拌机械、成桩→移位至下一根桩施工深层搅拌桩的施工工艺流程如图4-2所示。

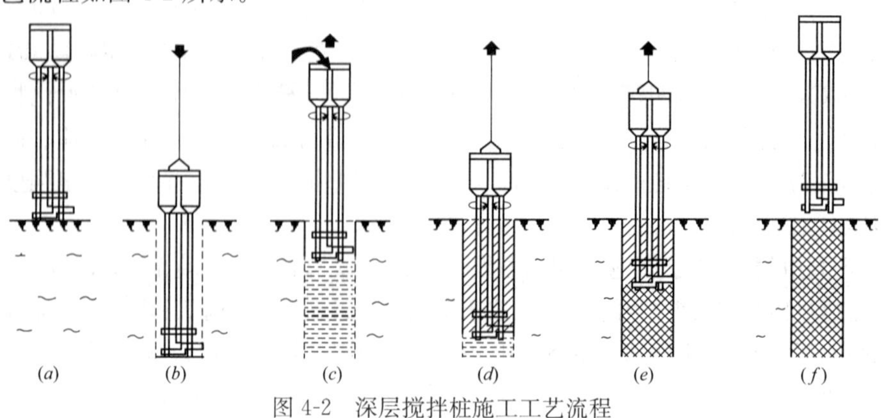

图4-2 深层搅拌桩施工工艺流程

(a)定位；(b)预搅下沉；(c)喷浆搅拌机提升；(d)重复搅拌下沉；(e)重复搅拌上升；(f)完毕

5. 施工工艺方法要点

(1) 场地平整

深层搅拌桩施工现场应预先平整，应清除地上和地下的障碍物。遇有暗浜、池塘及洼地时，应抽水和清淤，应回填黏性土料并应压实，不得回填杂填土或生活垃圾。

(2) 桩垂直度及位置偏差

施工中应保持搅拌桩机底盘水平和导向架竖直，搅拌桩垂直度的允许偏差为1%；桩位的允许偏差为50mm；成桩直径和桩长不得小于设计值。

(3) 施工前试桩

深层搅拌桩施工前应根据设计进行工艺性试桩，数量不得少于2根。

(4) 喷浆(粉)计量

深层搅拌桩的喷浆(粉)量和搅拌深度应采用经国家计量部门认证的监测仪器进行自动记录。

(5) 上下往返搅拌次数

成桩应采用重复搅拌工艺，全桩长上下应至少重复搅拌一次。当桩周为成层土时，对于软弱土层宜增加搅拌次数或增加水泥掺量。

(6) 每一点搅拌次数

搅拌头翼片的枚数、宽度与搅拌轴的垂直夹角，搅拌头的回转数，搅拌头的提升速度应相互匹配。加固深度范围内土体任何一点均应搅拌20次以上。搅拌头的直径应定期复核检查，其磨耗量不得大于10mm。

(7) 停浆(灰)面位置

深层搅拌桩施工时，停浆(灰)面应高于桩顶设计标高300～500mm。在开挖基础时，应将搅拌桩顶端施工质量较差的桩段用人工挖除。

(8) 采用喷浆施工时还应注意

施工前应确定灰浆泵输浆量、灰浆经输浆管到达搅拌机喷浆口的时间和起吊设备提升速度等施工参数，宜用流量泵控制输浆速度，注浆泵出口压力应保持在0.4～0.6MPa，并应使搅拌提升速度与输浆速度同步，同时应根据设计要求通过工艺性成桩试验确定施工工艺。

所使用的水泥应过筛，制备好的浆液不得离析，泵送应连续。拌制水泥浆液的罐数、水泥和外掺剂用量以及泵送浆液的时间等，应有专人记录。搅拌机喷浆提升的速度和次数应符合施工工艺的要求，并应有专人记录。

当水泥浆液到达出浆口后，应喷浆搅拌30s，应在水泥浆与桩端土充分搅拌后，再开始提升搅拌头。

(9) 粉体搅拌法

喷粉施工前应仔细检查搅拌机械、供粉泵、送气(粉)管路、接头和阀门的密封性、可靠性。送气(粉)管路的长度不宜大于60m。搅拌头每旋转一周，其提升高度不得超过16mm。成桩过程中因故停止喷粉，应将搅拌头下沉至停灰面以下1m处，并应待恢复喷粉时再喷粉搅拌提升。需在地基土天然含水量小于30%土层中喷粉成桩时，应采用地面注水搅拌工艺。

6. 质量检验

深层搅拌桩施工过程中应随时检查施工记录和计量记录，并应对照规定的施工工艺对每根桩进行质量评定，应对固化剂用量、桩长、搅拌头转数、提升速度、复搅次数、复搅深度以及停浆处理方法等进行重点检查。

深层搅拌桩的施工质量检验数量应符合设计要求，并应符合下列规定：

（1）成桩 7d 后，应采用浅部开挖桩头，深度宜超过停浆(灰)面下 0.5m，应目测检查搅拌的均匀性，并应量测成桩直径。

（2）成桩 28d 后，应用双管单动取样器钻取芯样做抗压强度检验和桩体标准贯入检验。

（3）成桩 28d 后，可按有关规定进行单桩竖向抗压载荷试验。

深层搅拌桩复合地基工程验收时，应按有关规定进行复合地基竖向抗压载荷试验。载荷试验应在桩体强度满足试验荷载条件，并宜在成桩 28d 后进行。检验数量应符合设计要求。

基槽开挖后，应检验桩位、桩数与桩顶质量，不符合设计要求时，应采取有效补强措施。

4.3 强　夯　法

强夯法处理地基是 20 世纪 60 年代末由法国梅那(Menard)技术公司首先创用的，第一个工程是用于处理滨海填土地基。我国于 1978 年开始先后在天津新港、河北廊坊、山西白羊墅、河北秦皇岛进行强夯法的试验研究和工程实践，取得了较好的加固效果，接着强夯法迅速在全国各地推广应用。

强夯法是用起重机械吊起重 10～60t 的夯锤，其底面形式宜采用圆形，锤底面宜对称设置若干个上下贯通的排气孔（孔径 300～400mm），从 6～30m 高处自由落下，给地基土以强大的冲击能量的夯击，使土中出现冲击波和很大的冲击应力，迫使土层孔隙压缩，土体局部液化，在夯击点周围产生裂隙，形成良好的排水通道，孔隙水和气体逸出，使土粒重新排列，经时效压密达到固结，从而提高地基承载力，降低其压缩性的一种有效的地基加固方法(见图 4-3)。国内外应用十分广泛，地基经强夯加固后，承载能力可以提高 2～5倍，压缩性可降低 200%～1000%，其影响深度在 10m 以上，国外加固影响深度已达 40m，是一种效果好、速度快、节省材料、施工简便的地基加固方法。适用于加固碎石土、砂土、黏性土、湿陷性黄土、高填土及杂填土等地基，也可用于防止粉土及粉砂的液化；对于淤泥与饱和软黏土如采取一定措施也可采用。但强夯所产生的震动对周围建筑物或设备有一定的影响，在人口稠密区不适用。

强夯和强夯置换施工前，应在施工现场有代表性的场地选取一个或几个试验区，进行试夯或试验性施工。每个试验区面积不宜小于 20m×20m，试验区数量应根据建筑场地复杂程度、建筑规模及建筑类型确定。场地地下水位高，影响施工或夯实效果时，应采取降水或其他技术措施进行处理。强夯置换处理地基，必须通过现场试验确定其适用性和处理效果。

4.3.1　施工工艺流程

强夯的施工工艺流程：场地平整→标出第一遍夯点位置、测量场地标高→起重机就位，夯锤对准夯点位置→测量夯前锤顶高程→将夯锤吊至预定高度脱钩自由下落进行夯

(a)

(b)

图 4-3 强夯施工机械及夯击效果

击，测量锤顶高程→往复夯击，按规定夯击点数和控制标准，完成一个夯点的夯击→重复以上工序，完成全部夯点的夯击→用推土机将夯坑填平，测量场地高程→在规定的间隔时间后，按上述程序逐次完成全部夯击遍数→用低能量满夯，将场地表层松土夯实，并测量夯后场地标高。

4.3.2 施工要点

1. 施工前做好强夯地基地质勘察，对不均匀土层适当增加钻孔和原位测试工作，掌握土质情况，作为制定强夯方案和对比夯前、夯后加固效果之用。查明强夯影响范围内的地下构筑物和各种地下管线的位置及标高，采取必要的防护措施，避免因强夯施工而造成破坏。

2. 施工前应检查夯锤质量，尺寸、落锤控制手段及落距，夯击遍数，夯点布置，夯击范围，进而现场试夯，用以进行确定施工参数。

3. 施工时应按以下步骤进行：

(1) 清理并平整施工场地。

(2) 标出第一遍夯点布置位置并测量场地高程。

(3) 起重机就位，使夯锤对准夯点位置。

(4) 测量夯前锤顶高程。

(5) 将夯锤起吊到预定高度，待夯锤脱钩自由下落后，放下吊钩，测量锤顶高程，若发现因坑底倾斜而造成夯锤歪斜时，应及时将坑底整平。

(6) 重复步骤(5)，按设计规定的夯击次数及控制标准，完成一个夯点的夯击。

(7) 重复步骤(3)～(6)，完成第一遍全部夯点的夯击。

(8) 用推土机将夯坑填平，并测量场地高程。

(9) 在规定的间隔时间后，按上述步骤逐次完成全部夯击遍数，最后用低能量满夯，将场地表层松土夯实，并测量夯后场地高程。

4. 夯击时，落锤应保持平稳，夯位应准确，夯击坑内积水应及时排除。坑底含水量过大时，可铺砂石后再进行夯击。夯击遍数应根据地基土的性质确定，可采用点夯(2～4)遍，对于渗透性较差的细颗粒土，应适当增加夯击遍数，最后以低能量满夯 2 遍，满夯可采用轻锤或低落距锤多次夯击，锤印搭接。每遍夯击之间，应有一定的时间间隔，间隔时间取决于土中超静孔隙水压力的消散时间。当缺少实测资料时，可根据地基土的渗透性确定，对于渗透性较差的黏性土地基，间隔时间不应少于(2～3)周；对于渗透性好的地基可连续夯击。

5. 强夯应分段进行，顺序从边缘夯向中央(见图 4-4)。上部结构基础的平面布置，是布置夯点的主要依据，一般采用等边三角形、等腰三角形或正方形布置(见图 4-5)。对厂房柱基亦可一排一排夯，起重机直线行驶，从一边驶向另一边，每夯完一遍，进行场地平整，放线定位后又进行下一遍夯击。强夯的施工顺序是先深后浅，即先加固深层土，再加固中层土，最后加固浅层土。由于夯坑底面以上的填土(经推土机推平夯坑)比较疏松，加上强夯产生的强大振动，周围已夯实的表层土亦会有一定的振松，如前所述，一定要在最后一遍点夯完之后，再以低能量满夯一遍。但在夯后工程质量检验时，有时会发现厚度 1m 左右的表层土，其密实程度要比下层土差，说明满夯没有达到预期的效果。这是因为目前大部分工程的低能量满夯，是采用和强夯施工同一夯锤低落距夯击，由于夯锤较重，而表层土因无上覆压力和侧向约束小，所以夯击时土体侧向变形大。对于粗颗粒的碎石、砂砾石等松散料来说，侧向变形就更大，更不易夯密。由于表层土是基础的主要持力层，如处理不好，将会增加建筑物的沉降和不均匀沉降。因此，必须高度重视表层土的夯实问题。有条件的满夯时宜采用小夯锤夯击，并适当增加满夯的夯击次数，以提高表层土的夯实效果。

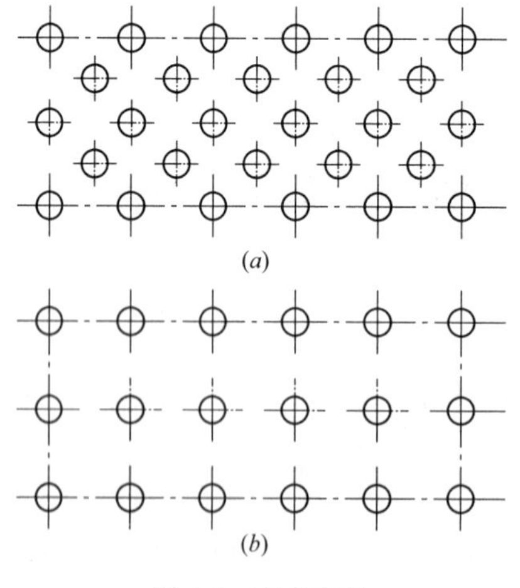

图 4-4　夯点布置

(a)梅花形布置；(b)方形布置

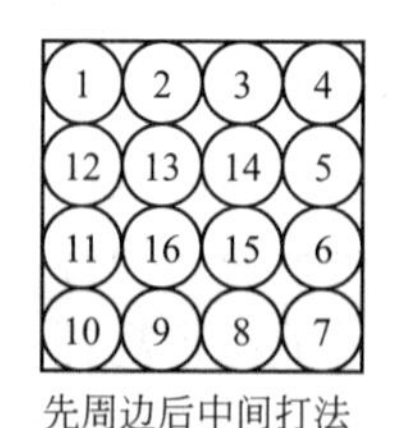

图 4-5　夯击顺序

6. 对于高饱和度的粉土、黏性土和新饱和填土，进行强夯时，很难以控制最后两击的平均夯沉量在规定的范围内，可采取以下措施：

(1) 适当将夯击能量降低。

(2) 将夯沉量差适当加大。

(3) 填土采取将原土上的淤泥清除，挖纵横盲沟，以排除土内的水分，同时在原土上铺 50cm 的砂石混合料，以保证强夯时土内的水分排出，在夯坑内回填块石、碎石或矿渣等粗颗粒材料，进行强夯置换等措施。

通过强夯将坑底软土向四周挤出，使在夯点下形成块(碎)石墩，并与四周软土构成复合地基，有明显加固效果。

7. 雨季强夯施工，场地四周设排水沟、截洪沟，防止雨水入侵夯坑；填土中间稍高，土料含水率应符合要求，分层回填、摊子、碾压，使表面保持 1%～2%的排水坡度，当班填当班压实；雨后抓紧排水，推掉表面稀泥和软土，再碾压，夯后夯坑立即填平、压实，使之高于四周。

8. 冬季施工应清除地表冰冻再强夯，夯击次数相应增加，如有硬壳层要适当增加夯次或提高夯击质量。

9. 做好施工过程中的监测和记录工作，包括检查夯锤重量和落距，对夯点放线进行复核，检查夯坑位置，按要求检查每个夯点的夯击次数、每夯的夯沉量等，对各项施工参数、施工过程实施情况做好详细记录，作为质量控制的依据。

思 考 题

1. 地基处理方法一般有哪几种？各有什么特点？
2. 试述换土垫层地基的适用范围、施工要点与质量检查。
3. 什么是强夯法？其施工工艺流程是什么？

第5章　基　础　工　程

基础的类型较多，按基础所采用材料和受力特点分，有刚性基础和非刚性基础；依构造形式分，有扩展基础（条形基础和独立基础）、筏形基础、桩基础、箱形基础等。

5.1　扩展基础施工

5.1.1　无筋扩展基础

由刚性材料制作的基础称为无筋扩展基础（也叫刚性基础）。在常用的建筑材料中，砖、石、素混凝土等抗压强度高，而抗拉、抗剪强度低，均属刚性材料。由这些材料制作的基础都属于刚性基础。

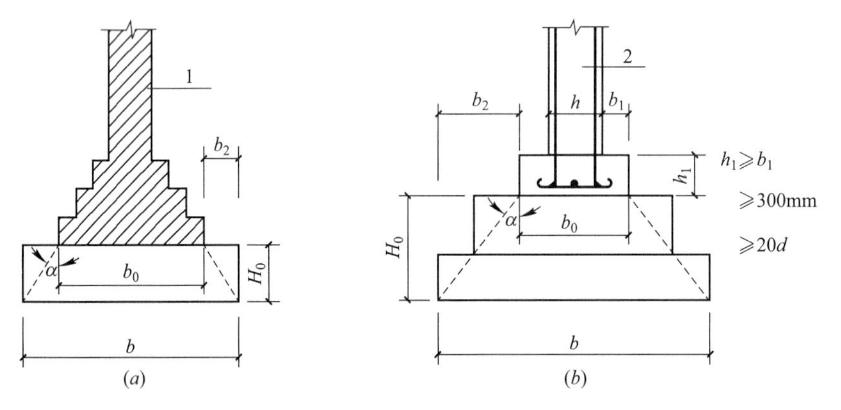

图 5-1　无筋扩展基础构造示意

d—柱中纵向钢筋直径；1—承重墙；2—钢筋混凝土柱

无筋扩展基础（图 5-1）高度应满足下式的要求：

$$H_0 \geqslant \frac{(b-b_0)}{2\tan\alpha} \tag{5-1}$$

式中　b——基础底面宽度（m）；

b_0——基础顶面的墙体宽度或柱脚宽度（m）；

H_0——基础高度（m）；

$\tan\alpha$——基础台阶宽高比 $b_2 : H_0$，其允许值可按表 5-1 选用；

b_2——基础台阶宽度（m）。

无筋扩展基础台阶宽高比的允许值　　表 5-1

基础材料	质量要求	台阶宽高比的允许值		
		$P_k \leqslant 100$	$100 < P_k \leqslant 200$	$200 < P_k \leqslant 300$
混凝土基础	C15 混凝土	1∶1.00	1∶1.00	1∶1.25
毛石混凝土基础	C15 混凝土	1∶1.00	1∶1.25	1∶1.50
砖基础	砖不低于 MU10、砂浆不低于 M5	1∶1.50	1∶1.50	1∶1.50
毛石基础	砂浆不低于 M5	1∶1.25	1∶1.50	—
灰土基础	体积比为 3∶7 或 2∶8 的灰土，其最小干密度： 粉土 1550kg/m^3 粉质黏土 1500 kg/m^3 黏土 1450kg/m^3	1∶1.25	1∶1.50	—
三合土基础	体积比 1∶2∶4～1∶3∶6(石灰：砂：骨料)，每层约虚铺 220mm，夯至 150mm	1∶1.50	1∶2.00	—

注：1. P_k为作用的标准组合时基础底面处的平均压力值(kPa)；

2. 阶梯形毛石基础的每阶伸出宽度，不宜大于 200mm；

3. 当基础由不同材料叠合组成时，应对接触部分作抗压验算；

4. 混凝土基础单侧扩展范围内基础底面处的平均压力值超过 300kPa 时，尚应进行抗剪验算；对基底反力集中于立柱附近的岩石地基，应进行局部受压承载力验算。

用无筋扩展基础的钢筋混凝土柱，其柱脚高度 h_1 不得小于 b_1(图 5-1)，并不应小于 300mm 且不小于 $20d$。当柱纵向钢筋在柱脚内的竖向锚固长度不满足锚固要求时，可沿水平方向弯折，弯折后的水平锚固长度不应小于 $10d$ 也不应大于 $20d$。(注：d 为柱中的纵向受力钢筋的最大直径)

5.1.2　扩展基础

常用的扩展基础主要有：墙下条式基础、柱下独立基础、杯形基础等。

扩展基础的构造，应符合下列规定：

(1) 锥形基础的边缘高度不宜小于 200mm，且两个方向的坡度不宜大于 1∶3；阶梯形基础的每阶高度，宜为 300mm～500mm。

(2) 垫层的厚度不宜小于 70mm，垫层混凝土强度等级不宜低于 C10。

(3) 扩展基础受力钢筋最小配筋率不应小于 0.15%，底板受力钢筋的最小直径不应小于 10mm，间距不应大于 200mm，也不应小于 100mm。墙下钢筋混凝土条形基础纵向分布钢筋的直径不应小于 8mm；间距不应大于 300mm；每延米分布钢筋的面积不应小于受力钢筋面积的 15%。当有垫层时钢筋保护层的厚度不应小于 40mm，无垫层时不应小于 70mm。

(4) 混凝土强度等级不应低于 C20。

(5) 当柱下钢筋混凝土独立基础的边长和墙下钢筋混凝土条形基础的宽度大于或等于 2.5m 时，底板受力钢筋的长度可取边长或宽度的 0.9 倍，并宜交错布置(图 5-2，图 5-3)。

图 5-2　宽度≥2.5m 的独立基础钢筋安装

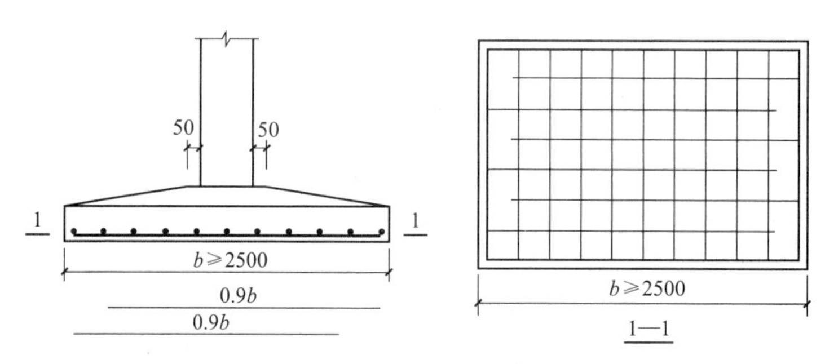

图 5-3　柱下独立基础底板受力钢筋布置

(6) 钢筋混凝土条形基础底板在 T 形及十字形交接处，底板横向受力钢筋仅沿一个主要受力方向通长布置，另一方向的横向受力钢筋可布置到主要受力方向底板宽度 1/4 处(图 5-3)。在拐角处底板横向受力钢筋应沿两个方向布置(图 5-4)。

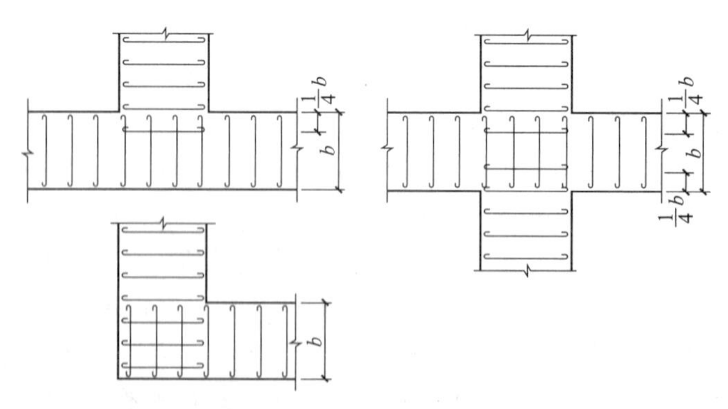

图 5-4　墙下条形基础纵横交叉处底板受力钢筋布置

(7) 现浇墙、柱的基础，其插筋的数量、直径以及钢筋种类应与墙、柱内纵向受力钢筋相同。

1. 扩展基础施工工艺流程

施工工艺流程：地基验槽→基础垫层施工→基础定位放线→(如果采用砖胎模，则进

行砖胎模施工)→基础钢筋绑扎→柱(墙)插筋绑扎→木模板施工→浇筑基础混凝土→养护

2. 施工要点

(1) 基础轴线的控制点和水准点在开挖基坑前应设在不受施工影响的地方的龙门桩上。经复核后应妥善保护，施工中应经常复测。

(2) 基坑开挖完成后立即组织有关人员验槽。

(3) 验槽完成后及时浇筑混凝土垫层。

(4) 垫层达到 $1.2N/mm^2$ 强度后可以在其上开始对基础定位放线。由于基坑开挖过程原有的基础定位线已受到破坏，此时要利用设置基坑外侧的龙门桩上的控制轴线，重新恢复基础的轴线并将轴线用线锤垂直引测基础垫层上，再利用轴线根据设计图纸将基础的外边线及柱(墙)的外边线用墨线弹在垫层上。具体引测见图 5-5。

(5) 然后铺放钢筋、支模、插柱筋。基础钢筋施工时要注意钢筋的上下位置，具体位置严格按照设计图纸施工。如果设计图纸没有注明，可以要求设计单位确定，一般情况下，长钢筋放在短钢筋的下面。基础钢筋施工完成后开始墙柱插筋施工，墙柱插筋的规格、级别、数量、位置与相应部位的墙柱钢筋设计完全一致。墙柱插筋底部进入基础的锚固长度要符合设计要求或验收规范规定，上部伸出端接头应错开设置，错开间距不少于钢筋直径的 35d 或 500mm 的最大值。墙柱钢筋安放好后要采取措施固定牢固，避免浇筑混凝土时出现钢筋移位的现象发生。如果基础或基础梁的模板采用砖胎模，则应在铺放钢筋前先将砖胎模砌筑好。

(6) 支设基础侧模板，采用斜撑将基础侧模固定好，同时也可以在基础内侧用铁丝将侧模对拉进行固定，防止侧模胀模。基槽(坑)第一阶可利用原槽(坑)浇筑，但应保证尺寸正确；上部台阶应支模浇筑，具体见图 5-6。对于锥形基础，斜面部分应支模浇筑，或随浇随安装模板。

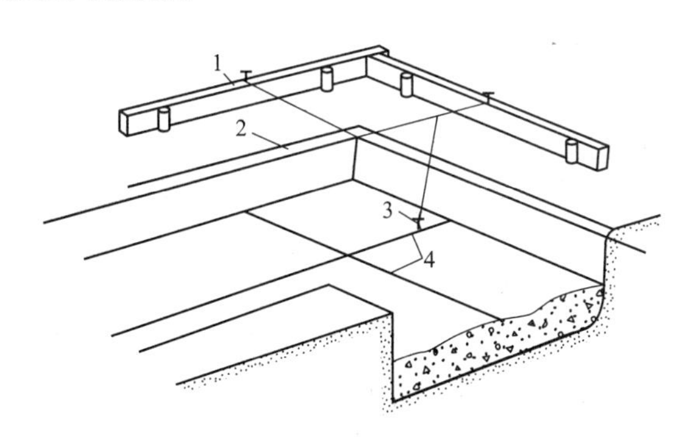

图 5-5 基础放线

1—龙门桩；2—轴线(拉通线)；
3—线锤；4—引测到垫层上的轴线

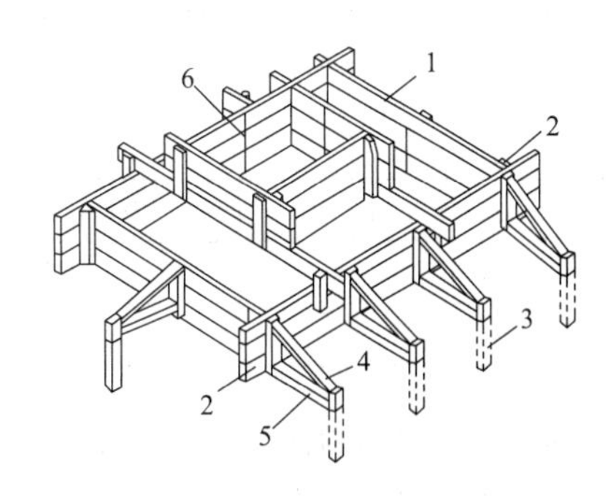

图 5-6

1—第一阶侧模；2—侧模固定挡条；3—支撑桩；
4—斜撑；5—水平撑；6—上一阶侧模

(7) 浇筑现浇柱下基础混凝土时，应注意墙、柱插筋位置的正确，防止造成位移和倾斜，因此浇筑混凝土时要安排钢筋工跟班，及时调整移位的钢筋。

(8) 对于阶梯形基础，每一台阶高度内应整分浇捣层，每层先浇边角，后浇中间。每浇筑完一台阶应稍停 0.5～1h，待其初步获得沉实后，再浇筑上层。

(9) 条形基础应根据高度分段分层连续浇筑，一般不留施工缝，每段长 2～3m 左右，做到逐段逐层呈阶梯形推进。当基槽(坑)因土质不一挖成阶梯形式时，应先从最低处开始浇筑。

(10) 混凝土浇筑完毕，外露表面应覆盖浇水养护。

5.2 筏 板 基 础

5.2.1 筏板基础的构造

筏板基础一般分为平板式和梁板式(图 5-7、图 5-8)。

图 5-7 平板式筏板基础

图 5-8 梁板式筏板基础

筏板基础由一整块钢筋混凝土底板或梁板组成，适用于地基承载力比较低而上部结构荷载很大的场合，框架—核心筒结构和筒中筒结构宜采用平板式筏形基础。基础混凝土应符合耐久性要求。筏形基础和桩箱、桩筏基础的混凝土强度等级不应低于 C30。当采用防水混凝土时，防水混凝土的抗渗等级应按表 5-2 选用。

防水混凝土抗渗等级 **表 5-2**

埋置深度 d(m)	设计抗渗等级	埋置深度 d(m)	设计抗渗等级
$d<10$	P6	$20\leqslant d<30$	P10
$10\leqslant d<20$	P8	$30\leqslant d$	P12

筏形与箱形基础地下室施工完成后，应及时进行基坑回填。回填土应按设计要求选料。回填时应先清除基坑内的杂物，在相对的两侧或四周同时进行并分层夯实，回填土的压实系数不应小于 0.94。

平板式筏形基础和梁板式筏形基础的选型应根据地基土质、上部结构体系、柱距、荷载大小、使用要求以及施工等条件确定。平板式筏基的板厚除应符合受弯承载力的要求外，尚应符合受冲切承载力的要求，平板筏板的最小厚度不应小于 500mm。梁板式筏基底板的厚度应符合受弯、受冲切和受剪承载力的要求，且不应小于 400mm，板厚与最大双向板格的短边净跨之比尚不应小于 1/14，梁板式筏基梁的高跨比不宜小于 1/6。对基础的边柱和角柱进行冲切验算时，筏形基础地下室的外墙厚度不应小于 250mm(图 5-9)，内墙厚度不宜小于 200mm。墙体内应设置双面钢筋，钢筋不宜采用光面圆钢筋。钢筋配置量除应满足承载力要求外，尚应考虑变形、抗裂及外墙防渗等要求。水平钢筋的直径不应小于 12mm，竖向钢筋的直径不应小于 10mm，间距不应大于 200mm。当筏板的厚度大于 2000mm 时，宜在板厚中间部位设置直径不小于 12mm、间距不大于 300mm 的双向钢筋。

当筏形与箱形基础的长度超过 40m 时，应设置永久性的沉降缝和温度收缩缝。当不设置永久性的沉降缝和温度收缩缝时，应采取设置沉降后浇带、温度后浇带等措施。后浇带的宽度不宜小于 800mm。

1. 带裙房高层建筑筏形基础的沉降缝和后浇带

带裙房高层建筑筏形基础的沉降缝和后浇带设置应符合下列要求：

(1) 高层建筑与相连的裙房之间设置沉降缝

当高层建筑与相连的裙房之间设置沉降缝时，如图 5-10 所示地下室顶板断开位置就是后浇带。高层建筑的基础埋深应大于裙房基础的埋深，其值不应小于 2m。地面以下沉降缝的缝隙应用粗砂填实(图 5-11a)。

图 5-9　地下室内外墙钢筋安装

图 5-10　后浇带设置位置

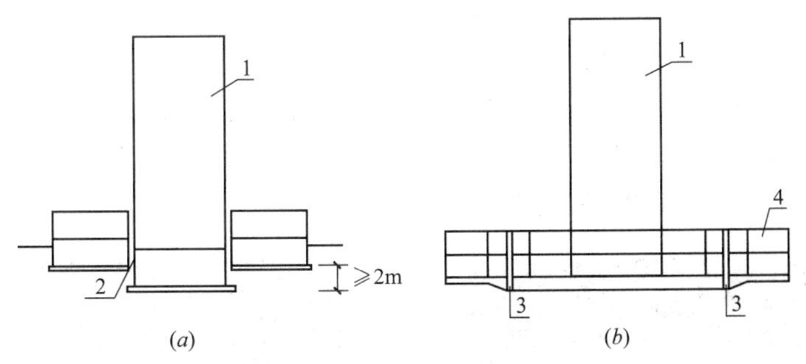

图 5-11　后浇带(沉降缝)示意

1—高层；2—室外地坪以下用粗砂填实；3—后浇带；4—裙房及地下室

(2) 高层建筑与相连的裙房之间不设置沉降缝

当高层建筑与相连的裙房之间不设置沉降缝时，宜在裙房一侧设置用于控制沉降差的后浇带。当高层建筑基础面积满足地基承载力和变形要求时，后浇带宜设在与高层建筑相邻裙房的第一跨内。当需要满足高层建筑地基承载力、降低高层建筑沉降量，减小高层建筑与裙房间的沉降差而增大高层建筑基础面积时，后浇带可设在距主楼边柱的第二跨内，此时尚应满足下列条件：

1）地基土质应较均匀；

2）裙房结构刚度较好且基础以上的地下室和裙房结构层数不应少于两层；

3）后浇带一侧与主楼连接的裙房基础底板厚度应与高层建筑的基础底板厚度相同（图 5-11*b*）。

根据沉降实测值和计算值确定的后期沉降差满足设计要求后，后浇带混凝土方可进行浇筑。

（3）高层建筑与相连的裙房之间不设沉降缝和后浇带

当高层建筑与相连的裙房之间不设沉降缝和后浇带时，高层建筑及与其紧邻一跨裙房的筏板应采用相同厚度，裙房筏板的厚度宜从第二跨裙房开始逐渐变化，应同时满足主、裙楼基础整体性和基础板的变形要求；应进行地基变形和基础内力的验算，验算时应分析地基与结构间变形的相互影响，并应采取有效措施防止产生有不利影响的差异沉降。

5.2.2 筏板基础施工工艺流程

土方开挖至地基设计标高→地基验槽→放垫层外边线及钉垫层厚度控制桩→浇筑垫层→（底板防水层施工→防水层保护层施工（如果有））→（砌基础砖胎膜（如果采用））→测放筏板基础和墙柱的轴线和外边线→绑扎筏板基础钢筋→设置墙柱插筋→水电管线预埋和人防施工→安装基础及外墙反边侧模板和后浇带侧模（如果采用木模）→浇筑混凝土→养护

5.2.3 施工要点

1. 开挖至设计标高后及时组织验槽。如果基坑面积比较大，可以采取分段验槽。地基挖至设计标高以上预留 150～300mm，采用人工清底，如图 5-12 所示。

2. 验完槽后要马上组织浇筑混凝土垫层，不能等待和停歇，避免基土受到日晒雨淋影响。垫层混凝土浇筑时注意按要求留置混凝土强度试块。

3. 在垫层上进行基础、墙、柱等构件定位放线（图 5-13），垫层混凝土强度达到不低于 1.2N/mm^{2}后方可在垫层上进行基础、墙、柱等构件定位放线工作。放线前应先将垫层上的水清扫干净以方便弹墨线。基础、墙、柱等构件定位放线工作完成后要认真按设计图纸进行复核，避免出现遗漏和差错。

图 5-12 人工清底

图 5-13 基础、墙、柱等构件定位放线

4. 绑扎筏板钢筋，由于筏板钢筋数量众多，而且接头数量庞大，目前一般采用焊接连接或机械连接的形式较多，施工时要注意钢筋上下排位置，充分考虑钢筋连接接头特别是焊接接头对工期的影响，合理安排相关专业工人施工。筏板钢筋绑扎完成后即可开始施工墙柱插筋，墙柱插筋的规格、级别、数量与设计图纸墙柱钢筋的规格、级别、数量完全一致。图 5-14 是筏板钢筋绑扎及人防门位置钢筋安装施工完成后的情况。

对墙柱钢筋的施工要注意以下几点：

(1) 位置不要放错，注意柱钢筋的 h 边和 b 边位置的钢筋型号、规格和数量；

(2) 墙柱构件不要出现遗漏，筏板钢筋绑扎完成后，墙柱位置的墨线很容易被遮盖住，容易遗漏，因此要认真按图纸施工并复核；

(3) 柱钢筋除角筋放到底以外，其他钢筋在满足锚固长度要求的前提下，可以不插到底部；

(4) 注意对上部钢筋的固定，否则在浇筑基础混凝土时很容易出现墙柱移位的现象。

5. 钢筋施工完成后可以封木模板侧模，如果基础采用砖胎膜，则砖胎模应在基础钢筋施工前完成砌筑。图 5-15 是筏板基础侧模及上下层钢筋安装完成照片，平板式筏板基础上下层钢筋采用马凳筋隔开。

图 5-14　筏板钢筋，突出部位钢筋为人防工程门部位的钢筋安装情况

图 5-15　筏板基础钢筋安装

6. 因基础预埋的管线或设施较多，因此浇筑混凝土前要确保其他专业工种(如水电、人防、消防等)的预埋施工已经完成且检查没有遗漏，要求相关专业工种均在混凝土浇捣令上签字确认。

7. 混凝土宜连续浇筑，一般不留或少设施工缝。宜采用斜面式薄层浇捣，利用自然流淌形成斜坡(图 5-16 是厚大筏板基础混凝土浇筑情况)。浇筑时应采取防止混凝土将钢筋推离设计位置的措施。

8. 如果筏板基础设有后浇带，在后浇带处，钢筋应贯通。图 5-17 是筏板基础后浇带处钢筋情况。后浇带两侧应采用钢筋支架和钢丝网隔断，保持带内的清洁，防止钢筋锈蚀或被压弯、踩弯。并应保证后浇带两侧混凝土的浇筑质量。后浇带浇筑混凝土前，应将缝内的杂物清理干净，做好钢筋的除锈工作，并将两侧混凝土凿毛，涂刷界面剂。后浇带混凝土应采用补偿收缩混凝土，且强度等级应比筏板基础两侧结构混凝土强度等级增大一级。

图 5-16　筏板基础混凝土浇筑

图 5-17　后浇带处钢筋不断开

沉降后浇带混凝土浇筑之前，其两侧宜设置临时支护，并应限制施工荷载，防止混凝土浇筑及拆除模板过程中支撑松动、移位。沉降后浇带应在其两侧的差异沉降趋于稳定后再浇筑混凝土。我国地下工程防水技术规范规定后浇带混凝土一般在两侧混凝土龄期达到 42 天后再浇筑，高层建筑的后浇带施工应按规定时间进行。

温度后浇带从设置到浇筑混凝土的时间不宜少于两个月。后浇带混凝土浇筑时的环境温度宜低于两侧混凝土浇筑时的环境温度。后浇带混凝土浇筑完毕后，应做好养护工作。

当地下室有防水要求时，地下室后浇带不宜留成直槎，并应做好后浇带与整体基础连接处的防水处理。

9. 混凝土振捣完成后必须进行二次抹面，二次抹面要求在混凝土终凝前完成，使用木抹子或其他措施收光找平，减少表面收缩裂缝，必要时可在混凝土表层设置钢丝网。对出现的混凝土的泌水宜采用抽水机抽吸或在侧模上设置泌水孔排除。

10. 及时养护，筏板基础混凝土浇筑完成 12h 后要开始浇水养护，保持混凝土表面湿润，混凝土养护可以采用覆盖塑料薄膜、麻袋、木屑以及喷涂养护液等措施，养护持续时间一般不少于 7 天，如果有抗渗要求，则要求养护不少于 14 天。如果筏板基础是大体积混凝土，可以采用蓄热法或冷却法养护，其内外温差不宜大 25℃。

5.3　桩 基 础 工 程

5.3.1　桩基础概述

桩基础是目前深基础应用最多的一种基础形式，它由若干个沉入土中的桩和连接桩顶的承台及承台梁组成。桩的作用是将上部建筑物的荷载传递到深处承载力较强的土层上，或将软弱土层挤密实以提高地基土的承载能力和密实度。

1. 桩的分类

(1) 按受力情况分为端承桩和摩擦桩（图 5-18）

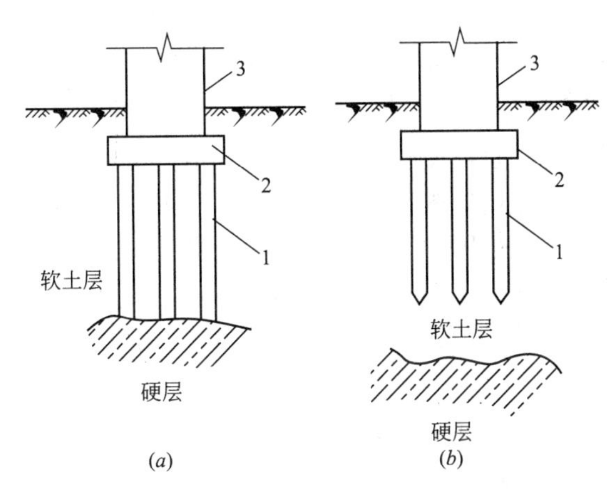

图 5-18　端承桩与摩擦桩

(a)端承桩；(b)摩擦桩

1—桩；2—承台；3—上部结构

1) 端承桩是穿过软弱土层而达到坚硬土层或岩层上的桩，上部结构荷载主要由岩层阻力承受；施工时以控制贯入度为主，桩尖进入持力层深度或桩尖标高可作参考。

2) 摩擦桩完全设置在软弱土层中，将软弱土层挤密实，以提高土的密实度和承载能力，上部结构的荷载由桩尖阻力和桩身侧面与地基土之间的摩擦阻力共同承受，施工时以控制桩尖设计标高为主，贯入度可作参考。

(2) 桩按施工方法分为预制桩和灌注桩

预制桩根据沉入土中的方法，可分打入桩、水冲沉桩、振动沉桩和静力压桩等。

灌注桩是在桩位处成孔，然后放入钢筋笼，再浇筑混凝土而成的桩。灌注桩按成孔方法不同，有泥浆护壁成孔灌注桩(正反循环钻孔灌注桩、旋挖钻机成孔灌注桩、冲击成孔灌注桩)、人工挖孔灌注桩、长螺旋钻孔压灌桩、套管成孔灌注桩及爆扩成孔灌注桩等。

5.3.2　灌注桩的构造要求

1. 灌注桩应按下列规定配筋

(1) 配筋率：当桩身直径为 300～2000mm 时，正截面配筋率可取 0.65%～0.2%(小直径桩取高值)；对受荷载特别大的桩、抗拔桩和嵌岩端承桩应根据计算确定配筋率，并不应小于上述规定值。

(2) 配筋长度：

1) 端承型桩和位于坡地、岸边的基桩应沿桩身等截面或变截面通长配筋；

2) 摩擦型灌注桩配筋长度不应小于 2/3 桩长；

3) 对于受地震作用的基桩，桩身配筋长度应穿过可液化土层和软弱土层，进入稳定土层的深度；对于碎石土，砾、粗、中砂，密实粉土，坚硬黏性土尚不应小于(2～3)d，对于其他非岩石土尚不宜小于(4～5)d；

4) 受负摩阻力的桩、因先成桩后开挖基坑而随地基土回弹的桩，其配筋长度应穿过软弱土层并进入稳定土层，进入的深度不应小于$(2\sim3)d$；

5）抗拔桩及因地震作用、冻胀或膨胀力作用而受拨力的桩，应等截面或变截面通长配筋。

（3）对于抗压桩和抗拔桩，主筋不应少于6ϕ10；纵向主筋应沿桩身周边均匀布置，其净距不应小于60mm。

（4）箍筋应采用螺旋式，直径不应小于6mm，间距宜为200～300mm；受水平荷载较大的桩基、承受水平地震作用的桩基以及考虑主筋作用计算桩身受压承载力时，桩顶以下$5d$范围内的箍筋应加密，间距不应大于100mm；当桩身位于液化土层范围内时箍筋应加密；当考虑箍筋受力作用时，箍筋配置应符合现行国家标准《混凝土结构设计规范》GB 50010的有关规定；当钢筋笼长度超过4m时，应每隔2m设一道直径不小于12mm的焊接加劲箍筋。

2. 桩身混凝土及混凝土保护层厚度

桩身混凝土及混凝土保护层厚度应符合下列要求：

（1）桩身混凝土强度等级不得小于C25，混凝土预制桩尖强度不得小于C30；

（2）灌注桩主筋的混凝土保护层厚度不应小于35mm，水下灌注桩的主筋混凝土保护层厚度不得小于50mm；

（3）四类、五类环境中桩身混凝土保护层厚度应符合国家现行标准《港口工程混凝土结构设计规范》JTJ 267、《工业建筑防腐蚀设计规范》GB 50046的相关规定。

3. 扩底灌注桩扩底端尺寸

扩底灌注桩扩底端尺寸应符合下列规定（图5-19）：

（1）对于持力层承载力较高，上覆土层较差的抗压桩和桩端以上有一定厚度较好土层的抗拔桩，可采用扩底；扩底端直径与桩身直径之比D/d，应根据承载力要求，扩底端侧面和桩端持力层土性特征以及扩底施工方法确定；挖孔桩的D/d不应大于3，钻孔桩的D/d不应大于2.5；

（2）扩底端侧面的斜率应根据实际成孔及土体自立条件确定，a/h_c。可取1/4～1/2，砂土可取1/4，粉土、黏性土可取1/3～1/2；

（3）抗压桩扩底端底面宜呈锅底形，矢高h_b可取$(0.15\sim0.20)D$。

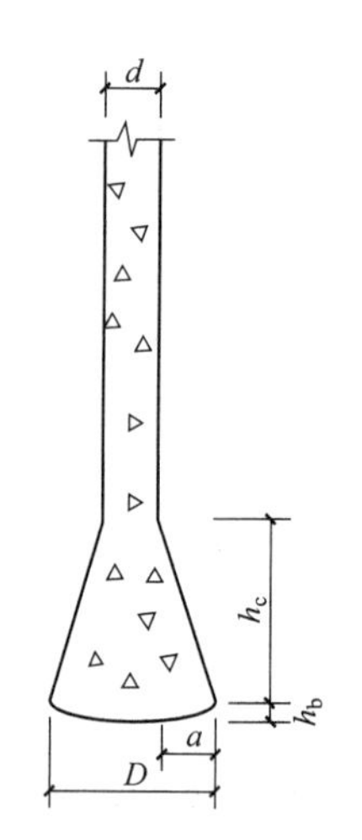

图5-19 扩底桩构造

5.3.3 不同桩型的适用

不同桩型的适用条件应符合下列规定：泥浆护壁钻孔灌注桩宜用于地下水位以下的黏性土、粉土、砂土、填土、碎石土及风化岩层；旋挖成孔灌注桩宜用于黏性土、粉土、砂土、填土、碎石土及风化岩层；冲孔灌注桩除宜用于上述地质情况外，还能穿透旧基础、建筑垃圾填土或大孤石等障碍物。在岩溶发育地区应慎重使用，采用时，应适当加密勘察钻孔；长螺旋钻孔压灌桩后插钢筋笼宜用于黏性土、粉土、砂土、填土、非密实的碎石类土、强风化岩；干作业钻、挖孔灌注桩宜用于地下水位以上的黏性土、粉土、填土、中等密实以上的砂土、风化岩层；在地下水位较高，有承压水的砂土层、滞水层、厚度较大的流塑状淤泥、淤泥质土层中不得选用人工挖土灌注桩；沉管灌注桩宜用于黏性土、粉土和砂土；夯扩桩宜用于桩端持力层为埋深不超过20m的中、低压缩性黏性土、粉土、砂土和碎石类土。

成孔设备就位后，必须平整、稳固，确保在成孔过程中不发生倾斜和偏移。应在成孔钻具上设置控制深度的标尺，并应在施工中进行观测记录。

成孔的控制深度要求：

（1）摩擦型桩：摩擦桩应以设计桩长控制成孔深度。

（2）端承摩擦桩：必须保证设计桩长及桩端进入持力层深度。当采用锤击沉管法成孔时，桩管入土深度控制应以标高为主，以贯入度控制为辅。

（3）端承型桩：当采用钻（冲）、挖掘成孔时，必须保证桩端进入持力层的设计深度；当采用锤击沉管法成孔时，桩管入土深度控制以贯入度为主，以控制标高为辅。

灌注桩成孔施工的允许偏差应满足表5-3的要求。

灌注桩成孔施工允许偏差 **表5-3**

成孔方法		桩径允许偏差（mm）	垂直度允许偏差（mm）	桩位允许偏差	
				1～3根桩、条形桩基沿垂直轴线方向和群桩基础中的边桩	条形桩基沿轴线方向和群桩基的中间桩
泥浆护壁钻、挖、冲孔桩	$d \leqslant 1000$mm	±50	1	$d/6$且不大于100	$d/4$且不大于150
	$d > 1000$mm	±50		100+0.01H	150+0.01H
锤击（振动）沉管、振动冲击沉管成孔	$d \leqslant 500$mm	−20	1	70	150
	$d > 500$mm			100	150
螺旋钻、机动洛阳铲干作业成孔		−20	1	70	150
人工挖孔桩	现浇混凝土护壁	±50	0.5	50	150
	长钢套管护壁	±20	1	100	200

配置灌注桩混凝土的粗骨料可选用卵石或碎石，其粒径不得大于钢筋间最小净距的1/3。检查成孔质量合格后应尽快灌注混凝土。直径大于1m或单桩混凝土量超过25m^{3}的桩，每根桩桩身混凝土应留有1组试件；直径不大于1m的桩或单桩混凝土量不超过25m^{3}的桩，每个灌注台班不得少于1组；每组试件应留3件。在正式施工前，宜进行试成孔。

灌注桩施工现场所有设备、设施、安全装置、工具配件以及个人劳保用品必须经常检查，确保完好和使用安全。

5.3.4 灌注桩施工

5.3.4.1 施工准备

灌注桩施工应具备下列资料：建筑场地岩土工程勘察报告；桩基工程施工图及图纸会审纪要；建筑场地和邻近区域内的地下管线、地下构筑物、危房、精密仪器车间等的调查资料；主要施工机械及其配套设备的技术性能资料；桩基工程的施工组织设计；水泥、砂、石、钢筋等原材料及其制品的质检报告；有关荷载、施工工艺的试验参考资料。

钻孔机具及工艺的选择，应根据桩型、钻孔深度、土层情况、泥浆排放及处理条件综合确定。

施工组织设计应结合工程特点，有针对性地制定相应质量管理措施，主要应包括下列内容：施工平面图(标明桩位、编号、施工顺序、水电线路和临时设施的位置)；采用泥浆护壁成孔时，应标明泥浆制备设施及其循环系统；确定成孔机械、配套设备以及合理施工工艺的有关资料，泥浆护壁灌注桩必须有泥浆处理措施；施工作业计划和劳动力组织计划；机械设备、备件、工具、材料供应计划；桩基施工时，对安全、劳动保护、防火、防雨、防台风、爆破作业、文物和环境保护等方面应按有关规定执行；保证工程质量、安全生产和季节性施工的技术措施。

成桩机械必须经鉴定合格，不得使用不合格机械。施工前应组织图纸会审，会审纪要连同施工图等应作为施工依据，并应列入工程档案。桩基施工用的供水、供电、道路、排水、临时房屋等临时设施，必须在开工前准备就绪，施工场地应进行平整处理，保证施工机械正常作业。基桩轴线的控制点和水准点应设在不受施工影响的地方。开工前，经复核后应妥善保护，施工中应经常复测。用于施工质量检验的仪表、器具的性能指标，应符合现行国家相关标准的规定。

5.3.4.2 泥浆护壁成孔灌注桩

泥浆护壁钻孔灌注桩宜用于地下水位以下的黏性土、粉土、砂土、填土、碎石土及风化岩层。

1. 泥浆护壁成孔灌注桩施工工艺流程

泥浆护壁成孔灌注桩的施工流程：土方开挖及场地平整→桩的定位放线→埋设护筒→钻机就位→制备泥浆→成孔→成孔至设计标高(或设计入岩深度)→桩底扩孔(设计如果有扩底要求)→清底→沉放钢筋笼→二次清底→浇筑水下混凝土→拔出导管及护筒→移位至下一根桩施工

2. 泥浆护壁成孔灌注桩施工工艺

(1) 土方开挖及场地平整

泥浆护壁成孔灌注桩施工前应将基坑土方挖至基础底板标高以上1000mm处，并做好场地平整。

(2) 桩的定位放线

应由专业测量人员根据设计图纸按给定的控制点测放桩位，并用标桩标定准确。

(3) 埋设护筒

当表层土为砂土，且地下水位较浅时，或表层土为杂填土，孔径大于800mm时，应设置护筒。护筒内径比钻头直径大100mm左右。护筒端部应置于黏土层或粉土层中，一般不应设在填土层或砂砾层中，以保证护筒不漏水。如需将护筒设在填土或砂土层中，应在护筒外侧回填黏土，分层夯实，以防漏水，同时在护筒顶部开设1～2个溢浆口。护筒宜用钢质护筒，钢板厚度4～8mm(图5-20)，钢护筒可以重复周转使用。护筒的埋设，对于钢护筒可采用锤击法，对于钢筋混凝土护筒可采用挖埋法。护筒口应高出地面至少100mm。在埋设过程中，一般采用十字拴桩法确保护筒中心与桩位中心重合。

图5-20 护筒

（4）钻机就位

钻机就位必须平正、稳固，确保在施工中不倾斜、移动。在钻机双侧吊线坠校正调整钻杆垂直度(必要时可使用经纬仪校正)。为准确控制钻孔深度，应在桩架上做出控制深度的标尺，以便在施工中进行观测、记录。

（5）成孔和清孔

成孔的方式一般有正循环钻进和反循环钻进两种，图 5-21 和图 5-22 分别是正循环和反循环泥浆护壁成孔示意图。正循环成孔速度稳定，成孔过程中侧壁相对比较稳定，耗电量小，但孔比较深时泥浆不易携渣出孔。

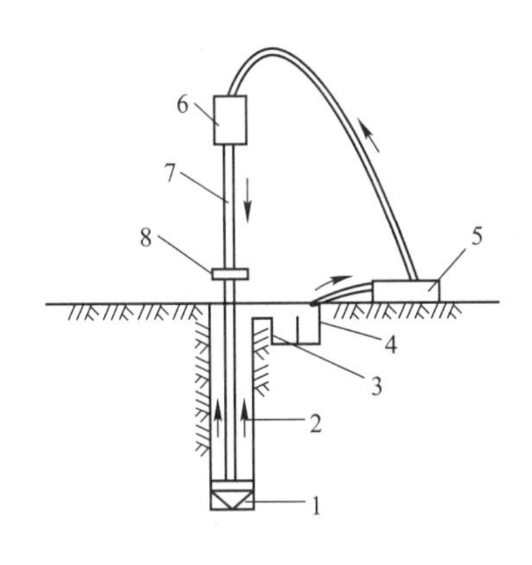

图 5-21　正循环成孔示意图

1—钻头；2—泥浆循环方向；3—沉淀池；4—泥浆池；5—循环泵；6—水龙头；7—钻杆；8—钻机回转装置

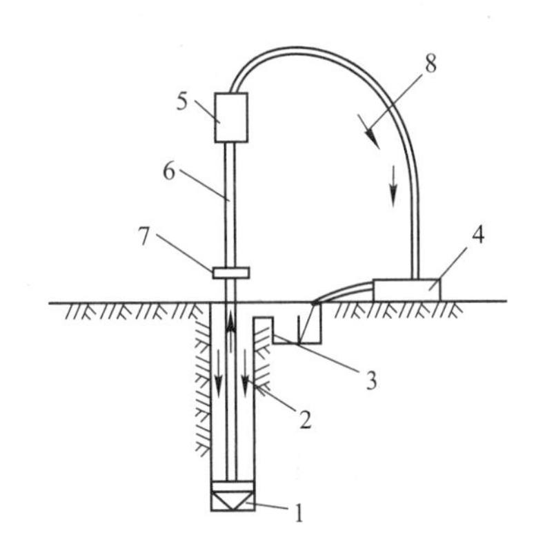

图 5-22　反循环成孔示意图

1—钻头；2—泥浆循环方向；3—沉淀池；4—砂石泵；5—水龙头；6—钻杆；7—钻机回转装置

1）正循环钻进

① 钻头回转中心对准护筒中心，偏差不大于允许值。开动钻机，慢慢将钻头放置护筒底。在护筒刃脚处应低压慢速钻进，使刃脚处的地层能稳固地支撑护筒，待钻至刃脚以下 1m 以后，可根据土质情况以正常速度钻进。图 5-23 是泥浆护壁成孔实际施工照片。

图 5-23　泥浆护壁成孔

② 在黏土地层钻进时，由于土层本身的造浆能力强，钻屑成泥块状，易出现钻头包泥、憋泵现象，应选用尖底且翼片较少的钻头，采用低钻压、快转速、大泵量的钻进工艺。

③ 在砂层钻进时，应采用较大密度、黏度和静切力的泥浆，以提高泥浆悬浮、携带砂粒的能力。在坍塌段，必要时可向孔内投入适量黏土球，以帮助形成泥壁，避免再次坍塌。要控制钻具的升降速度和适当降低回转速度，减轻钻头上下运动对孔壁的冲刷。

④ 在卵石或砾石土层钻进时，易引起钻具跳动、憋车、憋泵、钻头切削具崩刃、钻孔偏斜等现象，宜用低档慢速、优质泥浆、慢进尺钻进。

⑤ 随钻进随循环泥浆，以便泥浆能够携带出孔底的钻屑。

⑥ 清孔方法：

抽浆法：空气吸泥清孔(空气升液排渣法)是利用灌注水下混凝土的导管作为吸泥管，高压风作动力将孔内泥浆抽走。高压风管可设在导管内也可设在导管外。将送风管通过导管插入到孔底，管子的底部插入水下至少 10m，气管与导管底部的最小距离为 2m 左右。压缩空气从气管底部喷出，搅起沉渣，沿导管排出孔外，直到达到清孔要求。为不降低孔内水位，必须不断地向孔内补充清水。

砂石泵或射流泵清孔：该工艺是利用灌注水下混凝土的导管作为吸泥管，砂石泵或射流泵作动力将孔内泥浆抽走。

换浆法：第一次沉渣处理：在终孔时停止钻具回转，将钻头提离孔底 100～200mm，维持泥浆的循环，并向孔中注入含砂量小于 4%(比重 1.05～1.15)的新泥浆或清水，令钻头在原位空转 10～30min 左右，直至达到清孔要求为止。

第二次沉渣处理：在钢筋笼和下料导管放入孔内至灌注混凝土以前进行第二次沉渣处理，通常利用混凝土导管向孔内压入比重 1.15 左右的泥浆，把孔底在下钢筋笼和导管的过程中再次沉淀的钻渣置换出。

2）反循环钻进

① 钻头回转中心对准护筒中心，偏差不大于允许值。先启动砂石泵，待泥浆循环正常后，开动钻机慢速回转下放至护筒底。开始钻进时应轻压慢转，待钻头正常工作后，逐渐加大钻速，调整压力，并使钻头不产生堵水。在护筒刃脚处应低压慢速钻进，使刃脚处的地层能稳固地支撑护筒，待钻至刃脚以下 1m 以后，可根据土质情况以正常速度钻进。

② 在钻进时，要仔细观察进尺情况和砂石泵排水出渣的情况，排量减少或出水中含渣量较多时，要控制钻进速度，防止因循环泥浆比重过大而中断循环。

③ 采用反循环在砂砾、砂卵石地层中钻进时，为防止钻渣过多，卵砾石堵塞管路，可采用间断钻进、间断回转的方法来控制钻进速度。

④ 加接钻杆时，应先停止钻进，将机具提离孔底 80～100mm，维持泥浆循环 1～2min,以清洗孔底并将管道内的钻渣携出排净，然后停泵加接钻杆。

⑤ 钻杆连接应拧紧上牢，防止螺栓、螺母、拧卸工具等掉入孔内。

⑥ 钻进时如孔内出现塌孔、涌砂等异常情况，应立即将钻具提离孔底，控制泵量，保持泥浆循环，吸除塌落物和涌砂，同时向孔内补充加大比重的泥浆，保持水头压力以抑止砂和塌孔，恢复钻进后，泵排量不宜过大，以防塌孔壁。

⑦ 钻进达到要求孔深时停钻，但仍要维持泥浆正常循环，直到返出泥浆中的钻渣含量小于 4%时为止。起钻时应注意操作轻稳，防止钻头拖刮孔壁，并向孔内补入适量泥浆，稳定孔内水头高度。

⑧ 沉渣处理(清孔)：

第一次沉渣处理：在终孔时停止钻具回转，将钻头提离孔底 100～200mm，维持泥浆的循环，并向孔中注入含砂量小于 4%(比重 1.05～1.15)的新泥浆或清水，令钻头在原位空转 10～30min 左右，直至达到清孔要求为止。

第二次沉渣处理：(空气升液排渣法)是利用灌注水下混凝土的导管作为吸泥管，高压风作动力将孔内泥浆抽排走。基本要求与正循环法清孔相同。

孔底沉渣厚度指标应符合下列规定：

① 对端承型桩，不应大于 50mm；

② 对摩擦型桩，不应大于 100mm(注：验收规范要求不大于 150mm)；

③ 对抗拔、抗水平力桩，不应大于 200mm。

(6) 沉放钢筋笼

1) 钢筋笼加工

钢筋笼的钢筋数量、配置、连接方式和外形尺寸应符合设计要求。钢筋笼的加工场地应选在运输方便的场所，最好设置在现场内。钢筋笼绑扎顺序应先在架立筋(加强箍筋)上将主筋等间距布置好，再按规定的间距绑扎箍筋。箍筋、架立筋和主筋之间的接点可用点焊焊接固定。直径大于 2m 的钢筋笼可用角钢或扁钢作架立筋，以增大钢筋笼刚度。图 5-24(左)图是灌注桩钢筋笼成品。

为确保桩身混凝土保护层的厚度，应在主筋外侧安设钢筋定位器或垫块。钢筋笼堆放应考虑安装顺序，防止钢筋笼变形，以堆放两层为好，采取措施可堆到三层。

2) 安放钢筋笼

钢筋笼安放要对准孔位，扶稳、缓慢，避免碰撞孔壁，到位后立即固定。图 5-24(右)为某工程灌注桩钢筋笼下放情况。

图 5-24　钢筋笼成品及钢筋笼下放

大直径桩的钢筋笼要使用吨位适应的吊车或塔吊将钢筋笼吊入孔内。在吊装过程中，要防止钢筋笼发生变形。

当钢筋笼需要接长时，要先将第一段钢筋笼放入孔中，利用其上部架立筋暂时固定在护筒上部，然后吊起第二段钢筋笼。对准位置后用绑扎或焊接等方法(一般采用焊接连接)接长后放入孔中，如此逐段接长后放入到预定位置。待钢筋笼安设完成后，要检查确认钢筋顶端的高度。

(7) 插入导管，进行第二次清孔(导管实物见图 5-25)

图 5-25　浇筑水下混凝土用导管

(8) 灌注水下混凝土

1) 导管要求

水下灌注混凝土必须使用导管(见图 5-25 导管照片)，导管内径 200～300mm，每节长度为 2～2.5m，最下端一节导管长度应为 4～6m。导管在使用前应进行水密承压试验(禁用气压试验)。水密试验的压力不应小于孔内水深 1.3 倍的压力，也不应小于导管承受灌注混凝土时最大内压力 p 的 1.3 倍。图 5-26 是采用导管法水下浇筑混凝土的原理图。

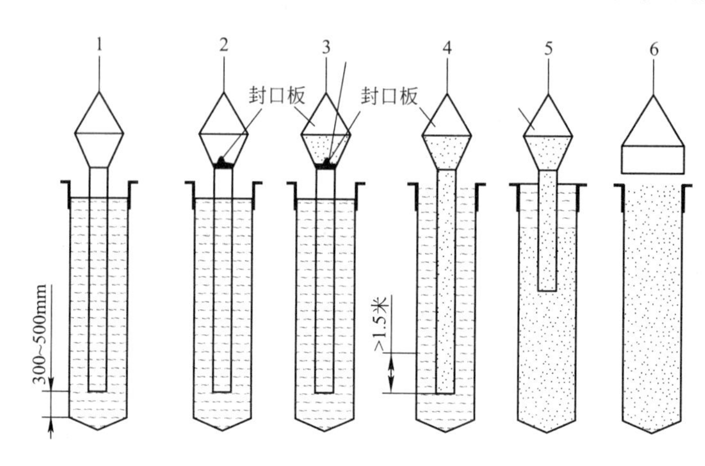

图 5-26 水下浇灌混凝土原理图

1—下放导管；2—安放漏斗封口板；3—往漏斗灌入混凝土达到初灌混凝土量；4—拉出封口板完成混凝土初灌，要求初灌混凝土将导管口埋入混凝土面以下 0.8m 以上；5—连续浇筑混凝土；6—完成一根桩的混凝土浇筑，拔出最后一根导管

$$p=\gamma_c h_c-\gamma_w H_w \tag{5-2}$$

式中 p——导管可能承受的最大内压力(kPa)；

γ_c——混凝土拌合物的重度(取 $24kN/m^3$)；

h_c——导管内混凝土柱最大高度(m)，以导管全长或预计的最大高度计；

γ_w——井孔内水或泥浆的重度(kN/m^3)；

H_w——井孔内水或泥浆的深度(m)。

2) 隔水塞

隔水塞可用混凝土制成也可使用球胆制作，其外形和尺寸要保证在灌注混凝土时顺畅下落和排出。

3) 首批混凝土灌注

在灌注首批混凝土之前，先配制 $0.1\sim0.3m^3$ 水泥砂浆放入滑阀(隔水塞)以上的导管和漏斗中，然后再放入混凝土。确认初灌量备足后，即可剪断铁丝，借助混凝土重量排除导管内的水，使滑阀(隔水塞)留在孔底，灌入首批混凝土。

灌注首批混凝土时，导管埋入混凝土内的深度不小于 0.8m，混凝土的初灌量按下式计算：

$$V=\frac{\pi D}{4}(H_1+H_2)+\frac{\pi d^2}{4}h_1 \tag{5-3}$$

式中 V——灌注首批混凝土所需数量(m^3)；

D——桩孔直径(m)；

H_1——桩孔底至导管底间距，一般为0.3～0.5m；

H_2——导管初次埋置深度(m)；

d——导管直径(m)；

h_1——桩孔内混凝土达到埋置深度H_2时，导管内混凝土柱平衡导管外(或泥浆)压力所需的高度(m)，即$h_1=\frac{H_w\gamma_w}{\gamma_c}$。

4) 连续灌注混凝土

首批混凝土灌注正常后，应连续灌注混凝土，严禁中途停工。在灌注过程中，应经常探测混凝土面的上升高度，并适时提升拆卸导管，保持导管的合理埋深在2～6m。探测次数一般不少于所使用的导管节数，并应在每次提升导管前，探测一次管内外混凝土高度。遇特殊情况(局部严重超径、缩径和灌注量特别大的桩孔等)应增加探测次数，同时观察返水情况，以正确分析和判断孔内的情况。

5) 防止钢筋笼上浮措施

灌注混凝土过程中，应采取防止钢筋笼上浮的措施：

当灌注的混凝土顶面距钢筋骨架底部1m左右时应降低混凝土的灌注速度；当混凝土拌合物上升到骨架底口4m以上时，提升导管，使其底口高于底部2m以上，即可恢复正常灌注速度。

在水下灌注混凝土时，要根据实际情况严格控制导管的最小埋深，以保证混凝土的连续均匀，防止出现断桩现象。导管最大埋深不宜超过最下端一节导管的长度或6m。

6) 混凝土灌注时间

混凝土灌注的上升速度不得小于2m/h。混凝土的灌注时间必须控制在混凝土的初凝时间范围内，必要时可掺入缓凝剂。

7) 桩顶处理

混凝土灌注的高度，应超过桩顶设计标高约500mm，以保证在剔除浮浆后，桩顶标高和桩顶混凝土质量符合设计要求。图5-27是灌注桩破桩头照片。

图5-27　灌注桩破桩头

(9) 拔出导管和护筒

拔出导管和护筒后要及时清洗干净。

3. 正反循环工艺成孔施工质量控制要点

(1) 成孔设备就位后，必须平整、稳固，确保在成孔过程中不发生倾斜和偏移。应在成孔钻具上设置控制深度的标尺，并应在施工中进行观测记录。

(2) 除能自行造浆的黏性土层外，均应制备泥浆。泥浆制备应选用高塑性黏土或膨润土。泥浆应根据施工机械、工艺及穿越土层情况进行配合比设计。泥浆护壁应符合下列规定：

1) 施工期间护筒内的泥浆面应高出地下水位1.0m以上，受水位涨落影响时，泥浆面应高出最高水位 1.5m 以上。

2）在清孔过程中，应不断置换泥浆，直至灌注水下混凝土；灌注混凝土前，孔底 500mm 以内的泥浆相对密度应小于 1.25；含砂率不得大于 8%；黏度不得大于 28s。

3）在容易产生泥浆渗漏的土层中应采取维持孔壁稳定的措施。

4）废弃的浆、渣应进行处理，不得污染环境。

（3）对孔深较大的端承型桩和粗粒土层中的摩擦型桩，宜采用反循环工艺成孔或清孔，也可根据土层情况采用正循环钻进，反循环清孔。

（4）泥浆护壁成孔时，宜采用孔口护筒，护筒的作用是固定桩孔位置，保护孔口，防止地面水流入，增加孔内水压力，防止塌孔，成孔时引导钻头的方向。护筒设置应符合下列规定：

1）护筒埋设应准确、稳定，护筒中心与桩位中心的偏差不得大于 50mm。

2）护筒可用 4～8mm 厚钢板制作，其内径应大于钻头直径 100mm，上部宜开设 1～2 个溢浆孔。

3）护筒的埋设深度：在黏性土中不宜小于 1.0m；砂土中不得小于 1.5m。护筒下端外侧应采用黏土填实；其高度尚应满足孔内泥浆面高度的要求。

4）受水值涨落影响或水下施工的钻孔灌注桩，护筒应加高加深，必要时应打入不透水层。

（5）当在软土层中钻进时，应根据泥浆补给情况控制钻进速度；在硬层或岩层中的钻进速度应以钻机不发生跳动为准。

（6）成孔的控制深度应符合下列要求：

1）摩擦型桩：摩擦桩应以设计桩长控制成孔深度；端承摩擦桩必须保证设计桩长及桩端进入持力层深度。

2）端承型桩：当采用钻(冲)、挖掘成孔时，必须保证桩端进入持力层的设计深度。

（7）钻孔达到设计深度，灌注混凝土之前，孔底沉渣厚度指标应符合下列规定：

1）对端承型桩，不应大于 50mm。

2）对摩擦型桩，不应大于 100mm。

3）对抗拔、抗水平力桩，不应大于 200mm。

（8）钢筋笼制作、安装的质量应符合下列要求：

1）钢筋笼的材质、尺寸应符合设计要求，制作允许偏差应符合表 5-4 的规定。

钢筋笼制作允许偏差 **表 5-4**

项目	允许偏差(mm)
主筋间距	±10
箍筋间距	±20
钢筋笼直径	±10
钢筋笼长度	±100

2）分段制作的钢筋笼，其接头宜采用焊接或机械式接头(钢筋直径大于 20mm)，并应遵守国家现行标准《钢筋机械连接通用技术规程》JGJ 107、《钢筋焊接及验收规程》JGJ 18 和《混凝土结构工程施工质量验收规范》GB 50204 的规定。

3）加劲箍宜设在主筋外侧，当因施工工艺有特殊要求时也可置于内侧。

4）导管接头处外径应比钢筋笼的内径小 100mm 以上。

5）搬运和吊装钢筋笼时，应防止变形，安放应对准孔位，避免碰撞孔壁和自由落下，就位后应立即固定。

（9）水下混凝土浇筑施工

1）钢筋笼吊装完毕后，应安置导管或气泵管二次清孔，并应进行孔位、孔径、垂直度、孔深、沉渣厚度等检验，合格后应立即灌注混凝土。

2）水下灌注的混凝土必须具备良好的和易性，配合比应通过试验确定；坍落度宜为 180～220mm；水泥用量不应少于 360kg/m^3（当掺入粉煤灰时水泥用量可不受此限）；水下灌注混凝土的含砂率宜为 40%～50%，并宜选用中粗砂；粗骨料的最大粒径应小于 40mm；粗骨料可选用卵石或碎石，其粒径不得大于钢筋间最小净距的 1/3。水下灌注混凝土宜掺外加剂。

3）导管的构造和使用应符合下列规定：导管壁厚不宜小于 3mm，直径宜为 200～250mm；直径制作偏差不应超过 2mm，导管的分节长度可视工艺要求确定，长度不宜小于 4m，接头宜采用双螺纹方扣快速接头；导管使用前应试拼装、试压，试水压力可取为 0.6～1.0MPa；每次灌注后应对导管内外进行清洗。

4）使用的隔水栓应有良好的隔水性能，并应保证顺利排出；隔水栓宜采用球胆或与桩身混凝土强度等级相同的细石混凝土制作。

5）灌注水下混凝土的质量控制应满足下列要求：开始灌注混凝土时，导管底部至孔底的距离宜为 300～500mm；应有足够的混凝土储备量，导管一次埋入混凝土灌注面以下不应少于 0.8m；导管埋入混凝土深度宜为 2～6m。严禁将导管提出混凝土灌注面，并应控制提拔导管速度，应有专人测量导管埋深及管内外混凝土灌注面的高差，填写水下混凝土灌注记录；灌注水下混凝土必须连续施工，每根桩的灌注时间应按初盘混凝土的初凝时间控制，对灌注过程中的故障应记录备案；应控制最后一次灌注量，超灌高度宜为 0.8～1.0m；凿除泛浆后必须保证暴露的桩顶混凝土强度达到设计等级。

6）检查成孔质量合格后应尽快灌注混凝土。每浇筑 50m^3 必须有 1 组试件，小于 50m^3 的桩，每根桩必须有 1 组试件。（注：我国《建筑桩基技术规范》JGJ 94—2008 规定：直径大于 1m 或单桩混凝土量超过 25m^3 的桩，每根桩桩身混凝土应留有 1 组试件；直径不大于 1m 的桩或单桩混凝土量不超过 25m^3 的桩，每个灌注台班不得少于 1 组；每组试件应留 3 件。）

灌注桩施工现场所有设备、设施、安全装置、工具配件以及个人劳保用品必须经常检查，确保完好和使用安全。

5.3.4.3 旋挖成孔灌注桩

旋挖钻机利用钻杆和钻头的旋转及重力使土屑进入钻斗，土屑装满钻斗后，提升钻斗出土，这样通过钻斗的旋转、削土、提升和出土，多次反复而成孔。旋挖机成孔施工具有低噪声、低振动、扭矩大等特点。在软弱土层成孔时可以采用泥浆护壁，在土质稳定性比较好及地下水位较低的土层可以采用干作业成孔（图 5-28 左图为泥浆护壁成孔，右图为干作业成孔），成孔速度快、自带动力、采用泥浆护壁但无泥浆循环等特点，适用于对噪声、振动、泥浆污染要求严的场地施工。适用地层：除基岩、漂石等地层外，一般地层均可用旋挖方法成孔。成孔直径一般为 600～3000mm，一般最大孔深达 76m（图 5-29 是旋挖钻机钻头各部件的名称）。多用于大型建（构）筑物（如大型立交桥、工业与民用建筑）基础桩、抗浮桩及用于基坑支护的护坡桩等。以下介绍泥浆护壁旋挖成孔的施工工艺。

图 5-28　旋挖钻机成孔

1. 旋挖成孔灌注桩施工工艺流程

桩的定位放线→埋设护筒→钻机就位→泥浆制备→旋挖钻进成孔→清孔→下放钢筋笼→下导管二次清孔→水下浇筑混凝土

2. 旋挖成孔灌注桩施工

（1）桩的定位放线

放线定位桩位，桩位置确定后，用两根互相垂直的直线相交于桩点，并定出十字控制点，做好标识并妥加保护。

（2）埋设护筒

定出十字控制桩后，可采用钻机进行开孔钻进取土。钻至设计深度，进行护筒埋设，护筒宜采用 10mm 以上厚钢板制作，护筒直径应大于孔径 200mm 左右，护筒的长度应视地层情况合理选择。护筒顶部应高出地面 200mm 左右，周围用黏土填埋并夯实，护筒底应坐落在稳定土层上，中心偏差不得大于 20mm。在埋设过程中，一般采用十字拴桩法确保护筒中心与桩位中心重合。测量孔深的水准点，用水准仪将高程引至护筒顶部，并做好记录。图 5-30 为某工程旋挖桩护筒埋设情况。

图 5-29　钻头各部件

图 5-30　某工程旋挖桩护筒埋设

(3) 钻机安装就位

要求地质承载力不小于100kPa，履盘坐落的位置应平整稳固，坡度不大于3°，避免因场地不平整产生功率损失及倾斜位移，如重心高还易引发安全事故。

(4) 泥浆制作

采用现场制备泥浆，也可以采用膨润土制备泥浆。制备的泥浆应经过计算，泥浆量满足成孔的需要。

(5) 旋挖钻进成孔

沉入钻头着地，旋转钻进。以钻具钻头自重和加压油缸的压力作为钻进压力，每一回次的钻进量应以深度仪表为参考，以说明书钻速、钻压扭矩为指导，进尺量适当，不多钻，也不少钻。一次钻深过多，辅助时间加长；一次钻深小，效率降低。

当钻斗内装满土、砂后，将其提升上来，钻斗倒出的土距桩孔口的最小距离应大于6m，并应及时清除弃土及注意地下水位变化情况，关闭钻斗活门，将钻机转回孔口，降落钻斗，继续钻进。为保证孔壁稳定，应保持泥浆液面高度，随泥浆损耗及孔深增加，应根据钻进速度及时向孔内补充泥浆，以维持孔内压力平衡(图5-31)。

(a)

(b)

图5-31 旋挖钻机成孔过程

(a)旋挖成孔施工照片；(b)旋挖机卸渣情况

旋挖钻进时遇到软土层，特别是黏性土层，应选用较长斗齿及齿间距较大的钻斗以免糊钻，提钻后应经常检查底部切削齿，及时清理齿间粘泥，更换已磨钝的斗齿。

旋挖钻进时遇到硬土层，如发现每回次钻进深度太小，钻斗内碎渣量太少，可换一个较小直径钻斗，先钻小孔，然后再用直径适宜的钻斗扩孔。

旋挖钻进时遇到砂卵砾石层，为加固孔壁和便于取出砂卵砾石，可事先向孔内投入适量黏土球，采用双层底板捞砂钻斗，以防提钻过程中砂卵砾石从底部漏掉。

提升钻头过快，易产生负压，造成孔壁坍塌，一般钻斗提升速度可按表5-5推荐值使用。

钻斗升降速度推荐值 表5-5

桩径(mm)	装满渣土钻斗提升(m/s)	空钻斗升降(m/s)	桩径(mm)	装满渣土钻斗提升(m/s)	空钻斗升降(m/s)
700	0.973	1.210	1300	0.628	0.830
1200	0.748	0.830	1500	0.575	0.830

在桩端持力层钻进时，可能会由于钻斗的提升引起持力层的松弛，因此在接近孔底标高时应注意减小钻斗的提升速度。

(6) 清孔

因旋挖钻成孔时泥浆不循环，在保障泥浆稳定的情况下，清除孔底沉渣，一般用双层底捞砂钻斗。在不进尺的情况下，回转钻斗使沉渣尽可能地进入斗内，反转，封闭斗门，即可达到清孔的目的。

(7) 制作钢筋笼及安放

按设计图纸及规范要求制作钢筋笼。一般不超过 29m 长可在地表一次成型，超过 29m，宜在孔口焊接。下钢筋笼时，钢筋笼场内水平移运可用塔吊多点吊运或用平车加托架移运，不可使钢筋笼产生永久性变形。钢筋笼起吊要采用双点起吊，钢筋笼大时要用两个吊车同时多点起吊，对正孔位，徐徐下入，不准强行压入。一节钢筋笼不够长时可以接长的方式连接钢筋笼，钢筋笼的接长可以焊接连接和机械连接的方式。图 5-32 左图是采用吊车进行钢筋的吊运，右图是某工程采用直螺纹套筒机械连接情况。

图 5-32 钢筋笼吊运及连接

(8) 水下浇筑混凝土

将浇筑水下混凝土的导管放入孔底，导管连接要密封、顺直，导管下口离孔底约 30cm，导管平台应平整，夹板牢固可靠。

钢筋笼、导管下放完毕，作隐蔽检查，必要时应进行二次清孔，验收合格后，立即浇筑混凝土。混凝土灌至钢筋笼下端时，为防止钢筋笼上浮，应在孔口固定钢筋笼上端；灌注时间尽量缩短，防止混凝土进入钢筋笼时流动性变差；当孔内混凝土面进入钢筋笼1～2m时，应适当提升导管，减小导管埋深，增大钢筋笼在下层混凝土中的埋置深度。

灌注结束时，控制桩顶标高，混凝土面应超过设计桩顶标高 500mm，保障桩头质量。

3. 旋挖桩施工质量控制要点

(1) 旋挖钻成孔灌注桩应根据不同的地层情况及地下水位埋深，采用干作业成孔和泥浆护壁成孔工艺。

(2) 泥浆护壁旋挖钻机成孔应配备成孔和清孔用泥浆及泥浆池(箱)，在容易产生泥浆渗漏的土层中可采取提高泥浆相对密度，掺入锯末、增黏剂提高泥浆黏度等维持孔壁稳定的措施。

(3) 泥浆制备的能力应大于钻孔时的泥浆需求量，每台套钻机的泥浆储备量不应少于单桩体积。

(4) 旋挖钻机施工时，应保证机械稳定、安全作业，必要时可在场地辅设能保证其安全行走和操作的钢板或垫层(路基板)。

(5) 每根桩均应安设钢护筒，护筒应满足：

1) 护筒埋设应准确、稳定，护筒中心与桩位中心的偏差不得大于50mm。

2) 护筒可用4～8mm厚钢板制作，其内径应大于钻头直径100mm，上部宜开设1～2个溢浆孔。

3) 护筒的埋设深度：在黏性土中不宜小于1.0m；砂土中不得小于1.5m。护筒下端外侧应采用黏土填实；其高度尚应满足孔内泥浆面高度的要求。

4) 受水位涨落影响或水下施工的钻孔灌注桩，护筒应加高加深，必要时应打入不透水层。

(6) 成孔前和每次提出钻斗时，应检查钻斗和钻杆连接销子、钻斗门连接销子以及钢丝绳的状况，并应清除钻斗上的渣土。

(7) 旋挖钻机成孔应采用跳挖方式，钻斗倒出的土距桩孔口的最小距离应大于6m，并应及时清除。应根据钻进速度同步补充泥浆，保持所需的泥浆面高度不变。

(8) 钻孔达到设计深度时，应采用清孔钻头进行清孔，泥浆护壁应符合下列规定：

1) 施工期间护筒内的泥浆面应高出地下水位1.0m以上，受水位涨落影响时，泥浆面应高出最高水位1.5m以上。

2) 在清孔过程中，应不断置换泥浆，直至灌注水下混凝土；灌注混凝土前，孔底500mm以内的泥浆相对密度应小于1.25；含砂率不得大于8%；黏度不得大于28s。

3) 在容易产生泥浆渗漏的土层中应采取维持孔壁稳定的措施。

4) 废弃的浆、渣应进行处理，不得污染环境。

(9) 孔底沉渣厚度指标应符合下列规定：

1) 对端承型桩，不应大于50mm。

2) 对摩擦型桩，不应大于100mm。

3) 对抗拔、抗水平力桩，不应大于200mm。

(10) 水下浇灌混凝土的要求同泥浆护壁成孔灌注桩。

5.3.4.4 人工挖孔灌注桩

人工挖孔灌注桩简称人工挖孔桩，是指采用人工挖掘方法进行成孔，完成成孔后沉放钢筋笼，然后浇筑混凝土而形成的桩。图5-33是人工挖孔桩施工照片。

人工挖孔桩的优点是：设备简单；施工现场较干净；噪音小、振动少，对周围建筑影响小；正常情况下每一根桩的施工进度明确；桩孔内的土层情况明确，可直接观察到地质变化情况；沉渣能清除干净，施工质量可靠。

人工挖孔桩的缺点是：工人在井下作业，施工安全性差。

1. 人工挖孔桩的构造要求(图5-34)

人工挖孔桩的孔径(不含护壁)不得小于0.8m，且不宜大于2.5m。

图 5-33　人工挖孔桩

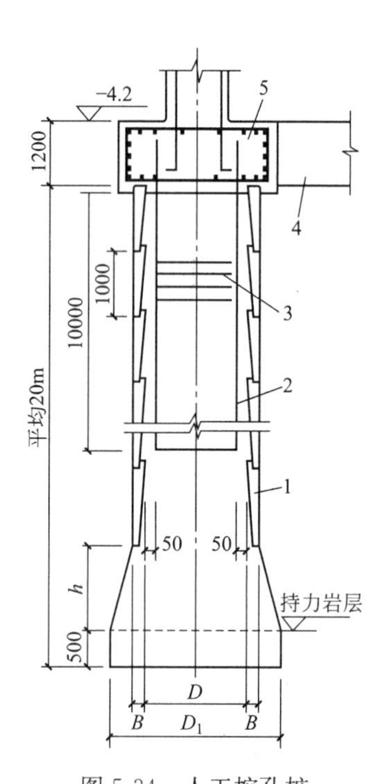

图 5-34　人工挖孔桩
1—护壁；2—主筋；3—箍筋；4—地梁；5—桩帽

人工挖孔桩混凝土护壁的厚度不应小于 100mm，混凝土强度等级不应低于桩身混凝土强度等级，并应振捣密实；护壁应配置直径不小于 8mm 的构造钢筋，竖向筋应上下搭接或拉接。

2. 施工工艺流程

测量放线、定桩位→开挖第一节护壁土方→支护壁模板→校核桩位→安放护壁构造钢筋→浇筑护壁混凝土→养护 24h 后拆模→开挖第二节护壁土方→…(如此循环)→至挖至设计持力层→扩孔→封底→沉放钢筋笼→浇筑桩身混凝土→养护→桩质量检测验收

3. 人工挖孔桩施工工艺

(1) 测量放线、定桩位

在场地三通一平的基础上，依据建筑物测量控制网的资料和基础平面布置图，测定桩位轴线方格控制网和高程基准点。确定好桩位中心，以中点为圆心，以桩身半径加护壁厚度为半径划出上部(即第一节)的圆周。撒石灰线作为桩孔开挖尺寸线。并沿桩中心位置向桩孔外引出四个桩中轴线控制点，用牢固木桩标定。桩位线定好之后，必须经现场监理复查，办好预验手续后开挖。

(2) 开挖第一节护壁土方

开挖第一节桩孔土方，由人工开挖从上到下逐层进行，先挖中间部分的土方，然后扩及周边，有效控制开挖截面尺寸。每节的高度应根据土质好坏及施工条件而定，一般以 0.9～1.2m 为宜。挖孔完成后进行一次全面测量校核工作，对孔径、桩位中心检测无误后进行护壁施工。

(3) 支护壁模板

安放混凝土护壁的钢筋、支护壁模板。护壁模板用薄钢板、圆钢、角钢拼装焊接成弧形工具式内钢模，每节分成 4 块，大直径桩也可分成 5～8 块，或用组合式钢模板预制拼装而成（图 5-35 是人工挖孔桩护壁模板照片）。采取拆上节、支下节的方式重复周转使用。第一节护壁以高出地坪 150～200mm。护壁厚度按设计确定。第一节护壁应比下面的护壁厚 100～150mm，护壁中心应与桩位中心重合，偏差不大于 20mm，同一水平面上的井圈任意直径的极差不大于 50mm，桩孔垂直度偏差不大于 0.5%。符合要求后可用木楔稳定模板。

图 5-35　护壁模板

（4）浇筑第一节护壁混凝土

安放护壁钢筋，然后安装护壁模板。护壁模板安装好之后，要再次复核桩位，护壁应采用现浇钢筋混凝土，护壁竖向钢筋端部宜打入挖土面以下 100～200mm，以便与下一节护壁中钢筋相连接。

桩孔挖完第一节后应立即浇灌护壁混凝土，采用人工浇灌，人工捣实，不宜用振动棒。混凝土强度一般与桩芯混凝土标号相同，一般不低于 C20，坍落度控制在70～100mm。

护壁混凝土浇筑 24h 后，混凝土强度>5MPa 后拆除，一般在下节有桩孔土方挖完后进行。拆模后若发现护壁有蜂窝、漏水现象，应加以堵塞或导流。

第一节护壁筑成后，将桩孔中轴线控制点引回至护壁上，进一步复核无误后，作为确定以下各节护壁中心的基准点，同时用水准仪把相对水准标高标定在第一节孔圈护壁上。

（5）开挖第二节护壁土方直至设计持力层

第一节桩孔成孔以后，即着手在孔上口架设垂直运输支架，人工挖孔桩的垂直运输设备一般采用葫芦，出土一般采用吊桶。注意安放吊桶时使吊桶上的吊绳与桩孔中心位置重合，挖土时可以直观地控制桩位中心和护壁支模中心线。以下各节桩孔土方开挖要求基本同第一节护壁土方施工。每节的护壁做好以后，必须将桩位十字轴线和标高测设在护壁上口，然后用十字线对中，吊线坠向井底投设，以半径尺杆检查孔壁的垂直平整度，随之进行修整。井深必须以基准点为依据，逐根进行引测，保证桩孔轴线位置、标高、截面尺寸满足设计要求。图 5-36 是人工挖孔桩工人孔底施工情况。

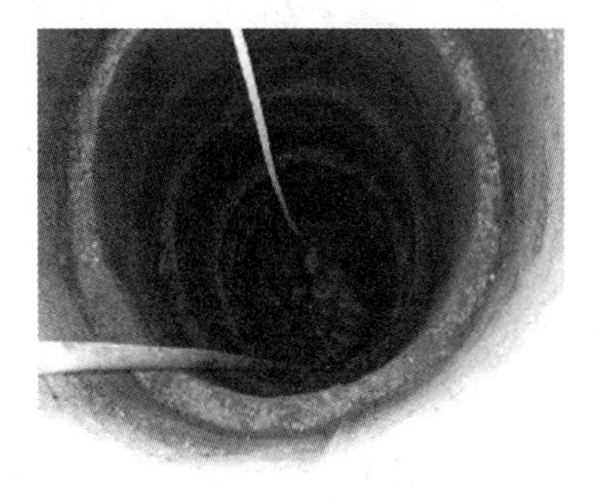

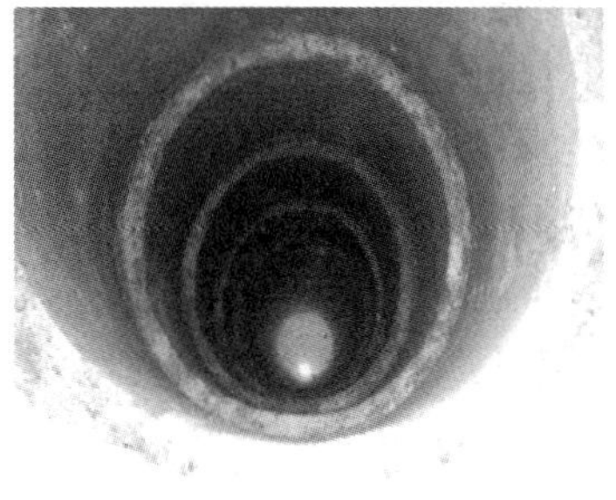

图 5-36　人工成孔

护壁模板采用拆上节支下节依次周转使用。使上节护壁的下部嵌入下节护壁的混凝土中，上下搭接长度在50～100mm。桩孔位检测复核无误后浇灌护壁混凝土。

井底照明必须用低压电源(36V，100W)、防水带罩安全灯具。井上口设护栏。电缆分段与护壁固定，长度适中，防止与吊桶相碰。

当井深大于10m时应有井下通风设施，加强井下空气对流，必要时送氧气，密切注视，防止有毒气体的危害。操作时上下人员轮换作业，互相呼应，井上人员随时观察井下人员情况，预防发生人身安全事故。

当存在地下渗水量不大时，随挖随将泥水用吊桶运出，或在井底挖集水坑，用潜水泵抽水，并加强支护。当出现流砂时，应采取有效措施，并将每天开挖的进深降低，将护壁高度降至0.3～0.5m。

逐层往下循环作业，将桩孔挖至设计深度，清除虚土，检查土质情况，桩底应进入设计规定的持力层深度。人工挖孔桩桩底一般有扩底和不扩底两种。挖扩底桩应先将扩底部位桩身的圆柱体挖好，再按照扩底部位的尺寸、形状，自上而下削土扩充成扩底形状。扩底尺寸应符合设计要求，完成后清除护壁污泥、孔底残渣、浮土、杂物、积水等。

成孔以后必须对桩身直径、扩大头尺寸、井底标高、桩位中心、井壁垂直度、虚土厚度、孔底岩(土)性质进行逐个全面综合测定。做好成孔施工验收记录，办理隐蔽验收手续。检验合格后迅速封底，安放钢筋笼，灌注桩身混凝土。

(6) 吊放钢筋笼

按设计要求对钢筋笼进行验收，检查钢筋种类、间距、焊接质量、钢筋笼直径、长度及保护块(卡)的安置情况，填写验收记录。

钢筋笼用起重机吊起沉入桩孔，钢筋笼钢筋不能直接与桩底接触，应比桩底高100mm左右，满足钢筋保护层厚度要求，用钢管将钢筋笼吊在井壁上口，以自重保持骨架的垂直。起吊时防止钢筋笼变形，注意不得碰撞孔壁。图5-37是人工挖孔桩钢筋放入孔内照片。

图5-37　人工挖孔桩内钢筋笼

如钢筋笼太长时，可分段起吊，在孔口进行垂直焊接。大直径(>1.4m)桩钢筋笼也可在孔内安装绑扎。

超声波等非破损检测桩身混凝土质量用的测管，也应在安放钢筋笼时同时按设计要求进行预埋。钢筋笼安放完毕后，经验筋合格后方可浇灌桩身混凝土。

(7) 浇筑桩身混凝土

桩身混凝土宜使用设计要求强度等级的预拌混凝土，浇灌前应检测其坍落度，并按规定每根桩至少留置一组试块。用溜槽加串桶向井内浇筑，混凝土的落差不大于3m。如用泵送混凝土时，可直接将混凝土泵出料口移入孔内投料。桩孔深度超过12m时宜采用混凝土导管连续分层浇灌，振捣密实。一般先浇灌到扩底端的顶面。振捣密实后继续浇筑以上部分。图 5-38 左图是某工程导管伸入孔内浇筑混凝土情况，采用导管溜、槽或串筒浇筑混凝土，可以减少混凝土下落的自由高度，避免混凝土出现离析现象；右图是人工挖孔桩混凝土浇筑完成情况。

图 5-38 人工挖孔桩混凝土浇筑

桩直径小于 1.2m、深度达 6m 以下部位的混凝土可利用混凝土自重下落的冲力，再适当辅以人工插捣使之密实。其余 6m 以上部分再分层浇灌振捣密实。大直径桩要认真分层逐次浇灌捣实，振捣棒的长度不可及部分，采用人工进入孔内振捣。浇灌直至桩顶。将表面压实、抹平。桩顶标高及浮浆处理应符合要求。

当孔内渗水较大时，浇筑前应抽出桩孔的积水，必要时可采用导管法灌注水下混凝土。

4. 人工挖孔桩施工质量控制要点

(1) 开孔前，桩位应准确定位放样，在桩位外设置定位基准桩，安装护壁模板必须用桩中心点校正模板位置，并应由专人负责。

(2) 孔深不宜大于 30m。当桩净距小于 2.5m 时，应采用间隔开挖。相邻排桩跳挖的最小施工净距不得小于 4.5m。

(3) 每一节护壁高度取决于土壁直立状态的能力，一般 0.5～1.0m 为一护壁高度，开挖井孔直径为设计桩径加混凝土护壁厚度。第一节井圈护壁应符合下列规定：

1) 井圈中心线与设计轴线的偏差不得大于 20mm；

2) 井圈顶面应比场地高出 100～150mm，壁厚应比下面井壁厚度增加 100～150mm。

(4) 修筑井圈护壁应符合下列规定：

1) 护壁的厚度、拉接钢筋、配筋、混凝土强度等级均应符合设计要求；

2) 上下节护壁的搭接长度不得小于 50mm；

3) 每节护壁均应在当日连续施工完毕；

4) 护壁混凝土必须保证振捣密实，应根据土层渗水情况使用速凝剂；

5) 护壁模板的拆除应在灌筑混凝土 24h 之后；

6) 发现护壁有蜂窝、漏水现象时，应及时补强；

7) 同一水平面上的井圈任意直径的极差不得大于 50mm。

(5) 当遇有局部或厚度不大于 1.5m 的流动性淤泥和可能出现涌土涌砂时，护壁施工可按下列方法处理：

1) 将每节护壁的高度减小到 300～500mm，并随挖、随验、随灌注混凝土；

2）采用钢护筒或有效的降水措施。

（6）挖至设计标高后，应清除护壁上的泥土和孔底残渣、积水，并应进行隐蔽工程验收。验收合格后，应立即采用素混凝土封底、沉放钢筋笼并及时灌注桩身混凝土。

（7）灌注桩身混凝土时，混凝土必须通过溜槽；当落距超过 3m 时，应采用串筒，串筒末端距孔底高度不宜大于 2m；也可采用导管泵送；混凝土宜采用插入式振捣器振实。当渗水量过大时，应采取场地截水、降水或水下灌注混凝土等有效措施。严禁在桩孔中边抽水边开挖，同时不得灌注相邻桩。

（8）人工挖孔桩安全控制要求：

1）孔内必须设置应急软爬梯供人员上下；使用的电葫芦、吊笼等应安全可靠，并配有自动卡紧保险装置，不得使用麻绳和尼龙绳吊挂或脚踏井壁凸缘上下；电葫芦宜用按钮式开关，使用前必须检验其安全起吊能力。

2）每日开工前必须检测井下的有毒、有害气体，并应有相应的安全防范措施；当桩孔开挖深度超过 10m 时，应有专门向井下送风的设备，风量不宜少于 25L/s。

3）无人员在孔内施工时，应采用盖板盖好孔口，桩径较大时应在孔口四周设置护栏，护栏高度宜为 0．8m。图 5-39 是孔口遮盖情况。

图 5-39　孔口遮盖

4）挖出的土石方应及时运离孔口，不得堆放在孔口周边 1m 范围内，机动车辆的通行不得对井壁的安全造成影响。

5）施工现场的一切电源、电路的安装和拆除必须遵守现行行业标准《施工现场临时用电安全技术规范》JGJ 46 的规定。

6）每一节护壁混凝土浇筑完毕后必须间隔 24h 后才能继续开挖下一节护壁土方。

5.3.4.5　长螺旋钻孔灌注桩施工

1、概述

长螺旋钻孔成桩技术是采用长螺旋钻孔至设计标高后，利用混凝土泵将混凝土从钻头底压出，边压灌混凝土边提钻直至成桩，然后利用钢筋笼导入杆(带有振动装置)将钢筋笼一次插入桩体，形成钢筋混凝土桩。后插钢筋笼与压灌混凝土宜连续进行。与普通水下混凝土灌注桩施工工艺相比，长螺旋钻孔成桩施工由于不需要泥浆护壁，无泥浆污染，施工速度快，造价低。此技术的关键是长螺旋钻孔泵送混凝土成桩技术、振动锤及夹具、钢筋笼导入杆、导入杆与钢筋笼的连接方式。

该技术适用于水位较高、易塌孔、长螺旋钻孔机能够钻进的土层(填土、黏土、粉质黏土、黏质粉土、粉细砂、中粗砂及卵石层等)及岩层(采用特殊的锥螺旋凿岩钻头时)桩径 400～1000mm、桩长不超过 30m 的灌注桩施工。但土层如果完全或主要是砂性土及卵石的地层条件应慎用。

2. 施工工艺流程

桩定位放线→长螺旋钻机就位→钻孔至预定设计标高→打开长螺旋钻杆的钻头活门，

压灌混凝土直至成素混凝土桩(边压灌边拔管)→利用钢筋笼导入杆将钢筋笼振动插入素混凝土桩至设计标高→边振动边提拔钢筋笼导入杆，并使桩身混凝土振捣密实→移位至下一根桩施工

施工工艺流程图如图 5-40 所示：

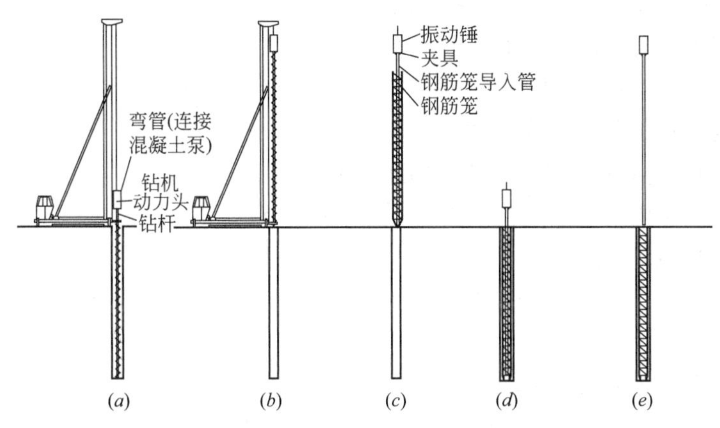

图 5-40 长螺旋钻孔成桩工艺施工流程

3. 施工工艺要点

(1) 成孔。成孔应当注意以下几点：

1) 长螺旋钻机能钻进设计要求穿透的土层，当需穿越老黏土、厚砂土层、碎石土以及塑性指数大于 25 的黏土时，应进行试钻。

2) 长螺旋钻机定位后，应进行预检，调整钻塔垂直度，钻杆的连接应牢固，钻头与桩点偏差不得大于 20mm(图 5-41)。钻机启动前应将钻杆、钻尖内的土块、残留的混凝土等清理干净。刚接触地面时，下钻速度应慢；钻机钻进过程中，不宜反转或提升钻杆。

图 5-41 长螺旋钻头就位

(a)桩定位后用钢筋头做好标志；(b)桩机就位后，施工工人合上钻头活门

3) 钻进过程中，如遇到卡钻、钻机摇晃、偏斜或发生异常的声响时，应立即停钻，查明原因，采取相应措施后方可继续作业。

(2) 配制混凝土应注意以下几点：

1) 根据桩身混凝土的设计强度等级，一般长螺旋钻孔压灌桩的混凝土强度不小于

C20。通过试验确定混凝土配合比；混凝土坍落度宜为 180～210mm。

2）水泥用量不得少于 300kg/m³。

3）宜加粉煤灰和外加剂，宜采用Ⅰ级粉煤灰，用量不少于 75kg/m³。

4）粗骨料可用卵石或碎石，当桩径为 400～600mm 时，最大粒径不宜大于 16mm；当桩径为 800～1000mm 时不宜大于 20mm。

（3）泵送混凝土时应注意以下几点：

1）混凝土泵应根据桩径选型，安放位置应与钻机的施工顺序相配合，泵管布置尽量减少弯道，泵与钻机的距离不宜超过 60m。

2）混凝土的泵送宜连续进行，当钻机移位时，混凝土泵料斗内的混凝土应连续搅拌，泵送混凝土时，料斗内混凝土的高度不得低于 400mm，以防吸进空气造成堵管。

3）混凝土输送泵管尽可能保持水平，长距离泵送时，泵管下面应垫实。

4）当气温高于 30℃时，宜在输送泵管上覆盖隔热材料，每隔一段时间洒水湿润，以防管内混凝土失水离析，造成泵管堵塞。

5）钻至设计标高后，应先泵入砼并停顿 10～20s，待管内空气从排气阀排出，钻杆内管及输送软、硬管内砼达到连续时，再缓慢提升钻杆。应杜绝在泵送砼前提拔钻杆，以免造成桩端处存在虚土或桩端混合料离折、端阻力减小现象。提钻速度应根据土层情况确定，且应与混凝土泵送量相匹配，保证管内有一定高度的混凝土，提钻速度一般宜为 1.2～1.5m/min。

6）钻进地下水以下的砂土层时，应有防止钻杆内进水的措施，压灌混凝土应连续进行。

7）压灌桩的充盈系数应为 1.0～1.20。桩顶混凝土超灌高度不宜小于 0.3～0.5m。

8）成桩后，应及时消除钻杆及软管内残留混凝土。长时间停置时，应采用清水将钻杆、泵管、混凝土泵清洗干净。

（4）植入钢筋笼。应注意以下几点：

1）混凝土灌注结束后，应立即用带有振动器的钢筋导向装置专用插筋器将钢筋笼插入混凝土桩体中。此处是技术关键(图 5-42)。专用插筋器钢管出现弯曲变形时，要及时调整，确保插筋器导向钢管平直。将钢筋笼送入砼内时要采取有效综合措施控制其垂直度和保护层有效厚度。

(a)

(b)

图 5-42　长螺旋钻孔压灌桩施工

(a)将插筋器插入钢筋笼并起吊；(b)插筋器在钢筋笼内

2）钢筋笼应按设计施工，保护层厚度不小于 50mm(图 5-43)。

图 5-43　插入钢筋笼

左图是钢筋笼对位施工

右图是钢筋笼插入到底情况，并开动振动锤将钢筋笼送至设计标高

3）混凝土的和易性是钢筋笼植入到位（到设计深度）的充分条件，经验表明，桩孔内混凝土坍落度损失过快，是造成植笼失败和桩身质量缺陷的关键因素之一。

4）振动锤的选择及下拉式刚性传力杆的设置是钢筋笼植入到位的核心技术。

5.3.4.6　灌注桩后注浆

灌注桩后注浆技术是土体加固技术与桩工技术的有机结合。它分为桩侧后注浆、桩端后注浆、桩端桩侧复合后注浆三种。其要点是在桩身混凝土达到一定强度后，用注浆泵将水泥浆或水泥与其他材料的混合浆液，通过预置于桩身中的管道将浆液压入桩周或桩端土层中。桩侧注浆会使桩土间界面的几何和力学条件得以改善，桩端注浆可使桩底沉渣、施工桩孔时桩端受到扰动的持力层得到有效的加固或压密，进而提高桩的承载能力。根据现已有的资料，钻孔灌注桩经桩端桩侧后注浆处理后，承载力可提高 30%～120%；相应设计时确定的极限荷载下沉降可控制在 30mm 以内；工期亦可缩短 1/3 左右。

灌注桩后注浆工法可用于各类钻、挖、冲孔灌注桩及地下连续墙的沉渣（虚土）、泥皮和桩底、桩侧一定范围土体的加固。

1. 灌注桩后注浆工艺流程

灌注桩钢筋笼绑扎过程中设置注浆导管→起吊沉放钢筋笼并安装压浆阀→灌注桩混凝土浇筑→养护达到注浆时间后→配制浆液实施注浆

2. 灌注桩后注浆施工

（1）后注浆施工所用设备准备。设备主要有：压浆泵、监控压力表、液浆搅拌机、输浆管。

（2）确定后注浆时间及施工顺序

1）注浆作业宜于成桩 2d 后开始，不宜迟于成桩 30d 后。

2）对于饱和土中的复式注浆顺序宜先桩侧后桩端；对于非饱和土宜先桩端后桩侧；多断面桩侧注浆应先上后下；桩侧桩端注浆间隔时间不宜少于 2h。

3）注浆作业离成孔作业点的距离不宜小于 8～10m。

4）桩端注浆应对同一根桩的各注浆导管依次实施等量注浆。

5）对于桩群注浆宜先外围，后内部。

（3）注浆试验，确定后注浆参数

后注浆作业开始前，宜进行注浆试验，优化并最终确定注浆参数。注浆参数包括浆液配比、终止注浆压力、流量、注浆量等参数。

浆液配比、终止注浆压力、流量、注浆量等注浆参数设计应符合下列要求：

1）浆液的水灰比应根据土的饱和度、渗透性确定，对于饱和土宜为 0.45～0.65；非饱和土宜为 0.7～0.9（松散碎石土、砂砾宜为 0.5～0.6）；低水灰比浆液宜掺入减水剂。

2）桩端注浆终止注浆压力应根据土层性质及注浆点深度确定，对于风化岩、非饱和黏性土及粉土，注浆压力宜为 3～10MPa；对于饱和土层注浆压力宜为 1.2～4MPa，软土取低值，密实黏性土取高值。

3）注浆流量不宜超过 75L/min。

4）单桩注浆量的设计应根据桩径、桩长、桩端桩侧土层性质、单桩承载力增幅及是否复式注浆等因素确定，可按下式估算：

$$G_c = a_p d + a_s n d \tag{5-4}$$

式中 a_p、a_s——分别为桩端、桩侧注浆量经验系数，$a_p=1.5\sim1.8$，$a_s=0.5\sim0.7$；对于卵、砾石、中粗砂取较高值；

n——桩侧注浆断面数；

d——基桩设计直径（m）；

G_c——注浆量，以水泥重量计（t）。

对独立单桩、桩距大于 6d 的群桩和群桩初始注浆的数根基桩的注浆量应按上述估算值乘以 1.2 的系数。

（4）后注浆终止条件及施工中问题的处理

后压浆质量控制采用注浆量和注浆压力双控方法，以注浆量控制为主，注浆压力控制为辅。当满足下列条件之一时可终止注浆：

1）注浆总量和注浆压力均达到设计要求。

2）注浆总量已达到设计值的 75%，且注浆压力超过设计值 1.2 倍。

3）水泥压入量达到设计值的 75%，泵送压力不足表中预定压力的 75%时，应调小水灰比，继续压浆至满足预定压力。

4）若水泥浆从桩侧溢出，应调小水灰比，改间歇注浆至水泥量满足预定值。

5）当注浆压力长时间低于正常值或地面出现冒浆或周围桩孔串浆，应改为间歇注浆，间歇时间宜为 30～60min，或调低浆液水灰比。

6）后注浆施工过程中，应经常对后注浆的各项工艺参数进行检查，发现异常应采取相应处理措施。当注浆量等主要参数达不到设计值时，应根据工程具体情况采取相应措施。

（5）桩基工程质量检查和验收

后注浆桩基工程质量检查和验收应符合下列要求：

后注浆施工完成后应提供水泥材质检验报告、压力表检定证书、试注浆记录、设计工艺参数、后注浆作业记录、特殊情况处理记录等资料。在桩身混凝土强度达到设计要求的条件下，承载力检验应在注浆完成 20d 后进行，浆液中掺入早强剂时可于注浆完成 15d 后进行。

3. 灌注桩后注浆施工质量控制要点

（1）后注浆装置的设置应符合下列规定：

1）后注浆导管应采用钢管，且应与钢筋笼加劲筋绑扎固定或焊接。

2）桩端后注浆导管及注浆阀数量宜根据桩径大小设置：对于直径不大于1200mm的桩，宜沿钢筋笼圆周对称设置2根；对于直径大于1200mm而不大于2500mm的桩，宜对称设置3根。

3）对于桩长超过15m且承载力增幅要求较高者，宜采用桩端桩侧复式注浆；桩侧后注浆管阀设置数量应综合地层情况、桩长和承载力增幅要求等因素确定，可在离桩底5～15m以上、桩顶8m以下，每隔6～12m设置一道桩侧注浆阀，当有粗粒土时，宜将注浆阀设置于粗粒土层下部，对于干作业成孔灌注桩宜设于粗颗粒土层中部。

4）对于非通长配筋桩，下部应有不少于2根与注浆管等长的主筋组成的钢筋笼通底。

5）钢筋笼应沉放到底，不得悬吊，下笼受阻时不得撞笼、墩笼、扭笼。

（2）后注浆阀应能承受1MPa以上静水压力，注浆阀外部保护层应能抵抗砂石等硬质物的剐撞而不致使注浆阀受损，注浆阀应具备逆止边能。

5.3.5 混凝土预制桩施工

5.3.5.1 混凝土预制桩的构造

1. 混凝土预制桩

混凝土预制桩的截面边长不应小于200mm；预应力混凝土预制实心桩的截面边长不宜小于350mm。预制桩的混凝土强度等级不宜低于C30；预应力混凝土实心桩的混凝土强度等级不应低于C40。

预制桩纵向钢筋的混凝土保护层厚度不宜小于30mm。预制桩的桩身配筋应按吊运、打桩及桩在使用中的受力等条件计算确定。采用锤击法沉桩时，预制桩的最小配筋率不宜小于0.8%。静压法沉桩时，最小配筋率不宜小于0.6%，主筋直径不宜小于14mm，打入桩桩顶以下（4～5）d 长度范围内箍筋应加密，并设置钢筋网片。

预制桩的分节长度应根据施工条件及运输条件确定；每根桩的接头数量不宜超过3个。预制桩的桩尖可将主筋合拢焊在桩尖辅助钢筋上，对于持力层为密实砂和碎石类土时，宜在桩尖处包以钢钣桩靴，加强桩尖。

2. 预应力混凝土空心桩

预应力混凝土空心桩按截面形式可分为管桩、空心方桩；按混凝土强度等级可分为预应力高强混凝土管桩（PHC）和空心方桩（PHS）、预应力混凝土管桩（PC）和空心方桩（PS）。预应力混凝土空心桩桩尖形式宜根据地层性质选择闭口或敞口形；闭口形分为平底十字形和锥形。预应力混凝土空心桩质量要求，尚应符合国家现行标准《先张法预应力混凝土管桩》GB 13476和《预应力混凝土空心方桩》JG 197及其他的有关标准规定。

预应力混凝土桩的连接可采用端板焊接连接、法兰连接、机械啮合连接、螺纹连接。每根桩的接头数量不宜超过3个。桩端嵌入遇水易软化的强风化岩、全风化岩和非饱和土的预应力混凝土空心桩，沉桩后，应对桩端以上约2m范围内采取有效的防渗措施，可采用微膨胀混凝土填芯或在内壁预涂柔性防水材料。

5.3.5.2 桩的制作、起吊、运输和堆放

1. 桩的制作

钢筋混凝土预制桩有实心桩和管桩两种，实心桩一般为正方形断面。钢筋混凝土预制桩可在工厂或施工现场预制。一般较长的桩在打桩现场或附近场地预制，较短的桩多在预制厂生产。灌桩一般为预应力管桩，一般在工厂预制(图 5-44)。

图 5-44 预应力高强管桩(PHC 桩)

2. 桩的起吊和运输要求

(1) 混凝土实心桩的吊运应符合下列规定：

1) 混凝土设计强度达到 70%及以上方可起吊，达到 100%方可运输。

2) 桩起吊时应采取相应措施，保证安全平稳，保护桩身质量。

3) 水平运输时，应做到桩身平稳放置，严禁在场地上直接拖拉桩体。

(2) 预应力混凝土空心桩的吊运应符合下列规定：

1) 出厂前应作出厂检查，其规格、批号、制作日期应符合所属的验收批号内容。

2) 在吊运过程中应轻吊轻放，避免剧烈碰撞。

3) 单节桩可采用专用吊钩勾住桩两端内壁直接进行水平起吊。

4) 运至施工现场时应进行检查验收，严禁使用质量不合格及在吊运过程中产生裂缝的桩。

3. 桩的堆放要求

(1) 预应力混凝土空心桩的堆放应符合下列规定：

1) 堆放场地应平整坚实，最下层与地面接触的垫木应有足够的宽度和高度。堆放时桩应稳固，不得滚动。

2) 应按不同规格、长度及施工流水顺序分别堆放。

3) 当场地条件许可时，宜单层堆放；当叠层堆放时，外径为 500～600mm 的桩不宜超过 4 层，外径为 300～400mm 的桩不宜超过 5 层。

4) 叠层堆放桩时，应在垂直于桩长度方向的地面上设置 2 道垫木，垫木应分别位于距桩端 1/5 桩长处；底层最外缘的桩应在垫木处用木楔塞紧。

5) 垫木宜选用耐压的长木枋或枕木，不得使用有棱角的金属构件。

(2) 取桩应符合下列规定：

1) 当桩叠层堆放超过 2 层时，应采用吊机取桩，严禁拖拉取桩；

2) 三点支撑自行式打桩机不应拖拉取桩。

5.3.5.3 预制桩的施工准备

如采用静压沉桩时，场地地基承载力不应小于压桩机接地压强的 1.2 倍，且场地应平整，否则应在场地内铺设一定厚度的砖渣。

因预制桩沉桩具有挤土效应，如果周围存在密集的地下管线和构筑物以及浅基础等，静压桩施工过程中会对周围环境有一定的影响，因此要合理确定压桩顺序，压桩顺序可以

采用从一端往另一端进行，也可以采用分区域段压桩，也可以采用从中间往四周压的顺序。

打桩顺序要求应符合下列规定：

(1) 对于密集桩群，自中间向两个方向或四周对称施打(图 5-45)。

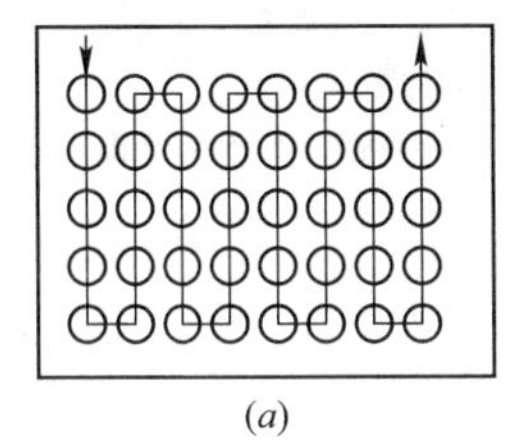

(a)

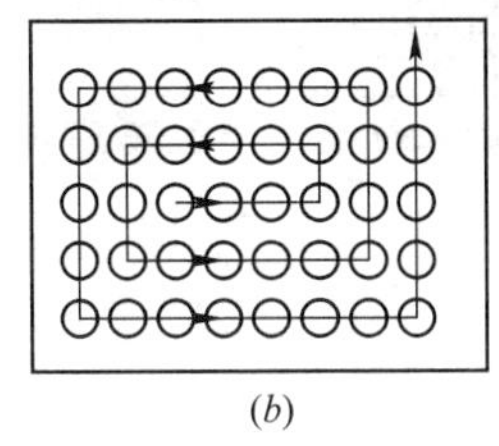

(b)

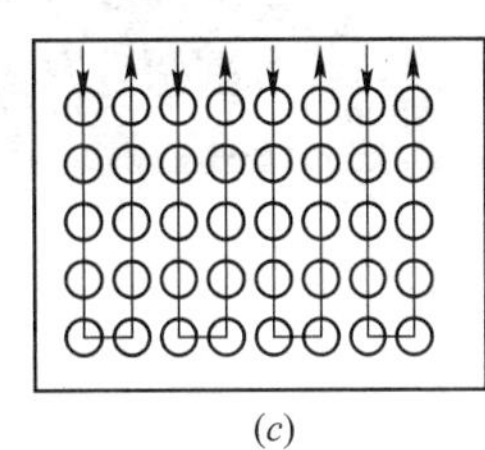

(c)

图 5-45　打(压)桩顺序图

(2) 当一侧毗邻建筑物时，由毗邻建筑物处向另一方向施打。

(3) 根据基础的设计标高，宜先深后浅。

(4) 根据桩的规格，宜先大后小，先长后短。

必要时还可以在靠近受影响的区域一侧设置减振沟的方式减少挤土影响，防震沟沟宽可取 0.5～0. 8m，深度按土质情况决定；或采用引桩法施工。其他压桩顺序宜根据场地工程地质条件确定，并应符合下列规定：

(1) 对于场地地层中局部含砂、碎石、卵石时，宜先对该区域进行压桩。

(2) 当持力层埋深或桩的入土深度差别较大时，宜先施压长桩后施压短桩。

5.3.5.4　预制管桩的静压桩施工工艺流程

静压桩的施工工艺流程一般遵循以下程序：测量定位→桩机就位→复核桩位→吊桩插桩→桩身对中调直→静压沉桩→接桩→再静压沉桩→送桩→终止压桩→桩机移位至下一根桩施工直至完成整个桩基工程施工→桩质量检验。

1. 施工要点

(1) 测量定位

施工前放好轴线和每一个桩位，在桩位中心打一根短钢筋，并涂上油标志明显。如在较软的场地施工，由于桩机的行走会挤走预定短钢筋，故当桩机大体就位之后要重新测定桩位。

(2) 桩机就位

将桩机移至要施工的桩位(图 5-46)

(3) 吊桩插桩

将桩吊入桩机，利用夹桩器抱住桩对位后将桩压入 0.5～1.0m 左右，暂时停止压桩并开始校正桩的垂直度(图 5-47)。

(4) 桩身对中调直

利用经纬仪或采用吊线锤的方式从两个互成 90°方向对桩进行校核垂直度(图 5-48)，调校好垂直度后才能开始压桩。第一节桩是

图 5-46　桩机就位

(a)

(b)

图 5-47　吊桩和插桩

(a)静压桩机自带的吊车起吊桩；(b)插桩就位

否垂直，是保证桩身质量的关键。

（5）静压沉桩

在压桩过程中要认真观察桩入土深度和压力表读数的关系，当压力表读数突然上升或下降时，要停机对照地质资料进行分析，看是否遇到障碍物或产生断桩情况等。压桩过程中应测量桩身的垂直度（图 5-48）。当桩身垂直度偏差大于 1%时，应找出原因并设法纠正；当桩尖进入较硬土层后，严禁用移动机架等方法强行纠偏。

图 5-48　桩身对中校正垂直

（6）接桩

当一根桩不够长时，需要对预制桩进行接长，桩的连接可采用焊接、法兰连接或机械快速连接（螺纹式、啮合式）。

1）接桩材料应符合下列规定：

① 焊接接桩：钢钣宜采用低碳钢，焊条宜采用 E43；并应符合现行行业标准《建筑钢结构焊接技术规程》JGJ 81 要求。

② 法兰接桩：钢钣和螺栓宜采用低碳钢。

2）采用焊接接桩除应符合现行行业标准《建筑钢结构焊接技术规程》JGJ 81 的有关规定外，尚应符合下列规定：

① 下节桩段的桩头宜高出地面 0.5m。

② 下节桩的桩头处宜设导向箍；接桩时上下节桩段应保持顺直，错位偏差不宜大于 2mm；接桩就位纠偏时，不得采用大锤横向敲打。

③ 桩对接前，上下端钣表面应采用铁刷子清刷干净，坡口处应刷至露出金属光泽。

④ 焊接宜在桩四周对称地进行，待上下桩节固定后拆除导向箍再分层施焊；焊接层数不得少于 2 层，第一层焊完后必须把焊渣清理干净，方可进行第二层(的)施焊，焊缝应连续、饱满。

⑤ 焊好后的桩接头应自然冷却后方可继续锤击，自然冷却时间不宜少于 8min；严禁采用水冷却或焊好即施打。

⑥ 雨天焊接时，应采取可靠的防雨措施。

⑦ 焊接接头的质量检查宜采用探伤检测，同一工程探伤抽样检验不得少于 3 个接头。

3）采用机械快速螺纹接桩的操作与质量应符合下列规定：

① 接桩前应检查桩两端制作的尺寸偏差及连接件，无受损后方可起吊施工，其下节桩端宜高出地面 0.8m。

② 接桩时，卸下上下节桩两端的保护装置后，应清理接头残物，涂上润滑脂。

③ 应采用专用接头锥度对中，对准上下节桩进行旋紧连接。

④ 可采用专用链条式扳手进行旋紧(臂长 1m，卡紧后人工旋紧再用铁锤敲击板臂)，锁紧后两端板尚应有 1～2mm 的间隙。

4）采用机械啮合接头接桩的操作与质量应符合下列规定：

① 将上下接头钣清理干净，用扳手将已涂抹沥青涂料的连接销逐根旋入上节桩 I 型端头钣的螺栓孔内，并用钢模板调整好连接销的方位。

② 剔除下节桩Ⅱ型端头钣连接槽内泡沫塑料保护块，在连接槽内注入沥青涂料，并在端头钣面周边抹上宽度 20mm、厚度 3mm 的沥青涂料；当地基土、地下水含中等以上腐蚀介质时，桩端钣板面应满涂沥青涂料。

③ 将上节桩吊起，使连接销与Ⅱ型端头钣上各连接口对准，随即将连接销插入连接槽内。

④ 加压使上下节桩的桩头钣接触，完成接桩。

(7) 继续静压沉桩

重复第(5)项施工。

(8) 送桩

静压送桩的质量控制应符合下列规定：

1）测量桩的垂直度并检查桩头质量，合格后方可送桩，压桩、送桩作业应连续进行。

2）送桩应采用专制钢质送桩器，不得将工程桩用作送桩器。

3）当场地上多数桩的有效桩长≤15m 或桩端持力层为风化软质岩，需要复压时，送桩深度不宜超过 1.5m。

4）除满足本条上述 3 款规定外，当桩的垂直度偏差小于 1%，且桩的有效桩长大于 15m 时，静压柱送桩深度不宜超过 8m。

5）送桩的最大压桩力不宜超过桩身允许抱压压桩力的 1.1 倍(见图 5-49)。

(a)

(b)

图 5-49　压桩和送桩

(a)压装机静力压桩施工过程(照片中是压桩机能将预制桩压到的最低位置)；

(b)静压桩机用送桩器(送桩器是与桩直径大小相仿的钢管)将桩送入设计标高

(9) 终止压桩

当达到送桩标高或压力表读数达到预先规定值时，便应停止压桩。终压条件应符合下列规定：

1) 应根据现场试压桩的试验结果确定终压标准。

2) 终压连续复压次数应根据桩长及地质条件等因素确定。对于入土深度≥8m 的桩，复压次数可为 2～3 次；对于入土深度＜8m 的桩，复压次数可为 3～5 次。

3) 稳压压桩力不得小于终压力，稳定压桩的时间宜为 5～10s。

2. 压桩质量控制

静力压桩施工的质量控制应符合下列规定：

(1) 第一节桩下压时垂直度偏差不应大于 0.5%。

(2) 宜将每根桩一次性连续压到底，且最后一节有效桩长不宜小于 5m。

(3) 抱压力不应大于桩身允许侧向压力的 1.1 倍。

(4) 对于大面积桩群，应控制日压桩量。

对于处在场地四周边缘的桩，当边桩空位不能满足中置式压桩机施压条件时，宜利用压边桩机构或选用前置式液压压桩机进行压桩，但应估计最大压桩能力减少造成的影响。

5.3.5.5 预制桩的锤击沉桩

预制桩采用锤击沉桩施工工艺，其与静压桩机沉桩采用的施工机械不一样，锤击沉桩机械目前采用比较多的是柴油桩锤(图 5-50)，施工时噪音较大，对周围环境影响较大，在市区内很少采用，一般用于城郊人口稀少地区。锤击沉桩施工除了沉桩方式以及终止锤击的条件与静压桩机沉桩不一样外，其他的施工工艺和流程差不多。

图 5-50 柴油桩锤机械

沉桩前必须处理空中和地下障碍物，场地应平整，排水应畅通，并应满足打桩所需的地面承载力。

1. 桩打入时应符合下列规定

(1) 桩帽或送桩帽与桩周围的间隙应为 5～10mm。

(2)锤与桩帽、桩帽与桩之间应加设硬木、麻袋、草垫等弹性衬垫。

(3)桩锤、桩帽或送桩帽应和桩身在同一中心线上。

(4)桩插入时的垂直度偏差不得超过 0.5%。

2. 桩终止锤击的控制应符合下列规定

(1) 当桩端位于一般土层时，应以控制桩端设计标高为主，贯入度为辅。

(2) 桩端达到坚硬、硬塑的黏性土、中密以上粉土、砂土，碎石类土及风化岩时，应以贯入度控制为主，桩端标高为辅。

(3) 贯入度已达到设计要求而桩端标高未达到时，应继续锤击 3 阵，并按每阵 10 击的贯入度不应大于设计规定的数值确认，必要时施工控制贯入度应通过试验确定。

当遇到贯入度剧变，桩身突然发生倾斜、位移或有严重回弹、桩顶或桩身出现严重裂缝、破碎等情况时，应暂停打桩，并分析原因，采取相应措施。

3. 锤击沉桩送桩应符合下列规定

(1) 送桩深度不宜大于 2.0m。

(2) 当桩顶打至接近地面需要送桩时，应测出桩的垂直度并检查桩顶质量，合格后应及时送桩。

(3) 送桩的最后贯入度应参考相同条件下不送桩时的最后贯入度并修正。

(4) 送桩后遗留的桩孔应立即回填或覆盖。

(5) 当送桩深度超过 2.0m 且不大于 6.0m 时，打桩机应为三点支撑履带自行式或步履式柴油打桩机；桩帽和桩锤之间应用竖纹硬木或盘圆层叠的钢丝绳作“锤垫”，其厚度宜取 150～200mm。

4. 锤击沉桩的送桩器及衬垫设置应符合下列规定

(1) 送桩器宜做成圆筒形，并应有足够的强度、刚度和耐打性。送桩器长度应满足送桩深度的要求，弯曲度不得大于 1/1000。

(2) 送桩器上下两端面应平整，且与送桩器中心轴线相垂直。

(3) 送桩器下端面应开孔，使空心桩内腔与外界连通。

(4) 送桩器应与桩匹配：套筒式送桩器下端的套筒深度宜取 250～350mm，套管内径应比桩外径大 20～30mm；插销式送桩器下端的插销长度宜取 200～300mm，杆销外径应比(管)桩内径小 20～30mm，对于腔内存有余浆的管桩，不宜采用插销式送桩器。

(5) 送桩作业时，送桩器与桩头之间应设置 1～2 层麻袋或硬纸板等衬垫。内填弹性衬垫压实后的厚度不宜小于 60mm。

施工现场应配备桩身垂直度观测仪器(长条水准尺或经纬仪)和观测人员，随时量测桩身的垂直度。

5.3.6 桩的检测

桩基础施工完成后，应对基桩进行检测，基桩的检测主要检测桩的承载力和桩身质量，承载力检测主要有静载荷检测(图 5-51)和高应变检测两种手段；桩身质量检测主要有低应变检测(图 5-52)和钻芯取样等检测手段。

(*a*)

(*b*)

图 5-51 基桩静载荷检测

(*a*)检测用的堆载，中间横梁连接检测的千斤顶；

(*b*)检测的千斤顶和设置在桩顶上检测不同荷载下桩下沉量的传感器

工程桩采用静载荷进行承载力检验的桩数。对于地基基础设计等级为甲级或地质条件复杂，成桩质量可靠性低的灌注桩，应采用静载荷试验的方法进行检验，检验桩数不应少于总数的1%，且不应少于3根，当总桩数少于50根时，不应少于2根。

图 5-52　低应变检测

采用低应变对桩身质量进行检验的数量。对设计等级为甲级或地质条件复杂，成检质量可靠性低的灌注桩，抽检数量不应少于总数的30%，且不应少于20根；其他桩基工程的抽检数量不应少于总数的20%，且不应少于10根；对混凝土预制桩及地下水位以上且终孔后经过核验的灌注桩，检验数量不应少于总桩数的10%，且不得少于10根。每个柱子承台下不得少于1根。

低应变检测，检测时采用小锤敲击桩顶，一般一根桩敲击三次即可，利用桩顶上采用耦合剂粘贴的传感器采集应力波，传感器连接装有检测软件的电脑，由检测软件分析桩身的完整性。

5.3.7　桩与承台的连接

桩嵌入承台内的长度对中等直径桩（250mm<d<800mm）不宜小于50mm；对大直径桩（d≥800mm）不宜小于100mm。混凝土桩的桩顶纵向主筋应锚入承台内，主筋伸入承台内的锚固长度不应小于钢筋直径（HPB235）的30d和钢筋直径（HRB335和HRB400）的35倍d。对于抗拔桩，桩顶纵向主筋的锚固长度应按现行国家标准《混凝土结构设计规范》GB 50010确定（图5-53）。对于大直径灌注桩，当采用一柱一桩时，可设置承台或将桩和柱直接连接。

(a)

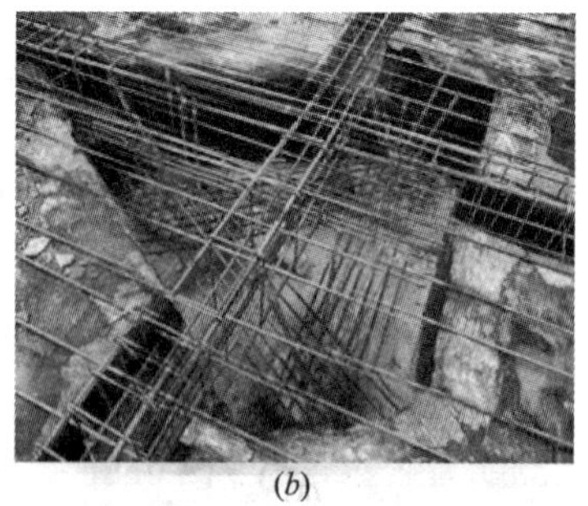

(b)

图 5-53　桩与承台的连接

(a)三桩承台；(b)桩顶钢筋锚入承台及承台钢筋笼设置情况

灌注桩主筋混凝土保护层厚度不应小于50mm；预制桩不应小于45mm，预应力管桩不应小于35mm；腐蚀环境下灌注桩不应小于55mm。

5.3.8　柱与承台的连接

柱与承台的连接：对于一柱一桩基础，柱与桩直接连接时，柱纵向主筋锚入桩身内长度不应小于 35 倍纵向主筋直径。对于多桩承台，柱纵向主筋应锚入承台不小于 35 倍纵向筋直径；当承台高度不满足锚固要求时，竖向锚固长度不应小于 20 倍纵向主筋直径，并向柱轴线方向呈 90°弯折。当有抗震设防要求时，对于一、二级抗震等级的柱，纵向主筋锚固长度应乘以 1.15 的系数；对于三级抗震等级的柱，纵向主筋锚固长度应乘以 1.05 的系数。

5.3.9 承台与承台之间的连接

承台与承台之间的连接：一柱一桩时，应在桩顶两个主轴方向上设置联系梁。当桩与柱的截面直径之比大于 2 时，可不设联系梁。两桩桩基的承台，应在其短向设置联系梁。有抗震设防要求的柱下桩基承台，宜沿两个主轴方向设联系梁。联系梁顶面宜与承台顶面位于同一标高。联系梁宽度不宜小于 250mm，其高度可取承台中心距的 1/10～1/15，且不宜小于 400mm。联系梁配筋应按计算确定，梁上下部配筋不宜小于 2 根直径 12mm 钢筋；位于同一轴线上的相邻跨联系梁纵筋应连通。

5.3.10 承台施工

1. 承台构造

桩基承台的构造，除满足受冲切、受剪切、受弯承载力和上部结构的要求外，承台的宽度不应小于 500mm。边桩中心至承台边缘的距离不宜小于桩的直径或边长，且桩的外边缘至承台边缘的距离不小于 150mm。对于墙下条形承台梁，桩的外边缘至承台梁边缘的距离不小于 75mm。承台的最小厚度不应小于 300mm。

高层建筑平板式和梁板式筏形承台的最小厚度不应小于 400mm，墙下布桩的剪力墙结构筏形承台的最小厚度不应小于 200mm。承台混凝土材料及其强度等级应符合结构混凝土耐久性的要求和抗渗要求。

承台的配筋，对于矩形承台，其钢筋应按双向均匀通长布置(图 5-54*a*)，钢筋直径不宜小于 10mm，间距不宜大于 200mm。对于三桩承台，钢筋应按三向板带均匀布置，且最里面的三根钢筋围成的三角形应在柱截面范围内(图 5-54*b*)。承台梁的主筋除满足计算要求外，尚应符合现行国家标准《混凝土结构设计规范》GB 50010 关于最小配筋率的规定，主筋直径不宜小于 12mm，架立筋不宜小于 10mm，箍筋直径不宜小于 6mm (图 5-54*c*)。柱下独立桩基承台的最小配筋率不应小于 0.15%。钢筋锚固长度自边桩内侧(当为圆桩时，应将其直径乘以 0.886 等效为方桩)算起，锚固长度不应小于 35 倍钢筋直径，当不满足时应将钢筋向上弯折，此时钢筋水平段的长度不应小于 25 倍钢筋直径，弯折段的长度不应小于 10 倍钢筋直径。

条形承台梁的纵向主筋直径不应小于 12mm，架立筋直径不应小于 10mm，箍筋直径不应小于 6mm。承台梁端部纵向受力钢筋的锚固长度及构造应与柱下多桩承台的规定相同。

当筏板的厚度大于 2000mm 时，宜在板厚中间部位设置直径不小于 12mm、间距不大于 300mm 的双向钢筋网。

承台混凝土强度等级不应低于 C20；纵向钢筋的混凝土保护层厚度不应小于 70mm，当有混凝土垫层时，不应小于 50mm；且不应小于桩头嵌入承台内的长度。

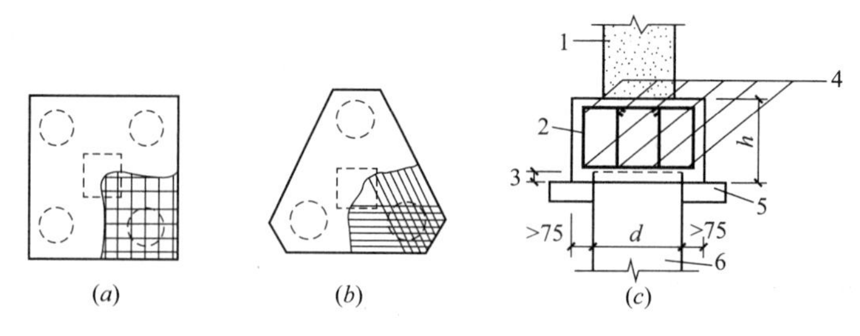

图 5-54　承台配筋

1—墙；2—箍筋直径≥6mm；3—桩顶入承台≥50mm；
4—承台梁内主筋除须按计算配筋外尚应满足最小配筋率；5—垫层 100mm 厚 C10 混凝土

2. 承台土方开挖

桩基承台施工顺序宜先深后浅。当承台埋置较深时，应对邻近建筑物及市政设施采取必要的保护措施，在施工期间应进行监测。

基坑开挖前应对边坡支护形式、降水措施、挖土方案、主土路线及堆土位置编制施工方案，若桩基施工引起超孔隙水压力，宜待超孔隙水压力大部分消散后开挖。当地下水位较高需降水时，可根据周围环境情况采用内降水或外降水措施。

挖土应均衡分层进行，对流塑状软土的基坑开挖，高差不应超过 1m。挖出的土方不得堆置在基坑附近。机械挖土时必须确保基坑内的桩体不受损坏。基坑开挖结束后，应在基坑底做出排水盲沟及集水井，如有降水设施仍应维持运转。

在承台和地下室外墙与基坑侧壁间隙回填土前，应排除积水，清除虚土和建筑垃圾，填土应按设计要求选料，分层夯实，对称进行。

3. 承台钢筋和混凝土施工

绑扎钢筋前应将灌注桩桩头浮浆部分和预制桩桩顶锤击面破碎部分去除，桩体及其主筋埋入承台的长度应符合设计要求；钢管桩尚应加焊桩顶连接件；并应按设计施作桩头和垫层防水。

承台混凝土应一次浇筑完成，混凝土入槽宜采用平铺法。对大体积混凝土施工，应采取有效措施防止温度应力引起裂缝。

思　考　题

1. 试述桩基的作用和分类。
2. 钢筋混凝土预制桩在制作、起吊，运输和堆放过程中各有什么要求？
3. 静力压桩有何特点？适用范围如何？施工时应注意哪些问题？
4. 试分析各种打桩顺序的利弊？打桩的控制原则是什么？
5. 泥浆护壁成孔灌注桩的成孔方法有几种？各种方法的特点及适用范围如何？
6. 什么是泥浆护壁成孔？泥浆有哪些作用？
7. 水下浇筑混凝土最常用的方法是什么？应注意哪些问题？
8. 旋挖桩的施工工艺流程是什么？常易发生哪些质量问题？
9. 试述人工挖孔灌注桩的施工工艺和施工中应注意的主要问题。

第6章 脚手架及垂直运输机械设备

在混凝土主体结构和砌体砌筑工程中，脚手架的搭设以及垂直运输设施的选择是重要的一个环节，它直接影响到施工的质量、安全、进度和工程成本。

6.1 脚手架

6.1.1 脚手架的作用、要求和分类

脚手架是砌筑过程中堆放材料和工人进行操作的临时性设施。当砌体砌到一定高度时（即可砌高度或一步架高度，一般为1.2m），砌筑质量和效率将受到影响，此时为了施工方便，就需要搭设脚手架。

砌筑用脚手架必须满足以下基本要求：脚手架的宽度应满足工人操作、材料堆放及运输要求。

脚手架结构应有足够的强度、刚度和稳定性，保证在施工期间的各种荷载作用下，脚手架不变形、不摇晃、不倾斜；构造简单，便于装拆、搬运，并能多次周转使用；过高的外脚手架应有接地和避雷装置。

脚手架的种类很多，按其搭设位置分为外脚手架和里脚手架两大类；按其所用材料分为木脚手架、竹脚手架和钢管脚手架；按其构造形式分为落地式脚手架、悬挑式脚手架及吊脚手架等。按立杆的排数可以分为单排脚手架、双排脚手架（图6-1）和满堂脚手架。

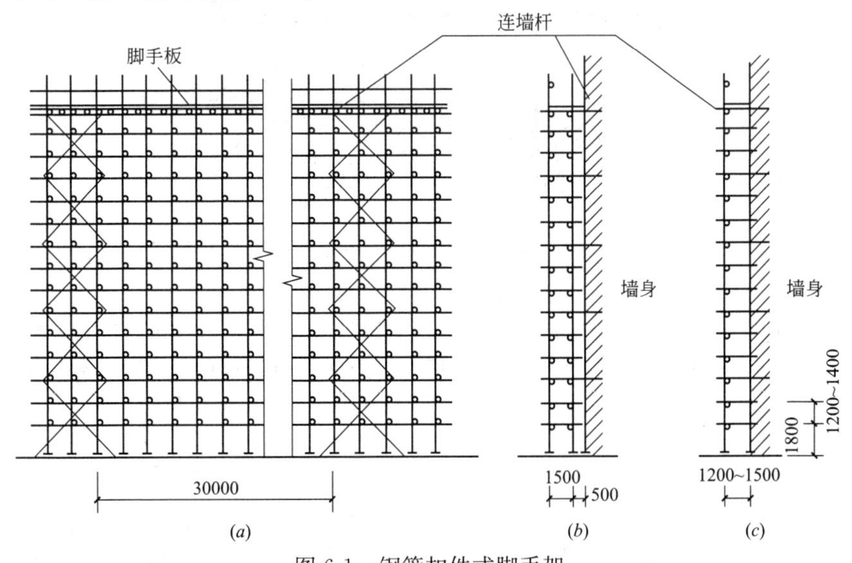

图6-1 钢管扣件式脚手架

（a）立面；（b）侧面（双排）；（c）侧面（单排）

6.1.2 扣件式钢管外脚手架

外脚手架是在建筑物的外侧(沿建筑物周边)搭设的一种脚手架，既可用于外墙砌筑，又可用于外装修施工。外脚手架的形式很多，可用木、竹和钢管等搭设，目前主要采用钢管脚手架，虽然其一次性投资较大，但可多次周转、摊销费用低、装拆方便、搭设高度大，且能适应建筑物平立面的变化。

1. 扣件式钢管脚手架的组成

扣件式钢管脚手架由钢管、扣件、脚手板和底座等组成(图 6-2)。钢管一般采用外径为 48.3mm、壁厚为 3.6mm 的焊接钢管或无缝钢管，主要用于立杆、大横杆、小横杆及支撑杆(包括剪刀撑、横向斜撑、水平斜撑等)，其特点是每步架可根据施工需要灵活布置。钢管间通过扣件连接，其基本形式有三种，如图 6-3 所示：(1)直角扣件，用于连接扣紧两根互相垂直相交的钢管；(2)旋转扣件，用于连接扣紧两根呈任意角度相交的钢管；(3)对接扣件，用于钢管的对接接长。立柱底端立于底座上，扣件式钢管脚手架底座如图 6-4所示。脚手板铺在脚手架的小横杆上，可采用竹脚手板、木脚手板、钢木脚手板和冲压钢脚手板等，直接承受施工荷载。

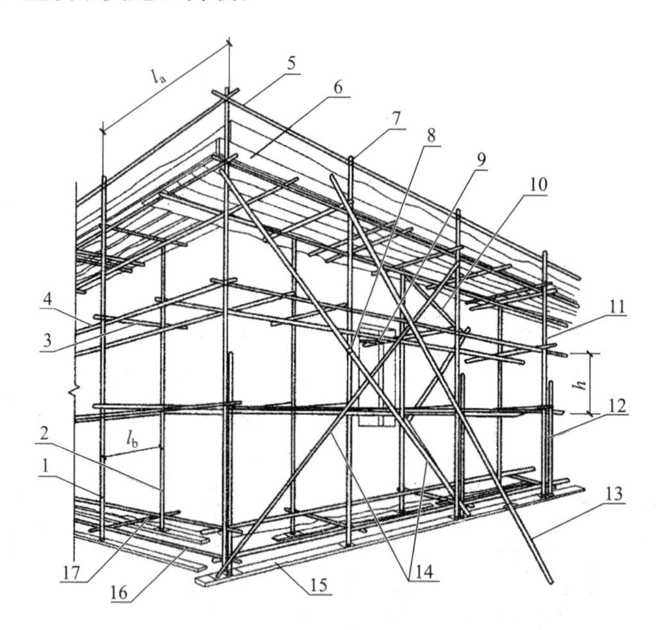

图 6-2 扣件式钢管脚手架各杆件位置

l_b—纵距；l_a—横距；h—步距

1—外立杆；2—内立杆；3—横向水平杆；4—纵向水平杆；5—栏杆；6—挡脚板；7—直角扣件；8—旋转扣件；9—连墙杆；10—横向斜撑；11—主立杆；12—副立轩；13—抛撑；14—剪刀撑；15—垫板；16—纵向扫地杆；17—横向扫地杆

扣件式钢管脚手架可按单排或双排搭设。单排脚手架仅在脚手架外侧设一排立杆，其小横杆的一端与大横杆连接，另一端则支承在墙上。单排脚手架节约材料，但稳定性较差，且在墙上需留设脚手眼，其搭设高度和使用范围也受一定的限制。作为小横杆的支点，不得在下列墙体或部位设置脚手眼：

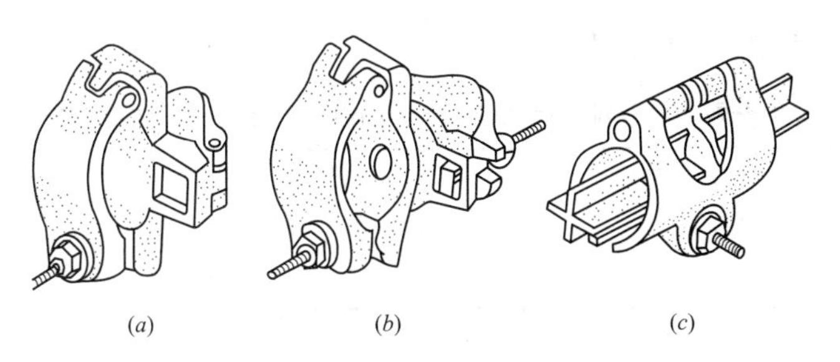

图 6-3 扣件形式图

(a)直角扣件；(b)旋转扣件；(c)对接扣件

(1) 120mm 厚墙、料石清水墙和独立柱。

(2) 过梁上与过梁成 60°角的三角形范围及过梁净跨度 1/2 的高度范围内。

(3) 宽度小于 1m 的窗间墙。

(4) 砌体门窗洞口两侧 200mm(石砌体为 300mm)和转角处 450mm(石砌体为 600mm)范围内。

(5) 梁及梁垫下及其左右 500mm 范围内。

(6) 设计不允许设置脚手眼的部位。

(7) 轻质墙体。

(8) 夹心复合墙外叶墙。

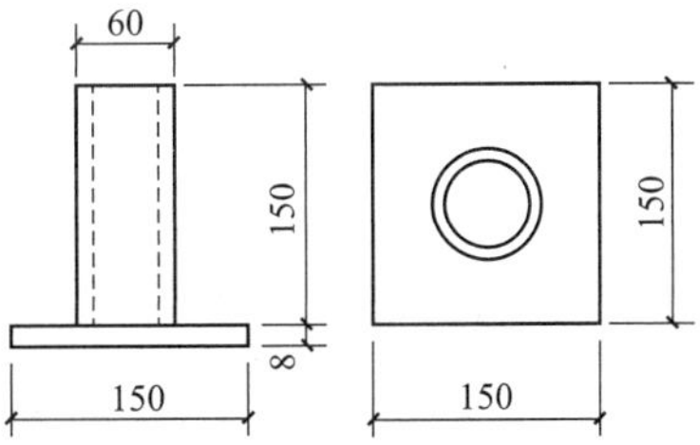

图 6-4 底座

在施工脚手眼补砌时，灰缝应填满砂浆，不得用干砖填塞。

双排脚手架在脚手架的里外侧均设有立杆，稳定性较好，但较单排脚手架费工费料。

为了保证脚手架的整体稳定性必须按规定设置支撑系统。双排脚手架的支撑体系由剪刀撑和横向斜撑组成。单排脚手架的支撑体系由剪刀撑组成。

为了防止脚手架偏斜和倾倒，对高度不大的脚手架可设置抛撑；高度较大时还必须设置能承受压力和拉力的连墙杆，以使脚手架与建筑物之间可靠连接。双排脚手架的连墙杆一般按三步、五跨的范围大小来设置。其连接形式如图 6-5 所示。

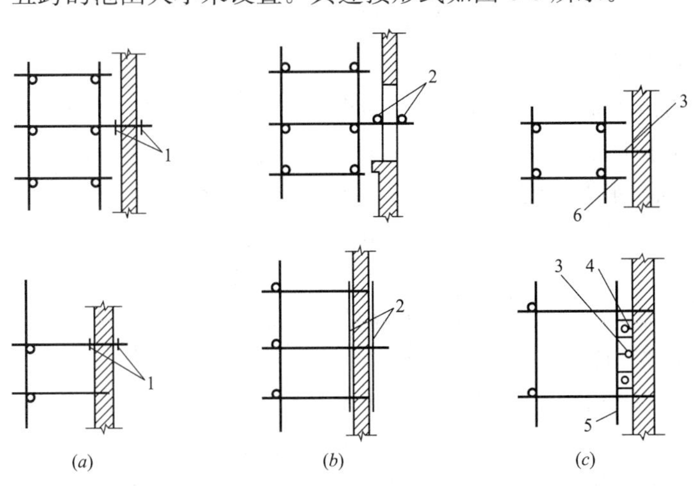

图 6-5 连墙杆的做法

1—扣件；2—两根短管；3—拉接铅丝；4—木楔；5—短管；6—横杆

钢管扣件式脚手架各杆件构造参数见表 6-1。

常用密目式安全立网全封闭式双排扣件钢管脚手架的设计尺寸与允许搭设高度(m)　　表 6-1

连墙件设置	立杆横距 l_b	步距 h	下列荷载时的立杆纵距 l_a				脚手架允许搭设高度(H)
			2+0.35(kN/m²)	2+2+2×0.35(kN/m²)	3+0.35(kN/m²)	3+2+2×0.35(kN/m²)	
二步三跨	1.05	1.50	2.0	1.5	1.5	1.5	50
		1.80	1.8	1.5	1.5	1.5	32
	1.30	1.50	1.8	1.5	1.5	1.5	50
		1.80	1.8	1.2	1.5	1.2	30
	1.55	1.50	1.8	1.5	1.5	1.5	38
		1.80	1.8	1.2	1.5	1.2	22
三步三跨	1.05	1.50	2.0	1.5	1.5	1.5	43
		1.80	1.8	1.2	1.5	1.2	24
	1.30	1.50	1.8	1.5	1.5	1.2	30
		1.80	1.8	1.2	1.5	1.2	17

注：1. 表中所示 2+2+2×0.35(kN/m²)，包括下列荷载：2+2 (kN/m²)为二层装修作业层施工荷载标准值；2×0.35(kN/m²)为二层作业层脚手板自重荷载标准值。

2. 作业层横向水平杆间距，应按不大于 $0.5l_a$ 设置。

3. 地面粗糙度为 B 类，基本风压 ω_k=0.4kN/m²。

脚手架搭设范围的地基应平整坚实，设置底座和垫板，并有可靠的排水措施，防止积水浸泡地基。杆件应按设计方案搭设，并注意搭设顺序，扣件拧紧程度要适度，且应严格控制立杆的垂直度(偏差不大于架高的 1/200)和大横杆的水平度(不大于一皮砖厚)。

2. 扣件式钢管脚手架构造要求

(1) 搭设高度

单排脚手架搭设高度不应超过 24m。双排脚手架搭设高度不宜超过 50m，高度超过 50m 的双排脚手架，应采用分段搭设等措施。

(2) 纵向水平杆的构造

纵向水平杆的构造应符合下列规定：纵向水平杆应设置在立杆内侧，单根杆长度不应小于 3 跨；纵向水平杆接长应采用对接扣件连接或搭接，并应符合下列规定：

1) 两根相邻纵向水平杆的接头不应设置在同步或同跨内；不同步或不同跨两个相邻接头在水平方向错开的距离不应小于 500mm；各接头中心至最近主节点的距离应大于纵距的 1/3(图 6-6)。

2) 搭接长度不应小于 1m，应等间距设置 3 个旋转扣件；端部扣件盖板边缘至搭接纵向水平杆杆端的距离不应小于 100mm。

3) 当使用冲压钢脚手板、木脚手板、竹串片脚手板时，纵向水平杆应作为横向水平杆的支座，用直角扣件固定在立杆上；当使用竹笆脚手板时，纵向水平杆应采用直角扣件固定在横向水平杆上，并应等间距设置，间距不应大于 400mm(图 6-7)。图 6-8 是竹笆板铺设的实物照片。

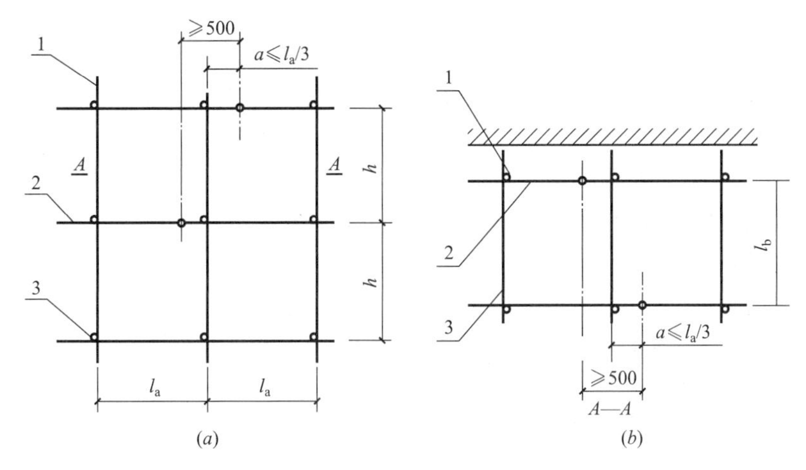

图 6-6　纵向水平杆对接接头布置

(*a*)接头不在同步内(立面)；(*b*)接头不在同跨内(平面)

1—立杆；2—纵向水平杆；3—横向水平杆

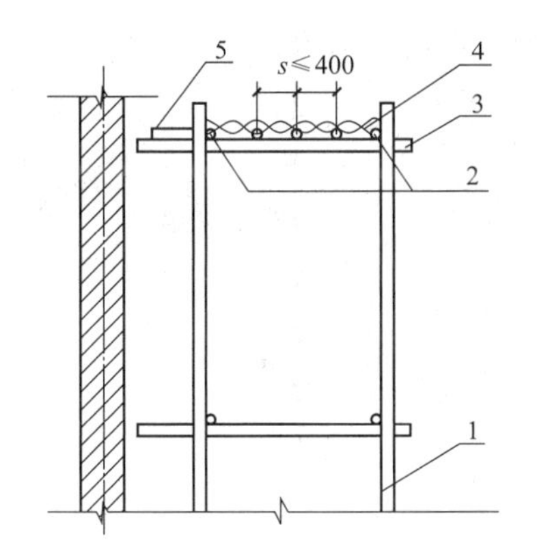

图 6-7　铺竹笆脚手板时纵向水平杆的构造

1—立杆；2—纵向水平杆；3—横向水平杆；

4—竹笆脚手板；5—其他脚手板

图 6-8　竹笆板设置

(3) 横向水平杆的构造

横向水平杆的构造应符合下列规定：作业层上非主节点处的横向水平杆，宜根据支承脚手板的需要等间距设置，最大间距不应大于纵距的 1/2；当使用冲压钢脚手板、木脚手板、竹串片脚手板时，双排脚手架的横向水平杆两端均应采用直角扣件固定在纵向水平杆上；单排脚手架的横向水平杆的一端应用直角扣件固定在纵向水平杆上，另一端应插入墙内，插入长度不应小于 180mm；当使用竹笆脚手板时，双排脚手架的横向水平杆的两端，应用直角扣件固定在立杆上；单排脚手架的横向水平杆的一端，应用直角扣件固定在立杆上，另一端插入墙内，插入长度不应小于 180mm。

主节点处必须设置一根横向水平杆，用直角扣件扣接且严禁拆除。

(4) 脚手板的设置

脚手板的设置应符合下列规定：作业层脚手板应铺满、铺稳、铺实。冲压钢脚手板、木脚手板、竹串片脚手板等，应设置在三根横向水平杆上。当脚手板长度小于 2m 时，可采用两根横向水平杆支承，但应将脚手板两端与横向水平杆可靠固定，严防倾翻。脚手板的铺设应采用对接平铺或搭接铺设。脚手板对接平铺时，接头处应设两根横向水平杆，脚手板外伸长度应取 130～150mm，两块脚手板外伸长度的和不应大于 300mm(图 6-9*a*)；脚手板搭接铺设时，接头应支在横向水平杆上，搭接长度不应小于 200mm，其伸出横向水平杆的长度不应小于 100mm(图 6-9*b*)。图 6-10 是竹串片脚手板对接搭设的实物照片。

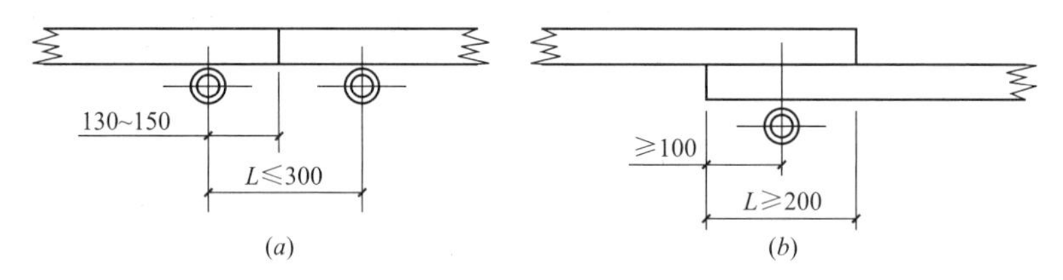

图 6-9　脚手板对接、搭接构造

(*a*)脚手板对接；(*b*)脚手板搭接

竹笆脚手板应按其主竹筋垂直于纵向水平杆方向铺设，且应对接平铺，四个角应用直径不小于 1.2mm 的镀锌钢丝固定在纵向水平杆上。

图 6-10　脚手板对接连接

作业层端部脚手板探头长度应取 150mm，其板的两端均应固定于支承杆件上。

(5) 立杆设置

每根立杆底部宜设置底座或垫板。脚手架必须设置纵、横向扫地杆。纵向扫地杆应采用直角扣件固定在距钢管底端不大于 200mm 处的立杆上。横向扫地杆应采用直角扣件固定在紧靠纵向扫地杆下方的立杆上。

脚手架立杆基础不在同一高度上时，必须将高处的纵向扫地杆向低处延长两跨与立杆固定，高低差不应大于 1m。靠边坡上方的立杆轴线到边坡的距离不应小于 500mm (图 6-11)。

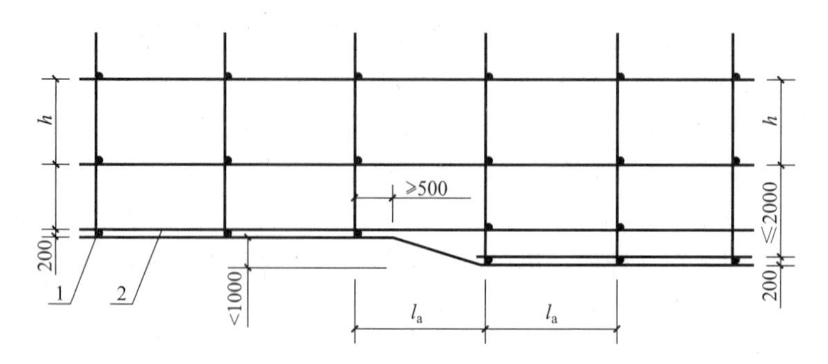

图 6-11　纵、横向扫地杆构造

1—横向扫地杆；2—纵向扫地杆

单、双排脚手架底层步距均不应大于 2m。单排、双排与满堂脚手架立杆接长除顶层顶步外，其余各层各步接头必须采用对接扣件连接。

脚手架立杆的对接、搭接应符合下列规定：当立杆采用对接接长时，立杆的对接扣件应交错布置，两根相邻立杆的接头不应设置在同步内，同步内隔一根立杆的两个相隔接头在高度方向错开的距离不宜小于 500mm；各接头中至主节点的距离不宜大于步距的 1/3；当立杆采用搭接接长时，搭接长度不应小于 1m，并应采用不少于 2 个旋转扣件固定。端部扣件盖板的边缘至杆端距离不应小于 100mm。

脚手架立杆顶端栏杆宜高出女儿墙上端 1m，宜高出檐口上端 1.5m。

(6) 连墙件设置

脚手架连墙件设置的位置、数量应按专项施工方案确定。脚手架连墙件数量的设置除应满足脚手架设计方案的计算要求外，还应符合表 6-2 的规定。

连墙件布置最大间距 **表 6-2**

搭接方法	高度	竖向间距(h)	水平间距(l_a)	每根连墙件覆盖面积(m^2)
双排落地	≤50m	$3h$	$3l_a$	≤40
双排悬挑	>50m	$2h$	$3l_a$	≤27
单排	≤24m	$3h$	$3l_a$	≤40

注：h—步距；l_a—纵距。

连墙件的布置应符合下列规定：应靠近主节点设置，偏离主节点的距离不应大于 300mm；应从底层第一步纵向水平杆处开始设置，当该处设置有困难时，应采用其他可靠措施固定；应优先采用菱形布置(图 6-12)，或采用方形、矩形布置。图 6-13 是刚性连墙件设置实物照片。

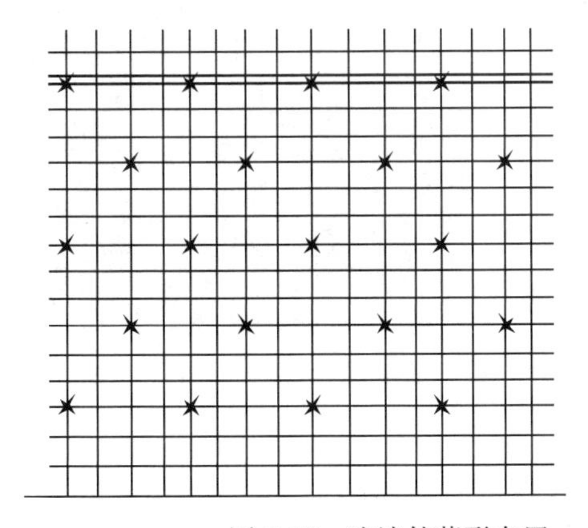
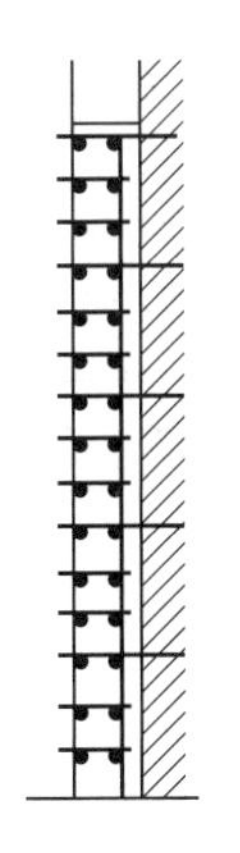

图 6-12 连墙件菱形布置

图 6-13 连墙件设置

开口型脚手架的两端必须设置连墙件，连墙件的垂直间距不应大于建筑物的层高，并且不应大于 4m。连墙件中的连墙杆应呈水平设置，当不能水平设置时，应向脚手架一端下斜连接。连墙件必须采用可承受拉力和压力的构造。对高度 24m 以上的双排脚手架，应采用刚性连墙件与建筑物连接。

(7) 抛撑设置

当脚手架下部暂不能设连墙件时应采取防倾覆措施。当搭设抛撑时，抛撑应采用通长杆件，并用旋转扣件固定在脚手架上，与地面的倾角应在45°～60°之间；连接点中心至主节点的距离不应大于300mm。抛撑应在连墙件搭设后方可拆除。

架高超过40m且有风涡流作用时，应采取抗上升翻流作用的连墙措施。

（8）剪刀撑与横向斜撑设置

双排脚手架应设置剪刀撑与横向斜撑，单排脚手架应设置剪刀撑。单、双排脚手架剪刀撑的设置应符合下列规定：每道剪刀撑跨越立杆的根数应按表6-3的规定确定。每道剪刀撑宽度不应小于4跨，且不应小于6m，斜杆与地面的倾角应在45°～60°之间；剪刀撑斜杆的接长应采用搭接或对接，搭接应符合立杆搭接接长的规定；剪刀撑斜杆应用旋转扣件固定在与之相交的横向水平杆，即伸出端或立杆上，旋转扣件中心线至主节点的距离不应大于150mm。

剪刀撑跨越立杆的最多根数 **表6-3**

剪刀撑斜杆与地面的倾角 α	45°	50°	60°
剪刀撑跨越立杆的最多根数 n	7	6	5

高度在24m及以上的双排脚手架应在外侧全立面连续设置剪刀撑；高度在24m以下的单、双排脚手架，均必须在外侧端、转角及中间间隔不超过15m的立面上各设置一道剪刀撑，并应由底至顶连续设置(图6-14)。图6-15是剪刀撑设置实物照片。

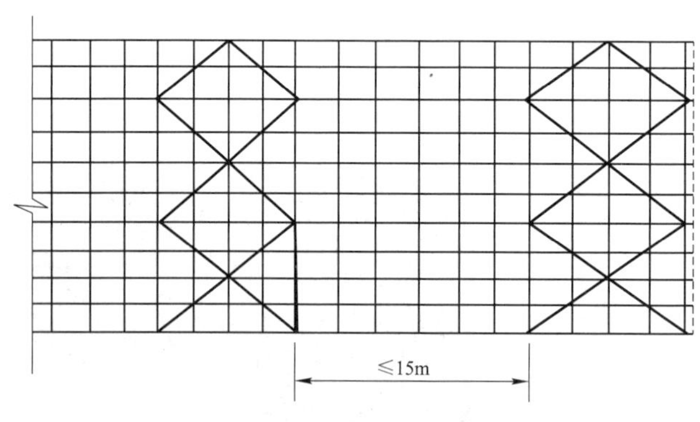

图6-14　高度24m以下剪刀撑布置

图6-15　外脚手架剪刀撑

双排脚手架横向斜撑的设置应符合下列规定：横向斜撑应在同一节间，由底至顶层呈之字形连续布置，斜撑的固定应采用旋转扣件固定在与之相交的横向水平杆的伸出端上，旋转扣件中心线至主节点的距离不宜大于150mm。高度在24m以下的封闭型双排脚手架可不设横向斜撑，高度在24m以上的封闭型脚手架，除拐角应设置横向斜撑外，中间应每隔6跨距设置一道。

开口型双排脚手架的两端均必须设置横向斜撑。

脚手架的拆除按由上而下，逐层向下的顺序进行。严禁上下同时作业，所有固定件应随脚手架逐层拆除。严禁先将固定件整层或数层拆除后再拆脚手架。当拆至脚手架下部最后一节立杆时，应先架临时抛撑加固，后拆固定件。卸下的材料应集中，严禁抛扔。

6.1.3 碗扣式钢管脚手架

碗扣式钢管脚手架又称为多功能碗扣型脚手架。其基本构造和搭设要求与钢管扣件式脚手架类似，不同之处在于其杆件接头处采用碗扣连接。由于碗扣是固定在钢管上的，因此连接可靠，组成的脚手架整体性好，也不存在扣件丢失问题。碗扣式接头由上、下碗扣及横杆接头、限位销等组成，如图 6-16 所示。上、下碗扣和限位销按 600mm 间距设置在钢管立杆上，其中下碗扣和限位销直接焊接在立杆上，搭设时将上碗扣的缺口对准限位销后，即可将上碗扣向上拉起(沿立杆向上滑动)，然后将横杆接头插入下碗扣圆槽内，再将上碗扣沿限位销滑下，并顺时针旋转扣紧，用小锤轻击几下即可完成接点的连接。

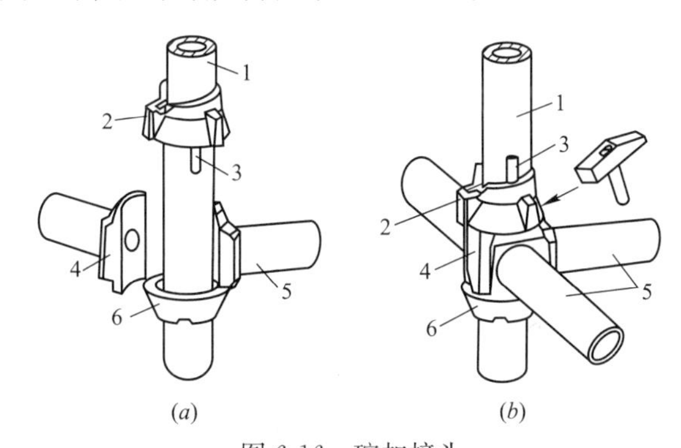

图 6-16 碗扣接头

1—立杆；2—上碗扣；3—限位销；4—下碗扣；5—横杆；6—横杆接头

碗扣式接头可以同时连接四根横杆，横杆可相互垂直或偏转一定的角度，因而可以搭设各种形式的，特别是曲线型的脚手架，还可作为模板的支撑。碗扣式钢管脚手架立杆横距为 1.2m，纵距根据脚手架荷载可分为 1.2m、1.5m、1.8m、2.4m，步距为 1.8m、2.4m。

6.1.4 门型脚手架

门型脚手架又称多功能门型脚手架，是由钢管制成的门架、剪刀撑、水平梁架或脚手板构成基本单元，如图 6-17 所示，将基本单元通过连接棒、锁臂等连接起来即构成整片脚手架。

门型脚手架是目前国际上应用最普遍的脚手架之一，其搭设高度一般限制在 45m 以内，该脚手架的特点是装拆方便，构件规格统一，其宽度有 1.2m、1.5m、1.6m，高度有 1.3m、1.7m、1.8m、2.0m 等规格，可根据不同要求进行组合。

搭设门型脚手架时，基底必须严格夯实抄平，并铺可调底座，以免发生塌陷和不均匀沉降。首层门型脚手架垂直度(门架竖管轴线的偏移)偏差不大于 2mm；水平度(门架平面方向和水平方向)偏差不大于 5mm。门架的顶部和底部用纵向水平杆和扫地杆固定。门架之间必需设置剪刀撑和水平梁架(或脚手板)，其间连接应可靠，以确保脚手架的整体刚度。整片脚手架必须适量放置水平加固杆(纵向水平杆)，底下三层要每层设置，三层以上则每隔三层设一道。在脚手架的外侧面设置长剪刀撑，使用连墙管或连墙器将脚手架与建筑结构紧密连接，连墙点的最大间距，在垂直方向为 6m，在水平方向为 8m。高层脚手

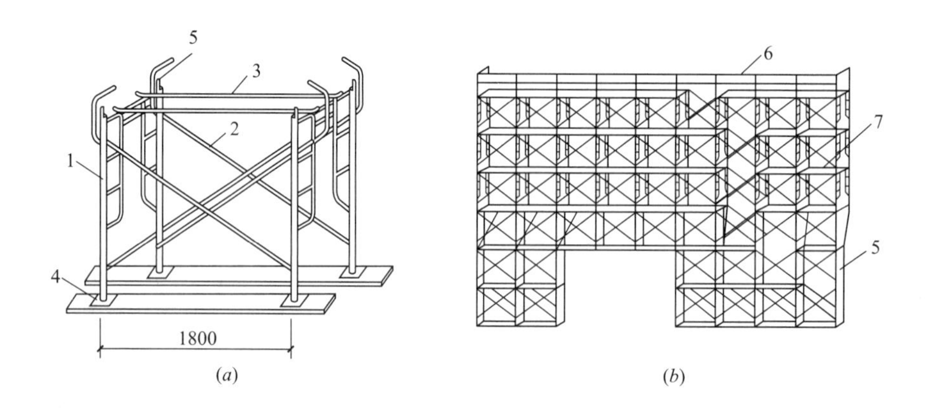

图 6-17　门型脚手架

(a)基本单元；(b)整片门型脚手架

1—门架；2—剪刀撑；3—水平梁架；4—螺旋基脚；5—梯子；6—栏杆；7—脚手板

架应增加连墙点的布设密度。脚手架在转角处必须做好连接和与墙拉结，并利用钢管和回转扣件把处于相交方向的门架连接来。

6.1.5　悬挑脚手架

悬挑脚手架简称挑架，是将外脚手架分段搭设在建筑物外边缘向外伸出的悬挑结构上。悬挑支承结构有型钢焊接制作的三角桁架下撑式结构以及用钢丝绳先拉住水平型钢挑梁的斜拉式结构两种主要形式。在悬挑结构上搭设的双排脚手架与落地式相同。该脚手架适用于高层建筑的施工。

搭设型钢悬挑脚手架，一次悬挑脚手架高度不宜超过 20m。型钢悬挑梁宜采用双轴对称截面的型钢。悬挑钢梁型号及锚固件应按设计确定，钢梁截面高度不应小于 160mm。悬挑梁尾端应在两处及以上固定于钢筋混凝土梁板结构上。锚固型钢悬挑梁的 U 形钢筋拉环或锚固螺栓直径不宜小于 16mm(图 6-18)。

用于锚固的 U 形钢筋拉环或螺栓应采用冷弯成型。U 形钢筋拉环、锚固螺栓与型钢间隙应用钢楔或硬木楔楔紧。

每个型钢悬挑梁外端宜设置钢丝绳或钢拉杆与上一层建筑结构斜拉结。钢丝绳、钢拉杆不参与悬挑钢梁受力计算；钢丝绳与建筑结构拉结的吊环应使用 HPB235 级钢筋，其直径不宜小于 20mm，吊环预埋锚固长度应符合现行国家标准《混凝土结构设计规范》GB 50010 中钢筋锚固的规定。

悬挑钢梁悬挑长度应按设计确定，固定段长度不应小于悬挑段长度的 1.25 倍。型钢悬挑梁固定端应采用 2 个(对)及以上 U 形钢筋拉环或锚固螺栓与建筑结构梁板固定，U 形钢筋拉环或锚固螺栓应预埋至混凝土梁、板底层钢筋位置，并应与混凝土梁、板底层钢筋焊接或绑扎牢固，其锚固长度应符合现行国家标准《混凝土结构设计规范》GB 50010 中钢筋锚固的规定(图 6-19～图 6-21)。

当型钢悬挑梁与建筑结构采用螺栓钢压板连接固定时，钢压板尺寸不应小于 100mm×10mm(宽×厚)；当采用螺栓角钢压板连接时，角钢的规格不应小于 63mm×63mm×6mm。

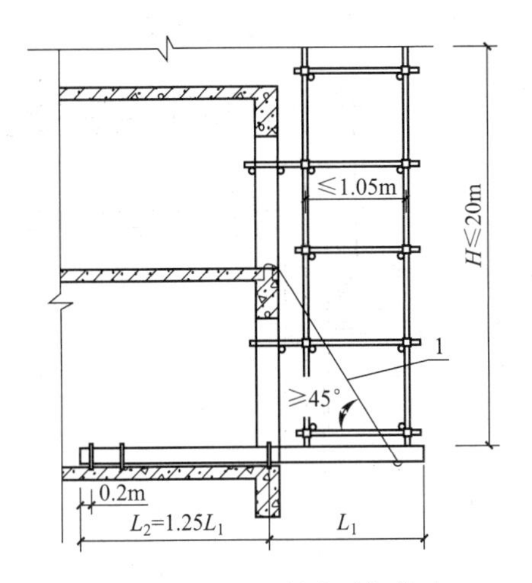

图 6-18　型钢悬挑脚手架构造

1—钢丝绳或钢拉杆

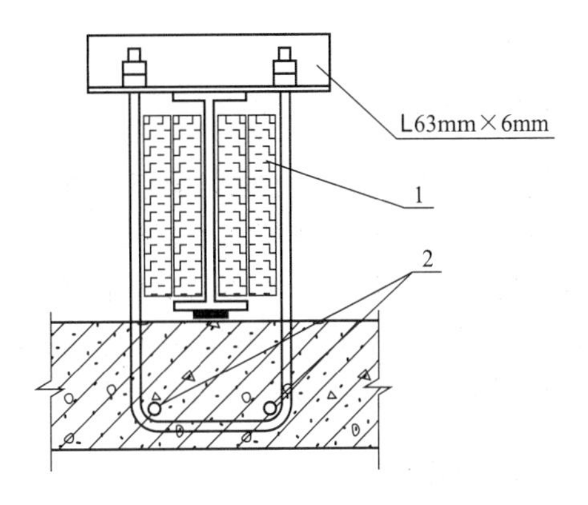

图 6-19　悬挑钢梁 U 形螺栓固定构造

1—木楔侧向楔紧；

2—两根 1.5m 长直径 18mm 的 HRB335 钢筋

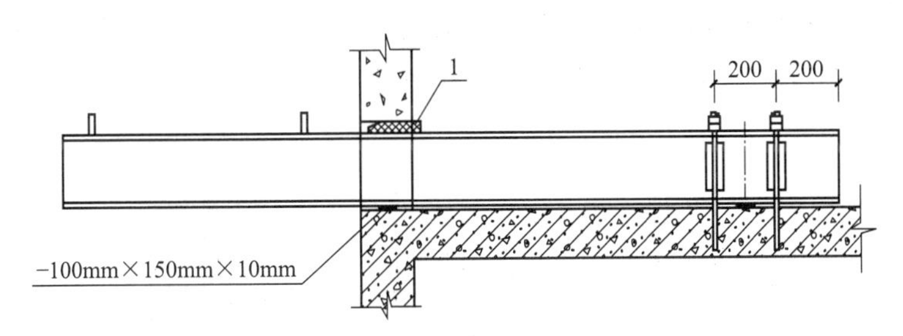

图 6-20　悬挑钢梁穿墙构造

1—木楔楔紧

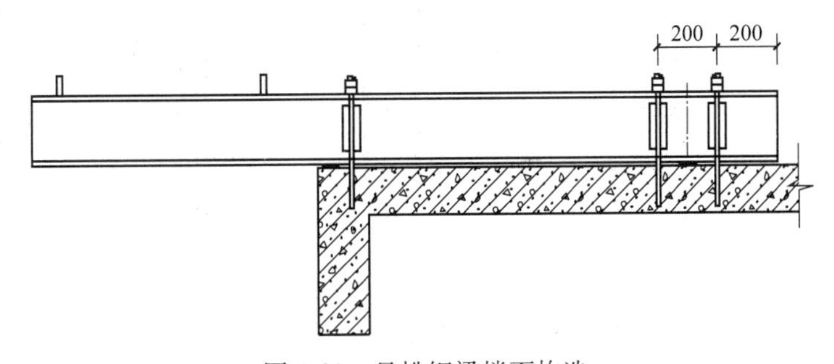

图 6-21　悬挑钢梁楼面构造

型钢悬挑梁悬挑端应设置能使脚手架立杆与钢梁可靠固定的定位点，定位点离悬挑梁端部不应小于 100mm。

锚固位置设置在楼板上时，楼板的厚度不宜小于 120mm。如果楼板的厚度小于 120mm 应采取加固措施。悬挑梁间距应按悬挑架架体立杆纵距设置，每一纵距设置一根。

悬挑架的外立面剪刀撑应自下而上连续设置。剪刀撑和横向斜撑设置应符合本节(8)

剪刀撑与横向斜撑设置的规定。连墙件设置应符合本节(6)连墙件设置的规定。

锚固型钢的主体结构混凝土强度等级不得低于 C20。

6.1.6 吊脚手架

吊脚手架是通过特设的支承点，利用吊索悬吊吊架或吊篮进行砌筑或装饰工程操作的一种脚手架。其主要组成部分为：吊架、支承设施、吊索升降装置，如图 6-22 所示。吊架必须牢固固定，脚手架可利用扳葫芦、卷扬机等进行升降。

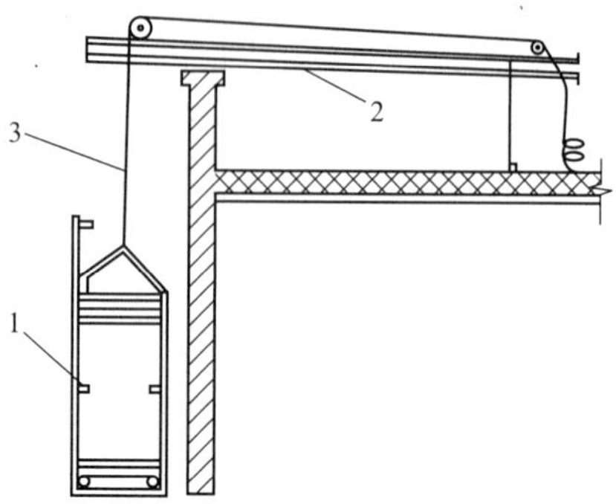

图 6-22 吊脚手架

1—吊篮；2—吊索；3—挑梁

6.1.7 爬升脚手架

爬升脚手架简称爬架，是由承力系统、脚手架系统和提升系统三个部分组成。它仅用少量不落地的附墙脚手架，以钢筋混凝土结构为承力点，利用提升设备沿建筑物的外墙上下移动。该脚手架不但可以附墙升降，而且可以节省大量的脚手架材料和人工。

爬升脚手架有多种形式，按爬升方法主要有套架升降式爬架、交错升降式爬架和整体升降式电动爬架。图 6-23 为套架升降式爬架的爬升过程。

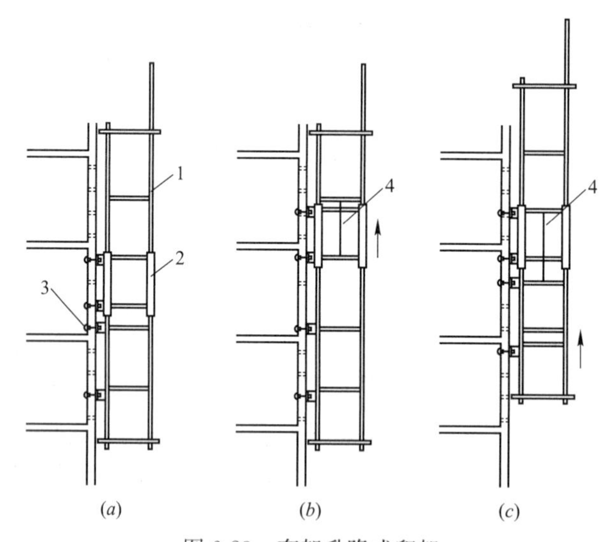

图 6-23 套架升降式爬架

(a)爬升前的位置；(b)活动架爬升；(c)固定架爬升

1—活动架；2—固定架；3—附墙螺栓；4—倒链

6.1.8 里脚手架

里脚手架是搭设在建筑物内部的一种脚手架，用于楼层砌筑和室内装修等，砌筑清水外墙不宜采用里脚手架。由于在使用过程中不断转移，装拆频繁，故其结构形式和尺寸应轻便灵活、装拆方便。里脚手架所用工料较少，比较经济，因而被广泛使用的类型很多，通常将其做成工具式的。

里脚手架的类型很多，按其构造形式分为折叠式、支柱式、门架式和马凳等。

1.（钢管、钢筋）折叠式里脚手架

角钢(钢管)折叠式里脚手架如图 6-24(*a*)所示。其架设间距：砌墙时宜为 1.0～2.0m，粉刷时宜为 2.2～2.5m。可以搭设二步脚手，第一步高约 1.0m，第二步高约 1.6m 左右。

2. 支柱式里脚手架

支柱式里脚手架如图 6-24(*b*)所示，由支柱和横杆组成，上铺脚手板。其架设间距为：砌墙时不超过 2.0m；粉刷时不超过 2.5m。

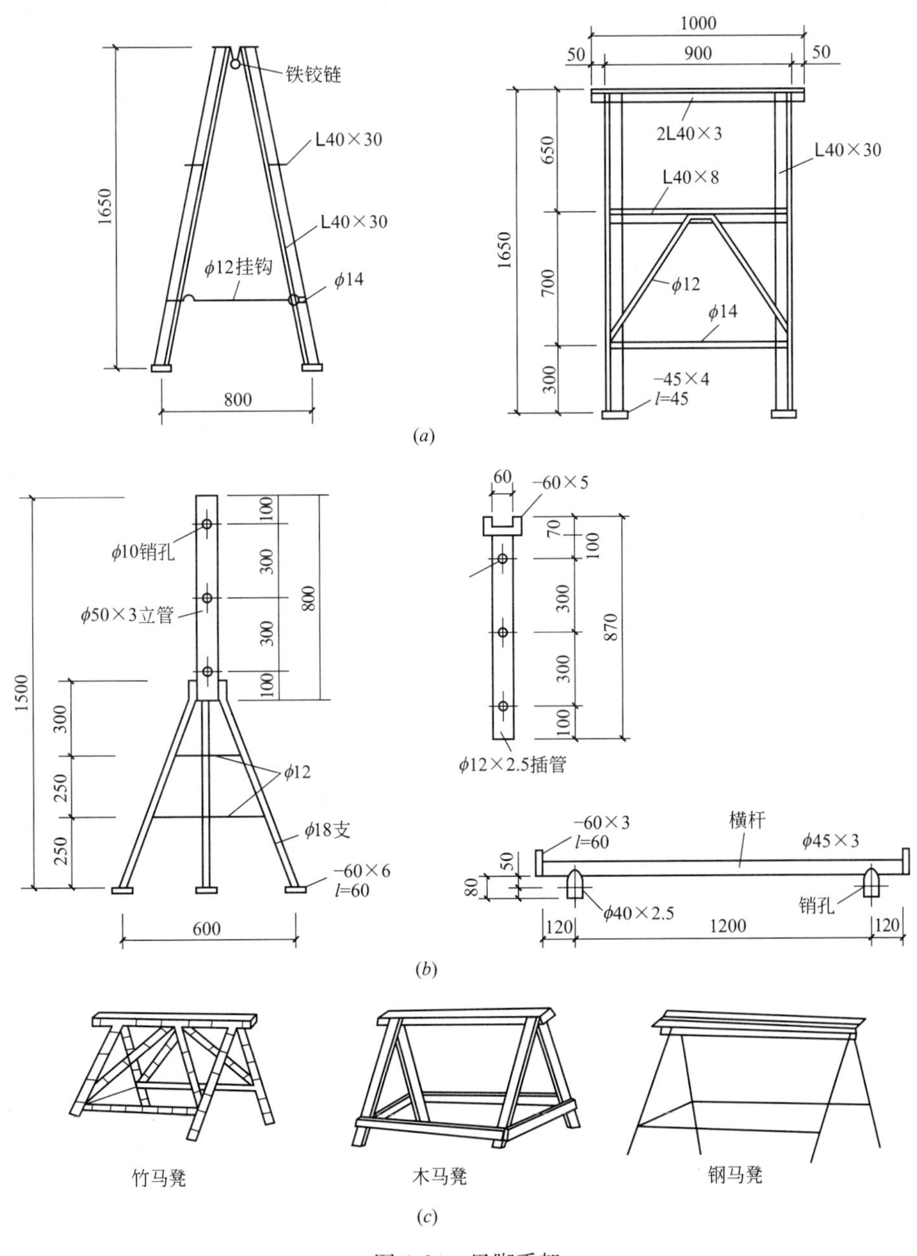

图 6-24　里脚手架

(*a*)角钢折叠式；(*b*)支柱式；(*c*)马凳式

3. 竹、钢制马凳式里脚手架

木、竹、钢制马凳式里脚手架如图 6-24(*c*)所示，马凳间距不大于 1.5m，上铺脚手板。

6.2 垂直运输施工机械

垂直运输设施指负责垂直运送材料和施工人员上下的机械设备和设施。在砌筑工程中不仅要运输大量的钢筋、模板、砖(或砌块)、砂浆，而且还要运输脚手架、脚手板和各种预制构件。其中垂直运输是影响砌筑工程施工速度的重要因素。

目前砌筑工程采用的垂直运输设施有塔式起重机、井架、龙门架和建筑施工电梯等。

6.2.1 井架

井架是砌筑工程垂直运输的常用设备之一。它的特点是：稳定性好、运输量大，可以搭设较大的高度。井架额定起重量不宜超过 160kN。井架可为单孔、两孔和多孔，常用单孔，井架内设吊盘。井架上可根据需要设置拔杆，供吊运长度较大的构件，其起重量为 5～15kN，工作幅度可达 10m。

井架除用型钢或钢管加工的定型井架外，也可用脚手架材料搭设而成，搭设高度可达 50m 以上。图 6-25 是用角钢搭设的单孔四柱井架，主要由立柱、平撑和斜撑等杆件组成。井架搭设要求垂直(垂直偏差≤总高的 1/400)，支承地面应平整，各连接件螺栓须拧紧，缆风绳一般每道不少于 4 根，高度在 15m 以下时设一道，15m 以上时每增高 10m 增设一道，缆风绳应采用直径不小于 8mm 的钢丝绳，与地面成 45°，安装好的井架应有避雷和接地装置。超过 30m 高的井架不允许采用揽风绳固定。

6.2.2 龙门架

龙门架是由两根立柱及天轮梁(横梁)组成的门式架，如图 6-26 所示。龙门架上装设滑轮、导轨、吊盘、缆风绳等，进行材料、机具、小型预制构件的垂直运输。龙门架构造简单，制作容易，用材少，装拆方便，起升高度为 15～30m，起重量为 0.6～1.2t，适用于中小型工程。

6.2.3 塔式起重机

塔式起重机的起重臂安装在塔身顶部且可作 360°回转。它具有较高的起重高度、工作幅度和起重能力，提升速度快、生产效率高，且机械运转安全可靠，使用和装拆方便，因此广泛地应用于多层和高层的工业与民用建筑的结构安装。塔式起重机按起重能力可分为轻型塔式起重机，起重量为 0.5～3t，一般用于六层以下的民用建筑施工；中型塔式起重机，起重量为 3～15t，适用于一般工业建筑与民用建筑施工；重型塔式起重机，起重量为 20～40t，一般用于重工业厂房的施工和高炉等设备的吊装。

由于塔式起重机具有提升、回转和水平运输的功能，且生产效率高，在吊运长、大、重的物料时有明显的优势，故在有可能条件下宜优先采用。

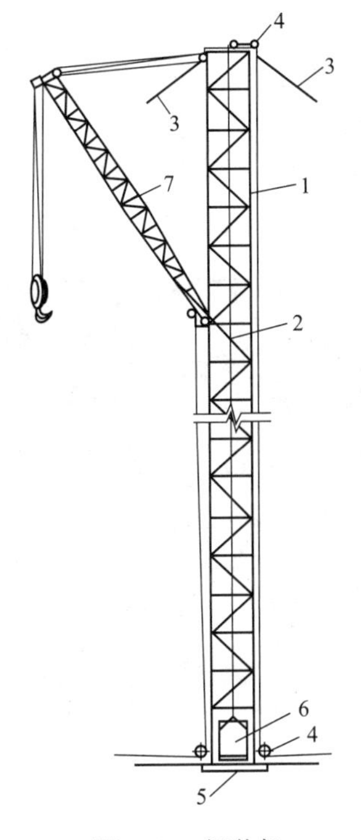

图 6-25　钢井架

1—井架；2—钢丝绳；3—缆风绳；
4—滑轮；5—垫梁；6—吊盘；7—辅助吊臂

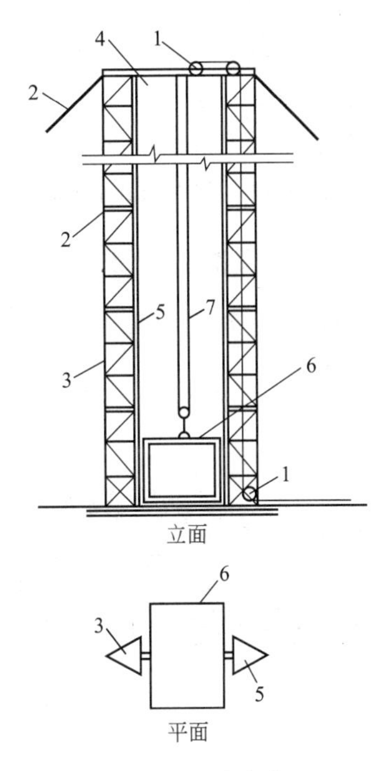

图 6-26　龙门架

1—滑轮；2—缆风绳；3—立柱；
4—横梁；5—导轨；6—吊盘；7—钢丝绳

塔式起重机的布置应保证其起重高度与起重量满足工程的需求，同时起重臂的工作范围应尽可能地覆盖整个建筑，以使材料运输切实到位。此外，主材料的堆放、搅拌站的出料口等均应尽可能地布置在起重机工作半径之内。

塔式起重机一般分为轨道(行走)式、爬升式、附着式、固定式等几种，如图 6-27 所示。

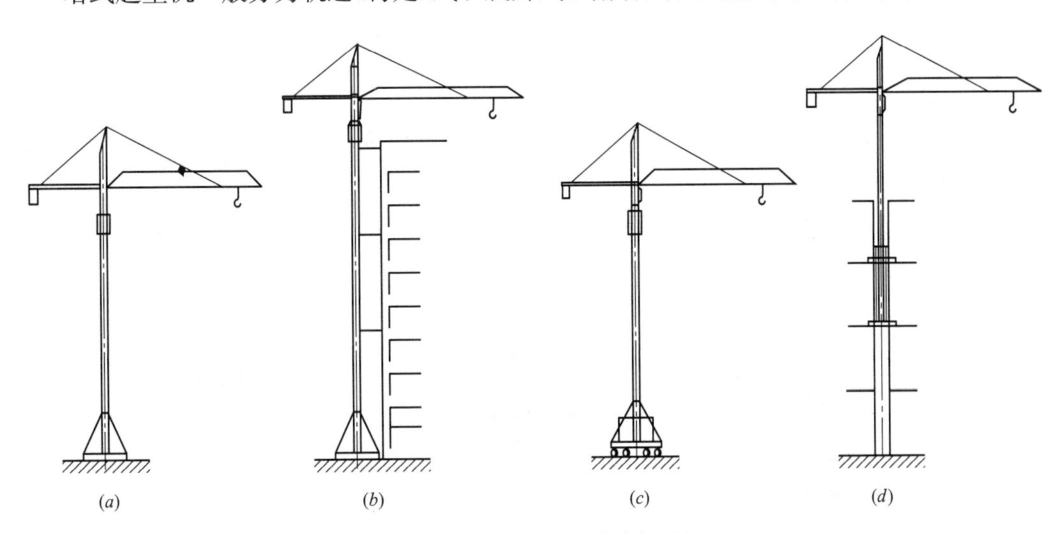

图 6-27　各种类型的塔式起重机

(a)固定式；(b)附着式；(c)行走式；(d)内爬式

1. 附着式塔式起重机

附着式塔式起重机是固定在建筑物近旁混凝土基础上的起重机械，它可以借助顶升系统随着建筑施工进度而自行向上接高。为了减少塔身的计算高度，规定每隔 20m 左右将塔身与建筑物用锚固装置连接起来。这种塔式起重机宜用于高层建筑的施工。

附着式塔式起重机的外形如图 6-27(*b*)所示。图 6-28 是附着式塔吊及其附着装置。

(*a*)

(*b*)

图 6-28　附着式塔吊(左图)及附着装置(右图)

附着式塔式起重机的顶部有套架和液压顶升装置，需要接高时，利用塔顶的行程液压千斤顶，将塔顶上部结构(起重臂等)顶高，用定位销固定；千斤顶回油，推入标准节，用螺栓与下面的塔身连成整体，每次可接高 2.5m。

2. 爬升式塔式起重机

爬升式塔式起重机是一种安装在建筑物内部(电梯井或特设的开间)的结构上，借助套架托梁和爬升系统自己爬升的起重机械。一般每隔 1～2 层楼便爬升一次。这种起重机主要用于高层建筑的施工。

爬升过程：固定下支座→提升套架→固定套架→下支座脱空→提升塔身→固定下支座，如图 6-29 所示。

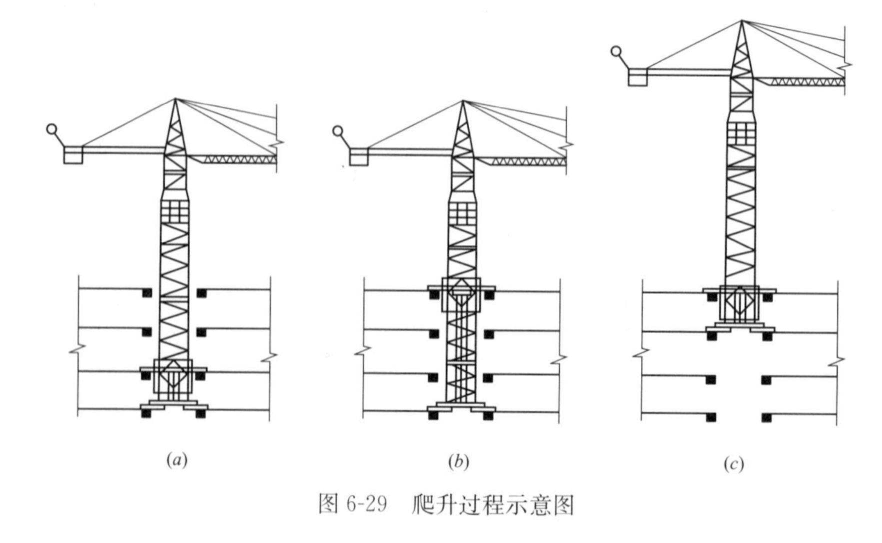

(*a*)　(*b*)　(*c*)

图 6-29　爬升过程示意图

6.2.4 建筑施工电梯

建筑施工电梯是人货两运梯，也是高层建筑施工设备中唯一可以运送人员上下的垂直运输设备，它对提高高层建筑施工效率起着关键作用。

建筑施工电梯的吊笼装在塔架的外侧。按其驱动方式建筑施工电梯可分为齿轮齿条驱动式和绳轮驱动式两种。齿轮齿条驱动式电梯是利用安装在吊箱(笼)上的齿轮与安装在塔架立杆上的齿条相咬合，当电动机经过变速机构带动齿轮转动式吊箱(笼)即沿塔架升降。齿轮齿条驱动式电梯按吊箱(笼)数量可分为单吊箱式和双吊箱式。该电梯装有高性能的限速装置，具有安全可靠，能自升接高的特点，作为货梯可载重10kN，亦可乘12～15人。其高度随着主体结构施工而接高可达100～150m以上。适用于建造25层特别是30层以上的高层建筑，如图6-30所示。绳轮驱动式是利用卷扬机、滑轮组，通过钢丝绳悬吊吊箱升降。该电梯为单吊箱，具有安全可靠，构造简单、结构轻巧，造价低的特点。适于建造20层以下的高层建筑使用。图6-30是正在安装的施工电梯。

图6-30 施工电梯

在垂直运输设施的使用过程中安全保障是首要问题，必须引起高度重视。所以所有垂直运输设备都要严格按照有关规定操作使用。图6-31是施工电梯的示意图。

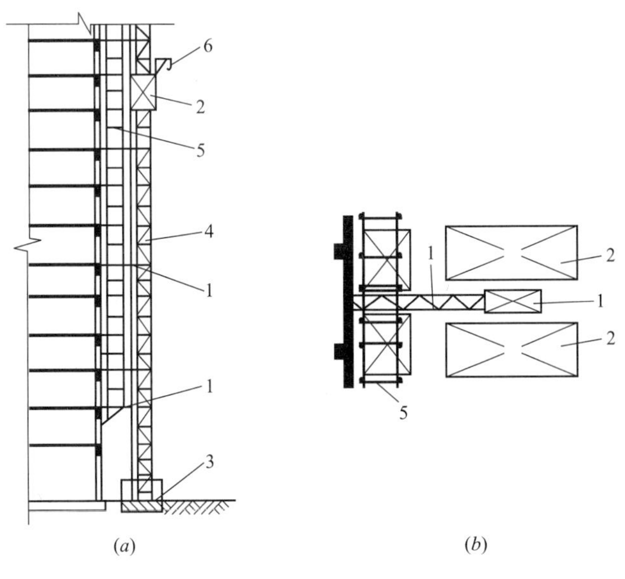

图6-31 无配重双梯笼

(a)立面图；(b)平面图

1—附着装置；2—梯笼；3—缓冲机构；4—塔架；5—脚手架；6—小吊杆

思　考　题

1. 脚手架的作用、要求、类型有哪些?
2. 常用的脚手架有几种形式? 应满足哪些要求?
3. 简述钢管扣件式脚手架的搭设要点?
4. 单排和双排的钢管扣件式脚手架在构造上有什么区别?
5. 砌筑工程的垂直运输工具有哪几种? 各有何特点?

第7章　砌体结构工程

7.1　砌　筑　材　料

砌筑工程所用的主要材料是砖(石)、各种砌块和砂浆。

1. 砖

砖要按规定及时进场，按砖的强度等级、外观、几何尺寸进行验收，并应检查出厂合格证。用于清水墙、柱表面的砖，应边角整齐，色泽均匀。在常温下，烧结砖(见图7-1)应在砌筑前1～2d浇水润湿，以免在砌筑时由于砖吸收砂浆中的大量水分，使砂浆流动性降低，砌筑困难，影响砂浆的粘结强度。但也要注意不能将砖浇的过湿，以水浸入砖内10～15mm为宜。过湿过干都会影响施工速度和施工质量。如因天气酷热，砖面水分蒸发过快，操作时揉压困难，也可在脚手架上进行二次浇水。

2. 石

毛石砌体所用的石材应质地坚实、无分化剥落和裂纹。用于清水墙、柱表面的石材，应色泽均匀。石材表面的泥垢、水锈等杂质，砌筑前应清除干净，以利于砂浆和块石粘结。毛石应呈块状，其中部厚不宜小于150mm。其强度应满足设计要求。

3. 砌块

砌块一般以混凝土或工业废料作原料制成实心或空心的块材(见图7-2)。它具有自重轻、机械化和工业化程度高、施工速度快、生产工艺和施工方法简单且可大量利用工业废料等优点，因此用砌块代替普通黏土砖是墙体改革的重要途径。

图7-1　烧结多孔砖

图7-2　混凝土小型砌块

砌块按形状分有实心砌块和空心砌块两种。按制作原料分为粉煤灰、加气混凝土、混凝土等数种。按规格来分有小型砌块、中型砌块和大型砌块。砌块高度在115～380mm的称小型砌块；高度在380～980mm的称中型砌块；高度大于980mm的称大型砌块。目前在工程中多采用小型砌块，各地区生产的砌块规格不一。用于砌筑的砌块的外观、尺寸和强度应符合设计要求。

4. 砌筑砂浆

砂浆是砖砌体的胶结材料，它的制备质量直接影响操作和砌体的整体强度。而砂浆制备质量要由原材料的质量和拌和质量共同保证。

砂浆是由胶结材料、细骨料及水组成的混合物。按照胶结材料的不同，砂浆可分为石灰砂浆、水泥砂浆和混合砂浆，其种类选择及其等级的确定，应根据设计要求而定。一般水泥砂浆用于潮湿环境和强度要求较高的砌体；石灰砂浆主要用于砌筑干燥环境中以及强度要求不高的砌体；混合砂浆主要用于地面以上强度要求较高的砌体。

砌筑砂浆使用的水泥品种及标号，应根据砌体部位和所处环境来选择。水泥在进场使用前，应分批对其强度、安定性进行复验(检验批应以同一生产厂家、同一编号为一批)。水泥贮存时应保持干燥。当在使用中对水泥质量有怀疑或水泥出厂超过三个月(快硬硅酸盐水泥超过一个月)时，应复查试验，并按其结果使用。不同品种的水泥，不得混合使用。生石灰应熟化成石灰膏，并用滤网过滤，为使其充分熟化，一般在化灰池中的熟化时间不少于7d，化灰池中贮存的石灰膏，应防止干燥、冻结和污染，脱水硬化后的石灰膏严禁使用。细骨料宜采用中砂并过筛，不得含有害杂物，其含泥量应满足下列要求：对水泥砂浆和强度等级不小于M5的水泥混合砂浆，不应超过5%；对强度等级小于M5的水泥混合砂浆，不应超过10%。凡在砂浆中掺入有机塑化剂、早强剂、缓凝剂、防冻剂等，应经试验和试配符合要求后方可使用。拌制砂浆用水，水质应符合国家现行标准。

砂浆的配合比应经试验确定，并严格执行。当砌筑砂浆的组成材料有变更时，其配合比应重新确定(当施工中采用水泥砂浆代替水泥混合砂浆时，应重新确定砂浆强度等级)。现场拌制砌筑砂浆前应将砂浆的实验室配合比换算成施工配合比，原因在于实验室提供的砂浆实验室配合比的砂是不含水的，而施工现场拌制砂浆所用砂是含水的，因此具体拌制时应考虑砂中含水，砂的含水量大小可以通过实验确定，如果没有相应检测条件，一般砂的含水量按3%扣除。

【例7-1】 某项目砌体工程采用M15的水泥砂浆，实验室提供的M15水泥砂浆实验配合比为水泥：砂：水=1：3.89：0.87，假设现场砂的含水量为3%，请将上述水泥砂浆的实验室配合比换算成现场用的施工配合比。

【解】 施工配合比为：

$$水泥：砂：水=1:3.89\times(1+3\%):(0.87-3.89\times3\%)$$
$$=1:4.01:0.75$$

现场拌制砂浆时，各组分材料应采用重量计量，计量时要准确：水泥、微沫剂的配料精度应控制在±2%以内；砂、石灰膏、黏土膏、电石膏、粉煤灰的配料精度应控制在±5%以内。砂浆应采用机械搅拌，自投料完算起，搅拌时间应符合下列规定：水泥砂浆和水泥混合砂浆不得少于2min；水泥粉煤灰砂浆和掺用外加剂的砂浆不得少于3min；掺用有机塑化剂的砂浆应为3～5min。拌合后砂浆的稠度：砌筑实心砖墙、柱宜为70～100mm；砌筑平拱过梁、拱及空斗墙宜为50～70mm。

砂浆拌成后和使用时，宜盛入贮灰斗内。如砂浆出现泌水现象，在使用前应重新拌合。砂浆应随拌随用，常温下，水泥砂浆和水泥混合砂浆应在3h内使用完毕；当施工期间最高气温超过 30℃时，应在拌成后 2h 内使用完毕。

对所用的砂浆应作强度检验。制作试块的砂浆应在现场取样，每一楼层或 250m³ 砌体中的各种强度等级的砂浆，每台搅拌机应至少检查一次，每次至少留一组试块(每组 6 块)，其标准养护 28d 的抗压强度应满足设计要求。

7.2 砌 筑 施 工

砖砌体主要由砖、砂浆组成。原材料质量和砌筑质量是影响砌体质量的主要因素。但砌筑之前的准备工作做的好坏，同样会影响到工程质量与施工进度。因此，在砌筑施工前，必须按施工组织设计的要求组织垂直和水平运输机械、砂浆搅拌机械进场，并进行安装和调试等工作；确定各种材料堆放场地；同时，还要准备好脚手架、砌筑工具(如皮树杆、托线板)等。

砖砌体的施工必须遵守施工及验收规范的有关规定。

7.2.1 基础砌筑

砖基础由垫层、大放脚和基础墙构成。基础墙是墙身向地下的延伸。大放脚是为了增大基础的承压面积，所以要砌成台阶形状。大放脚有等高式和间隔式两种砌法(图 7-3)，等高式的大放脚是每两皮一收，每边各收进 1/4 砖长；间隔式大放脚是两皮一收与一皮一收相间隔，每边退台各收进 1/4 砖长(一般退台宽度为 60mm)，退台处面层砖应丁砖砌筑，这种砌法在保证刚性角的前提下可以减少用砖量。

基础垫层施工完毕经验收合格后，便可进行弹墙基线的工作。弹线工作可按以下顺序进行：

1. 在基槽四角各相对龙门板的轴线标钉处拉上麻线，如图 7-4 所示；

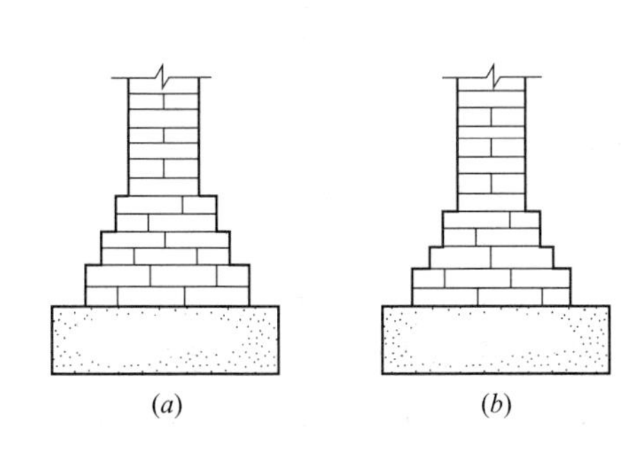

图 7-3 基础大放脚形式

(a)等高式；(b)间隔式

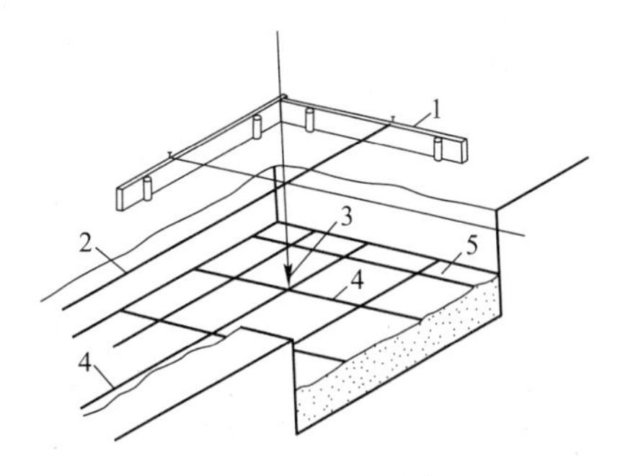

图 7-4 基础弹线

1—龙门板；2—麻线；3—线锤

4—轴线；5—基础边线

2. 沿麻线挂线锤，找出麻线在垫层上的投影点；
3. 用墨汁弹出这些投影点的连线，即墙基的外墙轴线；
4. 按基础图所示尺寸，用钢尺量出各内墙的轴线位置并弹出内墙轴线；
5. 用钢尺量出各墙基大放脚外边沿线，弹出墙基边线；
6. 砌筑基础前，应校核放线尺寸，其允许偏差应符合有关规定。

砖基础的砌筑高度是用基础皮数杆来控制的。首先根据施工图标高，在基础皮数杆上划出每皮砖及灰缝的尺寸，然后把基础皮数杆固定，即可逐皮砌筑大放脚。

当发现垫层表面的水平标高相差较大时，要先用细石混凝土或用砂浆找平后再开始砌筑。砌大放脚时，先砌转角端头，以两端为标准，拉好准线，然后按此准线进行砌筑。

大放脚一般采用一顺一丁的砌法，竖缝至少错开 1/4 砖长，十字及丁字接头处要隔皮砌通。大放脚的最下一皮及每个台阶的上面一皮应以丁砌为主。

当基底标高不同时，应从低处砌起，并应由高处向低处搭砌。当设计无要求时，搭接长度不应小于基础扩大部分的高度。

基础中的洞口、管道等，应在砌筑时正确留出或预埋。通过基础管道的上部，应预留沉降缝隙。砌完基础墙后，应在两侧同时填土，并应分层夯实。当基础两侧填土的高度不等或仅能在基础的一侧填土时，填土的时间、施工方法和施工顺序应保证不致破坏或变形。

7.2.2 砖砌体施工

7.2.2.1 砖砌体的组砌形式

砖砌体的组砌要求：上下错缝，内外搭接，以保证砌体的整体性；同时组砌要有规律，少砍砖，以提高砌筑效率，节约材料。实心砖墙常用的厚度有半砖、一砖、一砖半、两砖等。依其组砌形式不同，最常见的有以下几种：一顺一丁、三顺一丁、梅花丁、全丁式等，如图 7-5 所示。

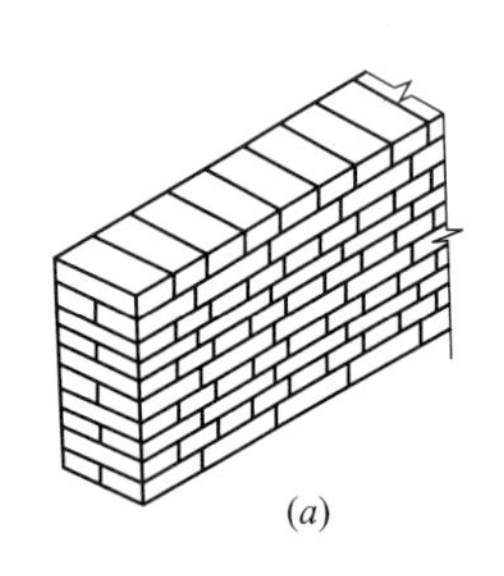

(*a*)

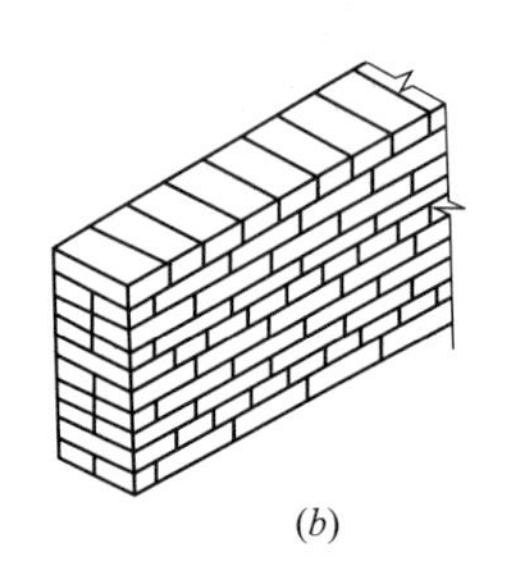

(*b*)

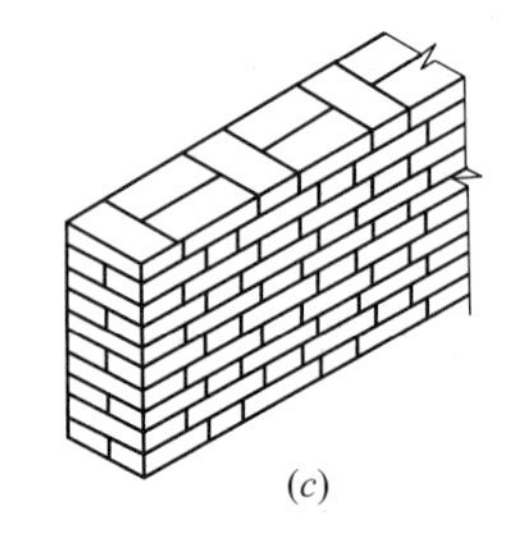

(*c*)

图 7-5 砖墙的组砌形式

(*a*)一顺一丁；(*b*)三顺一丁；(*c*)梅花丁

一顺一丁的砌法是一皮中全部顺砖与一皮中全部丁砖相互交替砌成，上下皮间的竖缝相互错开 1/4 砖。砌体中无任何通缝，而且丁砖数量较多，能增强横向拉结力。这种组砌方式，砌筑效率高，墙面整体性好，墙面容易控制平直，多用于一砖厚墙体的砌筑。但当砖的规格参差不齐时，砖的竖缝就难以整齐。

三顺一丁的砌法是三皮中全部顺砖与一皮中全部丁砖间隔砌成。上下皮顺砖间的竖缝错开 1/2 砖长；上下皮顺砖与丁砖间竖缝错开 1/4 砖长。这种砌法由于顺砖较多，砌筑效率较高，但三皮顺砖内部纵向有通缝，整体性较差，一般较少使用。宜用于一砖半以上的墙体的砌筑或挡土墙的砌筑。

梅花丁又称沙包式、十字式。梅花丁的砌法是每皮中丁砖与顺砖相隔，上皮丁砖中坐于下皮顺砖，上下皮间相互错开 1/4 砖长。这种砌法内外竖缝每皮都能错开，故整体性好，灰缝整齐，而且墙面比较美观，但砌筑效率较低。砌筑清水墙或当砖的规格不一致时，采用这种砌法较好。

全丁砌筑法就是全部用丁砖砌筑，上下皮竖缝相互错开 1/4 砖长，此法仅用于圆弧形砌体，如水池、烟囱、水塔等。

为了使砖墙的转角处各皮间竖缝相互错开，必须在外角处砌七分头砖(3/4 砖长)。当采用一顺一丁组砌时，七分头的顺面方向依次砌顺砖，丁面方向依次砌丁砖(图 7-6a)。

砖墙的丁字接头处，应分皮相互砌通，内角相交处竖缝应错开 1/4 砖长，并在横墙端头处加砌七分头砖(图 7-6b)。

砖墙的十字接头处，应分皮相互砌通，交角处的竖缝应错开 1/4 砖长(图 7-6c)。

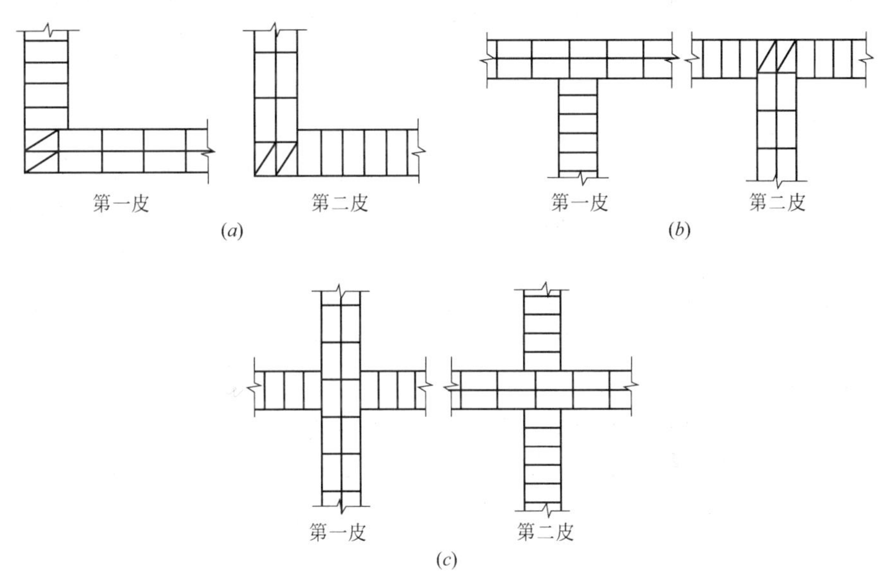

图 7-6　砖墙交接处组砌

(a)一砖墙转角(一顺一丁)；(b)一砖墙丁字交接处(一顺一丁)；
(c)一砖墙十字交接处(一顺一丁)

7.2.2.2　砖砌体的施工工艺及技术要求

1. 砖砌体的施工工艺

砖砌体的施工过程有：抄平、放线、摆砖、立皮数杆、盘角、挂线、砌筑、勾缝、清理等工序。

(1) 抄平放线

砌筑前，在基础防潮层或楼面上先用水泥砂浆找平，然后以龙门板上定位钉为标志弹出墙身的轴线、边线，定出门窗洞口的位置。

(2) 摆砖

摆砖是指在放线的基面上按选定的组砌方式用砖试摆。一般在房屋外纵墙方向摆顺砖，在山墙方向摆丁砖，摆砖由一个大角摆到另一个大角，砖与砖留 10mm 缝隙。摆砖的目的是为了校对所放出的墨线在门窗洞口、附墙垛等处是否符合砖的模数。当偏差小时可调整砖间竖缝，使砖和灰缝的排列整齐、均匀，以尽可能减少砍砖，提高砌砖效率。摆砖结束后，用砂浆把干摆的砖砌好，砌筑时注意其平面位置不得移动。摆砖样在清水墙砌筑中尤为重要。

(3) 立皮数杆

皮数杆是指在其上划有每皮砖和砖缝厚度，以及门窗洞口、过梁、梁底、预埋件等标高位置的一种木制标杆。它是砌筑时控制砌体竖向尺寸的标志，同时还可以保证砌体的垂直度。皮数杆一般立于房屋的四大角(图 7-7)、内外墙交接处、楼梯间以及洞口多的地方，大约每隔 10～15m 立一根。

(4) 盘角、挂线

砌筑时，应根据皮数杆先在墙角砌 4～5 皮砖，称为盘角(图 7-7)，然后根据皮数杆和已砌的墙角挂准线，作为砌筑中间墙体的依据，每砌一皮或两皮，准线向上移动一次，以保证墙面平整。一砖厚的墙单面挂线，外墙挂外边，内墙挂任何一边；一砖半及以上厚的墙都要双面挂线。

(5) 砌筑

砌砖的操作方法较多，不论选择何种砌筑方法，首先应保证砖缝的灰浆饱满，其次还应考虑有较高生产效率。目前常用的砌筑方法主要有铺灰挤砌法和“三一砌砖法”。

铺灰挤砌法是先在砌体的上表面铺一层适当厚度的灰浆，然后拿砖向后持平连续向砖缝挤去，将一部分砂浆挤入竖向灰缝，水平灰缝靠手的揉压达到需要的厚度，达到上齐线下齐边，横平竖直的要求。这种砌筑方法的优点是效率较高，灰缝容易饱满，能保证砌筑质量。当采用铺浆法砌筑时，铺浆长度不得超过 750mm；施工期间气温超过 30℃时，铺浆长度不得超过 500mm。

“三一砌砖法”是先将灰抛在砌砖位置上，随即将砖挤揉，即“一铲灰、一块砖、一挤揉”，并随手将挤出的砂浆刮去。该砌筑方法的特点是上灰后立即挤砌，灰浆不宜失水，且灰缝容易饱满、粘结力好，墙面整洁，宜于保证质量。竖缝可采用挤浆或加浆的方法，使其砂浆饱满。砌筑实心墙时宜选用“三一砌砖法”。

(6) 勾缝

勾缝是砌清水墙(所谓清水墙就是砌体砌筑完成后表面不做抹灰找平，砌体外表面就是修饰面)的最后一道工序(图 7-8)，具有保护墙面并增加墙面美观的作用。

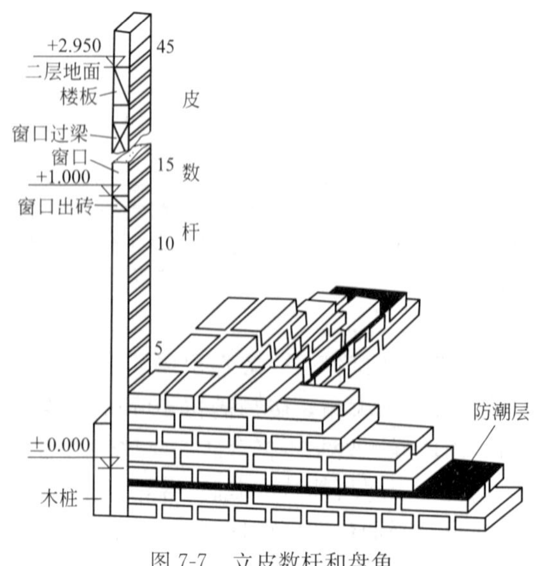

图 7-7 立皮数杆和盘角

图 7-8 清水墙灰缝勾缝处理效果

勾缝的方法有两种。墙较薄时，可用砌筑砂浆随砌随勾缝，称为原浆勾缝；墙较厚时，待墙体砌筑完毕后，用1∶1勾缝，称为加浆勾缝。勾缝形式有平缝、斜缝、凹缝等。勾缝完毕，应清扫墙面。

2. 楼层轴线的引测

为了保证各层轴线的重合和施工方便，在弹墙身线时，应根据龙门板上标注的轴线位置将轴线引测到房屋的外墙基上。二层以上各层墙的轴线，可用经纬仪或垂球引测到楼层上去(图7-9)。轴线的引测是放线的关键，必须按图纸要求尺寸用钢皮尺进行校核，然后按楼层墙身中心线，弹出各墙边线，划出门窗洞口位置。

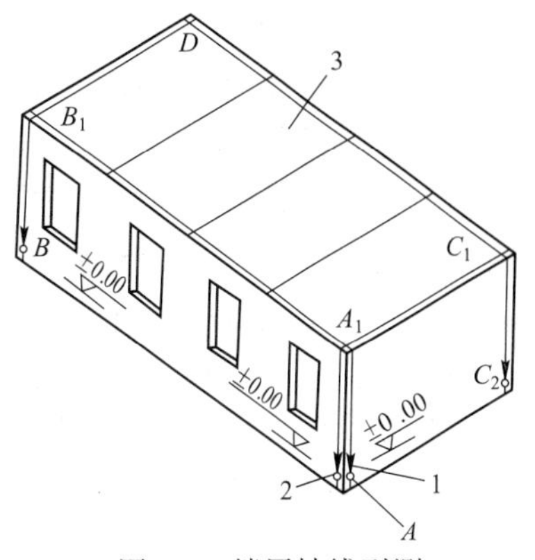

图7-9 楼层轴线引测

1—线锤；2—轴线；3—第二层

3. 各层标高的控制

墙体标高可在室内弹出水平线控制。当底层砌到一定高度(500mm左右)后，用水准仪根据龙门板上±0.000标高，引出统一标高的测量点(一般比室内地坪高500mm)，在相邻两墙角的控制点间弹出水平线，作为过梁、圈梁和楼板标高的控制线。以此线到该层墙顶的高度计算出砖的皮数，并在皮数杆上划出每皮砖和砖缝的厚度，作为砌砖时的依据。此外，在建筑物四外墙上引测±0.000标高，画上标志，当第二层墙砌到一定高度，从底层用尺往上量出第二层的标高的控制点，并用水准仪，以引上的第一个控制点为准，定出各墙面水平线，用以控制第二层楼板标高。

4. 砖砌体施工技术要求

砖砌体是由砖块和砂浆通过各种形式的组合而搭砌成的整体，所以砌体质量的好坏取决于组成砌体的原材料质量和砌筑质量。在砌筑时应掌握正确的操作方法，做到横平竖直、砂浆饱满、错缝搭接、接槎可靠，以保证墙体有足够的强度与稳定性。

(1) 横平竖直

砌体的灰缝应横平竖直，厚薄均匀。水平灰缝厚度宜为10mm，不应小于8mm，也不应大于12mm。否则在垂直荷载作用下，上下两层将产生剪力，使砂浆与砌块分离从而引起砌体破坏；砌体必须满足垂直度要求，否则在垂直荷载作用下将产生附加弯矩而降低砌体承载力。

砌体的竖向灰缝应垂直对齐，对不齐而错位，称为游丁走缝，会影响墙体外观质量。

要做到横平竖直，首先应将基础找平，砌筑时严格按皮数杆拉线，将每皮砖砌平，同时经常用2m托线板检查墙体垂直度，发现问题应及时纠正。

(2) 砂浆饱满

为保证砖块均匀受力和使块体紧密结合，要求水平灰缝砂浆饱满，厚薄均匀。水平灰缝太厚，在受力时，砌体的压缩变形增大，还可能使砌体产生滑移，这对墙体结构很不利。如灰缝过薄，则不能保证砂浆的饱满度，对墙体的粘结力削弱，影响整体性。砂浆的饱满程度以砂浆饱满度表示，用百格网检查，要求饱满度达到80%以上。同样竖向灰缝亦应控制厚度保证粘结，不得出现透明缝、瞎缝和假缝，以避免透风漏雨，影响保温性能。

(3) 错缝搭接

为保证墙体的整体性和传力效果，砖块的排列方式应遵循内外搭接、上下错缝的原则。砖块的错缝搭接长度不应小于 1/4 砖长，避免出现垂直通缝，确保砌筑质量。

240mm 厚承重墙的每层墙的最上一皮砖，砖砌体的阶台水平面上及挑出层，应整砖丁砌。每天砌筑高度不宜超过 1.2m。

(4) 接槎可靠

整个房屋的纵横墙应相互连接牢固，以增加房屋的强度和稳定性。砖砌体的转角处和交接处应同时砌筑，严禁无可靠措施的内外墙分砌施工。对不能同时砌筑而又必须留置的临时间断处应砌成斜槎，斜槎水平投影长度不应小于高度的 2/3。非抗震设防和抗震设防烈度为 6 度、7 度地区的临时间断处，当不能留斜槎时，除转角外，可留直槎。但直槎必须做成凸槎。留直槎处应加设拉结筋，拉结钢筋的数量为每 120mm 墙厚留 1ϕ6 的拉结钢筋(120mm 厚墙放置 2ϕ6 拉结钢筋)，间距沿墙高不应超过 500mm，埋入长度从留槎处算起每边均不应小于 500mm，对抗震设防烈度为 6 度、7 度的地区，不应小于 1000mm；末端应有 90°的弯钩，如图 7-10 所示。

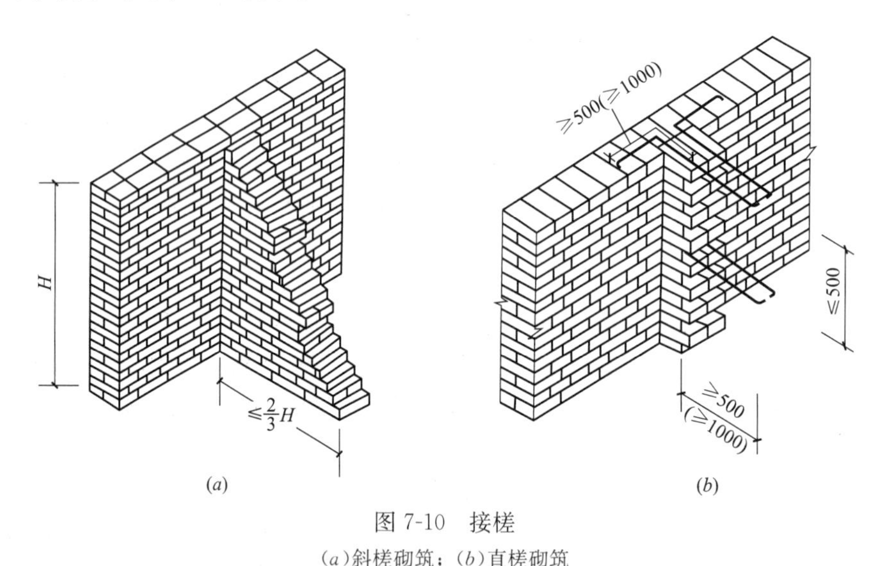

图 7-10 接槎

(a)斜槎砌筑；(b)直槎砌筑

接槎即先砌砌体与后砌砌体之间的结合。接槎方式的合理与否，对砌体的质量和建筑物整体性影响极大。因留槎处的灰浆不易饱满，故应少留槎。接槎的方式有两种：斜槎和直槎。砌体接槎时，必须将接槎处的表面清理干净，浇水润湿，并应填实砂浆，保持灰缝平直，使接槎处的前后砌体粘结牢固。

(5) 减少不均匀沉降

沉降不均匀将导致墙体开裂，对结构危害很大，砌筑施工中要严加注意。砖砌体相临施工段的高差不得超过一个楼层的高度，也不宜大于 4m；临时间断处的高度差不得超过一步脚手架的高度；为减少灰缝变形而导致砌体沉降，一般每日砌筑高度不宜超过 1.5m 或一步脚手架高度，雨天施工不宜超过 1.2m。

砖砌体的位置及垂直度允许偏差应符合表 7-1 的规定。砖砌体的一般尺寸允许偏差应符合表 7-2 的规定。

砖砌体的位置及垂直度允许偏差　　表 7-1

项次	项　　目			允许偏差(mm)	检验方法
1	轴线位置偏移			10	用经纬仪和尺或其他测量仪器检查
2	垂直度	每层		5	用 2m 托线板检查
		全高	≤10m	10	用经纬仪、吊线和尺检查，或用其他测量仪器检查
			>10m	20	

砖砌体一般尺寸允许偏差　　表 7-2

项次	项　　目		允许偏差(mrn)	检验方法	抽检数量
1	基础顶面和楼面标高		±15	用水平仪和尺检查	不应少于 5 处
2	表面平整度	清水墙、柱	5	用 2m 靠尺和楔形塞尺检查	有代表性自然间 10%，但不应少于 3 间，每间不应少于 2 处
		混水墙、柱	8		
3	门窗洞口高、宽(后塞口)		±5	用尺检查	检验批洞口的 10%，且不应少于 5 处
4	外墙上下窗口偏移		20	以底层窗口为准，用经纬仪或吊线检查	检验批的 10%，且不应少于 5 处
5	水平灰缝平直度	清水墙	7	拉 10m 线和尺检查	有代表性自然间 10%，但不应少于 3 间，每间不应少于 2 处
		混水墙	10		
6	清水墙游丁走缝		20	吊线和尺检查，以每层第一皮砖为准	有代表性自然间 10%，但不应少于 3 间，每间不应少于 2 处

7.2.3 砌块砌体施工

用砌块代替普通黏土砖作为墙体材料是墙体改革的重要途径。目前工程中多采用中小型砌块。中型砌块施工，是采用各种吊装机械及夹具将砌块安装在设计位置，一般要按建筑物的平面尺寸及预先设计的砌块排列图逐块按次序吊装、就位、固定。小型砌块施工，与传统的砖砌体砌筑工艺相似，也是手工砌筑，但在形状、构造上有一定的差异。

7.2.3.1 砌块的构造要求

1. 一般构造要求

砌块房屋所用的材料，除应满足承载力计算要求外，对地面以下或防潮层以下的砌体、潮湿房间的墙，所用材料的最低强度等级尚应符合表 7-3 的要求。

地面以下或防潮层以下的墙体、潮湿房间墙所用材料的最低强度等级　　表 7-3

基土潮湿程度	混凝土小砌块	砂　　浆
稍潮湿的	MU7.5	Mb5
很潮湿的	MU10	Mb7.5
含水饱和的	MU15	Mb10

注：1. 砌块孔洞应采用强度等级不低于 C20 的混凝土灌实；
2. 对安全等级为一级或设计使用年限大于 50 年的房屋，表中材料强度等级应至少提高一级。

在墙体的下列部位，应采用C20混凝土灌实砌体的孔洞：无圈梁和混凝土垫块的檩条和钢筋混凝土楼板支承面下的一皮砌块；未设置圈梁和混凝土垫块的屋架、梁等构件支承处，灌实宽度不应小于600mm，高度不应小于600mm的砌块；挑梁支承面下，其支承部位的内外墙交接处，纵横各灌实3个孔洞，灌实高度不小于三皮砌块。

跨度大于4.2m的梁和跨度大于6m的屋架，其支承面下应设置混凝土或钢筋混凝土垫块。当墙中设有圈梁时，垫块宜与圈梁浇成整体。当大梁跨度大于4.8m，且墙厚为190mm时，其支承处宜加设壁柱，或采取其他加强措施。跨度大于或等于7.2m的屋架或预制梁的端部，应采用锚固件与墙、柱上的垫块锚固。

小砌块墙与后砌隔墙交接处，应沿墙高每400mm在水平灰缝内设置不少于2Φ4、横筋间距不大于200mm的焊接钢筋网片。预制钢筋混凝土板在墙上或圈梁上支承长度不应小于80mm，板端伸出的钢筋应与圈梁可靠连接，并一起浇筑。当不能满足上述要求时，应按下列方法进行连接：

（1）布置在内墙上的板中钢筋应伸出进行相互可靠对接，板端钢筋伸出长度不应少于70mm，并用混凝土浇筑成板带，混凝土强度不应低于C20；

（2）布置在外墙上的板中钢筋应伸出进行相互可靠连接，板端钢筋伸出长度不应少于100mm，并用混凝土浇筑成板带，混凝土强度不应低于C20；

（3）与现浇板对接时，预制钢筋混凝土板端钢筋应伸入现浇板中进行可靠连接后，再浇筑现浇板。

山墙处的壁柱或构造柱，应砌至山墙顶部，且屋面构件应与山墙可靠拉结。砌体中留槽洞及埋设管道时，应符合下列要求：在截面长边小于500mm的承重墙体、独立柱内不得设管线；墙体中应避免穿行暗线或预留、开凿沟槽；当无法避免时，应采取必要的加强措施或按削弱后的截面验算墙体的承载力。

2. 框架填充墙的构造措施

填充墙墙体墙厚不应小于90mm。填充墙墙体除应满足稳定和自承重外，尚应考虑水平风荷载及地震作用。填充墙宜选用轻质砌体材料。砌块强度等级不宜低于MU3.5。在没有采取有效措施的情况下，不应在下列部位或环境中使用轻骨料混凝土小型空心砌块或蒸压加气混凝土砌块砌体：

（1）建筑物防潮层以下墙体；

（2）长期浸水或化学侵蚀环境；

（3）砌体表面温度高于80℃的部位；

（4）长期处于有振动源环境的墙体。

在厨房、卫生间、浴室等处采用轻骨料混凝土小型空心砌块、蒸压加气混凝土砌块砌筑墙体时，墙体底部宜现浇混凝土坎台，其高度宜为150mm。

根据房屋的高度、建筑体形、结构的层间变形、地震作用、墙体自身抗侧力的利用等因素，选择采用填充墙与框架柱、梁不脱开方法或填充墙与框架柱、梁脱开方法。

填充墙与框架柱、梁脱开的方法宜符合下列要求：

（1）填充墙两端与框架柱、填充墙顶面与框架梁之间留出20mm的间隙。

（2）填充墙两端与框架柱之间宜用钢筋拉结。

（3）填充墙长度超过5m或墙长大于2倍层高时，中间应加设构造柱；墙高度超过

4m 时宜在墙高中部设置与柱连通的水平系梁。水平系梁的截面高度不小于 60mm。填充墙高不宜大于 6m。

(4) 填充墙与框架柱、梁的缝隙可采用聚苯乙烯泡沫塑料板条或聚氨酯发泡材料充填，并用硅酮胶或其他弹性密封材料封缝。

填充墙与框架柱、梁不脱开的方法宜符合下列要求：

(1) 墙厚不大于 240mm 时，宜沿柱高每隔 400mm 配置 2 根直径 6mm 的拉结钢筋；墙厚大于 240mm 时，宜沿柱高每隔 400mm 配置 3 根直径 6mm 的拉结钢筋。钢筋伸入填充墙长度不宜小于 700mm，且拉结钢筋应错开截断，相距不宜小于 200mm。填充墙墙顶应与框架梁紧密结合。顶面与上部结构接触处宜用一皮混凝土砖或混凝土配砖斜砌楔紧(图 7-11)。

图 7-11　砌体与梁底交界处采用斜砖楔紧
(照片中间构件为构造柱)

(2) 当填充墙有洞口时，宜在窗洞口的上端或下端、门洞口的上端设置钢筋混凝土带，钢筋混凝土带应与过梁的混凝土同时浇筑，其过梁的断面及配筋由设计确定。钢筋混凝土带的混凝土强度等级不宜小于 C20。当有洞口的填充墙尽端至门窗洞口边距离小于 240mm 时，宜采用钢筋混凝土门窗框。

(3) 填充墙长度超过 5m 或墙长大于 2 倍层高时，墙顶与梁宜有拉结措施，中间应加设构造柱；墙高度超过 4m 时宜在墙高中部设置与柱连接的水平系梁；墙高超过 6m 时，宜沿墙高每 2m 设置与柱连接的水平系梁，梁的截面高度不小于 60mm。

填充墙砌体与主体结构间的连接构造应符合设计要求，未经设计同意，不得随意改变连接构造方法。当填充墙采用化学植筋的方式设置拉结筋与框架结构连接时，拉结钢筋的植筋孔位应根据块体模数及填充墙的排块设计进行定位。植筋孔壁应完整，不得有裂缝和局部损伤，植筋孔洞深度应符合设计和现行国家标准《混凝土结构加固设计规范》GB 50367 的规定。植筋孔洞成孔后，应用毛刷及吹风设备清除孔内粉尘，反复处理不应少于 3 次(图 7-12a)。现场调配胶粘剂时，应按产品说明书规定的配合比和工艺要求进行配置，并在规定的时间内使用。注入胶粘剂时，不应妨碍孔洞的空气排出，注入量应按产品说明书确定，并以植入钢筋后有少许胶液溢出为宜。严禁采用钢筋蘸胶后直接塞入孔洞的方法植入。注入植筋胶后，应立即插入钢筋，并应按单一方向边转边插，直至达到规定的深度。钢筋植入后，在胶粘剂未达到产品使用说明书规定的固化期前，不得扰动所植钢筋(图 7-12b)。

3. 圈梁、过梁、芯柱和构造柱

(1) 圈梁

钢筋混凝土圈梁应按下列要求设置：多层房屋或比较空旷的单层房屋，应在基础部位设置一道现浇圈梁；当房屋建筑在软弱地基或不均匀地基上时，圈梁刚度应适当加强。比较空旷的单层房屋，当檐口高度为 4～5m 时，应设置一道圈梁；当檐口高度大于 5m 时，宜增设圈梁。多层民用砌块房屋，层数为 3～4 层时，应在底层和檐口标高处各设置一道

图 7-12　拉结筋植筋施工

(a)采用吹风设备清除孔内粉尘；(b)完成植筋后成品

圈梁。当层数超过 4 层时，应在所有纵、横墙上层层设置。采用现浇混凝土楼(屋)盖的多层砌块结构房屋，当层数超过 5 层时，除在檐口标高处设置一道圈梁外，可隔层设置圈梁，并与楼(屋)面板一起现浇。未设置圈梁的楼面板嵌入墙内的长度不应小于 100mm，并沿墙长配置不少于 2Φ10 的纵向钢筋。多层工业砌块房屋，应每层设置钢筋混凝土圈梁(图 7-13)。

圈梁应符合下列构造要求：圈梁宜连续地设在同一水平面上，并形成封闭状；当不能在同一水平面上闭合时，应增设附加圈梁，其搭接长度不应小于两倍圈梁间的垂直距离，且不应小于 1m；圈梁截面高度不应小于 200mm，纵向钢筋不应少于 4Φ10，箍筋间距不应大于 300mm，混凝土强度等级不应低于 C20；圈梁兼作过梁时，过梁部分的钢筋应按计算用量另行增配；屋盖处圈梁应现浇，楼盖处圈梁可采用预制槽形底模整浇，槽形底模应采用不低于 C20 细石混凝土制作；挑梁与圈梁相遇时，应整体现浇；当采用预制挑梁时，应采取措施，保证挑梁、圈梁和芯柱的整体连接。

(2) 过梁

门窗洞口顶部应采用钢筋混凝土过梁(图 7-14)，验算过梁下砌体局部受压承载力时，可不考虑上层荷载的影响。

图 7-13　砌体结构中水平圈梁

图 7-14　门洞口上设置混凝土过梁

过梁上的荷载，可按下列规定采用：对于梁、板荷载，当梁、板下的墙体高度小于过梁净跨时，可按梁、板传来的荷载采用。当梁、板下墙体高度不小于过梁净跨时，可不考虑梁、板荷载。对于墙体荷载，当过梁上墙体高度小于 1/2 过梁净跨时，应按墙体的均布自重采用。当墙体高度不小于 1/2 过梁净跨时，按高度为 1/2 过梁净跨墙体的均布自重采用。

(3)芯柱

纵横墙交接处孔洞应设置混凝土芯柱。在外墙转角、楼梯间四角的纵横墙交接处的三个孔洞，宜设置钢筋混凝土芯柱；五层及五层以上的房屋，应在上述部位设置钢筋混凝土芯柱。砌筑芯柱部位的墙体，应采用不封底的通孔小砌块。每根芯柱的柱脚部位应采用带清扫口的 U 型、E 型、C 型或其他异型小砌块砌留操作孔。砌筑芯柱部位的砌块时，应随砌随刮去孔洞内壁凸出的砂浆，直至一个楼层高度，并应及时清除芯柱孔洞内掉落的砂浆及其他杂物。

芯柱应符合下列构造要求：

1）芯柱截面不宜小于 120mm×120mm，宜采用不低于 Cb20 的灌孔混凝土灌实；浇筑芯柱混凝土前，应先浇 50mm 厚与芯柱混凝土配比相同的去石水泥砂浆，再浇筑混凝土；每浇筑 500mm 左右高度，应捣实一次，或边浇筑边用插入式振捣器捣实。

2）钢筋混凝土芯柱每孔内插竖筋不应小于 1Φ10，底部应伸入室内地坪下 500mm 或与基础圈梁锚固，顶部应与屋盖圈梁锚固。

3）芯柱应沿房屋全高贯通，并与各层圈梁整体现浇。

4）在钢筋混凝土芯柱处，沿墙高每隔 400mm 应设Φ4 钢筋网片拉结，每边伸入墙体不应小于 600mm。

（4）构造柱

采用钢筋混凝土构造柱加强的砌块房屋，应在外墙四角、楼梯间四角的纵横墙交接处设置构造柱。在纵横墙交接处，沿竖向每隔 400mm 设置直径 4mm 焊接钢筋网片，埋入长度从墙的转角处伸入墙不应小于 700mm(图 7-15*a*)。

(*a*)

(*b*)

图 7-15

(*a*)砌体结构转角处构造柱设置及钢筋拉结情况；(*b*)构造柱两侧模板支设实物

砌块房屋的构造柱应符合下列要求：

设置钢筋混凝土构造柱的小砌块墙体，应按绑扎钢筋、砌筑墙体、支设模板、浇灌混凝土的施工顺序进行。

构造柱最小截面宜为190mm×190mm，纵向钢筋宜采用4Φ12，箍筋间距不宜大于250mm；构造柱与砌块连接处宜砌成马牙槎，从每层柱脚开始。槎口尺寸为长100mm、高200mm。并应沿墙高每隔400mm设焊接钢筋网片(纵向钢筋不应少于2Φ4，横筋间距不应大于200mm)，伸入墙体不应小于600mm；与圈梁连接处的构造柱的纵筋应穿过圈梁，构造柱纵筋上下应贯通。

构造柱两侧模板应紧贴墙面，不得漏浆(图7-15*b*)。柱模底部应预留100mm×200mm清扫口。构造柱纵向钢筋的混凝土保护层厚度宜为20mm，且不应小于15mm。混凝土坍落度宜为50～70mm。构造柱混凝土浇灌前，应清除砂浆等杂物并浇水湿润模板，然后先注入与混凝土成分相同不含粗骨料的水泥砂浆50mm厚，再分层浇灌、振捣混凝土，直至完成。凹形槎口的腋部应振捣密实(图7-16)。

(*a*)

(*b*)

图7-16

(*a*)构造柱马牙槎设置；(*b*)浇完混凝土拆模以后的构造柱实物

7.2.3.2 砌块安装前的准备工作

1. 编制砌块排列图

对于大中型砌块，砌块砌筑前应根据施工图纸的平面、立面尺寸，并结合砌块的规格，先绘制砌块排列图，砌块排列图如图7-17所示(注：对于小型砌块则不需绘制排列图)。绘制砌块排列图时在立面图上按比例绘出纵横墙，标出楼板、大梁、过梁、楼梯、孔洞等位置，在纵横墙上绘出水平灰缝线，然后以主规格为主、其他型号为辅，按墙体错缝搭砌的原则和竖缝大小进行排列。在墙体上大量使用的主要规格砌块，称为主规格砌块；与它相搭配使用的砌块，称为副规格砌块。小型砌块施工时，也可不绘制砌块排列图，但必须根据砌块尺寸和灰缝厚度计算皮数和排数，以保证砌体尺寸符合设计要求。

若设计无具体规定，砌块应按下列原则排列：

(1) 尽量多用主规格的砌块或整块砌块，减少非主规格砌块的规格与数量。

(2) 砌筑应符合错缝搭接的原则，搭接长度不得小于砌块高的1/3，且不应小于150mm。当搭接长度不足时，应在水平灰缝内设置2ϕ4的钢筋网片予以加强，网片两端

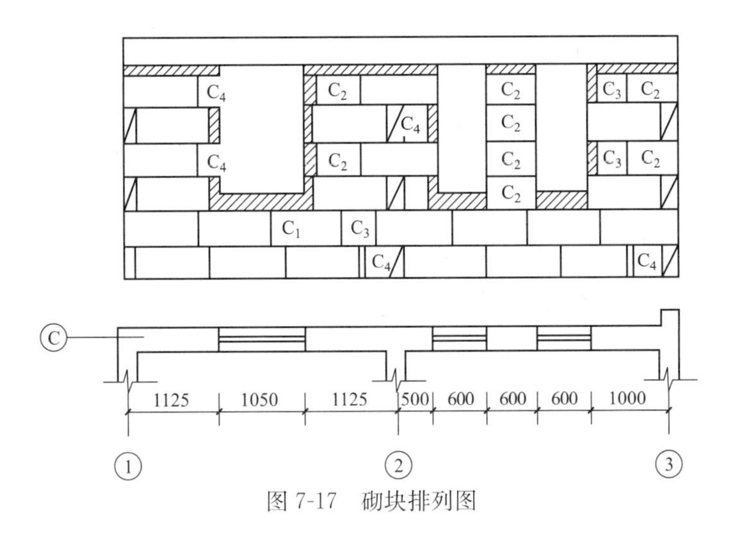

图 7-17　砌块排列图

离该垂直缝的距离不得小于 300mm。

(3) 外墙转角处及纵横交接处，应用砌块相互搭接，如不能相互搭接，则每两皮应设置一道拉结钢筋网片。

(4) 水平灰缝一般为 10～20mm，有配筋的水平灰缝为 20～25mm。竖缝宽度为 15～20mm，当竖缝宽度大于 40mm 时应用与砌块同强度的细石混凝土填实，当竖缝宽度大于 100mm 时，应用黏土砖镶砌。

(5) 当楼层高度不是砌块(包括水平灰缝)的整数倍时，用黏土砖镶砌。

(6) 对于空心砌块，上下皮砌块的壁、肋、孔均应垂直对齐，以提高砌体的承载能力。

2. 砌块的堆放

砌块的堆放位置应在施工总平面图上周密安排，尽量减少二次搬运，使场内运输路线最短，以便于砌筑时起吊。堆放场地应平整夯实，使砌块堆放平稳，并做好排水工作。砌块不宜直接堆放在地面上，应堆在草袋、煤渣垫层或其他垫层上，以免砌块底面玷污。砌块的规格、数量必须配套，不同类型分别堆放。(图 7-18)。砌体在楼面堆放应均匀，不要过分集中，堆放位置应尽量靠近墙体一侧，堆放层数不超过 4 层。

图 7-18　砌块在楼面堆放情况

7.2.3.3　砌块施工工艺流程

墙体放线→砌块排列→砂浆拌制→砌筑→校正→验收

7.2.3.4　砌块施工工艺

砌块施工时需弹墙身线和立皮数杆，并按事先划分的施工段和砌块排列图逐皮安装。其安装顺序是先外后内、先远后进、先下后上。砌块砌筑时应从转角处或定位砌块处开始，并校正其垂直度，然后按砌块排列图内外墙同时砌筑并且错缝搭砌。

每个楼层砌筑完成后应复核标高，如有偏差则应找平校正。砌筑上一皮砌块时，不允许碰撞已安装好的砌块。如相邻砌体不能同时砌筑时，应留阶梯型斜槎，不允许留直槎。

本小节主要讲述小型混凝土砌块的施工工艺。

1. 墙体放线

砌体施工前，应将基础面或楼层结构面按标高找平，依据砌筑图放出一皮砌块的轴线、砌体边线和洞口线。

2. 砌块排列

按砌块排列图在墙体线范围内分块定尺、画线，排列砌块的方法和要求如下：

(1) 小型空心砌块在砌筑前应根据工程设计施工图，结合砌块的品种、规格绘制砌体砌块的排列图。

(2) 小型空心砌块排列应从基础面开始，排列时尽可能采用主规格的砌块(390mm×190mm×190mm)，砌体中主规格砌块应占总量的75%～80%。

(3) 外墙转角及纵横墙交接处，应将砌块分皮咬槎，交错搭砌，如果不能咬槎时，按设计要求采取其他的构造措施。

3. 砂浆拌制

(1) 砂浆的配合比应由试验室经试配确定。在砂浆中掺入有机塑化剂、早强剂、缓凝剂、防冻剂等，经检验和试配符合要求后，方可使用。有机塑化剂应有砌体强度的型式检验报告。

(2) 砂浆配合比应采取重量比。计量精度：水泥±2%，砂、灰膏控制在±5%以内。

(3) 砌筑砂浆应采取机械搅拌，先倒砂子、水泥、掺合料，最后倒水。搅拌时间不少于2min。水泥粉煤灰砂浆和掺用外加剂的砂浆搅拌时间不得少于3min，掺用有机塑化剂的砂浆应为3～5min。

(4) 砂浆应随拌随用，水泥砂浆和水泥混合砂浆必须在拌成后3h内使用完毕。当施工期间最高温度超过30℃时，应分别在拌成后2h内使用完毕。超过上述时间的砂浆不得使用，并不应再次拌合后使用。对掺用缓凝剂的砂浆，其使用时间可根据具体情况延长。

4. 砌筑

小砌块墙内不得混砌其他墙体材料。镶砌时，应采用与小砌块材料强度同等级的预制混凝土块。

施工洞口留设：洞口侧边离交接处墙面不应小于500mm，洞口净宽度不应超过1m。洞口两侧应沿墙高每2皮砌块设Φ4拉结钢筋网片，锚入墙内的长度不小于1000mm。

每层应从转角处或定位砌块处开始砌筑。应砌一皮、校正一皮，拉线控制砌体标高和墙面平整度。皮数杆应竖立在墙的转角处和交接处，间距宜不小于15m。

在砌筑第一皮砌块时，应满铺砂浆(图7-19)。砌筑时，小砌块包括多排孔封底小砌块、带保温夹层的小砌块均应底面朝上反砌于墙上。小砌块墙体砌筑形式应每皮顺砌，上下皮应对孔错缝搭砌，竖缝应相互错开1/2主规格小砌块长度，搭接长度不应小于90mm，墙体的个别部位不能满足上述要求时，应在灰缝中设置拉结钢筋或Φ4钢筋点焊网片。网片

图7-19　第一皮砌块要座浆砌筑

两端与竖缝的距离不得小于 400mm。但竖向通缝仍不能超过两皮小砌块。

墙体转角处和纵横墙交接处应同时砌筑。临时间断处应砌成斜槎，斜槎水平投影长度不应小于斜槎高度。严禁留直槎。临时施工洞口可预留直槎，但在补砌洞口时，应在直槎上下搭砌的小砌块孔洞内用强度等级不低于 Cb20 或 C20 的混凝土灌实(图 7-20a)。

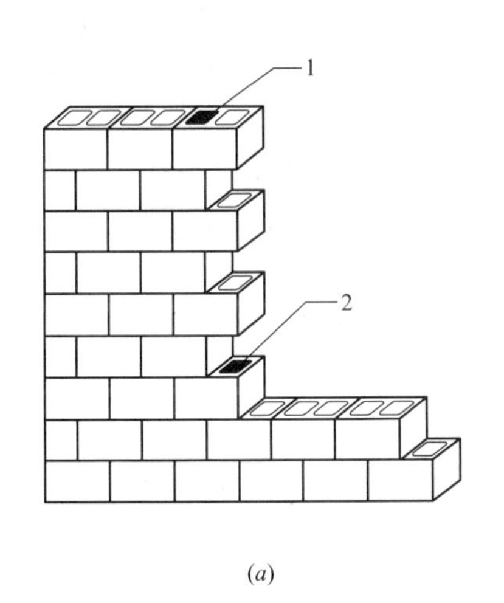

(a)

(b)

图 7-20　施工洞口和砌筑和铺浆法施工

(a)临时施工洞口直槎砌筑示意图；(b)小砌块砌筑时随铺浆随砌筑(即铺浆法)

1—先砌洞口灌孔混凝土(随砌随灌)；2—后砌洞口灌孔混凝土(随砌随灌)

设置在水平灰缝内的钢筋网片和拉接筋应放置在小砌块的边肋上(水平墙梁、过梁钢筋应放在边肋内侧)，且必须设置在水平灰缝的砂浆层中，不得有露筋现象。

砌筑小砌块的砂浆应随铺随砌(图 7-20b)，墙体灰缝应横平竖直。水平灰缝宜采用坐浆法满铺小砌块全部壁肋或多排孔小砌块的封底面；竖向灰缝应采取满铺端面法，即将小砌块端面朝上铺满砂浆再上墙挤紧，然后加浆插捣密实。墙体的水平灰厚度和竖向灰缝宽度宜为 10mm，但不应大于 12mm，也不应小于 8mm。

砌体水平灰缝的砂浆饱满度，应按净面积计算不得低于 90%；小砌块应采用双面碰头灰砌筑，竖向灰缝饱满度不得小于 80%，不得出现瞎缝、透明缝。

小砌块墙体孔洞中需填充隔热或隔声材料时，应砌一皮灌填一皮。应填满，不得捣实。充填材料必须干燥、洁净，品种、规格应符合设计要求。卫生间等有防水要求的房间，当设计选用灌孔方案时，应及时灌注混凝土。

砌筑带保温夹芯层的小砌块墙体时，应将保温夹芯层一侧靠置室外，并应对孔错缝。左右相邻小砌块中的保温夹芯层应相互衔接，上下皮保温夹芯层之间的水平灰缝处应砌入同质保温材料。

木门窗框与小砌块墙体两侧连接处的上、中、下部位应砌入埋有沥青木砖的小砌块(190mm×190mm×190mm)或实心小砌块，并用铁钉、射钉或膨胀螺栓固定。

门窗洞口两侧的小砌块孔洞灌填 C20 混凝土后，其门窗与墙体的连接方法可按实心混凝土墙体施工。

对设计规定或施工所需的孔洞、管道、沟槽和预埋件等，应在砌筑时进行预留或预埋，不得在已砌筑的墙体上打洞和凿槽。水、电管线的敷设安装应按小砌块排块图的要求与土建施工进度密切配合，不得事后凿槽打洞。

有防水要求的房间楼板四周，除门洞口外，必须浇筑不低于150mm高的混凝土坎台，混凝土强度等级不小于C20。

墙体施工段的分段位置宜设在伸缩缝、沉降缝、防震缝、构造柱或门窗洞口处。相邻施工段的砌筑高差不得超过一个楼层高度，也不应大于4m。墙体伸缩缝、沉降缝和防震缝内，不得夹有砂浆、碎砌块和其他杂物。

墙体与构造柱连接处应砌成马牙槎。从每层柱脚开始，先退后进，形成100mm宽、200mm高的凹凸槎口。柱墙间采用2Φ6的拉结钢筋、间距宜为400，每边伸入墙内长度为1000mm或伸至洞口边。

小砌块墙体砌筑应采用双排外脚手架或平台里脚手架进行施工，严禁在砌筑的墙体上设脚手孔洞。

5. 校正

砌筑时每层均应进行校正，需要移动砌体中的小砌块或小砌块被撞动时，应重新铺砌。

7.2.3.5 墙体施工基本要求

1. 皮数杆设置及挂线要求

墙体砌筑应从房屋外墙转角定位处开始。砌筑皮数、灰缝厚度、标高应与皮数杆标志相一致。皮数杆应竖立在墙体的转角和交界处，间距宜小于15m。砌筑厚度大于240mm的小砌块墙体时，宜在墙体内外侧同时挂两根水平准线。

2. 每日砌筑高度

正常施工条件下，小砌块墙体(柱)每日砌筑高度宜控制在1.4m或一步脚手架高度内。

3. 砌块的湿润要求

小砌块在砌筑前与砌筑中均不应浇水，尤其是插填聚苯板或其他绝热保温材料的小砌块。当施工期间气候异常炎热干燥时，对无聚苯板或其他绝热保温材料的小砌块及轻骨料小砌块可在砌筑前稍喷水湿润，但表面明显潮湿的小砌块不得上墙。

4. 砌筑要求

砌筑单排孔小砌块、多排孔封底小砌块、插填聚苯板或其他绝热保温材料的小砌块时，均应底面朝上反砌于墙上。小砌块墙内不得混砌黏土砖或其他墙体材料。镶砌时，应采用实心小砌块(90mm×190mm×53mm)或与小砌块材料强度同等级的预制混凝土块。

小砌块砌筑形式应每皮顺砌。当墙、柱(独立柱、壁柱)内设置芯柱时，小砌块必须对孔、错缝、搭砌，上下两皮小砌块搭砌长度应为195mm；当墙体设构造柱或使用多排孔小砌块及插填聚苯板或其他绝热保温材料的小砌块砌筑墙体时，应错缝搭砌，搭砌长度不应小于90mm。否则，应在此部位的水平灰缝中设置点焊钢筋网片。网片两端与该位置的竖缝距离不得小于400mm。墙体竖向通缝不得超过2皮小砌块，柱(独立柱、壁柱)宜为3皮。

190mm厚的非承重小砌块墙体可与承重墙同时砌筑。小于190mm厚的非承重小砌块墙宜后砌，且应按设计要求从承重墙预留出不少于600mm长的2Φ6@400拉结筋或Φ4@400 T(L)形点焊钢筋网片；当需同时砌筑时，小于190mm厚的非承重墙不得与设有芯柱的承重墙相互搭砌，但可与无芯柱的承重墙搭砌。两种砌筑方式均应在两墙交接处的水平灰缝中埋置2Φ6@400拉结筋或Φ4@400 T(L)形点焊钢筋网片。砌入墙内的构造钢筋网片和拉结筋应放置在水平灰缝的砂浆层中，不得有露筋现象。钢筋网片应采用点焊工艺制作，且纵横筋相交处不得重叠点焊，应控制在同一平面内。

混合结构中的各楼层内隔墙砌至离上层楼板的梁、板底尚有100mm间距时暂停砌筑，且顶皮应采用封底小砌块反砌或用Cb20混凝土填实孔洞的小砌块正砌砌筑。当暂停时间超过7d时，可用实心小砌块斜砌楔紧，且小砌块灰缝及与梁、板间的空隙应用砂浆填实；房屋顶层内隔墙的墙顶应离该处屋面板板底15mm，缝内宜用弹性腻子或1∶3石灰砂浆嵌塞。

7.3 砌筑工程的质量及安全技术

1. 砌筑工程的质量保证

砌体的质量包括砌块、砂浆和砌筑质量，即在采用合理的砌体材料的前提下，关键是要有良好的砌筑质量，以使砌体有良好的整体性、稳定性和受力性能。因此砌体施工时必须要精心组织，并应严格遵循相应的施工操作规程及验收规范的有关规定，以确保质量。砌筑质量的基本要求是："横平竖直、砂浆饱满和厚薄均匀、上下错缝、内外搭砌、接槎牢固"，为了保证砌体的质量，在砌筑过程中应对砌体的各项指标进行检查，将砌体的尺寸和位置的允许偏差控制在规范要求的范围内。

2. 砌筑工程的安全与防护措施

为了避免事故的发生，做到文明施工，在砌筑过程中必须采取适当的安全措施。

砌筑操作前必须检查操作环境是否符合安全要求，脚手架是否牢固、稳定，道路是否通畅，机具是否完好，安全设施和防护用品是否齐全，经检查符合要求后方可施工。

在砌筑过程中，应注意：

(1) 砌基础时，应检查和注意基坑(槽)土质的情况变化，堆放砖、石料应离坑或(槽)边2m以上，即距基槽或基坑边沿2m以内不得堆放物料；当在2m以外堆放物料时，堆置高度不应大于1.5m。

(2) 严禁站在墙顶上做划线、刮缝及清扫墙面或检查大角等工作。不准用不稳固的工具或物体在脚手板上垫高操作。

(3) 砍砖时应面向内打，以免碎砖跳出伤人。

(4) 墙身砌筑高度超过1.2m时应搭设脚手架。脚手架上堆料不得超过规定荷载，在脚手架上堆普通砖、多孔砖不得超过3层，空心砖或砌块不得超过2层；同一块脚手板上的操作人员不得超过两人。

(5) 夏季要做好防雨措施，严防雨水冲走砂浆，致使砌体倒塌。

(6) 尚未施工楼板或屋面的墙或柱，当可能遇到大风时，其允许自由高度不得超过表7-4的规定。如超过表中限值时，必须采用临时支撑等有效措施。

(7) 钢管脚手架杆件的连接必须使用合格的扣件，不得使用铅丝和其他材料绑扎。

(8) 严禁在刚砌好的墙上行走和向下抛掷东西。

墙和柱的允许自由高度 表 7-4

墙(柱)厚(mm)	砌体密度>1600(kg/m³)			砌体密度 1300～1600(kg/m³)		
	曲载(kN/m²)			风载(kN/m²)		
	0.3(约7级风)	0.4(约8级风)	0.5(约9级风)	0.3(约7级风)	0.4(约8级风)	0.5(约9级风)
190	—	—	—	1.4	1.1	0.7
240	2.8	2.1	1.4	2.2	1.7	1.1
370	5.2	3.9	2.6	4.2	3.2	2.1
490	8.6	6.5	4.3	7.0	5.2	3.5
620	14.0	10.5	7.0	11.4	8.6	5.7

注：1. 本表适用于施工处相对标高 H 在 10m 范围内的情况。当 $10m<H\leqslant15m$、$15m<H\leqslant20m$ 时，表中的允许自由高度应分别乘以 0.9、0.8 的系数；当 $H>20m$ 时，应通过抗倾覆验算确定其允许自由高度。

2. 当所砌筑的墙有横墙或其他结构与其连接，而且间距小于表内允许自由高度限值的 2 倍时，砌筑高度可不受本表的限制。

(9) 脚手架必须按楼层与结构拉结牢固，拉结点垂直距离不得超过 4m，水平距离不得超过 6m。拉结材料必须有可靠的强度。

(10) 脚手架的搭设应符合规范的要求，每天上班前均应检查其是否牢固稳定。在脚手架的操作面上必须满铺脚手板，离墙面不得大于 200mm，不得有空隙、探头板和飞跳板，并应设置护身栏杆和挡脚板，防护高度为 1m。

砌筑小砌块墙体应采用双排脚手架或工具式脚手架。当需在墙上设置脚手眼时，可采用辅助规格的小砌块侧砌，利用其孔洞作脚手眼，墙体完工后应采用强度等级不低于 Cb20 或 C20 的混凝土填实。

(11) 在同一垂直面内上下交叉作业时，必须设置安全隔板，下方操作人员须戴安全帽。脚手架必须保证整体结构不变形。

(12) 马道和脚手板应有防滑措施。

(13) 过高的脚手架必须有防雷措施。

(14) 砌体施工时，楼面和屋面堆载不得超过楼板的设计活荷载标准值。施工层进料口楼板下，宜采取临时加撑措施。

(15) 垂直运输机具(如吊笼、钢丝绳等)，必须满足负荷要求。吊运时应随时检查，不得超载。对不符合规定的应及时采取措施。

思 考 题

1. 普通黏土砖砌筑前为什么要浇水？浇湿到什么程度？
2. 砖墙砌体有哪几种组砌形式？
3. 砌筑前的撂底作用是什么？
4. 简述砖砌体砌筑的施工工艺和施工要点。
5. 砖墙留槎有何要求？

6. 砖砌体质量有哪些要求？如何进行检查验收？

7. 皮数杆有何作用？如何布置？

8. 何谓“三一砌筑法”？其优点是什么？

9. 砖墙为什么要挂线？怎样挂线？

10. 砌筑时为什么要做到“横平竖直、灰浆饱满”？

11. 砌筑时如何控制砌体的位置与标高？

12. 小型砌块在砌筑前为什么要编制砌块排列图？

13. 试述小型砌块的施工工艺和质量要求。

第8章 混凝土结构工程

8.1 混凝土结构施工概论

混凝土是以水泥等作胶凝材料，与水、细骨料、粗骨料按事先确定的适当比例配合，必要时掺入外加剂和矿物掺合料，经过均匀拌制、振捣密实成型及养护硬化而成的人造建材。混凝土材料自英国人约瑟夫·阿斯普丁(Joseph Aspdin)在1824年发明了波特兰水泥后，其在工程建设中的使用得到极大发展。钢筋混凝土结构在19世纪末开始进入中国，目前钢筋混凝土是工程建设中的主要结构材料。

混凝土结构工程施工前，应根据结构类型、特点和施工条件，确定施工工艺，并应做好各项准备工作。对体形复杂、高度或跨度较大、地基情况复杂及施工环境条件特殊的混凝土结构工程，宜进行施工过程监测，并应及时调整施工控制措施。

混凝土结构工程施工中采用的新技术、新工艺、新材料、新设备，应按有关规定进行评审、备案。施工前应对新的或首次采用的施工工艺进行评价，制定专门的施工方案，并经监理单位核准。混凝土结构工程施工中采用的专利技术，不应违反《混凝土结构工程施工规范》的有关规定。混凝土结构工程施工应采取有效的环境保护措施。

混凝土结构工程主要包括模板工程、钢筋工程、混凝土工程三大部分施工。混凝土结构工程施工总的工艺流程可以分为两种。

第一种施工工艺是墙柱与梁板混凝土分开浇筑的施工工艺(图8-1框架柱混凝土已浇筑，但是梁板混凝土尚未浇筑)，这一种施工工艺流程：

墙柱梁定位放线→柱钢筋连接及安装施工(包括墙柱内的管线预埋)→梁板模板支撑施工→墙柱及梁板模板施工→墙柱混凝土浇筑→梁板钢筋安装以及水电管线预埋→梁板混凝土浇筑→混凝土养护→上一层结构施工

第二种是墙柱和梁板混凝土一起浇筑(图8-2)，此种施工工艺流程：

图8-1 墙柱与梁板分开浇筑时柱混凝土施工缝留设位置

图8-2 剪力墙、框架柱及梁板一起浇筑

墙柱梁定位放线→柱钢筋连接及安装施工(包括墙柱内的管线预埋)→梁板模板支撑施工→墙柱及梁板模板施工→梁板钢筋安装以及水电管线预埋→混凝土浇筑→混凝土养护→上一层结构施工

8.2 模 板 工 程

8.2.1 模板概论

1. 模板的概念及作用

混凝土结构的模板工程，是混凝土结构构件成型用的模型板。模板主要有以下几个作用：一是确保浇筑的混凝土构件按照设计图纸规定的位置、尺寸和形状成型；二是给操作工人提供一个安全的操作平台。模板系统主要由模板和支架系统两部分组成(图 8-3)。支承模板及承受作用在模板上的荷载的结构(如支柱、桁架等)均称为支架。模板及其支架应根据工程结构形式、荷载大小、地基土类别、施工设备和材料供应等条件进行设计。

图 8-3 模板及其支架系统

现浇混凝土结构施工所用模板工程的造价，约占混凝土结构工程总造价的20%～30%左右，总用工量的二分之一。因此，采用先进的模板技术，对于提高工程质量、加快施工速度、提高劳动生产率、降低工程成本和实现文明施工具有十分重要的意义。

2. 模板的分类

按其所用的材料不同分为：木模板、钢模板、钢木模板、钢竹模板、胶合板模板、塑料模板、铝合金模板等。

按其用于不同的结构构件可分为：基础模板、柱模板、墙模板、梁模板、楼板模板、壳模板和烟囱模板等。

按其形式不同分为：整体式模板、定型模板、工具式模板、滑升模板、胎模等。

3. 模板专项施工方案

模板工程应编制专项施工方案。滑模、爬模等工具式模板工程及高大模板支架工程的专项施工方案应进行技术论证。高大模板支撑系统是指建设工程施工现场混凝土构件模板支撑高度超过 8m，或搭设跨度超过 18m，或施工总荷载大于 $15kN/m^2$，或集中线荷载大于 20kN/m 的模板支撑系统。施工单位应依据国家现行相关标准和技术规范，由项目技术负责人组织相关专业技术人员，结合工程实际情况，编制高大模板支撑系统的专项施工方案。高大模板支撑系统专项施工方案，应先由施工单位技术部门组织本单位施工技术、安全、质量等部门的专业技术人员进行审核，经施工单位技术负责人签字后，再按照相关规定组织专家论证。

模板及支架应根据施工过程中的各种工况进行设计，应具有足够的承载力和刚度，并应保证其整体稳固性。模板及支架应保证工程结构和构件各部分形状、尺寸和位置准确，且应便于钢筋安装和混凝土浇筑、养护。

4. 模板材料

模板以及支架是保证混凝土结构工程安全施工的重要保证，模板及支架材料的技术指标应符合国家现行有关标准的规定。另外，模板也是一个混凝土结构施工的辅助手段，是一种临时工程且在施工中要进行周转使用，因此模板及支架宜选用轻质、高强、耐用的材料，连接件宜选用标准定型产品，以便于安装和拆卸。接触混凝土的模板表面应平整，并应具有良好的耐磨性和硬度；清水混凝土模板的面板材料应能保证脱模后所需的饰面效果。脱模剂应能有效减小混凝土与模板间的吸附力，并应有一定的成膜强度，且不应影响脱模后混凝土表面的后期装饰。

8.2.2 模板支撑系统

模板支架系统是模板的主要受力系统，模板支架必须有足够的承载能力、刚度和稳定性，能可靠地承受浇筑混凝土的重量、侧压力及施工荷载。

目前我国建筑工程的模板支撑系统主要采用扣件式钢管作为模板支撑，这种支撑系统之所以在建筑工程中得到大量采用，在于其非常适应建筑工程构件尺寸的多样化。因此这里主要讲述扣件式钢管支架的构造要求。

1. 扣件式钢管支架

（1）模板支架搭设要求

采用扣件式钢管作模板支架时，支架搭设应符合下列规定：

1）模板支架搭设用的钢管、扣件规格，应符合模板设计方案要求；立杆纵距 l_b、立杆横距 l_a、支架步距 h（注：一般长方向为纵距，短方向为横距，上述三个参数的定义详见本教材第 6 章图 6-2）以及构造要求，应符合专项施工方案的要求。

2）立杆纵距、立杆横距不应大于 1.5m，支架步距不应大于 2.0m；立杆纵向和横向宜设置扫地杆，纵向扫地杆距立杆底部不宜大于 200mm，横向扫地杆宜设置在纵向扫地杆的下方；立杆底部宜设置底座或垫板(图 8-4)。

图 8-4　立杆、水平杆及扫地杆设置

3）立杆接长除顶层步距可采用搭接外，其余各层步距接头应采用对接扣件连接，两个相邻立杆的接头不应设置在同一步距内。

4）立杆步距的上下两端应设置双向水平杆，水平杆与立杆的交错点应采用扣件连接，双向水平杆与立杆的连接扣件之间距离不应大于 150mm。

5）支架周边应连续设置竖向剪刀撑。支架长度或宽度大于 6m 时，应设置中部纵向或横向的竖向剪刀撑，剪刀撑的间距和单幅剪刀撑的宽度均不宜大于 8m，剪刀撑与水平杆的夹角宜为 45°～60°；支架高度大于 3 倍步距时，支架顶部宜设置一道水平剪刀撑，剪刀撑应延伸至周边(图 8-5)。

6）立杆、水平杆、剪刀撑的搭接长度不应小于 0.8m，且不应少于 2 个扣件连接，扣件盖板边缘至杆端不应小于 100mm。

7）扣件螺栓的拧紧力矩不应小于 40N·m，且不应大于 65N·m。

支架立杆搭设的垂直偏差不宜大于 1/200。

（2）高大模板支架搭设要求

采用扣件式钢管作高大模板支架时（图 8-6），支架搭设除应符合上述（1）的八条规定外，尚应符合下列规定：

图 8-5　高大模板水平剪刀撑设置

图 8-6　高大模板支撑

1）宜在支架立杆顶端插入可调托座，可调托座螺杆外径不应小于 36mm，螺杆插入钢管的长度不应小于 150mm，螺杆伸出钢管的长度不应大于 300mm，可调托座伸出顶层水平杆的悬臂长度不应大于 500mm。

2）立杆纵距、横距不应大于 1.2m，支架步距不应大于 1.8m。

立杆顶层步距内采用搭接时，搭接长度不应小于 1m，且不应少于 3 个扣件连接。

3）立杆纵向和横向应设置扫地杆，纵向扫地杆距立杆底部不宜大于 200mm。

4）宜设置中部纵向或横向的竖向剪刀撑，剪刀撑的间距不宜大于 5m，沿支架高度方向搭设的水平剪刀撑的间距不宜大于 6m。

5）立杆的搭设垂直偏差不宜大于 1/200，且不宜大于 100mm。

6）应根据周边结构的情况，采取有效的连接措施加强支架整体稳固性。

2. 满堂支撑架

满堂支撑架步距与立杆间距不宜超过《扣件式钢管脚手架安全技术规范》JGJ 130—2011 附录 C 表 C-2—表 C-5 规定的上限值，立杆伸出顶层水平杆中心线至支撑点的长度。不应超过 0.5m。满堂支撑架搭设高度不宜超过 30m。

（1）满堂支撑架立杆构造要求

满堂支撑架每根立杆底部宜设置底座或垫板。脚手架必须设置纵、横向扫地杆。纵向扫地杆应采用直角扣件固定在距钢管底端不大于 200mm 处的立杆上。横向扫地杆应采用直角扣件固定在紧靠纵向扫地杆下方的立杆上。脚手架立杆基础不在同一高度上时，必须将高处的纵向扫地杆向低处延长两跨与立杆固定，高低差不应大于 1m。靠边坡上方的立杆轴线到边坡的距离不应小于 500mm（图 8-7）。立杆接长接头必须采用对接扣件连接。当立杆采用对接接长时，立杆的对接扣件应交错布置。两根相邻立杆的接头不应设置在同步内，同步内隔一根立杆的两个相隔接头在高度方向错开的距离不宜小于 500mm；各接头中心至主节点的距离不宜大于步距的 1/3。

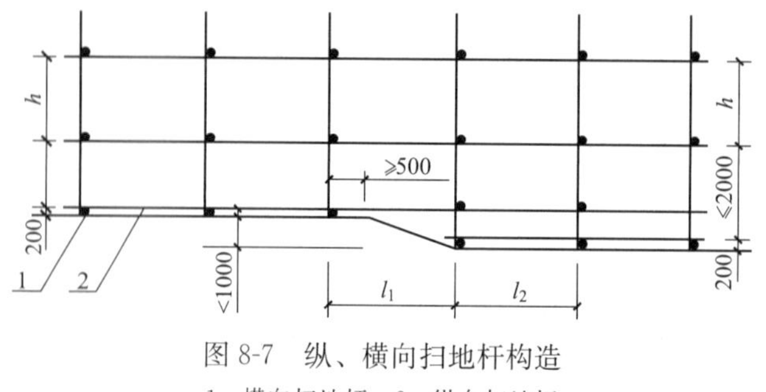

图 8-7　纵、横向扫地杆构造

1—横向扫地杆；2—纵向扫地杆

（2）满堂支撑架横杆构造要求

水平杆的连接应采用对接扣件连接或搭接，并应符合下列规定：两根相邻纵向水平杆的接头不应设置在同步或同跨内；不同步或不同跨两个相邻接头在水平方向错开的距离不应小于 500mm；各接头中心至最近主节点的距离不应大于纵距的 1/3(图 8-8)。搭接长度不应小于 1m，应等间距设置 3 个旋转扣件固定；端部扣件盖板边缘至搭接纵向水平杆杆端的距离不应小于 100mm。水平杆长度不宜小于 3 跨。

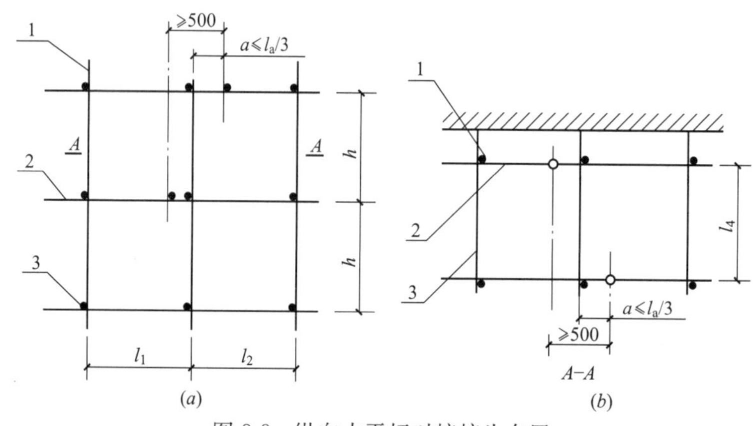

图 8-8　纵向水平杆对接接头布置

(a)接头不在同步内(立面)；(b)接头不在同跨内(平面)

1—立杆；2—纵向水平杆；3—横向水平杆

（3）满堂支撑架剪刀撑构造要求

满堂支撑架应根据架体的类型设置剪刀撑，并应符合下列规定：

1）普通型

① 在架体外侧周边及内部纵、横向每 5～8m，应由底至顶设置连续竖向剪刀撑，剪刀撑宽度应为 5～8m(图 8-9)。

② 在竖向剪刀撑顶部交点平面应设置连续水平剪刀撑。当支撑高度超过 8m，或施工总荷载大于 15kN/m^2，或集中线荷载大于 20kN/m 的支撑架，扫地杆的设置层应设置水平剪刀撑。水平剪刀撑至架体底平面距离与水平剪刀撑间距不宜超过 8m(图 8-9)。

2）加强型

① 当立杆纵、横间距为 0.9m×0.9m～1.2m×1.2m 时，在架体外侧周边及内部纵、横向每 4 跨(且不大于 5m)，应由底至顶设置连续竖向剪刀撑，剪刀撑宽度应为 4 跨。

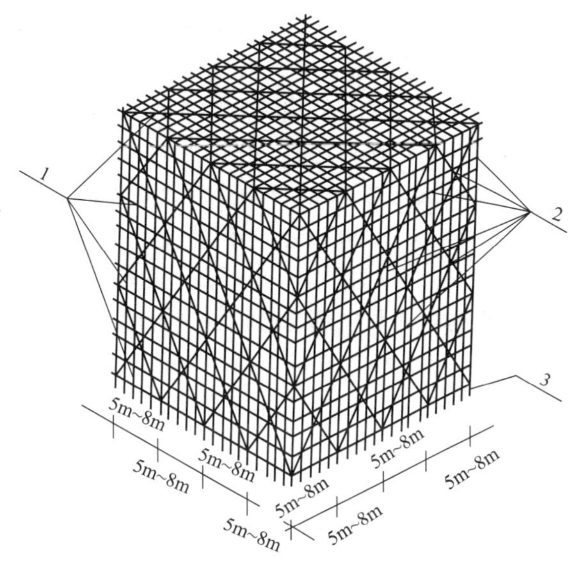

图 8-9　普通型水平、竖向剪刀撑布置图

1—水平剪刀撑；2—竖向剪刀撑；3—扫地杆设置层

② 当立杆纵、横间距为 0.6m×0.6m～0.9m×0.9m（含 0.6m×0.6m，0.9m×0.9m）时，在架体外侧周边及内部纵、横向每 5 跨（且不小于 3m），应由底至顶设置连续竖向剪刀撑，剪刀撑宽度应为 5 跨。

③ 当立杆纵、横间距为 0.4m×0.4m～0.6m×0.6m（含 0.4m×0.4m）时，在架体外侧周边及内部纵、横向、每 3～3.2m 应由底至顶设置连续竖向剪刀撑，剪刀撑宽度应为 3～3.2m。

④ 在竖向剪刀撑顶部交点平面应设置水平剪刀撑，扫地杆的设置层水平剪刀撑的设置应符合普通型的规定，水平剪刀撑至架体底平面距离与水平剪刀撑间距不宜超过 6m，剪刀撑宽度应为 3～5m（图 8-10）。

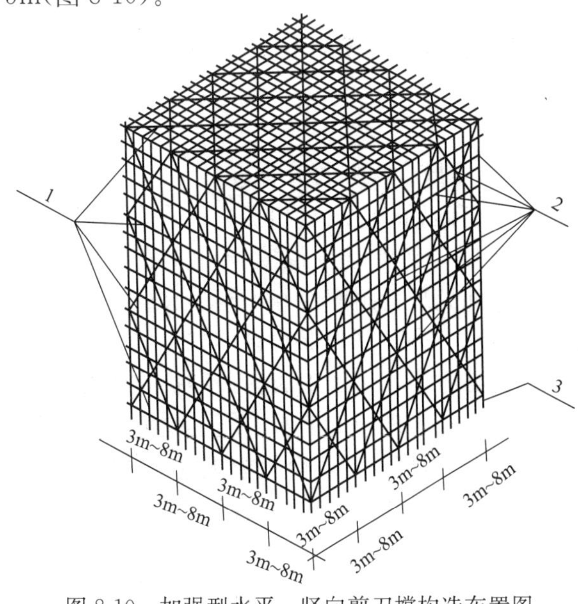

图 8-10　加强型水平、竖向剪刀撑构造布置图

1—水平剪刀撑；2—竖向剪刀撑；3—扫地杆设置层

竖向剪刀撑斜杆与地面的倾角应为45°～60°，水平剪刀撑与支架纵(或横)向夹角应为45°～60°。剪刀撑斜杆的接长采用搭接接长时，搭接长度不应小于1m，并应采用不少于2个旋转扣件固定。端部扣件盖板的边缘至杆端距离不应小于100mm。

剪刀撑的固定应用旋转扣件固定在与之相交的水平杆或立杆上，旋转扣件中心线至主节点的距离不宜大于150mm。满堂支撑架的可调底座、可调托撑螺杆伸出长度不宜超过300mm，插入立杆内的长度不得小于150mm。当满堂支撑架高宽比不满足《扣件式钢管脚手架安全技术规范》JGJ 130—2011附录C表C-2～表C-5的规定(即高宽比大于2或2.5)时，满堂支撑架应在支架的四周和中部与结构柱进行刚性连接，连墙件水平间距应为6～9m；竖向间距应为2～3m。在无结构柱部位应采取预埋钢管等措施与建筑结构进行刚性连接，在有空间部位，满堂支撑架宜超出顶部加载区投影范围向外延伸布置(2～3)跨。支撑架高宽比不应大于3。

3. 碗扣式、盘扣式或盘销式钢管支架体系

采用碗扣式、盘扣式或盘销式钢管架作模板支架时，支架搭设应符合下列规定：

(1) 碗扣架、盘扣架或盘销架的水平杆与立柱的扣接应牢靠，不应滑脱；

(2) 立杆上的上、下层水平杆间距不应大于1.8m。

(3) 插入立杆顶端可调托座伸出顶层水平杆的悬臂长度不应大于650mm，螺杆插入钢管的长度不应小于150mm，其直径应满足与钢管内径间隙不大于6mm的要求。架体最顶层的水平杆步距应比标准步距缩小一个节点间距。

(4) 立柱间应设置专用斜杆或扣件钢管斜杆加强模板支架。

支架的竖向斜撑和水平斜撑应与支架同步搭设，支架应与成型的混凝土结构拉结。钢管支架的竖向斜撑和水平斜撑的搭设，应符合国家现行有关钢管脚手架标准的规定。对现浇多层、高层混凝土结构，上、下楼层模板支架的立杆宜对准。模板及支架杆件等应分散堆放。模板安装应保证混凝土结构构件各部分形状、尺寸和相对位置准确，并应防止漏浆。模板安装应与钢筋安装配合进行，梁柱节点的模板宜在钢筋安装后安装。模板与混凝土接触面应清理干净并涂刷脱模剂，脱模剂不得污染钢筋和混凝土接槎处。

8.2.3 胶合板模板

混凝土模板用的胶合板有木胶合板和竹胶合板。

胶合板用作混凝土模板具有以下优点：(1)板幅大，自重轻，板面平整。既可减少安装工作量，节省现场人工费用，又可减少混凝土外露表面的装饰及磨去接缝的费用。(2)承载能力大，特别是经表面处理后耐磨性好，能多次重复使用。(3)材质轻，模板的运输、堆放、使用和管理等都较为方便。(4)保温性能好，能防止温度变化过快，冬期施工有助于混凝土的保温。(5)锯截方便，易加工成各种形状的模板。(6)便于按工程的需要弯曲成型，用作曲面模板。(7)是较为理想的清水混凝土模板。我国于1981年开始在高层现浇平板结构施工中首次采用胶合板模板，胶合板模板的优越性第一次被认识。目前在全国各地大中城市的高层现浇混凝土结构施工中，胶合板模板已得到了广泛使用，是目前房屋建筑施工的主要模板。

模板用的木胶合板通常由5、7、9、11层等奇数层单板经热压固化而胶合成型。相邻层的纹理方向相互垂直，通常最外层表板的纹理方向和胶合板板面的长向平行，因此整张

胶合板的长向为强方向，短向为弱方向，使用时必须加以注意。我国模板用木胶合板的规格尺寸，见表 8-1。

模板用木胶合板规格尺寸　　表 8-1

<table>
<tr><th>厚度(mm)</th><th>层　数</th><th>宽度(mm)</th><th>长度(mm)</th></tr>
<tr><td>12</td><td>至少 5 层</td><td>915</td><td>1830</td></tr>
<tr><td>15</td><td rowspan="3">至少 7 层</td><td>1220</td><td>1830</td></tr>
<tr><td rowspan="2">18</td><td>915</td><td>2135</td></tr>
<tr><td>1220</td><td>2440</td></tr>
</table>

若梁的跨度等于或大于 4m，应使梁底模板中部略起拱，防止由于混凝土的重力使跨中下垂。如设计无规定时，起拱高度宜为全跨长度的 1/1000～3/1000。

8.2.4　胶合板模板安装

8.2.4.1　模板设计

根据工程结构形式和特点及现场施工条件，对模板进行设计，确定模板平面布置，纵横龙骨规格、数量、排列尺寸，柱箍选用的形式及间距，梁板支撑间距，模板组装形式(就位组装和预制拼装)，连接节点大样等。外墙接槎、楼梯间接槎、电梯井接槎、梁与柱节点、梁与墙节点应绘制节点详图。模板设计应考虑整张胶合板的长向为强方向，短向为弱方向，使用时模板长向垂直次龙骨铺设为宜。对水平结构混凝土构件模板支撑体系高度超过 8m 或跨度超过 18m，施工总荷载大于 15kN/m^2，或集中线荷载大于 20kN/m 的模板支撑系统应进行专家论证。后浇带处的模板支撑体系应同周边水平结构模板分开，单独设立，并保证模板支撑体系的刚度、强度及稳定性。

8.2.4.2　模板施工

1. 墙柱模板安装施工

(1) 剪力墙、柱模板施工工艺流程

清除墙柱接头施工缝处混凝土软弱层及杂物→墙柱定位放线→沿墙柱外延线钉限位板→安装墙柱模板→钉加强竖向木枋→在模板上钻孔安装拉杆和柱箍→垂直度校正及加固→验收→浇筑混凝土→养护→模板拆除

(2) 剪力墙、柱模板施工

1) 墙柱定位放线及钉限位板

清除墙柱根部的杂物及疏松层，按照设计图纸将墙柱等构件进行定位放线，在墙柱外延线钉限位板(图 8-11)，从四面顶住墙柱模板根部以防止位移。为了校核模板安装完毕后的偏位情况，可以将外延线外移 500mm 或 1000mm，以便校核。

图 8-11　墙柱外延线钉限位板

2) 安装墙柱模板

通排柱，先安装楼层平面的两边柱，经校正、固定，再拉通线校正中间各柱。墙柱模板安装应先进行隐蔽工程验收，检查钢筋和预埋管线是否已按设计图纸施工完毕。一般情况下，模板按柱子大小，可以预拼成一面一片；墙模板可以先安装相邻两面，就位后先用铁丝与主筋绑扎临时固定，用木钉将两侧模板连接紧。安装完两面后，再安装另外两面模板。上下层用木枋固定连接。柱模板安装示意图如图 8-12，图 8-13 所示。

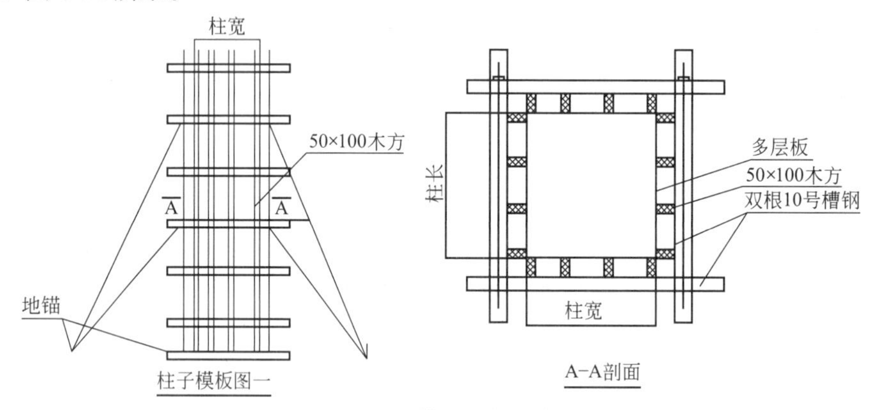

图 8-12　柱模板安装示意图

剪力墙模板安装方法与柱模板安装方法类似。墙模板可以先安装相邻两面，就位后先用铁丝与主筋绑扎临时固定，用木钉将两侧模板连接紧。安装完两面后，再安装另外两面模板。上下层用木枋固定连接(图 8-12)。但是对于剪力墙有预留洞口的，应按位置线安装预留洞口模板，预留洞口模板应加定位筋固定和支撑，洞口设 4～5 道横撑。预留洞口模板与墙模接合处应加垫海绵条或双面胶带防止漏浆。把预先拼装好的两面墙体模板按位置线就位，安塑料套管和穿墙螺栓拉杆，穿墙螺栓规格和间距应符合模板设计规定，见图 8-14～图 8-18。

图 8-13　框架柱模板安装固定

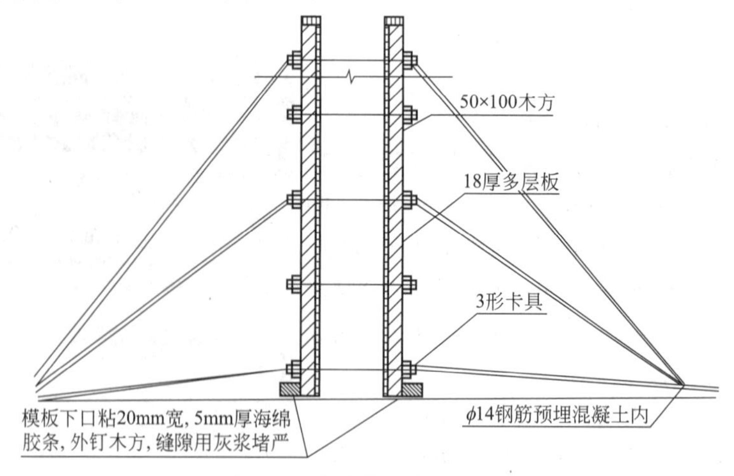

图 8-14　内墙模板支撑示意图

图 8-15　剪力墙侧模先安装相邻两侧模板

图 8-16

(a)在模板上施工拉杆穿孔；(b)穿好拉杆的剪力墙模板

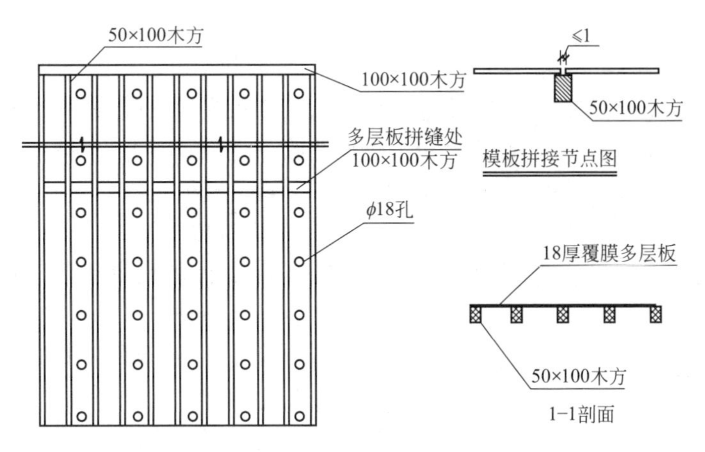

图 8-17　墙模板立面节点示意图

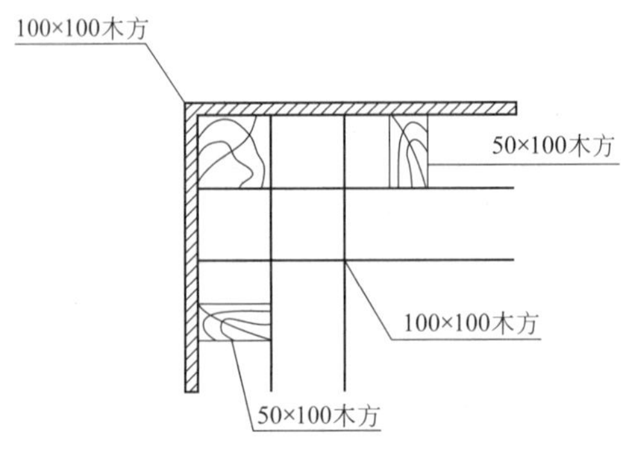

图 8-18　模板阴角做法

3）垂直度校正并加固

用线坠(必要时用经纬仪)校正墙柱模板的垂直度。校正好之后固定模板的支撑(图 8-19)。

(3) 剪力墙、柱模板施工质量注意点

1）施工前要向模板施工队组进行技术和安全交底，施工时严格按模板专项施工方案施工。

2）墙柱构件阴阳角部位要采用比较方正的枋木进行顶压，避免出现漏浆现象。

3）用作竖楞的枋木要加工平直，对竖楞与模板之间的空隙要用楔木楔紧。

4）剪力墙短边要用刚性大的型钢或钢管作为水平杆，不允许采用拉杆作为水平杆。

5）墙柱模板正式固定前一定要校正其垂直度。

图 8-19　已设置水平杆的剪力墙模板支撑

2. 梁板模板安装施工

(1) 梁板模板安装施工工艺流程

梁定位(水平定位及标高定位)放线→设置扫地杆→搭设立杆→搭设中间水平拉杆→搭设顶端水平杆→搭设水平和竖向剪刀撑→安放并调节可调托座(如果有)→设置主楞梁→设置次楞梁→安装梁两端柱头部位底模板→调整梁底模的标高和位置→拉通线→安装梁底模→梁底起拱(如果有)→安装侧模→调整加固→安装楼板模板→模板验收→安装梁板钢筋→钢筋验收→浇筑混凝土→混凝土养护→拆模

(2) 梁板模板施工

1）梁定位放线

柱子拆模后在混凝土柱上弹出 0.5m 标高线，在楼板上和柱子上弹出梁轴线；如果柱、梁板混凝土一起浇筑的，可以将 0.5m 标高线标在柱粗钢筋上。同时在柱模板安装之前在柱根部测量定出梁的轴线，再从梁轴线往两侧用卷尺量出梁的外边线(图 8-20)。

图 8-20　在柱根部弹出梁的外边线

2）梁板模板支撑系统搭设

根据立杆支撑位置图放线，保证以后每层立杆都在同一条垂直线上，应确保上下支撑在同一竖向位置。先设置扫地杆，搭设立杆，然后搭设中间水平拉杆、搭设顶部水平杆、设置水平和竖向剪刀撑、安放并调节可调托座（如果有）等次序依次将支撑系统搭设完成。

铺设垫板：安装梁模板支撑系统立柱之前应先铺垫板。垫板可用 50mm 厚木脚手板或 100mm×100mm 胶合板，当施工荷载大于 1.5 倍设计使用荷载或立柱支设在基土上时，垫板尺寸应加长加厚。

安装立柱：一般梁支柱采用双排，梁高、梁宽比较大时，梁底支柱的间距应加密，具体间距应通过模板设计确定，支柱之间应按模板设计的步距设置双向水平拉杆，离地 200mm 设置扫地杆。必要时在支柱之间每隔一定间距应加一道竖向和水平向的剪刀撑，保证支撑体系的稳定性。

具体搭设如图 8-21～图 8-23 所示。

(*a*) (*b*)

图 8-21　模板支撑扫地杆和立杆搭设

（*a*）在铺设模板支撑扫地杆；（*b*）搭设立杆和水平杆（要求每一根立杆下均须设置垫板）

(*a*) (*b*)

图 8-22　模板支撑水平杆和剪刀撑搭设

（*a*）设置顶部水平杆；（*b*）设置竖向剪刀撑

(a)

(b)

图 8-23　梁板模板主楞梁和次楞梁搭设

(a)设置 U 形支托和主楞梁(钢管)；(b)实在主楞梁上铺设次楞梁(枋木)

3）安装梁底模和侧模

按照标在钢筋上 0.5m 标高线和柱根部混凝土楼板上的梁定位边线，利用卷尺和线锤将梁底模的标高和梁外边线引上去。调整梁底模标高和位置，安装梁底模板。梁底模和梁水平位置确定后，然后拉通线找直，按梁轴线找准位置。梁底模板跨度大于或等于 4m 应按设计要求起拱。当设计无明确要求时，一般起拱高度为跨度的 1/1000～3/1000。

用梁托架支撑(现在常采用一种叫步步紧的构件)固定两侧模板。龙骨间距应由模板设计确定，梁模板上口应用定型卡子固定。当梁高超过 600mm 时，加穿拉杆螺栓加固梁侧模或使用工具式卡子加固。并注意梁侧模板根部一定要楔紧或使用工具式卡子夹紧，防止胀模漏浆通病。梁板模板的铺设施工见图 8-24、图 8-25。

安装楼板模板：梁侧模安装完成后，可以铺设楼板模板，楼板模板的长向应垂直于支撑模板的木枋。梁板模板检查合格后办理模板验收手续。

板模板的铺设施工见图 8-26、图 8-27。

(a)

(b)

图 8-24　梁模板铺设施工

(a)主次梁底模的施工(梁侧模施工要置于梁底模侧面，即采用侧模包底模的方式)；

(b)采用步步紧扣紧底模和侧模(避免浇筑混凝土时漏浆)

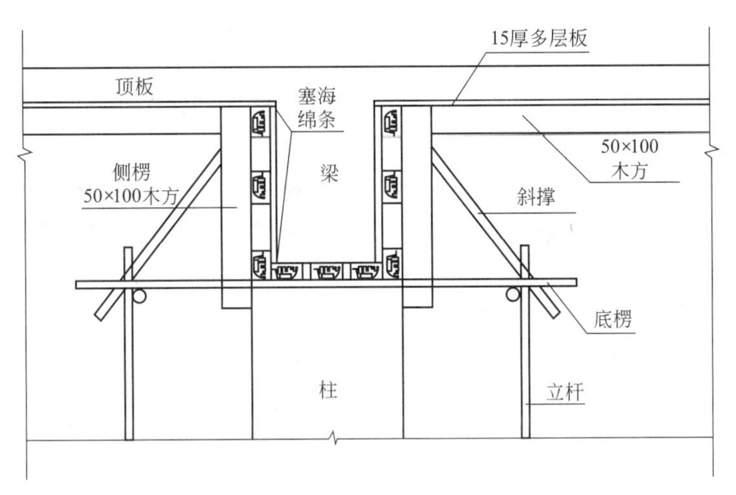

图 8-25　梁支模示意图

(*a*)　(*b*)

图 8-26　楼板模板铺设

(*a*)铺设板底模小楞梁；(*b*)工人在进行板模板的铺设施工

(*a*)　(*b*)

图 8-27　梁板模板成品

(*a*)梁板模板底部支撑情况；(*b*)梁板模板施工完后的成品

3. 楼梯模板安装

（1）楼梯模板安装施工工艺

定位放线→安装楼梯柱模板（如果有）→设置扫地杆→搭设立杆→搭设中间水平拉杆→搭设顶端水平杆→搭设水平和竖向剪刀撑→安放并调节可调托座（如果有）→设置主楞梁→设置次楞梁→安装平台梁底模板→校正梁底模及顶标高→安装平台板模板→铺设梯段底板模板→安装梯侧模→安装楼梯钢筋及预埋管线→安装踏步模板→验收→浇筑混凝土→混凝土养护→拆模

（2）楼梯模板施工

放线、抄平：弹好楼梯位置线，包括楼梯梁、踏步首末两级的角部位置、标高等。

铺垫板、立支柱：支柱和龙骨间距应根据模板设计确定，先立支柱、安装龙骨（有梁楼梯先支梁），然后调节支柱高度，将支撑楞梁（木枋）水平钢管（大龙骨）找平，校正位置标高，并加拉杆，如图 8-28 所示。

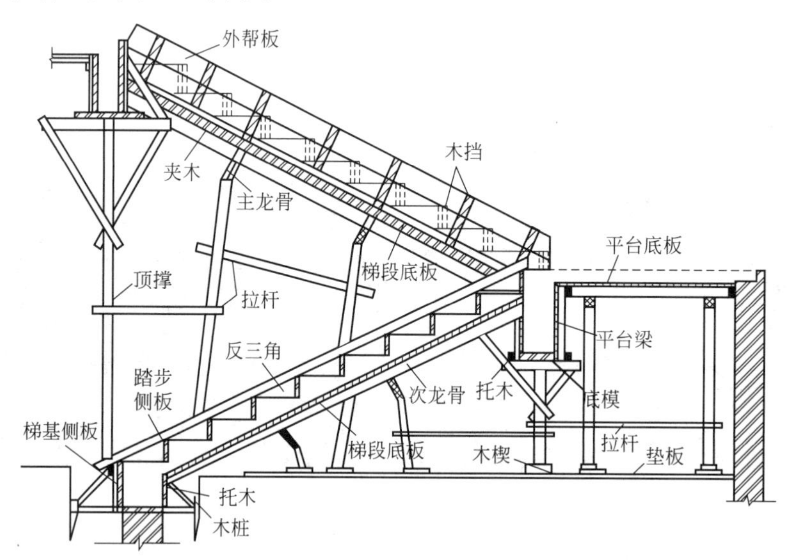

图 8-28　有梁楼梯模板支撑示意图

铺设平台模板和梯段底板模板，模板拼缝应严密不得漏浆。在板上划梯段宽度线，依线立外帮板（楼梯侧模板），外帮板可用夹木或斜撑固定，如图 8-29，图 8-30 所示。

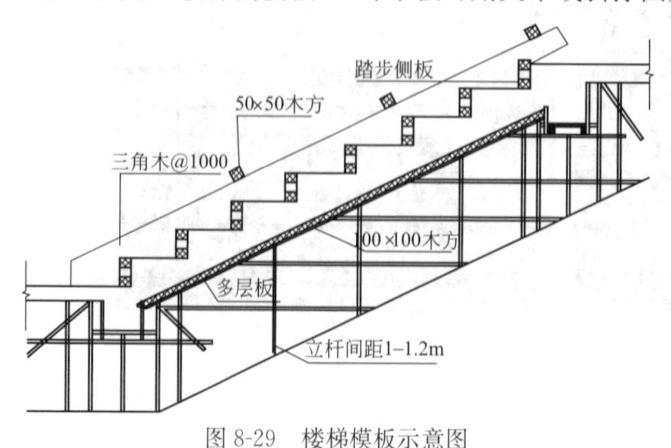

图 8-29　楼梯模板示意图

图 8-30　楼梯模板安装情况

绑扎楼梯钢筋(梁板式楼梯先绑扎梁钢筋)。

吊楼梯踏步模板。办理钢筋的隐检和模板的预检。注意梯步高度应均匀一致，最下一步及最上一步的高度，必须考虑到楼地面最后的装修厚度及楼梯踏步的装修做法，防止由于装修厚度不同形成楼梯踏步高度不协调。装修后楼梯相邻踏步高度差不得大于 10mm。

4. 后浇带模板及预埋件设置

后浇带的模板及支架应独立设置(图 8-31)。

固定在模板上的预埋件、预留孔和预留洞，均不得遗漏，且应安装牢固、位置准确。

(a)

(b)

图 8-31 后浇带模板安装情况

(a)后浇带模板支撑情况；(b)后浇带模板拆除后回顶情况

5. 模板施工质量控制要点

模板支架系统施工要严格按模板的设计方案施工。扫地杆要纵横向通长设置；每一根立杆下要设置垫板，垫板的厚度及大小按设计确定；主楞梁和次楞梁伸出的悬挑长度不应大于 300mm；如果是厚大的混凝土梁，梁模板的楞梁与立杆的扣件下应加设抗滑扣件，梁高超过 600mm 的梁侧模板应设置斜撑或采用拉杆对拉。

模板的安装支设必须符合下列规定：

(1) 模板及其支架应具有足够的承载能力、刚度和稳定性，能可靠地承受浇筑混凝土的重量、侧压力及施工荷载。

(2) 要保证工程结构和构件各部分形状尺寸和相互位置的正确。

(3) 构造简单，装拆方便，并便于钢筋的绑扎和安装，符合混凝土的浇筑及养护等工艺要求。

(4) 模板的拼(接)缝应严密，不得漏浆。

(5) 清水混凝土工程及装饰混凝土工程所使用的模板，应满足设计要求的效果。

8.2.5 模板拆除

模板拆除时，可采取先支的后拆、后支的先拆，先拆非承重模板、后拆承重模板的顺序，并应从上而下进行拆除(图 8-32)。底模及支架应在混凝土强度达到设计要求后再拆除；当设计无具体要求时，可采用同条件养护的混凝土立方体试件作为拆模试块，拆模试块的抗压强度应符合表 8-2 的规定。表 8-2 拆模时混凝土强度达到的百分率仅是拆模的一个必要条件，即混凝土构件的底模达到表里的强度要求后，并不意味着就可以拆模，是否可以拆模还取决于施工层的施工安全能否得到保证，一般工程实践中施工层下必须有两层模板支撑体系。

(a)

(b)

图 8-32　模板拆除

(a)梁板模板的拆除情况；(b)拆除的模板通过卸料平台吊运至上层继续周转使用

底模拆除时的混凝土强度要求　　表 8-2

构件类型	构件跨度	达到设计混凝土强度等级值的百分率(%)
板	≤2	≥50
	>2，≤8	≥75
	>8	≥100
梁、拱、壳	≤8	≥75
	>8	≥100
悬臂结构		≥100

当混凝土强度能保证其表面及棱角不受损伤时，方可拆除侧模。多个楼层间连续支模的底层支架拆除时间，应根据连续支模的楼层间荷载分配和混凝土强度的增长情况确定。当拆除大于 4m 跨度的梁下模板支撑立柱时，应先从跨中开始，对称地分别向两端拆除。快拆支架体系的支架立杆间距不应大于 2m。拆模时，应保留立杆并顶托支承楼板，拆模时的混凝土强度可按表 8-2 中构件跨度为 2m 楼板的规定确定。

后张预应力混凝土结构构件，侧模宜在预应力筋张拉前拆除；底模及支架不应在结构构件建立预应力前拆除。大体积混凝土的拆模时间除应满足混凝土强度要求外，还应使混凝土内外温差降低到 25℃以下时方可拆模。否则应采取有效措施防止产生温度裂缝。拆下的模板及支架杆件不得抛掷，应分散堆放在指定地点，并应及时清运。模板拆除后应将其表面清理干净，对变形和损伤部位应进行修复。

8.3　钢　筋　工　程

8.3.1　钢筋品种与规格

混凝土结构用的普通钢筋可分为两类：热轧钢筋和冷加工钢筋(冷轧带肋钢筋、冷轧扭钢筋、冷拔螺旋钢筋)。冷拉钢筋与冷拔低碳钢丝已逐渐淘汰。余热处理钢筋属于热轧钢筋一类。热轧钢筋具有软钢性质，有明显的屈服点。

冷轧带肋钢筋的应力—应变图呈硬钢性质，无明显屈服点。一般将对应于塑性应变为0.2%时的应力定为屈服强度，并以$\sigma_{0.2}$表示。提高钢筋强度，可减少用钢量，降低成本，但并非强度越高越好。高强钢筋在高应力下往往引起构件过大的变形和裂缝。因此，对普通混凝土结构，设计强度限值为360MPa。钢筋的延性通常用拉伸试验测得的伸长率表示。影响延性的主要因素是钢筋材质。热轧低碳钢筋强度虽低但延性好。随着加入合金元素和碳当量加大，强度提高但延性减小。对钢筋进行热处理和加工同样可提高强度，但延性降低。混凝土构件的延性表现为破坏前有足够的预兆(明显的挠度或大的裂缝)。构件的延性与钢筋的延性有关，但并不等同，它还与配筋率、钢筋强度、预应力程度、高跨比、裂缝控制性能等有关。例如，即使延性最好的热轧钢筋，当配筋率过小或过大时，构件均可能发生表现为断裂或混凝土碎裂的脆性破坏。而由延性并不大的钢丝、钢绞线配筋的构件，由于钢筋强度很高，在很大的变形裂缝下也不致断裂。

钢筋的性能应符合国家现行有关标准的规定。常用钢筋的公称直径、公称截面面积、计算截面面积及理论重量，应符合国家相应规范的规定。钢筋的计算截面面积及理论重量应符合表8-3的规定。

钢筋的计算截面面积及理论重量 **表8-3**

公称直径	不同根数钢筋的计算截面面积(mm²)									单根钢筋理论重量(kg/m)
	1	2	3	4	5	6	7	8	9	
6	28.3	57	85	113	142	170	198	226	255	0.222
8	50.3	101	151	201	252	302	352	402	453	0.395
10	78.5	157	236	314	393	471	550	628	707	0.617
12	113.1	226	339	452	565	678	791	904	1017	0.888
14	153.9	308	461	615	769	923	1077	1231	1385	1.21
16	201.1	402	603	804	1005	1206	1407	1608	1809	1.58
18	254.5	509	763	1017	1272	1527	1781	2036	2290	2.00
20	314.2	628	942	1256	1570	1884	2199	2513	2827	2.47
22	380.1	760	1140	1520	1900	2281	2661	3041	3421	2.98
25	490.9	982	1473	1964	2454	2945	3436	3927	4418	3.85
28	615.8	1232	1847	2463	3079	3695	4310	4926	5542	4.83
32	804.2	1609	2413	3217	4021	4826	5630	6434	7238	6.31
36	1017.9	2036	3054	4072	5089	6107	7125	8143	9161	7.99
40	1256.6	2513	3770	5027	6283	7540	8796	10053	11310	9.87
50	1963.5	3928	5892	7856	9820	11784	13748	15712	17676	15.42

对有抗震设防要求的结构，其纵向受力钢筋的性能应满足设计要求。当设计无具体要求时，对按一、二、三级抗震等级设计的框架和斜撑构件(含梯段)中的纵向受力普通钢筋应采用HRB335E、HRB400E、HRB500E、HRBF335E、HRBF400E或HRBF500E钢筋，其强度和最大力下总伸长率的实测值，应符合下列规定：

（1）钢筋的抗拉强度实测值与屈服强度实测值的比值不应小于 1.25；
（2）钢筋的屈服强度实测值与屈服强度标准值的比值不应大于 1.30；
（3）钢筋的最大力下总伸长率不应小于 9%。
对盘卷钢筋和直条钢筋调直后的断后伸长率、重量负偏差要求符合表 8-4 规定：

盘卷钢筋和直条钢筋调直后的断后伸长率、重量负偏差要求　　表 8-4

钢筋牌号	断后伸长率（%）	重量负偏差（%）		
		直径 6～12mm	直径 14～20mm	直径 22～50mm
HPB235、HPB300	≥21	≤10	—	—
HRB335、HRBF335	≥16	≤8	≤6	≤5
HRB400、HRBF400	≥15			
RRB400	≥13			
HRB500、HRBF500	≥14			

8.3.2　钢筋的加工

钢筋加工包括钢筋的除锈、调直、切断和弯曲等施工。钢筋加工前应将表面清理干净。表面有颗粒状、片状老锈或有损伤的钢筋不得使用。钢筋加工宜在常温状态下进行，加工过程中不应对钢筋进行加热。钢筋应一次弯折到位。钢筋宜采用机械设备进行调直(图 8-33*a*)，也可采用冷拉方法调直。采用机械设备调直时，调直设备不应具有延伸功能。当采用冷拉方法调直时，HPB300 光圆钢筋的冷拉率不宜大于 4%；HRB335、HRB400、HRB500、HRBF335、HRBF400、HRBF500 及 RRB400 带肋钢筋的冷拉率不宜大于 1%。钢筋调直过程中不应损伤带肋钢筋的横肋。调直后的钢筋应平直，不应有局部弯折。

(*a*)

(*b*)

图 8-33　钢筋加工
(*a*)兼具钢筋除锈、调直和切断功能的钢筋调直切断机；(*b*)某工程个人在进行钢筋弯曲加工

钢筋弯折(图 8-33*b*)的弯弧内直径应符合下列规定：
（1）光圆钢筋，不应小于钢筋直径的 2.5 倍。
（2）335MPa 级、400MPa 级带肋钢筋，不应小于钢筋直径的 4 倍。
（3）500MPa 级带肋钢筋，当直径为 28mm 以下时不应小于钢筋直径的 6 倍，当直径为 28mm 及以上时不应小于钢筋直径的 7 倍。

(4) 位于框架结构顶层端节点处的梁上部纵向钢筋和柱外侧纵向钢筋，在节点角部弯折处，当钢筋直径为 28mm 以下时不宜小于钢筋直径的 12 倍，当钢筋直径为 28mm 及以上时不宜小于钢筋直径的 16 倍。

(5) 箍筋弯折处尚不应小于纵向受力钢筋直径。箍筋弯折处纵向受力钢筋为搭接钢筋或并筋时，应按钢筋实际排布情况确定箍筋弯弧内直径。

纵向受力钢筋的弯折后平直段长度应符合设计要求及《混凝土结构设计规范》GB 50010 的有关规定。光圆钢筋末端作 180°弯钩时，弯钩的弯折后平直段长度不应小于钢筋直径的 3 倍。箍筋、拉筋的末端应按设计要求作弯钩，并应符合下列规定：

(1) 对一般结构构件，箍筋弯钩的弯折角度不应小于 90°，折后平直段长度不应小于箍筋直径的 5 倍；对有抗震设防要求或设计有专门要求的结构构件，箍筋弯钩的弯折角度不应小于 135°，弯折后平直段长度不应小于箍筋直径的 10 倍和 75mm 两者之中的较大值。

(2) 圆形箍筋的搭接长度不应小于其受拉锚固长度，且两末端均应作不小于 135°的弯钩，弯折后平直段长度对一般结构构件不应小于箍筋直径的 5 倍，对有抗震设防要求的结构构件不应小于箍筋直径的 10 倍和 75mm 的较大值。

(3) 拉筋用作梁、柱复合箍筋中单肢箍筋或梁腰筋间拉结筋时，两端弯钩的弯折角度均不应小于 135°，弯折后平直段长度应符合本条第(1)款对箍筋的有关规定；拉筋用作剪力墙、楼板等构件中拉结筋时，两端弯钩可采用一端 135°另一端 90°，弯折后平直段长度不应小于拉筋直径的 5 倍。钢筋加工成品如图 8-34 所示。

图 8-34　钢筋加工成品

焊接封闭箍筋宜采用闪光对焊，也可采用气压焊或单面搭接焊，并宜采用专用设备进行焊接。焊接封闭箍筋下料长度和端头加工应按焊接工艺确定。焊接封闭箍筋的焊点设置应符合下列规定：

(1) 每个箍筋的焊点数量应为 1 个，焊点宜位于多边形箍筋中的某边中部，且距箍筋弯折处的位置不宜小于 100mm。

(2) 矩形柱箍筋焊点宜设在柱短边，等边多边形柱箍筋焊点可设在任一边；不等边多边形柱箍筋焊点应位于不同边上。

(3) 梁箍筋焊点应设置在顶边或底边。

当钢筋采用机械锚固措施时，钢筋锚固端的加工应符合国家现行相关标准的规定。采用钢筋锚固板时，应符合现行行业标准《钢筋锚固板应用技术规程》JGJ 256 的有关规定。

1. 钢筋配料计算

钢筋配料是根据构件配筋图，先绘出各种形状和规格的单根钢筋简图并加以编号，然后分别计算钢筋下料长度和根数，填写配料单，申请加工。

(1) 弯曲调整值

钢筋弯曲后的特点：一是在弯曲处内皮收缩、外皮延伸、轴线长度不变；二是在弯曲处形成圆弧。结构施工图中所标示钢筋长度是钢筋外边缘至外边缘之间的长度，即外包尺寸；钢筋加工前按直线下料。钢筋弯曲后的外包尺寸和中心线长度之间存在一个差值，称为“弯曲调整值”。在计算下料长度时必须扣除这个弯曲调整值。弯曲调整值的计算可以按下式计算：

$$\alpha\text{ 角弯曲调整值}=2(R+d)\tan\frac{\alpha}{2}-(R+0.5d)\times\frac{\alpha}{180^{\circ}}\times\pi \tag{8-1}$$

式中 R——钢筋弯曲半径；

d——钢筋直径。

弯曲调整值，根据理论推算并结合实践经验，表 8-5 列出了钢筋各种弯曲角度的弯曲调整值。计算时可以按照要求直接采用表中的弯曲调整值来计算钢筋的下料长度。

钢筋各种弯曲角度时的弯曲调整值 **表 8-5**

弯曲角度	钢筋级别	验收规范要求或平法要求	弯弧直径	弯曲调整值
30°	HPB235	规范规定不应小于的弯弧直径	$D=5d$	$0.3d$
45°	HPB300			$0.55d$
60°	HRB335			$0.9d$
90°	HRB400 HRB500			$2.29d$
135°	HPB235 HPB300		$D=2.5d$	$1.88d$
	HRB335 HRB400 HRB500		$D=4d$	$3.11d$
30°	HPB235	平法要求	$D=8d$（即 $R=4d$，适用钢筋直径 $D\leqslant25$）	$0.32d$
45°	HPB300			$0.61d$
60°	HRB335			$1.06d$
90°	HRB400			$2.93d$
135°	HRB500			$3.54d$
30°	HPB235		$D=12d$（即 $R=6d$，适用中间层钢筋直径 $D>25$ 以及顶层钢筋直径 $D\leqslant25$）	$0.35d$
45°	HPB300			$0.69d$
60°	HRB335			$1.28d$
90°	HRB400			$3.79d$
135°	HRB500			$4.48d$
30°	HPB235		$D=16d$（即 $R=8d$，适用顶层钢筋直径 $D>25$）	$0.37d$
45°	HPB300			$0.78d$
60°	HRB335			$1.49d$
90°	HRB400			$4.65d$
135°	HRB500			$5.43d$

（2）弯钩增加值

钢筋的弯钩形式有三种：半圆弯钩、直弯钩及135°斜弯钩。半圆弯钩和135°斜弯钩是最常用的一种弯钩。半圆弯钩一般用在板底部受力钢筋，直弯钩及135°斜弯钩一般用在箍筋的端部。一般在同时满足以下两种情况下才采用弯钩增加值的计算：一是该弯钩处于钢筋的端部；二是钢筋端部直段长度明确是以“平直长度”表示。所以采用弯钩增加值计算的，目前在结构设计图纸中一般是楼板底部的受力钢筋且采用HPB235或HPB300钢筋，其端部按规范要求加工成180°弯钩，且平直长度不小于$3d$；第二种情况是箍筋的末端，规范和平法要求箍筋的端部要求加工成90°(无抗震要求)且平直长度不小于$5d$，有抗震要求时加工成135°且平直长度不小于$10d$和75mm的较大值。弯钩增加值按以下公式计算，在下料时加上弯钩增加值。

$$\text{弯钩增加值}=\frac{\alpha\pi}{180°}\times(R+0.5d)-(R+d)+\text{平直长度} \tag{8-2}$$

式中 α——钢筋的弯折角度；

R——钢筋的曲折半径；

d——钢筋的直径。

如楼板底部受力(HPB235或HPB300钢筋)，按规范要求加工成180°，平直长度为$3d$时，其弯钩增加值为$6.25d$。

（3）钢筋下料长度计算

钢筋因弯曲或弯钩会使其长度变化，在配料中不能直接根据图中尺寸下料，必须了解对混凝土保护层、钢筋弯曲、弯钩等规定，再根据图中尺寸计算其下料长度。各种钢筋下料长度计算如下：

直钢筋下料长度＝构件长度－保护层厚度＋弯钩增加长度

弯起钢筋下料长度＝直段长度＋斜段长度－弯曲调整值＋弯钩增加长度

箍筋下料长度＝箍筋周长－箍筋弯曲调整值＋弯钩增加长度

上述钢筋需要搭接的话，还应增加钢筋搭接长度。

（4）配料单与料牌

钢筋配料计算完毕，填写配料单，详见表8-6。列入加工计划的配料单，将每一编号的钢筋制作一块料牌，作为钢筋加工的依据与钢筋安装的标志。钢筋配料单和料牌，应严格校核，必须准确无误，以免出错造成浪费。

钢筋配料单 **表8-6**

钢筋编号	钢筋下料简图	钢号	直径(mm)	下料长度(mm)	单位根数	合计根数	重量(kg)
①	⊔	二级	25	8450	3	15	488

2. 钢筋代换

（1）代换原则及方法

当施工中遇到钢筋品种或规格与设计要求不符时，可参照以下原则进行钢筋代换。

1）等强度代换方法

当构件配筋受强度控制时，可按代换前后强度相等的原则代换，称作“等强度代换”。

如设计图中所用的钢筋设计强度为 f_{y1}，钢筋总面积为 A_{S1}，代换后的钢筋设计强度为 f_{y2}，钢筋总面积为 A_{S2}，则应使：

$$A_{S1} \cdot f_{y1} \leqslant A_{S2} \cdot f_{y2} \quad 即 \quad n_2 \geqslant \frac{n_1 d_1^2 f_{y1}}{d_2^2 f_{y2}}$$

式中 n_1——原设计钢筋根数；

n_2——代换钢筋根数；

d_1——原设计钢筋直径；

d_2——代换钢筋直径。

2）等面积代换方法

当构件按最小配筋率配筋或采用同一型号（级别）钢筋代换时，可按代换前后面积相等的原则进行代换，称“等面积代换”。代换时应满足下式要求：

$$A_{S1} \leqslant A_{S2}$$

则

$$n_2 \geqslant n_1 \cdot \frac{d_1^2}{d_2^2}$$

当构件配筋受裂缝宽度或挠度控制时，代换后应进行裂缝宽度或挠度验算。

（2）代换注意事项

钢筋代换时，应办理设计变更文件，并应符合下列规定：

1）重要受力构件不宜用 HPB235 或 HPB300 钢筋代换变形钢筋，以免裂缝开展过大。

2）钢筋代换后，应满足《混凝土结构设计规范》GB50010 中所规定的钢筋间距、锚固长度、最小钢筋直径、根数等配筋构造要求。

3）梁的纵向受力钢筋与弯起钢筋应分别代换，以保证正截面与斜截面强度。

4）有抗震要求的梁、柱和框架，不宜以强度等级较高的钢筋代换原设计中的钢筋；如必须代换时，其代换的钢筋检验所得的实际强度，尚应符合抗震钢筋的要求。

5）当构件受裂缝宽度或挠度控制时，钢筋代换后应进行刚度、裂缝验算。

【例 8-1】 今有一块 6m 宽的现浇混凝土楼板，原设计的板底部纵向受力钢筋采用 HPB235 级(钢筋设计强度为 210MPa)Φ 12 钢筋@120mm，共计 50 根。现拟改用 HRB335 级(钢筋设计强度为 300MPa)规格 12mm 钢筋，求所需 HRB335 级规格 12mm 钢筋根数及其间距。

【解】 本题属于直径相同、强度等级不同的钢筋代换，采用等强度代换公式计算：

$n_2 \geqslant \frac{n_1 d_1^2 f_{y1}^2}{d_2^2 f_{y2}} = \frac{n_1 f_{y1}}{f_{y2}} = 50 \times 210/300 = 35$（根） 则：间距 $= 120 \times 50/35 = 171.4$mm，取 170mm。

8.3.3 钢筋连接

目前钢筋除了盘圆钢筋外，直条的线钢一般为 9m 或 12m 两个长度，因此当钢筋不够长或施工需要时，就需要对钢筋进行接长。钢筋的连接方式可分为三类：绑扎连接、焊接连接、机械连接，纵向受力钢筋的连接方式应符合设计要求。实际工作中，直径小于 12mm 的钢筋(包括圆钢和螺纹钢)一般采用绑扎搭接接长的方式；直径大于等于 12mm

小于等于 25mm 时，以上三种连接方式均可采用，对于墙柱钢筋一般采用焊接连接；对于直径大于等于 28mm 的钢筋，一般采用机械连接。钢筋接头宜设置在受力较小处；有抗震设防要求的结构中，梁端、柱端箍筋加密区范围内不宜设置钢筋接头，且不应进行钢筋搭接。同一纵向受力钢筋不宜设置两个或两个以上接头。接头末端至钢筋弯起点的距离，不应小于钢筋直径的 10 倍。

8.3.3.1　钢筋焊接连接

建筑施工工地常见的钢筋焊接方法有：闪光对焊、电弧焊、电渣压力焊和电阻点焊、埋弧压力焊及钢筋气压焊。各种常见的焊接方法适用范围见表 8-7。

钢筋焊接方法的适用范围　　表 8-7

焊接方法			适用范围	
			钢筋牌号	钢筋直径(mm)
闪光对焊			HPB300	8～22
			HRB335\HRBF335	8～40
			HRB400\HRBF400	8～40
			HRB500\HRBF500	8～40
			RRB400W	8～32
电弧焊	帮条焊	双面焊	HPB300	10～22
			HRB335\HRBF335	10～40
			HRB400\HRBF400	10～40
			HRB500\HRBF500	10～32
			RRB400W	10～25
		单面焊	HPB300	10～22
			HRB335\HRBF335	10～40
			HRB400\HRBF400	10～40
			HRB500\HRBF500	10～32
			RRB400W	10～25
	搭接焊	双面焊	HPB300	10～22
			HRB335\HRBF335	10～40
			HRB400\HRBF400	10～40
			HRB500\HRBF500	10～32
			RRB400W	10～25
		单面焊	HPB300	10～22
			HRB335\HRBF335	10～40
			HRB400\HRBF400	10～40
			HRB500\HRBF500	10～32
			RRB400W	10～25

续表

<table>
<tr><th colspan="2" rowspan="2">焊接方法</th><th colspan="2">适用范围</th></tr>
<tr><th>钢筋牌号</th><th>钢筋直径(mm)</th></tr>
<tr><td colspan="2">电渣压力焊</td><td>HPB300
HRB335
HRB400
HRB500</td><td>12～22
12～32
12～32
12～32</td></tr>
<tr><td>电弧焊</td><td>埋弧压力焊</td><td>HPB300
HRB335、HRBF335
HRB400、HRBF400</td><td>6～22
6～28
6～28</td></tr>
</table>

8.3.3.2 钢筋焊接一般规定

从事钢筋焊接施工的焊工应持有钢筋焊工考试合格证，并应按照合格证规定的范围上岗操作。在钢筋工程焊接开工之前，参与该项工程施焊的焊工必须进行现场条件下的焊接工艺试验，经试验合格后，方准用于焊接生产。焊接过程中，如果钢筋牌号、直径发生变更，应再次进行焊接工艺试验。工艺试验使用的材料、设备、辅料及作业条件均应与实际施工一致。钢筋焊接施工之前，应清除钢筋、钢板焊接部位以及钢与电极接触处表面上的锈斑、油污、杂物等；钢筋端部当有弯折、扭曲时，应予以矫直或切除。

带肋钢筋进行闪光对焊、电弧焊、电渣压力焊和气压焊时，应将纵肋对纵肋安放和焊接。焊剂应存放在干燥的库房内，若受潮时，在使用前应经 50℃～350℃烘焙 2h。使用中回收的焊剂应清除熔渣和杂物，并应与新焊剂混合均匀后使用。

两根同牌号、不同直径的钢筋可进行闪光对焊、电渣压力焊或气压焊。闪光对焊时钢筋直径差不得超过 4mm，电渣压力焊或气压焊时钢筋直径差不得超过 7mm。焊接工艺参数可在大、小直径钢筋焊接工艺参数之间偏大选用，两根钢筋的轴线应在同一直线上，轴线偏移的允许值应按较小直径钢筋计算；对接头强度的要求，应按较小直径钢筋计算。焊条、焊丝和焊接工艺参数应按较高牌号钢筋选用，对接头强度的要求应按较低牌号钢筋强度计算。细晶粒热轧钢筋及直径大于 28mm 的普通热轧钢筋，其焊接参数应经试验确定；余热处理钢筋不宜焊接。电渣压力焊只应使用于柱、墙等构件中竖向受力钢筋的连接。

进行电阻点焊、闪光对焊、埋弧压力焊、埋弧螺柱焊时，应随时观察电源电压的波动情况。当电源电压下降大于 5%、小于 8%时，应采取提高焊接变压器级数等措施；当大于或等于 8%时，不得进行焊接。

在环境温度低于－5℃条件下施焊时，焊接工艺应符合下列要求：闪光对焊时，宜采用预热闪光焊或闪光—预热闪光焊；可增加调伸长度，采用较低变压器级数，增加预热次数和间歇时间。电弧焊时，宜增大焊接电流，降低焊接速度。电弧帮条焊或搭接焊时，第一层焊缝应从中间引弧，向两端施焊；以后各层控温施焊，层间温度应控制在 150℃～350℃之间。多层施焊时，可采用回火焊道施焊。

当环境温度低于－20℃时，不应进行各种焊接。雨天、雪天进行施焊时，应采取有效遮蔽措施。焊后未冷却接头不得碰到雨和冰雪，并应采取有效的防滑、防触电措施，确保人身安全。当焊接区风速超过 8m/s 在现场进行闪光对焊或焊条电弧焊时，当风速超过 5m/s 进行气压焊时，当风速超过 2m/s 进行二氧化碳气体保护电弧焊时，均应采取挡风措施。焊机应经常维护保养和定期检修，确保正常使用。

1. 闪光对焊

钢筋闪光对焊的原理是利用对焊机使两段钢筋接触，通过低电压的强电流，待钢筋被加热到一定温度变软后，进行轴向加压顶锻，形成对焊接头。闪光对焊广泛用于钢筋纵向连接及预应力钢筋与螺丝端杆的焊接。热轧钢筋的焊接宜优先用闪光对焊，不可能时才用电弧焊。

钢筋闪光对焊工艺常用的有连续闪光焊、预热闪光焊和闪光—预热—闪光焊。对Ⅳ级钢筋有时在焊接后还进行通电热处理(图 8-35)。

(*a*)

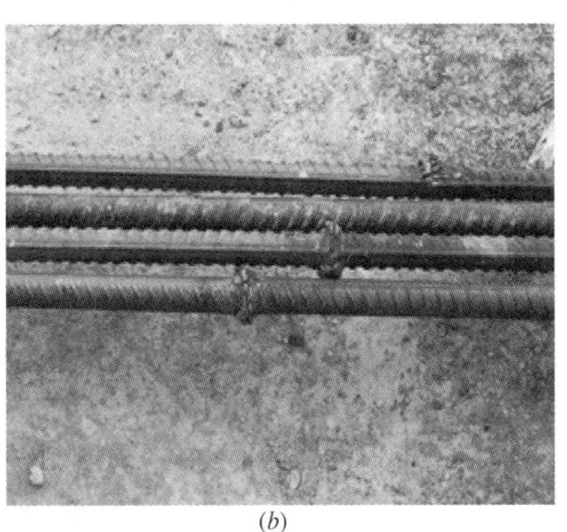

(*b*)

图 8-35　闪光对焊焊接

(*a*)闪光对焊焊接施工情景；(*b*)闪光对焊焊接接头

钢筋闪光对焊后，应对接头进行外观检查，钢筋闪光对焊接头的外观检查，每批抽查10%的焊接接头，且不少于 10 个。闪光对焊接头外观质量必须满足：

(1) 接头处不得有横向裂纹；

(2) 与电极接触处的钢筋表面，不得有明显的灼烧伤；

(3) 接头处的弯折，不得大于 4°；

(4) 接头处的钢筋轴线偏移不得大于钢筋直径的 0.1d 且不得大于 2mm。

当有一个接头不符合要求时，应对全部接头进行检查，剔出不合格接头，切除热影响区后重新焊接。

在同一台班内，由同一焊工按同一焊接参数完成的 300 个同类型接头作为一批。一周内连续焊接时可以累计计算。一周内累计不足 300 个接头时，也按一批计算。钢筋闪光对焊接头的力学性能试验包括拉伸试验和弯曲试验，应从每批成品中切取 6 个试件，3 个进行拉伸试验，3 个进行弯曲试验。焊接接头拉伸试验时其抗拉强度实测值不应小于母材的抗拉强度，且断于接头的外处。

2. 电弧焊

电弧焊是利用弧焊机使焊条与焊件之间产生高温电弧，使焊条和电弧燃烧范围内的焊件熔化，待其凝固便形成焊缝或接头，电弧焊广泛用于钢筋接头、钢筋骨架焊接、装配式结构接头的焊接、钢筋与钢板的焊接及各种钢结构焊接。

钢筋电弧焊的接头形式(图 8-36)有：搭接焊接头(单面焊缝或双面焊缝)、帮条焊接头(单面焊缝或双面焊缝)、剖口焊接头(平焊或立焊)、熔槽帮条焊接头(用于安装焊接

$d \geqslant 25$mm 的钢筋)和窄间隙焊(置于 U 形铜模内)。

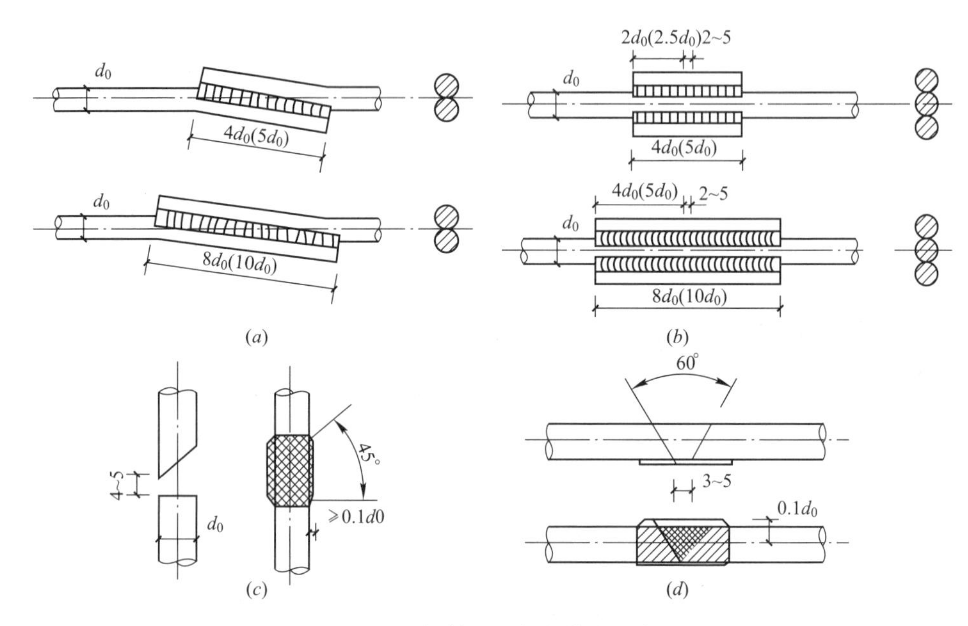

图 8-36 钢筋电弧焊的接头形式

(a)搭接焊接头;(b)帮条焊接头;(c)立焊的坡口焊接头;(d)平焊的坡口焊接头

注:括号外的搭接焊长度适用于一级钢,括号内的焊接长度适用于二级以上钢筋牌号钢材。

搭接焊时宜采用双面焊。当不能进行双面焊时,可采用单面焊(图 8-37)。搭接焊时,焊接端钢筋宜预弯(见图 8-36a),并应使两钢筋的轴线在同一直线上;搭接焊时,应用两点固定。钢筋搭接焊的焊接长度按下表 8-8 施工。

帮条焊时,宜采用双面焊;当不能进行双面焊时,可采用单面焊,帮条长度应符合表 8-9的规定。当帮条牌号与主筋相同时,帮条直径可与主筋相同或小一个规格;当帮条直径与主筋相同时,帮条牌号可与主筋相同或低一个牌号等级。帮条焊时,两主筋端面的间隙应为2~5mm,帮条与主筋之间应用四点定位焊固定。

图 8-37 钢筋电弧焊连接(图中钢筋焊前没有弯曲对中线)

钢筋搭接焊长度 **表 8-8**

钢筋牌号	焊缝形式	帮条长度(l)
HPB235、HPB300	单面焊	$\geqslant 8d$
	双面焊	$\geqslant 4d$
HRB335 HRBF335 HRB400 HRBF400 HRB500 HRBF500 RRB400W	单面焊	$\geqslant 10d$
	双面焊	$\geqslant 5d$

钢筋帮条长度 表 8-9

钢筋牌号	焊缝形式	帮条长度(l)	帮条与任一钢筋的焊缝长度
HPB235、HPB300	单面焊	$\geqslant 8d$	$\geqslant 4d$
	双面焊	$\geqslant 4d$	$\geqslant 2d$
HRB335 HRBF335 HRB400 HRBF400 HRB500 HRBF500 RRB400W	单面焊	$\geqslant 10d$	$\geqslant 5d$
	双面焊	$\geqslant 5d$	$\geqslant 2.5d$

电弧焊接头外观检查，应在清渣后逐个进行目测或量测。钢筋电弧焊接头外观检查结果应符合下列要求：

(1) 焊缝表面应平整，不得有凹陷或焊瘤。

(2) 焊接接头区域不得有裂纹。

(3) 焊接接头尺寸的允许偏差及咬边深度、气孔、夹渣等缺陷允许值，应符合规范的规定；焊缝的宽度和厚度示意图如图 8-38 所示；帮条焊接头或搭接焊接头的焊缝有效厚度 s 不应小于主筋直径的 30%；焊缝宽度 b 不应小于主筋直径的 80%(图 8-38)。

外观检查不合格的接头，经修整或补强后可提交二次验收。

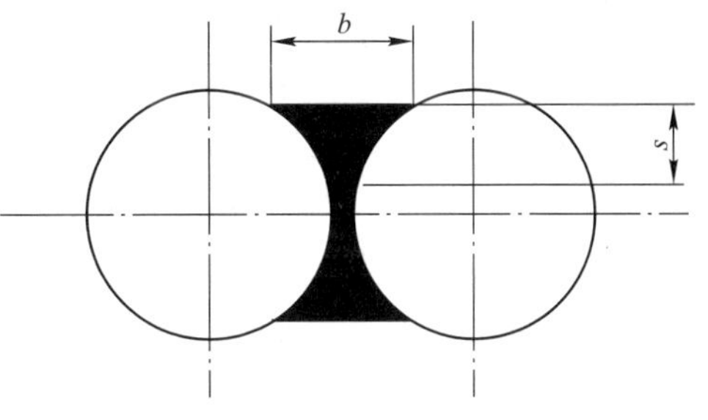

图 8-38 焊缝的宽度和厚度示意图

b—焊缝宽度；s—焊缝厚度

当进行力学性能试验时，应按下列规定抽取试件：

(1) 以 300 个同一接头形式、同一钢筋级别的接头作为一批，从成品中每批随机切取 3 个接头进行拉伸试验。

(2) 在装配式结构中，可按生产条件制作模拟构件。

钢筋电弧焊接头拉伸试验结果应符合下列要求：

(1) 3 个热轧钢筋接头试件的抗拉强度均不得小于该级别钢筋的抗拉强度。

(2) 3 个接头试件均应断于焊缝之外，并应至少有 2 个试件呈延性断裂；当试验结果，有一个试件的抗拉强度小于规定值，或有 1 个试件断于焊缝，或有 2 个试件发生脆性断裂时，应再取 6 个试件进行复验。复验结果当有一个试件抗拉强度小于规定值，或有一个试件断于焊缝，或有 3 个试件呈脆性断裂时，应确认该批接头为不合格品。

模拟试件试验结果不符合要求时，复验应再从成品中切取，其数量和要求应与初始试验时相同。

3. 电渣压力焊

电渣压力焊在建筑施工中多用于现浇钢筋混凝土结构构件内竖向或斜向(倾斜度在 4∶1的范围内)钢筋的焊接接长。不得用于梁、板等构件中水平钢筋的连接。对直径 12mm 钢筋采用电渣压力焊时，应采用小型焊接夹具，上下两钢筋对正，不偏歪，多做焊接工艺试验，确保焊接质量。图 8-39 为柱钢筋电渣压力焊连接接长。

电渣压力焊焊机容量应根据所焊钢筋直径选定，接线端应连接紧密，确保良好导电。

(a)

(b)

图 8-39 柱钢筋电渣压力焊连接

(a)个人在进行柱钢筋电渣压力焊施工；(b)敲掉焊渣后的电渣压力焊焊接接头

焊接夹具应具有足够刚度，夹具形式、型号应与焊接钢筋配套，上下钳口应同心，在最大允许荷载下应移动灵活，操作便利，电压表、时间显示器应配备齐全。

电渣压力焊焊接过程中，焊接夹具的上下钳口应夹紧于上、下钢筋上；钢筋一经夹紧，不得晃动，且两钢筋应同心。引弧可采用直接引弧法或铁丝圈(焊条芯)间接引弧法。引燃电弧后，应先进行电弧过程，然后加快上钢筋下送速度，使上钢筋端面插入液态渣池约 2mm，转变为电渣过程，最后在断电的同时，迅速下压上钢筋，挤出熔化金属和熔渣。接头焊毕，应稍作停歇，方可回收焊剂和卸下焊接夹具。敲去渣壳后，四周焊包凸出钢筋表面的高度，当钢筋直径为 25mm 及以下时不得小于 4mm；当钢筋直径为 28mm 及以上时不得小于 6mm。

电渣压力焊接头应逐个进行外观检查。当进行力学性能试验时，在现浇钢筋混凝土多层结构中，应以每一楼层或施工区段中 300 个同级别钢筋接头作为一批，不足 300 个接头仍应作为一批。应从每批接头中随机切取 3 个试件做拉伸试验。电渣压力焊接头拉伸试验结果，3 个试件的抗拉强度均不得小于该级别钢筋规定的抗拉强度。当试验结果有 1 个试件的抗拉强度低于规定值，应再取 6 个试件进行复验。复验结果，当仍有 1 个试件的抗拉强度小于规定值，应确认该批接头为不合格品。抽样应按下列规定抽取试件：

(1) 在一般构筑物中，应以 300 个同级别钢筋接头作为一批。

(2) 在现浇钢筋混凝土多层结构中，应以每一楼层或施工区段中 300 个同级别钢筋接头作为一批，不足 300 个接头仍应作为一批。

电渣压力焊接头外观检查结果应符合下列要求：

(1) 钢筋与电极接触处应无烧伤缺陷。

(2) 接头处的弯折角不得大于 4°。

(3) 接头处的轴线偏移不得大于钢筋直径 0.1 倍，且不得大于 2mm。

外观检查不合格的接头应切除重焊，或采用补强焊接措施。

4. 钢筋焊接质量检验

纵向受力钢筋焊接接头验收中，焊接连接方式应符合设计要求，并应全数检查，检查方法为目视观察。焊接接头力学性能检验应为主控项目。焊接接头的外观质量检查应为一般项目。

施工单位项目专业质量检查员应检查钢筋、钢板质量证明书、焊接材料产品合格证和焊接工艺试验时的接头力学性能试验报告。钢筋焊接接头力学性能检验时，应在接头外观质量检查合格后随机切取试件进行试验。试验报告包括下列内容：工程名称、取样部位；批号、批量；钢筋生产厂家和钢筋批号、钢筋牌号、规格；焊接方法；焊工姓名及考试合格证编号；施工单位；焊接工艺试验时的力学性能试验报告。

(1) 钢筋焊接接头拉伸试验

钢筋闪光对焊接头、电弧焊接头、电渣压力焊接头、气压焊接头、箍筋闪光对焊接头、预埋件钢筋T形接头的拉伸试验，应从每一检验批接头中随机切取三个接头进行试验并应按下列规定对试验结果进行评定。

1) 符合下列条件之一，应评定该检验批接头拉伸试验合格：

① 3个试件均断于钢筋母材，呈延性断裂，其抗拉强度大于或等于钢筋母材抗拉强度标准值。

② 2个试件断于钢筋母材，呈延性断裂，其抗拉强度大于或等于钢筋母材抗拉强度标准值；另一试件断于焊缝，呈脆性断裂，其抗拉强度大于或等于钢筋母材抗拉强度标准值的1.0倍。(注：试件断于热影响区，呈延性断裂，应视作与断于钢筋母材等同；试件断于热影响区，呈脆性断裂，应视作与断于焊缝等同。)

2) 符合下列条件之一，应进行复验：

① 2个试件断于钢筋母材，呈延性断裂，其抗拉强度大于或等于钢筋母材抗拉强度标准值；另一试件断于焊缝或热影响区，呈脆性断裂，其抗拉强度小于钢筋母材抗拉强度标准值的1.0倍。

② 1个试件断于钢筋母材，呈延性断裂，其抗拉强度大于或等于钢筋母材抗拉强度标准值；另2个试件断于焊缝或热影响区，呈脆性断裂。

3) 3个试件均断于焊缝，呈脆性断裂，其抗拉强度均大于等于钢筋母材抗拉强度标准值的1.0倍，应进行复验。当3个试件中有1个试件抗拉强度小于钢筋母材抗拉强度标准值的1.0倍，应评定该检验批接头拉伸试验不合格。

4) 复验时，应切取6个试件进行试验。试验结果，若有4个或4个以上试件断于钢筋母材，呈延性断裂，其抗拉强度大于或等于钢筋母材抗拉强度标准值，另2个或2个以下试件断于焊缝，呈脆性断裂，其抗拉强度大于或等于钢筋母材抗拉强度标准的1.0倍，应评定该检验批接头拉伸试验复验合格。

5) 可焊接余热处理钢筋RRB400W焊接接头拉伸试验结果，抗拉强度应符合同级别热轧带肋钢筋抗拉强度标准值540MPa的规定。

6) 预埋件钢筋T形接头拉伸试验结果，3个试件的抗拉强度均大于或等于表8-10的规定值时，应评定该检验批接头拉伸试验合格。若有一个接头试件抗拉强度小于表中的规定值时，应进行复验。复验时，应切取6个试件进行试验。复验结果，其抗拉强度均大于或等于表中的规定值时，应评定该检验批接头拉伸试验复验合格。

预埋件钢筋 T 形接头抗拉强度规定值 **表 8-10**

钢筋牌号	抗拉强度规定值(MPa)
HPB300	400
HRB335\HRBF335	435
HRB400\HRBF400	520
HRB500\HRBF500	610
RRB400W	520

(2) 钢筋焊接接头弯曲试验

钢筋闪光对焊接头、气压焊接头进行弯曲试验时，应从每一个检验批接头中随机切取3个接头，焊缝应处于弯曲中心点，弯心直径和弯曲角度应符合表 8-11 的规定。

接头弯曲试验指标 **表 8-11**

钢筋牌号	弯心直径	弯曲角度(°)
HRB300	$2d$	90
HRB335、HRBF335	$4d$	90
HRB400、HRBF400、RRB400W	$5d$	90
HRB500、HRBF500	$7d$	90

注：1. d 为钢筋直径(mm)；

2. 直径大于 25mm 的钢筋焊接接头，弯心直径应增加 1 倍钢筋直径。

弯曲试验结果应按下列规定进行评定：

1) 当试验结果，弯曲至 90°，有 2 个或 3 个试件外侧(含焊缝和热影响区)未发生宽度达到 0.5mm 的裂纹，应评定该检验批接头弯曲试验合格。

2) 当有 2 个试件发生宽度达到 0.5mm 的裂纹，应进行复验。

3) 当有 3 个试件发生宽度达到 0.5mm 的裂纹，应评定该检验批接头弯曲试验不合格。

4) 复验时，应切取 6 个试件进行试验。复验结果，当不超过 2 个试件发生宽度达到0.5mm 的裂纹时，应评定该检验批接头弯曲试验复验合格。

钢筋焊接接头或焊接制品质量验收时，应在施工单位自行质量评定合格的基础上，由监理(建设)单位对检验批有关资料进行检查，组织项目专业质量检查员等进行验收。

8.3.3.3 钢筋机械连接

钢筋机械连接是指通过连接件的机械咬合作用或钢筋端面的承压作用，将一根钢筋中的力传递至另一根钢筋的连接方法。钢筋机械连接的种类有：套筒挤压连接、锥螺纹连接和直螺纹连接。

机械连接具有以下优点：接头质量稳定可靠，不受钢筋化学成分的影响，人为因素的影响也小；操作简便，施工速度快，且不受气候条件影响；无污染、无火灾隐患，施工安全等。在粗直径钢筋连接中，钢筋机械连接方法有广阔的发展前景。

钢筋机械连接接头应根据抗拉强度、残余变形以及高应力和大变形条件下反复拉压性能的差异，分为下列三个性能等级：

Ⅰ级：接头抗拉强度等于被连接钢筋的实际拉断强度或不小于1.10倍钢筋抗拉强度标准值，残余变形小并具有高延性及反复拉压性能。

Ⅱ级：接头抗拉强度不小于被连接钢筋抗拉强度标准值，残余变形较小并具有高延性及反复拉压性能。

Ⅲ级：接头抗拉强度不小于被连接钢筋屈服强度标准值的1.25倍，残余变形较小并具有一定的延性及反复拉压性能。

Ⅰ级、Ⅱ级、Ⅲ级接头应能经受规定的高应力和大变形反复拉压循环，且Ⅰ级、Ⅱ级、Ⅲ级接头的抗拉强度必须符合表8-12的规定。

接头的抗拉强度　　表8-12

接头等级	Ⅰ级	Ⅱ级	Ⅲ级
抗拉强度	$f_{mst}^{0} \geqslant f_{stk}$ 断于钢筋 $f_{mst}^{0} \geqslant 1.10 f_{stk}$ 断于接头	$f_{mst}^{0} \geqslant f_{stk}$	$f_{mst}^{0} \geqslant 1.25 f_{yk}$

注：f_{stk}—钢筋抗拉强度标准值；f_{mst}^{0}—接头试件实测抗拉强度；f_{yk}—钢筋屈服强度标准值。

结构设计图纸中应列出设计选用的钢筋接头等级和应用部位。接头等级的选定应符合下列规定：

（1）混凝土结构中要求充分发挥钢筋强度或对延性要求高的部位应优先选用Ⅱ级接头。当在同一连接区段内必须实施100%钢筋接头的连接时，应采用Ⅰ级接头。

（2）混凝土结构中钢筋应力较高但对延性要求不高的部位可采用Ⅲ级接头。

钢筋连接件的混凝土保护层厚度宜符合现行国家标准《混凝土结构设计规范》GB 50010中受力钢筋的混凝土保护层最小厚度的规定，且不得小于15mm。连接件之间的横向净距不宜小于25mm。

链接：现行国家标准《混凝土结构设计规范》GB 50010中受力钢筋的混凝土保护层最小厚度的规定：

构件中普通钢筋及预应力筋的混凝土保护层厚度应满足下列要求：

（1）构件中受力钢筋的保护层厚度不应小于钢筋的公称直径d；

（2）设计使用年限为50年的混凝土结构，最外层钢筋的保护层厚度应符合表8-13的规定；设计使用年限为100年的混凝土结构，最外层钢筋的保护层厚度不应小于表8-13中数值的1.4倍。

混凝土保护层的最小厚度c(mm)　　表8-13

环境类别	板、墙、壳	梁、柱、杆
一	15	20
二a	20	25
二b	25	35
三a	30	40
三b	40	50

注：1. 混凝土强度等级不大于C25时，表中保护层厚度数值应增加5mm；

2. 钢筋混凝土基础宜设置混凝土垫层，基础中钢筋的混凝土保护层厚度应从垫层顶面算起，且不应小于40mm。

当有充分依据并采取下列措施时，可适当减小混凝土保护层的厚度：

a）构件表面有可靠的防护层；

b）采用工厂化生产的预制构件；

c）在混凝土中掺加阻锈剂或采用阴极保护处理等防锈措施；

d）当对地下室墙体采取可靠的建筑防水做法或防护措施时，与土层接触一侧钢筋的保护层厚度可适当减少，但不应小于25mm。

当梁、柱、墙中纵向受力钢筋的保护层厚度大于50mm时，宜对保护层采取有效的构造措施。当在保护层内配置防裂、防剥落的钢筋网片时，网片钢筋的保护层厚度不应小于25mm。

结构构件中纵向受力钢筋的接头宜相互错开。钢筋机械连接的连接区段长度应按35d计算。在同一连接区段内有接头的受力钢筋截面面积占受力钢筋总截面面积的百分率(以下简称接头百分率)，应符合下列规定：

（1）接头宜设置在结构构件受拉钢筋应力较小部位，当需要在高应力部位设置接头时，在同一连接区段内Ⅲ级接头的接头百分率不应大于25%，Ⅱ级接头的接头百分率不应大于50%。Ⅰ级接头的接头百分率除第2款所列情况外可不受限制。

（2）接头宜避开有抗震设防要求的框架的梁端、柱端箍筋加密区；当无法避开时，应采用Ⅱ级接头或Ⅰ级接头，且接头百分率不应大于50%。

（3）受拉钢筋应力较小部位或纵向受压钢筋，接头百分率可不受限制。

（4）对直接承受动力荷载的结构构件，接头百分率不应大于50%。

钢筋机械连接施工应符合下列规定：

（1）加工钢筋接头的操作人员应经专业培训合格后上岗，钢筋接头的加工应经工艺检验合格后方可进行。

（2）机械连接接头的混凝土保护层厚度宜符合现行国家标准《混凝土结构设计规范》GB 50010中受力钢筋的混凝土保护层最小厚度规定，且不得小于15mm。接头之间的横向净间距不宜小于25mm。

（3）螺纹接头安装后应使用专用扭力扳手校核拧紧扭力矩。挤压接头压痕直径的波动范围应控制在允许波动范围内，并使用专用量规进行检验。

（4）机械连接接头的适用范围、工艺要求、套筒材料及质量要求等应符合现行行业标准《钢筋机械连接技术规程》JGJ 107的有关规定。

1. 钢筋套筒挤压连接

带肋钢筋套筒挤压连接是将两根待接钢筋插入钢套筒，用挤压连接设备沿径向挤压钢套筒，使之产生塑性变形，依靠变形后的钢套筒与被连接钢筋纵、横肋产生的机械咬合成为整体的钢筋连接方法(图8-40)。这种接头质量稳定性好，可与母材等强，但操作工人工作强度大，有时液压油污染钢筋，综合成本较高。钢筋挤压连接，要求钢筋最小中心间距为90mm。

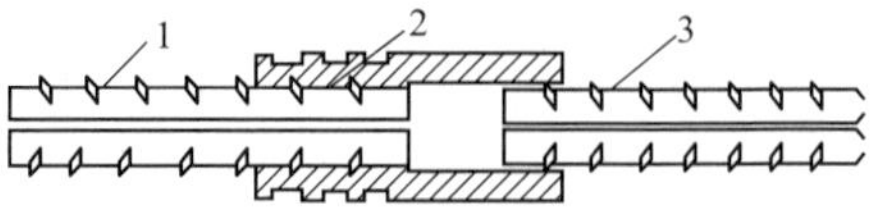

图8-40　钢筋套筒挤压连接

1—已挤压的钢筋；2—钢套筒；3—未挤压的钢筋

（1）施工前准备工作

1）钢筋端头的锈、泥沙、油污等杂物应清理干净。

2）钢筋与套筒应进行试套，如钢筋有马蹄、弯折或纵肋过大者，应预先矫正或用砂轮打磨；对不同直径钢筋的套筒不得串用。

3）钢筋端部应划出定位标记与检查标记。定位标记与钢筋端头的距离为钢套筒长度的一半，检查标记与定位标记的距离一般为20mm。

4）检查挤压设备情况并进行试压，符合要求后方可作业。

（2）挤压作业

钢筋挤压连接宜先在地面上挤压一端套筒，在施工作业区插入待接钢筋后再挤压另端套筒。压接钳就位时，应对正钢套筒压痕位置的标记，并使压模运动方向与钢筋两纵肋所在的平面相垂直，即保证最大压接面能在钢筋的横肋上。压接钳施压顺序由钢套筒中部顺次向端部进行。每次施压时，主要控制压痕深度。

钢套筒进场，必须有原材料试验单与套筒出厂合格证，并由该技术提供单位提交有效的型式检验报告。钢筋套筒挤压连接开始前及施工过程中，应对每批进场钢筋进行挤压连接工艺检验。工艺检验应符合下列要求：

每种规格钢筋的接头试件不应少于3个；

接头试件的钢筋母材应进行抗拉强度试验；

3个接头试件强度均应符合现行行业标准《钢筋机械连接技术规程》JGJ 107中相应等级的强度要求，对于A级接头，试件抗拉强度尚应大于等于0.9倍钢筋母材的实际抗拉强度(计算实际抗拉强度时，应采用钢筋的实际横截面面积)。

钢筋套筒挤压接头现场检验，一般只进行接头外观检查和单向拉伸试验。

1）取样数量

同批条件为：材料、等级、型式、规格、施工条件相同。批的数量为500个接头，不足此数时也作为一个验收批。对每一验收批，应随机抽取10%的挤压接头作外观检查；抽取3个试件作单向拉伸试验。

在现场检验合格的基础上，连续10个验收批单向拉伸试验合格率为100%时，可以扩大验收批所代表的接头数量一倍。

2）外观检查

挤压接头的外观检查，应符合下列要求：

① 挤压后套筒长度应为1.10～1.15倍原套筒长度，或压痕处套筒的外径为0.8～0.9倍原套筒的外径；

② 挤压接头的压痕道数应符合型式检验确定的道数；

③ 接头处弯折不得大于4°；

④ 挤压后的套筒不得有肉眼可见的裂缝。

如外观质量合格数大于等于抽检数的90%，则该批为合格。如不合格数超过抽检数的10%，则应逐个进行复验。在外观不合格的接头中抽取6个试件作单向拉伸试验再判别。

3）单向拉伸试验

3个接头试件的抗拉强度均应满足A级或B级抗拉强度的要求。如有一个试件的抗拉强度不符合要求，则加倍抽样复验。复验中如仍有一个试件检验结果不符合要求，则该验收批单向拉伸试验判为不合格。

2. 钢筋直螺纹连接

钢筋锥螺纹连接虽也采用，但目前在钢筋螺纹连接时，采用最多的是钢筋直螺纹连接。钢筋滚压直螺纹套筒连接是利用金属材料塑性变形后冷作硬化增强金属材料强度的特性，使接头与母材等强的连接方法。根据滚压直螺纹成型方式，又可分为直接滚压螺纹、挤压肋滚压螺纹、剥肋滚压螺纹三种类型。

(1) 直接滚压螺纹加工

加工钢筋接头的操作工人应经专业技术人员培训合格后才能上岗，人员应相对稳定；钢筋接头的加工应经工艺检验合格后方可进行。直螺纹接头的现场加工时钢筋端部应切平或镦平后加工螺纹；镦粗头不得有与钢筋轴线相垂直的横向裂纹；钢筋丝头长度应满足企业标准中产品设计要求，公差应为 0～2.0p(p 为螺距)，如图 8-41 所示。

(a)

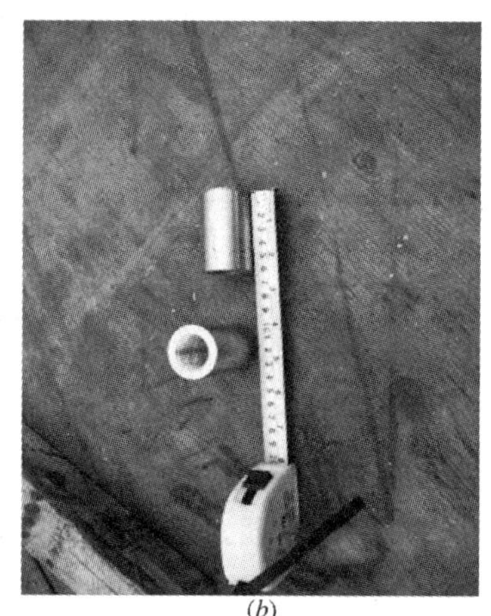
(b)

图 8-41 钢筋直螺纹连接

(a)粗钢筋端部套丝；(b)直螺纹套筒实物

(2) 现场连接施工

1) 连接钢筋时，钢筋规格和套筒的规格必须一致，钢筋和套筒的丝扣应干净、完好无损。接头安装前应检查连接件产品合格证及套筒表面生产批号标识；产品合格证应包括适用钢筋直径和接头性能等级、套筒类型、生产单位、生产日期以及可追溯产品原材料力学性能和加工质量的生产批号。

2) 采用预埋接头时，连接套筒的位置、规格和数量应符合设计要求。带连接套筒的钢筋应固定牢靠，连接套筒的外露端应有保护盖。

3) 滚压直螺纹接头应使用扭力扳手或管钳进行施工，将两个钢筋丝头在套筒中间位置相互顶紧，标准型接头安装后的外露螺纹不宜超过 2p。接头拧紧力矩应符合表 8-14 的规定。扭力扳手的精度为±5%。

直螺纹钢筋接头安装时最小拧紧力扭矩值 **表 8-14**

钢筋直径(mm)	≤16	18～20	22～25	28～32	36～40
拧紧力矩(N·m)	100	200	260	320	360

4) 经拧紧后的滚压直螺纹接头应做出标记。

5) 根据待接钢筋所在部位及转动难易情况，选用不同的套筒类型，采取不同的安装方法(图 8-42、图 8-43)。图 8-44 是直螺纹连接现场安装情况。图 8-45 是直螺纹连接完成成品。

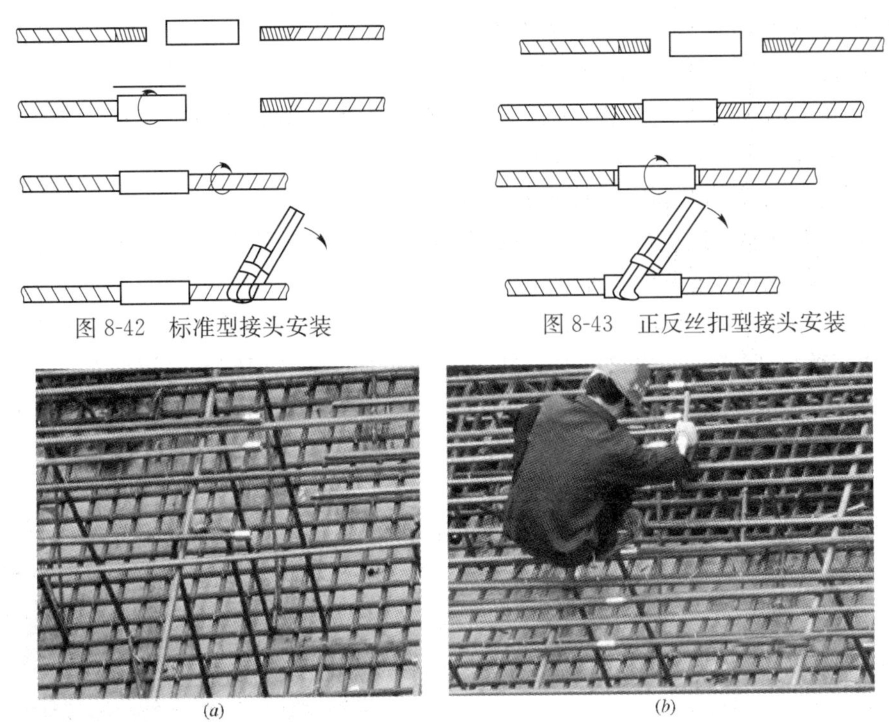

图 8-42　标准型接头安装

图 8-43　正反丝扣型接头安装

(a)　(b)

图 8-44　直螺纹现场安装施工

现场检验应进行拧紧力矩检验和单向拉伸强度试验。对接头有特殊要求的结构，应在设计图纸中另行注明相应的检验项目。用扭力扳手按表 8-14 规定的接头拧紧力矩值抽检接头的施工质量。

滚压直螺纹接头的单向拉伸强度试验按验收批进行。同一施工条件下采用同一批材料的同等级、同型式、同规格接头，以 500 个为一个验收批进行检验，不足 500 个也应作为一个验收批。

图 8-45　直螺纹连接成品

直螺纹接头安装后应按每 500 个接头作为一个验收批，抽取其中 10%的接头进行拧紧扭矩校核，拧紧扭矩值不合格数超过被校核接头数的 5%时，应重新拧紧全部接头，直到合格为止。

对接头的每一验收批，必须在工程结构中随机截取 3 个接头试件作抗拉强度试验，按设计要求的接头等级进行评定。当 3 个接头试件的抗拉强度均符合表 8-15 中相应等级的强度要求时，该验收批应评为合格。如有 1 个试件的抗拉强度不符合要求，应再取 6 个试件进行复检。复检中如仍有 1 个试件的抗拉强度不符合要求，则该验收批应评为不合格。

接头的抗拉强度　　**表 8-15**

接头等级	Ⅰ级	Ⅱ级	Ⅲ级
抗拉强度	$f^0_{mst} \geqslant f_{stk}$　断于钢筋 或 $f^0_{mst} \geqslant 1.10 f_{stk}$　断于接头	$f^0_{mst} \geqslant f_{stk}$	$f^0_{mst} \geqslant 1.25 f_{yk}$

注：f^0_{mst}—接头试件实测抗拉强度；f_{stk}—钢筋抗拉强度标准值；f_{yk}—钢筋屈服强度标准值。

现场检验连续10个验收批抽样试件抗拉强度试验一次合格率为100%时，验收批接头数量可扩大1倍。现场截取抽样试件后，原接头位置的钢筋可采用同等规格的钢筋进行搭接连接，或采用焊接及机械连接方法补接。对抽检不合格的接头验收批，应由建设方会同设计等有关方面研究后提出处理方案。

3. 机械连接接头错开间距及接头面积百分率要求

当纵向受力钢筋采用机械连接接头或焊接接头时，接头的设置应符合下列规定：

(1) 同一构件内的接头宜分批错开。

(2) 接头连接区段的长度为35d，且不应小于500mm，凡接头中点位于该连接区段长度内的接头均应属于同一连接区段，其中d为相互连接两根钢筋中较小直径。

(3) 同一连接区段内，纵向受力钢筋接头面积百分率为该区段内有接头的纵向受力钢筋截面面积与全部纵向受力钢筋截面面积的比值。纵向受力钢筋的接头面积百分率应符合下列规定：

1) 受拉接头不宜大于50%；受压接头可不受限制。

2) 板、墙、柱中受拉机械连接接头可根据实际情况放宽；装配式混凝土结构构件连接处受拉接头可根据实际情况放宽。

3) 直接承受动力荷载的结构构件中，不宜采用焊接；当采用机械连接时，不应超过50%。

8.3.3.4 钢筋绑扎连接

钢筋绑扎连接是目前钢筋采用最多的连接方式之一。钢筋绑扎连接一般采用搭接，应用20～22号铁丝在接头的中心及两端扎牢。图8-46是剪力墙竖向钢筋采用绑扎连接施工情况。

图8-46 剪力墙钢筋竖向绑扎连接

受拉钢筋绑扎连接的搭接长度应当符合下列规定：

(1) 当纵向受拉钢筋的绑扎搭接接头面积百分率不大于25%时，其最小搭接长度应符合表8-16的规定。

纵向受拉钢筋的最小搭接长度 **表8-16**

钢筋类型		混凝土强度等级								
		C20	C25	C30	C35	C40	C45	C50	C55	≥C60
光面钢筋	300级	48d	41d	37d	34d	31d	29d	28d	—	—
带肋钢筋	335级	46d	40d	36d	33d	30d	29d	27d	26d	25d
	400级	—	48d	43d	39d	36d	34d	33d	31d	30d
	500级	—	58d	52d	47d	43d	41d	39d	38d	36d

注：d为搭接钢筋直径，两根直径不同钢筋的搭接长度，以较细钢筋的直径计算。

(2) 当纵向受拉钢筋搭接接头面积百分率为50%时，其最小搭接长度应按表8-16中的数值乘以系数1.15取用；当接头面积百分率为100%时，应按表8-16中的数值乘以系数 1.35 取用；当接头面积百分率为 25%～100%的其他中间值时，修正系数可按内插取值。

(3) 当符合下列条件时，纵向受拉钢筋的最小搭接长度应根据以上两条确定后，按下列规定进行修正。在任何情况下，受拉钢筋的搭接长度不应小于 300mm：

1) 当带肋钢筋的直径大于 25mm 时，其最小搭接长度应按相应数值乘以系数 1.1 取用；

2) 对环氧树脂涂层的带肋钢筋，其最小搭接长度应按相应数值乘以系数 1.25 取用；

3) 当施工过程中受力钢筋易受扰动时（如滑模施工），其最小搭接长度应按相应数值乘以系数 1.1 取用；

4) 对末端采用弯钩或机械锚固措施的带肋钢筋，其最小搭接长度可按相应数值乘以系数 0.6 取用；

5) 当带肋钢筋的混凝土保护层厚度大于搭接钢筋直径的 3 倍且配有箍筋时，其最小搭接长度可按相应数值乘以系数 0.8 取用；当带肋钢筋的混凝土保护层厚度为搭接钢筋直径的 5 倍，且配有箍筋时，其最小搭接长度可按相应数值乘以系数 0.7 取用；当带肋钢筋的混凝土保护层厚度大于搭接钢筋直径 3 倍且小于 5 倍且配有箍筋时，修正系数可按内插取值；

6) 对有抗震设防要求的结构构件，其受力钢筋的最小搭接长度对一、二级抗震等级应按相应数值乘以系数 1.15 采用；对三级抗震等级应按相应数值乘以系数 1.05 采用。

(4) 向受压钢筋搭接时，其最小搭接长度应根据以上 3 条的规定确定相应数值后，乘以系数 0.7 取用。在任何情况下，受压钢筋的搭接长度不应小于 200mm。

8.3.4 钢筋的安装

8.3.4.1 钢筋安装准备工作

首先核对成品钢筋的钢号、直径、形状、尺寸和数量等是否与料单料牌相符。如有错漏，应纠正增补。

准备绑扎用的铁丝、绑扎工具(如钢筋钩、带扳口的小撬棍)、绑扎架等。钢筋绑扎用的铁丝，可采用 20～22 号铁丝，其中 22 号铁丝只用于绑扎直径 12mm 以下的钢筋。如铁丝是成盘供应的，则习惯上是按每盘铁丝周长的几分之一来切断，目前绑扎用的铁丝大多是成箱成品供应。

准备控制混凝土保护层用的水泥砂浆垫块或塑料卡。水泥砂浆垫块的厚度，应等于保护层厚度。垫块的平面尺寸：当保护层厚度等于或小于 20mm 时为 30mm×30mm，大于 20mm 时 50mm×50mm。当在垂直方向使用垫块时，可在垫块中埋入 20 号铁丝。塑料卡的形状有两种：塑料垫块和塑料环圈。塑料垫块用于水平构件(如梁、板)，在两个方向均有凹槽，以便适应两种保护层厚度。塑料环圈用于垂直构件(如柱、墙)，使用时钢筋从卡嘴进入卡腔；由于塑料环圈有弹性，可使卡腔的大小能适应钢筋直径的变化。

划出钢筋位置线。楼板钢筋，在模板上划线；剪力墙水平筋，可在两端端(暗)柱柱筋上划点；柱的箍筋，在两根对角线主筋上划点；梁的箍筋，则在架立筋上划点；基础的钢筋，在两向各取一根钢筋划点或在垫层上划线。

绑扎形式复杂的结构部位时，应先研究逐根钢筋穿插就位的顺序，并与模板工联系讨论支模和绑扎钢筋的先后次序，以减少绑扎困难。

8.3.4.2　基础钢筋安装

1. 基础钢筋施工工艺流程

(1) 基础底板为单层钢筋的施工工艺流程

基础及墙柱定位放线及钢筋定位放线→将加工好的钢筋吊运到安装部位→绑扎板下层钢筋→水电管线预埋→设置钢筋保护层垫块→放置墙柱插筋并固定→安装基础侧模→基础钢筋隐蔽验收→浇筑基础混凝土

(2) 基础地板为双层及以上的钢筋安装工艺流程

基础及墙柱定位放线及钢筋定位放线→将加工好的钢筋吊运到安装部位→绑扎板下层钢筋→水电管线预埋→设置钢筋保护层垫块→设置马凳筋→绑扎上层钢筋→放置墙柱插筋并固定→安装基础侧模→基础钢筋隐蔽验收→浇筑基础混凝土

2. 基础底板钢筋安装施工

(1) 弹钢筋位置线

按图纸标明的钢筋间距，算出底板实际需用的钢筋根数，靠近底板模板边的钢筋离模板边为50mm，满足迎水面钢筋保护层厚度不应小于50mm的要求。在垫层上弹出钢筋位置线(包括基础梁钢筋位置线)和墙柱插筋位置线。墙柱插筋位置线包含剪力墙、框架柱和暗柱等竖向筋插筋位置见图8-47。剪力墙竖向起步筋距柱或暗柱为50mm，中间插筋按设计图纸标明的竖向筋间距确定位置，如不能达到一个整间距时，可按该边总根数均分，以达到间距偏差不大于10mm。

(*a*)

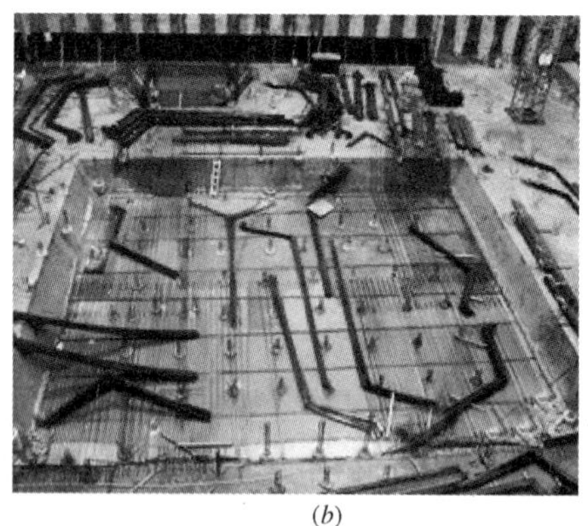

(*b*)

图8-47　基础垫层墙柱定位及基础钢筋安装

(*a*)在基础垫层上将墙柱的定位线弹出来；(*b*)将基础钢筋吊运至安装位置

(2) 将加工好的钢筋吊运到安装部位

按照钢筋绑扎的先后顺序，将钢筋吊运至安装位置。吊运前，应根据弹线情况算出实际需要的钢筋根数。

(3) 绑扎板下层钢筋

先铺底板下层钢筋，基础同一层钢筋是纵向钢筋在上面还是横向钢筋在上面，一般要求在设计图纸中标明。对于独立基础底板双向钢筋一般是长向钢筋在下，短向钢筋在上；双柱普通独立基础底部双向交叉钢筋，根据基础两个方向从柱外缘至基础外缘的伸出长度ex和ex'的大小，较大者方向的钢筋设置在下，较小者方向的钢筋设置在上。如果底板有集水坑、设备基坑，在铺底板下层钢筋前，先铺集水坑、设备基坑的下层钢筋。

根据已弹好的位置线将横向、纵向的钢筋依次摆放到位，钢筋弯钩应垂直向上。平行地梁方向在地梁下一般不再设底板钢筋。钢筋端部距基础端部的距离应符合设计图纸规定，特别是两端设有地梁时，应保证弯钩和地梁纵筋相互错开，如图 8-48 所示。

(a)

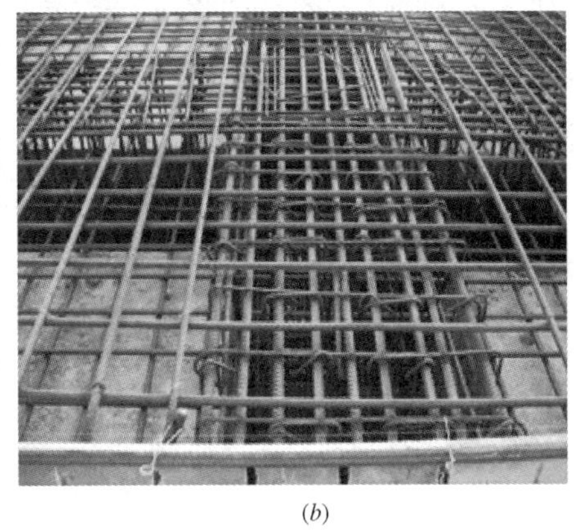

(b)

图 8-48　平板式筏基封边钢筋和梁板式筏基地梁处钢筋安装

(a)平板式筏板基础端部封边钢筋；(b)梁板式筏板基础

底板钢筋如有接头时，接头位置应错开(图 8-49 筏板基础钢筋采用直螺纹套筒连接，接头位置错开。)满足设计要求或在征得设计同意时可不考虑接头位置，按照 25%错开接头。当采用焊接或机械连接接头时，应按焊接或机械连接规程规定确定抽取试样的位置。

图 8-49　钢筋直螺纹连接施工

钢筋采用直螺纹机械连接时，钢筋应顶紧，连接钢筋处于接头的中间位置，偏差不大于 $1p$ (p 为螺距)，外露丝扣不超过两个完整丝扣，检查合格的接头，用红油漆作上标记，以防遗漏。

若钢筋采用搭接的连接方式，钢筋的搭接段绑扎扣不少于 3 个，与其他钢筋交叉绑扎时，不能省去三点绑扎。进行钢筋绑扎时，如单向板靠近外围两行的相交点应逐点满绑扎，中间部分相交点可相隔交错采用梅花点绑扎，双向受力的上部钢筋网必须将钢筋交叉点全部满绑扎，如采用一面顺扣(图 8-50)应交错变换方向，也可采用八字扣，但必须保证钢筋不产生位移。

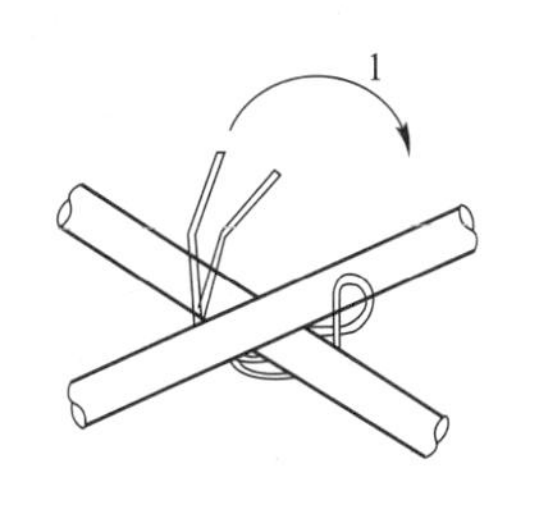

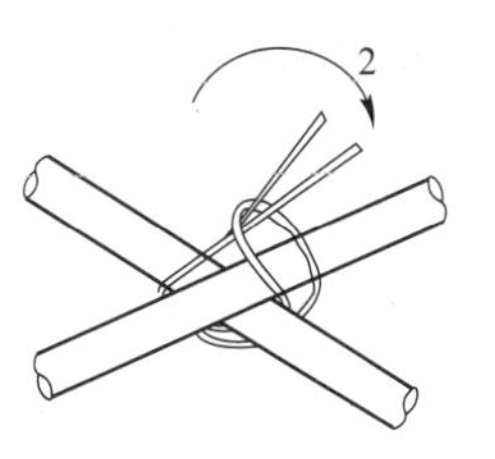

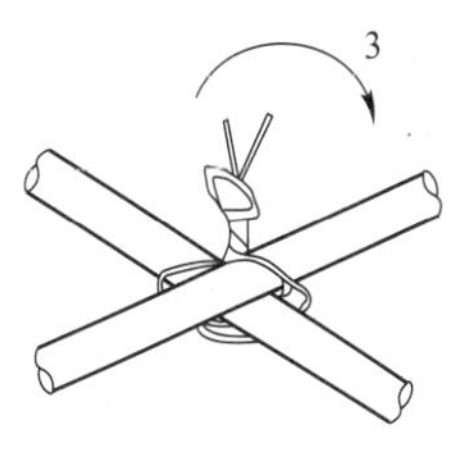

图 8-50　板筋绑扎

(4) 水电管线预埋

在底板和地梁筋绑扎完成后，方可进行水电工序插入(图 8-51*a*)。

(*a*)

(*b*)

图 8-51　基础内管线预埋及马凳筋设置

(*a*)基础内部管线预埋；(*b*)设置马凳筋后铺设基础底板上层钢筋

(5) 设置钢筋保护层垫块

检查底板下层钢筋施工合格后，放置底板混凝土保护层用垫块，垫块的厚度等于钢筋保护层厚度，按照 1m 左右距离梅花形摆放。如基础底板或基础梁用钢量较大，摆放距离可缩小。

(6) 设置马凳筋

基础底板采用双层钢筋时，绑完下层钢筋后，摆放马凳钢筋。马凳筋的摆放按施工方案的规定确定间距。马凳筋宜支撑在下层钢筋上，并应垂直于底板上层筋的上排筋摆放，摆放要稳固(图 8-51*b*)。

(7) 绑底板上层钢筋

在马凳上摆放纵横两个方向的上层钢筋，上层钢筋的弯钩朝下，进行连接后绑扎(图 8-51*b*)。绑扎时上层钢筋和下层钢筋的位置应对正，钢筋的上下次序及绑扣方法同底板下层钢筋(图 8-52*b*)。

梁板钢筋全部完成后按设计图纸位置进行地梁排水套管预埋(如果设计图纸有)。

(8) 放置墙柱插筋并固定

钢筋绑扎完成后，根据在防水保护层(或垫层)上弹好的墙、柱插筋位置线，在底板钢筋网上固定插筋定位框，可以采用线坠垂吊的方法使其同位置线对正。将墙、柱插筋伸入底板内下层钢筋上(图 8－52)，插筋弯钩拐尺的方向要正确，将插筋弯钩的拐尺与下层筋绑扎牢固，便将其上部与底板上层筋或地梁绑扎牢固，必要时可附加钢筋电焊焊牢，并在主筋上绑一道定位筋。插筋上部与定位框固定牢靠。

墙插筋两边距暗柱 50mm，插入基础深度应符合设计和规范规定的锚固长度要求，伸出基础以上的长度和接头面积百分率及错开长度应符合设计图纸和规范的要求。其上端应采取措施保证钢筋垂直，不歪斜、倾倒、变位。同时要考虑搭接长度、相邻钢筋错开距离要满足设计和验收规范要求。

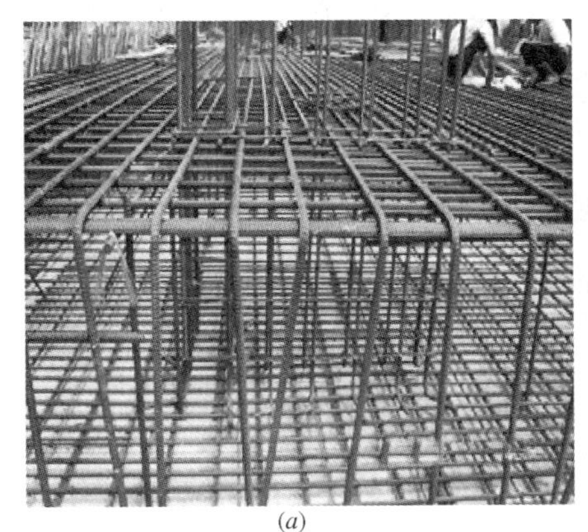

(a)

(b)

图 8-52 柱插筋和墙插筋安装

(a)柱插筋安装情况；(b)地下室外墙钢筋插筋安装情况。

注：墙柱插筋应插至基础底部支在底板钢筋网上，当插筋进入基础的直锚长度大于等于 $l_{aE}(l_a)$时，插筋端部弯锚 6d 且≥150mm；当插筋进入基础的直锚长度大于等于 $0.6l_{aE}(0.6l_a)$ 且小于 $l_{aE}(l_a)$时，插筋端部弯锚 15d。

当柱为轴心受压或小偏心受压，独立基础、条形基础高度不小于 1200mm 时，或当柱为大偏心受压，独立基础、条形基础高度不小于 1400mm 时，可仅将柱四角插筋伸至底板钢筋网上（伸至底板钢筋网上的柱插筋之间间距不应大于 1000mm），其他钢筋满足锚固长度 $l_{aE}(l_a)$即可。

(9) 基础底板钢筋验收

为便于及时修正和减少返工量，验收宜分为两个阶段，即：地梁及基础底层钢筋完成和上层钢筋及插筋完成两个阶段。分阶段绑扎完成后，对绑扎不到位的地方进行局部调整，然后对现场进行清理，分别报工长进行交接检验和质检员专职验收。全部完成后，填写钢筋工程隐蔽验收单。

3. 基础钢筋安装注意事项

钢筋网的绑扎，四周两行钢筋交叉点应每点扎牢，中间部分交叉点可相隔交错扎牢但必须保证受力钢筋不位移。双向主筋的钢筋网，则须将全部钢筋相交点扎牢。绑扎时应注意相邻绑扎点的铁丝扣要成八字形，以免网片歪斜变形。

基础底板采用双层钢筋网时，在上层钢筋网下面应设置钢筋马凳筋撑脚或混凝土撑脚，以保证钢筋位置正确。钢筋马凳筋撑脚一般每隔 1m 放置一个。其直径选用：当板厚 $h \leqslant 300$mm 时为 8～10mm；当板厚 $h=300 \sim 500$mm 时为 12～14mm；当板厚 $h>500$mm 时为 16～18mm。

底部钢筋的弯钩应朝上，不要倒向一边；但双层钢筋网的上层钢筋弯钩应朝下。

独立柱基础为双向配置钢筋时，其底部短边的钢筋应放在长边钢筋的上面。

现浇柱与基础连接用的插筋，其箍筋应比柱的箍筋缩小一个柱筋直径（注：柱筋采用绑扎搭接时采用），以便连接，箍筋间距≤500mm，且不少于两道矩形封闭箍筋（非复合箍）。插筋位置一定要固定牢靠，以免造成柱轴线偏移。

对厚筏板基础上部钢筋网片，可采用钢管临时支撑体系。在上部钢筋网片绑扎完后，置换出水平钢管。为此可另取一些垂直钢管，通过直角扣件与上部钢筋网片的下层钢筋连接起来(该处需另用短钢筋段加强)，替换了原支撑体系。在混凝土浇筑过程中，逐步抽出垂直钢管。此时，上部荷载可由附近的钢管及上、下端均与钢筋网焊接的多个拉结筋来承受。由于混凝土不断浇筑与凝固，拉结筋细长比减少，提高了承载力。

8.3.4.3 墙柱钢筋绑扎

1. 墙柱钢筋施工工艺流程

在楼面弹出墙柱的定位线→调整墙柱竖向钢筋位置→接长墙柱竖向钢筋→安装剪力墙中暗柱或框架柱的箍筋→绑扎剪力墙水平筋→设置墙柱拉筋或垫块→水电管线预埋→设置墙柱厚度定位筋(块)→墙柱钢筋验收

2. 墙柱钢筋安装

(1) 在楼面弹出墙柱的定位线

将墙柱根浮浆清理干净到露出石子，根据楼层定位控制轴线用墨斗在钢筋两侧弹出剪力墙墙体和框架柱的外皮线和模板控制线。

(2) 调整墙柱竖向钢筋位置

根据剪力墙和框架柱的外皮线和墙体保护层厚度检查钢筋的位置是否正确，竖筋间距是否符合要求，如有位移时，应按 1∶6 的比例将其调整到位。如有位移偏大时，应按技术洽商要求认真处理。

(3) 接长墙柱竖向钢筋

预埋筋调整合适后，开始接长竖向钢筋。墙柱钢筋可以采用绑扎搭接、焊接连接和机械连接接长。按照设计图纸或规范规定的连接方法连接竖向筋。当采用绑扎搭接时，搭接段绑扣不小于 3 个。采用焊接或机械连接时，连接方法详见前面的相关施工工艺要求。接长竖向钢筋时，应保证竖筋上端弯钩朝向正确。竖筋连接接头的位置应相互错开。图 8-53(*a*)，是采用电渣压力焊接长柱钢筋，图 8-53(*b*)是采用搭接接长剪力墙竖向钢筋。图 8-54 和图 8-55 是我国《混凝土结构施工图平面整体表示方法制图规则和构造详图(现浇混凝土框架、剪力墙、梁、板)》11G101—1 剪力墙竖向钢筋的构造做法。

(*a*)

(*b*)

图 8-53 墙柱钢筋接长

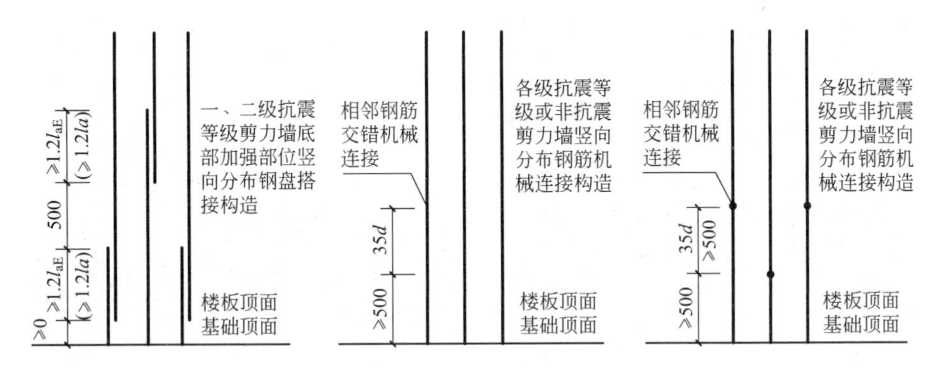

图 8-54　剪力墙竖向分布钢筋连接构造

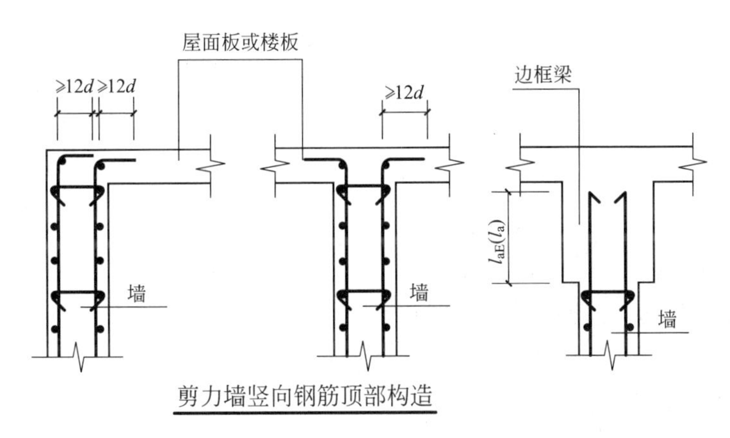

图 8-55　剪力墙竖向钢筋顶部构造做法

(4)安装剪力墙中暗柱或框架柱的箍筋

剪力墙暗柱和框架柱钢筋绑扎时先在暗柱或框架柱竖筋上根据箍筋间距划出箍筋位置线，起步筋距地 50mm(剪力墙暗柱应在第一根墙体水平筋下面)。将箍筋从上面套入暗柱或框架柱竖筋，并按位置线顺序进行绑扎，箍筋的弯钩叠合处应相互错开(图 8-56*b*)。暗柱或框架柱钢筋绑扎应方正，箍筋应水平，弯钩平直段应相互平行，箍筋开口部位应错开设置。

门窗洞口上连梁钢筋绑扎，为保证门窗洞口标高位置正确，在洞口竖筋上划出标高线。门窗洞口要按设计和规范要求绑扎连梁钢筋，锚入墙内长度要符合设计和规范要求，连梁箍筋两端各进入暗柱一个，第一个连梁箍筋距暗柱边 50mm，顶层连梁入支座全部锚固长度范围内均要加设箍筋，间距为满足设计要求。

根据预留钢筋上的水平控制线安装预制的竖向梯子筋，应保证方正、水平。梯子筋的主要目的是为了墙柱的尺寸定位。一道墙设置 2 至 3 个竖向梯子筋为宜。梯子筋如代替墙体竖向钢筋，应大于墙体竖向钢筋一个规格，梯子筋中控制墙厚度的横档钢筋的长度比墙厚小 2mm，端头用无齿锯锯平后刷防锈漆，根据不同墙柱厚画出梯子筋一览表。梯子筋做法见图 8-57(*b*)。

(*a*)

(*b*)

图 8-56 剪力墙及框架柱钢筋安装

(*a*)剪力墙钢筋安装及混凝土保护层塑料垫块设置情况；(*b*)框架柱钢筋安装情况

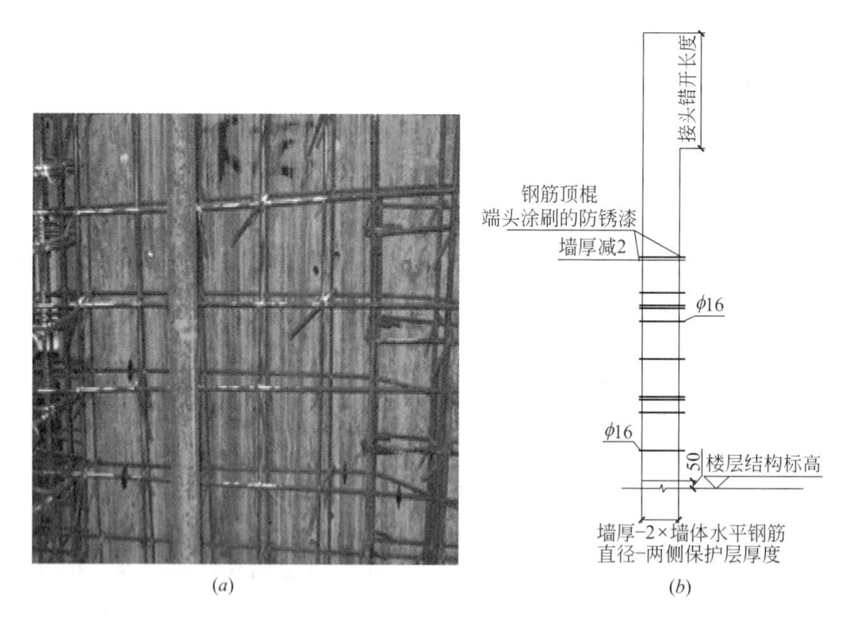

(*a*) (*b*)

图 8-57 剪力墙水平筋、拉筋设置及墙尺寸定位措施

(*a*)剪力墙水平筋安装情况；(*b*)竖向梯子筋的设置示意图

(5) 绑扎剪力墙水平筋

暗柱和连梁钢筋绑扎完成后，可以进行墙体水平筋绑扎。水平筋应绑在墙体竖向筋外侧图 8-56*a*，图 8-57*a*，在剪力墙竖向筋上按设计图纸要求间距划出的刻度线从下到上顺序进行绑扎，水平筋第一根起步筋距地应为 50mm。

绑扎时将水平筋调整水平后，再与剪力墙竖向立筋绑扎，注意将竖筋调整水平和竖直位置。墙筋为双向受力钢筋，所有钢筋交叉点应逐点绑扎，绑扣采用顺扣时应交错进行，确保钢筋网绑扎稳固，不发生位移。

绑扎时水平筋的搭接长度及错开距离要符合设计图纸及施工规范的要求。

墙筋在端部、角部的锚固长度、锚固方向应符合要求：

1）剪力墙的水平钢筋在端部锚固应按设计和规范要求施工。以下是我国《混凝土结构施工图平面整体表示方法制图规则和构造详图（现浇混凝土框架、剪力墙、梁、板）》11G101—1，如图 8-58～图 8-62 所示。

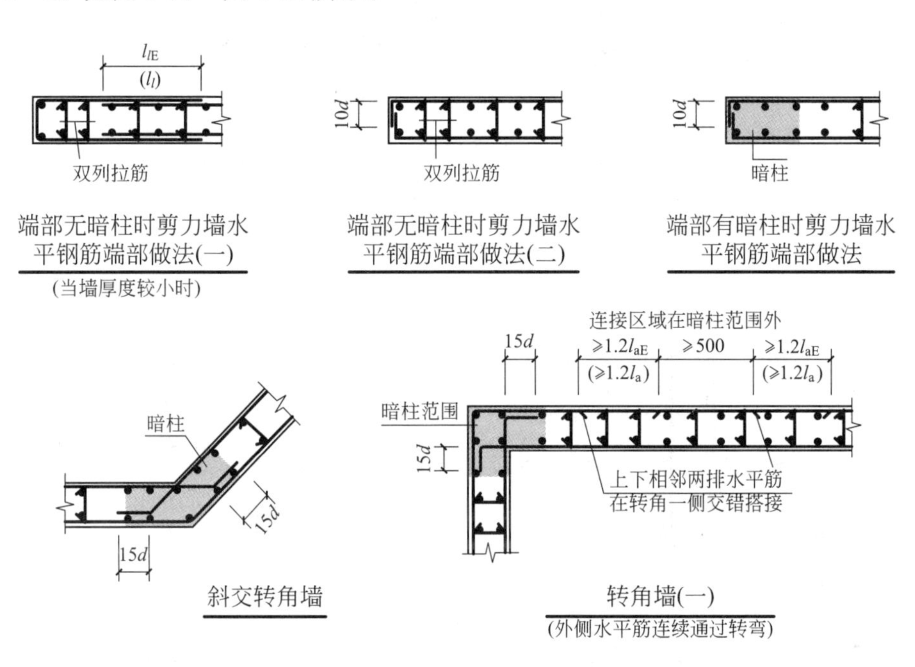

图 8-58 11G101—1 剪力墙的水平钢筋在端部做法

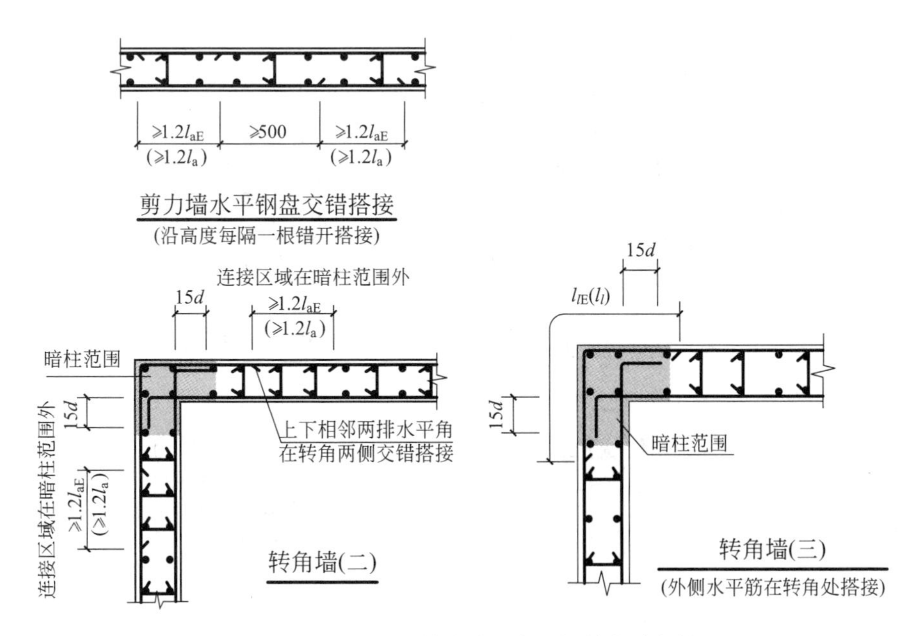

图 8-59 11G101—1 剪力墙的水平钢筋在端部做法

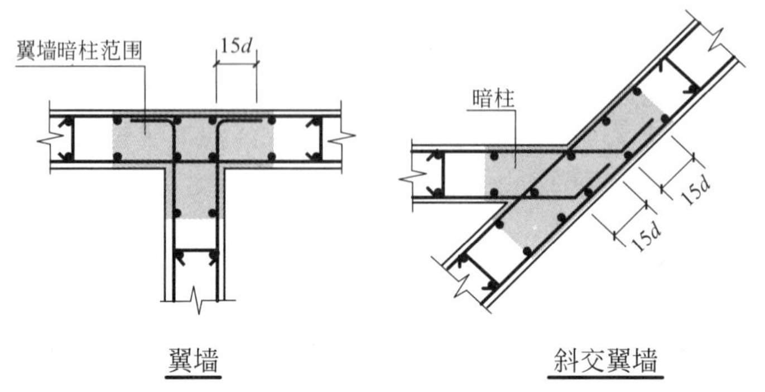

图 8-60　11G101—1 剪力墙的水平钢筋在端部做法

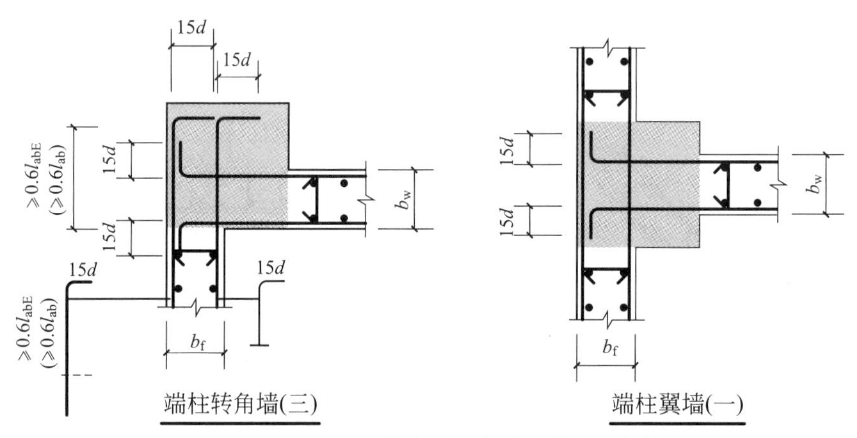

图 8-61　11G101—1 剪力墙的水平钢筋在端部做法

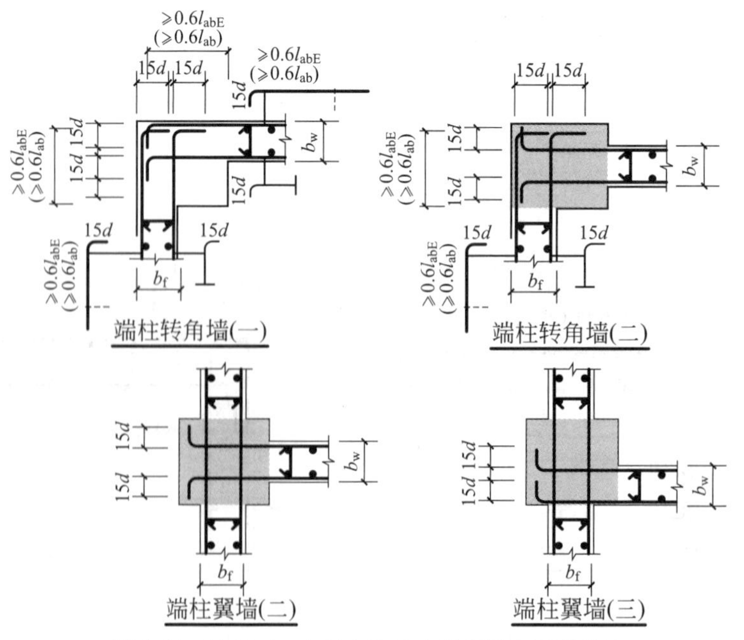

图 8-62　11G101—1 剪力墙的水平钢筋在端部做法

2）剪力墙的连梁上下水平钢筋伸入墙内长度不能小于设计和规范要求，剪力墙的连梁沿梁全长的箍筋构造要符合设计和规范要求，在建筑物的顶层连梁伸入墙体的钢筋长度范围内，应设置间距≤150mm 的构造箍筋。以下是我国《混凝土结构施工图平面整体表示方法制图规则和构造详图(现浇混凝土框架、剪力墙、梁、板)》11G101—1 关于连梁的构造做法。如图 8-63～图 8-66 所示。

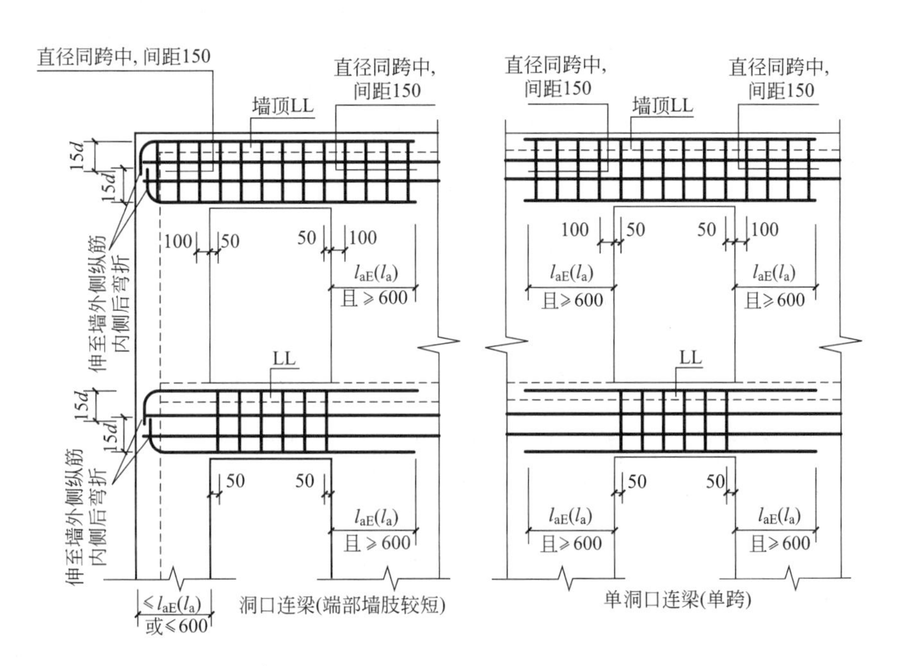

图 8-63　剪力墙的单洞口连梁上下水平钢筋伸入墙内长度 e'

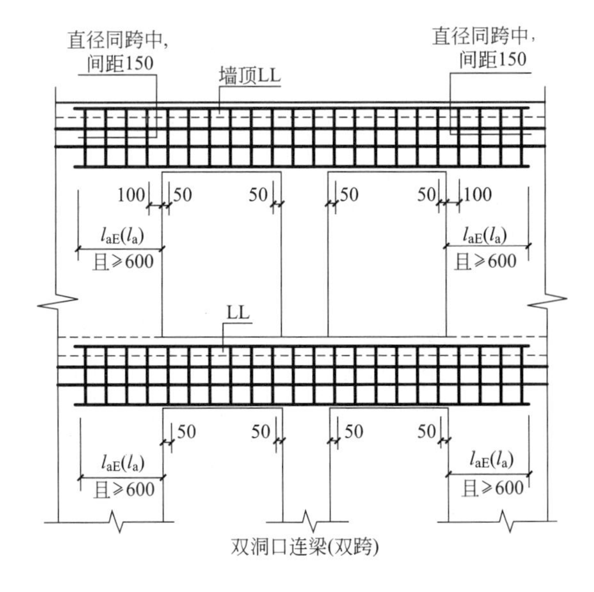

图 8-64　双洞口处连梁构造做法

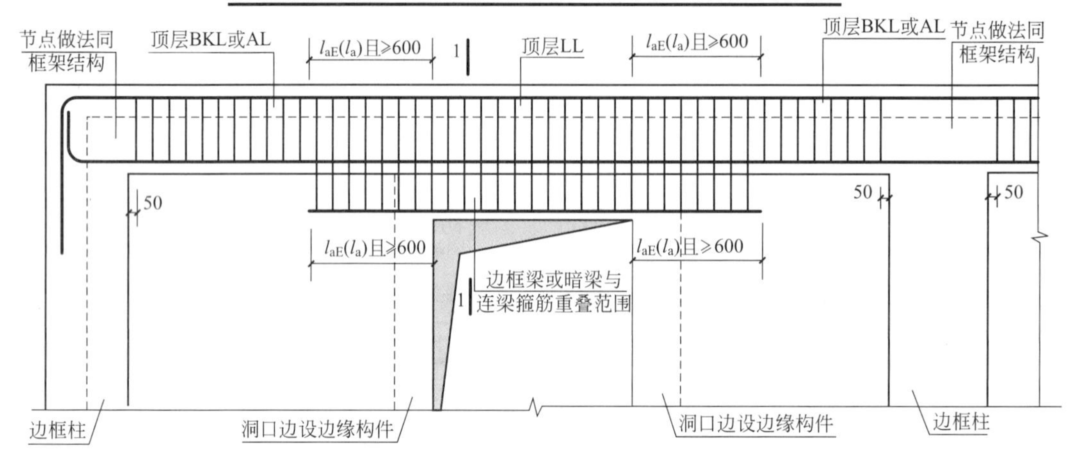

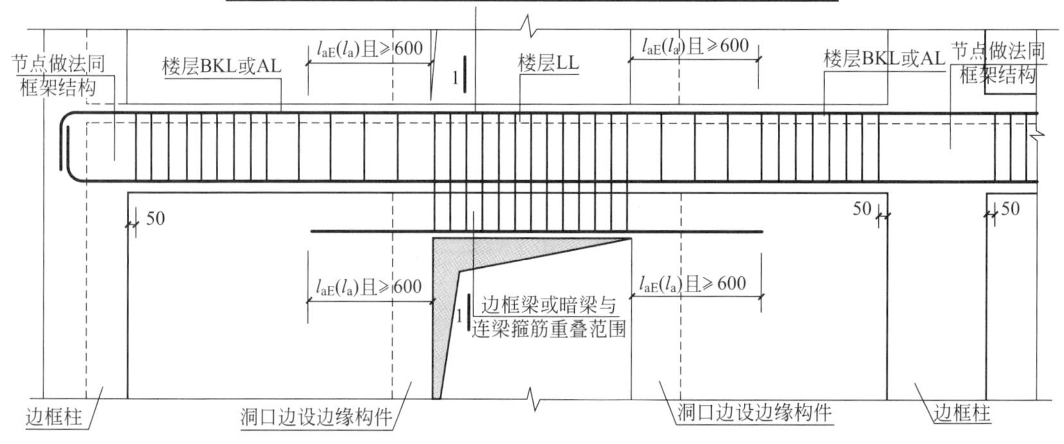

图 8-65　剪力墙 BKL 或 AL 或 LL 重叠时配筋构造做法

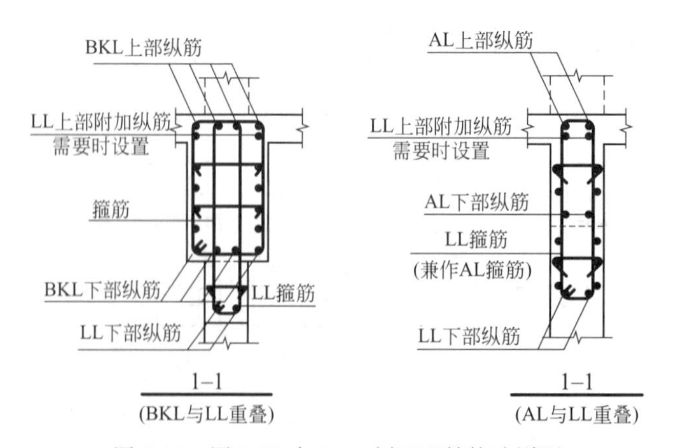

图 8-66　图 8-65 中 1—1 剖面配筋构造详图

(6) 洞口补强钢筋

剪力墙洞口周围应绑扎补强钢筋，其锚固长度应符合设计和规范要求。

(7) 设置墙柱拉筋或垫块

剪力墙双排钢筋在水平筋绑扎完成后，应按设计要求间距设置拉筋(图 8-67)，以固定双排钢筋的骨架间距。拉筋应呈梅花形设置，应卡在钢筋的十字交叉点上并应同时拉住竖向和水平受力钢筋。注意用扳手将拉钩弯钩角度调整到 135°，并应注意拉筋设置后不应改变钢筋排距。剪力墙拉筋直径：当梁宽≤350mm 时为 6mm，梁宽>350mm 时为 8mm，拉筋间距为 2 倍箍筋或竖向筋间距，竖向沿侧面水平筋隔一拉一。

图 8-67 剪力墙拉筋设置

在墙体水平筋外侧应绑上带有铁丝的砂浆垫块或塑料卡，以保证保护层的厚度，垫块间距 1m 左右，梅花形布置。注意钢筋保护层垫块不要绑在钢筋十字交叉点上。

可采用双 F 卡代替拉钩和保护层垫块，还能起到支撑的作用。支撑可用 Φ10～14 钢筋制作，支撑如要顶住模板，要按墙厚度减去 2mm，用无齿锯锯平并刷防锈漆，间距按 1m 左右设置，梅花形布置。

(8) 墙体钢筋验收

对墙体钢筋进行自检。对不到位处进行修整，并将墙脚内杂物清理干净，报请工长和质检员验收。

3. 墙柱钢筋安装质量控制要点

(1) 柱钢筋安装控制要点

柱中的竖向钢筋搭接时，角部钢筋的弯钩应与模板成 45°(多边形柱为模板内角的平分角，圆形柱应与模板切线垂直)，中间钢筋的弯钩应与模板成 90°。如果用插入式振捣器浇筑小型截面柱时，弯钩与模板的角度不得小于 15°。

箍筋的接头(弯钩叠合处)应交错布置在四角纵向钢筋上；箍筋转角与纵向钢筋交叉点均应扎牢(箍筋平直部分与纵向钢筋交叉点可间隔扎牢)，绑扎箍筋时绑扣相互间应成八字形。

下层柱的钢筋露出楼面部分，宜用工具式柱箍将其收进一个钢筋直径，以利上层柱的钢筋搭接(注：柱筋如采用焊接和机械连接时则无需收进)。当柱截面有变化时，其下层柱钢筋的露出部分，必须在绑扎梁的钢筋之前先行收缩准确。

框架梁、牛腿及柱帽等钢筋，应放在柱的纵向钢筋内侧。

柱钢筋的绑扎，应在模板安装前进行。

(2) 墙钢筋绑扎质量控制要点

墙(包括水塔壁、烟囱筒身、池壁等)的垂直钢筋每段长度不宜超过 4m(钢筋直径≤12mm)或 6m(直径>12mm)，水平钢筋每段长度不宜超过 8m，以利绑扎。

墙钢筋的弯钩应朝向混凝土内。

采用双层钢筋网时，在两层钢筋间应设置撑铁以固定钢筋间距。撑铁可用直径 6～

10mm 的钢筋制成，长度等于两层网片的净距，间距约为 1m，相互错开排列。

墙的插筋，可在基础钢筋绑扎之后浇筑混凝土前插入基础内。

墙钢筋的绑扎也应在模板安装前进行。

8.3.4.4　梁板钢筋绑扎

1. 梁板钢筋施工工艺流程

按设计图纸划出箍筋定位间距→在主次梁模板上口搁置横杆数根→放箍筋→穿主梁下层钢筋→穿次梁下层钢筋→穿主梁上层钢筋→绑扎主梁箍筋→穿次梁上层钢筋→绑扎次梁箍筋→抽出横杆将梁钢筋落入模板内→按设计图纸划出板底筋间距线→摆放底筋并绑扎→水电管线预埋→绑扎面筋→钢筋验收

2. 梁钢筋绑扎

梁的钢筋安装要按设计图纸施工，因此钢筋安装之前要先熟悉设计图纸，对于图纸中没有注明的，要查看结构设计总说明和设计说明中有没有特别指明的要求。如该图纸没标明部分，是否结构设计总说明中明确按《混凝土结构施工图平面整体表示方法制图规则和构造详图》11G101 系列施工。以下是 11G101—1 有关框架梁和梁的构造要求，如图 8-68～图 8-73 所示。

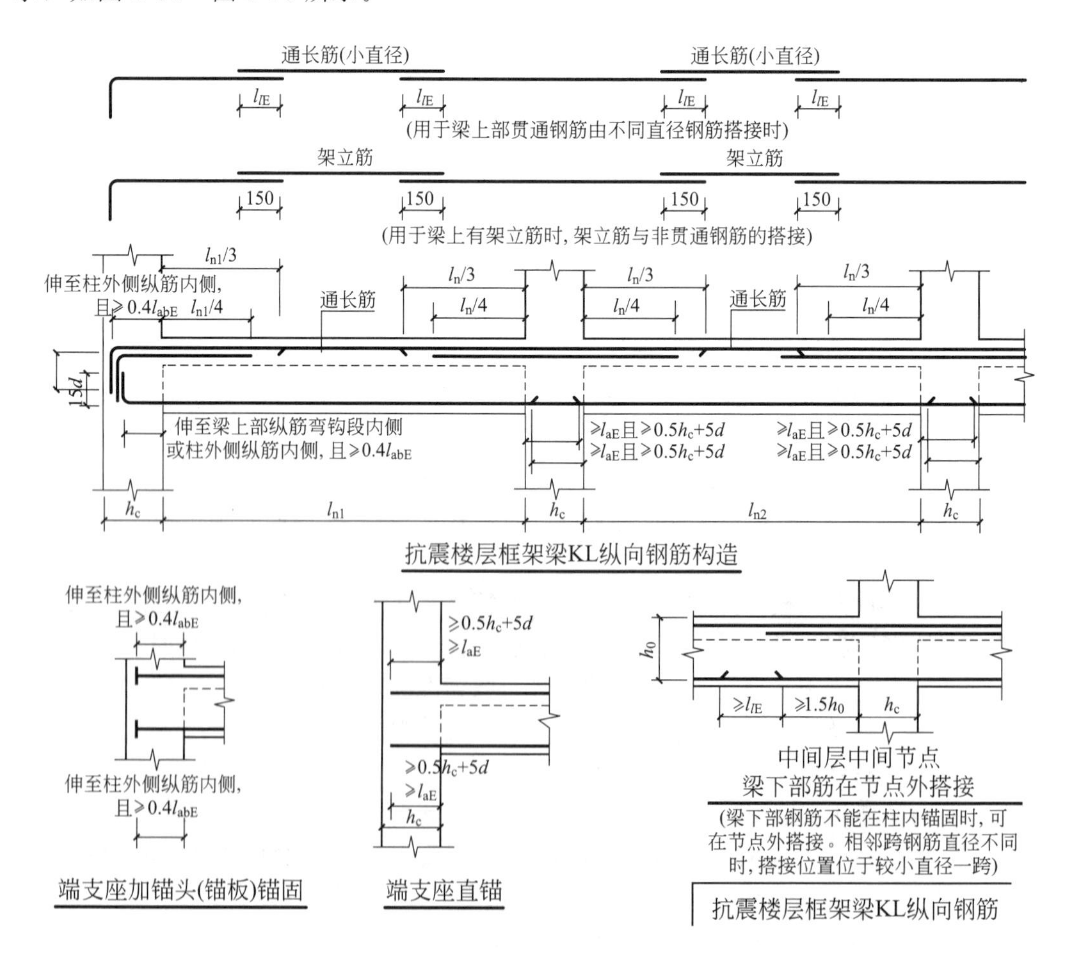

图 8-68　抗震楼层框架梁 KL 纵向钢筋构造

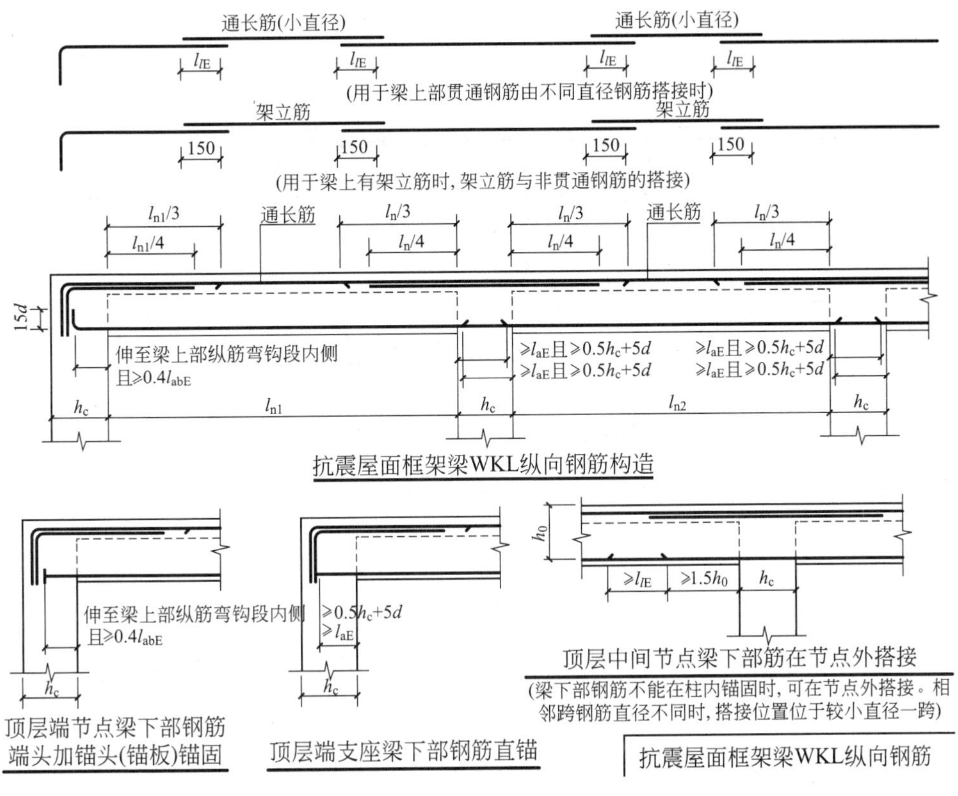

图 8-69　抗震屋面框架梁 WKL 纵向钢筋构造

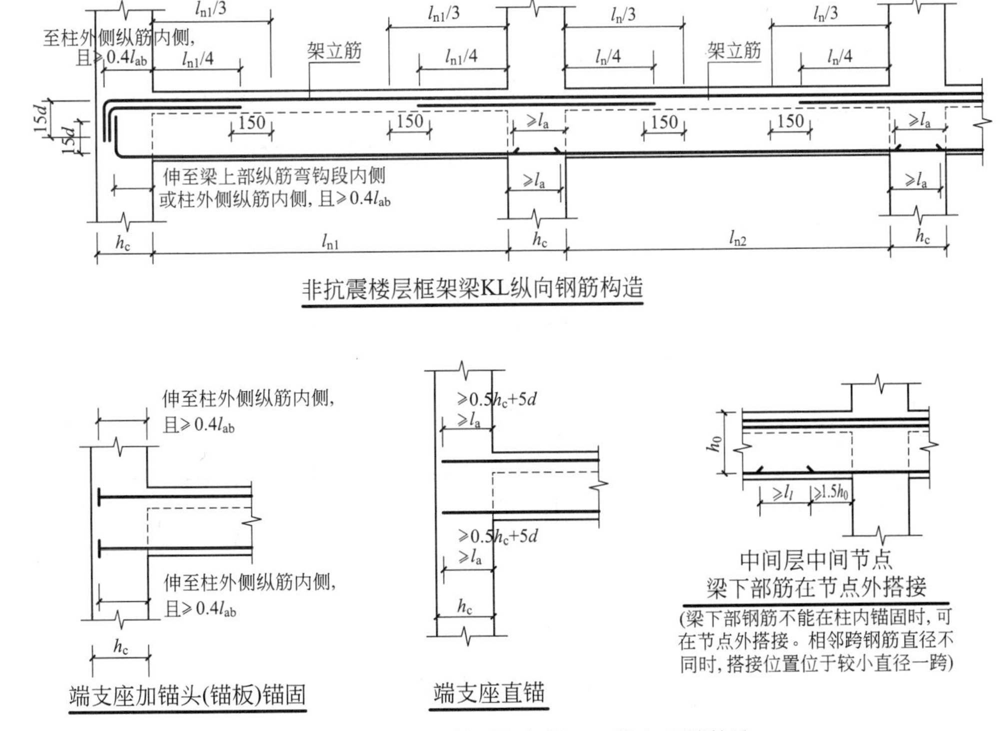

图 8-70　非抗震楼层框架梁 KL 纵向钢筋构造

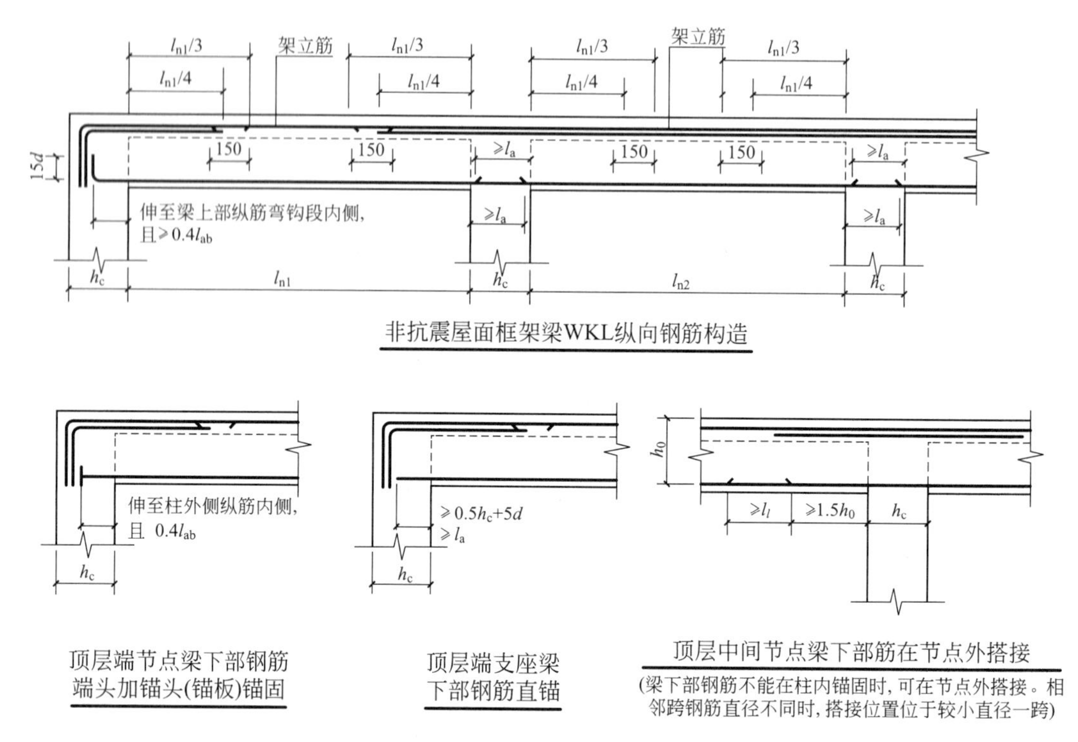

图 8-71　非抗震屋面框架梁 WKL 纵向钢筋构造

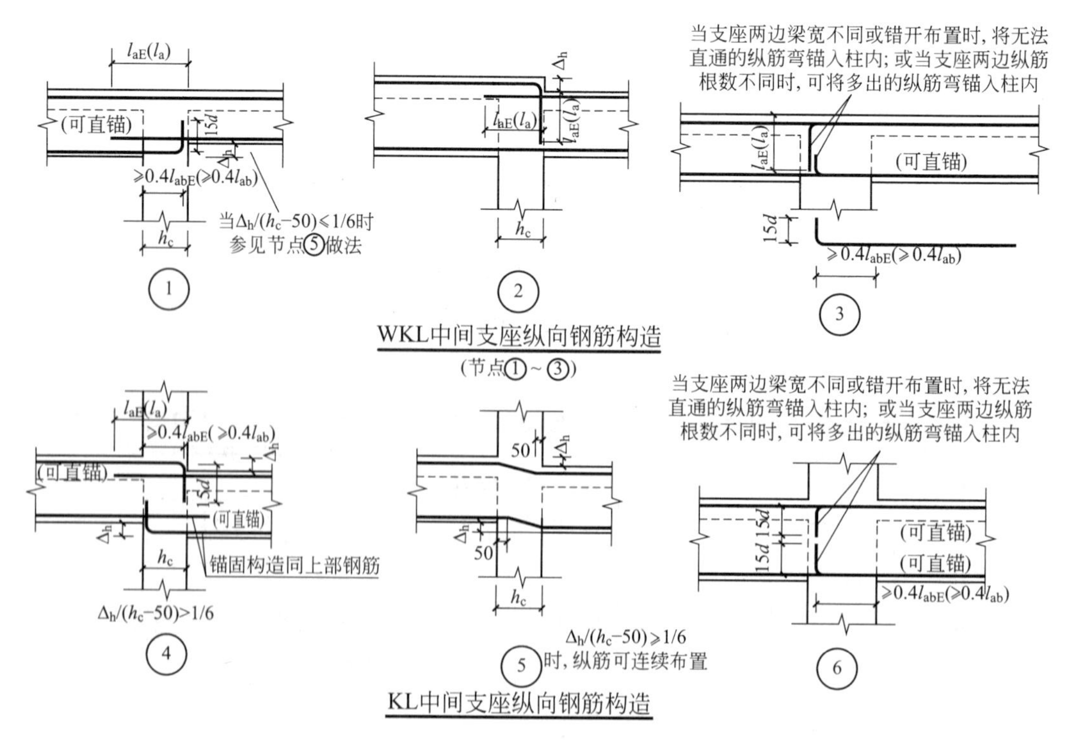

图 8-72　KL、WKL 中间支座纵向钢筋构造

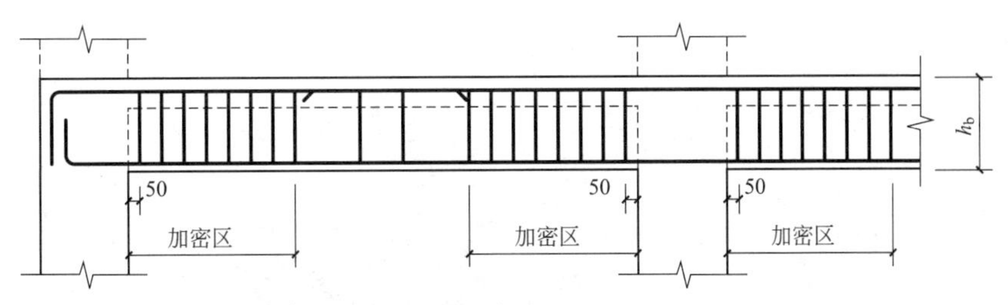

加密区：抗震等级为一级：≥2.0h_b且≥500
抗震等级为二~四级：≥1.5h_b且≥500

抗震框架梁KL、WKL箍筋加密区范围

（弧形梁沿梁中心线展开，箍筋间距沿凸面线量度。h_b为梁截面高度）

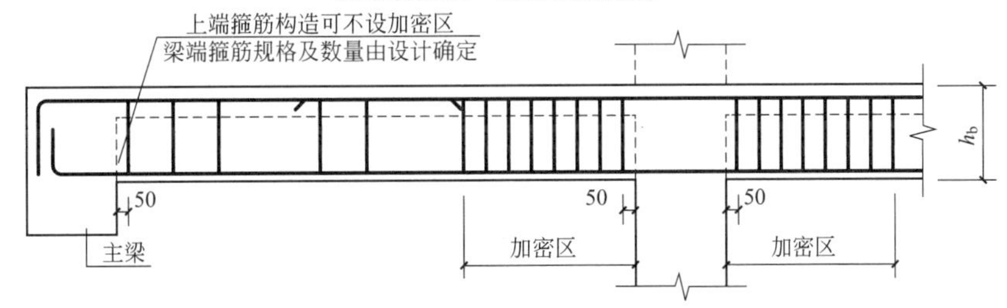

加密区：抗震等级为一级：≥2.0h_b且≥500
抗震等级为二~四级：≥1.5h_b且≥500

抗震框架梁KL、WKL(尽端为梁)箍筋加密区范围

（弧形梁沿梁中心线展开，箍筋间距沿凸面线量度。h_b为梁截面高度）

图 8-73　抗震框架梁 KL、WKL 箍筋加密区范围

（1）画主次梁箍筋间距

框架梁板模板支设完成后，在梁模板上沿按箍筋间距画出位置线，箍筋起始筋距柱边为 50mm，梁两端应按设计、规范的要求进行加密。

（2）放主次梁箍筋

根据箍筋位置线，算出每道梁箍筋数量，将箍筋放底模上。

（3）穿主梁底层纵筋及弯起筋

先穿主梁的下部纵向受力钢筋及弯起钢筋，梁筋应安放在柱纵筋内侧，底层纵筋弯钩应朝上，梁下部纵向钢筋伸入中间节点锚固长度及伸过中心线的长度要符合设计、规范及施工方案要求，框架梁纵向钢筋在墙柱内的锚固长度也要符合设计、规范及施工方案要求，如图 8-74 所示。

（4）穿次梁底层纵筋

按相同的方法穿次梁底层纵筋。

在主、次梁所有接头末端与钢筋弯折处的距离，不得小于钢筋直径的 10 倍。接头不宜位于构件最大弯矩处。受拉区域内 I 级钢筋绑扎接头的末端应做 180°弯钩；II 级以上的螺纹钢筋可不做弯钩。搭接处应在中心和两端扎牢。接头位置应相互错开，当采用绑扎搭接接头时，同一连接区段内，纵向钢筋搭接接头面积百分率不大于 25%。

（5）穿主梁上层纵筋及架立筋

底层纵筋放置完成后，按顺序穿上层纵筋和架立筋，上层纵筋弯钩应朝下，一般应在下层筋弯钩的外侧，端头距柱边的距离应符合设计图纸的要求。

(a)

(b)

图 8-74　梁筋安装

(a)将加工好的钢筋吊到安装的楼面位置；(b)安装梁的底筋

框架梁上部纵向钢筋应贯穿中间节点，支座负筋的根数及长度应符合设计、规范的要求。框架梁纵向钢筋在端节点内的锚固长度也要符合设计、规范及施工方案要求。

（6）绑主梁箍筋

主梁纵筋穿好后，将箍筋按已画好的间距逐个分开，隔一定间距将架立筋与箍筋绑扎牢固。调整好箍筋位置，应与梁保持垂直，先绑架立筋，再绑主筋(图 8-75)。绑梁上部纵向筋的箍筋，宜用套扣法绑扎(图 8-76)。箍筋在叠合处的弯钩，在梁上层钢筋应交错分开设置，箍筋弯钩为 135°，平直部分长度为 10d 或 75mm，如做成封闭箍时，单面焊缝长度为 10d。

(a)

(b)

图 8-75　梁筋骨架安装

(a)穿梁的纵向受力钢筋；(b)梁钢筋安装好的成品

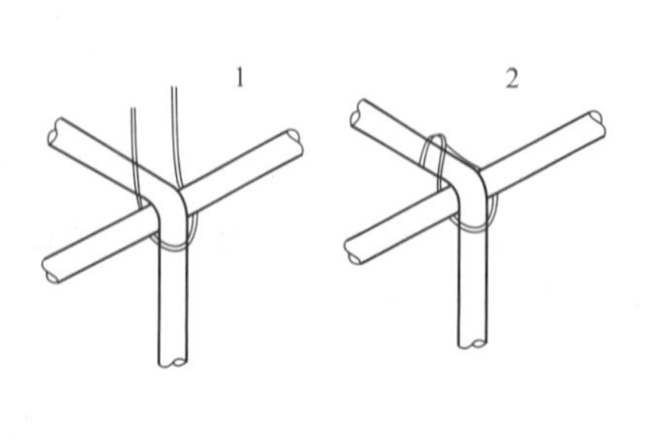

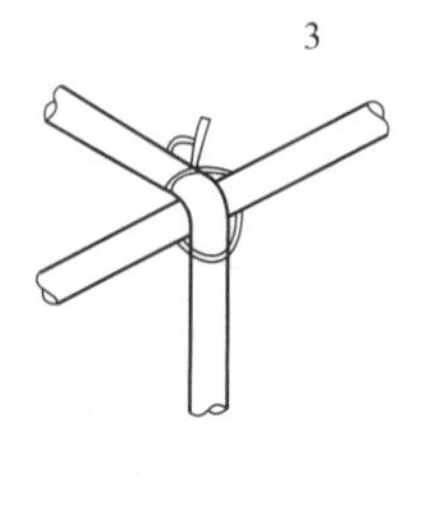

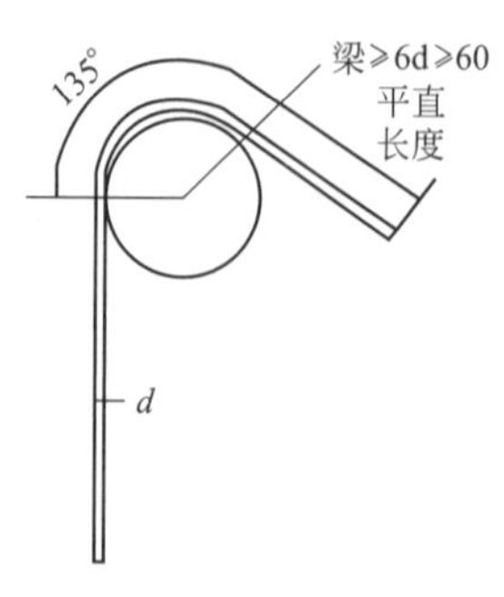

图 8-76　套扣绑扎

(7) 穿次梁上层纵向钢筋

按相同的方法穿次梁上层纵向钢筋，次梁的上层纵筋一般在主梁上层纵筋上面。当次梁钢筋锚固在主梁内时，应注意主筋的锚固位置和长度符合要求。

(8) 绑次梁箍筋

按相同的方法绑次梁箍筋(图 8-77、图 8-78)。

(a)

(b)

图 8-77　主次梁和梁柱节点钢筋安装

(a)主次梁相交处的安装情况；(b)梁筋在柱部位的锚固情况

注：次梁的底筋要放主梁的底筋之上，次梁的上层钢筋要放在主梁的上层钢筋之上，并且设计会在主次梁相交处在主梁设置吊筋(有时也会设置加密的箍筋来代替，每边 3 根，间距 50mm)

(a)

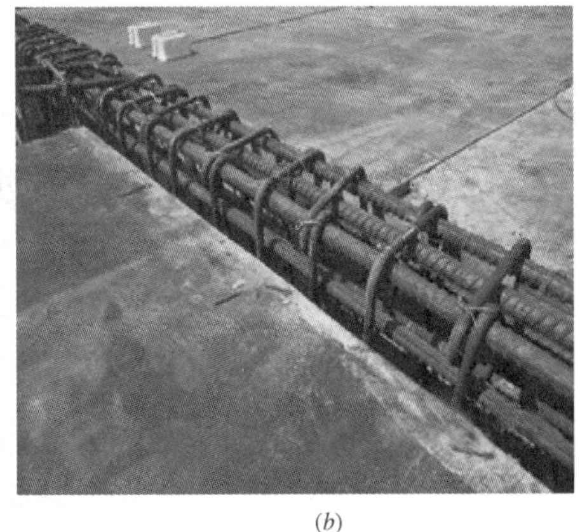

(b)

图 8-78　梁筋骨架成品

(a)梁钢筋骨架沉入梁模板内的情况；(b)梁钢筋骨架箍筋安装情况

注：梁箍筋加密区的区域、箍筋的规格、数量、间距要符合设计图纸要求，箍筋的弯钩角度及平直长度要符合规范规定，梁箍筋的开口位置均置于梁筋的上部，但是箍筋开口位置要间隔错开设置，见图(b)照片。

(9) 拉筋设置

当设计要求梁设有拉筋时，拉筋应钩住箍筋与腰筋的交叉点。

（10）保护层垫块设置

框架梁绑扎完成后，在梁底放置砂浆垫块（也可采用塑料卡），垫块应设在箍筋下面，间距一般 1m 左右。

在梁两侧用塑料卡卡在外箍筋上，以保证主筋保护层厚度准确。

3. 板钢筋绑扎

（1）模板上弹线

清理模板上面的杂物，按板筋的间距用墨线或粉笔在模板上弹（划）出下层筋的位置线。板筋起始筋距梁边为 50mm。

（2）绑板下层钢筋

按弹好的钢筋位置线，按顺序摆放纵横向钢筋。板下层钢筋的弯钩应竖直向上，下层筋应伸入到梁内，其长度应符合设计要求（图 8-79）。

(a)

(b)

图 8-79　板的底筋安装

在现浇板中有板带梁（暗梁）时，应先绑板带梁钢筋，再摆放板钢筋。

绑扎板筋时一般用顺扣（图 8-80）或八字扣，板底筋除外围两根筋的相交点应全部绑扎外，其余各点可间隔交错绑扎，双向板或单向板上部钢筋网的相交点需全部绑扎。

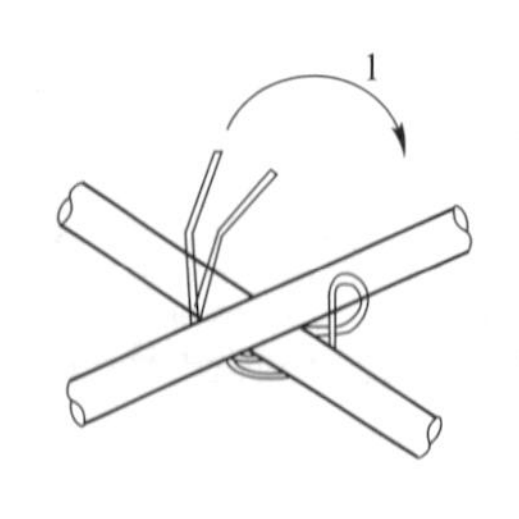

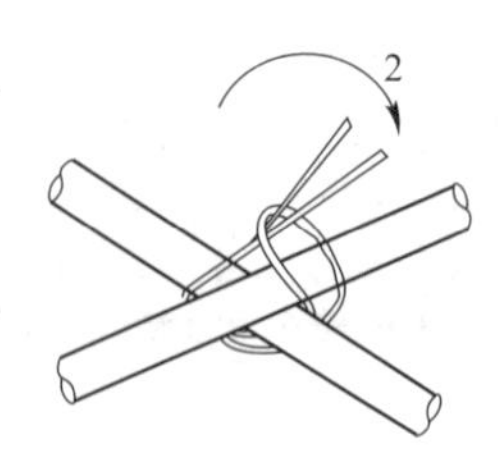

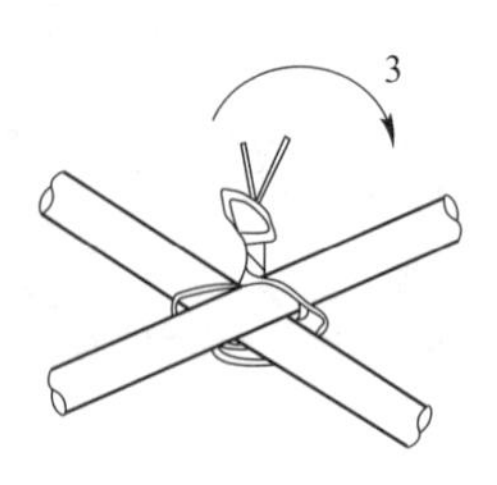

图 8-80　板筋绑扎

（3）水电工序插入

预埋件、电气管线、水暖设备预留孔洞等及时配合安装（图 8-81）。

（4）绑板上层钢筋

按上层筋的间距摆放好钢筋，上层筋通常为支座负弯矩钢筋，应横跨梁上部，并与梁筋绑扎牢固。

当上层筋有搭接时，搭接位置和搭接长度应符合设计及施工规范的要求。

(*a*)

(*b*)

图 8-81　板内水电预埋及防雷引下线施工

(*a*)水电管线安装情况；(*b*)防雷引下线焊接施工

上层筋端部一般加工成 90°直钩，直钩应垂直朝下，不能直接落在模板上。上层筋为负弯矩钢筋，每个相交点均要绑扎，绑扎方法同下层筋。

(5) 设置马凳筋及保护层垫块

如板为双层钢筋，两层筋之间必须加马凳筋，以确保上部钢筋的位置。马凳筋应设在下层筋上，并与上层筋绑扎牢靠，间距 1000mm 左右，呈梅花形布置。在钢筋的下面垫好砂浆垫块(或塑料卡)，间距 1000mm，梅花形布置。垫块厚度等于保护层厚度，应满足设计要求(图 8-82)。

图 8-82　板上层钢筋及马凳筋设置情况

4. 楼梯钢筋绑扎

(1) 绑扎楼梯梁

对于梁式楼梯，先绑扎楼梯梁钢筋，再绑扎楼梯踏步板钢筋，最后绑扎楼梯平台板钢筋，钢筋绑扎要注意楼梯踏步板和楼梯平台板负弯矩筋的位置。楼梯梁的绑扎同框架梁的绑扎方法。

(2) 画楼梯板钢筋位置线

根据下层筋间距，在楼梯底板上画出主筋和分布筋的位置线。

(3) 绑楼梯板下层筋

楼梯板筋要锚固到梁内。板筋每个交点均应绑扎。绑扎方法同板钢筋绑扎。

(4) 绑楼梯板上层筋

绑扎方法同板钢筋绑扎。

(5) 设置马凳筋及保护层垫块

上下层钢筋之间要设置马凳筋以保证上层钢筋的位置。板底应设置保护层垫块保证下层钢筋的位置。楼梯钢筋安装如图 8-83 所示。

(a)

(b)

图 8-83　楼梯钢筋安装

(a)板式楼梯的钢筋安装情况；(b)板式楼梯施工缝设置位置及钢筋预留情况

5. 梁板钢筋安装质量控制要点

梁纵向受力钢筋采用双层排列时，两排钢筋之间应垫以直径为 25mm 的短钢筋，以保持其设计距离，注意不得采用直径 25mm 的钢筋作混凝土保护层垫块。

箍筋的接头(弯钩叠合处)应交错布置在两根架立钢筋上，其余同柱。

板的钢筋网绑扎与基础相同，但应注意板上部的负筋，要防止被踩下；特别是雨篷、挑檐、阳台等悬臂板，要严格控制负筋位置，以免拆模后断裂。

板、次梁与主梁交叉处，板的钢筋在上，次梁的钢筋居中，主梁的钢筋在下。

框架节点处钢筋穿插十分稠密时，应特别注意梁顶面主筋间的净距应不小于 30mm，以利浇筑混凝土。

梁钢筋的绑扎与模板安装之间的配合关系：

(1) 梁的高度较小，梁的钢筋架空在梁模顶上绑扎，然后再落入梁模内；

(2) 梁的高度较大(≥1.0m)时，梁的钢筋宜在梁底模上绑扎，其两侧模或一侧模后装。梁板钢筋绑扎时应防止水电管线将钢筋抬起或压下。

当纵向受力钢筋采用绑扎搭接接头时，接头的设置应符合下列规定：

1) 同一构件内的接头宜分批错开。各接头的横向净间距 s 不应小于钢筋直径，且不应小于 25mm。

2) 接头连接区段的长度为 1.3 倍搭接长度，凡接头中点位于该连接区段长度内的接头均应属于同一连接区段；搭接长度取相互连接两根钢筋中较小直径计算。纵向受力钢筋的最小搭接长度应符合表 8-16 的规定。

3) 同一连接区段内，纵向受力钢筋接头面积百分率为该区段内有接头的纵向受力钢筋截面面积与全部纵向受力钢筋截面面积的比值(图 8-84)；纵向受压钢筋的接头面积百分率可不受限制；纵向受拉钢筋的接头面积百分率应符合下列规定：

① 梁类、板类及墙类构件，不宜超过 25%；基础筏板，不宜超过 50%。

② 柱类构件，不宜超过 50%。

③ 当工程中确有必要增大接头面积百分率时，对梁类构件，不应大于 50%；对其他构件，可根据实际情况适当放宽。

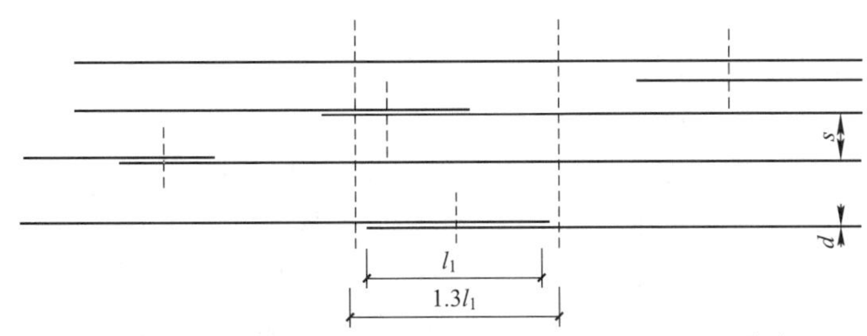

图 8-84　钢筋绑扎搭接接头连接区段及接头面积百分率

注：图中所示搭接接头同一连接区段内的搭接钢筋为两根，当各钢筋直径相同时，接头面积百分率为 50%。

在梁、柱类构件的纵向受力钢筋搭接长度范围内应按设计要求配置箍筋，箍筋直径不应小于搭接钢筋较大直径的 25%；受拉搭接区段的箍筋间距不应大于搭接钢筋较小直径的 5 倍，且不应大于 100mm；受压搭接区段的箍筋间距不应大于搭接钢筋较小直径的 10 倍，且不应大于 200mm；当柱中纵向受力钢筋直径大于 25mm 时，应在搭接接头两个端面外 100mm 范围内各设置两个箍筋，其间距宜为 50mm。

钢筋绑扎的绑扎搭接接头应在接头中心和两端用铁丝扎牢；墙、柱、梁钢筋骨架中各竖向面钢筋网交叉点应全数绑扎；板上部钢筋网的交叉点应全数绑扎，底部钢筋网除边缘部分外可间隔交错绑扎；梁、柱的箍筋弯钩及焊接封闭箍筋的焊点应沿纵向受力钢筋方向错开设置；构造柱纵向钢筋宜与承重结构同步绑扎；梁及柱中箍筋、墙中水平分布钢筋、板中钢筋距构件边缘的起始距离宜为 50mm。

8.3.5　植筋施工

在钢筋混凝土结构上钻出孔洞，注入胶粘剂，植入钢筋，待其固化后即完成植筋施工。用此法植筋犹如原有结构中的预埋筋，能使所植钢筋的技术性能得以充分利用。植筋方法具有工艺简单、工期短、造价省、操作方便、劳动强度低、质量易保证等优点，为工程结构加固及解决新旧混凝土连接提出了一个全新的处理技术。

植筋施工过程：钻孔→清孔→填胶粘剂→植筋→凝胶→检验。

植筋施工方法

1. 钻孔使用配套冲击电钻。钻孔时，孔洞间距与孔洞深度应满足设计要求。

2. 清孔时，先用吹气泵清除孔洞内粉尘等，再用清孔刷清孔，要经多次吹刷完成。同时，不能用水冲洗，以免残留在孔中的水分削弱粘合剂的作用。

3. 使用植筋注射器从孔底向外均匀地把适量胶粘剂填注孔内，注意勿将空气封入孔内。

4. 按顺时针方向把钢筋平行于孔洞走向轻轻植入孔中，直至插入孔底，胶粘剂溢出，注意不允许在植入钢筋时来回旋动。

5. 将钢筋外露端固定在模架上，使其不受外力作用，直至凝结，并派专人现场保护。凝胶的化学反应时间一般为 15min，固化时间一般为 1h。

8.3.6　安装要求

构件交接处的钢筋位置应符合设计要求。当设计无具体要求时，应保证主要受力构件和构件中主要受力方向的钢筋位置。框架节点处梁纵向受力钢筋宜放在柱纵向钢筋内侧；当主次梁底部标高相同时，次梁下部钢筋应放在主梁下部钢筋之上；剪力墙中水平分布钢筋宜放在外侧，并宜在墙端弯折锚固。

钢筋安装应采用定位件固定钢筋的位置，并宜采用专用定位件。定位件应具有足够的承载力、刚度、稳定性和耐久性。定位件的数量、间距和固定方式，应能保证钢筋的位置偏差符合国家现行有关标准的规定。混凝土框架梁、柱保护层内，不宜采用金属定位件。

采用复合箍筋时，箍筋外围应封闭。梁类构件复合箍筋内部宜选用封闭箍筋，奇数肢也可采用单肢箍筋；柱类构件复合箍筋内部可部分采用单肢箍筋。钢筋安装应采取防止钢筋受模板、模具内表面的脱模剂污染的措施。

8.3.7 质量检查

钢筋进场应检查钢筋的质量证明文件；应按国家现行有关标准的规定抽样检验屈服强度、抗拉强度、伸长率、弯曲性能及单位长度重量偏差；经产品认证符合要求的钢筋，其检验批量可扩大一倍。在同一工程中，同一厂家、同一牌号、同一规格的钢筋连续三次进场检验均一次检验合格时，其后的检验批量可扩大一倍；钢筋的外观质量合格；当无法准确判断钢筋品种、牌号时，应增加化学成分、晶粒度等检验项目。

成型钢筋进场时，应检查成型钢筋的质量证明文件、成型钢筋所用材料质量证明文件及检验报告，并应抽样检验成型钢筋的屈服强度、抗拉强度、伸长率和重量偏差。检验批量可由合同约定，同一工程、同一原材料来源、同一组生产设备生产的成型钢筋，检验批量不宜大于30t。

钢筋调直后，应检查力学性能和单位长度重量偏差。但采用无延伸功能的机械设备调直的钢筋，可不进行长度重量偏差的检查。钢筋加工后，应检查尺寸偏差。钢筋安装后，应检查品种、级别、规格、数量及位置。

钢筋连接施工的质量应检查有效的型式检验报告。钢筋焊接接头和机械连接接头应全数检查外观质量，搭接连接接头应抽检搭接长度。螺纹接头应抽检拧紧扭矩值。钢筋焊接施工中，焊工应及时自检。当发现焊接缺陷及异常现象时，应查找原因，并采取措施及时消除。施工中应检查钢筋接头百分率。应按现行行业标准《钢筋机械连接技术规程》JGJ 107、《钢筋焊接及验收规程》JGJ 18的有关规定抽取钢筋机械连接接头、焊接接头试件作力学性能检验。

8.4 混凝土施工

混凝土工程施工包括混凝土制备、运输、浇筑、养护等施工过程。混凝土任何一个施工过程都会影响混凝土的最终质量。

8.4.1 混凝土的制备

混凝土是以胶凝材料、水、细骨料、粗骨料，需要时掺入外加剂和矿物掺合料，按适当比例配合，经过均匀拌制、密实成型及养护硬化而成的人工石材。混凝土拌制前必须将混凝土试验室配合比换算成施工配合比。

1. 混凝土施工配合比的换算

混凝土结构施工宜采用预拌混凝土。但施工现场也常常碰到使用一些用量不大，或者有时混凝土厂家不供料以及没有预拌混凝土的情况，这时均需要在现场拌制混凝土。混凝土在现场拌制前应由施工单位现场取样，送专业试验室配制并由专业试验室提供混凝土的试验室配合比。混凝土实验室配合比是根据完全干燥的砂、石骨料制定的，但施工现场实际使用的砂、石骨料都含有一定量的水分，现场拌制混凝土时必须先将混凝土的实验室配合比换算成在实际含水量情况下的施工配合比。在使用过程中，由于粗细骨料中的含水量随气候条件变化而发生变化，如下雨后粗细骨料的含水量会加大，所以施工时应及时测定现场砂、石骨料的含水量，根据反馈的混凝土动态质量信息对混凝土配合比及时进行调整。

有下列情况时，应重新进行配合比设计：

（1）当混凝土性能指标有变化或有其他特殊要求时；

（2）当原材料品质发生显著改变时；

（3）同一配合比的混凝土生产间断三个月以上时。

施工配合比应经技术负责人批准。

设实验室配合比为：水泥∶砂子∶石子＝1∶x∶y，水灰比为w/C，并测得砂子的含水量为w_x，石子的含水量为w_y，则施工配合比应为：1∶$x(1+w_x)$∶$y(1+w_y)$。

【例 8-2】 假设某项目 C25 的实验室配合比为：水泥∶砂∶石子＝1∶2.35∶4.33，水灰比为 0.55，且 $1m^3$ 混凝土水泥用量为 300kg，经现场测定砂的含水量为 3%，石子的含水量为 1%，现拟采用一台 250L 的自落式搅拌机拌制。试计算混凝土的施工配合比及每一盘混凝土的加料重量。

【解】 （1）混凝土的施工配合比：水泥∶砂∶石子＝1∶2.35×(1＋3%)∶4.33×(1＋1%)＝1∶2.42∶4.37

（2）每一盘混凝土的加料情况为：

每一盘水泥加料量＝300×0.25＝75kg

每一盘砂加料量＝75×2.42＝181.5kg

每一盘石子加料量＝75×4.37＝327.8kg

每一盘水加料量＝75×0.55－75×2.35×3%－75×4.33×1%＝32.7kg

2. 混凝土原材料

混凝土原材料是决定混凝土质量好坏的关键影响因素，制备混凝土原材料的主要技术指标应符合国家有关标准的规定。

（1）水泥

水泥的选用应符合下列规定：

1）水泥品种与强度等级应根据设计、施工要求，以及工程所处环境条件确定。

2）普通混凝土宜选用通用硅酸盐水泥；有特殊需要时，也可选用其他品种水泥。

3）有抗渗、抗冻融要求的混凝土，宜选用硅酸盐水泥或普通硅酸盐水泥。

4）处于潮湿环境的混凝土结构，当使用碱活性骨料时，宜采用低碱水泥。

（2）粗骨料

粗骨料宜选用粒形良好、质地坚硬的洁净碎石或卵石并应符合下列规定：

1）粗骨料最大粒径不应超过构件截面最小尺寸的 1/4，且不应超过钢筋最小净间距的

3/4；对实心混凝土板，粗骨料的最大粒径不宜超过板厚的1/3，且不应超过40mm。

2）粗骨料宜采用连续粒级，也可用单粒级组合成满足要求的连续粒级。

3）含泥量、泥块含量指标应符合下表8-17的规定。

粗骨料的含泥量和泥块含量（%）　　表8-17

混凝土强度等级	≥C60	C55～C30	≤C25
含泥量（按质量计）	≤0.5	≤1.0	≤2.0
泥块含量（按质量计）	≤0.2	≤0.5	≤0.7

（3）细骨料

细骨料宜选用级配良好、质地坚硬、颗粒洁净的天然砂或机制砂。天然砂可分为河砂、湖砂、海砂和山砂。人工砂又分机制砂、混合砂。人工砂为经除土处理的机制砂、混合砂的统称。机制砂是由机械破碎、筛分制成的，粒径小于4.75mm的岩石颗粒，但不包括软质岩、风化岩石的颗粒。混合砂是由机制砂和天然砂混合制成的砂。按砂的粒径可分为粗砂、中砂和细砂。目前是以细度模数来划分粗砂、中砂和细砂，习惯上仍用平均粒径来区分，见表8-18。

砂　的　分　类　　表8-18

粗细程度	粗细模数	平均粒径（mm）
粗砂	3.7～3.1	0.5以上
中砂	3.0～2.3	0.35～0.5
细砂	2.2～1.6	0.25～0.35

细骨料选用还应符合下列规定：

1）细骨料宜选用Ⅱ区中砂。当选用Ⅰ区砂时，应提高砂率，并应保持足够的胶凝材料用量，同时应满足混凝土的工作性要求；当采用Ⅲ区砂时，宜适当降低砂率，见表8-19。

细骨料的分区及级配范围　　表8-19

方孔筛筛孔尺寸（mm）	级配区		
	Ⅰ区	Ⅱ区	Ⅲ区
	累计筛余（%）		
9.50	0	0	0
4.75	10～0	10～0	10～0
2.36	35～5	25～0	15～0
1.18	65～35	50～10	25～0
0.6	85～71	70～41	40～16
0.3	95～80	92～70	85～55
0.15	100～90	100～90	100～90

注：4.75mm、0.6mm、0.15mm筛孔外，其余各筛孔累计筛余可超出分界线，但其总量不得大于5%。

2）混凝土细骨料中氯离子含量，对钢筋混凝土，按干砂的质量百分率计算不得大于0.06%；对预应力混凝土，按干砂的质量百分率计算不得大于0.02%。

3）含泥量、泥块含量指标应符合表8-20的规定。

细骨料的含泥量和泥块含量（%） **表8-20**

混凝土强度等级	≥C60	C55～C30	≤C25
含泥量（按质量计）	≤2.0	≤3.0	≤5.0
泥块含量（按质量计）	≤0.5	≤1.0	≤2.0

4）海砂应符合现行行业标准《海砂混凝土应用技术规范》JGJ 206的有关规定。

（4）外加剂及掺合料

矿物掺合料的选用应根据设计、施工要求，以及工程所处环境条件确定，其掺量应通过试验确定。矿物掺合料，指以氧化硅、氧化铝为主要成分，在混凝土中可以代替部分水泥、改善混凝土性能。矿物掺合料是混凝土的主要组成材料，它起着根本改变传统混凝土性能的作用。在高性能混凝土中加入较大量的磨细矿物掺合料，可以起到降低温升，改善工作性，增进后期强度，改善混凝土内部结构，提高耐久性，节约资源等作用。其中某些矿物细掺合料还能起到抑制碱一骨料反应的作用。可以将这种磨细矿物掺合料作为胶凝材料的一部分。矿物掺合料不同于传统的水泥混合料，虽然两者同为粉煤灰、矿渣等工业废渣及沸石粉、石灰粉等天然矿粉，但两者的细度有所不同，由于组成高性能混凝土的矿物细掺合料细度更细，颗粒级配更合理，具有更高的表面活性能，能充分发挥细掺合料的粉体效应，其掺量也远远高过水泥混合材。

有时为了达到改善混凝土的某种特性要求，常常会在混凝土中掺加一些外加剂，如降低混凝土水胶比的减水剂、延缓混凝土凝结时间的缓凝剂、提高混凝土早期强度的早强剂、改善混凝土抗冻融耐久性的引气剂等。外加剂的选用应根据设计、施工要求，混凝土原材料性能以及工程所处环境条件等因素通过试验确定，并应符合下列规定：

1）当使用碱活性骨料时，由外加剂带入的碱含量（以当量氧化钠计）不宜超过1.0kg/m³，混凝土总碱含量尚应符合现行国家标准《混凝土结构设计规范》GB 50010等的有关规定。

2）不同品种外加剂首次复合使用时，应检验混凝土外加剂的相容性。

（5）水

混凝土拌合及养护用水，应符合现行行业标准《混凝土用水标准》JGJ 63的有关规定。

未经处理的海水严禁用于钢筋混凝土结构和预应力混凝土结构中混凝土的拌制和养护。

（6）原材料保管

原材料进场后，应按种类、批次分开储存与堆放，应标识明晰，并应符合下列规定：

1）散装水泥、矿物掺合料等粉体材料，应采用散装罐分开储存；袋装水泥、矿物掺合料、外加剂等，应按品种、批次分开码垛堆放，并应采取防雨、防潮措施，高温季节应有防晒措施。

2）骨料应按品种、规格分别堆放，不得混入杂物，并应保持洁净和颗粒级配均匀。骨料堆放场地的地面应做硬化处理，并应采取排水、防尘和防雨等措施。

3）液体外加剂应放置于阴凉干燥处，应防止日晒、污染、浸水，使用前应搅拌均匀；有离析、变色等现象时，应经检验合格后再使用。

（7）高强高性能或有特殊要求的混凝土

强度等级为C60及以上的混凝土所用骨料，除应符合上述粗细骨料的规定外，尚应符合下列规定：

1）粗骨料压碎指标的控制值应经试验确定。

2）粗骨料最大粒径不宜大于25mm，针片状颗粒含量不应大于8.0%，含泥量不应大于0.5%，泥块含量不应大于0.2%。

3）细骨料细度模数宜控制为2.6～3.0，含泥量不应大于2.0%，泥块含量不应大于0.5%。

有抗渗、抗冻融或其他特殊要求的混凝土，宜选用连续级配的粗骨料，最大粒径不宜大于40mm，含泥量不应大于1.0%，泥块含量不应大于0.5%；所用细骨料含泥量不应大于3.0%，泥块含量不应大于1.0%。

3. 混凝土的拌制

现场拌制混凝土使用混凝土搅拌机。混凝土搅拌机按其搅拌原理分为自落式搅拌机和强制式搅拌机两类。

自落式搅拌机(图8-85)搅拌筒内壁装有叶片，搅拌筒旋转，叶片将物料提升一定高度后自由下落，各物料颗粒分散拌和均匀，利用了重力拌和原理，宜用于搅拌塑性混凝土。锥形反转出料和双锥形倾翻出料搅拌机还可用于搅拌低流动性混凝土。

强制式搅拌机(图8-86)分立轴式和卧轴式两类。强制式搅拌机是在轴上装有叶片，通过叶片强制搅拌装在搅拌筒中的物料，使物料沿环向、径向和竖向运动，拌和成均匀的混合物，利用了剪切拌和原理。强制式搅拌机拌和强烈，多用于搅拌干硬性混凝土、低流动性混凝土和轻骨料混凝土。立轴式强制搅拌机是通过底部的卸料口卸料，卸料迅速，但如卸料口密封不好，水泥浆易漏掉，所以不宜用于搅拌流动性大的混凝土。

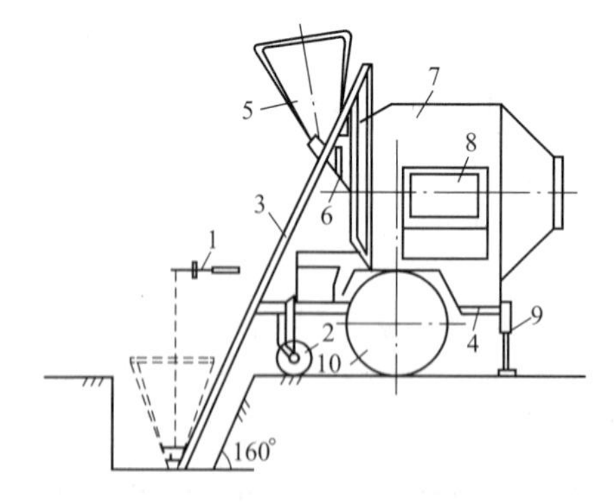

图8-85　双锥反转出料式搅拌机

1—牵引架；2—前支轮；3—上料架；4—底盘；5—料斗；6—中间料斗；7—锥形搅拌筒；8—电器箱；9—支腿；10—行走轮

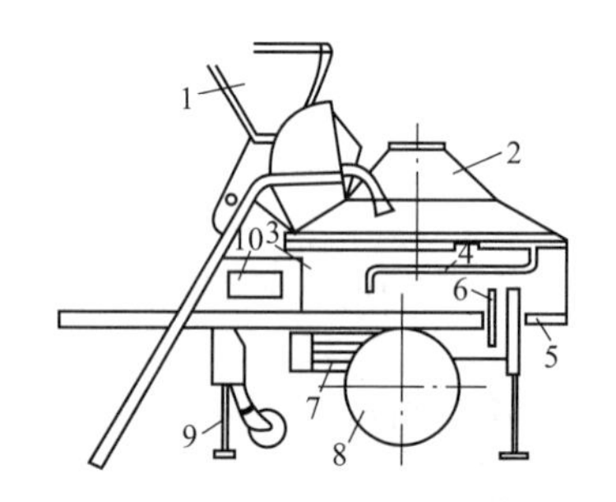

图8-86　强制式搅拌机

1—进料斗；2—拌筒罩；3—搅拌筒；4—水表；5—出料口；6—操纵手柄；7—传动机构；8—行走轮；9—支腿；10—电器工具箱

混凝土搅拌机以其出料容量(m^3)×1000标定规格。常用为150、250、350L等数种。选择搅拌机型号，要根据工程量大小、混凝土的坍落度和骨料尺寸等确定。既要满足技术上的要求，亦要考虑经济效果和节约能源。

为了获得质量优良的混凝土拌合物，除正确选择搅拌机外，还必须正确确定搅拌制度，即进料容量、投料顺序和搅拌时间等。

(1) 进料容量

进料容量是将搅拌前各种材料的体积累积起来的容量，又称干料容量。进料容量约为出料容量的1.4～1.8倍(通常取1.5倍)。进料容量超过规定容量的10%以上，就会使材料在搅拌筒内无充分的空间进行掺合，影响混凝土拌合物的均匀性；反之，如装料过少，则又不能充分发挥搅拌机的效能。

(2) 投料顺序

投料顺序应考虑的因素主要包括：提高搅拌质量，减少叶片、衬板的磨损，减少拌合物与搅拌筒的粘结，减少水泥飞扬，改善工作环境，提高混凝土强度，节约水泥等方面。常用一次投料法、二次投料法和水泥裹砂法等。

1) 一次投料法

这是目前最普遍采用的方法。它是将石子、水泥、砂和水一起同时加入搅拌筒中进行搅拌。为了减少水泥的飞扬和水泥的粘罐现象，对自落式搅拌机常采用的投料顺序是将水泥夹在砂、石之间，最后加水搅拌。当用外加剂溶液时，应经常检查外加剂溶液的浓度，并应经常搅拌外加剂溶液，使溶液浓度均匀一致，防止沉淀。外加剂溶液中的水量应包括在拌合用水量内。

2) 二次投料法

二次投料法又分为预拌水泥砂浆法和预拌水泥净浆法。

预拌水泥砂浆法是先将水泥、砂和水加入搅拌筒内进行充分搅拌，成为均匀的水泥砂浆后，再加入石子搅拌成均匀的混凝土。

预拌水泥净浆法是先将水泥和水充分搅拌成均匀的水泥净浆后，再加入砂和石搅拌成混凝土。

二次投料法搅拌的混凝土与一次投料法相比较，混凝土强度可提高约15%。在强度等级相同的情况下，可节约水泥约15%～20%。

3) 水泥裹砂法

用这种方法拌制的混凝土称为造壳混凝土(又称SEC混凝土)。这种混凝土就是在砂子表面造成一层水泥浆壳。主要采取两项工艺措施：一是对砂子的表面湿度进行处理，使其控制在一定范围内。二是进行两次加水搅拌，第一次加水搅拌称为造壳搅拌，即先将处理过的砂子、水泥和部分水搅拌，使砂子周围形成粘着性很高的水泥糊包裹层；第二次再加入水及石子，经搅拌，部分水泥浆便均匀地分散在已经被造壳的砂子及石子周围。这种方法的关键在于控制砂子的表面含水率(一般为4%～6%)和第一次搅拌加水量(一般为总加水量的20%～26%)。此外，与造壳搅拌时间也有密切关系。时间过短，不能形成均匀的低水灰比的水泥浆使之牢固地粘结在砂子表面，即形成水泥浆壳；时间过长，造壳效果并不十分明显，强度并无较大提高，一般以45～75s为宜。

(3) 加料及拌制要求

严格控制混凝土施工配合比。砂、石必须严格过磅，不得随意加减用水量。在搅拌混凝土前，搅拌机应加适量的水运转，使拌筒表面润湿，然后将多余水排干。搅拌第一盘混凝土时，考虑到筒壁上粘附砂浆的损失，石子用量应按配合比规定减半。

（4）混凝土搅拌时间及拌制要求

搅拌时间应从全部材料投入搅拌筒起，到开始卸料为止所经历的时间。它与搅拌质量密切相关。搅拌时间过短，混凝土不均匀，强度及和易性将下降；搅拌时间过长，不但降低搅拌的生产效率，同时会使不坚硬的粗骨料，在大容量搅拌机中因脱角、破碎等而影响混凝土的质量。对于加气混凝土也会因搅拌时间过长而使所含气泡减少。混凝土搅拌的最短时间可按表 8-21 采用。

混凝土搅拌的最短时间（s） **表 8-21**

混凝土坍落度（mm）	搅拌机机型	搅拌机出料量（L）		
		<250	250—500	>500
≤30	强制式	60	90	120
	自落式	90	120	150
>30	强制式	60	60	90
	自落式	90	90	120

注：当掺有外加剂时，搅拌时间应适当延长。

在每次用搅拌机拌合第一盘混凝土前，应先开动搅拌机空车运转，运转正常后，再加料搅拌。拌第一盘混凝土时，宜按配合比多加入 10%的水泥、水、细骨料的用量；或减少 10%的粗骨料用量，使富裕的砂浆布满鼓筒内壁及搅拌叶片，防止第一罐混凝土拌合物中的砂浆偏少。

搅拌好的混凝土要卸尽，在混凝土全部卸出之前，不得再投入拌和料，更不得采取边出料边进料的方法。混凝土搅拌完毕或预计停歇 1h 以上时，应将混凝土全部卸出，倒入石子和清水，搅拌 5～10min，把粘在料筒上的砂浆冲洗干净后全部卸出。料筒内不得有积水，以免料筒和叶片生锈，同时还应清理搅拌筒以外积灰，使机械保持清洁完好。

8.4.2 混凝土的运输

混凝土的运输包括水平运输和垂直运输。水平运输可以采用斗车、混凝土运输车；垂直运输可以采用井架、龙门架、施工电梯等；可以同时完成水平和垂直运输的机械设备有塔吊和混凝土泵。混凝土泵常用的有混凝土汽车泵和固定式混凝土地泵。

1. 混凝土汽车泵

混凝土汽车泵是将液压活塞式混凝土泵固定安装在汽车底盘上，使用时开至需要施工的地点进行混凝土泵送作业，称为混凝土汽车泵（也叫移动泵车，图 8-87）。一般情况下，此种泵车都附带装有全回转三段折叠臂架式的布料杆。整个泵车主要由混凝土推送机构、分配闸阀机构、料斗装置、悬臂布料装置、操作系统、清洗系统、传动系统、汽车底盘等部分组成。这种泵车使用方便，适用范围广，它既可以利用在工地配置装接的管道输送到较远、较高的混凝土

图 8-87 混凝土汽车泵

浇筑部位，也可以发挥随车附带的布料杆的作用，把混凝土直接输送到需要浇筑的地点。

2. 固定式混凝土泵

固定式混凝土泵使用时需用汽车将它拖带至施工地点，然后进行混凝土输送。这种形式的混凝土泵主要由混凝土推送机构、分配闸机构、料斗搅拌装置、操作系统、清洗系统等组成。它具有输送能力大、输送高度高等特点，一般最大水平输送距离为250～600m，目前的泵送最大垂直输送高度为400m以上，输送能力为60m^3/h左右，适用高层建筑的混凝土输送。图8-88是固定式混凝土地泵与混凝土运输车配合施工的照片。

图8-88　混凝土运输车和混凝土地泵

混凝土输送布料设备的选择应与输送泵相匹配；布料设备的混凝土输送管内径宜与混凝土输送泵管内径相同。布料设备的数量及位置应根据布料设备工作半径、施工作业面大小以及施工要求确定。布料设备应安装牢固，且应采取抗倾覆措施；布料设备安装位置处的结构或专用装置应进行验算，必要时应采取加固措施。应经常对布料设备的弯管壁厚进行检查，磨损较大的弯管应及时更换。布料设备作业范围不得有阻碍物，并应有防范高空坠物的设施。

3. 混凝土泵的选择

混凝土输送泵管应根据输送泵的型号、拌合物性能、总输出量、单位输出量、输送距离以及粗骨料粒径等进行选择。混凝土粗骨料最大粒径不大于25mm时，可采用内径不小于125mm的输送泵管；混凝土粗骨料最大粒径不大于40mm时，可采用内径不小于150mm的输送泵管。输送泵管安装连接应严密，应严格按要求安装接口密封圈，管道接头处不得漏浆。输送泵管道转向宜平缓。输送泵管应采用支架固定，支架应与结构牢固连接，输送泵管转向处支架应加密；水平管的固定支撑宜具有一定离地高度；垂直管下端的弯管不应作为支承点使用，每根垂直管应有两个或两个以上固定点，宜设钢支撑承受垂直管重量。支架应通过计算确定，设置位置的结构应进行验算，必要时应采取加固措施。

向上输送混凝土时，地面水平输送泵管的直管和弯管总的折算长度不宜小于竖向输送高度的20%，且不宜小于15m。输送泵管倾斜或垂直向下输送混凝土，且高差大于20m时，应在倾斜或垂直管下端设置弯管或水平管，水平管或弯管总的折算长度不宜小于高差的1.5倍。输送高度大于100m时，混凝土输送泵出料口处的输送泵管位置应设置截止阀。混凝土输送泵管及其支架应经常进行检查和维护。

输送混凝土的管道、容器、溜槽不应吸水、漏浆，并应保证输送通畅。

(1) 混凝土输送管的水平长度的确定

混凝土输送管包括直管、弯管、锥形管、软管、管接头和截止阀。对输送管道的要求是阻力小、耐磨损、自重轻、易装拆。

1)直管：常用的管径有100、125和150mm三种。管段长度有0.5、1.0、2.0、3.0和4.0m五种，壁厚一般为1.6～2.0mm，由焊接钢管和无缝钢管制成。

2）弯管：弯管的弯曲角度有 15°、30°、45°、60°和 90°，其曲率半径有 1.0、0.5 和 0.3m 三种，以及与直管相应的口径。

3）锥形管：主要是用于不同管径的变换处，常用的有 Ø175～Ø150、Ø150～Ø125、Ø125～Ø100mm。常用的长度为 1m。

4）软管：软管的作用主要是装在输送管末端直接布料，其长度有 5～8m，对它的要求是柔软、轻便和耐用，便于人工搬动。

5）管接头：主要用于管子之间的连接，以便快速装拆和及时处理堵管部位。

6）截止阀：常用的截止阀有针形阀和制动阀。逆止阀是在垂直向上泵送混凝土过程中使用，如混凝土泵送暂时中断，垂直管道内的混凝土因自重会对混凝土泵产生逆向压力，逆止阀可防止这种逆向压力对泵的破坏，使混凝土泵得到保护和启动方便。

在选择混凝土泵和计算泵送能力时，通常是将混凝土输送管的各种工作状态换算成水平长度，换算长度可按表 8-22 换算。

混凝土输送管的水平换算长度 **表 8-22**

类　型	单　位	规　格	水平换算长度(m)
向上垂直管	每　米	100mm	3
		125mm	4
		150mm	5
锥 形 管	每　根	175～150mm	4
		150～125mm	8
		125～100mm	16
弯　管	每　根	90° R=0.5m	12
		90° R=1.0m	9
软　管	每 5～8m 长的 1 根		20

注：1. R—曲率半径。

2. 弯管的弯曲角度小于 90°时，需将表列数值乘以该角度与 90°角的比值。

3. 向下垂直管，其水平换算长度等于其自身长度。

4. 斜向配管时，根据其水平及垂直投影长度，分别按水平、垂直配管计算。

（2）混凝土泵的最大水平输送距离

混凝土泵的最大水平输送距离可以参照产品的性能表(曲线)确定，必要时可以由试验确定，也可以根据计算确定。根据混凝土泵的最大出口压力、配管情况、混凝土性能指标和输出量，按下列公式进行计算：

$$L_{max}=\frac{P_{max}}{\Delta P_H} \tag{8-3}$$

$$\Delta P_H=\frac{2}{r_0}\left[K_1+K_2\left(1+\frac{t_2}{t_1}\right)\cdot v_2\right]\cdot \alpha_2$$

$$K_1=(3.00-0.01s_1)\times 10^2$$

$$K_2=(4.00-0.01s_1)\times 10^2$$

式中　L_{max}——混凝土泵的最大水平输送距离(m)；

P_{max}——混凝土泵的最大出口压力(Pa)；

Δp_H——混凝土在水平输送管内流动每米产生的压力损失(Pa/m);

r_0——混凝土输送管半径(m);

K_1——黏着系数(Pa);

K_2——速度系数(Pa/m/s);

s_1——混凝土坍落度;

$\frac{t_2}{t_1}$——混凝土泵分配阀切换时间与活塞推压混凝土时间之比，一般取 0.3;

v_2——混凝土拌合物在输送管内的平均流速(m/s);

α_2——径向压力与轴向压力之比，对普通混凝土取 0.90。

注：ΔP_H 值也可用其他方法确定，且宜通过试验验证。

(3) 混凝土泵的泵送能力验算

根据具体的施工情况和有关计算，混凝土输送管道的配管整体水平换算长度，应不超过计算所得的最大水平泵送距离。按表 8-23 换算的总压力损失，应小于混凝土泵正常工作的最大出口压力。

混凝土泵送的换算总压力损失　　表 8-23

管件名称	换算量	换算压力损失(MPa)
水平管	每 20m	0.10
垂直管	每 5m	0.10
45°弯管	每只	0.05
90°弯管	每只	0.10
管道接环(管卡)	每只	0.10
管路截止阀	每个	0.80
3.5m 橡皮软管	每根	0.20

(4) 混凝土泵的台数

根据混凝土浇筑的数量和混凝土泵单机的实际平均输出量和施工作业时间，按下式计算:

$$N_2=\frac{Q}{Q_1\cdot T} \tag{8-4}$$

式中 N_2——混凝土泵数量(台);

Q——混凝土浇筑数量(m^3);

Q_1——每台混凝土泵的实际平均输出量(m^3/h);

T——混凝土泵送施工作业时间(h)。

重要工程的混凝土泵送施工，混凝土泵的所需台数，除根据计算确定外，宜有一定的备用台数。

4. 混凝土泵的布置要求

施工时，现场规划要合理布置混凝土泵车的安放位置。一般混凝土泵应尽量靠近浇筑地点，并要满足两台混凝土搅拌输送车同时就位，使混凝土泵能不间断地得到混凝土供应，进行连续压送，以充分发挥混凝土泵的有效能力。因此，混凝土泵车的布置应考虑下列条件:

(1) 混凝土泵设置处，应场地平整、坚实，具有重车行走条件。

(2) 混凝土泵应尽可能靠近浇筑地点。在使用布料杆工作时，应使浇筑部位尽可能地在布料杆的工作范围内，尽量少移动泵车即能完成浇筑。

(3) 多台混凝土泵或泵车同时浇筑时，选定的位置要使其各自承担的浇筑量接近，最好能同时浇筑完毕，避免留置施工缝。

(4) 混凝土泵或泵车布置停放的地点要有足够的场地，以保证混凝土搅拌输送车的供料、调车的方便。

(5) 为便于混凝土泵或泵车，以及搅拌输送车的清洗，其停放位置应接近排水设施，并且供水、供电方便。

(6) 在混凝土泵的作业范围内，不得有碍阻物、高压电线，同时要有防范高空坠物的措施。

(7) 当在施工高层建筑或高耸构筑物采用接力泵泵送混凝土时，接力泵的设置位置应使上、下泵的输送能力匹配。设置接力泵的楼面或其他结构部位，应验算其结构所能承受的荷载，必要时应采取加固措施。

(8) 混凝土泵转移运输时要注意安全要求，应符合产品说明及有关标准的规定。

5. 泵送要求

输送混凝土时，应根据工程所处环境条件采取保温、隔热、防雨等措施。

输送泵输送混凝土时应先进行泵水检查，并应湿润输送泵的料斗、活塞等直接与混凝土接触的部位。泵水检查后，应清除输送泵内积水。正式输送混凝土前，宜先输送水泥砂浆对输送泵和输送管进行润滑，然后开始输送混凝土。输送混凝土应先慢后快、逐步加速，应在系统运转顺利后再按正常速度输送。当混凝土供应不及时，宜采取间歇泵送方式，放慢泵送速度。间歇泵送可采用每隔4～5min进行两个行程反泵，再进行两个行程正泵的泵送方式。当输送管堵塞时，应及时拆除管道，排除堵塞物。拆除的管道重新安装前应湿润。输送混凝土过程中，应设置输送泵集料斗网罩，并应保证集料斗有足够的混凝土余量。

6. 塔吊吊运混凝土

采用塔吊输送混凝土时应根据不同结构类型以及混凝土浇筑方法选择不同的斗容器。斗容器的容量应根据塔吊吊运能力确定。运输至施工现场的混凝土宜直接装入斗容器进行输送。斗容器宜在浇筑点直接布料。

升降设备配备小车输送混凝土时，升降设备和小车的配备数量、小车行走路线及卸料点位置应能满足混凝土浇筑需要。运输至施工现场的混凝土宜直接装入小车进行输送，小车宜在靠近升降设备的位置进行装料。

8.4.3 混凝土浇筑

1. 混凝土浇筑前的准备工作

混凝土浇筑前应完成下列工作：(1)隐蔽工程验收和技术复核；(2)对操作人员进行技术交底；(3)根据施工方案中的技术要求，检查并确认施工现场具备实施条件；(4)施工单位填报浇筑申请单，并经监理单位签认。

混凝土输送车卸料前要快速运转20s后才能卸料，以保证混凝土的均匀性。混凝土运输、输送、浇筑过程中严禁加水；混凝土运输、输送、浇筑过程中散落的混凝土严禁用于混凝土结构构件浇筑。混凝土应布料均衡。应对模板及支架进行观察和维护，发生异常情况应及时进行处理。混凝土浇筑和振捣应采取防止板、钢筋、钢构、预埋件及其定位件移位的措施。

浇筑混凝土前，应清除模板内或垫层上的杂物。表面干燥的地基、垫层、模板上应洒水湿润；混凝土拌合物入模温度不应低于5℃，且不应高于35℃，现场环境温度高于35℃时，宜对金属模板进行洒水降温；洒水后不得留有积水。混凝土浇筑前应检查混凝土送料单，核对混凝土配合比，确认混凝土强度等级，检查混凝土运输时间，测定混凝土坍落度，必要时还应测定混凝土扩展度。

2. 混凝土浇筑施工

混凝土宜一次连续浇筑。泵送混凝土浇筑时宜根据结构形状及尺寸、混凝土供应、混凝土浇筑设备、场地内外条件等划分每台输送泵的浇筑区域及浇筑顺序；采用输送管浇筑混凝土时，宜由远而近浇筑；采用多根输送管同时浇筑时，其浇筑速度宜保持一致（图8-89）。对于比较厚大的混凝土构件，混凝土应分层浇筑，分层厚度应符合表8-24规定，上层混凝土应在下层混凝土初凝之前浇筑完毕。

(a)

(b)

图8-89 泵送混凝土烧筑

(a)采用混凝土地泵和汽车泵配合浇筑筏板基础；(b)采用汽车泵的输料软管浇筑楼面混凝土

混凝土分层振捣的最大厚度 **表8-24**

振捣方法	混凝土分层振捣最大厚度
振动棒(插入式振动棒)	振动棒作用部分长度的1.25倍
平板振动器	200mm
附着振动器	根据设置方式，通过试验确定

混凝土运输、输送入模的过程应保证混凝土连续浇筑，从运输到输送入模的延续时间不宜超过表8-25的规定，且不应超过表8-26的规定。掺早强型减水剂、早强剂的混凝土，以及有特殊要求的混凝土，应根据设计及施工要求，通过试验确定允许时间。

运输到输送入模的延续时间(min) **表8-25**

条　件	气　温	
	≤25℃	>25℃
不掺外加剂	90	60
掺外加剂	150	120

运输、输送入模及其间歇总的时间限值(min)　　表 8-26

条　件	气　温	
	≤25℃	>25℃
不掺外加剂	180	150
掺外加剂	240	210

混凝土浇筑的布料点宜接近浇筑位置，浇筑竖向结构混凝土，布料设备的出口离模板内侧面不应小于 50mm。应采取减少混凝土下料冲击的措施，浇筑混凝土应遵循先浇筑竖向结构构件，后浇筑水平结构构件，先浇筑强度等级高的混凝土，后浇筑强度等级低的混凝土。当柱、墙混凝土设计强度等级高于梁、板混凝土设计强度等级时，如果柱、墙混凝土设计强度比梁、板混凝土设计强度高一个等级时，柱、墙位置梁、板高度范围内的混凝土经设计单位确认，可采用与梁、板混凝土设计强度等级相同的混凝土进行浇筑。柱、墙混凝土设计强度比梁、板混凝土设计强度高两个等级及以上时，应在交界区域采取分隔措施；分隔位置应在低强度等级的构件中，且距高强度等级构件边缘不应小于 500mm。

浇筑区域结构平面有高差时，宜先浇筑低区部分，再浇筑高区部分。柱、墙模板内的混凝土浇筑不得发生离析，倾落高度应符合表 8-27 的规定。当不能满足要求时，应加设串筒、溜管、溜槽等装置(图 8-89)。

柱、墙模板内混凝土浇筑倾落高度限值(m)　　表 8-27

条　件	浇筑倾落高度限值
粗骨料粒径大于 25mm	≤3
粗骨料粒径小于等于 25mn	≤6

注：当有可靠措施能保证混凝土不产生离析时，混凝土倾落高度可不受本表限制。

(*a*)

(*b*)

图 8-90　梁柱接头混凝土浇筑

(*a*)先浇筑混凝土标号高的柱构件混凝土；(*b*)采用插入式振动棒振捣柱构件混凝土(保证混凝土均匀密实)

3. 特殊结构的混凝土浇筑要求

(1) 超长结构混凝土浇筑

超长结构混凝土浇筑时可留设施工缝分仓浇筑，分仓浇筑间隔时间不应少于7d。当留设后浇带时，后浇带封闭时间不得少于14d。超长整体基础中调节沉降的后浇带，混凝土封闭时间应通过监测确定，应在差异沉降稳定后封闭后浇带。后浇带的封闭时间尚应经设计单位确认。

（2）型钢混凝土结构浇筑

型钢混凝土结构浇筑时混凝土粗骨料最大粒径不应大于型钢外侧混凝土保护层厚度的1/3，且不宜大于25mm。浇筑应有足够的下料空间，并应使混凝土充盈整个构件各部位。型钢周边混凝土浇筑宜同步上升，混凝土浇筑高差不应大于500mm(图8-91)。

图8-91　型钢混凝土浇筑

（3）钢管混凝土结构浇筑

钢管混凝土结构浇筑宜采用自密实混凝土浇筑，混凝土应采取减少收缩的技术措施。钢管截面较小时，应在钢管壁适当位置留有足够的排气孔，排气孔孔径不应小于20mm，浇筑混凝土应加强排气孔观察，并应确认浆体流出和浇筑密实后再封堵排气孔。当采用粗骨料粒径不大于25mm的高流态混凝土或粗骨料粒径不大于20mm的自密实混凝土时，混凝土最大倾落高度不宜大于9m。倾落高度大于9m时，宜采用串筒、溜槽、溜管等辅助装置进行浇筑。

混凝土从管顶向下浇筑时应有足够的下料空间，并应使混凝土充盈整个钢管。输送管端内径或斗容器下料口内径应小于钢管内径，且每边应留有不小于100mm的间隙。应控制浇筑速度和单次下料量，并应分层浇筑至设计标高。混凝土浇筑完毕后应对管口进行临时封闭。

混凝土从管底顶升浇筑时应在钢管底部设置进料输送管。进料输送管应设止流阀门，止流阀门可在顶升浇筑的混凝土达到终凝后拆除。应合理选择混凝土顶升浇筑设备，应配备上、下方通信联络工具，并应采取可有效控制混凝土顶升或停止的措施。应控制混凝土顶升速度，并均衡浇筑至设计标高。

（4）自密实混凝土浇筑

自密实混凝土浇筑应根据结构部位、结构形状、结构配筋等确定合适的浇筑方案。自密实混凝土粗骨料最大粒径不宜大于20mm。浇筑应能使混凝土充填到钢筋、预埋件、预埋钢构件周边及模板内各部位。自密实混凝土浇筑布料点应结合拌合物特性选择适宜的间距，必要时可通过试验确定混凝土布料点下料间距。

（5）清水混凝土结构浇筑

清水混凝土结构浇筑应根据结构特点进行构件分区，同一构件分区应采用同批混凝土，并应连续浇筑。同层或同区内混凝土构件所用材料牌号、品种、规格应一致，并应保证结构外观色泽符合要求。竖向构件浇筑时应严格控制分层浇筑的间歇时间。

（6）预应力结构混凝土浇筑

预应力结构混凝土浇筑应避免成孔管道破损、移位或连接处脱落，并应避免预应力筋、锚具及锚垫板等移位。预应力锚固区等配筋密集部位应采取保证混凝土浇筑密实的措施。先张法预应力混凝土构件，应在张拉后及时浇筑混凝土。

4. 混凝土的捣实

混凝土浇筑应保证混凝土的均匀性和密实性。

混凝土振捣应能使模板内各个部位混凝土密实、均匀，不应漏振、欠振、过振。混凝土振捣应采用插入式振动棒、平板振动器或附着振动器，必要时可采用人工辅助振捣。一般混凝土板构件厚度小于 200mm 时采用平板式振捣器振捣，对于墙柱竖向混凝土构件、梁以及超过 200mm 厚的板，一般采用插入式振动棒振捣。

采用振动棒振捣混凝土应按分层浇筑厚度分别进行振捣，振动棒的前端应插入前一层混凝土中，插入深度不应小于 50mm。振动棒应垂直于混凝土表面并快插慢拔均匀振捣。当混凝土表面无明显塌陷、有水泥浆出现、不再冒气泡时，应结束该部位振捣。振动棒与模板的距离不应大于振动棒作用半径的 50%。振捣插点间距不应大于振动棒的作用半径的 1.4 倍。

采用平板振动器振捣混凝土时应覆盖振捣平面边角。平板振动器移动间距应覆盖已振实部分混凝土边缘。振捣倾斜表面时，应由低处向高处进行振捣(图 8-92)。

(a)

(b)

图 8-92 混凝土捣实

(a)平板式振动器；(b)工人采用插入式振动器振捣柱构件混凝土

采用附着振动器振捣混凝土时，附着振动器应与模板紧密连接，设置间距应通过试验确定。附着振动器应根据混凝土浇筑高度和浇筑速度，依次从下往上振捣。模板上同时使用多台附着振动器时，应使各振动器的频率一致，并应交错设置在相对面的模板上。

特殊部位的混凝土应采取下列加强振捣措施：

(1) 宽度大于 0.3m 的预留洞底部区域，应在洞口两侧进行振捣，并应适当延长振捣时间；宽度大于 0.8m 的洞口底部，应采取特殊的技术措施。

(2) 后浇带及施工缝边角处应加密振捣点，并应适当延长振捣时间。

(3) 钢筋密集区域或型钢与钢筋结合区域，应选择小型振动棒辅助振捣、加密振捣点，并应适当延长振捣时间。

(4) 基础大体积混凝土浇筑流淌形成的坡脚，不得漏振。

5. 混凝土的抹平与收光

混凝土浇筑后，在混凝土初凝前和终凝前，宜分别对混凝土裸露表面进行抹面处理。

图 8-93(a)是混凝土抹平照片，混凝土抹平工作要求在初凝前完成，采用刮杆配合木抹子完成。图(b)是采用机械工具对混凝土进行收光，混凝土要求在终凝前收光，收光采用木抹子和铁抹子均可，如果采用铁抹子收光，则在收光完成后可用塑料扫把在混凝土表面拉毛处理，既可以增加美观也可以减少混凝土出现泌水裂缝。

(a)　　　　(b)

图 8-93　混凝土抹平及收光

(a)混凝土抹平照片；(b)采用机械工具对混凝土进行收光

6. 混凝土施工缝的留置

混凝土宜连续浇筑，当混凝土不能连续浇筑时，应留置施工缝，施工缝宜留设在结构受剪力较小且便于施工的位置。受力复杂的结构构件或有防水抗渗要求的结构构件，施工缝留设位置应经设计单位确认。所谓混凝土施工缝，指的是新旧混凝土浇筑前后间隔时间超过先浇混凝土的初凝时间，那么新旧混凝土的交界面就叫施工缝。如果设计没有确定，则施工缝的留置位置可留在以下部位。

(1) 墙、柱等竖向结构构件的水平施工缝留置

墙、柱等竖向结构构件的水平施工缝留置位置可按以下部位设置(图 8-94)：

(a)

(b)

图 8-94　混凝土墙施工缝留设

(a)地下室外墙水平施工缝留设；(b)剪力墙根部水平施工缝的留设

1) 柱、墙施工缝可留设在基础、楼层结构顶面，柱施工缝与结构上表面的距离宜为 0～100mm，墙施工缝与结构上表面的距离宜为 0～300mm。

2）柱、墙施工缝也可留设在楼层结构底面，施工缝与结构下表面的距离宜为 0～50mm；当板下有梁托时，可留设在梁托下 0～20mm。

3）高度较大的柱、墙、梁以及厚度较大的基础，可根据施工需要在其中部留设水平施工缝。当因施工缝留设改变受力状态而需要调整构件配筋时，应经设计单位确认。

4）特殊结构部位留设水平施工缝应经设计单位确认。特殊结构部位的施工缝是指上述 3 个部位以外的水平施工缝。

（2）梁、板和楼梯竖向施工缝的留设位置

梁、板和楼梯竖向施工缝的留设位置应符合下列规定：

1）有主次梁的楼板施工缝应留设在次梁跨度中间 1/3 范围内。

2）单向板施工缝应留设在与跨度方向(即短边)平行的任何位置。

3）楼梯梯段施工缝宜设置在梯段板跨度端部 1/3 范围内(图 8-95)。

(a)

(b)

图 8-95　楼梯施工缝留设位置

注：楼梯混凝土施工缝留在梯段踏步的 1/3 位置处，施工缝断面要与模板成垂直设置。

4）墙的施工缝宜设置在门洞口过梁跨中 1/3 范围内，也可留设在纵横墙交接处。

5）特殊结构部位留设竖向施工缝应经设计单位确认。对于超长结构设置分仓的施工缝、基础底板留设分区的施工缝、核心筒与楼板结构间留设的施工缝、巨型柱与楼板结构间留设的施工缝等情况，由于在技术上有特殊要求，在这些特殊位置留设竖向施工缝，应征得设计单位确认。

（3）设备与设备基础施工缝留设

设备与设备基础是通过地脚螺栓相互连接的。设备基础施工缝留设：水平施工缝应低于地脚螺栓底端，与地脚螺栓底端的距离应大于 150mm；当地脚螺栓直径小于 30mm 时，水平施工缝可留设在深度不小于地脚螺栓埋入混凝土部分总长度的 3/4 处；竖向施工缝与地脚螺栓中心线的距离不应小于 250mm，且不应小于螺栓直径的 5 倍。

承受动力作用的设备基础施工缝留设位置，应符合下列规定：标高不同的两个水平施工缝，其高低结合处应留设成台阶形，台阶的高宽比不应大于 1.0；竖向施工缝或台阶形施工缝的断面处应加插钢筋，插筋数量和规格应由设计确定；施工缝的留设应经设计单位确认。

（4）施工缝的处理

施工缝以及后浇带留设界面(后浇带的表面也是施工缝)，应垂直于结构构件和纵向受力钢筋。结构构件厚度或高度较大时，施工缝或后浇带界面宜采用专用材料封挡，专用材料可采用定制模板、快易收口板、钢板网、钢丝网等。

混凝土浇筑过程中，因特殊原因需临时设置施工缝时，如混凝土浇筑过程中，因暴雨、停电等特殊原因无法继续浇筑混凝土，或运输、输送入模及其间歇总的时间超过限值要求时，而不得不临时留设施工缝。施工缝留设应规整，并宜垂直于构件表面，必要时可采取增加插筋、事后修凿等技术措施。

如果临时施工缝留设在构件剪力较大处、留设界面不垂直于结构构件时，应在施工缝处采取增加加强钢筋并事后修凿等技术措施，以保证结构构件的受力性能。施工缝和后浇带往往由于留置时间较长，而在其位置容易受建筑废弃物污染，因此施工缝和后浇带应采取钢筋防锈或阻锈等保护措施。保护内容包括模板、钢筋、埋件位置的正确，还包括施工缝和后浇带位置处已浇筑混凝土的质量；保护方法可采用封闭覆盖等技术措施。

在施工缝或后浇带处浇筑混凝土，结合面应为粗糙面，并应清除浮浆、松动石子、软弱混凝土层。结合面处应洒水湿润，但不得有积水。施工缝处已浇筑混凝土的强度不应小于1.2MPa。在柱、墙水平施工缝处铺设水泥砂浆接浆层厚度不应大于30mm，接浆层水泥砂浆应与混凝土浆液成分相同。后浇带混凝土强度等级及性能应符合设计要求。当设计无具体要求时，后浇带混凝土强度等级宜比两侧混凝土提高一级，并宜采用减少收缩的技术措施(图 8-96)。

图 8-96　后浇带浇筑混凝土前要凿毛并冲洗干净

7. 混凝土试块的留置

浇筑混凝土过程需要按照设计图纸和验收规范留置混凝土试块，以检验和确认混凝土的强度和抗渗性能。混凝土试块主要留置拆模试块、标准养护试块、同条件养护试块以及抗渗试块。

(1) 拆模试块的留置

拆模试块主要用于混凝土拆模前确认混凝土的强度是否达到了设计或验收规范的要求。拆模试块一般只留置梁、板等有承重底模的水平构件的拆模试块，应按每一层和分段的段数来自行确定留设多少组。拆模试块采用同条件养护。

(2) 标准养护试块的留置

标准养护试块主要用于混凝土检验批和分项工程的验收，该试块的留设组数要严格按我国《混凝土结构工程施工质量验收规范》GB50204 的要求留置。具体留置要求如下：用于检查结构构件混凝土强度的试件，应在混凝土的浇筑地点随机抽取。

取样与试件留置应符合下列规定：

1) 每拌制 100 盘且不超过 100m^3的同配合比的混凝土，取样不得少于一次。

2）每工作班拌制的同一配合比的混凝土不足 100 盘时，取样不得少于一次。

3）当一次连续浇筑超过 1000m³ 时，同一配合比的混凝土每 200m³ 取样不得少于一次。

4）每一楼层、同一配合比的混凝土，取样不得少于一次。

5）每次取样应至少留置一组标准养护试件，同条件养护试件的留置组数应根据实际需要确定(图 8-97)。

(a)

(b)

图 8-97　混凝土试块留置

(a)标准养护试块的留置；(b)同条件养护试块

(3) 同条件养护试块的留置

混凝土结构中的混凝土强度，除按标准养护试块的强度检查验收外，在混凝土子分部工程验收前，又增加了作为实体检验的结构混凝土强度检验。因为标准养护强度与实际结构中的混凝土，除组成成分相同以外，成型工艺，养护条件(温度、湿度、承载龄期等)都有很大差别，因此两者之间可能存在较大差异。在建筑市场不规范的条件下，还有弄虚作假的可能性。

同条件养护试件的留置方式和取样数量，应符合下列要求：

1）同条件养护试件所对应的结构构件或结构部位，应由监理(建设)、施工等各方共同选定。

2）对混凝土结构工程中的各混凝土强度等级，均应留置同条件养护试件。

3）同一强度等级的同条件养护试件，其留置的数量应根据混凝土工程量和重要性确定，不宜少于 10 组，且不应少于 3 组。

4）同条件养护试件拆模后，应放置在靠近相应结构构件或结构部位的适当位置，并应采取相同的养护方法。

同条件养护试件应在达到等效养护龄期时进行强度试验。等效养护龄期应根据同条件养护试件强度与在标准养护条件下 28d 龄期试件强度相等的原则确定。同条件自然养护试件的等效养护龄期及相应的试件强度代表值，宜根据当地的气温和养护条件，按下列规定确定：等效养护龄期可取按日平均气温逐日累计达到 600℃时所对应的龄期，0℃及以下的龄期不计入；等效养护龄期不应小于 14d，也不宜大于 60d。

(4) 抗渗试块的留置

对有抗渗要求的混凝土结构，其混凝土试件应在浇筑地点随机取样。同一工程、同一配合比的混凝土，取样应不少于一次，留置组数可根据实际需要确定。抗渗试块采用标准条件养护(图 8-98)。

图 8-98 抗渗试块(图中右边圆台形试块)

以上混凝土试块均须在混凝土浇筑现场留置，即在浇筑点留置，不能在搅拌机出料口或混凝土泵送设备处留置。试块留置时应在建设单位或监理单位人员的见证下，由施工单位的取样员取样，并在试块上采用刻字的形式注明试块取样的时间、项目名称、取样部位、混凝土强度等并签名。

8.4.4 混凝土养护

混凝土浇筑后应及时进行保湿养护，保湿养护可采用洒水、覆盖、喷涂养护剂等方式。养护方式应根据现场条件、环境温湿度、构件特点、技术要求、施工操作等因素确定。

1. 养护方式

混凝土养护一般分为人工养护和自然养护。建筑工程的现场现浇构件一般采用自然养护。自然养护包括洒水养护、覆盖养护和喷涂养护等。

洒水养护宜在混凝土裸露表面覆盖麻袋或草帘后进行，也可采用直接洒水、蓄水等养护方式。洒水养护应保证混凝土表面处于湿润状态。当日最低温度低于 5℃时，不应采用洒水养护。

图 8-99 某工程混凝土柱采用塑料薄膜覆盖养护

覆盖养护宜在混凝土裸露表面覆盖塑料薄膜、塑料薄膜加麻袋、塑料薄膜加草帘进行(图 8-99)。塑料薄膜应紧贴混凝土裸露表面，塑料薄膜内应保持有凝结水。覆盖物应严密，覆盖物的层数应按施工方案确定。

喷涂养护剂养护是指在混凝土裸露表面喷涂覆盖致密的养护剂进行养护。养护剂应均匀喷涂在结构构件表面，不得漏喷。养护剂应具有可靠的保湿效果，保湿效果可通过试验检验。养护剂使用方法应符合产品说明书的有关要求。

2. 不同构件养护方式的确定

基础大体积混凝土裸露表面应采用覆盖养护方式。当混凝土浇筑体表面以内 40～100mm 位置的温度与环境温度的差值小于 25℃时，可结束覆盖养护。覆盖养护结束但尚未达到养护时间要求时，可采用洒水养护方式直至养护结束。

柱、墙混凝土养护方法应符合下列规定：

（1）地下室底层和上部结构首层柱、墙混凝土带模养护时间，不应少于3d。带模养护结束后，可采用洒水养护方式继续养护，也可采用覆盖养护或喷涂养护剂养护方式继续养护。

（2）其他部位柱、墙混凝土可采用洒水养护，也可采用覆盖养护或喷涂养护剂养护。

3. 混凝土开始养护时间

一般在混凝土浇筑12h后开始养护。对于夏天天气特别热时，开始养护时间可以提前至混凝土浇筑8h开始养护。

4. 混凝土养护的持续时间

混凝土的养护时间对于不同混凝土其养护时间的要求也不一样。采用硅酸盐水泥、普通硅酸盐水泥或矿渣硅酸盐水泥配制的混凝土，养护时间不应少于7d；采用其他品种水泥时，养护时间应根据水泥性能确定；采用缓凝型外加剂、大掺量矿物掺合料配制的混凝土，养护时间不应少于14d；抗渗混凝土、强度等级C60及以上的混凝土，不应少于14d；后浇带混凝土的养护时间不应少于14d；地下室底层墙、柱和上部结构首层墙、柱，宜适当增加养护时间；大体积混凝土养护时间应根据施工方案确定。

5. 每天淋水的次数

混凝土采用洒水养护或覆盖养护，每天淋水的次数以保持混凝土表面湿润为准。混凝土养护用水应与拌制用水相同。当日平均气温低于5℃时，不得浇水。

8.4.5 大体积混凝土浇筑

高层建筑的箱形基础或筏式基础，基本采用比较厚大的混凝土底板。采用桩基础时常采用桩基加厚大的承台（如金茂大厦承台厚4m、上海恒隆大厦承台厚3.3m等）。对于存在有转换层的建筑，转换层常有巨型柱、巨型梁等大体积混凝土构件。因此大体积混凝土结构或构件不仅包括厚大的基础底板，还包括厚墙、大柱、宽梁、厚板。对于大体积混凝土的定义，美国混凝土学会的规定为："任何就地浇筑的大体积混凝土，其尺寸之大，必须要采取措施解决水化热及随之引起的体积变形问题，以最大限度减少开裂"。日本建筑学会的定义是："结构断面最小尺寸在80cm以上，水化热引起混凝土内的最高温度与外界气温之差，预计超过25℃的混凝土，称为大体积混凝土"。我国有关技术规程对大体积混凝土的定义为：大体积混凝土指混凝土结构物实体最小尺寸不小于1m的大体量混凝土，或预计会因混凝土中胶凝材料水化引起的温度变化和收缩而导致有害裂缝产生的混凝土。

大体积混凝土宜采用后期强度作为配合比设计、强度评定及验收的依据。基础混凝土，确定混凝土强度时的龄期可取为60d(56d)或90d；柱、墙混凝土强度等级不低于C80时，确定混凝土强度时的龄期可取为60d(56d)。确定混凝土强度时采用大于28d的龄期时，龄期应经设计单位确认。56d龄期是28d龄期的2倍，对大体积混凝土，国外工程或外方设计的国内工程采用56d龄期较多，而国内设计的项目采用60d、90d龄期较多。

1. 大体积混凝土的浇筑

大体积混凝土的浇筑方法一般有全面分层、分段（块）分层和斜面分层三种施工方法。目前在建筑工程中基本采用斜面分层浇筑大体积混凝土。

建筑工程的大体积混凝土绝大多数集中在基础部位，基础大体积混凝土浇筑时应采用多条输送泵管浇筑时，输送泵管间距不宜大于10m，并宜由远及近浇筑。采用汽车布料杆输送浇筑时，应根据布料杆工作半径确定布料点数量，各布料点浇筑速度应保持均衡。宜先浇筑深坑部分再浇筑大面积基础部分。宜采用斜面分层浇筑方法，也可采用全面分层、分段分层浇筑方法，层与层之间混凝土浇筑的间歇时间应能保证混凝土浇筑连续进行。混凝土分层浇筑应采用自然流淌形成斜坡，并应沿高度均匀上升，分层厚度不宜大于500mm。混凝土浇筑后，应在混凝土初凝前和终凝前，宜分别对混凝土裸露表面进行抹面处理，抹面次数宜适当增加。应有排除积水或混凝土泌水的有效技术措施。

2. 大体积混凝土裂缝种类

大体积混凝土系指体量较大而引起收缩裂缝或会因胶凝材料水化引起混凝土内外温差过大而容易导致开裂的温差裂缝。

（1）大体积混凝土收缩裂缝的控制

大体积混凝土施工配合比设计在保证混凝土强度及工作性要求的前提下，应控制水泥用量，宜选用中、低水化热水泥，并宜掺加粉煤灰、矿渣粉。温度控制要求较高的大体积混凝土，其胶凝材料用量、品种等宜通过水化热和绝热温升试验确定，宜采用高性能减水剂，并应加强混凝土养护。裂缝控制的关键在于减少混凝土收缩，减少收缩的技术措施包括混凝土组成材料的选择、配合比设计、浇筑方法以及养护条件等。近年来，聚羧酸类高效减水剂的发展，不但可以有效减少混凝土水泥用量，其配制的混凝土还可以大幅减少混凝土收缩，这一新技术的采用已经成为混凝土裂缝控制的发展方向，成为工程实践中裂缝控制的有效技术措施。除基础、墙、柱、梁、板大体积混凝土以外的其他结构部位同样可以采用这个方法来进行裂缝控制。

（2）大体积混凝土温差裂缝的控制

大体积混凝土施工时，应对混凝土进行温度控制。混凝土入模温度不宜大于30℃，控制混凝土入模温度，可以降低混凝土内部最高温度，必要时可采取技术措施降低原材料的温度，以达到减小入模温度的目的。入模温度可以通过现场测温获得。混凝土浇筑体最大温升值不宜大于50℃。控制混凝土最大温升是有效控制温差的关键。减少混凝土内部最大温升主要从配合比上进行控制，最大温升值可以通过现场测温获得。在大体积混凝土浇筑前，为了对最大温升进行控制，可按现行国家标准《大体积混凝土施工规范》GB 50496进行绝热温升计算，绝热温升即为预估的混凝土最大温升，绝热温升计算值加上预估的入模温度即为预估的混凝土内部最高温度。在覆盖养护或带模养护阶段，混凝土浇筑体表面以内40～100mm位置处的温度与混凝土浇筑体表面温度差值不应大于25℃。混凝土浇筑体表面温度是指保温覆盖层或模板与混凝土交界面之间测得的温度，表面温度在覆盖养护或带模养护时用于温差计算。结束覆盖养护或拆模后，因无法测得混凝土表面温度，故采用在基础表面以内40～100mm位置设置测温点来代替混凝土表面温度，混凝土浇筑体表面以内40～100mm位置处的温度与环境温度差值不应大于25℃。混凝土浇筑体内部相邻两测温点的温度差值不应大于25℃。混凝土降温速率不宜大于2.0℃/d，当有可靠经验时，降温速率要求可适当放宽。

基础大体积混凝土测温点宜选择具有代表性的两个交叉竖向剖面进行测温，竖向剖面交叉位置宜通过基础中部区域。每个竖向剖面的周边及以内部位应设置测温点，两个竖向剖面交叉处应设置测温点。混凝土浇筑体表面测温点应设置在保温覆盖层底部或模板内侧表面，并应与两个剖面上的周边测温点位置及数量对应。环境测温点不应少于2处。每个剖面的周边测温点应设置在混凝土浇筑体表面以内 40～100mm 位置处。每个剖面的测温点宜竖向、横向对齐。每个剖面竖向设置的测温点不应少于 3 处，间距不应小于 0.4m 且不宜大于 1.0m。每个剖面横向设置的测温点不应少于 4 处，间距不应小于 0.4m 且不应大于 10m。对基础厚度不大于 1.6m，裂缝控制技术措施完善的工程，可不进行测温。

柱、墙、梁大体积混凝土测温点设置应符合下列规定：

1）柱、墙、梁结构实体最小尺寸大于 2m，且混凝土强度等级不低于 C60 时，应进行测温。

2）宜选择沿构件纵向的两个横向剖面进行测温，每个横向剖面的周边及中部区域应设置测温点。混凝土浇筑体表面测温点应设置在模板内侧表面，并应与两个剖面上的周边测温点位置及数量对应。环境测温点不应少于 1 处。

3）每个横向剖面的周边测温点应设置在混凝土浇筑体表面以内 40～100mm 位置处。每个横向剖面的测温点宜对齐。每个剖面的测温点不应少于 2 处，间距不应小于 0.4m 且不宜大于 1.0m。

4）可根据第一次测温结果，完善温差控制技术措施，后续施工可不进行测温。

大体积混凝土测温宜根据每个测温点被混凝土初次覆盖时的温度确定各测点部位混凝土的入模温度。浇筑体周边表面以内测温点、浇筑体表面测温点、环境测温点的测温，应与混凝土浇筑、养护过程同步进行。应按测温频率要求及时提供测温报告。测温报告应包含各测温点的温度数据、温差数据、代表点位的温度变化曲线、温度变化趋势分析等内容。混凝土浇筑体表面以内 40～100mm 位置的温度与环境温度的差值小于 20℃时，可停止测温。

大体积混凝土测温频率应符合下列规定：

1）第一天至第四天，每 4h 不应少于一次。

2）第五天至第七天，每 8h 不应少于一次。

3）第七天至测温结束，每 12h 不应少于一次。

8.4.6 混凝土缺陷修整

1. 混凝土拆模后的检查

混凝土结构拆除模板后应进行下列检查：

(1) 构件的轴线位置、标高、截面尺寸、表面平整度、垂直度。

(2) 预埋件的数量、位置。

(3) 构件的外观缺陷。

(4) 构件的连接及构造做法。

(5) 结构的轴线位置、标高、全高垂直度。

2. 混凝土缺陷的种类及确定

对于拆模后出现的混凝土缺陷，应在监理工程师的主持下，由参加验收的人员一起依据验收规范进行判定其严重程度。混凝土结构缺陷可分为尺寸偏差缺陷和外观缺陷。尺寸偏差缺陷和外观缺陷可分为一般缺陷和严重缺陷。混凝土结构尺寸偏差超出规范规定，但尺寸偏差对结构性能和使用功能未构成影响时，应属于一般缺陷。而尺寸偏差对结构性能和使用功能构成影响时，应属于严重缺陷。外观缺陷分类应符合表 8-28 的规定。

混凝土结构外观缺陷分类 **表 8-28**

名　称	现　　象	严重缺陷	一般缺陷
露筋	构件内钢筋未被混凝土包裹而外露	纵向受力钢筋有露筋	其他钢筋有少量露筋
蜂窝	混凝土表面缺少水泥砂浆而形成石子外露	构件主要受力部位有蜂窝	其他部位有少量蜂窝
孔洞	混凝土中孔穴深度和长度均超过保护层厚度	构件主要受力部位有孔洞	其他部位有少量孔洞
夹渣	混凝土中夹有杂物且深度超过保护厚度	构件主要受力部位有夹渣	其他部位有少量夹渣
疏松	混凝土中局部不密实	构件主要受力部位有疏松	其他部位有少量疏松
裂缝	缝隙从混凝土表面延伸至混凝土内部	构件主要受力部位有影响结构性能或使用功能的裂缝	其他部位有少量不影响结构性能或使用功能的裂缝
连接部位缺陷	构件连接处混凝土缺陷及连接钢筋、连接件松动	连接部位有影响结构传力性能的缺陷	连接部位有基本不影响结构传力性能的缺陷
外形缺陷	缺棱掉角、棱角不直、翘曲不平、飞边凸肋等	清水混凝土构件有影响使用功能或装饰效果的外形缺陷	其他混凝土构件有不影响使用功能的外形缺陷
外表缺陷	构件表面麻面、掉皮、起砂、沾污等	具有重要装饰效果的清水混凝土构件有外表缺陷	其他混凝土构件有不影响使用功能的外表缺陷

对于一般缺陷的几个概念：

（1）少量露筋：梁、柱非纵向受力钢筋的露筋长度一处不大于 10cm，累计不大于 20cm；基础、墙、板非纵向受力钢筋的露筋长度一处不大于 20cm，累计不大于 40cm。

（2）少量蜂窝：梁、柱上的蜂窝面积一处不大于 500cm^2，累计不大于 1000cm^2；基础、墙、板上蜂窝面积一处不大于 1000cm^2，累计不大于 2000cm^2。

（3）少量孔洞：梁、柱上的孔洞面积一处不大于 10cm^2，累计不大于 80cm^2；基础、墙、板上的孔洞面积一处不大于 100cm^2，累计不大于 200cm^2。

（4）少量夹渣：夹渣层的深度不大于 5cm；梁、柱上的夹渣层长度一处不大于 5cm，不多于二处；基础、墙、板上的夹渣层长度一处不大于 20cm，不多于二处。

（5）少量疏松：梁、柱上的疏松面积一处不大于 500cm^2，累计不大于 1000cm^2；基础、墙、板上的疏松面积一处不大于 1000cm^2，累计不大于 2000cm^2。

3. 混凝土缺陷的处理

施工过程中发现混凝土结构缺陷时，应认真分析缺陷产生的原因。对严重缺陷，施工单位应制定专项修整方案，方案应经论证审批后再实施，不得擅自处理。

混凝土结构外观一般缺陷修整一般按下列方法进行处理：露筋、蜂窝、孔洞、夹渣、疏松、外表缺陷，应凿除胶结不牢固部分的混凝土，应清理表面，洒水湿润后应用1∶2～1∶2.5 水泥砂浆抹平；对出现的表面裂缝应封闭处理；对于连接部位的缺陷、外形缺陷可与面层装饰施工时一并处理。

（1）混凝土结构外观严重缺陷修整应符合下列规定：

1）露筋、蜂窝、孔洞、夹渣、疏松、外表缺陷，应凿除胶结不牢固部分的混凝土至密实部位，清理表面，支设模板，洒水湿润，涂抹混凝土界面剂，应采用比原混凝土强度等级高一级的细石混凝土浇筑密实，养护时间不应少于 7d。

2）开裂缺陷修整应符合下列规定：

① 民用建筑的地下室、卫生间、屋面等接触水介质的构件，均应注浆封闭处理。民用建筑不接触水介质的构件，可采用注浆封闭、聚合物砂浆粉刷或其他表面封闭材料进行封闭。

② 无腐蚀介质工业建筑的地下室、屋面、卫生间等接触水介质的构件，以及有腐蚀介质的所有构件，均应注浆封闭处理。无腐蚀介质工业建筑不接触水介质的构件，可采用注浆封闭、聚合物砂浆粉刷或其他表面封闭材料进行封闭。

③ 清水混凝土的外形和外表严重缺陷，宜在水泥砂浆或细石混凝土修补后用磨光机械磨平。

混凝土结构尺寸偏差一般缺陷，可结合装饰工程进行修整。混凝土结构尺寸偏差严重缺陷，应会同设计单位共同制定专项修整方案，结构修整后应重新检查验收。

8.4.7 冬期、高温和雨期施工

根据当地多年气象资料统计，当室外日平均气温连续 5 日稳定低于 5℃时，应采取冬期施工措施。当室外日平均气温连续 5 日稳定高于 5℃时，可解除冬期施工措施。当混凝土未达到受冻临界强度而气温骤降至 0℃以下时，应按冬期施工的要求采取应急防护措施。工程越冬期间，应采取维护保温措施。

当日平均气温达到 30℃及以上时，应按高温施工要求采取措施。

雨季和降雨期间，应按雨期施工要求采取措施。

1. 冬期施工

冬期施工混凝土宜采用硅酸盐水泥或普通硅酸盐水泥；采用蒸汽养护时，宜采用矿渣硅酸盐水泥。用于冬期施工混凝土的粗、细骨料中，不得含有冰、雪冻块及其他易冻裂物质。冬期施工混凝土用外加剂，应符合现行国家标准《混凝土外加剂应用技术规范》GB 50119的有关规定。采用非加热养护方法时，混凝土中宜掺入引气剂、引气型减水剂或含有引气组分的外加剂，混凝土含气量宜控制为 3.0%～5.0%。冬期施工混凝土配合比，应根据施工期间环境气温、原材料、养护方法、混凝土性能要求等经试验确定，并宜选择较小的水胶比和坍落度。

冬期施工混凝土搅拌前，原材料预热宜首先加热拌合水，当仅加热拌合水不能满足热工计算要求时，可加热骨料。拌合水与骨料的加热温度可通过热工计算确定，加热温度不应超过表 8-29 的规定。水泥、外加剂、矿物掺合料不得直接加热，应置于暖棚内预热。

拌合水及骨料最高加热温度（℃）　　表 8-29

水泥强度等级	拌合水	骨料
42.5 以下	80	60
42.5、42.5R 及以上	60	40

冬期施工混凝土搅拌应符合下列规定：

（1）液体防冻剂使用前应搅拌均匀，由防冻剂溶液带入的水分应从混凝土拌合水中扣除。

(2) 蒸汽法加热骨料时，应加大对骨料含水率测试频率，并应将由骨料带入的水分从混凝土拌合水中扣除。

(3) 混凝土搅拌前应对搅拌机械进行保温或采用蒸汽进行加温，搅拌时间应比常温搅拌时间延长 30～60s。

(4) 混凝土搅拌时应先投入骨料与拌合水，预拌后再投入胶凝材料与外加剂。胶凝材料、引气剂或含引气组分外加剂不得与 60℃以上热水直接接触。

混凝土拌合物的出机温度不宜低于 10℃，入模温度不应低于 5℃。预拌混凝土或需远距离运输的混凝土，混凝土拌合物的出机温度可根据距离经热工计算确定，但不宜低于 15℃。大体积混凝土的入模温度可根据实际情况适当降低。

混凝土运输、输送机具及泵管应采取保温措施。当采用泵送工艺浇筑时，应采用水泥浆或水泥砂浆对泵和泵管进行润滑、预热。混凝土运输、输送与浇筑过程中应进行测温，其温度应满足热工计算的要求。

混凝土浇筑前，应清除地基、模板和钢筋上的冰雪和污垢，并应进行覆盖保温。混凝土分层浇筑时，分层厚度不应小于 400mm。在被上一层混凝土覆盖前，已浇筑层的温度应满足热工计算要求，且不得低于 2℃。

采用加热方法养护现浇混凝土时，应根据加热产生的温度应力对结构的影响采取措施，并应合理安排混凝土浇筑顺序与施工缝留置位置。

冬期浇筑的混凝土，其受冻临界强度应符合下列规定：

(1) 当采用蓄热法、暖棚法、加热法施工时，采用硅酸盐水泥、普通硅酸盐水泥配制的混凝土，不应低于设计混凝土强度等级值的 30%；采用矿渣硅酸盐水泥、粉煤灰硅酸盐水泥、火山灰质硅酸盐水泥、复合硅酸盐水泥配制的混凝土时，不应低于设计混凝土强度等级值的 40%。

(2) 当室外最低气温不低于－15℃时，采用综合蓄热法、负温养护法施工的混凝土受冻临界强度不应低于 4.0MPa；当室外最低气温不低于－30℃时，采用负温养护法施工的混凝土受冻临界强度不应低于 5.0MPa。

(3) 强度等级等于或高于 C50 的混凝土，不宜低于设计混凝土强度等级值的 30%。

(4) 有抗渗要求的混凝土，不宜小于设计混凝土强度等级值的 50%。

(5) 有抗冻耐久性要求的混凝土，不宜低于设计混凝土强度等级值的 70%。

(6) 当采用暖棚法施工的混凝土中掺入早强剂时，可按综合蓄热法受冻临界强度取值。

(7) 当施工需要提高混凝土强度等级时，应按提高后的强度等级确定受冻临界强度。

混凝土结构工程冬期施工养护，当室外最低气温不低于－15℃时，对地面以下的工程或表面系数不大于 $5m^{-1}$的结构，宜采用蓄热法养护，并应对结构易受冻部位加强保温措施。对表面系数为 $5m^{-1}$～$15m^{-1}$的结构，宜采用综合蓄热法养护。采用综合蓄热法养护时，混凝土应掺加具有减水、引气性能的早强剂或早强型外加剂。对不易保温养护且对强度增长无具体要求的一般混凝土结构，可采用掺防冻剂的负温养护法进行养护。当采用前两种方法不能满足施工要求时，可采用暖棚法、蒸汽加热法、电加热法等方法进行养护，但应采取降低能耗的措施。

混凝土浇筑后，对裸露表面应采取防风、保湿、保温措施，对边、棱角及易受冻部位应加强保温。在混凝土养护和越冬期间，不得直接对负温混凝土表面浇水养护。

模板和保温层的拆除除应满足模板一般性的拆除要求及设计要求外，尚应符合下列规定：混凝土强度应达到受冻临界强度，且混凝土表面温度不应高于5℃；对墙、板等薄壁结构构件，宜推迟拆模。混凝土强度未达到受冻临界强度和设计要求时，应继续进行养护。当混凝土表面温度与环境温度之差大于20℃时，拆模后的混凝土表面应立即进行保温覆盖。

混凝土工程冬期施工应加强骨料含水率、防冻剂掺量检查，以及原材料、入模温度、实体温度和强度监测；应依据气温的变化，检查防冻剂掺量是否符合配合比与防冻剂说明书的规定，并应根据需要调整配合比。

混凝土冬期施工期间，应按国家现行有关标准的规定对混凝土拌合水温度、外加剂溶液温度、骨料温度、混凝土出机温度、浇筑温度、入模温度以及养护期间混凝土内部和大气温度进行测量。

冬期施工混凝土强度试件的留置，除应符合现行国家标准《混凝土结构工程施工质量验收规范》GB 50204的有关规定外，尚应增加不少于2组的同条件养护试件。同条件养护试件应在解冻后进行试验。

2. 高温施工

高温施工时，露天堆放的粗、细骨料应采取遮阳防晒等措施。必要时，可对粗骨料进行喷雾降温。高温施工的混凝土配合比设计，除应满足常温状态下混凝土配合比设计的规定外，尚应符合下列规定：

(1) 应分析原材料温度、环境温度、混凝土运输方式与时间对混凝土初凝时间、坍落度损失等性能指标的影响，根据环境温度、湿度、风力和采取温控措施的实际情况，对混凝土配合比进行调整。

(2) 宜在近似现场运输条件、时间和预计混凝土浇筑作业最高气温的天气条件下，通过混凝土试拌、试运输的工况试验，确定适合高温天气条件下施工的混凝土配合比。

(3) 宜降低水泥用量，并可采用矿物掺合料替代部分水泥；宜选用水化热较低的水泥。

(4) 混凝土坍落度不宜小于70mm。

混凝土搅拌时应对搅拌站料斗、储水器、皮带运输机、搅拌楼采取遮阳防晒措施。对原材料进行直接降温时，宜采用对水、粗骨料进行降温的方法。对水直接降温时，可采用冷却装置冷却拌合用水，并应对水管及水箱加设遮阳和隔热设施，也可在水中加碎冰作为拌合用水的一部分。混凝土拌合时掺加的固体冰应确保在搅拌结束前融化，且在拌合用水中应扣除其重量。原材料最高入机温度不宜超过表8-30的规定。混凝土拌合物出机温度不宜大于30℃。当需要时，可采取掺加干冰等附加控温措施。

原材料最高入机温度(℃) **表8-30**

原材料	最高入机温度	原材料	最高入机温度
水泥	60	水	25
骨料	30	粉煤灰等矿物掺合料	60

混凝土宜采用白色涂装的混凝土搅拌运输车运输。混凝土输送管应进行遮阳覆盖，并应洒水降温。混凝土拌合物入模温度不应低于5℃，且不应高于35℃。混凝土浇筑宜在早

间或晚间进行，且应连续浇筑。当混凝土水分蒸发较快时，应在施工作业面采取挡风、遮阳、喷雾等措施。混凝土浇筑前，施工作业面宜采取遮阳措施，并应对模板、钢筋和施工机具采用洒水等降温措施，但浇筑时模板内不得积水。混凝土浇筑完成后应及时进行保湿养护。侧模拆除前宜采用带模湿润养护。

3. 雨期施工

雨期施工期间，水泥和矿物掺合料应采取防水和防潮措施，并应对粗骨料、细骨料的含水率进行监测，及时调整混凝土配合比。雨期施工期间，应选用具有防雨水冲刷性能的模板脱模剂。雨期施工期间，混凝土搅拌、运输设备和浇筑作业面应采取防雨措施，并应加强施工机械检查维修及接地接零检测工作。

雨期施工期间，除应采用防护措施外，小雨、中雨天气不宜进行混凝土露天浇筑，且不应进行大面积作业的混凝土露天浇筑；大雨、暴雨天气不应进行混凝土露天浇筑。雨后应检查地基面的沉降，并应对模板及支架进行检查。

雨期施工期间，应采取防止模板内积水的措施。模板内和混凝土浇筑分层面出现积水时，应在排水后再浇筑混凝土。混凝土浇筑过程中，因雨水冲刷致使水泥浆流失严重的部位，应采取补救措施后再继续施工。在雨天进行钢筋焊接时，应采取挡雨等安全措施。混凝土浇筑完毕后，应及时采取覆盖塑料薄膜等防雨措施。台风来临前，应对尚未浇筑混凝土的模板及支架采取临时加固措施。台风结束后，应检查模板及支架，已验收合格的模板及支架应重新办理验收手续。

8.5 预应力工程

普通钢筋混凝土构件的抗拉极限应变值只有 0.0001～0.00015，即相当于每米允许拉长 0.1～0.15mm，超过此值，混凝土就会开裂。如果混凝土不开裂，构件内的受拉钢筋应力只能达到 20～30N/mm^2。如果允许构件开裂，裂缝宽度限制在 0.2～0.3mm 时，构件内的受拉钢筋应力也只能达到 150～250N/mm^2。这对在普通混凝土构件中采用高强钢材以达到节约钢材的目的受到限制。而采用预应力混凝土可以有效解决这一矛盾。预应力是预加应力的简称，即在构件的受拉区预先施加压力使其产生预压应力(混凝土的预压一般是通过张拉预应力筋实现的)，当构件在使用荷载作用下产生拉应力时，首先要抵消这种预压应力，然后随着荷载的不断增加，受拉区混凝土才受拉开裂，从而推迟裂缝出现和限制裂缝展开，提高了构件的抗裂度和刚度，同时使高强材料得以充分利用。

预应力混凝土与普通混凝土相比，具有构件截面小、自重轻、抗震烈度高、刚度大、耐久性能好、材料省等优点，为建造大跨度结构和扩大预制装配化程度创造了条件。

预应力钢筋混凝土按施工方法不同可分为：先张法、后张法。

预应力工程应编制专项施工方案。必要时，施工单位应根据设计文件进行深化设计。预应力工程施工应根据环境温度采取必要的质量保证措施。当工程所处环境温度低于−15℃时，不宜进行预应力筋张拉；当工程所处环境温度高于 35℃或日平均环境温度连续 5 日低于 5℃时，不宜进行灌浆施工；当在环境温度高于 35℃或日平均环境温度连续 5 日低于 5℃条件下进行灌浆施工时，应采取专门的质量保证措施。当预应力筋需要代换时，应进行专门计算，并应经原设计单位确认。

预应力筋的性能应符合国家现行有关标准的规定。常用预应力筋的公称直径、公称截面面积、计算截面面积及理论重量应符合表 8－3 的规定。预应力筋用锚具、夹具和连接器的性能，应符合现行国家标准《预应力筋用锚具、夹具和连接器》GB/T 14370 的有关规定，其工程应用应符合现行行业标准《预应力筋用锚具、夹具和连接器应用技术规程》JGJ 85 的有关规定。后张预应力成孔管道的性能应符合国家现行有关标准的规定。预应力筋等材料在运输、存放、加工、安装过程中，应采取防止其损伤、锈蚀或污染的措施，并应符合下列规定：

(1) 有粘结预应力筋展开后应平顺，不应有弯折，表面不应有裂纹、小刺、机械损伤、氧化铁皮和油污等。

(2) 预应力筋用锚具、夹具、连接器和锚垫板表面应无污物、锈蚀、机械损伤和裂纹。

(3) 无粘结预应力筋护套应光滑、无裂纹、无明显褶皱。

(4) 后张预应力用成孔管道内外表面应清洁，无锈蚀，不应有油污、孔洞和不规则的褶皱，咬口不应有开裂或脱落。

8.5.1 先张法

先张法是在浇筑混凝土前张拉预应力钢筋，并用夹具将张拉完毕的预应力钢筋临时固定在台座的横梁上或钢模上，然后浇筑混凝土。待混凝土达到规定强度(一般不低于混凝土设计强度标准值的 75%)，保证预应力筋与混凝土有足够的粘接力时，放张或切断预应力筋，借助于混凝土与预应力筋间的粘结，对混凝土产生预压应力。

先张法生产可采用台座法或机组流水法(模板法)。采用台座法时，构件是在固定的台座上生产，预应力筋的张拉力由台座承受。采用机组流水法时，构件是在钢模中生产，预应力钢筋的张拉力由钢模承受；构件连同钢模按流水方式，通过张拉、浇筑、养护等固定机组完成每一生产过程。机组流水法需大量的钢模和较高的机械化程度，且需蒸汽养护，因此只用在预制厂生产定型构件。台座法不需要复杂的机械设备，能适应多种产品生产，可露天生产、自然养护，也可以湿热养护，故应用较广。由于先张法中台座或钢模所能承受的预应力钢筋的张拉能力受到限制，并考虑到构件的起重、运输等条件，因此先张法施工适用于生产中小型预应力混凝土构件，如空心板、屋面板、吊车梁、檩条等。图 8-100 是先张法(台座)生产示意图。

一般先张法的施工工艺流程包括：预应力筋的加工、铺设；预应力筋张拉；预应力筋放张；质量检验等。

1. 预应力筋的张拉

预应力筋张拉应根据设计要求进行。当进行多根成组张拉时，应先调整各预应力筋的初应力，使其长度、松紧一致，以保证张拉后各预应力筋的应力一致。

控制应力的数值影响预应力的效果。控制应力高，建立的预应力值则大。但控制应力过高，预应力筋处于高应力状态，使构件出现裂缝的荷载与破坏荷载接近，破坏前无明显的预兆，这是不允许的。因此预应力筋的张拉控制应力 σ_{con} 应符合设计规定。此外，为减少由于松弛等原因造成的预应力损失，施工中需超张拉时，可比设计要求提高 5%，但其最大张拉控制应力不得超过表 8-31 的规定。

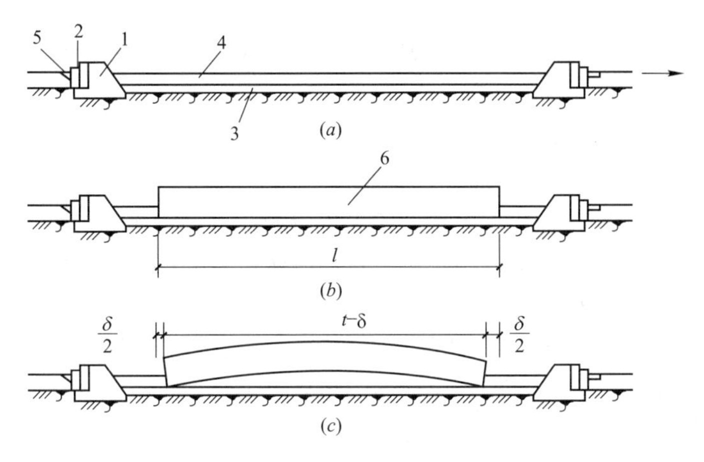

图 8-100　先张法生产示意图

(a)预应力筋张拉；(b)混凝土浇筑与养护；(c)放张预应力筋

1—台座；2—横梁；3—台面；4—预应力筋；5—夹具；6—构件

最大张拉控制应力允许值　　　　表 8-31

预应力筋种类	σ_{con}	预应力筋种类	σ_{con}
消除应力钢丝、钢绞线	$\leqslant 0.80 f_{ptk}$	预应力螺纹钢筋	$\leqslant 0.90 f_{pyk}$
中强度预应力钢丝	$\leqslant 0.75 f_{ptk}$		

注：σ_{con}—预应力筋张拉控制应力；f_{ptk}—预应力筋极限强度标准值；f_{pyk}—预应力筋屈服强度标准值

预应力筋的张拉程序有两种：

$$0 \rightarrow 105\%\sigma_{con} \xrightarrow{\text{持荷 2min}} \sigma_{con}$$

$$0 \rightarrow 103\%\sigma_{con}$$

其中，σ_{con}是预应力筋设计张拉控制应力。

采用应力控制方法张拉预应力筋时，应校核其伸长值。实际伸长值与设计计算理论伸长值的相对允许偏差为±6%，若超过，则应分析其原因，采取措施后再进行施工。

2. 混凝土的浇筑和养护

在浇筑混凝土前，发生断裂或滑脱的预应力筋必须予以更换。为减少混凝土收缩、徐变引起的预应力损失，在配置混凝土时，水灰比不宜过大，骨料应有良好的级配，减少水泥用量。要保证混凝土振捣密实，特别是构件的端部，以保证混凝土的强度和粘结力。混凝土的浇筑必须一次完成，不允许留设施工缝。叠层生产预应力混凝土构件时，下层构件混凝土强度要达到 8～10MPa 后才可浇筑上层构件的混凝土。

3. 预应力筋的放张

预应力筋放张时，混凝土应达到设计规定的放张强度，若设计无规定，则不得低于设计强度标准值的 75%。

预应力筋的放张顺序应符合设计要求，当设计无要求时，应符合下列规定：轴心受预压的构件，所有预应力筋应同时放张；偏心受预压的构件，应先同时放张预压力较小区域的预应力筋，再同时放张预压力较大区域的预应力筋；当不能按上述规定放张时，应分阶段、对称、交错地放张，以防止在放张过程中，构件发生翘曲、裂纹及预应力筋断裂等情况。

预应力筋的放张时，宜缓慢放松锚固装置，使各根预应力筋同时缓慢放松。放张时可利用楔块和砂箱等放松装置进行。

8.5.2 后张法

后张法是先制作构件，在构件中预先留出相应的孔道，待构件混凝土达到设计规定的数值后，在孔道内穿入预应力筋，用张拉机具进行张拉，并用锚具把张拉后的预应力筋锚固在构件的端部，最后进行孔道灌浆。预应力筋的张拉力，主要靠构件端部的锚具传给混凝土，使其产生压应力，如图 8-101 所示为预应力混凝土后张法施工示意图。由于后张法施工直接在钢筋混凝土构件上进行预应力筋的张拉，不受地点限制，适用于在现场施工大型预应力混凝土构件。但后张法预应力的传递主要依靠两端的锚具，锚具作为预应力筋的组成部分，永远停留在构件上，不能重复使用，所以成本较高。再加上后张法工艺本身要预留孔道、穿筋、灌浆等原因，故工艺比较复杂。

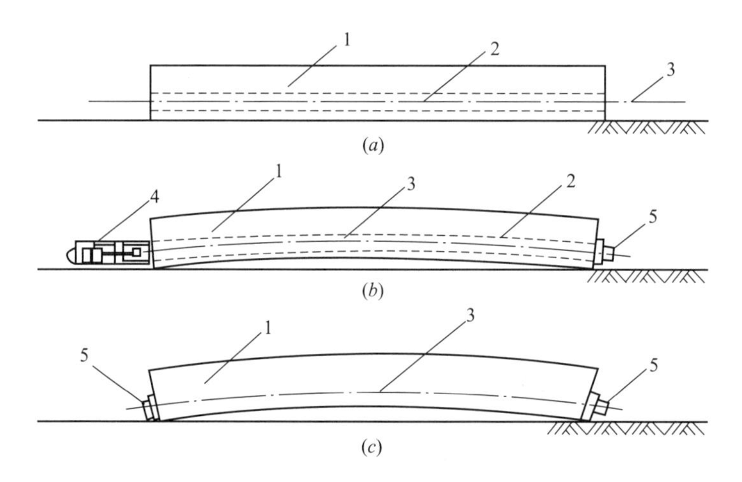

图 8-101 后张法施工示意图

(*a*)制作构件、预留孔道；(*b*)张拉预应力筋；(*c*)锚固孔道灌浆

1—混凝土构件；2—预留孔道；3—预应力筋；4—千斤顶；5—锚具

8.5.2.1 锚具与张拉机械

在后张法中，预应力筋、锚具和张拉机具是配套的。目前，后张法中常用的预应力筋有单根粗钢筋、钢筋束(或钢绞线束)和钢丝束三类。

1. 锚具

锚具是进行张拉预应力筋和永久固定在混凝土构件上传递预应力的工具。要求锚固可靠，使用方便，有足够的强度和刚度，受力后滑移小、变形小。锚具应有出厂证明书，进场时锚具应进行外观、硬度检验和锚固能力试验。

(1) 单根粗钢筋锚具

单根粗钢筋作为预应力筋时，张拉端采用螺丝端杆锚具，固定端采用镦头锚具或帮条锚具。螺丝端杆锚具由螺丝端杆、螺母及垫板组成，适用于锚固直径不大于 36mm 的冷拉Ⅱ～Ⅳ级钢筋(图 8-102*a*)。螺丝端杆锚具与预应力筋对焊，用张拉机具张拉预应力筋，然后用螺母锚固。螺丝端杆锚具与预应力筋焊接，应在预应力筋冷拉前进行。帮条锚具由一块方形衬板与三根帮条组成(图 8-102*b*)。三根帮条按 120°均匀布置，并应使与衬板相接触的截面在同一个垂直面上，以免受力时发生扭曲。

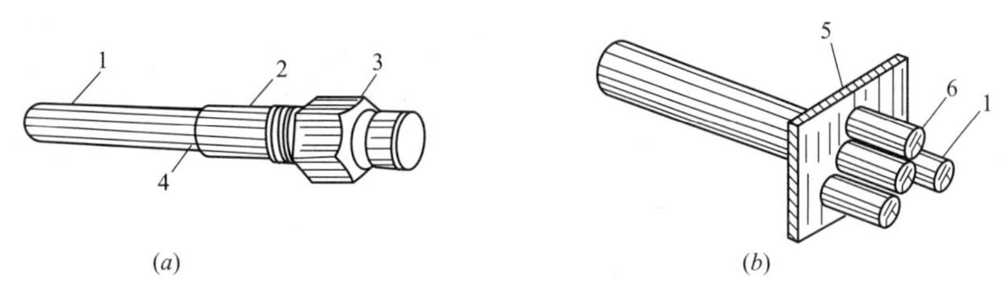

图 8-102　单根筋锚具

(*a*)螺丝端杆锚具；(*b*)帮条锚具

1—预应力筋；2—螺丝端杆；3—螺母；4—焊接接头；5—衬板；6—帮条

(2) 钢筋束和钢绞线束锚具

钢筋束、钢绞线束作为预应力筋时，使用的锚具有 JM 型、XM 型、QM 型、KT—Z 型和镦头锚具。

1) JM 型锚具

JM 型锚具由锚环和夹片组成(图 8-103)。夹片呈扇形，用两侧的半圆槽锚固预应力筋，为增加夹片与预应力筋之间的摩擦，槽内刻有截面为梯形的齿痕，夹片背面的坡度与锚环一致。用于锚固 3～6 根直径为 12mm 的光圆或变形的钢筋束和 5～6 根直径为 12mm 的钢绞线束。

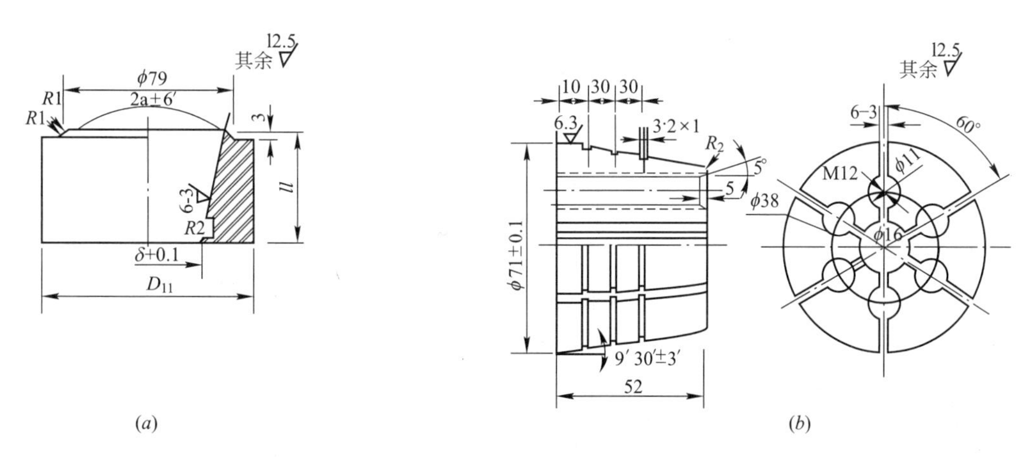

图 8-103　JM 型锚具

(*a*)锚环；(*b*)绞 JM—12—6 夹片

2) XM 型锚具

XM 型锚具是大吨位群锚体系锚具，由锚环和夹片组成，三个夹片为一组夹持一根预应力筋形成一个锚固单元。由一个锚固单元组成的锚具称为单孔锚具，由两个或两个以上的锚固单元组成的锚具称为多孔锚具(图 8-104)。由于每根钢绞线都是分开锚固的，任何一根钢绞线的锚固失效(如钢绞线拉断、夹片碎裂等)，不会引起整束锚固失效。同时该锚具的夹片是用与钢绞线的扭角相反的斜开缝代替直开缝，使每根钢丝都被夹片包裹不致漏丝，故对钢绞线束或钢丝束均能形成可靠的锚固。它既可用作工作锚，又可用作工具锚。

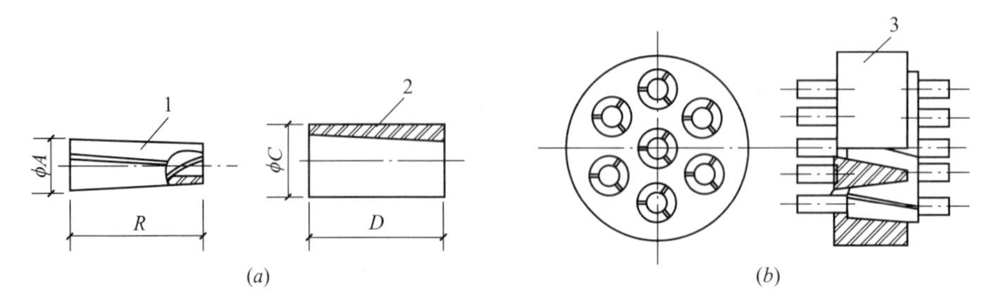

图 8-104　XM 型锚具

(a)单根 XM 型锚具；(b)多根 XM 型锚具

1—夹片；2—锚环；3—锚板

3）QM 型锚具

QM 型锚具与 XM 型相似，也是利用 3 个楔形的夹片将每根钢绞线独立地锚固在带有锥形孔的锚板上，形成一个个独立的锚固单元。适用于锚固 $\phi^{8}_{12.7}$、$\phi^{8}_{12.9}$、$\phi^{8}_{15.2}$、$\phi^{8}_{15.7}$ 等强度为 1570～1860MPa 的钢绞线(图 8-105)。

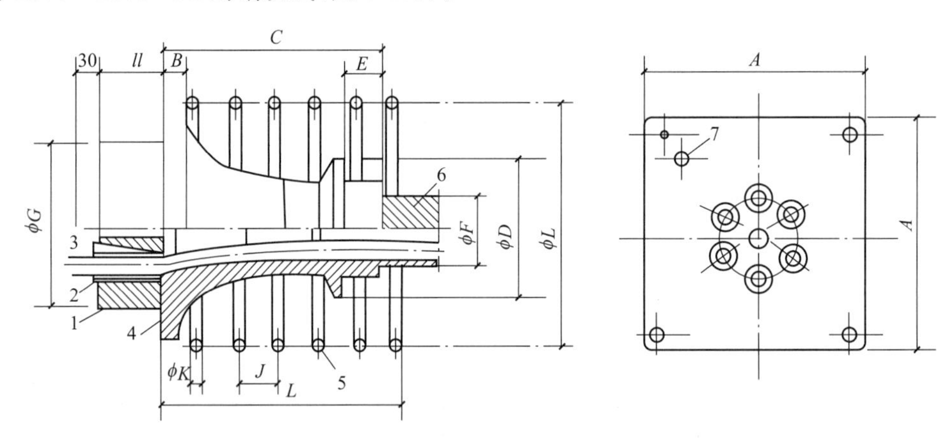

图 8-105　QM 型锚具

1—锚板；2—夹片；3—钢绞线；4—喇叭形铸铁垫板；5—弹簧圈；

6—预留孔道用的波纹管；7—灌浆孔

4）KT—Z 型锚具

KT—Z 型锚具是可锻铸铁锥形锚具的简称，由锚环和锚塞两部分组成(图 8-106)。适用于锚固 3～6 根直径为 12mm 的钢筋束或钢绞线束。这种锚具为半埋式，使用时先将锚环小头嵌入承压钢板中，并用断续焊缝焊牢，然后埋设在构件端部。

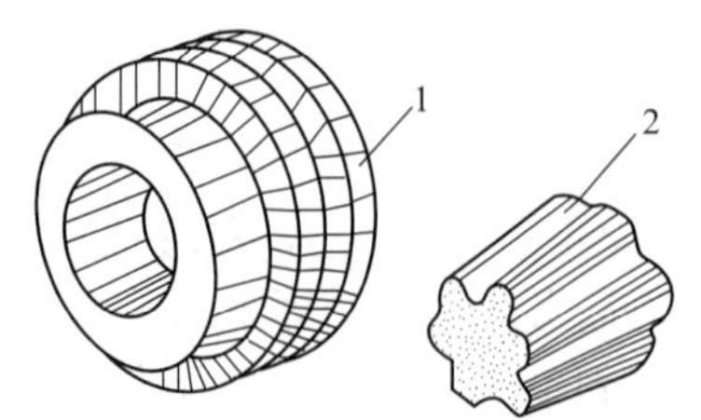

图 8-106　KT—Z 型锚具

1—锚环；2—锚塞

(3) 钢丝束锚具

钢丝束一般由几根到几十根直径为 3～5mm 的碳素钢丝经编束制作而成。作为预应力筋时，采用的锚具主要有钢质锥形锚具、钢丝束镦头锚具和 XM 型锚具。钢质锥形锚具由锚环和锚塞组成，用于锚固以锥锚式双作用千斤顶张拉的钢丝束。钢丝束镦头锚具适用于锚固 12～54 根Φ5 的碳素钢丝束，分 DM5A 型和 DM5B 型。DM5A 型用于张拉端，由锚杯和螺母组成。DM5B 型用于固定端，B 型为锚板。锚杯的内外壁均有丝扣，内丝扣用于连接螺杆，外丝扣用于拧紧螺母锚固钢丝束。锚杯和锚板四周钻孔，以固定镦头的钢丝，孔数和间距由钢丝根数而定(图 8-107)。钢丝用液压冷镦器进行镦头。钢丝束一端可在制束时将头镦好，另一端则待穿束后镦头，故构件孔道端部要扩孔。张拉时，张拉螺丝杆一端与锚杯内丝扣连接，另一端与拉杆式千斤顶的拉头连接，当张拉到控制应力时，锚杯被拉出，则拧紧锚杯外丝扣上的螺母加以锚固。

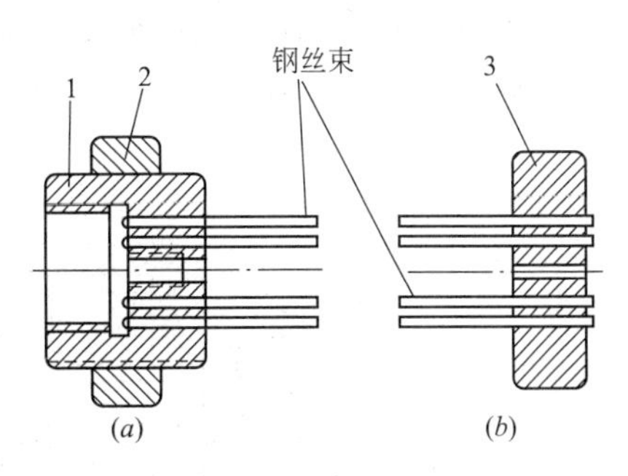

图 8-107　钢丝束镦头锚具

(*a*)DM5A 型锚具；(*b*)DM5B 型锚具

1—锚环；2—螺母；3—锚板

2. 张拉机械

后张法的张拉设备应根据锚具型式进行选择。常用的张拉设备有拉杆式千斤顶(代号为 YL)、穿心式千斤顶(代号为 YC)、锥锚式千斤顶(代号为 YZ)及供油用的高压油泵。

(1) 拉杆式千斤顶

拉杆式千斤顶主要适用于张拉配有螺丝端杆锚具的粗钢筋和配有镦头锚具钢丝束。拉杆式千斤顶构造如图 8-108 所示，由主缸、主缸活塞、副缸、副缸活塞、连接器、传力架和拉杆等组成。张拉时，先将连接器与预应力筋的螺丝端杆连接，并使传力架支承在构件端部的预埋钢板上。当油泵的高压油从进油孔进入主缸时，推动主缸活塞向右移动而张拉预应力筋。张拉力的大小由设置在油泵上的压力表控制。当达到设计要求的张拉力后，拧紧螺母将预应力筋锚固在构件端部。锚固后再从副缸进油孔进油，推动副缸使主缸活塞和拉杆向左移动，推回到开始张拉的位置。与此同时，主缸的高压油也回到油泵中去。此时，即可卸下连接器，移动千斤顶到下一根钢筋张拉。

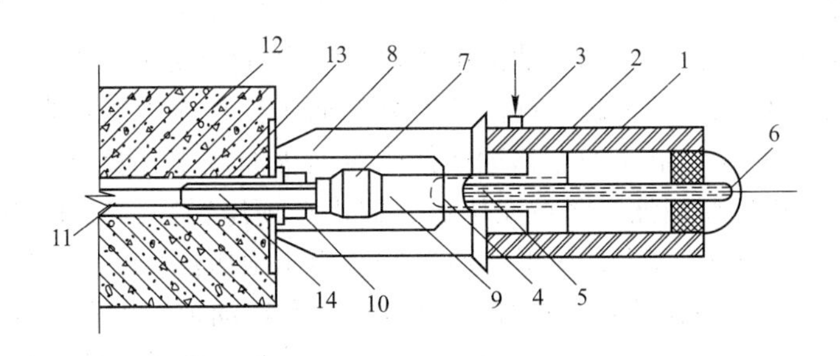

图 8-108　拉杆式千斤顶构造示意图

1—主缸；2—主缸活塞；3—主缸进油孔；4—副缸；5—副缸活塞；6—副缸进油孔；7—连接器；8—传力架；9—拉杆；10—螺母；11—预应力筋；12—混凝土构件；13—预埋铁板；14—螺丝端杆

(2) 穿心式千斤顶

穿心式千斤顶适用性很强，它适用于张拉采用 JM12 型、QM 型、XM 型的预应力钢丝束、钢筋束和钢绞线束。配置撑脚和拉杆后，又可作为拉杆式千斤顶使用。在该千斤顶前端装上分束顶压器，并在千斤顶与撑套之间用钢管接长后可作为YZ型千斤顶使用，张拉钢质锥型锚具。因此，YC型千斤顶是目前最常用的张拉千斤顶之一。现以YC60型千斤顶为例，说明其工作原理(图8-109)。

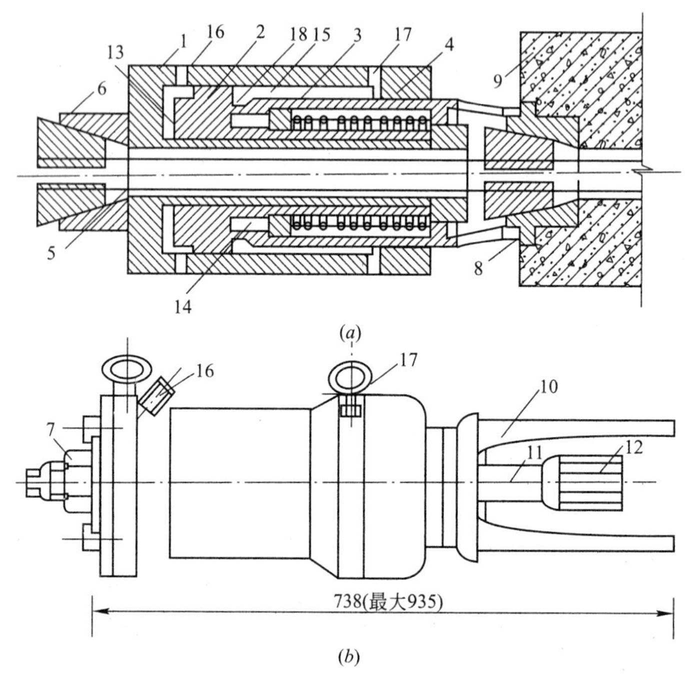

图8-109　YC60型穿心式千斤顶构造示意图

(a)构造与工作原理图；(b)加撑脚后的外貌图

1—张拉油缸；2—顶压油缸(即张拉活塞)；3—顶压活塞；4—弹簧；5—预应力筋；6—工具锚；7—螺母；8—锚环；9—构件；10—撑脚；11—张拉杆；12—连接器；13—张拉工作油室；14—顶压工作油室；15—张拉回程油室；16—张拉缸油嘴；17—顶压缸油嘴；18—油孔

张拉前，先把装好锚具的预应力筋穿入千斤顶的中心孔道中，并在张拉油缸1的端部用工具锚6加以锚固。张拉时，高压油液由张拉油嘴16进入张拉工作室13。由于张拉活塞2顶在构件9上，因而张拉油缸1逐渐向左移动而张拉预应力筋，直至规定的张拉力。在张拉过程中，由于张拉油缸1向左移动而使张拉回程油室15的容积逐渐减小，所以需将顶压缸油嘴17开启以便回油。张拉完毕后立即进行顶压锚固。顶压锚固时，高压油液由顶压缸油嘴17经油孔18进入顶压工作油室14。由于顶压油缸2顶在构件9上，且张拉工作油室中的高压油液尚未回油，因此顶压活塞3向左移动顶压JM12型锚具的夹片，按规定的顶压力将夹片压入锚环8内，将预应力筋锚固。张拉和顶压完成后，开启油嘴16，同时油嘴17继续进油，由于顶压活塞3仍顶住夹片，油室14的容积不变，进入的高压油液全部进入油室15，因而张拉油缸1逐渐向右移动进行复位。然后，油泵停止工作，开启油嘴17，利用弹簧4使顶压活塞3复位，并使油室14、15回油卸荷。

(3) 锥锚式千斤顶

锥锚式千斤顶适用于以KT—Z型锚具为张拉锚具的钢筋束和钢绞线束及以钢质锥型锚具为张拉锚具的钢丝束。其张拉钢筋和推顶锚塞的原理如图8-110所示，当主缸进油时，主缸被压移，使固定在其上的钢筋被张拉。钢筋张拉后，改由副缸进油，随即由副缸活塞将锚塞顶入锚圈中。主缸和副缸的回油，则是借助设置在主缸和副缸中弹簧的作用来进行。

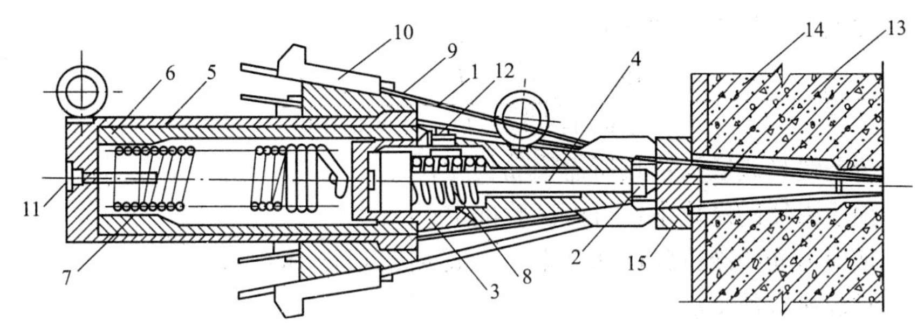

图 8-110 锥锚式千斤顶构造示意图

1—预应力筋；2—顶压头；3—副缸；4—副缸活塞；5—主缸；6—主缸活塞；7—主缸拉力弹簧；8—副缸压力弹簧；9—锥形卡环；10—楔块；11—主缸油嘴；12—副缸油嘴；13—锚塞；14—构件；15—锚环

8.5.2.2 后张法施工工艺

1. 后张法施工工艺流程

施工准备→预应力筋制作→预应力构件钢筋绑扎及预应力孔道留设安装→穿预应力筋束→混凝土浇筑并养护→预应力筋张拉→孔道灌浆→锚具防护

2. 预应力筋的制作

(1) 单根粗钢筋制作

单根粗钢筋预应力筋的制作一般包括配料、对焊、冷拉等工序。为保证质量，宜采用控制应力的方法进行冷拉。对冷拉率不同的钢筋，应先测定其冷拉率。将冷拉率相近的钢筋对焊在一起，以保证冷拉应力的均匀性。

预应力筋的下料长度应由计算确定，计算时要考虑构件的孔道长度、锚具的种类、对焊接头的压缩量、冷拉的冷拉率和弹性回缩率等。现以两端用螺丝端杆锚具预应力筋为例（图 8-111），其下料长度计算如下：

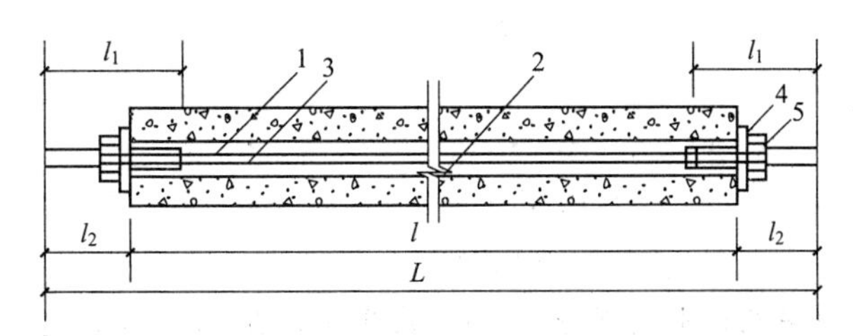

图 8-111 粗钢筋下料长度计算示意图

1—螺丝端杆；2—预应力钢筋；3—对焊接头；4—垫板；5—螺母

$$L=\frac{l+2l_2-2l_1}{1+\gamma-\delta}+n\Delta \tag{8-5}$$

当一端采用螺丝端杆锚具，另一端采用帮条锚具或镦头锚具时，预应力钢筋的下料长度为：

$$L=\frac{l+l_2+l_3-l_1}{l+\gamma-\delta}+n\Delta \tag{8-6}$$

式中　l——构件的孔道长度；

l_1——螺丝端杆长度，一般为 320mm；

l_2——螺丝端杆伸出构件外的长度；

张拉端：$l_2=2H+h+5\text{mm}$；

锚固端：$l_2=H+h+10\text{mm}$

l_3——帮条锚具或镦头锚具所需钢筋长度；

γ——预应力筋的冷拉率，可由试验确定；

δ——预应力筋的冷拉弹性回缩率，一般为 0.4%～0.6%；

n——对焊接头数量；

Δ——每个对焊接头的压缩量，取一个钢筋直径；

H——螺母高度；

h——垫板厚度。

【例 8-3】 某预应力混凝土大梁，采用机械张拉后张法施工，孔道长度为 27.80m，预应力筋为冷拉Ⅲ级钢筋，直径为 20mm，每根长度为 9m。实测钢筋冷拉率为 3.0%，钢筋冷拉后的弹性回缩率为 0.4%，螺丝端杆长度为 350mm，张拉控制应力为 $0.85f_{\text{pyk}}$，计算预应力钢筋的下料长度和预应力筋的张拉力。

【解】 因大梁孔道长度大于 24m，宜采用螺丝端杆锚具，两端同时张拉，螺母厚度取 36mm，垫板厚度取 18mm，则螺丝端杆伸出构件外的长度为：

$$l=2H+h+5=2\times36+18+5=95\text{mm}$$

对焊接头数 $n=3+2=5$，每个对焊接头的压缩量 $\Delta=20\text{mm}$，则预应力钢筋的下料长度：

$$\begin{aligned}L&=\frac{l+2l_2-2l_1}{1+\gamma-\delta}+n\Delta\\&=\frac{27800+2\times95-2\times350}{1+0.03-0.004}+5\times20\\&=26598\text{mm}\end{aligned}$$

预应力筋的张拉力：

$$\begin{aligned}F_{\text{p}}&=\sigma_{\text{con}}\cdot A_{\text{p}}=0.85f_{\text{pyk}}\cdot A_{\text{p}}\\&=0.85\times500\times314\\&=133450\text{N}\end{aligned}$$

【例 8-4】 上题中若孔道长度为 21.5m，采用一端张拉，固定端采用帮条锚具，其他条件不变，试计算预应力钢筋的下料长度。

【解】 帮条锚具取 3 根Φ 14 长 60mm 的钢筋帮条，垫板取 18mm 厚 50×50mm 的钢板，则预应力钢筋的下料长度为：

$$\begin{aligned}L&=\frac{l+l_2+l_3-l_1}{1+\gamma-\delta}+n\Delta\\&=\frac{21500+95+(60+18)-350}{1+0.03-0.004}+(2+1)\times20\\&=20843\text{mm}\end{aligned}$$

(2) 钢筋束或钢绞线束

预应力筋钢筋束的钢筋直径一般在 12mm 左右，其长度较长，成盘供应。预应力筋制作一般包括开盘冷拉、下料和编束工序。预应力筋钢筋束下料在冷拉后进行。

钢绞线在出厂前经过低温回火处理，因此在进场后无需预拉。钢绞线的下料宜用砂轮切割机切割。切口两端各 50mm 处要用 20 号铁丝预先绑扎牢固，以免切割后松散。

预应力钢筋束或钢绞线束编束的目的，主要是为了保证穿筋和张拉时不发生扭结。编束时先将钢筋或钢绞线理顺，并尽量使各根钢筋或钢绞线松紧一致，用 18～22 号铁丝，每隔 1m 左右绑扎一道，形成束状。

当采用 JM 型、QM 型或 XM 型锚具，用穿心式千斤顶张拉时（图 8-112），钢筋束或钢绞线束的下料长度 L 应等于构件孔道长度加上两端为张拉、锚固所需的外露长度，即可按下式计算：

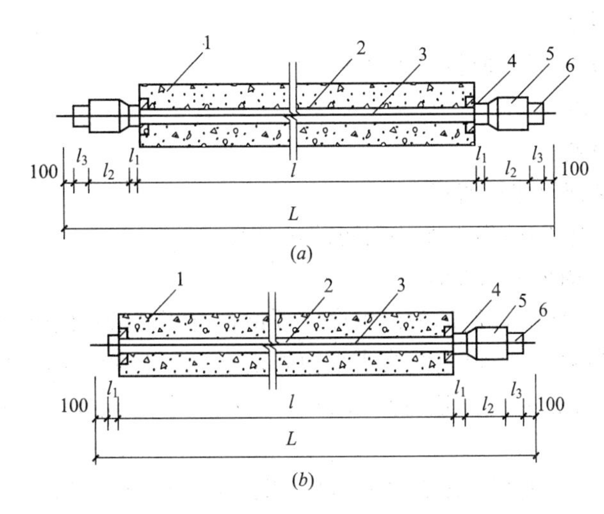

图 8-112　钢筋束、钢绞线束下料长度计算示意图

(a)两端张拉；(b)一端张拉

1—混凝土构件；2—孔道；3—钢绞线；4—夹片式工作锚；

5—穿心式千斤顶；6—夹片式工具锚

两端张拉时：　$$L=l+2(l_1+l_2+l_3+100) \tag{8-7}$$

一端张拉时：　$$L=l+2(l_1+100)+l_2+l_3 \tag{8-8}$$

式中　l——构件的孔道长度(mm)；

l_1——工作锚厚度(mm)；

l_2——穿心式千斤顶长度(mm)；

l_3——夹片式工具锚厚度(mm)。

(3) 钢丝束

钢丝束的制作随锚具型式的不同而有差异。采用 XM 型锚具、QM 型锚具和钢质锥形锚具时，钢丝束的制作和下料长度计算基本上与钢筋束相同。采用镦头锚具一端张拉时，应考虑钢丝束张拉锚固后螺母位于锚杯中部，钢丝的下料长度可按图 8-113 所示，用下式进行计算：

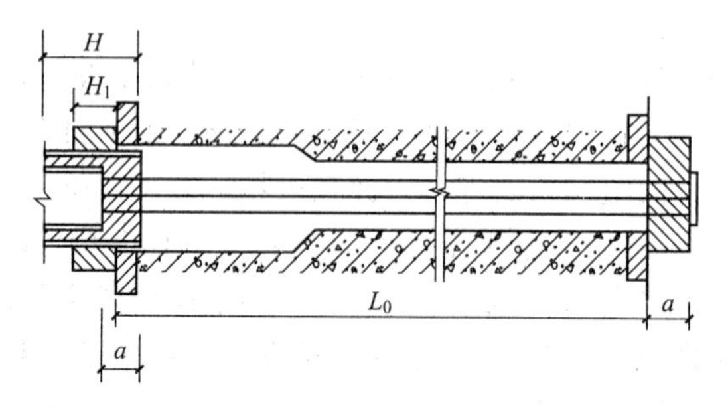

图 8-113　用镦头锚具时钢丝下料长度计算简图

$$L=L_0+2a+2\delta-0.5(H-H_1)-\Delta L-C \tag{8-9}$$

式中　L_0——孔道长度；

a——锚板厚度；

δ——钢丝镦头留量(取钢丝直径的 2 倍)；

H——锚杯高度；

H_1——螺母高度；

ΔL——张拉时钢丝伸长值；

C——混凝土弹性压缩(若很小时可略不计)。

3. 孔道的留设及锚垫板的安装

孔道留设是制作后张法构件的关键工序，预留孔道的质量直接影响预应力筋能否顺利张拉。对后张法预制构件，孔道之间的水平净间距不宜小于 50mm，且不宜小于粗骨料最大粒径的 1.25 倍；孔道至构件边缘的净间距不宜小于 30mm，且不宜小于孔道外径的 50%。

在现浇混凝土梁中，曲线孔道在竖直方向的净间距不应小于孔道外径，水平方向的净间距不宜小于孔道外径的 1.5 倍，且不应小于粗骨料最大粒径的 1.25 倍；从孔道外壁至构件边缘的净间距，梁底不宜小于 50mm，梁侧不宜小于 40mm；裂缝控制等级为三级的梁，从孔道外壁至构件边缘的净间距，梁底不宜小于 60mm，梁侧不宜小于 50mm。预留孔道的内径宜比预应力束外径及需穿过孔道的连接器外径大 6～15mm，且孔道的截面积宜为穿入预应力束截面积的 3～4 倍。当有可靠经验并能保证混凝土浇筑质量时，预应力孔道可水平并列贴紧布置，但每一并列束中的孔道数量不应超过 2 个。

板中单根无粘结预应力筋的水平间距不宜大于板厚的 6 倍，且不宜大于 1m；带状束的无粘结预应力筋根数不宜多于 5 根，束间距不宜大于板厚的 12 倍，且不宜大于 2.4m。

梁中集束布置的无粘结预应力筋，束的水平净间距不宜小于 50mm，束至构件边缘的净间距不宜小于 40mm。

预应力孔道应根据工程特点设置排气孔、泌水孔及灌浆孔，排气孔可兼作泌水孔或灌浆孔，并应符合下列规定：当曲线孔道波峰和波谷的高差大于 300mm 时，应在孔道波峰设置排气孔，排气孔间距不宜大于 30m；当排气孔兼作泌水孔时，其外接管伸出构件顶面高度不宜小于 300mm。孔道的留设方法有以下几种：

(1) 钢管抽芯法

预先将无缝钢管敷设在模板内的孔道位置上，在混凝土浇筑过程中和浇筑后，每间隔一定时间慢慢转动钢管，防止与混凝土粘结，在混凝土终凝前抽出钢管，形成孔道。该法只用于留设直线孔道。所用的钢管必须平直且表面光滑，安放位置要准确。留设预留孔道的同时，还要在设计规定的位置留设灌浆孔和排气孔，一般在构件两端和中间每隔 12m 左右留设一个直径为 20mm 的灌浆孔，两端各设一个排气孔。

(2) 胶管抽芯法

将 5～7 层夹布胶管或钢丝网橡胶管敷设在模板的孔道位置上，采用夹布胶管时，在混凝土浇筑前必须在管内充气或充水，使管径增大，然后浇筑混凝土，待混凝土初凝后放出压缩空气或压力水，抽出胶管，形成孔道。采用钢丝网橡胶管时，可不充气加压，抽管时在拉力作用下管径缩小即与混凝土脱开。胶管抽芯留孔与钢管相比，弹性好且便于弯曲，适用于留设直线或曲线孔道。

(3) 预埋波纹管法

金属波纹管是用 0.3～0.5mm 的钢带由专用的制管机卷制而成的。波纹管埋入混凝土后永不抽出，与混凝土有良好的粘结力。当预应力筋密集、曲线配筋或抽管有困难时均用此法。

对孔道成型的基本要求是：孔道尺寸与位置应正确，孔道应平顺，端部预埋钢板应垂直孔道中心线。

锚垫板、局部加强钢筋和连接器应按设计要求的位置和方向安装牢固，并应符合下列规定：锚垫板的承压面应与预应力筋或孔道曲线末端的切线垂直。预应力筋曲线起始点与张拉锚固点之间的直线段最小长度应符合表 8-32 的规定。采用连接器接长预应力筋时，应全面检查连接器的所有零件，并应按产品技术手册要求操作。内埋式固定端锚垫板不应重叠，锚具与锚垫板应贴紧。

预应力筋曲线起始点与张拉锚固点之间直线段最小长度 **表 8-32**

预应力筋张拉力 N(kN)	$N \leqslant 1500$	$1500 < N \leqslant 6000$	$N \geqslant 6000$
直线段最小长度(mm)	400	500	600

4. 预应力筋的张拉

用后张法张拉预应力筋时，结构的混凝土强度应符合设计要求，当设计无具体要求时，不应低于设计的混凝土立方体抗压强度标准值的 75%(检查同条件养护试件试验报告)。

(1) 张拉控制应力

后张法预应力筋的张拉控制应力 σ_{con} 应符合设计及专项方案的要求，当施工中需要超张拉时，调整后的张拉控制应力 σ_{con} 应符合下列的规定：

① 消除应力钢丝、钢绞线：

$$\delta_{con} \leqslant 0.8 f_{ptk}$$

② 中强度预应力钢丝：

$$\delta_{con} \leqslant 0.75 f_{ptk}$$

③ 预应力螺纹钢筋：

$$\delta_{con} \leqslant 0.9 f_{pyk}$$

式中 δ_{con}——预应力筋张拉控制应力；

f_{ptk}——预应力筋极限强度标准值；

f_{pyk}——预应力筋屈服强度标准值。

采用应力控制方法张拉时，应校核最大张拉力下预应力筋伸长值。实测伸长值与计算伸长值的偏差应控制在±6%之内，否则应查明原因并采取措施后再张拉。必要时，宜进行现场孔道摩擦系数测定，并可根据实测结果调整张拉控制力。

（2）张拉顺序和张拉方法

预应力筋的张拉顺序应符合设计要求，并应符合下列规定：

1）应根据结构受力特点、施工方便及操作安全等因素确定张拉顺序；

2）预应力筋宜按均匀、对称的原则张拉；

3）现浇预应力混凝土楼盖，宜先张拉楼板、次梁的预应力筋，后张拉主梁的预应力筋；

4）对预制屋架等平卧叠浇构件，应从上而下逐榀张拉。

平卧重叠浇筑的预应力混凝土构件，预应力筋的张拉应自上而下逐层进行，以减少上层构件的重压和粘结力对下层构件的影响。为了减少上下层构件之间因摩阻力引起的应力损失，可自上而下，逐层加大拉力，但底层构件的张拉力不宜比顶层构件张拉力大5%（用于钢丝、钢绞线和热处理钢筋）或9%（冷拉Ⅱ～Ⅳ级钢筋），并且要保证加大张拉控制应力后不要超过最大超张拉力的规定。

对配有多根预应力筋的构件，需分批并按一定的顺序进行张拉，避免构件在张拉过程中承受过大的偏心压力，引起构件弯曲裂缝现象，通常是分批、分阶段、对称地进行张拉。在分批张拉时，要考虑后批预应力筋张拉时对混凝土产生的弹性压缩，而引起前批已张拉预应力筋的预应力损失，该应力损失值应分别加到先张拉钢筋的控制应力内。

【案例】 某预制屋架等平卧叠浇构件张拉顺序如图8-114所示，当预应力筋为两束时，采用一端张拉方法，用两台千斤顶分别设置在构件两端，一次张拉完成。当预应力筋为四束时，需要分两批张拉，用两台千斤顶分别张拉对角线上的两束，然后张拉另两束。预应力混凝土吊车梁预应力筋张拉顺序（采用两台千斤顶）如图8-115所示，上部两束直线预应力筋一般先张拉，下部四束曲线预应力筋采用两端张拉方法分批进行张拉，为使构件对称受力，每批两束先按一端张拉方法进行张拉，待两批四束均进行一端张拉后，再分批在另一端补张拉以减少先批张拉所受的弹性压缩损失。

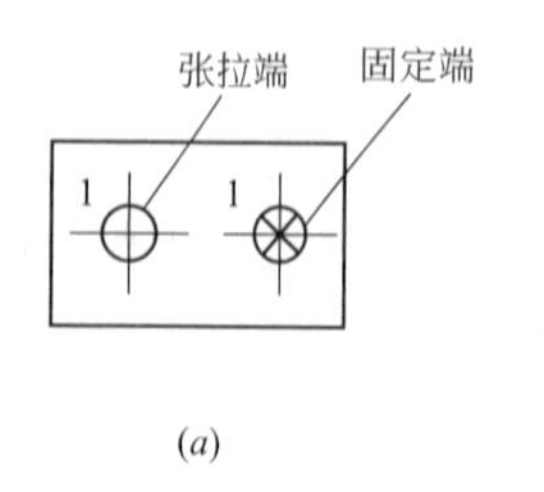

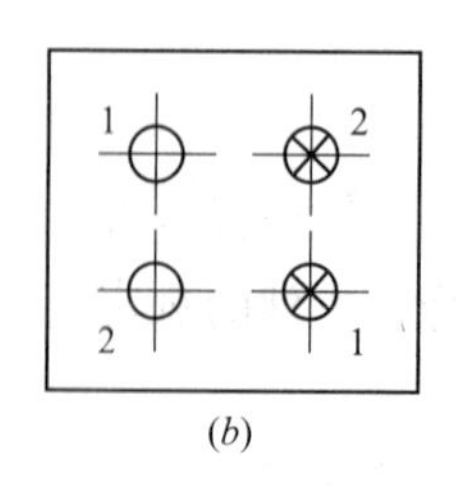

图8-114 屋架下弦预应力筋张拉顺序

（a）两束；（b）四束

1、2—预应力筋分批张拉顺序

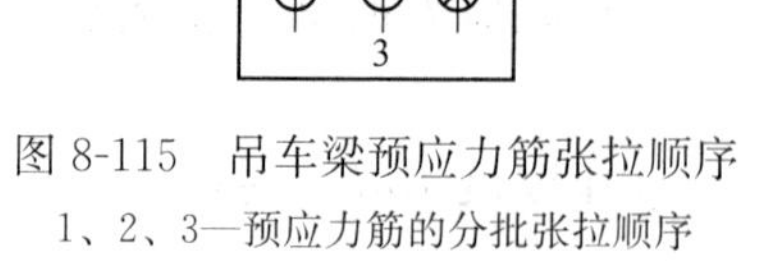

图8-115 吊车梁预应力筋张拉顺序

1、2、3—预应力筋的分批张拉顺序

预应力筋的张拉方法可分为一端张拉和两端张拉两种。具体张拉方法应根据设计和专项施工方案的要求采用一端或两端张拉。采用两端张拉时，宜两端同时张拉，也可一端先张拉锚固，另一端补张拉。当设计无具体要求时，应符合下列规定：

1）有粘结预应力筋长度不大于20m时，可一端张拉，大于20m时，宜两端张拉；预应力筋为直线形时，一端张拉的长度可延长至35m。

2）无粘结预应力筋长度不大于40m时，可一端张拉，大于40m时，宜两端张拉。

（3）预应力筋张拉

预应力筋张拉时，应从零拉力加载至初拉力后，量测伸长值初读数，再以均匀速率加载至张拉控制力。塑料波纹管内的预应力筋，张拉力达到张拉控制力后宜持荷2～5min。

预应力筋张拉中应避免预应力筋断裂或滑脱。当发生断裂或滑脱时，应符合下列规定：

对后张法预应力结构构件，断裂或滑脱的数量严禁超过同一截面预应力筋总根数的3%，且每束钢丝或每根钢绞线不得超过一丝；对多跨双向连续板，其同一截面应按每跨计算；对先张法预应力构件，在浇筑混凝土前发生断裂或滑脱的预应力筋必须更换。

预应力筋张拉或放张时，应采取有效的安全防护措施，预应力筋两端正前方不得站人或穿越。预应力筋张拉时，应对张拉力、压力表读数、张拉伸长值、锚固回缩值及异常情况处理等作出详细记录。

5. 孔道灌浆

后张法有粘结预应力筋张拉完毕并经检查合格后，应立即进行孔道灌浆，孔道内水泥浆应饱满、密实。其主要作用，一是保护预应力筋防止锈蚀；二是使预应力筋与构件混凝土有效粘结，以控制超载时裂缝的间距与宽度并减轻构件两端锚具的负荷状况。因此，对孔道的灌浆质量必须重视。

后张法预应力筋锚固后的外露多余长度，宜采用机械方法切割，也可采用氧—乙炔焰切割，其外露长度不宜小于预应力筋直径的1.5倍，且不应小于30mm。

孔道灌浆前应先进行必要的准备工作：应确认孔道、排气兼泌水管及灌浆孔畅通；对预埋管成型孔道，可采用压缩空气清孔；应采用水泥浆、水泥砂浆等材料封闭端部锚具缝隙，也可采用封锚罩封闭外露锚具；采用真空灌浆工艺时，应确认孔道系统的密封性。

孔道灌浆前应进行水泥浆配合比设计，并通过试验确定其流动度、泌水率、膨胀率及强度。灌浆应用强度等级不低于32.5MPa的普通硅酸盐水泥或硅酸盐水泥配制的水泥浆。灌浆用水泥浆应符合下列规定：

采用普通灌浆工艺时稠度宜控制在12～20s，采用真空灌浆工艺时稠度宜控制在18～25s；水灰比不应大于0.45；3h自由泌水率宜为0，且不应大于1%，泌水应在24h内全部被水泥浆吸收；24h自由膨胀率，采用普通灌浆工艺时不应大于6%，采用真空灌浆工艺时不应大于3%；水泥浆中氯离子含量不应超过水泥重量的0.06%；28d标准养护的边长为70.7mm的立方体水泥浆试块抗压强度不应低于30MPa；稠度、泌水率及自由膨胀率的试验方法应符合现行国家标准《预应力孔道灌浆剂》GB/T 25182的规定。

注：（1）一组水泥浆试块由6个试块组成；（2）抗压强度为一组试块的平均值，当一组试块中抗压强度最大值或最小值与平均值相差超过20%时，应取中间4个试块强度的平均值。

灌浆用水泥浆宜采用高速搅拌机进行搅拌，搅拌时间不应超过5min。水泥浆使用前应经筛孔尺寸不大于1.2mm×1.2mm的筛网过滤。搅拌后不能在短时间内灌入孔道的水泥浆，应保持缓慢搅动，水泥浆应在初凝前灌入孔道，搅拌后至灌浆完毕的时间不宜超过 30min。

灌浆施工宜先灌注下层孔道，后灌注上层孔道，灌浆应连续进行，直至排气管排除的浆体稠度与注浆孔处相同且无气泡后，再顺浆体流动方向依次封闭排气孔；全部出浆口封闭后，宜继续加压 0.5～0.7MPa，并应稳压 1～2min 后封闭灌浆口。当泌水较大时，宜进行二次灌浆和对泌水孔进行重力补浆；因故中途停止灌浆时，应用压力水将未灌注完孔道内已注入的水泥浆冲洗干净。

真空辅助灌浆时，孔道抽真空负压宜稳定保持为 0.08MPa～0.10MPa。孔道灌浆应填写灌浆记录。外露锚具及预应力筋应按设计要求采取可靠的保护措施。

8.5.2.3　无粘结预应力混凝土施工工艺

无粘结预应力混凝土施工方法是后张法预应力混凝土的发展。在常规的后张法施工中，预应力筋在张拉后通过灌浆与混凝土之间产生粘结力，在使用荷载的作用下，构件的预应力筋和混凝土不会产生纵向的相对滑动。而无粘结预应力混凝土的施工方法是在预应力筋的表面刷防腐润滑脂并套塑料管后，如同普通钢筋一样铺设在模板内相应的位置，然后浇筑混凝土，待混凝土达到规定的强度后，进行预应力筋的张拉和锚固。该工艺是完全借助两端的锚具传递预应力，具有不需要留设孔道、穿筋、灌浆，施工简便，摩擦损失小，预应力筋易弯成多跨曲线形状等优点，但对锚具的锚固能力要求较高。

1. 无粘结预应力筋的制作

无粘结预应力筋由预应力钢材、涂料层、外包层以及锚具组成。

无粘结预应力筋一般采用钢绞线或 $7\phi^{S}5$ 高强钢丝组成的钢丝束，通过专用设备涂包防腐油脂和塑料管。涂料的作用是使预应力筋与混凝土隔离，减少张拉时的摩擦损失，防止预应力筋锈蚀。因此要求涂料有较好的化学稳定性和韧性；在－20～＋70℃温度范围内应不开裂、不发脆、不流淌，并能较好地粘附在钢筋上，对钢筋和混凝土无腐蚀作用。常用的涂料有防腐沥青和防腐油脂。

用于制作无粘结预应力筋的钢丝束或钢绞线必须每根通长，不应有死弯，中间不能有接头。其制作工艺为：编束放盘→刷防腐润滑脂→覆裹塑料护套→冷却→调直→成型。

无粘结筋的锚具性能，应符合Ⅰ类锚具的有关规定。高强钢丝预应力筋主要用镦头锚具；钢绞线作为无粘结预应力筋，则采用 XM 型锚具。

2. 无粘结预应力筋的敷设

无粘结预应力筋铺设前应逐根检查外包层的完好程度，对有轻微破损的，应在破损部位用防水筋塑料胶带包缠修补；对破损严重的应予以报废。

无粘结预应力筋应严格按设计要求的曲线形状和位置正确就位并绑扎牢固。其曲率可用马凳控制，间距不宜大于 2m。当铺设双向曲线配筋的无粘结筋时，必须事先编序，制定铺放顺序(应先铺设标高低的无粘结筋，再铺设标高较高的无粘结筋，宜避免两个方向的无粘结筋相互穿插编结)。预应力筋就位后，标高及水平位置经调整、检查无误后，用铅丝与非预应力筋绑扎牢固，防止预应力筋在浇筑混凝土过程中位移。

3. 预应力筋的张拉

预应力筋张拉时混凝土强度应符合设计要求，当设计无要求时，不应低于设计强度的75％(应有相应的试验报告单)。由于无粘结预应力筋一般为曲线配置，故应采用两端同时张拉。无粘结预应力筋的张拉顺序应按设计要求进行，如设计无特殊要求时，可根据其铺设顺序，先铺设的先张拉，后铺设的后张拉。张拉程序宜采用从 0→103%σ_{con}张拉并直接锚固。在张拉过程中，应尽量避免预应力筋断裂和滑脱。当发生断裂和滑脱时，其数量严禁超过同一截面预应力筋总根数的 3%，且每束钢丝不得超过一根。对多跨双向连续板，其同一截面应按每跨计算。

无粘结筋的锚固区，必须有严格的密封防护措施，以防水汽进入，锈蚀预应力筋。无粘结筋张拉完毕后，应采用液压切筋器或砂轮锯切断超长部分的无粘结筋，严禁采用电弧切，将外露无粘结筋切至约 30mm 后，涂专用防腐油脂，并加盖塑料封端罩，最后浇筑混凝土。当采用穴模时，应用微膨胀细石混凝土或高强度等级砂浆将构件凹槽堵平。无粘结筋的端部处理取决于无粘结筋和锚具种类，如图 8-116～图 8-118 所示。

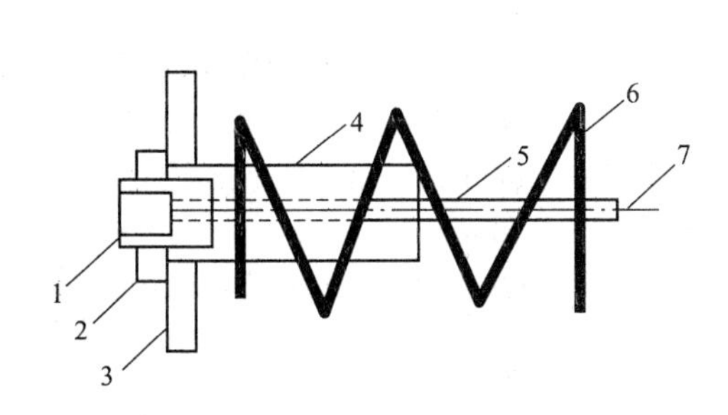

图 8-116　镦头锚固系统张拉端

1—锚环；2—螺母；3—承压板；4—塑料套筒；5—软塑料管；6—螺旋筋；7—无粘结筋

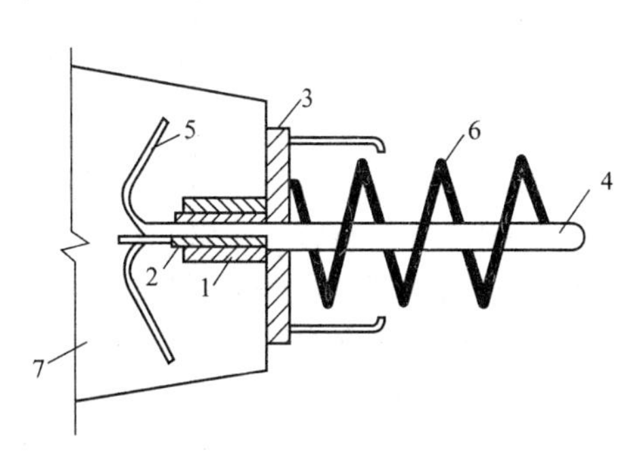

图 8-117　夹片式锚具张拉端处理

1—锚环；2—夹片；3—承压板；4—无粘结筋；5—散开打弯钢丝；6—螺旋筋；7—后浇混凝土

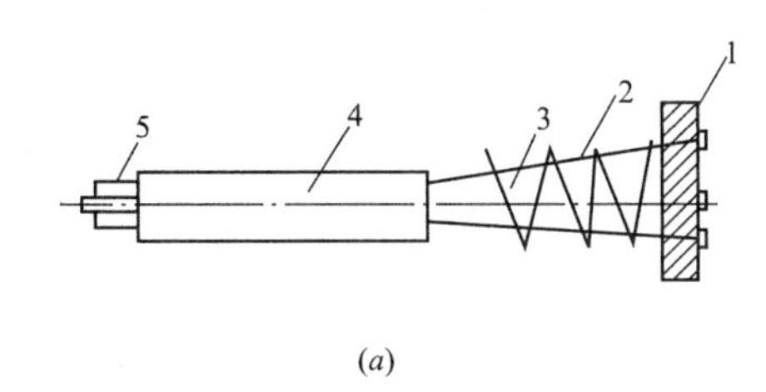

(*a*)

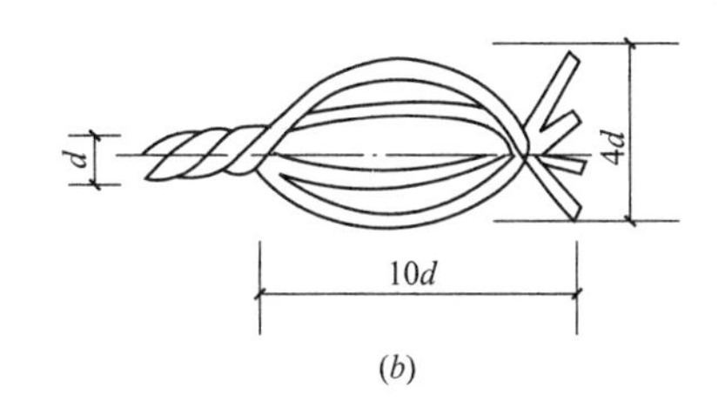

(*b*)

图 8-118　无粘结筋固定端详图

(*a*)无粘结钢丝束固定端；(*b*)钢绞线固定端

1—锚板；2—钢丝；3—螺旋筋；4—软塑料管；5—无粘结钢丝束

思　考　题

1. 模板的作用是什么？对模板及其支架的基本要求有哪些？模板的种类有哪些？各种模板有何特点？

2. 基础、柱、梁、楼板结构的模板构造及安装要求有哪些？

3. 钢筋接头连接方式有哪些？各有什么特点？

4. 钢筋在什么情况下可以代换？钢筋代换应注意哪些问题？

5. 何谓“量度差值”？如何计算？

6. 为什么要进行施工配合比换算？如何进行换算？

7. 试述混凝土结构施工缝的留设原则、留设位置和处理方法。

8. 混凝土运输有哪些要求？有哪些运输工具机械？各适用于何种情况？

9. 混凝土泵有几类？采用泵送时，对混凝土有哪些要求？

10. 混凝土振捣机械按其工作方式分为哪几种？各适用于振捣哪些构件？

11. 什么是混凝土的自然养护？自然养护有哪些方法？具体做法怎样？混凝土拆模强度怎样？

二、计算题

1. 计算图 8-119 所求钢筋的下料长度。

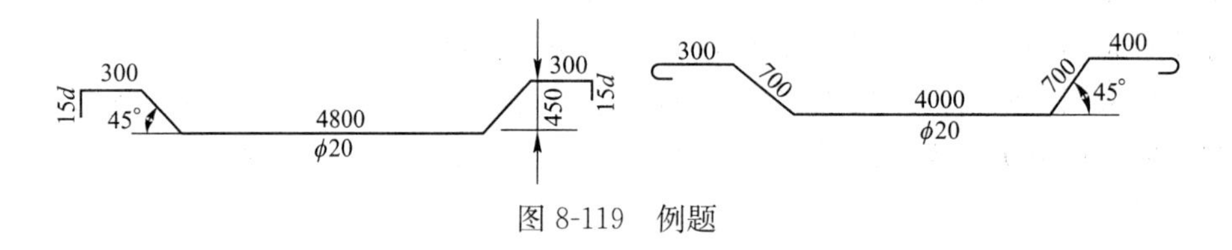

图 8-119　例题

2. 某梁底层设计主筋为 3 根 HRB335 级Φ 20 钢筋（$f_{y1}=300N/mm^2$），今现场无 HRB335 级钢筋，拟用Φ 22 或Φ 25 钢筋（$f_{y2}=300N/mm^2$）代换，试计算选择哪一种规格的钢筋代换比较经济？需几根钢筋？若用 HRB400Φ 20 钢筋（$f_{y2}=360N/mm^2$）代换，当梁宽为 250mm 时，钢筋按一排布置能排下否？纵向钢筋净距不小于 25mm，钢筋保护层厚为 20mm，箍筋直径为 10mm。

3. 某混凝土实验室配合比为 1∶2.14∶4.25，$W/C=0.55$，每立方米混凝土水泥用量为 300kg，实测现场砂含水率 3%，石含水率 1%。

试求：(1) 将实验室配合比换算成施工配合比？

(2) 当用 350 升(出料容量)搅拌机搅拌时，每拌一次投料水泥、砂、石、水各多少？

第9章 防 水 工 程

防水工程是指为防止地表水(雨水)、地下水、滞留水以及因人为因素所引起的水文地质状况的改变而产生的水渗入建筑物和构筑物，以及蓄水工程向外渗漏，建筑物内部之间相互止水的需要所采取的一系列建筑、结构和构造措施的总称。

建筑防水的主要作用是保障建筑物的使用功能，同时也可以保证建筑物的耐久性，起到延长建筑物使用寿命的效果。

防水工程按土木工程类别，可分为建筑物和构筑物防水。防水工程按渗漏流向，可分为防外水内渗和防内水外漏。防水工程按防水部位，可分为屋面防水、厨卫防水、外墙防水、地下防水工程四部分。防水工程按所采用的防水材料的不同，可分为柔性防水，如卷材防水、涂膜防水等；刚性防水，如刚性材料防水、结构自防水等。防水工程按其构造作法，可分为结构自防水和防水层防水两大类。

我国防水工程设计和施工的原则是："防、排、截、堵相结合，刚柔相济、因地制宜、综合治理"。

本章主要介绍屋面防水、地下防水和卫生间防水。

9.1 屋 面 防 水 工 程

屋面工程除满足结构安全要求外，还具有满足两大主要使用功能要求：一是防水；二是保温隔热。因此，屋面工程应符合下列基本要求：

(1) 具有良好的排水功能和阻止水侵入建筑物内的作用；

(2) 冬季保温，减少建筑物的热损失和防止结露；

(3) 夏季隔热，降低建筑物对太阳辐射热的吸收；

(4) 适应主体结构的受力变形和温差变形；

(5) 承受风、雪荷载的作用，不产生破坏；

(6) 具有阻止火势蔓延的性能；

(7) 满足建筑外形美观和使用的要求。

1. 屋面排水方式

"防排结合"是屋面工程设计的一条基本原则。屋面雨水能迅速排走，减轻了屋面防水层的负担，减少了屋面渗漏的机会。屋面排水方式可分为有组织排水和无组织排水。有组织排水时，宜采用雨水收集系统。排水系统的设计，应根据屋顶形式、气候条件、使用功能等因素确定。高层建筑屋面宜采用有组织内排水；多层建筑屋面宜采用有组织外排水；低层建筑及檐高小于10m的屋面，可采用无组织排水。多跨及汇水面积较大的屋面宜采用天沟排水，天沟找坡较长时，宜采用中间内排水和两端外排水。对于排水方式的选择，一般屋面汇水面积较小，且檐口距地面较近，屋面雨水的落差较小的低层建筑可采用无组织排水。对于屋面汇水面积较大的多跨建筑或高层建筑，因檐口距地面较高，屋面雨水的落差大，当刮大风下大雨时，易使从檐口落下的雨水浸湿到墙面上，故应采用有组织排水。

2. 屋面排水分区及排水设置要求

屋面应适当划分排水区域，排水路线应简捷，排水应通畅。采用重力式排水时，屋面每个汇水面积内，雨水排水立管不宜少于 2 根；水落口和水落管的位置，应根据建筑物的造型要求和屋面汇水情况等因素确定。高跨屋面为无组织排水时，其低跨屋面受水冲刷的部位应加铺一层卷材，并应设 40～50mm 厚、300～500mm 宽的 C20 细石混凝土保护层。高跨屋面为有组织排水时，水落管下应加设水簸箕。暴雨强度较大地区的大型屋面，宜采用虹吸式屋面雨水、排水系统。严寒地区应采用内排水，寒冷地区宜采用内排水。檐沟、天沟的过水断面，应根据屋面汇水面积的雨水流量经计算确定。钢筋混凝土檐沟、天沟净宽不应小于 300mm，分水线处最小深度不应小于 100mm；沟内纵向坡度不应小于 1%，沟底水落差不得超过 200mm。檐沟、天沟排水不得流经变形缝和防火墙。金属檐沟、天沟的纵向坡度宜为 0.5%。坡屋面檐口宜采用有组织排水，檐沟和水落斗可采用金属或塑料成品。

3. 屋面工程防水部位及划分

屋面工程涉及防水部位主要有：防水混凝土自防水结构，卷材防水层防水，涂膜防水层防水，刚性防水层防水，接缝密封防水，瓦材防水，天沟防水，穿管防水，排水口防水，分格缝防水，整体屋面防水。

屋面防水工程按所用材料不同，常用的有卷材防水屋面、涂料防水屋面和刚性防水屋面。屋面工程所使用的材料均应符合设计要求和质量标准的规定。

屋面工程施工应遵照“按图施工、材料检验、工序检查、过程控制、质量验收”的原则。

9.1.1 屋面防水工程防水等级及构造层次

1. 屋面工程的防水构造层次

屋面的基本构造层次宜符合表 9-1 的要求。设计人员可根据建筑物的性质、使用功能、气候条件等因素进行组合。

屋面的基本构造层次　　表 9-1

屋面类型	基本构造层次(自上而下)
卷材、涂膜屋面	保护层、隔离层、防水层、找平层、保温层、找平层、找坡层、结构层
	保护层、保温层、防水层、找平层、找坡层、结构层
	种植隔热层、保护层、耐根穿刺防水层、防水层、找平层、保温层、找平层、找坡层、结构层
	架空隔热层、防水层、找平层、保温层、找平层、找坡层、结构层
	蓄水隔热层、隔离层、防水层、找平层、保温层、找平层、找坡层、结构层
瓦屋面	块瓦、挂瓦条、顺水条、持钉层、防水层或防水垫层、保温层、结构层
	沥青瓦、持钉层、防水层或防水垫层、保温层、结构层

续表

屋面类型	基本构造层次（自上而下）
金属板屋面	压型金属板、防水垫层、保温层、承托网、支承结构
	上层压型金属板、防水垫层、保温层、底层压型金属板、支承结构
	金属面绝热夹芯板、支承结构
玻璃采光顶	玻璃面板、金属框架、支承结构
	玻璃面板、点支承装置、支承结构

注：1. 表中结构层包括混凝土基层和木基层；防水层包括卷材和涂膜防水层；保护层包括块体材料、水泥砂浆、细石混凝土保护层。
2. 有隔汽要求的屋面，应在保温层与结构层之间设隔汽层。

2. 屋面工程防水等级及设防道数

(1) 屋面防水等级

屋面防水工程应根据建筑物的类别、重要程度、使用功能要求确定防水等级，并应按相应等级进行防水设防。屋面防水等级和设防要求应符合表 9-2 的规定。

屋面防水等级和设防要求 **表 9-2**

防水等级	建筑类别	设防要求
Ⅰ级	重要建筑和高层建筑	两道防水设防
Ⅱ级	一般建筑	一道防水设防

(2) 屋面防水设防的道数

卷材、涂膜屋面防水等级和防水做法应符合表 9-3 的规定。

卷材、涂膜屋面防水等级和防水做法 **表 9-3**

防水等级	防 水 做 法
Ⅰ级	卷材防水层和卷材防水层、卷材防水层和涂膜防水层、复合防水层
Ⅱ级	卷材防水层、涂膜防水层、复合防水层

下列情况不得作为屋面的一道防水设防：

1) 混凝土结构层；

2) Ⅰ型喷涂硬泡聚氨酯保温层；

3) 装饰瓦及不搭接瓦；

4) 隔汽层；

5) 细石混凝土层；

6) 卷材或涂膜厚度不符合表 9-5 和表 9-7 规定的防水层。

所谓一道防水设防，是指具有单独防水能力的一道防水层。

(3) 屋面防水材料要求

外露使用的防水层，应选用耐紫外线、耐老化、耐候性好的防水材料。上人屋面，应选用耐霉变、拉伸强度高的防水材料。长期处于潮湿环境的屋面，应选用耐腐蚀、耐霉变、耐穿刺、耐长期水浸等性能的防水材料。薄壳、装配式结构、钢结构及大跨度建筑屋面，应选用耐候性好、适应变形能力强的防水材料。倒置式屋面应选用适应变形能力强、接缝密封保证率高的防水材料。坡屋面应选用与基层粘结力强、感温性小的防水材料。屋面接缝密封防水，应选用与基材粘结力强和耐候性好、适应位移能力强的密封材料。

基层处理剂、胶粘剂和涂料，应符合现行行业标准《建筑防水涂料有害物质限量》JC 1066 的有关规定。

9.1.2 屋面防水施工

屋面卷材防水层易拉裂部位，宜选用空铺、点粘、条粘或机械固定等施工方法。结构易发生较大变形、易渗漏和损坏的部位，应设置卷材或涂膜附加层。在坡度较大和垂直面上粘贴防水卷材时，宜采用机械固定和对固定点进行密封的方法。卷材或涂膜防水层上应设置保护层，在刚性保护层与卷材、涂膜防水层之间应设置隔离层。

1. 屋面施工工艺流程

屋面施工根据屋面防水设计图纸采取相应的施工工艺流程，一般屋面的防水施工工艺流程有如下几种情形：

（1）无保温层的屋面防水施工：找坡层施工→找平层施工→屋面细部防水施工→防水层施工→隔离层施工→保护层施工→面层施工

（2）有保温层且保温层在防水层之上的倒置式屋面防水施工流程：找坡层施工→找平层施工→屋面细部防水施工→防水层施工→找平层施工→保温层施工→保护层施工→面层施工

（3）保温层在防水层之下的屋面防水施工流程：找平层施工→保温层施工→找平层施工→屋面细部防水施工→防水层施工→隔离层施工→保护层施工→面层施工

在一部分不上人屋面，有时也会将保护层和面层合二为一，一次完成。

2. 屋面找坡层和找平层施工

屋面要完成排水功能，必须有正确的排水坡度。屋面排水坡度一般可以采取结构找坡和材料找坡两种方式。混凝土结构屋面宜采用结构找坡，坡度不应小于 3%。当采用材料找坡时，宜采用质量轻、吸水率低和有一定强度的轻质材料或保温材料(如实践中经常采用水泥珍珠岩来找坡)，坡度宜为 2%。如果屋面采用整体保温层，实践中也常采用保温层来找坡。

为防止倒置式屋面保温层长期积水，使积水能够顺畅排走，倒置式屋面坡度不宜小于 3%。当倒置式屋面坡度大于 3%时，应在结构层采取防止防水层、保温层及保护层下滑的措施。坡度大于 10%时，应沿垂直于坡度的方向设置防滑条，防滑条应与结构层可靠连接。

屋面采用卷材或涂料防水时，施工前应对基层进行找平。找平层厚度和技术要求应符合表 9-4 的规定。保温层上的找平层应留设分格缝，缝宽宜为 5～20mm，纵横缝的间距不宜大于 6m。

找平层厚度和技术要求　　表 9-4

找平层分类	适用的基层	厚度（mm）	技术要求
水泥砂浆	整体现浇混凝土板	15～20	1∶2.5 水泥砂浆
	整体材料保温层	20～25	
细石混凝土	装配式混凝土板	30～35	C20 混凝土，宜加钢筋网片
	板状材料保温层		C20 混凝土

9.1.2.1 卷材防水屋面施工

1. 防水卷材的分类与比选

卷材防水屋面是用胶粘剂粘贴卷材形成一整片防水层的屋面。所用的卷材可选用高聚物改性沥青防水卷材、合成高分子防水卷材，选用的卷材其外观质量和品种、规格应符合国家现行有关材料的规定。

应根据当地历年最高气温、最低气温、屋面坡度和使用条件等因素，选择耐热度、低温柔性相适应的卷材。如：耐热度低的卷材在气温高的南方和坡度大的屋面上使用，就会发生流淌，而柔性差的卷材在北方低温地区使用就会变硬变脆。同时也要考虑使用条件，如防水层设置在保温层下面时，卷材对耐热度和柔性的要求就不那么高，而在高温车间则要选择耐热度高的卷材。

应根据地基变形程度、结构形式、当地年温差、日温差和振动等因素，选择拉伸性能相适应的卷材。如：地基变形较大、大跨度和装配式结构或温差大的地区和有振动影响的车间，都会对屋面产生较大的变形而拉裂，因此必须选择延伸率大的卷材。

应根据屋面卷材的暴露程度，选择耐紫外线、耐老化、耐霉烂相适应的卷材。如：长期受阳光紫外线和热作用时，卷材会加速老化；长期处于水泡或干湿交替及潮湿背阴时，卷材会加快霉烂。卷材选择时一定要注意这方面的性能。

种植隔热屋面的防水层应选择耐根穿刺防水卷材。如：种植隔热屋面的防水层应采用耐根穿刺防水卷材，其性能指标应符合现行行业标准《种植屋面用耐根穿刺防水卷材》JC/T—1075 的技术要求。

每一道卷材防水层最小厚度应符合表 9-5 的规定。

每道卷材防水层最小厚度(mm) **表 9-5**

防水等级	合成高分子防水卷材	高聚物改性沥青防水卷材		
		聚酯胎、玻纤胎、聚乙烯胎	自粘聚酯胎	自粘无胎
Ⅰ级	1.2	3.0	2.0	1.5
Ⅱ级	1.5	4.0	3.0	2.0

2. 防水卷材的存放要求

由于卷材品种繁多、性能差异很大，外观可能完全一样而难以辨认，因此要求按不同品种、型号、规格等分别堆放，避免工程中误用后造成质量事故。卷材具有一定的吸水性，施工时卷材表面要求干燥，避免雨淋和受潮，否则施工后可能出现起鼓和粘结不良现象；卷材不能接近火源，以免变质和引起火灾。卷材宜直立堆放，由于卷材中空，横向受挤压可能压扁，开卷后不易展开铺平，影响工程质量。卷材较容易受某些化学介质及溶剂的溶解和腐蚀，保存时不允许与这一类有害物质直接接触。不同品种、规格的胶粘剂和胶粘带，应分别用密封桶或纸箱包装；胶粘剂和胶粘带应贮存在阴凉通风的室内，严禁接近火源和热源。

3. 防水卷材的质量检验

进场的防水卷材应检验下列项目：

(1) 高聚物改性沥青防水卷材的可溶物含量、拉力、最大拉力时延伸率、耐热度、低温柔性、不透水性；

（2）合成高分子防水卷材的断裂拉伸强度、扯断伸长率、低温弯折性、不透水性。

4．基层处理剂、胶粘剂和胶粘带的质量检验

进场的基层处理剂、胶粘剂和胶粘带，应检验下列项目：

（1）沥青基防水卷材用基层处理剂的固体含量、耐热性、低温柔性、剥离强度；

（2）高分子胶粘剂的剥离强度、浸水 168h 后的剥离强度保持率；

（3）改性沥青胶粘剂的剥离强度；

（4）合成橡胶胶粘带的剥离强度、浸水 168h 后的剥离强度保持率。

5．卷材防水施工

（1）基层要求

防水卷材依附的构造层称为防水卷材的基层。基层处理的好坏，直接影响到屋面的施工质量，故要求基层要有足够的结构整体性和刚度，承受荷载时不产生显著变形。防水层的基层一般为其下的找平层。基层的平整度应用 2m 靠尺检查，面层与直尺间最大空隙不应大于 5mm。基层表面不得有酥松、起皮起砂、空裂缝等现象。平面与突出物连接处和阴阳角等部位的找平层应抹成圆弧或 45°。

为了增强卷材与基层之间的粘结力，在防水层施工前，预先在基层上涂刷基层处理剂。基层处理剂的选择应与卷材的材性相容。待基层处理剂干燥后，方可铺设卷材。基层的干燥程度应根据所选防水卷材的特性确定。干燥程度的简易检验方法，是将 $1m^2$ 卷材平坦地铺在找平层上，静置 3～4h 后掀开检查，找平层覆盖部位与卷材上未见水印即可铺设。

（2）卷材的铺贴顺序与方向

防水层施工应在屋面上细部工程(如女儿墙、烟囱、伸出屋面管道等)施工和安装完工后进行。在我国，屋面节点、附加层和屋面排水比较集中部位出现渗漏现象最多，故应按设计要求和规范规定先行仔细处理，检查无误后再开始铺贴大面卷材，这是保证防水质量的重要措施。卷材铺贴应采取先高后低、先远后近的施工顺序，即高低跨屋面，先铺高跨后铺低跨。檐沟、天沟卷材施工时，宜顺檐沟、天沟方向铺贴，搭接缝应顺流水方向。檐沟、天沟是雨水集中的部位，而卷材的搭接缝又是防水层的薄弱环节，如果卷材垂直于檐沟、天沟方向铺贴，搭接缝大大增加，搭接方向难以控制，卷材开缝和受水冲刷的概率增大。

铺贴卷材的方向应根据屋面坡度或屋面是否受震动而确定。当屋面坡度小于 3%时，宜平行于屋脊铺贴；屋面坡度在 3%～15%时，卷材可平行于或垂直于屋脊铺贴；当屋面坡度大于 15%或屋面受震动时，为防止卷材下滑，对于沥青基防水卷材应垂直于屋脊铺贴，高聚物改性沥青防水卷材和合成高分子防水卷材可以平行也可垂直屋脊铺贴；上下层卷材不得相互垂直铺贴。上、下层卷材不得相互垂直铺贴，主要是避免接缝重叠，即重叠部位的上层卷材接缝造成间隙，接缝密封难以保证。立面或大坡面铺贴卷材时，应采用满粘法，并宜减少卷材短边搭接。大面积铺贴卷材前，应先做好节点和屋面排水比较集中的部位(屋面与水落口连接处、檐口、天沟、变形缝、管道根部等)的处理，通常采用附加卷材或防水涂料、密封材料作附加增强处理。

（3）卷材搭接要求

铺贴卷材应采用搭接方法，即上下两层及相邻两卷材的搭接接缝均应错开。卷材搭接缝应符合下列规定：

1）平行屋脊的搭接缝应顺流水方向，搭接缝宽度应符合相关规范的规定；

2）同一层相邻两幅卷材短边搭接缝错开不应小于 500mm；

3）上下层卷材长边搭接缝应错开，且不应小于幅宽的 1/3；

4）叠层铺贴的各层卷材，在天沟与屋面的交接处，应采用叉接法搭接，搭接缝应错开，搭接缝宜留在屋面与天沟侧面，不宜留在沟底。

相邻两幅卷材的短边搭接缝错开如图 9-1 所示。垂直于屋脊的搭接缝，应顺主导风向搭接。搭接宽度见表 9-6。

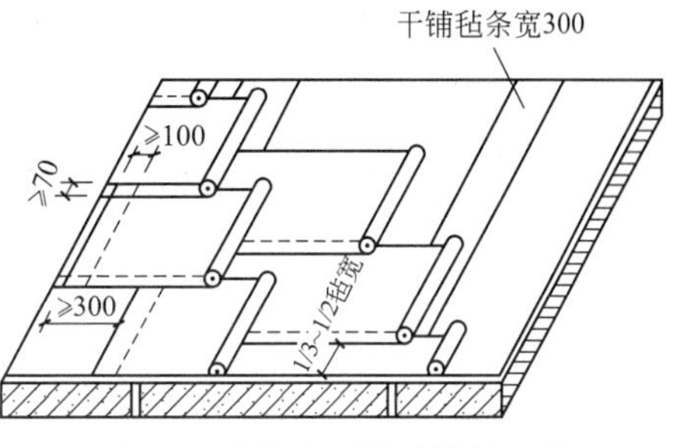

图 9-1　卷材水平铺贴搭接要求

卷 材 搭 接 宽 度　　　　**表 9-6**

卷 材 类 别		搭接宽度(mm)
合成高分子防水卷材	胶粘剂	80
	胶粘带	50
	单焊缝	60，有效焊接宽度不小于 25
	双焊缝	80，有效焊接宽度 10×2+空腔宽
改性沥青防水卷材	胶粘剂	100
	自　粘	80

（4）卷材的铺贴方法

为保证铺贴的卷材平整顺直，搭接尺寸准确，不发生扭曲，在铺贴卷材时，应先在屋面标高的最低处开始弹出第一块卷材的铺贴基准线，然后按照所规定的搭接宽度边铺边弹基准线。

卷材的搭接缝应粘结牢固，密封严密，不得有皱折、翘边和鼓泡等缺陷；防水层的收头应与基层粘结牢固，缝口封严，不得翘边。

1）高聚物改性沥青卷材施工

所谓“改性”，即改善沥青性能，也就是在石油沥青中掺入适量聚合物，特别是橡胶，可以降低沥青的脆点，并提高其耐热性。采用这类聚合物改性的材料，可以延长屋面的使用期限。目前普遍使用的是 SBS 改性沥青卷材、APP 改性沥青卷材、有聚酯胎改性沥青卷材、玻纤胎改性沥青卷材、聚乙烯胎改性沥青卷材、自粘聚酯胎改性沥青卷材、自粘无胎改性沥青卷材等。

高聚物改性沥青防水卷材施工主要有热粘法、自粘法及热熔法三种施工方法，使用最多的是自粘法和热熔法。

① 自粘法铺贴卷材

自粘型卷材防水施工是指采用带有自粘胶的防水卷材，不用热施工，也不需涂胶结材料而进行粘结的方法。施工时在基层表面均匀涂刷基层处理剂，将卷材背面隔离纸撕净，将卷材粘贴于基层上形成防水层。采用这种铺贴工艺，考虑到防水层的收缩以及外力使缝口翘边开缝，接缝口要求用密封材料封口，提高卷材接缝的密封防水性能。在铺贴立面或大坡面卷材时，立面和大坡面处卷材容易下滑，可采用加热方法使自粘卷材与基层粘贴牢固，必要时采取金属压条钉压固定。

“带自粘层的改性沥青类防水卷材”系近年来国内研发的新产品，是一类在高聚物改性沥青防水卷材表面涂有一层自粘橡胶沥青胶料，或在胎体两面涂盖自粘胶料混合层的卷材，采用水泥砂浆或聚合物水泥砂浆与基层粘结(湿铺法施工)，构成自粘卷材复合防水系统。其特点是：使胶料中的高聚物与水泥砂浆及后续浇筑的混凝土结合，产生较强的粘结力；可在潮湿基面上施工，简化防水层施工工序；采用“对接附加自粘封口条连接工艺，可使卷材接缝实现胶粘胶”的模式。

自粘法铺贴卷材应符合下列规定：

A. 铺粘卷材前，基层表面应均匀涂刷基层处理剂，干燥后应及时铺贴卷材。

B. 铺贴卷材时应将自粘胶底面的隔离纸完全撕净。

C. 铺贴卷材时应排除卷材下面的空气，并应辊压粘贴牢固。

D. 铺贴的卷材应平整顺直，搭接尺寸应准确，不得扭曲、皱折；低温施工时，立面、大坡面及搭接部位宜采用热风机加热，加热后应随即粘贴牢固。

E. 搭接缝口应采用材性相容的密封材料封严。

② 热熔法铺贴卷材

热熔法施工是指将卷材背面用喷灯或火焰喷枪加热熔化，靠其自身熔化后粘性与基层粘结在一起形成防水层的施工方法。热熔法铺贴卷材应符合下列规定：

A. 火焰加热器的喷嘴距卷材面的距离应适中，幅宽内加热应均匀，应以卷材表面熔融至光亮黑色为度，不得过分加热卷材。厚度小于 3mm 的高聚物改性沥青防水卷材，严禁采用热熔法施工。

B. 卷材表面沥青热熔后应立即滚铺卷材，滚铺时应排除卷材下面的空气。

C. 搭接缝部位宜以溢出热熔的改性沥青胶结料为度，溢出的改性沥青胶结料宽度宜为 8mm，并宜均匀顺直。当接缝处的卷材上有矿物粒或片料时，应用火焰烘烤及清除干净后再进行热熔和接缝处理。

D. 铺贴卷材时应平整顺直，搭接尺寸应准确，不得扭曲。

③ 热粘法铺贴卷材

采用热熔型改性沥青胶铺贴高聚物改性沥青防水卷材，可起到涂膜与卷材之间优势互补和复合防水的作用，更有利于提高屋面防水工程质量。为了防止加热温度过高，导致改性沥青中的高聚物发生裂解而影响质量，我国相关规范规定采用专用的导热油炉加热熔化改性沥青，要求加热温度不应高于 200℃，使用温度不应低于 180℃。铺贴卷材时，要求随刮涂热熔型改性沥青胶随滚铺卷材，展平压实。

热粘法铺贴卷材应符合下列规定：

A. 熔化热熔型改性沥青胶结料时，宜采用专用导热油炉加热，加热温度不应高于 200℃，使用温度不宜低于 180℃。

B. 粘贴卷材的热熔型改性沥青胶结料厚度宜为 1.0～1.5mm。

C. 采用热熔型改性沥青胶结料铺贴卷材时应随刮随滚铺，并应展平压实。

2) 高分子卷材防水施工

高分子防水卷材有橡胶、塑料和橡塑共混三大系列。这类防水卷材与传统的石油沥青卷材相比，具有单层结构防水、冷施工、使用寿命长等优点。合成高分子卷材主要品种有：三元乙丙橡胶防水卷材、氯化聚乙烯—橡胶共混防水卷材、氯化聚乙烯防水卷材和聚氯乙烯防水卷材等。

合成高分子卷材防水施工方法分为冷粘法施工、热熔（或热焊接）法施工及自粘型法施工三种，使用最多的是冷粘法。

① 冷粘法铺贴卷材

冷粘贴施工是利用毛刷将胶粘剂涂刷在基层或卷材上，然后直接铺贴卷材，使卷材与基层、卷材与卷材粘结，不需要加热施工。

冷粘贴施工要求：胶粘剂涂刷应均匀、不漏底、不堆积；排汽屋面采用空铺法、条粘法、点粘法应按规定位置与面积涂刷；铺贴卷材时，应排除卷材下的空气，并辊压粘贴牢固；根据胶粘剂的性能，应控制胶粘剂与卷材的间隔时间；铺贴卷材时应平整顺直，搭接尺寸准确，不得扭曲、皱折；搭接部位接缝胶应满涂、辊压粘结牢固，溢出的胶粘剂随即刮平封口；也可以热熔法接缝。

冷粘法铺贴卷材应符合下列规定：

A. 胶粘剂涂刷应均匀，不得露底、堆积；卷材空铺、点粘、条粘时，应按规定的位置及面积涂刷胶粘剂。

B. 应根据胶粘剂的性能与施工环境、气温条件等，控制胶粘剂涂刷与卷材铺贴的间隔时间。

C. 铺贴卷材时应排除卷材下面的空气，并应辊压粘贴牢固。

D. 铺贴的卷材应平整顺直，搭接尺寸应准确，不得扭曲、皱折；搭接部位的接缝应满涂胶粘剂，辊压应粘贴牢固。

E. 合成高分子卷材铺好压粘后，应将搭接部位的粘合面清理干净，并应采用与卷材配套的接缝专用胶粘剂，在搭接缝粘合面上应涂刷均匀，不得露底、堆积，应排除缝间的空气，并用辊压粘贴牢固。

F. 合成高分子卷材搭接部位采用胶粘带粘结时，粘合面应清理干净，必要时可涂刷与卷材及胶粘带材性相容的基层胶粘剂，撕去胶粘带隔离纸后应及时粘合接缝部位的卷材，并应辊压粘贴牢固；低温施工时，宜采用热风机加热。

G. 搭接缝口应用材性相容的密封材料封严。

② 自粘法施工

合成高分子防水卷材采用自粘法施工的工艺要求与高聚物改性沥青防水卷材的要求基本相同。

③ 焊接法铺贴卷材

焊接法一般适用于热塑性高分子防水卷材的接缝施工。为了使搭接缝焊接牢固和密封，必须将搭接缝的结合面清扫干净，无灰尘、砂粒、污垢，必要时要用溶剂清洗。焊接施焊前，应将卷材铺放平整顺直，搭接缝应按事先弹好的基准线对齐，不得扭曲、皱折。为了保证焊接缝质量和便于施焊操作，应先焊长边搭接缝，后焊短边搭接缝。

焊接法铺贴卷材应符合下列规定：

A. 对热塑性卷材的搭接缝可采用单缝焊或双缝焊，焊接应严密。

B. 焊接前，卷材应铺放平整、顺直，搭接尺寸应准确，焊缝的结合面应清理干净。

C. 应先焊长边搭接缝，后焊短边搭接缝。

D. 应控制加热温度和时间，焊接缝不得漏焊、跳焊或焊接不牢。

④ 机械固定法铺贴卷材

机械固定法铺贴卷材是采用专用的固定件和垫片或压条，将卷材固定在屋面板或结构层构件上，一般固定件均设置在卷材搭接缝内。当固定件固定在屋面板上拉拔力不能满足风揭力的要求时，只能将固定件固定在檩条上。固定件采用螺钉加垫片时，应加盖200mm×200mm卷材封盖。固定件采用螺钉加"U"形压条时，应加盖不小于150mm宽卷材封盖。机械固定法在轻钢屋面上固定，其钢板的厚度不宜小于0.7mm，方可满足拉拔力要求。

目前国内适用机械固定法铺贴的卷材，主要有内增强型PVC、TPO、EPDM防水卷材和5mm厚加强高聚物改性沥青防水卷材，要求防水卷材具有强度高、搭接缝可靠和使用寿命长等特性。

机械固定法铺贴卷材应符合下列规定：

A. 卷材应采用专用固定件进行机械固定。

B. 固定件应设置在卷材搭接缝内，外露固定件应用卷材封严。

C. 固定件应垂直钉入结构层有效固定，固定件数量和位置应符合设计要求。螺钉固定件必须固定在压型钢板的波峰上，并应垂直于屋面板，与防水卷材结合紧密。在屋面收边和开口部位，当固定钉不能固定在波峰上时，应增设收边加强钢板，固定钉固定在收边加强钢板上。

D. 卷材搭接缝应粘结或焊接牢固，密封应严密。卷材周边800mm范围内应满粘。

9.1.2.2 涂料防水屋面

1. 防水涂料种类

涂料防水屋面是采用防水涂料在屋面基层(找平层)上现场喷涂、刮涂或涂刷抹压作业，涂料经过自然固化后形成一层有一定厚度和弹性的无缝涂膜防水层，从而使屋面达到防水的目的。这种屋面具有施工操作简单，无污染，冷操作，无接缝，能适应复杂基层，防水性能好，温度适应性强，容易修补等特点。防水涂料应采用合成高分子防水涂料、聚合物水泥防水涂料和高聚物改性沥青防水涂料。防水涂料的选择应符合下列规定：

(1) 防水涂料可按合成高分子防水涂料、聚合物水泥防水涂料和高聚物改性沥青防水涂料选用，其外观质量和品种、型号应符合国家现行有关材料标准的规定。

(2) 应根据当地历年最高气温、最低气温、屋面坡度和使用条件等因素，选择耐热性、低温柔性相适应的涂料。

(3) 应根据地基变形程度、结构形式、当地年温差、日温差和振动等因素，选择拉伸性能相适应的涂料。

(4) 应根据屋面涂膜的暴露程度，选择耐紫外线、耐老化相适应的涂料。

(5) 屋面坡度大于25%时，应选择成膜时间较短的涂料。

2. 涂料防水层的最小厚度

每道涂膜防水层最小厚度应符合表9-7的规定。

每道涂膜防水层最小厚度（mm）　　表 9-7

防水等级	合成高分子防水涂料	聚合物水泥防水涂料	高聚物改性沥青防水涂料
Ⅰ级	1.5	1.5	2.0
Ⅱ级	2.0	2.0	3.0

3. 防水涂料和胎体增强材料的贮运、保管

防水涂料包装容器应密封，避免涂料水分或溶剂挥发后，使涂料表面出现结皮现象以及避免溶剂挥发时引起火灾。容器表面应标明涂料名称、生产厂家、执行标准号、生产日期和产品有效期，并应分类存放。使用户能准确把握涂料是否过期失效。反应型和水乳型涂料贮运和保管环境温度不宜低于 5℃。水乳型涂料在贮运和保管环境温度低于 0℃时，易冻结失效。溶剂型涂料贮运和保管环境温度不宜低于 0℃，避免涂料稠度增大，施工时也不易涂开。由于溶剂型涂料具有一定的燃爆性，所以防水涂料不得日晒、碰撞和渗漏。保管环境应干燥、通风，并应远离火源、热源。胎体增强材料贮运、保管环境应干燥、通风，并应远离火源、热源。

4. 防水涂料和胎体增强材料的质量检验

进场的防水涂料和胎体增强材料应检验下列项目：高聚物改性沥青防水涂料的固体含量、耐热性、低温柔性、不透水性、断裂伸长率或抗裂性；合成高分子防水涂料和聚合物水泥防水涂料的固体含量、低温柔性、不透水性、拉伸强度、断裂伸长率；胎体增强材料的拉力、延伸率。

5. 涂料防水施工

（1）施工环境要求

溶剂型涂料在负温下虽不会冻结，但黏度增大会增加施工操作难度，涂布前应采取加温措施保证其可涂性，所以溶剂型涂料的施工环境温度宜在－5℃～35℃。水乳型涂料在低温下将延长固化时间，同时易遭冻结而失去防水作用，温度过高使水蒸发过快，涂膜易产生收缩而出现裂缝，所以水乳型涂料的施工环境温度宜为 5℃～35℃。涂膜防水层的施工环境温度应符合下列规定：

1）水乳型及反应型涂料宜为 5℃～35℃；

2）溶剂型涂料宜为－5℃～35℃；

3）热熔型涂料不宜低于－10℃；

4）聚合物水泥涂料宜为 5℃～35℃。

（2）基层的要求

涂料防水屋面的结构层、找平层的施工与卷材防水屋面基本相同。基层与屋面凸出屋面结构连接处及基层转角处应做成圆弧或 45°角。按设计要求做好排水坡度，不得有积水现象。涂膜防水层的基层应坚实、平整、干净，应无孔隙、起砂和裂缝。基层的干燥程度应根据所选用的防水涂料特性确定。当采用溶剂型、热熔型和反应固化型防水涂料时，基层应干燥，否则会导致防水层成膜后空鼓、起皮现象。水乳型或水泥基类防水涂料对基层的干燥度没有严格要求，但从成膜质量和涂膜防水层与基层粘结强度来考虑，干燥的基层比潮湿基层有利。在基层干燥后，先将其清扫干净，再在上面涂刷基层处理剂，要涂刷均匀，完全覆盖。

涂膜防水层一般都要涂刷基层处理剂，而且要求涂刷均匀、覆盖完全。同时要求待基层处理剂干燥后再涂布防水涂料。基层处理剂应与防水涂料相容。一是选择防水涂料生产厂家配套的基层处理剂；二是采用同种防水涂料稀释而成。在基层上涂刷基层处理剂的作用，一是堵塞基层毛细孔，使基层的湿气不易渗到防水层中，引起防水层空鼓、起皮现象；二是增强涂膜防水层与基层粘结强度。因此，涂膜防水层一般都要涂刷基层处理剂，而且要求涂刷均匀、覆盖完全。同时要求待基层处理剂干燥后再涂布防水涂料。

(3) 特殊部位的附加增强处理

在排水口、檐口、管道根部、阴阳角等容易渗漏的薄弱部位，应先增涂一布二油附加层，宽度为300～450mm。

(4) 防水涂料防水层施工

双组分或多组分防水涂料应按配合比准确计量，应采用电动机具搅拌均匀，已配制的涂料应及时使用。采用多组分涂料时，如果各组分的配料计量不准或搅拌不均匀，将会影响混合料的充分化学反应，造成涂料性能指标下降。一般配成的涂料固化时间比较短，应按照一次涂布用量确定配料的多少，在固化前用完。已固化的涂料不能和未固化的涂料混合使用，否则将会降低防水涂膜的质量。当涂料黏度过大或涂料固化过快或过慢时，可分别加入适量的稀释剂、缓凝剂或促凝剂，调节黏度或固化时间，但不得影响防水涂膜的质量。

不同类型的防水涂料应采用不同的施工工艺，一是提高涂膜施工的工效，二是保证涂膜的均匀性和涂膜质量。涂膜防水层施工工艺应符合下列规定：

① 水乳型及溶剂型防水涂料宜选用滚涂或喷涂施工。这样可以达到工效高，涂层均匀。

② 反应固化型防水涂料宜选用刮涂或喷涂施工。这主要是由于反应固化型防水涂料属厚质防水涂料，不宜采用滚涂。

③ 热熔型防水涂料宜选用刮涂施工。这是因为热熔型防水涂料冷却后即成膜，不适用滚涂和喷涂。

④ 聚合物水泥防水涂料宜选用刮涂法施工。

⑤ 所有防水涂料用于细部构造时，宜选用刷涂或喷涂施工。

以上所有防水涂料用于细部构造时，宜选用刷涂或喷涂施工。因刷涂施工工艺的工效低，只适用于关键部位的涂膜防水层施工。

涂膜防水层施工时，防水涂料应多遍均匀涂布，涂膜总厚度应符合设计要求。涂膜间夹铺胎体增强材料时，为了增加涂膜防水层的抗拉强度，要求边涂布边铺胎体增强材料，胎体应铺贴平整，用毛刷或纤维布抹平排除内部气泡，与防水涂料完全粘结，如粘结不牢固，不平整，涂膜防水层会出现分层现象。胎体应被涂料完全浸透和覆盖，不得有胎体外露现象。最上面的涂膜厚度不应小于1.0mm。胎体增强材料长边搭接宽度不应小于50mm，短边搭接宽度不应小于70mm。上下层胎体增强材料的长边搭接缝应错开，且不得小于幅宽的1/3；上下层胎体增强材料不得相互垂直铺设。胎体增强材料主要有聚酯无纺布和化纤无纺布。聚酯无纺布纵向拉力不应小于150N/50mm，横向拉力不应小于100N/50mm，延伸率纵向不应小于10%，横向不应小于20%。化纤无纺布纵向拉力不应小于45N/50mm，横向拉力不应小于35N/50mm，延伸率纵向不应小于20%，横向不应小于 25%。

涂膜施工应先做好细部处理，再进行大面积涂布；屋面转角及立面的涂膜应薄涂多遍，不得流淌和堆积。防水涂料一般涂布三遍或三遍以上为宜。涂膜防水层的收头应用防水涂料多遍涂刷。涂膜防水层收头是屋面细部构造施工的关键环节。涂膜防水层收头采用多遍涂刷，主要是因为：首先防水涂料在常温下呈黏稠状液体，分数遍涂刷基层上，待溶剂挥发或反应固化后，即形成无接缝的防水涂膜；其次防水涂料在夹铺胎体增强材料时，为了防止收头部位出现翘边、皱折、露胎体等现象，收头处必须用涂料多遍涂刷，以增强密封效果；其三涂膜收头若采用密封材料压边，会产生两种材料的相容性问题。

6. 屋面细部构造要求

屋面细部构造应包括檐口、檐沟和天沟、女儿墙和山墙、水落口、变形缝、伸出屋面管道、屋面出入口、反梁过水孔、设施基座、屋脊、屋顶窗等部位，是屋面工程中最容易出现渗漏的薄弱环节。据调查表明，屋面渗漏中 70%是由于细部构造的防水处理不当引起的，说明细部构造设防较难，是屋面工程设计的重点。

屋面的细部节点部位由于构造形状比较复杂，多种材料交接，应力、变形比较集中，受雨水冲刷频繁，所以应局部增强，使其与大面积防水层同步老化。增强处理可采用多道设防、复合用材、连续密封、局部增强。细部构造设计是保证防水层整体质量的关键，同时应满足使用功能、温差变形、施工环境条件和工艺的可操作性等要求。

（1）檐口

檐口、檐沟外侧下端及女儿墙压顶内侧下端等部位均应作滴水处理，滴水槽宽度和深度不宜小于 10mm。

卷材防水屋面檐口 800mm 范围内的卷材应满粘，卷材收头应采用金属压条钉压，并应用密封材料封严。檐口下端应做鹰嘴和滴水槽(图 9-2)。

涂膜防水屋面檐口的涂膜收头，应用防水涂料多遍涂刷。檐口下端应做鹰嘴和滴水槽(图 9-3)。

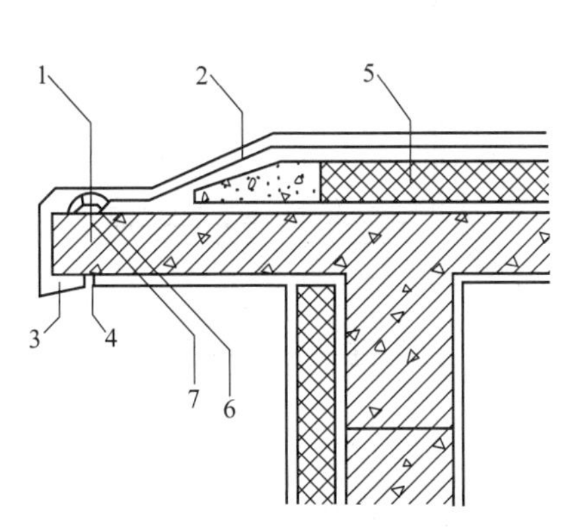

图 9-2　卷材防水屋面檐口

1—密封材料；2—卷材防水层；3—鹰嘴；4—滴水槽；5—保温层；6—金属压条；7—水泥钉

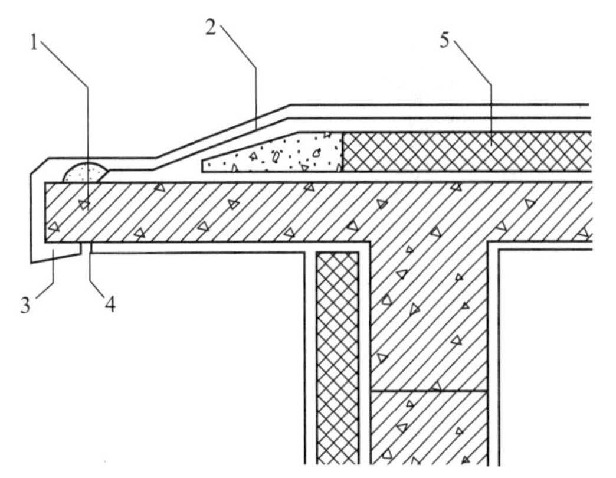

图 9-3　涂膜防水屋面檐口

1—涂料多遍涂刷；2—涂膜防水层；3 —鹰嘴；4—滴水槽；5—保温层

（2）天沟和檐沟

卷材或涂膜防水屋面檐沟(图 9-4)和天沟的防水构造，应符合下列规定：

1）檐沟和天沟的防水层下应增设附加层，附加层伸入屋面的宽度不应小于250mm。

2）檐沟防水层和附加层应由沟底翻上至外侧顶部，卷材收头应用金属压条钉压，并应用密封材料封严，涂膜收头应用防水涂料多遍涂刷。

3）檐沟外侧下端应做鹰嘴或滴水槽。

4）檐沟外侧高于屋面结构板时，应设置溢水口。

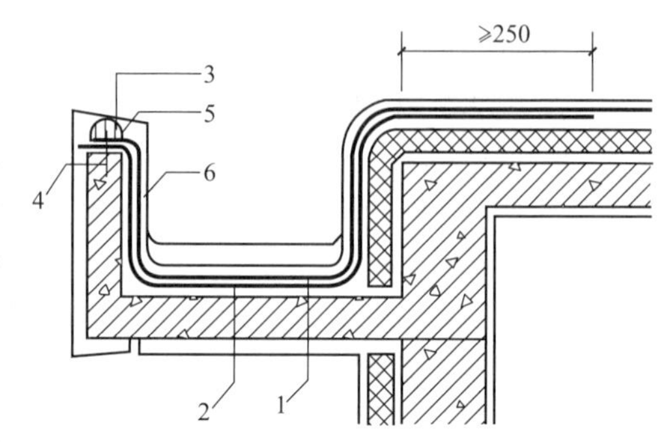

图9-4 卷材、涂膜防水屋面檐沟

1—防水层；2—附加层；3—密封材料；4—水泥钉；5—金属压条；6—保护层

（3）女儿墙

女儿墙的防水构造应符合下列规定：

1）女儿墙压顶可采用混凝土或金属制品。压顶向内排水坡度不应小于5%，压顶内侧下端应作滴水处理。

2）女儿墙泛水处的防水层下应增设附加层，附加层在平面和立面的宽度均不应小于250mm。

3）低女儿墙泛水处的防水层可直接铺贴或涂刷至压顶下，卷材收头应用金属压条钉压固定，并应用密封材料封严；涂膜收头应用防水涂料多遍涂刷(图9-5)。

4）高女儿墙泛水处的防水层泛水高度不应小于250mm，防水层收头应符合：卷材收头应用金属压条钉压，并应用密封材料封严；涂膜收头应用防水涂料多遍涂刷；泛水上部的墙体应作防水处理(图9-6)。

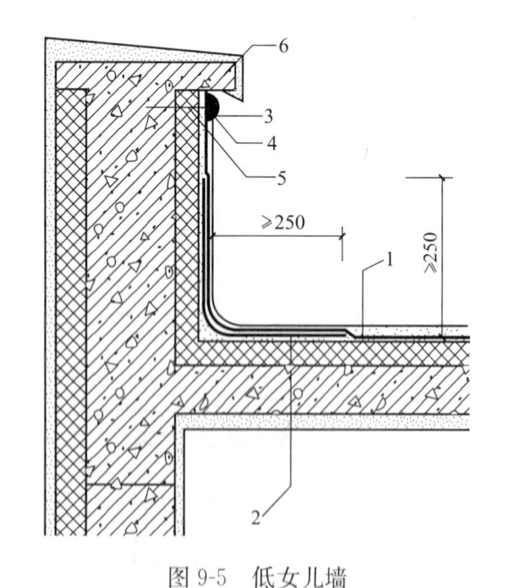

图9-5 低女儿墙

1—防水层；2—附加层；3—密封材料；4—金属压条；5—水泥钉；6—压顶

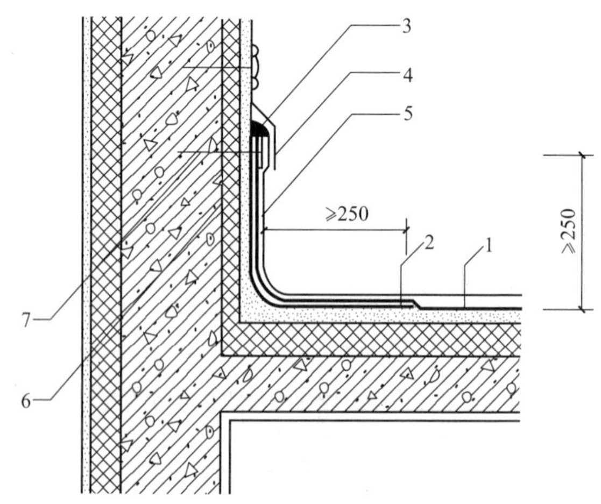

图9-6 高女儿墙

1—防水层；2—附加层；3—密封材料；4—金属盖板；5—保护层；6—金属压条；7—水泥钉

5）女儿墙泛水处的防水层表面，宜采用涂刷浅色涂料或浇筑细石混凝土保护。

（4）水落口

重力式排水的水落口(图9-7、图9-8)防水构造应符合下列规定：

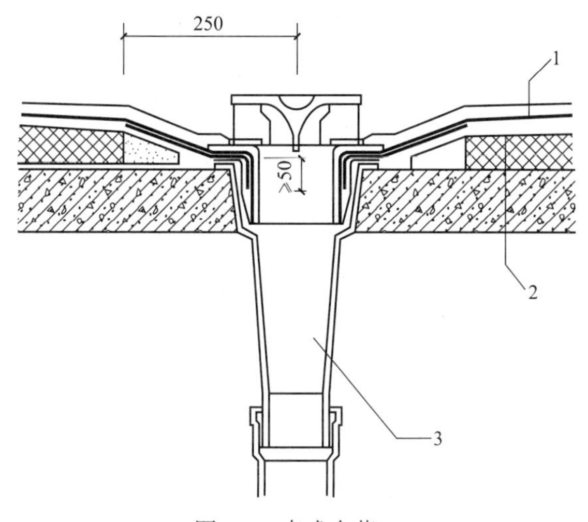

图 9-7　直式水落口

1—防水层；2—附加层；3—水落斗

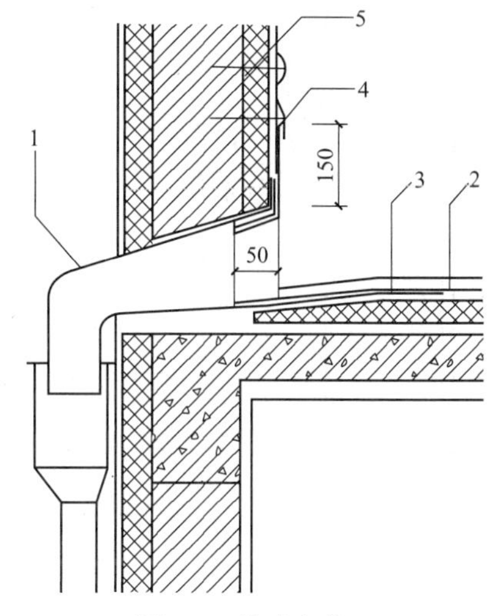

图 9-8　横式水落口

1—水落斗；2—防水层；3—附加层；4—密封材料；5—水泥钉

1）水落口可采用塑料或金属制品，水落口的金属配件均应作防锈处理。

2）水落口杯应牢固地固定在承重结构上，其埋设标高应根据附加层的厚度及排水坡度加大的尺寸确定。

3）水落口周围直径 500mm 范围内坡度不应小于 5%，防水层下应增设涂膜附加层。

4）防水层和附加层伸入水落口杯内不应小于 50mm，并应粘结牢固。

（5）变形缝

变形缝防水构造应符合下列规定：

1）变形缝泛水处的防水层下应增设附加层，附加层在平面和立面的宽度不应小于 250mm；防水层应铺贴或涂刷至泛水墙的顶部。

2）变形缝内应预填不燃保温材料，上部应采用防水卷材封盖，并放置衬垫材料，再在其上干铺一层卷材。

3）等高变形缝顶部宜加扣混凝土或金属盖板(图 9-9)。

4）高低跨变形缝在立墙泛水处，应采用有足够变形能力的材料和构造作密封处理(图 9-10)。

（6）伸出屋面管道

伸出屋面管道(图 9-11)的防水构造应符合下列规定：

1）管道周围的找平层应抹出高度不小于 30mm 的排水坡。

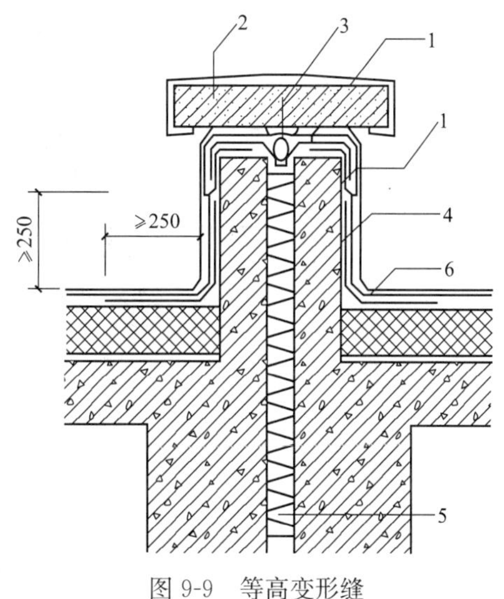

图 9-9　等高变形缝

1—卷材封盖；2—混凝土盖板；3—衬垫材料；4—附加层；5—不燃保温材料；6—防水层

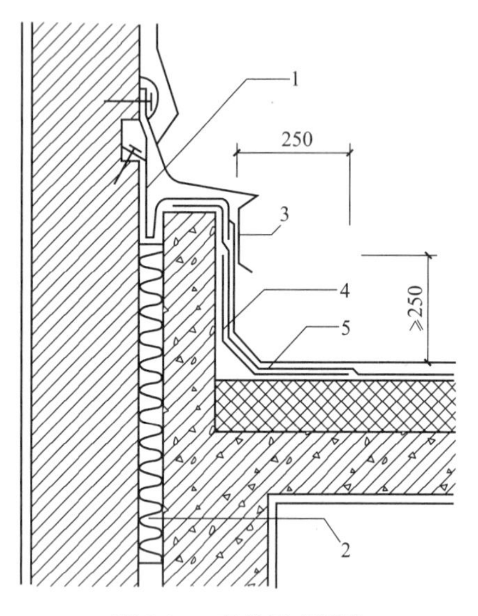

图 9-10　高低跨变形缝

1—卷材封盖；2—不燃保温材料；
3—金属盖板；4—附加层；5—防水层

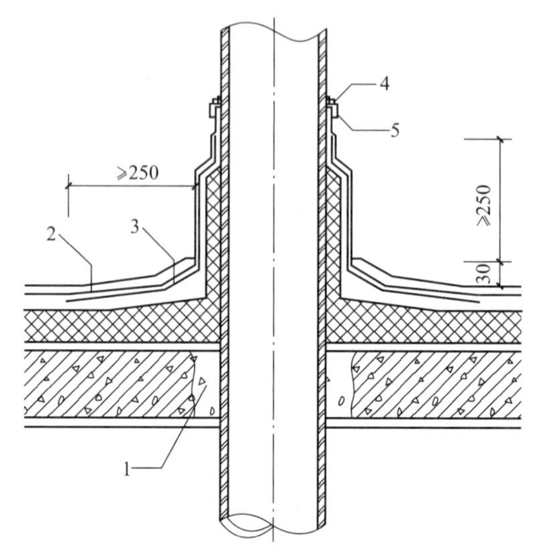

图 9-11　伸出屋面管道

1—细石混凝土；2—卷材防水层；3—附加层；
4—密封材料；5—金属箍

2）管道泛水处的防水层下应增设附加层，附加层在平面和立面的宽度均不应小于 250mm。

3）管道泛水处的防水层泛水高度不应小于 250mm。

4）卷材收头应用金属箍紧固和密封材料封严，涂膜收头应用防水涂料多遍涂刷。

（7）屋面出入口

屋面垂直出入口泛水处应增设附加层，附加层在平面和立面的宽度均不应小于 250mm；防水层收头应在混凝土压顶圈下(图 9-12)。

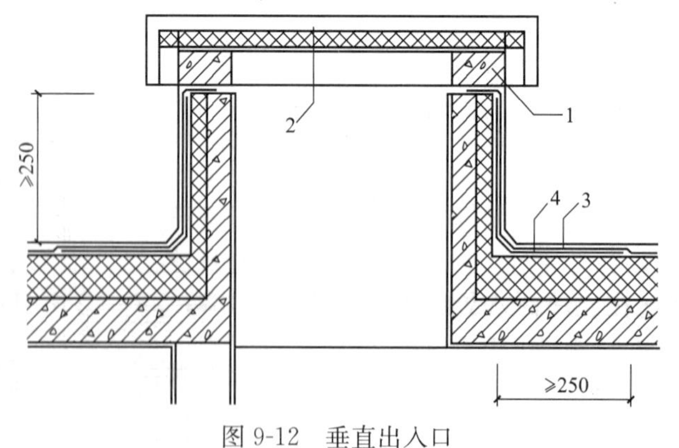

图 9-12　垂直出入口

1—混凝土压顶圈；2—上人孔盖；3—防水层；4—附加层

屋面水平出入口泛水处应增设附加层和护墙，附加层在平面上的宽度不应小于 250mm；防水层收头应压在混凝土踏步下(图 9-13)。

（8）反梁过水孔

反梁过水孔构造应符合下列规定：

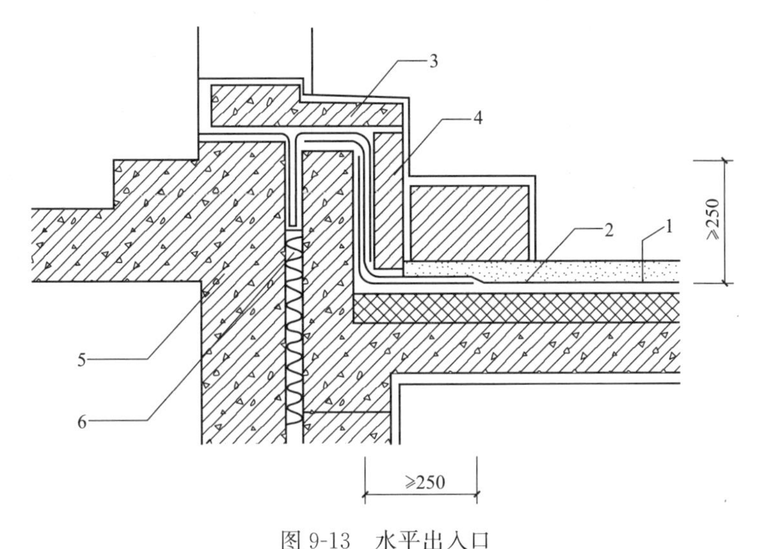

图 9-13　水平出入口

1—防水层；2—附加层；3—踏步；4—护墙；5—防水卷材封盖；6—不燃保温材料

1）应根据排水坡度留设反梁过水孔，图纸应注明孔底标高。

2）反梁过水孔宜采用预埋管道，其管径不得小于 75mm。

3）过水孔可采用防水涂料、密封材料防水。预埋管道两端周围与混凝土接触处应留凹槽，并应用密封材料封严。

（9）设施基座

由于大型建筑和高层建筑日益增多，在屋面上经常设置天线塔架、擦窗机支架、太阳能热水器底座以及抽(排)风机基座(图 9-15)等，这些设施有的搁置在防水层上，有的与屋面结构相连。若与结构相连时，防水层应包裹基座部分。设施基座的预埋地脚螺栓周围必须做密封处理，防止地脚螺栓周围发生渗漏。设施基座与结构层相连时，防水层应包裹设施基座的上部，并应在地脚螺栓周围作密封处理。在防水层上放置设施时，防水层下应增设卷材附加层，必要时应在其上浇筑细石混凝土，其厚度不应小于 50mm(图 9-14)。

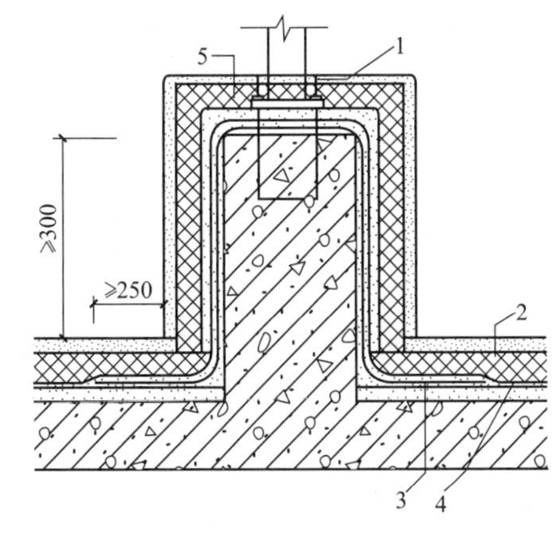

图 9-14　面设施基座的防水保温构造

1—预埋螺栓；2—保温层；3—防水附加层；4—防水层；5—密封材料

图 9-15　屋顶风机基座照片

9.1.2.3 接缝密封防水施工

1. 接缝密封技术要求

屋面接缝密封防水使防水层形成一个连续的整体，能在温差变化及振动、冲击、错动等条件下起到防水作用。这要求密封材料必须经受得起长期的压缩拉伸、振动疲劳作用，还必须具备一定的弹塑性、粘结性、耐候性和位移能力。屋面接缝应按密封材料的使用方式，分为位移接缝和非位移接缝。屋面接缝密封防水技术要求应符合表9-8的规定。

屋面接缝密封防水技术要求　　表9-8

接缝种类	密封部位	密封材料
位移接缝	混凝土面层分格接缝	改性石油沥青密封材料、合成高分子密封材料
	块体面层分格缝	改性石油沥青密封材料、合成高分子密封材料
	采光顶玻璃接缝	硅酮耐候密封胶
	采光顶周边接缝	合成高分子密封材料
	采光顶隐框玻璃与金属框接缝	硅酮耐候密封胶
	采光顶明框单元板块间接缝	硅酮耐候密封胶
非位移接缝	高聚物改性沥青卷材收头	改性石油沥青密封材料
	合成高分子卷材收头及接缝封边	合成高分子密封材料
	混凝土基层固定件周边接缝	改性石油沥青密封材料、合成高分子密封材料
	混凝土构件间接缝	改性石油沥青密封材料、合成高分子密封材料

以下接缝部位一律不再嵌填密封材料：装配式钢筋混凝土板的板缝、找平层的分格缝、管道根部与找平层的交接处，水落口杯周围与找平层交接处。

2. 接缝密封材料

密封材料是按改性石油沥青密封材料、合成高分子密封材料、硅酮耐候密封胶、硅酮结构密封胶来选用的。改性石油沥青密封材料产品价格相对便宜、施工方便，但承受接缝位移只有5%左右，使用寿命较短。国外在建筑用密封胶中，油性嵌缝膏已趋于消失；建筑密封胶产品按位移能力分为四级，承受接缝位移有7.5%、12.5%、20%、25%。弹性密封胶的耐候性好，使用寿命较长，在建筑中大量使用硅酮结构密封胶是指与建筑接缝基材粘结且能承受结构强度的弹性密封胶，主要用于建筑幕墙。

密封材料的选择应符合下列规定：

(1) 应根据当地历年最高气温、最低气温、屋面构造特点和使用条件等因素，选择耐热度、低温柔性相适应的密封材料。

(2) 应根据屋面接缝变形的大小以及接缝的宽度，选择位移能力相适应的密封材料。

(3) 应根据屋面接缝粘结性要求，选择与基层材料相容的密封材料。

(4) 应根据屋面接缝的暴露程度，选择耐高低温、耐紫外线、耐老化和耐潮湿等性能相适应的密封材料。

接缝位移的特征分为两类，一类是外力引起接缝位移，可以是短期的、恒定不变的；

另一类是温度引起接缝周期性拉伸－压缩变化的位移，使密封材料产生疲劳破坏。因此应根据屋面接缝部位的大小和位移的特征，选择位移能力相适应的密封材料。一般情况下，除结构粘结外宜采用低模量密封材料。

3．接缝密封材料保管

密封材料的贮运、保管应符合下列规定：

（1）运输时应防止日晒、雨淋、撞击、挤压。

（2）贮运、保管环境应通风、干燥，防止日光直接照射，并应远离火源、热源；乳胶型密封材料在冬季时应采取防冻措施。

（3）密封材料应按类别、规格分别存放。

4．接缝密封材料的质量检验

进场的密封材料应检验下列项目：

（1）改性石油沥青密封材料的耐热性、低温柔性、拉伸粘结性、施工度。

（2）合成高分子密封材料的拉伸模量、断裂伸长率、定伸粘结性。

5．接缝密封施工

接缝密封防水的施工环境温度应符合下列规定：改性沥青密封材料和溶剂型合成高分子密封材料宜为0℃～35℃；乳胶型及反应型合成高分子密封材料宜为5℃～35℃。

（1）基层要求

密封防水部位的基层应牢固，表面应平整、密实，不得有裂缝、蜂窝、麻面、起皮和起砂等现象；基层应清洁、干燥，应无油污、无灰尘；嵌入的背衬材料与接缝壁间不得留有空隙；密封防水部位的基层宜涂刷基层处理剂，涂刷应均匀，不得漏涂。

（2）接缝密封防水施工

改性沥青密封材料防水施工应符合下列规定：

1）采用冷嵌法施工时，宜分次将密封材料嵌填在缝内，并应防止裹入空气。

2）采用热灌法施工时，应由下向上进行，并宜减少接头；密封材料熬制及浇灌温度，应按不同材料要求严格控制。

合成高分子密封材料防水施工应符合下列规定：

1）单组分密封材料可直接使用；多组分密封材料应根据规定的比例准确计量，并应拌合均匀。每次拌合量、拌合时间和拌合温度，应按所用密封材料的要求严格控制。

2）采用挤出枪嵌填时，应根据接缝的宽度选用口径合适的挤出嘴，应均匀挤出密封材料嵌填，并应由底部逐渐充满整个接缝。

3）密封材料嵌填后，应在密封材料表干前用腻子刀嵌填修整。

9.1.2.4　保温层施工

1．施工准备

保温层施工前，其下层如有防水层的，防水层应验收合格。保温层施工时应铺设临时保护层，对防水层进行保护。

保温材料的贮运、保管应符合下列规定：保温材料应采取防雨、防潮、防火的措施，并应分类存放；板状保温材料搬运时应轻拿轻放；纤维保温材料应在干燥、通风的房屋内贮存，搬运时应轻拿轻放。

进场的保温材料应检验下列项目：

（1）板状保温材料：表观密度或干密度、压缩强度或抗压强度、导热系数、燃烧性能。

（2）纤维保温材料应检验表观密度、导热系数、燃烧性能。

保温层的施工环境温度应符合下列规定：

（1）干铺的保温材料可在负温度下施工。

（2）用水泥砂浆粘贴的板状保温材料不宜低于5℃。

（3）喷涂硬泡聚氨酯宜为15℃～35℃，空气相对湿度宜小于85%，风速不宜大于三级。

（4）现浇泡沫混凝土宜为5℃～35℃。

2. 基层施工

保温层除现浇类的以外施工前应先对其基层进行找平，找平层施工同防水材料的找平层施工。对于板状材料保温层、纤维材料保温层、喷涂硬泡聚氨酯保温层的基层要求：基层应平整、干燥、干净。对于现浇泡沫混凝土保温层的基层应清理干净，不得有油污、浮尘和积水。

3. 保温层施工

（1）板状材料保温层施工

板状材料保温层采用上下层保温板错缝铺设，可以防止单层保温板在拼缝处的热量泄漏。干铺法施工时，板状保温材料应紧靠在基层表面上，应铺平垫稳、拼缝严密，板间缝隙应用同类材料的碎屑嵌填密实。粘结法施工时，胶粘剂应与保温材料相容，板状保温材料应贴严粘牢，在胶粘剂固化前不得上人踩踏。采用机械固定法施工时，固定件应固定在结构层上，固定件的间距应符合设计要求。当采用专用胶粘剂粘贴保温板材时，保温板材与基层在天沟、檐沟、边角处应满涂胶结材料，其他部位可采用点粘或条粘，并应使其互相贴严、粘牢，缺角处用碎屑加胶粘剂拌匀填补严密；胶粘剂厚度不应小于5mm。

（2）纤维材料保温层施工

纤维材料保温层分为板状和毡状两种。由于纤维保温材料的压缩强度很小，无法与板状保温材料相提并论，故纤维保温材料在施工时应避免重压并应采取防潮措施。板状纤维保温材料多用于金属压型板的上面，常采用螺钉和垫片将保温板与压型板固定，固定点应设在压型板的波峰上。毡状纤维保温材料用于混凝土基层的上面时，常采用塑料钉先与基层粘牢，再放入保温毡，最后将塑料垫片与塑料钉端热熔焊接。毡状纤维保温材料用于金属压型板的下面时，常采用不锈钢丝或铝板制成的承托网，将保温毡兜住并与檩条固定。纤维材料保温层施工还应符合下列规定：纤维保温材料铺设时，平面拼接缝应贴紧，上下层拼接缝应相互错开；屋面坡度较大时，纤维保温材料宜采用机械固定法施工；在铺设纤维保温材料时，应做好劳动保护工作。

（3）喷涂硬泡聚氨酯保温层施工

喷涂硬泡聚氨酯保温层施工应符合下列规定：

1）基层应平整、干燥、干净。

2）施工前应对喷涂设备进行调试，并应喷涂试块进行材料性能检测；试块采用喷涂三块500mm×500mm、厚度不小于50mm的试块试验。

3）喷涂时喷嘴与施工基面的间距应由试验确定，一般喷嘴与施工基层的间距宜为200～400mm。

4）喷涂硬泡聚氨酯的配比应准确计量，发泡厚度应均匀一致。

5）一个作业面应分遍喷涂完成，每遍喷涂厚度不宜大于15mm，硬泡聚氨酯喷涂后20min内严禁上人，硬泡聚氨酯喷涂后不得将喷涂设备工具置于已喷涂层上，当日的施工作业面应于当日连续喷涂完毕。在天沟、檐沟的连接处应连续喷涂，屋面与女儿墙、变形缝、管道、山墙等突出屋面结构处应连续喷涂至泛水高度。

6）喷涂作业时，风力不宜大于三级，空气相对湿度宜小于85％，应采取防止污染的遮挡措施。

（4）现浇泡沫混凝土保温层施工

泡沫混凝土浇筑前，应设定浇筑面标高线以控制浇筑厚度。泡沫混凝土通常是保温层兼找坡层使用，由于坡面浇筑时混凝土向下流淌，容易出现沉降裂缝，故找坡施工时应采取模板辅助措施。

现浇泡沫混凝土保温层的泡沫混凝土应按设计要求的干密度和抗压强度进行配合设计，拌制时应计量准确，并应搅拌均匀。一般来说泡沫混凝土密度越低，其保温性能越好，但强度越低。泡沫混凝土配合比设计应按干密度和抗压强度来配制，并按绝对体积法来计算所组成各种材料的用量。配合比设计时，应先通过试配确保达到设计所要求的导热系数、干密度及抗压强度等指标。影响泡沫混凝土性能的一个很重要的因素是它的孔结构，细致均匀的孔结构有利于提高泡沫混凝土的性能。按泡沫混凝土生产工艺要求，对水泥、掺合料、外加剂、发泡剂和水必须计量准确；水泥料浆应预先搅拌4min，不得有团块及大颗粒存在，再将发泡机制成的泡沫与水泥料浆混合搅拌5～8min，不得有明显的泡沫飘浮和泥浆块出现。

泡沫混凝土的浇筑出料口离基层的高度不宜超过1m，泵送时应采取低压泵送，主要是为了防止泡沫混凝土料浆中泡沫破裂而造成性能指标的降低。

泡沫混凝土应分层浇筑，一次浇筑厚度不宜超过200mm，终凝后应进行保湿养护，养护时间不得少于7d。泡沫混凝土厚度大于200mm时应分层浇筑，否则应按施工缝进行处理。在泡沫混凝土凝结过程中，由于伴随有泌水、沉降、早期体积收缩等现象，有时会产生早期裂缝，所以在泡沫混凝土施工时应尽量降低浇筑速度和减少浇筑厚度，以防止混凝土终凝前出现沉降裂缝。在泡沫混凝土硬化过程中，由于水分蒸发原因产生脱水收缩而引起早期干缩裂缝。预防干裂的措施主要是采用塑料布将外露的全部表面覆盖严密，保持混凝土处于润湿状态。

9.1.2.5　保护层施工

施工完的防水层应进行雨后观察、淋水或蓄水试验，并立在合格后再进行保护层和隔离层的施工。保护层可选用卵石、混凝土板块、地砖、瓦材、水泥砂浆、细石混凝土、金属板材、人造草皮、种植植物、浅色涂料等材料。保护层施工不得损坏保温层；保护层与保温层之间的隔离层应满铺，不得漏底，搭接宽度不应小于100mm；天沟、檐沟、出屋面管道和水落口处防水层外露部分应采取有效的保护措施；保护层的分格缝宜与找平层的分格缝对齐。

上人屋面保护层可采用块体材料、细石混凝土等材料。不上人屋面保护层可采用浅色涂料、铝箔、矿物粒料、水泥砂浆等材料。保护层材料的适用范围和技术要求应符合表9-9的规定。

保护层材料的适用范围和技术要求　　表 9-9

保护层材料	适用范围	技术要求
浅色涂料	不上人屋面	丙烯酸系反射涂料
铝箔	不上人屋面	0.05mm 厚铝箔反射膜
矿物粒料	不上人屋面	不透明的矿物粒料
水泥砂浆	不上人屋面	20mm 厚 1∶2.5 或 M15 水泥砂浆
块体材料	上人屋面	地砖或 30mm 厚 C20 细石混凝土预制块
细石混凝土	上人屋面	40mm 厚 C20 细石混凝土或 50mm 厚 C20 细石混凝土内配Φ4@100 双向钢筋网片

块体材料，水泥砂浆、细石混凝土保护层表面的坡度应符合设计要求，不得有积水现象。

1. 块体材料保护层

块体材料保护层铺设应符合下列规定：

（1）在砂结合层上铺设块体时，砂结合层应平整，块体间应预留 10mm 的缝隙，其纵横间距不宜大于 10m，缝内应填砂，并应用 1∶2 水泥砂浆勾缝。

（2）在水泥砂浆结合层上铺设块体时，应先在防水层上做隔离层，块体间应预留 10mm 的缝隙，缝内应用 1∶2 水泥砂浆勾缝。

（3）块体表面应洁净、色泽一致，应无裂纹、掉角和缺楞等缺陷。

2. 水泥砂浆及细石混凝土保护层

水泥砂浆及细石混凝土保护层铺设应符合下列规定：

（1）水泥砂浆及细石混凝土保护层铺设前，应在防水层上做隔离层；水泥砂浆及细石混凝土表面应抹平压光，不得有裂纹、脱皮、麻面、起砂等缺陷。

（2）混凝土的强度等级和厚度应符合设计要求，混凝土收水后应进行收浆压光；混凝土应密实，表面应平整；分格缝应按规定设置，细石混凝土保护层与山墙、凸出屋面墙体、女儿墙之间应预留宽度为 30mm 的缝隙。一个分格内的混凝土应连续浇筑。当采用钢筋网细石混凝土作保护层时，钢筋网片保护层厚度不应小于 10mm，钢筋网片在分格缝处应断开。当施工间隙超过时间规定时，应对接槎进行处理；混凝土保护层浇筑完后应及时湿润养护，养护期不得少于 7d，养护完后应将分格缝清理干净。

3. 浅色涂料保护层

浅色涂料保护层施工应符合下列规定：

（1）浅色涂料应与卷材、涂膜相容，材料用量应根据产品说明书的规定使用。

（2）浅色涂料应多遍涂刷，当防水层为涂膜时，应在涂膜固化后进行。

（3）涂层应与防水层粘结牢固，厚薄应均匀，不得漏涂。

（4）涂层表面应平整，不得流淌和堆积。

9.2 地下防水工程

由于地下工程常年受潮湿和地下水及水中有害物质的影响，所以对地下工程的防水处理比屋面工程的防水要求更高，技术难度更大。地下工程防水的设计和施工应遵循“防、排、截、堵相结合，刚柔相济，因地制宜，综合治理”的原则。我国国家标准《地下防水工程质量验收规范》GB 50208—2011 和《地下工程防水技术规范》GB 50208—2008 按地下工程围护结构防水要求，分为四个防水等级，见表 9-10。

地下工程防水等级标准　　表 9-10

防水等级	防水标准
一级	不允许渗水，结构表面无湿渍
二级	不允许渗水，结构表面可有少量湿渍。 房屋建筑地下工程：总湿渍面积不应大于总防水面积(包括顶板、墙面、地面)的 1/1000；任意 $100m^2$ 防水面积上的湿渍不超过 2 处，单个湿渍的最大面积不大于 $0.1m^2$。 其他地下工程：总湿渍面积不应大于总防水面积(包括顶板、墙面、地面)的 2/1000；任意 $100m^2$ 防水面积上的湿渍不超过 3 处，单个湿渍的最大面积不大于 $0.2m^2$；其中，隧道工程平均渗水量不大于 $0.05L/(m^2 \cdot d)$，任意 $100m^2$ 防水面积上的渗水量不大于 $0.15L/(m^2 \cdot d)$
三级	有少量渗水，不得有线流和漏泥砂； 任意 $100m^2$ 防水面积上的渗水和湿渍点数不超过 7 处，单个漏水点的最大漏水量不大于 2.5L/d，单个湿渍的最大面积不大于 $0.3m^2$
四级	有漏水点，不得有线流和漏泥砂； 整个工程平均漏水量不大于 $2L/(m^2 \cdot d)$，任意 $100m^2$ 防水面积上的平均漏水量不大于 $4L/(m^2 \cdot d)$

地下工程的防水设防要求，按采用明挖施工方法防水设防，见表 9-11。

明挖法地下工程防水设防　　表 9-11

工程部位	主体结构							施工缝							后浇带				变形缝、诱导缝					
防水措施	防水混凝土	防水卷材	防水涂料	塑料防水板	膨润土防水材料	防水砂浆	金属板	遇水膨胀止水条或止水胶	外贴式止水带	中埋式止水带	外抹防水砂浆	外涂防水涂料	水泥基渗透结晶型防水涂料	预埋注浆管	补偿收缩混凝土	外贴式止水带	预埋注浆管	遇水膨胀止水条或止水胶	中埋式止水带	外贴式止水带	可卸式止水带	防水密封材料	外贴防水卷材	外涂防水涂料
防水等级 一级	应选	应选一种至二种						应选二种							应选	应选二种			应选	应选二种				
防水等级 二级	应选	应选一种						应选一种至二种							应选	应选一种至二种			应选	应选一种至二种				
防水等级 三级	应选	宜选一种						宜选一种至二种							应选	宜选一种至二种			应选	宜选一种至二种				
防水等级 四级	宜选	—						宜选一种							应选	宜选一种			应选	宜选一种				

9.2.1 地下工程混凝土结构主体防水

地下工程的防水方案，一般可分为以下三类：防水混凝土结构自防水、结构表面附加防水层防水（防水卷材、防水涂料等）、渗排水措施。地下工程需要采取相应防水措施的主要部位有：主体结构、施工缝、后浇带以及变形缝等。

9.2.1.1　防水混凝土结构自防水

防水混凝土结构是以调整混凝土配合比或在混凝土中掺入外加剂或使用新品种水泥等方法来提高混凝土本身的憎水性、密实性和抗渗性，使其具有一定防水能力的整体现浇混凝土和钢筋混凝土结构，其抗渗等级不得小于P6（其关系见表9-12）。它将防水、承重和围护合为一体，具有施工简单、工期短、造价低的特点，应用较为广泛。

防水混凝土的抗渗等级与地下工程的埋深的关系　　表9-12

工程埋置深度 H(m)	设计抗渗等级	工程埋置深度 H(m)	设计抗渗等级
$H<10$	P6	$20\leqslant H<30$	P10
$10\leqslant H<20$	P8	$H\geqslant30$	P12

注：1. 本表适用于Ⅰ、Ⅱ、Ⅲ类围岩（土层及软弱围岩）。

2. 山岭隧道防水混凝土的抗渗等级可按国家现行有关标准执行。

普通防水混凝土即在普通混凝土骨料级配的基础上，通过调整和控制配合比的方法，提高自身密实度和抗渗性的一种混凝土。防水混凝土的施工配合比应通过试验确定，试配混凝土的抗渗等级应比设计要求提高0.2MPa。

掺外加剂的防水混凝土是在混凝土拌合物中加入少量改善混凝土抗渗性的有机物，如减水剂、防水剂、引气剂等外加剂；掺合料防水混凝土是在混凝土拌合物中加入少量硅粉、磨细矿渣粉、粉煤灰等无机粉料，以增加混凝土密实性和抗渗性。防水混凝土中的外加剂和掺合料均可单掺，也可以复合掺用。

1. 原材料要求

防水混凝土使用的水泥品种应按设计要求选用，其强度等级不应低于32.5级。用于防水混凝土的水泥应符合下列规定：

（1）水泥品种宜采用硅酸盐水泥、普通硅酸盐水泥，采用其他品种水泥时应经试验确定。

（2）在受侵蚀性介质作用时，应按介质的性质选用相应的水泥品种。

（3）不得使用过期或受潮结块的水泥，并不得将不同品种或强度等级的水泥混合使用。

防水混凝土选用矿物掺合料时，应符合下列规定：

（1）粉煤灰的品质应符合现行国家标准《用于水泥和混凝土中的粉煤灰》GB 1596的有关规定，粉煤灰的级别不应低于Ⅱ级，烧失量不应大于5%，用量宜为胶凝材料总量的20%～30%，当水胶比小于0.45时，粉煤灰用量可适当提高。

（2）硅粉的品质应符合表9-13的要求，用量宜为胶凝材料总量的2%～5%。

硅粉品质要求　　表9-13

项　目	指　标	项　目	指　标
比表面积(m^2/kg)	≥15000	二氧化硅含量(%)	≥85

（3）粒化高炉矿渣粉的品质要求应符合现行国家标准《用于水泥和混凝土中的粒化高炉矿渣粉》GB/T 18046的有关规定。

（4）使用复合掺合料时，其品种和用量应通过试验确定。

用于防水混凝土的砂、石，应符合下列规定：

(1) 宜选用坚固耐久、粒形良好的洁净石子；最大粒径不宜大于 40mm，泵送时其最大粒径不应大于输送管径的 1/4；吸水率不应大于 1.5%，含泥量不应大于 1.0%，泥块含量不应大于 0.5%；不得使用碱活性骨料；石子的质量要求应符合国家现行标准《普通混凝土用碎石或卵石质量标准及检验方法》JGJ 53 的有关规定。

(2) 砂宜选用坚硬、抗风化性强、洁净的中粗砂，含泥量不应大于 3.0%，泥块含量不宜大于 1.0%，不宜使用海砂；砂的质量要求应符合国家现行标准《普通混凝土用砂质量标准及检验方法》JGJ 52 的有关规定。

防水混凝土可根据工程需要掺入减水剂、膨胀剂、防水剂、密实剂、引气剂、复合型外加剂及水泥基渗透结晶型材料，其品种和用量应经试验确定，所用外加剂的技术性能应符合国家现行有关标准的质量要求。

防水混凝土可根据工程抗裂需要掺入合成纤维或钢纤维，纤维的品种及掺量应通过试验确定。

2. 防水混凝土配合比要求

防水混凝土的配合比，应符合下列规定：

(1) 胶凝材料用量应根据混凝土的抗渗等级和强度等级等选用，其总用量不宜小于 320kg/m³；当强度要求较高或地下水有腐蚀性时，胶凝材料用量可通过试验调整。

(2) 在满足混凝土抗渗等级、强度等级和耐久性条件下，水泥用量不宜小于 260kg/m³。

(3) 砂率宜为 35%～40%，泵送时可增至 45%。

(4) 灰砂比宜为 1∶1.5～1∶2.5。

(5) 水胶比不得大于 0.50，有侵蚀性介质时水胶比不宜大于 0.45。

(6) 防水混凝土采用预拌混凝土时，入泵坍落度宜控制在 120～160mm，坍落度每小时损失值不应大于 20mm，坍落度总损失值不应大于 40mm。

(7) 掺加引气剂或引气型减水剂时，混凝土含气量应控制在 3%～5%。

(8) 预拌混凝土的初凝时间宜为 6～8h。

3. 防水混凝土的拌制及运输

防水混凝土配料必须按重量配合比准确称量，采用机械搅拌。其计量允许偏差应符合表 9-14 的规定。

防水混凝土配料计量允许偏差 **表 9-14**

混凝土组成材料	每盘计量(%)	累计计量(%)
水泥、掺合料	±2	±1
粗、细骨料	±3	±2
水、外加剂	±2	±1

防水混凝土拌合物应采用机械搅拌，搅拌时间不宜小于 2min。掺外加剂时，搅拌时间应根据外加剂的技术要求确定。

防水混凝土拌合物在运输后如出现离析，必须进行二次搅拌。当坍落度损失后不能满足施工要求时，应加入原水胶比的水泥浆或掺加同品种的减水剂进行搅拌，严禁直接加水。

4. 防水混凝土的浇筑

防水混凝土质量的好坏，施工是关键。对施工中的各主要环节，如混凝土搅拌、运输、浇筑、振捣及养护等都要严把质量关，使大面积的防水混凝土以及每一细部节点均不渗不漏。

防水混凝土施工前应做好降排水工作，不得在有积水的环境中浇筑混凝土。浇筑时必须做到分层连续进行，分层厚度不得大于 500mm。采用机械振捣，严格控制振捣时间，不得欠振漏振，以保证混凝土的密实性和抗渗性。

防水混凝土结构内部设置的各种钢筋或绑扎铁丝，不得接触模板。用于固定模板的螺栓必须穿过混凝土结构时，可采用工具式螺栓或螺栓加堵头，螺栓上应加焊方形止水环。拆模后应将留下的凹槽用密封材料封堵密实，并应用聚合物水泥砂浆抹平(图 9-16)。

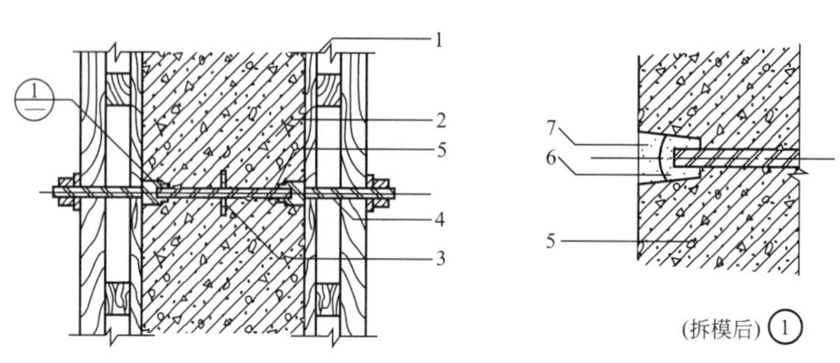

图 9-16　固定模板用螺栓的防水构造

1—模板；2—结构混凝土；3—止水环；4—工具式螺栓；5—固定模板用螺栓；
6—密封材料；7—聚合物水泥砂浆

防水混凝土应连续浇筑，宜少留施工缝。当留设施工缝时，应符合下列规定：

(1) 墙体水平施工缝不应留在剪力最大处或底板与侧墙的交接处，应留在高出底板表面不小于 300mm 的墙体上。拱(板)墙结合的水平施工缝，宜留在拱(板)墙接缝线以下 150～300mm 处。墙体有预留孔洞时，施工缝距孔洞边缘不应小于 300mm。

(2) 垂直施工缝应避开地下水和裂隙水较多的地段，并宜与变形缝相结合。

施工缝防水构造形式宜按图 9-17～图 9-20 选用，当采用两种以上构造措施时可进行有效组合。

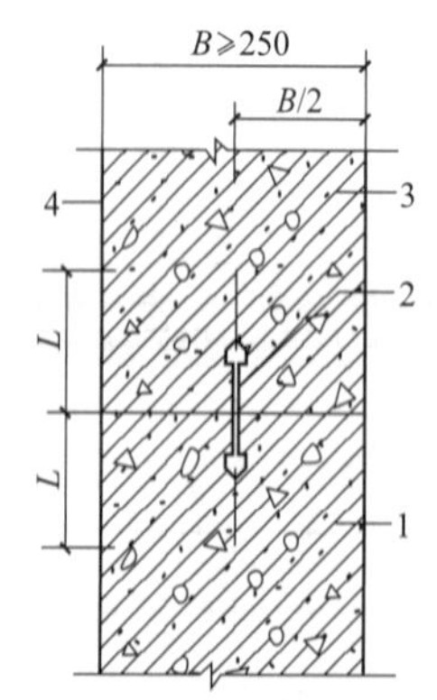

图 9-17　施工缝防水构造(一)

钢板止水带 $L\geqslant150$；橡胶止水带 $L\geqslant200$；
钢边橡胶止水带 $L\geqslant120$；
1—先浇混凝土；2—中埋止水带；
3—后浇混凝土；4—结构迎水面

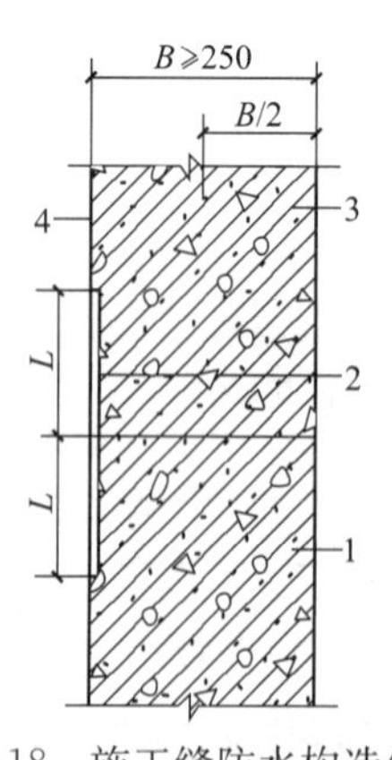

图 9-18　施工缝防水构造(二)

外贴止水带 $L\geqslant150$；外涂防水涂料 $L=200$；
外抹防水砂浆 $L=200$；
1—先浇混凝土；2—外贴止水带；
3—后浇混凝土；4—结构迎水面

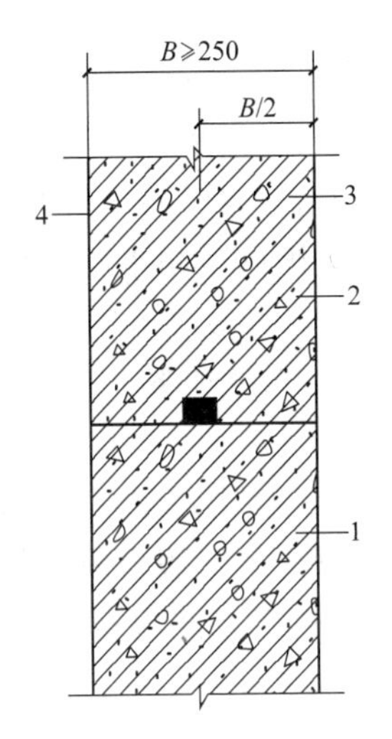

图 9-19　施工缝防水构造(三)

1—先浇混凝土；2—遇水膨胀止水条(胶)；3—后浇混凝土；4—结构迎水面

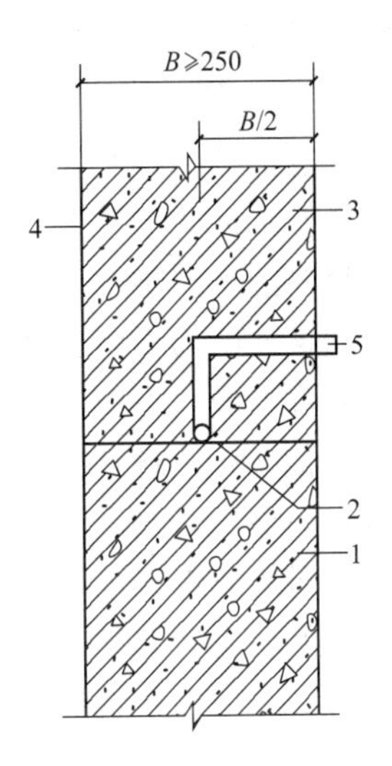

图 9-20　施工缝防水构造(四)

1—先浇混凝土；2—预埋注浆管；3—后浇混凝土；4—结构迎水面；5—注浆导管

施工缝的施工应符合下列规定：

(1) 水平施工缝浇筑混凝土前，应将其表面浮浆和杂物清除，然后铺设净浆或涂刷混凝土界面处理剂、水泥基渗透结晶型防水涂料等材料，再铺 30～50mm 厚的 1∶1 水泥砂浆，并应及时浇筑混凝土。

(2) 垂直施工缝浇筑混凝土前，应将其表面清理干净，再涂刷混凝土界面处理剂或水泥基渗透结晶型防水涂料，并应及时浇筑混凝土。

(3) 遇水膨胀止水条(胶)应与接缝表面密贴。

(4) 选用的遇水膨胀止水条(胶)应具有缓胀性能，7d 的净膨胀率不宜大于最终膨胀率的 60%，最终膨胀率宜大于 220%。

(5) 采用中埋式止水带或预埋式注浆管时，应定位准确、固定牢靠。

大体积防水混凝土的施工，应符合下列规定：

(1) 在设计许可的情况下，掺粉煤灰混凝土设计强度等级的龄期宜为 60d 或 90d。

(2) 宜选用水化热低和凝结时间长的水泥。

(3) 宜掺入减水剂、缓凝剂等外加剂和粉煤灰、磨细矿渣粉等掺合料。

(4) 炎热季节施工时，应采取降低原材料温度、减少混凝土运输时吸收外界热量等降温措施，入模温度不应大于 30℃。

(5) 混凝土内部预埋管道，宜进行水冷散热。

(6) 应采取保温保湿养护。混凝土中心温度与表面温度的差值不应大于 25℃，表面温度与大气温度的差值不应大于 20℃，温降梯度不得大于 3℃/d，养护时间不应少于 14d。

5. 防水混凝土的养护

防水混凝土终凝后应立即进行养护，养护时间不得少于 14d。防水混凝土的冬期施工应符合下列规定：混凝土入模温度不应低于 5℃；混凝土养护应采用综合蓄热法、蓄热法、暖棚法、掺化学外加剂等方法，不得采用电热法或蒸气直接加热法；应采取保湿保温措施。

9.2.1.2 结构表面附加防水层防水

1. 水泥砂浆防水层

防水砂浆应包括聚合物水泥防水砂浆、掺外加剂或掺合料的防水砂浆，宜采用多层抹压法施工。聚合物水泥防水砂浆厚度单层施工宜为 6～8mm，双层施工宜为 10～12mm；掺外加剂或掺合料的水泥防水砂浆厚度宜为 18～20mm。水泥砂浆防水层的基层混凝土强度或砌体用的砂浆强度均不应低于设计值的 80%。水泥砂浆防水层可用于地下工程主体结构的迎水面或背水面，不应用于受持续振动或温度高于 80℃的地下工程防水。

（1）水泥砂浆防水层施工准备

基层表面应平整、坚实、清洁，并应充分湿润、无明水。基层表面的孔洞、缝隙，应采用与防水层相同的防水砂浆堵塞并抹平。施工前应将预埋件、穿墙管预留凹槽内嵌填密封材料后，再施工水泥砂浆防水层。防水砂浆的配合比和施工方法应符合所掺材料的规定，其中聚合物水泥防水砂浆的用水量应包括乳液中的含水量。

（2）水泥砂浆防水层施工

水泥砂浆防水层应分层铺抹或喷射，铺抹时应压实、抹平，最后一层表面应提浆压光。聚合物水泥防水砂浆拌合后应在规定时间内用完，施工中不得任意加水。

水泥砂浆防水层各层应紧密粘合，每层宜连续施工；必须留设施工缝时，应采用阶梯坡形槎，但离阴阳角处的距离不得小于 200mm。

水泥砂浆防水层不得在雨天、五级及以上大风中施工。冬期施工时，气温不应低于5℃。夏季不宜在 30℃以上或烈日照射下施工。

水泥砂浆防水层终凝后，应及时进行养护，养护温度不宜低于 5℃，并应保持砂浆表面湿润，养护时间不得少于 14d。聚合物水泥防水砂浆未达到硬化状态时，不得浇水养护或直接受雨水冲刷，硬化后应采用干湿交替的养护方法。潮湿环境中，可在自然条件下养护。

2. 卷材防水层

（1）一般规定

卷材防水层宜用于经常处在地下水环境，且受侵蚀性介质作用或受振动作用的地下工程。卷材防水层应铺设在混凝土结构的迎水面。卷材防水层用于建筑物地下室时，应铺设在结构底板垫层至墙体防水设防高度的结构基面上；用于单建式的地下工程时，应从结构底板垫层铺设至顶板基面，并应在外围形成封闭的防水层。

阴阳角处应做成圆弧或 45°坡角，其尺寸应根据卷材品种确定。在阴阳角等特殊部位，应增做卷材加强层，加强层宽度宜为 300～500mm。

铺贴各类防水卷材应符合下列规定：

1）结构底板垫层混凝土部位的卷材可采用空铺法或点粘法施工，其粘结位置、点粘面积应按设计要求确定；侧墙采用外防外贴法的卷材及顶板部位的卷材应采用满粘法施工。主要是考虑地下工程的工期一般较紧，要求基层干燥达到符合卷材铺设要求需时较长，以及防水层上压有较厚的底板防水混凝土等因素，因此允许该部位卷材采用空铺或点粘施工。

2）卷材与基面、卷材与卷材间的粘结应紧密、牢固；铺贴完成的卷材应平整顺直，搭接尺寸应准确，不得产生扭曲和皱折。

3）卷材搭接处和接头部位应粘贴牢固，接缝口应封严或采用材性相容的密封材料封缝。

4）铺贴立面卷材防水层时，应采取防止卷材下滑的措施。

5）铺贴双层卷材时，上下两层和相邻两幅卷材的接缝应错开 1/3～1/2 幅宽，且两层卷材不得相互垂直铺贴。

不同品种防水卷材的搭接宽度应符合表 9-15 的要求。

防水卷材搭接宽度 **表 9-15**

卷材品种	搭接宽度(mm)	施工方法
弹性体改性沥青防水卷材	100	热熔法
改性沥青聚乙烯胎防水卷材	100	热熔法
自粘聚合物改性沥青防水卷材	80	自粘法
三元乙丙橡胶防水卷材	100/60(胶粘剂/胶粘带)	冷粘法
聚氯乙烯防水卷材	60/80(单焊缝/双焊缝)	焊接法
	100(胶粘剂)	冷粘法
聚乙烯丙纶复合防水卷材	100(粘结料)	自粘法
高分子自粘胶膜防水卷材	70/80(自粘胶/胶粘带)	自粘法(预铺反粘法)

(2) 基层要求

卷材防水层的基面应坚实、平整、清洁，阴阳角处应做圆弧或折角，并应符合所用卷材的施工要求。铺贴卷材严禁在雨天、雪天、五级及以上大风中施工；冷粘法、自粘法施工的环境气温不宜低于 5℃，热熔法、焊接法施工的环境气温不宜低于－10℃。施工过程中下雨或下雪时，应做好已铺卷材的防护工作。

防水卷材施工前，基面应干净、干燥，并应涂刷基层处理剂；当基面潮湿时，应涂刷湿固化型胶粘剂或潮湿界面隔离剂。基层处理剂应与卷材及其粘结材料的材性相容；基层处理剂喷涂或刷涂应均匀一致，不应露底，表面干燥后方可铺贴卷材。基层处理剂的主要作用是为了提高卷材与基面的粘结力。铺贴沥青类防水卷材前，为保证粘结质量，基面应涂刷基层处理剂(过去称“冷底子油”)，这是一种传统做法。近几年研发的自粘聚合物改性沥青防水卷材和自粘橡胶沥青防水卷材，均为冷粘法铺贴，亦有必要采用基层处理剂。合成高分子防水卷材采用胶粘剂冷粘法铺贴，当基层较潮湿时，有必要选用湿固化型胶粘剂或潮湿界面隔离剂。

(3) 高聚物改性沥青防水卷材施工方法

1）弹性体改性沥青防水卷材和改性沥青聚乙烯胎防水卷材热熔法施工

弹性体改性沥青防水卷材和改性沥青聚乙烯胎防水卷材采用热熔法施工应加热均匀，不得加热不足或烧穿卷材，搭接缝部位应溢出热熔的改性沥青。

2）聚合物改性沥青防水卷材自粘法施工

铺贴自粘聚合物改性沥青防水卷材应符合下列规定：

① 基层表面应平整、干净、干燥、无尖锐突起物或孔隙。

② 排除卷材下面的空气，应辊压粘贴牢固，卷材表面不得有扭曲、皱折和起泡现象。

③ 立面卷材铺贴完成后，应将卷材端头固定或嵌入墙体顶部的凹槽内，并应用密封

材料封严。

④ 低温施工时，宜对卷材和基面适当加热，然后铺贴卷材。

(4) 合成高分子防水卷材施工

1) 三元乙丙橡胶防水卷材冷粘法施工

铺贴三元乙丙橡胶防水卷材应采用冷粘法施工，并应符合下列规定：

① 基底胶粘剂应涂刷均匀，不应露底、堆积。

② 胶粘剂涂刷与卷材铺贴的间隔时间应根据胶粘剂的性能控制。

③ 铺贴卷材时，应辊压粘贴牢固。

④ 搭接部位的粘合面应清理干净，并应采用接缝专用胶粘剂或胶粘带粘结。

2) 聚氯乙烯防水卷材焊接法施工

铺贴聚氯乙烯防水卷材，接缝采用焊接法施工时应符合下列规定：

① 卷材的搭接缝可采用单焊缝或双焊缝。单焊缝搭接宽度应为 60mm，有效焊接宽度不应小于 30mm；双焊缝搭接宽度应为 80mm，中间应留设 10～20mm 的空腔，有效焊接宽度不宜小于 10mm。

② 焊接缝的结合面应清理干净，焊接应严密。

③ 应先焊长边搭接缝，后焊短边搭接缝。

3) 聚乙烯丙纶复合防水卷材冷粘法施工

铺贴聚乙烯丙纶复合防水卷材应符合下列规定：

① 应采用配套的聚合物水泥防水粘结材料。

② 卷材与基层粘贴应采用满粘法，粘结面积不应小于 90%，刮涂粘结料应均匀，不应露底、堆积。

③ 固化后的粘结料厚度不应小于 1.3mm。

④ 施工完的防水层应及时做保护层。

4) 高分子自粘胶膜防水卷材预铺反粘法施工

高分子自粘胶膜防水卷材宜采用预铺反粘法施工，并应符合下列规定：

① 卷材宜单层铺设。

② 在潮湿基面铺设时，基面应平整坚固、无明显积水。

③ 卷材长边应采用自粘边搭接，短边应采用胶粘带搭接，卷材端部搭接区应相互错开。

④ 立面施工时，在自粘边位置距离卷材边缘 10～20mm 内，应每隔 400～600mm 进行机械固定，并应保证固定位置被卷材完全覆盖。

⑤ 浇筑结构混凝土时不得损伤防水层。

(5) 卷材防水层施工方案

地下室卷材防水层施工是采用将卷材防水层粘贴在地下结构的迎水面(外防水法)。该施工方法可以保证地下结构外墙为防水卷材提供一个坚实的支撑和依附，可以充分发挥卷材的防水性能，做到既可防水，也可以防止地下水对地下工程主体结构混凝土造成侵袭，防水效果好。在地下工程卷材外防水中，外防水的卷材防水层铺贴方案，按其与地下工程墙体防水结构施工的先后顺序分为外贴法和内贴法两种。外防外贴法是墙体混凝土浇筑完毕、模板拆除后将立面卷材防水层直接铺设在需防水结构的外墙外表面。外防内贴法是混凝土垫层上砌筑永久保护墙，将卷材防水层铺贴在底板垫层和永久保护墙上，再浇筑混凝土外墙。

1）外防外贴法施工

① 外防外贴法施工方法

外防外贴法是在垫层铺贴好底板卷材防水层后，进行地下需防水结构的混凝土底板与墙体的施工，待墙体侧模拆除后，再将卷材防水层直接铺贴在墙面上。

外防外贴法的施工程序是：

浇筑混凝土垫层，在垫层上砌筑永久性保护墙，墙下干铺一层油毡。墙的高度应大于需防水结构底板厚度加 100mm。在永久性保护墙上，用石灰砂浆接砌高度大于 200mm 的临时保护墙。在永久性保护墙上抹 1∶3 水泥砂浆找平层，在临时保护墙上抹石灰砂浆找平层，并刷石灰浆。找平层基本干燥达到防水施工条件后，根据所选卷材的施工要求进行铺贴。大面积铺贴卷材前，应先在转角处粘贴一层卷材附加层；底板大面积的卷材防水层宜空铺，铺设卷材时应先铺平面，后铺立面，交接处应交叉搭接。从底面折向立面的卷材与永久性保护墙的接触部位，应采用空铺法施工。卷材与临时性保护墙或围护结构模板的接触部位，应将卷材临时贴附在该墙或模板上，并应将顶端临时固定。当不设保护墙时，从底面折向立面的卷材接槎部位，应采取可靠的保护措施。底板卷材防水层上应浇筑厚度不小于 50mm 的细石混凝土保护层，然后浇筑混凝土结构底板和墙体。混凝土外墙浇筑完成后，应将穿墙螺栓眼进行封堵处理，对不平整的接槎处进行打磨处理，铺贴立面卷材，应先将接槎部位的各层卷材揭开，并将其表面清理干净。如卷材有局部损伤，应及时进行修补。卷材接槎的搭接长度，高聚物改性沥青类卷材为 150mm，合成高分子类卷材为 100mm。当使用两层卷材时，卷材应错槎接缝，上层卷材应盖过下层卷材。墙体卷材防水层施工完毕，经过检查验收合格后，应及时做好保护层。侧墙卷材防水层宜采用软质保护材料或铺抹 20mm 厚 1∶2.5 水泥砂浆。卷材防水层甩槎、接槎构造做法如图 9-21 所示。

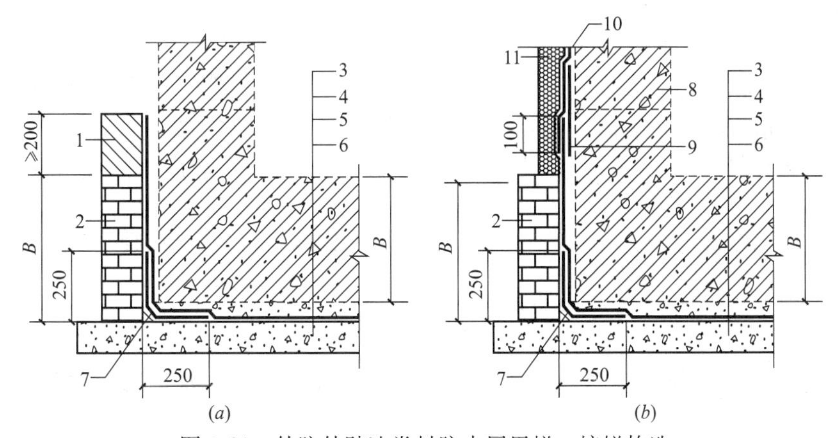

图 9-21　外防外贴法卷材防水层甩槎、接槎构造

(a)甩槎；(b)按槎

1—临时保护墙；2—永久保护墙；3—细石混凝土保护层；4—卷材防水层；
5 —水泥砂浆找平层；6—混凝土垫层；7—卷材加强层；8—结构墙体；
9—卷材加强层；10—卷材防水层；11—卷材保护层

② 外防外贴法施工质量控制

采用外防外贴法铺贴卷材防水层时，应符合下列规定：

A. 应先铺平面，后铺立面，交接处应交叉搭接。

B. 临时性保护墙宜采用石灰砂浆砌筑，内表面宜做找平层。

C. 从底面折向立面的卷材与永久性保护墙的接触部位，应采用空铺法施工；卷材与临时性保护墙或围护结构模板的接触部位，应将卷材临时贴附在该墙上或模板上，并应将顶端临时固定。

D. 当不设保护墙时，从底面折向立面的卷材接槎部位应采取可靠的保护措施。

E. 混凝土结构完成，铺贴立面卷材时，应先将接槎部位的各层卷材揭开，并应将其表面清理干净，如卷材有局部损伤，应及时进行修补。卷材接槎的搭接长度，高聚物改性沥青类卷材应为150mm，合成高分子类卷材应为100mm。当使用两层卷材时，卷材应错槎接缝，上层卷材应盖过下层卷材。

2）外防内贴法施工

① 外防内贴法施工顺序

浇筑混凝土垫层，在垫层上砌筑永久性保护墙，墙下干铺一层油毡，在永久性保护墙内表面应抹厚度为20mm的1∶3水泥砂浆找平层。找平层干燥后涂刷基层处理剂，干燥后方可铺贴卷材防水层。在全部转角处均应铺贴卷材附加层，附加层应粘贴紧密。铺贴卷材应先铺立面，后铺平面；先铺转角，后铺大面。卷材防水层经验收合格后，应及时做保护层，顶板卷材防水层上的细石混凝土保护层当采用机械碾压回填土时，保护层厚度不宜小于70mm。采用人工回填土时，保护层厚度不宜小于50mm。防水层与保护层之间宜设置隔离层。底板卷材防水层上的细石混凝土保护层厚度不应小于50mm。侧墙卷材防水层宜采用软质保护材料或铺抹20mm厚1∶2.5水泥砂浆保护层。卷材防水施工完毕后，再施工混凝土底板及墙体。外防内贴法示意图如图9-22所示。

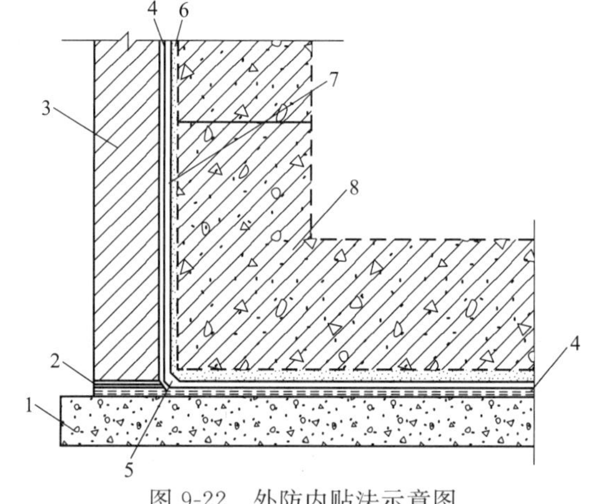

图9-22 外防内贴法示意图

1—混凝土垫层；2—干铺油毡；3—永久性保护墙；4—找平层；5—卷材附加层；6—卷材防水层；7—保护层；8—混凝土结构

② 外防内贴法铺贴质量要求

采用外防内贴法铺贴卷材防水层时，应符合下列规定：

A. 混凝土结构的保护墙内表面应抹厚度为20mm的1∶3水泥砂浆找平层，然后铺贴卷材。

B. 卷材宜先铺立面，后铺平面。铺贴立面时，应先铺转角，后铺大面。

高分子自粘胶膜防水卷材采用预铺反粘施工技术，是针对外防内贴施工的一项新技术，可以保证卷材与结构全粘结，若防水层局部受到破坏，渗水不会在卷材防水层与结构之间到处窜流。

3. 涂料防水层

涂料防水层应包括无机防水涂料和有机防水涂料。无机防水涂料可选用掺外加剂、掺合料的水泥基防水涂料、水泥基渗透结晶型防水涂料。有机防水涂料可选用反应型、水乳型、聚合物水泥等涂料。无机防水涂料宜用于结构主体的背水面，有机防水涂料宜用于地下工程主体结构的迎水面，用于背水面的有机防水涂料应具有较高的抗渗性，且与基层有较好的粘结性。

（1）材料要求

1）一般要求

涂料防水层所选用的涂料应具有良好的耐水性、耐久性、耐腐蚀性及耐菌性。涂料应无毒、难燃、低污染。无机防水涂料应具有良好的湿干粘结性和耐磨性，有机防水涂料应具有较好的延伸性及较大适应基层变形能力。

2）防水涂料品种的选择

潮湿基层宜选用与潮湿基面粘结力大的无机防水涂料或有机防水涂料，也可采用先涂无机防水涂料而后再涂有机防水涂料构成复合防水涂层。地下工程由于受施工工期的限制，要想使基面达到比较干燥的程度较难，因此在潮湿基面上施作涂料防水层是地下工程常遇到的问题之一。目前一些有机或无机涂料在潮湿基面上均有一定的粘结力，可从中选用粘结力较大的涂料。在过于潮湿的基面上还可采用两种涂料复合使用的方法，即先涂无基防水涂料，利用其凝固快和与其他涂层防水层粘结好的特点，作成防水过渡层，而后再涂反应型、水乳型、聚合物水泥涂料。

冬期施工时，由于气温低，用水乳型涂料已不适宜，此时宜选用反应型涂料。溶剂型涂料也适于在冬期施工使用，但由于涂料中溶剂挥发会给环境造成污染，故不宜在封闭的地下工程中使用。

埋置深度较深的重要工程、有振动或有较大变形的工程，宜选用高弹性防水涂料。有腐蚀性的地下环境宜选用耐腐蚀性较好的有机防水涂料，并应做刚性保护层。

聚合物水泥防水涂料，是以丙烯酸酯等聚合物乳液和水泥为主要原料，加入其他外加剂制得的双组分水性建筑防水涂料。聚合物水泥防水涂料发展很快，1990 年上海从日本大关化学有限公司引进的自闭型聚合物水泥防水涂料，除具有聚合物水泥防水涂料良好的柔韧性、粘结性、安全环保的特点外，还有独特的龟裂自封闭特性。目前国内已有 200 多项地下工程应用此种涂料，最早施工的防水工程已有 10 年之久。聚合物水泥防水涂料应选用Ⅱ型产品。聚合物水泥防水涂料分为Ⅰ型和Ⅱ型两个产品，Ⅱ型是以水泥为主的防水涂料，主要用于长期浸水环境下的建筑防水工程。

（2）涂料施工

防水涂料宜采用外防外涂或外防内涂(图 9-23、图 9-24)。掺外加剂、掺合料的水泥基防水涂料厚度不得小于 3.0mm；水泥基渗透结晶型防水涂料的用量不应小于 1.5kg/m^2，且厚度不应小于 1.0mm；有机防水涂料的厚度不得小于 1.2mm。

无机防水涂料基层表面应干净、平整、无浮浆和明显积水。有机防水涂料基层表面应基本干燥，不应有气孔、凹凸不平、蜂窝麻面等缺陷。涂料施工前，基层阴阳角应做成圆弧形。涂料防水层严禁在雨天、雾天、五级及以上大风时施工，也不得在施工环境温度低于 5℃及高于 35℃或烈日暴晒时施工。涂膜固化前如有降雨可能时，应及时做好已完涂层的保护工作。

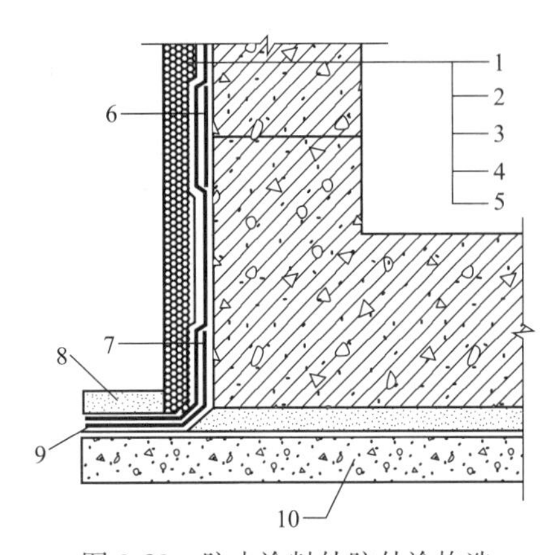

图 9-23　防水涂料外防外涂构造

1—保护墙；2—砂浆保护层；3—涂料防水层；
4—砂浆找平层；5—结构墙体；6—涂料防水层加强层；
7—涂料防水加强层；8—涂料防水层搭接部位保护层；
9—涂料防水层搭接部位；10—混凝土垫层

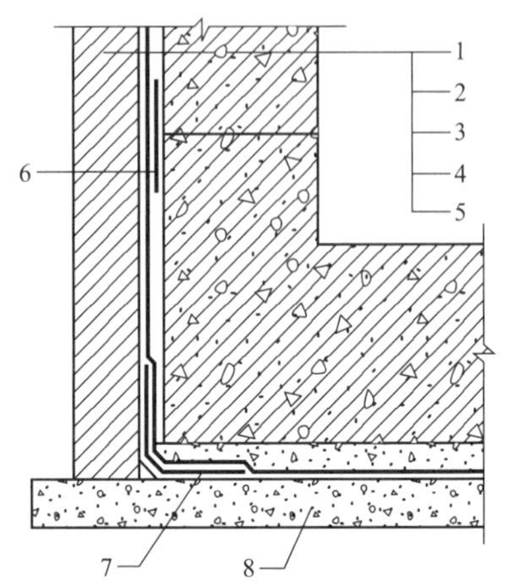

图 9-24　防水涂料外防内涂构造

1—保护墙；2—涂料保护层；3—涂料防水层；
4—找平层；5—结构墙体；6—涂料防水层
加强层；7—涂料防水加强层；
8—混凝土垫层

防水涂料的配制应按涂料的技术要求进行。防水涂料应分层刷涂或喷涂，涂层应均匀，不得漏刷漏涂；接槎宽度不应小于 100mm。铺贴胎体增强材料时，应使胎体层充分浸透防水涂料，不得有露槎及褶皱。

4. 保护层施工

卷材防水层经检查合格后应及时做保护层。

(1) 地下室顶板防水层保护层要求

顶板卷材防水层上的细石混凝土保护层，应符合下列规定：

1) 采用机械碾压回填土时，保护层厚度不宜小于 70mm。

2) 采用人工回填土时，保护层厚度不宜小于 50mm。

3) 防水层与保护层之间宜设置隔离层。

(2) 地下室底板防水层保护层要求

底板卷材防水层上的细石混凝土保护层厚度不应小于 50mm(图 9-25)。

图 9-25　底板防水层细石混凝土保护层

(3) 地下室外墙防水层保护层要求

地下室侧墙卷材防水层宜采用软质保护材料或铺抹 20mm 厚 1：2.5 水泥砂浆层（图 9-26）。

有机防水涂料施工完后应及时做保护层，保护层应符合下列规定：

1) 底板、顶板应采用 20mm 厚 1：2.5 水泥砂浆层和 40～50mm 厚的细石混凝土保护层，防水层与保护层之间宜设置隔离层。

2) 侧墙背水面保护层应采用 20mm 厚 1：2.5 水泥砂浆。

(a)

(b)

图 9-26　地下室外墙防水保护层
(a)软质保护层；(b)砖砌体保护层

3）侧墙迎水面保护层宜选用软质保护材料或 20mm 厚 1∶2.5 水泥砂浆。

9.2.1.3　地下工程混凝土结构细部构造防水

1. 变形缝

变形缝应满足密封防水、适应变形、施工方便、检修容易等要求。用于伸缩的变形缝宜少设，可根据不同的工程结构类别、工程地质情况采用后浇带、加强带、诱导缝等替代措施。变形缝处混凝土结构的厚度不应小于 300mm，用于沉降的变形缝最大允许沉降差值不应大于 30mm，变形缝的宽度宜为 20～30mm。变形缝的几种复合防水构造形式如图 9-27～图 9-30 所示。

环境温度高于 50℃处的变形缝，中埋式止水带可采用金属制作(图 9-30)。

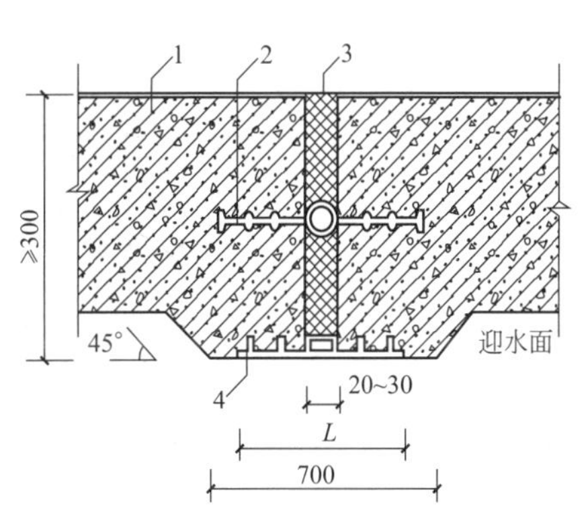

图 9-27　中埋式止水带与外贴防水层复合使用
外贴式止水带 L≥300
外贴防水卷材 L≥400
外涂防水涂层 L≥400
1—混凝土结构；2—中埋式止水带；3—填缝材料；4—外贴止水带

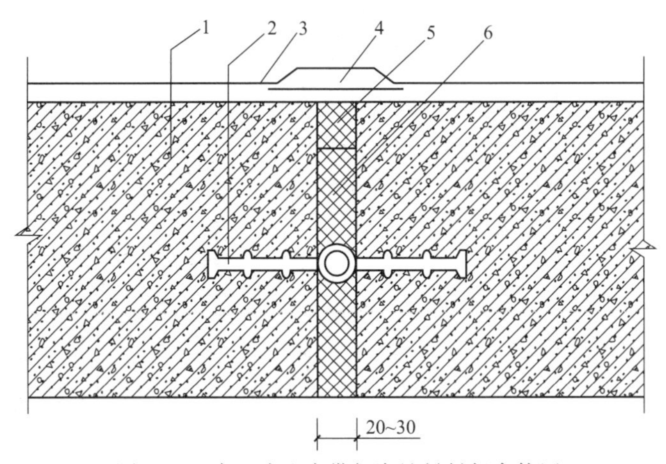

图 9-28　中埋式止水带与嵌缝材料复合使用
1—混凝土结构；9—中埋式止水带；3—防水层；4—隔离层；5—密封材料；6—填缝材料

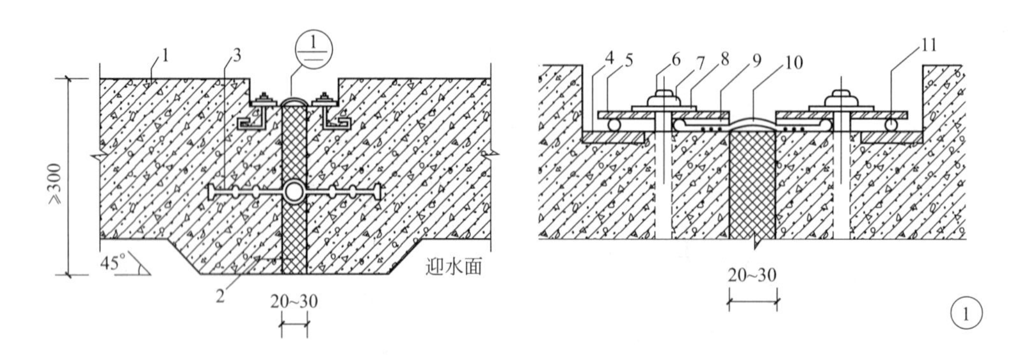

图 9-29　中埋式止水带与可卸式止水带复合使用

1—混凝土结构；2—填缝材料；3—中埋式止水带；4—预埋钢板；5—紧固件压板；6—预埋螺栓；7—螺母；8—垫圈；9—紧固件压块；10—Ω 型止水带；11—紧固件圆钢

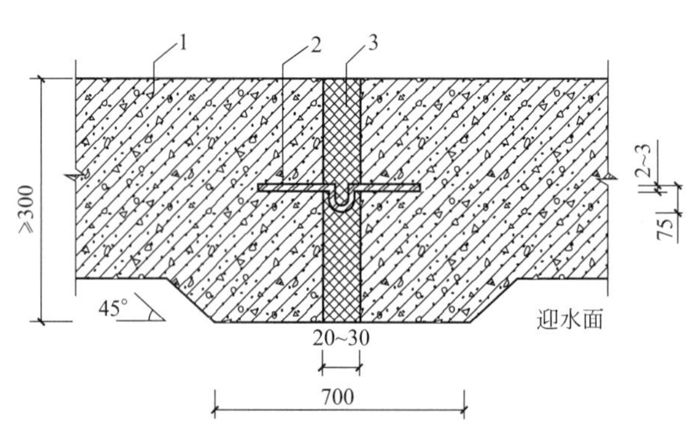

图 9-30　中埋式金属止水带

1—混凝土结构；2—金属止水带；3—填缝材料

变形缝施工要点

中埋式止水带埋设位置应准确，其中间空心圆环应与变形缝的中心线重合。止水带应固定，顶、底板内止水带应成盆状安设。中埋式止水带先施工一侧混凝土时，其端模应支撑牢固，并应严防漏浆。止水带的接缝宜为一处，应设在边墙较高位置上，不得设在结构转角处，接头宜采用热压焊接。中埋式止水带在转弯处应做成圆弧形，(钢边)橡胶止水带的转角半径不应小于 200mm，转角半径应随止水带的宽度增大而相应加大。

安设于结构内侧的可卸式止水带施工时所需配件应一次配齐，转角处应做成 45°折角，并应增加紧固件的数量。

变形缝与施工缝均用外贴式止水带(中埋式)时，其相交部位宜采用十字配件(图 9-31)。变形缝用外贴式止水带的转角部位宜采用直角配件

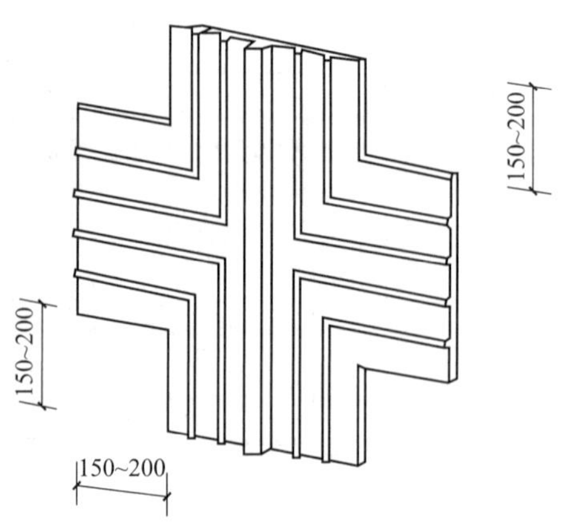

图 9-31　外贴式止水带在施工缝与变形缝相交处的十字配件

（图 9-32）。

密封材料嵌填施工时，缝内两侧基面应平整干净、干燥，并应刷涂与密封材料相容的基层处理剂。嵌缝底部应设置背衬材料。嵌填应密实连续、饱满，并应粘结牢固。在缝表面粘贴卷材或涂刷涂料前，应在缝上设置隔离层。

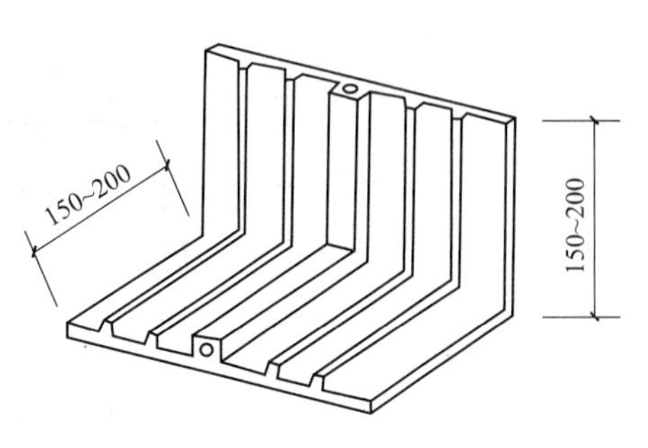

图 9-32　外贴式止水带在转角处的直角配件

2. 后浇带

后浇带宜用于不允许留设变形缝的工程部位。后浇带应在其两侧混凝土龄期达到 42d 后再施工，高层建筑的后浇带施工应按规定时间进行。后浇带应采用补偿收缩混凝土浇筑，其抗渗和抗压强度等级不应低于两侧混凝土。

后浇带应设在受力和变形较小的部位，其间距和位置应按结构设计要求确定，宽度宜为 700～1000mm。后浇带两侧可做成平直缝或阶梯缝，其防水构造形式宜采用图 9-33～图 9-35。采用掺膨胀剂的补偿收缩混凝土，水中养护 14d 后的限制膨胀率不应小于 0.015％，膨胀剂的掺量应根据不同部位的限制膨胀率设定值经试验确定。

补偿收缩混凝土的配合比除应符合防水混凝土的规定外，尚应符合下列要求：

（1）膨胀剂掺量不宜大于 12％。

（2）膨胀剂掺量应以胶凝材料总量的百分比表示。

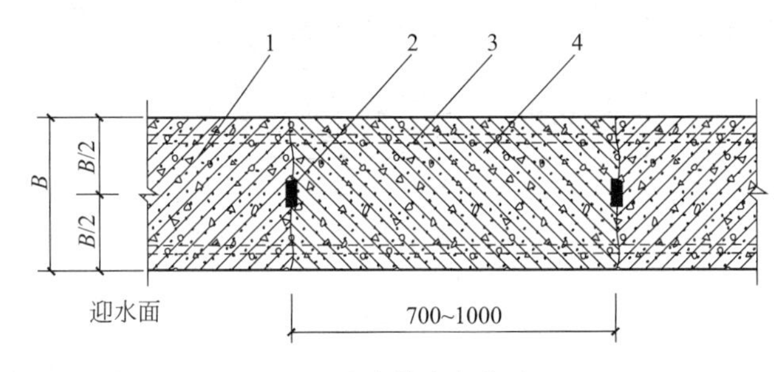

图 9-33　后浇带防水构造（一）

1—先浇混凝土；2—遇水膨胀止水条（胶）；3—结构主筋；4—后浇补偿收缩混凝土

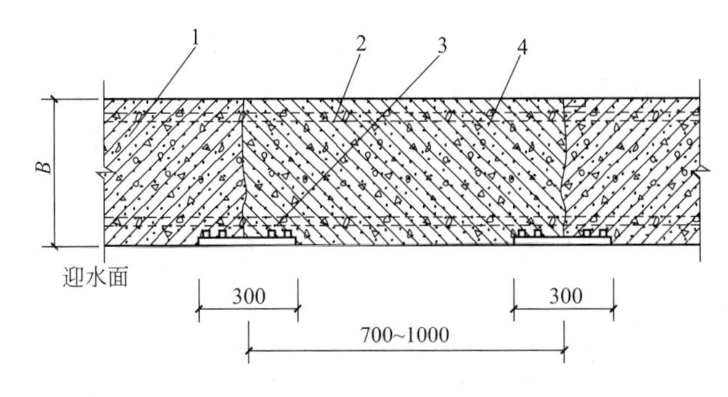

图 9-34　后浇带防水构造（二）

1—先浇混凝土；2—结构主筋；3—外贴式止水带；4—后浇补偿收缩混凝土

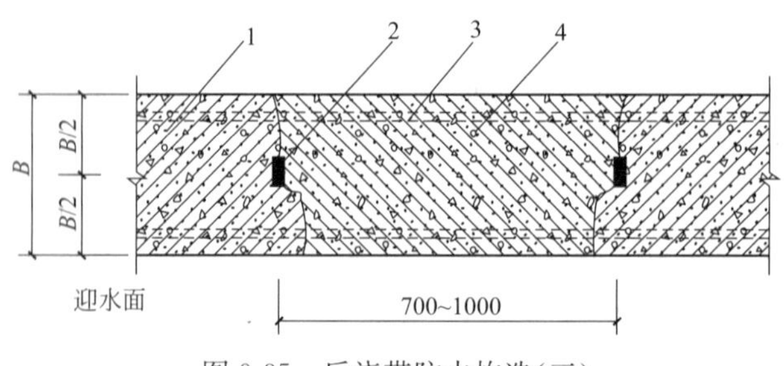

图 9-35　后浇带防水构造(三)

1—先浇混凝土；2 一遇水膨胀止水条(胶)；3—结构主筋；4—后浇补偿收缩混凝土

后浇带混凝土施工前，后浇带部位和外贴式止水带应防止落入杂物和损伤外贴止水带。后浇带两侧的接缝按施工缝的要求处理，采用膨胀剂拌制补偿收缩混凝土时，应按配合比准确计量。后浇带混凝土应一次浇筑，不得留设施工缝。混凝土浇筑后应及时养护，养护时间不得少于 28d。

后浇带需超前止水时，后浇带部位的混凝土应局部加厚，并应增设外贴式或中埋式止水带(图 9-36)。

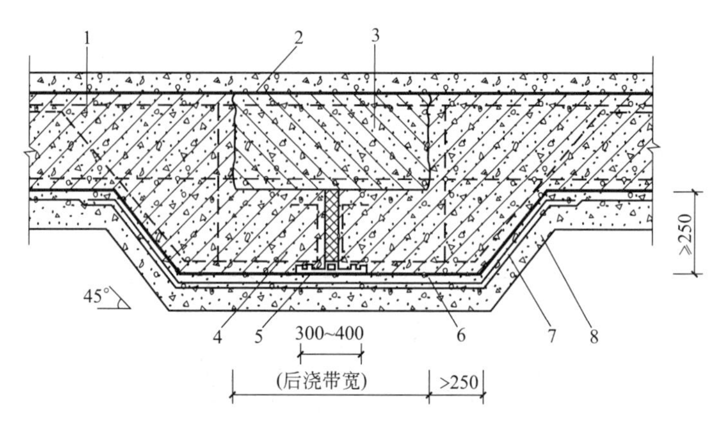

图 9-36　后浇带超前止水构造

1—混凝土结构；2—钢丝网片；3—后浇带；4—填缝材料；5—外贴式止水带；
6—细石混凝土保护层；7—卷材防水层；8—垫层混凝土

3. 穿墙管(盒)

穿墙管(盒)应在浇筑混凝土前预埋。穿墙管与内墙角、凹凸部位的距离应大于 250mm。结构变形或管道伸缩量较小时，穿墙管可采用主管直接埋入混凝土内的固定式防水法，主管应加焊止水环或环绕遇水膨胀止水圈，并应在迎水面预留凹槽，槽内应采用密封材料嵌填密实。其防水构造形式宜采用图 9-37～图 9-39。

结构变形或管道伸缩量较大或有更换要求时，应采用套管式防水法，套管应加焊止水环(图 9-39)。

穿墙管防水施工时其金属止水环应与主管或套管满焊密实，采用套管式穿墙防水构造时，翼环与套管应满焊密实，并应在施工前将套管内表面清理干净。相邻穿墙管间的间距应大于 300mm。采用遇水膨胀止水圈的穿墙管，管径宜小于 50mm，止水圈应采用胶粘剂满粘固定于管上，并应涂缓胀剂或采用缓胀型遇水膨胀止水圈(图 9-38)。

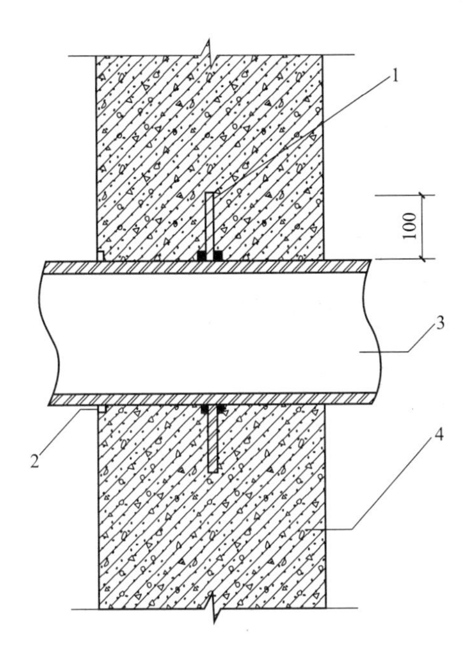

图 9-37　固定式穿墙管防水构造(一)

1—止水环；2—密封材料；3—主管；
4—混凝土结构

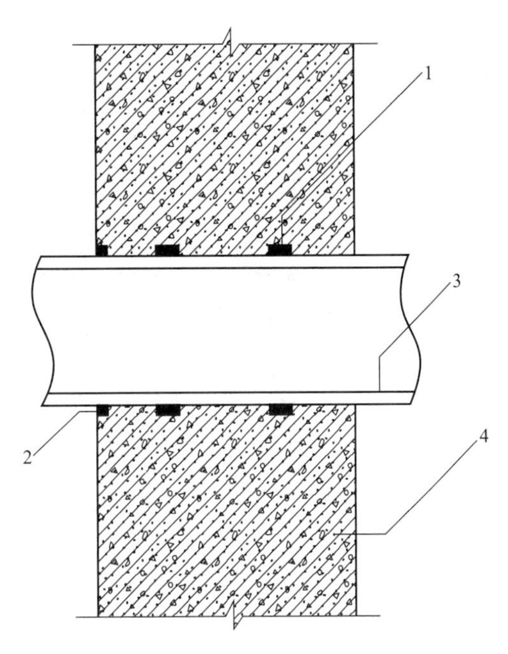

图 9-38　固定式穿墙管防水构造(二)

1—遇水膨胀止水圈；2—密封材料；3—主管；
4—混凝土结构

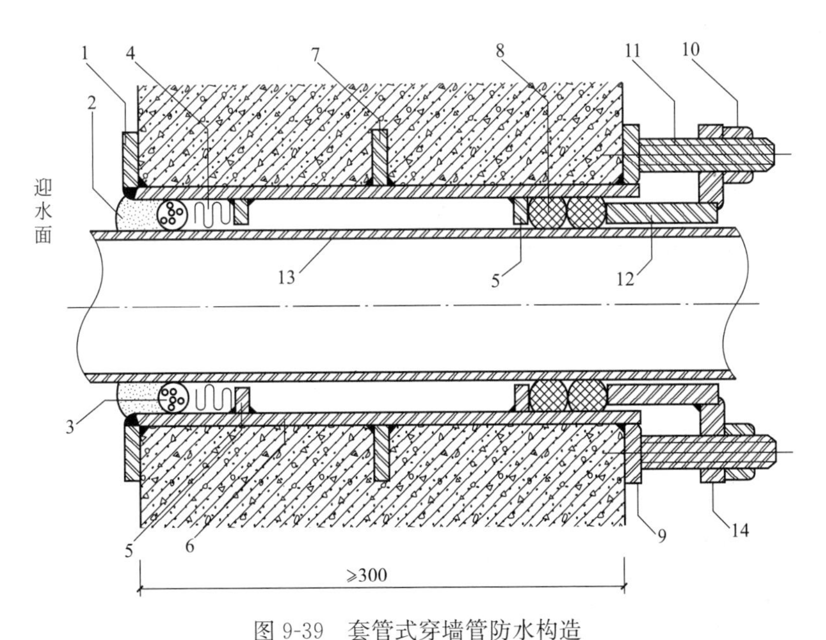

图 9-39　套管式穿墙管防水构造

1—翼环；2—密封材料；3—背衬材料；4—充填材料；5—挡圈；6—套管；
7—止水环；8—橡胶圈；9—翼盘；10—螺母；11—双头螺栓；12—短管；
13—主管；14—法兰盘

穿墙管线较多时，宜相对集中，并应采用穿墙盒方法。穿墙盒的封口钢板应与墙上的预埋角钢焊严，并应从钢板上的预留浇注孔注入柔性密封材料或细石混凝土(图 9-40)。

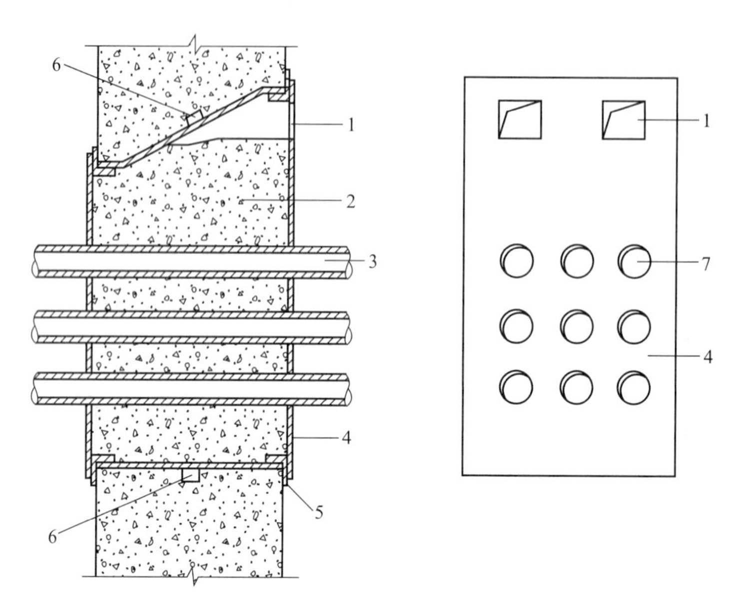

图 9-40　穿墙群管防水构造

1—浇筑孔；2—柔性材料或细石混凝土；3—穿墙管；4—封口钢板；
5—固定角钢；6—遇水膨胀止水条；7—预留孔

4. 埋设件

结构上的埋设件应采用预埋或预留孔（槽）等。埋设件端部或预留孔（槽）底部的混凝土厚度不得小于 250mm。当厚度小于 250mm 时，应采取局部加厚或其他防水措施（图 9-41）。

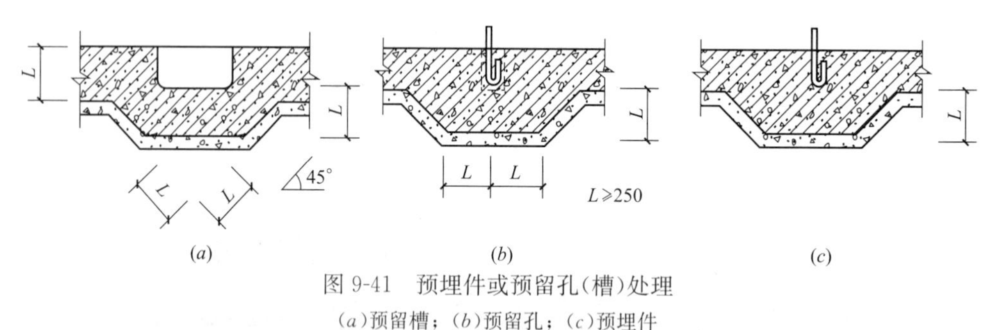

图 9-41　预埋件或预留孔（槽）处理

(a)预留槽；(b)预留孔；(c)预埋件

注：预留孔（槽）内的防水层，宜与孔（槽）外的结构防水层保持连续。

5. 预留通道接头

预留通道接头处的最大沉降差值不得大于 30mm。预留通道接头应采取变形缝防水构造形式（图 9-42、图 9-43）。

预留通道接头的防水施工应符合下列规定：

(1) 中埋式止水带、遇水膨胀橡胶条（胶）、预埋注浆管、密封材料、可卸式止水带的施工应符合变形缝施工的有关规定。

(2) 预留通道先施工部位的混凝土、中埋式止水带和防水相关的预埋件等应及时保护，并应确保端部表面混凝土和中埋式止水带清洁，埋设件不得锈蚀。

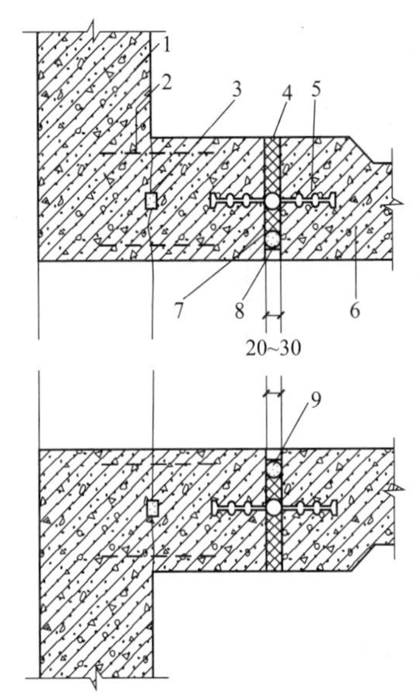

图 9-42　预留通道接头防水构造(一)

1—先浇混凝土结构；2—连接钢筋；3—遇水膨胀止水条(胶)；4—填缝材料；5—中埋式止水带；6—后浇混凝土结构；7—遇水膨胀橡胶条(胶)；8—密封材料；9—填充材料

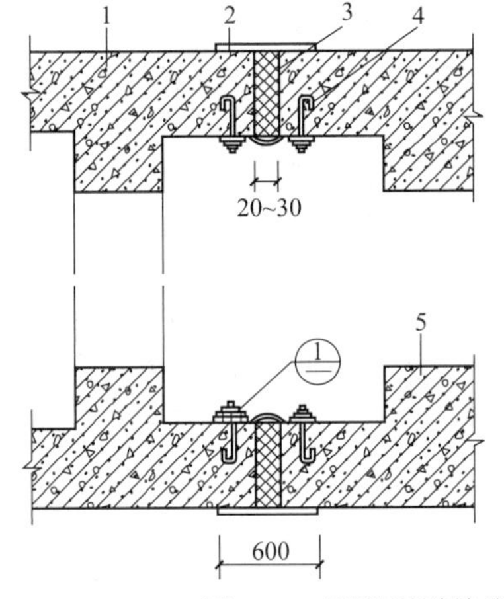

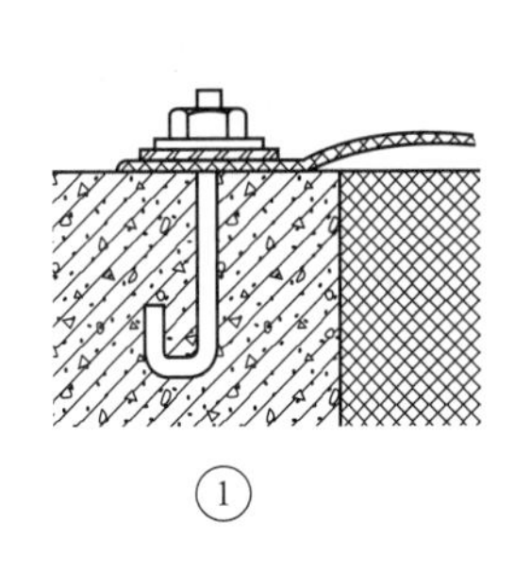

图 9-43　预留通道接头防水构造(二)

1—先浇混凝土结构；2—防水涂料；3—填缝材料；4—可卸式止水带；5—后浇混凝土结构

(3) 采用图 9-42 的防水构造时，在接头混凝土施工前应将先浇混凝土端部表面凿毛，露出钢筋或预埋的钢筋接驳器钢板，与待浇混凝土部位的钢筋焊接或连接好后再行浇筑。

(4) 当先浇混凝土中未预埋可卸式止水带的预埋螺栓时，可选用金属或尼龙的膨胀螺栓固定可卸式止水带。采用金属膨胀螺栓时，可选用不锈钢材料或用金属涂膜、环氧涂料等涂层进行防锈处理。

6. 桩头

桩头所用防水材料应具有良好的粘结性、湿固化性。桩头防水材料应与垫层防水层连为一体。桩头防水施工时应按设计要求将桩顶剔凿至混凝土密实处，并应清洗干净。破桩后如发现渗漏水，应及时采取堵漏措施。涂刷水泥基渗透结晶型防水涂料时，应连续、均匀，不得少涂或漏涂，并应及时进行养护。采用其他防水材料时，基面应符合施工要求。应对遇水膨胀止水条(胶)进行保护。桩头防水构造形式应符合图 9-44 和图 9-45 的规定。

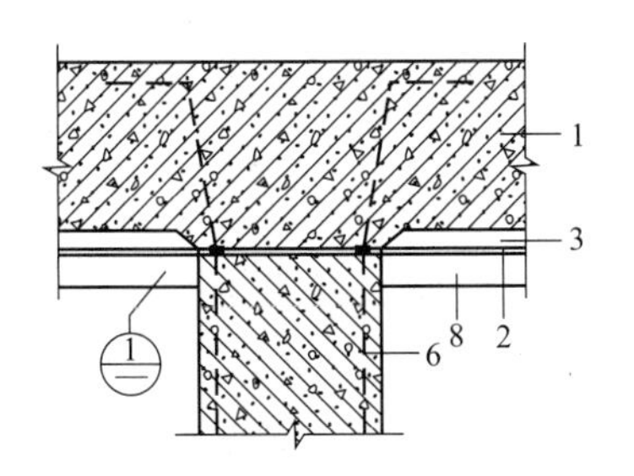

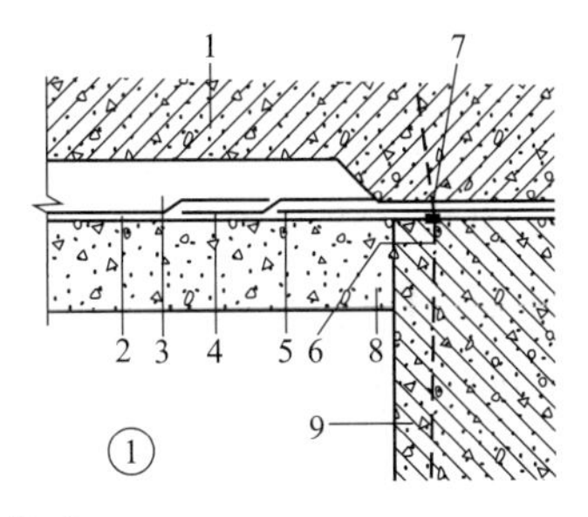

图 9-44　桩头防水构造(一)

1—结构底板；2—底板防水层；3—细石混凝土保护层；4—防水层；5—水泥基渗透结晶型防水涂料；6—桩基受力筋；7—遇水膨胀止水条(胶)；8—混凝土垫层；9—桩基混凝土

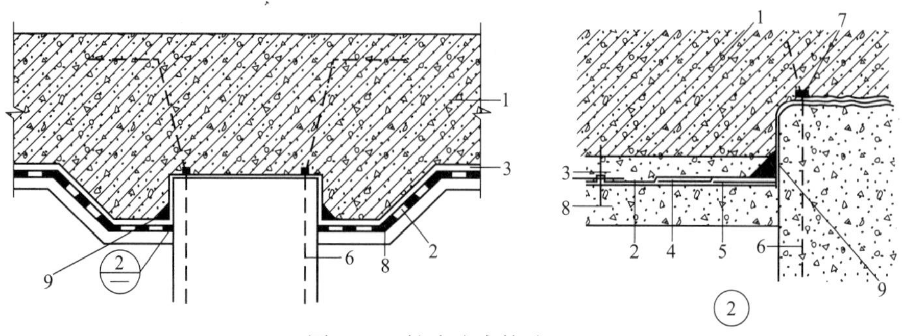

图 9-45　桩头防水构造(二)

1—结构底板；2—底板防水层；3—细石混凝土保护层；4—聚合物水泥防水砂浆；5—水泥基渗透结晶型防水涂料；6—桩基受力筋；7—遇水膨胀止水条(胶)；8—混凝土垫层；9—密封材料

7. 孔口

地下工程通向地面的各种孔口应采取防地面水倒灌的措施。人员出入口高出地面的高度宜为500mm。汽车出入口设置明沟排水时，其高度宜为150mm，并应采取防雨措施。窗井的底部在最高地下水位以上时，窗井的底板和墙应做防水处理，并宜与主体结构断开(图 9-46)。

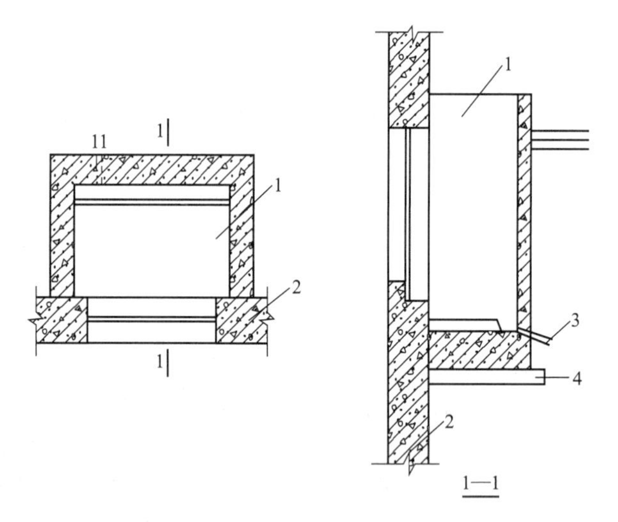

图 9-46　窗井防水构造

1—窗井；2—主体结构；3—排水管；4—垫层

窗井或窗井的一部分在最高地下水位以下时，窗井应与主体结构连成整体，其防水层也应连成整体，并应在窗井内设置集水井(图 9-47)。

无论地下水位高低，窗台下部的墙体和底板应做防水层。窗井内的底板，应低于窗下缘300mm。窗井墙高出地面不得小于500mm。窗井外地面应做散水，散水与墙面间应采用密封材料嵌填。通风口应与窗井同样处理，竖井窗下缘离室外地面高度不得小于500mm。

8. 坑、池

坑、池、储水库宜采用防水混凝土整体浇筑，内部应设防水层。受振动作用时应设柔性防水层。底板以下的坑、池，其局部底板应相应降低，并应使防水层保持连续(图 9-48)。

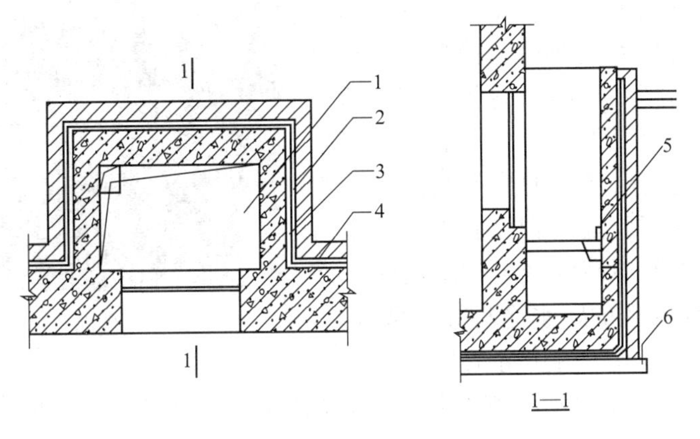

图 9-47　窗井防水构造

1—窗井；2—防水层；3—主体结构；4—防水层保护层；5—集水井；6—垫层

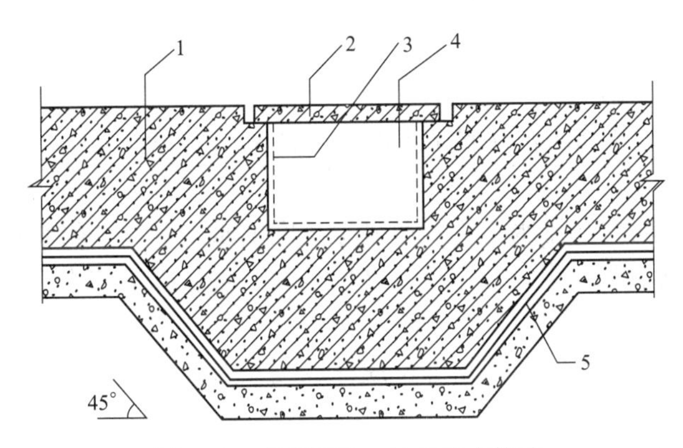

图 9-48　底板下坑、池的防水构造

1—底板；2—盖板；3—坑、池防水层；4—坑、池；5—主体结构防水层

9.3　建筑地面防水

建筑地面防水是房屋建筑防水的重要组成部分，其防水质量直接关系建筑物的使用功能，特别是厕浴间、厨房和有防水要求的楼层地面(含有地下室的底层地面)，如若发生渗透、漏水等现象，则严重影响人们的正常活动和居住条件，而且是楼上人家地面渗漏影响的是楼下人家，给维修造成极大的不便。因此，做好防水层(即隔离层)铺设，是建筑地面工程中一项极其重要的大问题。本节主要讲述卫生间防水。

1. 建筑地面防水范围及防水材料选择

(1) 凡有防水要求的楼层地面(含有地下室的底层地面)工程，如卫生间、盥洗室、厨房等，一般穿过楼板面和墙面的管道比较多。而穿过的管道其形状、节点构造较复杂，面积又较小、阴阳角量大、变截面多，(图 9-49)。这些部位一般容易变形，而且变形相对较大，因此很容易渗漏水。应此采用防水类材料对管道与楼板或墙体的节点之间进行密封处理，以形成一个有弹性的整体防水层。

(2) 防水类材料有防水卷材和防水涂料。但由于采用防水卷材因其剪口和接缝多，对节点之间的处理很难粘结牢固和封闭严密，这将会造成渗透、漏水的工程隐患。故卫生间多采用防水涂料，如选用高弹性的聚氨酯涂膜防水或选用弹塑性的氯丁胶乳沥青涂料防水，也可选用对基层干燥程度不高的聚合物水泥防水涂料和水泥基渗透结晶型的防水涂料等新型材料，可以使卫生间、盥洗室、厨房等的楼面和墙面形成一个没有接缝、封闭严密的整体防水层，从而确保了卫生间等的防水工程质量。

图 9-49　卫生间管道布置及防水构造

(3) 厕浴间等的防水，重点应推广合成高分子防水涂料。

2. 卫生间防水施工工艺流程

清理基层→找平层施工→细部附加层施工→大面积涂料施工→蓄水试验→保护层施工→验收

3. 卫生间防水施工工艺

(1) 卫生间采用聚氨酯防水涂料施工时的工艺

1) 清理基层

首先安装好卫生间的给排水立管及基础卫生间的水平管，并将管道与结构楼板之间的缝隙用细石混凝土或水泥砂浆修补完整，基层表面必须认真清扫干净。

2) 找平层施工

用水泥砂浆找平，卫生间阴阳角部位应抹成圆弧形。

3) 细部附加层施工

① 地漏、管道根部、阴阳角等处先应用聚氨酯防水涂料涂刮一遍做附加层处理。

② 在管道穿过楼板面四周，防水涂料应向上铺涂，并超过套管的上口；在靠近墙面处，应高出面层 200～300mm 或按设计要求的高度铺涂。

4) 大面积涂料施工

将聚氨酯涂料用橡胶刮板在基层表面均匀涂刮第一遍，厚度一致，涂刮量为 0.6～0.8kg/m^2。

在第一遍涂膜固化后，再进行第二遍聚氨酯防水涂料涂刮。对平面的涂刮方向应与第一遍刮涂方向相垂直，涂刮量与第一遍相同。

待第二遍涂膜固化后，进行第三遍聚氨酯防水涂料涂刮，达到设计厚度。在最后一遍涂膜施工完毕尚未固化时，在其表面应均匀地撒上少量干净的中砂，以增加与后续的水泥砂浆保护层之间的粘结。

厕浴间的防水层经多遍涂刷，聚氨酯涂膜总厚度应不小于 1.5mm。

5) 蓄水试验

当涂膜完全固化后即可蓄水试验，蓄水深度不小于 20mm，蓄水时间不低于 24h，以不渗漏为合格。

6) 保护层施工

当经蓄水试验验收合格可进行保护层施工。保护层施工完毕即可开始安装水平管，进而采用煤渣回填卫生间，开始卫生间墙面和地面饰面层的施工。

（2）水泥基渗透结晶型防水涂料施工工艺

1）基层处理

① 对基层缺陷部位（如封堵孔洞）进行修理，除去有机物、油漆等其他粘结物，如有大于 0.4mm 以上的裂纹，应进行缝修理。对蜂窝结构或疏松结构应凿除，松动杂物用水冲刷至坚实的混凝土基层并将其润湿，涂刷浓缩剂浆料，再用防水砂浆填补、压实，掺合剂的掺量应为水泥含量的 2%。

② 底板与边墙相交的阴角处应加强处理。用浓缩剂料团（粉：水＝5：1）趁潮湿嵌填于阴角处，用手锤或抹子捣固压实。

③ 采用水泥基渗透结晶型防水涂料施工时，卫生间地面不需要找平。图 9-50 是聚合物水泥防水涂料。

2）细部附加层施工

按防水涂料：水＝5：2（体积比）将粉料与水倒入容器内，用手提电动搅拌器搅拌 3～5min 混合均匀。一次制浆不宜过多，在 20min 内用完，混合物变稠时频繁搅动，中间不得加水、加料。用半硬的尼龙刷，不宜用抹子、滚筒、油漆刷等，先在管道根部以及阴阳角部位来回多遍涂刷，涂层要求均匀，不应过薄或过厚，控制在单位用量之内。

3）大面积涂料施工

大面积涂料施工应待上道涂层终凝 6～12h 后，仍呈潮湿状态时进行。如涂层太干则可先喷洒些雾水后即可使用与上一道相同量的浓缩剂。

涂料涂层施工后，需检查涂层是否均匀，有无漏涂，如有缺陷应及时修补。

大面积涂料施工完成且涂层终凝后做喷雾养护，养护必须用干净水，不应出现明水，一般每天喷雾水 3 次，连续数天，在热天或干燥天气应增加喷雾次数，使其保持湿润状态，防止涂层过早干燥。

4）蓄水试验

蓄水试验需在养护完 3～7d 后进行，蓄水深度不小于 20mm，蓄水时间不低于 24h，以不漏为合格。图 9-51 为卫生蓄水试验实物照片。

图 9-50　聚合物水泥防水涂料

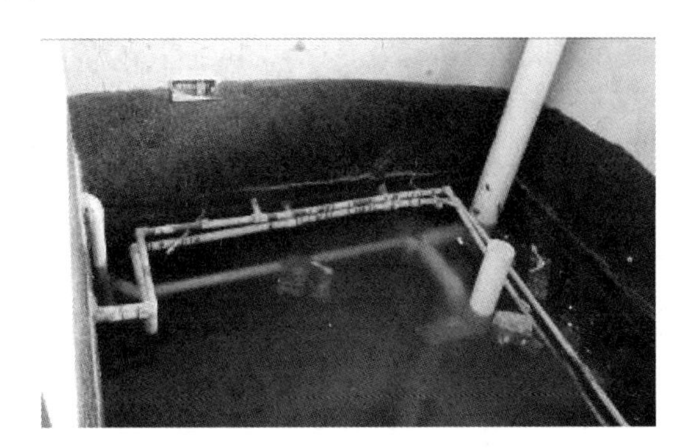

图 9-51　卫生间蓄水试验

5）保护层或饰面层施工

当经蓄水试验验收合格可进行保护层施工。保护层施工完毕即可开始安装水平管，进而采用煤渣回填卫生间，开始卫生间墙面和地面饰面层的施工。

保护层、饰面层完工后，可进行第二次蓄水试验，确保厨房、厕浴间的防水工程质量。

掺外加剂、掺合料的水泥基防水涂料厚度不得小于 3.0m。水泥基渗透结晶型防水涂料的用量不应小于 1.5kg/m^2，且厚度不应小于 1.0mm。

思 考 题

1. 屋面防水等级如何划分？屋面防水施工应注意哪些事项？
2. 屋面防水卷材的铺贴方向有什么要求？
3. 防水卷材采用自粘法、热熔法和冷粘法各有什么规定？
4. 选择防水涂料时应注意哪些事项？
5. 屋面的细部包括哪些部位？其构造要求如何？
6. 地下防水等级如何划分？地下工程的主体结构防水和相关细部防水在防水材料选择方面有哪些强制性要求？
7. 防水混凝土的原材料、配合比有什么要求？
8. 防水混凝土浇筑时应注意哪些事项？
9. 地下防水细部包括哪些？

第 10 章　建筑装饰装修工程

建筑装饰装修工程主要是为了满足人们对建筑物美观以及舒适性和使用功能的需求，采用各种装饰材料对建筑物的内外表面进行装饰装修。建筑装饰装修工程涵盖范围较广，它主要包括内外墙抹灰工程、门窗工程、吊顶工程、饰面板(砖)工程、幕墙工程、涂饰工程、裱糊和软包工程等。建筑装饰装修工程主要作用是：保护建筑物(构筑物)的结构部分免受自然界的风雨、潮气、日晒等的侵蚀，延长使用寿命，美化建筑，增强艺术效果，优化环境，创造良好舒适使用环境。装饰装修的效果主要通过质感、线形和色彩三个方面体现。

装饰工程的特点是：劳动量大，劳动量约占整个建筑物劳动总量的 30%～40%；工期长，约占整个建筑物施工期的一半以上；占建筑物的总造价高；特别是一些精装修，无论对材料上的要求还是对装饰质量的要求都有了大幅度的提高。装饰工程的项目多，装饰材料品种多，工序复杂。

10.1　门　窗　工　程

门窗按材料分为木门窗、钢门窗、铝合金门窗和塑料门窗四大类。木门窗是应用最早、最普通、最广泛的一种。但越来越多被钢门窗、铝合金门窗和塑料门窗所代替。

门窗框安装目前基本采用预留洞口的塞口法，门窗工程不得采用边砌口边安装或先安装后砌口的施工方法。门窗框安装时间，应在主体结构结束进行质量验收后进行；门窗框在室内外装饰工程施工前进行安装，扇安装时间宜选择在室内外装修结束后进行。避免土建施工对其造成破坏及污染等。

按室内墙面弹出的+500mm 线(或+1000mm 线)和垂直线，标出门窗框安装的基准线，作为安装时的标准。要求同一立面上门窗的水平及垂直方向应做到整齐一致(图 10-1)。如在弹线时发现预留洞口的尺寸有较大偏差，应及时调整处理。

图 10-1　同一层的窗水平定位及垂直方向定位

安装门窗框前，应逐个核对门窗洞口的尺寸，与门窗框的规格是否相符合。有预埋件的门窗口还应检查预埋件的数量、位置及埋设方法是否符合设计要求。

对于铝合金地弹簧门，还要特别注意室内地面的标高。地弹簧的表面应与室内地面饰面标高一致。

10.1.1 金属门窗安装

建筑中的金属门窗主要有钢门窗、铝合金门窗和涂色钢板门窗三大类。门窗的安装一般先安装门窗框，门窗框的安装目前基本是采用塞樘的施工工艺，也叫“塞口”。即在墙体施工到门窗洞口位置时先将洞口留出，墙体施工完后在墙体抹灰之前再安装门窗框。门窗施工图上的尺寸均指门窗洞口尺寸，因此门窗的实际尺寸均小于洞口尺寸。

铝合金门窗工程不得采用边砌口边安装或先安装后砌口的施工方法。铝合金门窗的安装施工宜在室内侧或洞口内进行。其安装方法有干法和湿法两种方法。

铝合金门窗如果带有附框，则一般采用干法施工安装方法。这种带附框的门窗一般适用于外墙面为石材、马赛克、面砖等贴面材料，或门窗与内墙面需要平齐的建筑，工艺是先安装附框后安装门窗框。金属附框安装应在洞口及墙体抹灰湿作业前完成，铝合金门窗安装应在洞口及墙体抹灰湿作业后进行

铝合金门窗如果不带附框，则一般采用湿法安装工艺，该安装工艺中铝合金门窗框安装应在洞口及墙体抹灰湿作业前完成。

10.1.1.1 铝合金门窗

1. 铝合金门窗的一般要求

(1) 铝合金门窗型材要求

铝合金门窗工程用铝合金型材的合金牌号、供应状态、化学成分、力学性能、尺寸允许偏差应符合现行国家标准《铝合金建筑型材 第1部分：基材》GB 5237.1 的规定。型材横截面尺寸允许偏差可选用普通级，有配合要求时应选用高精级或超高精级。铝合金门窗主型材的壁厚应经计算或试验确定，除压条、扣板等需要弹性装配的型材外，门用主型材主要受力部位基材截面最小实测壁厚不应小于 2.0mm，窗用主型材主要受力部位基材截面最小实测壁厚不应小于 1.4mm。

铝合金型材表面处理符合下列规定：

1) 阳极氧化型材：阳极氧化膜膜厚应符合 AA15 级要求，氧化膜平均膜厚不应小于 15μm，局部膜厚不应小于 12μm。

2) 电泳涂漆型材：阳极氧化复合膜，表面漆膜采用透明漆应符合 B 级要求，复合膜局部膜厚不应小于 16μm；表面漆膜采用有色漆应符合 S 级要求，复合膜局部膜厚不应小于 21μm。

3) 粉末喷涂型材：装饰面上涂层最小局部厚度应大于 40μm。

4) 氟碳漆喷涂型材：二涂层氟碳漆膜，装饰面平均漆膜厚度不应小于 30μm；三涂层氟碳漆膜，装饰面平均漆膜厚度不应小于 40μm。

(2) 玻璃要求

铝合金门窗工程可根据功能要求选用浮法玻璃、着色玻璃、镀膜玻璃、中空玻璃、真空玻璃、钢化玻璃、夹层玻璃、夹丝玻璃等。

中空玻璃除应符合现行国家标准《中空玻璃》GB/T 11944 的有关规定外，尚应符合下列规定：中空玻璃的单片玻璃厚度相差不宜大于 3mm；用加入干燥剂的金属间隔框，亦可使用塑性密封胶制成的含有干燥剂和波浪形铝带胶条；中空玻璃产地与使用地海拔高度相差超过 800m 时，宜加装金属毛细管，毛细管应在安装地调整压差后密封。

采用低辐射镀膜玻璃的铝合金门窗，所用玻璃应符合下列规定：真空磁控溅射法（离线法）生产的 Low-E 玻璃，应合成中空玻璃使用。中空玻璃合片时，应去除玻璃边部与密封胶粘接部位的镀膜，Low-E 膜层应位于中空气体层内。热喷涂法（在线法）生产的 Low-E玻璃可单片使用，Low-E 膜层宜面向室内。

夹层玻璃应符合现行国家标准《建筑用安全玻璃　第 3 部分：夹层玻璃》GB 15763.3要求，且夹层玻璃的单片玻璃厚度相差不宜大于 3mm。

（3）密封材料

铝合金门窗用密封胶条应符合现行行业标准《建筑门窗用密封胶条》JG/T 187 的规定，密封胶条宜使用硫化橡胶类材料或热塑性弹性体类材料。

铝合金门窗用密封毛条应符合现行行业标准《建筑门窗密封毛条技术条件》JC/T 635 规定，毛条的毛束应经过硅化处理，宜使用加片型密封毛条。

（4）其他

铝合金门窗框与洞口间采用泡沫填缝剂做填充时，宜采用聚氨酯泡沫填缝胶。固化后的聚氨酯泡沫胶缝表面应做密封处理。铝合金门窗工程用纱门、纱窗，宜使用径向不低于 18 目的窗纱。

人员流动性大的公共场所，易于受到人员和物体碰撞的铝合金门窗应采用安全玻璃。建筑物中下列部位的铝合金门窗应使用安全玻璃：七层及七层以上建筑物外开窗；面积大于 1.5m^2 的窗玻璃或玻璃底边离最终装修面小于 500mm 的落地窗；倾斜安装的铝合金窗。

铝合金推拉门、推拉窗的扇应有防止从室外侧拆卸的装置。推拉窗用于外墙时，应设置防止窗扇向室外脱落的装置。

有防盗要求的建筑外门窗应采用夹层玻璃和牢固的门窗锁具。有锁闭要求的铝合金窗开启扇，宜采用带钥匙的窗锁、执手等锁闭器具；双向开启的铝合金地弹簧门应在可视高度部分安装透明安全玻璃。

2. 铝合金门窗的施工工艺流程

弹线定位→门窗洞口处理→铝合金门窗框定位及临时固定→校正后正式固定→门窗框与墙体间的缝隙填充→门窗扇及玻璃安装→五金配件安装→清洗及验收

3. 铝合金门窗安装施工

（1）弹线定位

沿建筑物全高用大线坠（高层建筑宜采用经纬仪或全站仪找垂直线）引测门洞边线，在每层门窗口处划线标记。逐层抄测门窗洞口距门窗边线实际距离，需要进行处理的应做记录和标识。

门窗的水平位置应以楼层室内＋500mm 线为准向上反量出窗下皮标高，弹线找直。每一层窗下皮必须保持标高一致。

（2）门窗洞口处理

墙厚方向的安装位置应按设计要求和窗台板的宽度确定。原则上以同一房间窗台板外露尺寸一致为准。复核建筑门窗洞口尺寸，洞口宽、高尺寸允许偏差应为±10mm，对角线尺寸允许偏差应为±10mm。门窗洞口出现偏位、不垂直、不方正的要进行剔凿等处理。

(3) 铝合金门窗框就位和临时固定

安装铝合金门窗时，如果采用金属连接件固定，则连接件、固定件宜采用不锈钢件。否则必须进行防腐处理，以免产生电化学反应，腐蚀铝合金门窗。根据划好的门窗定位线，安装铝合金门窗框。当门窗框装入洞口时，其上、下框中线与洞口中线对齐。门窗框的水平、垂直及对角线长度等符合质量标准，然后用木楔临时固定。图10-2是采用激光校准定位，该仪器可以自动校水平，同时打出水平线和垂直线，使用非常方便。

图10-2 门窗安装激光校准定位

(4) 铝合金门窗框安装固定

铝合金门窗框与墙体的固定一般采用固定片连接，固定片多以1.5mm厚的镀锌板裁制，与墙体固定的方法主要有三种：

1) 当墙体上有预埋铁件时，可把铝合金门窗的固定片直接与墙体上的预埋铁件焊牢，焊接处需做防锈处理。

2) 用膨胀螺栓将铝合金门窗固定片固定在墙上。

3) 当洞口为混凝土墙体时，也可用射钉将铝合金门窗的固定片固定到混凝土墙和砌体的水平灰缝上(砖砌墙不得用射钉在砌体本身上固定)。

铝合金窗框与墙体洞口的连接要牢固、可靠，固定点的间距应不大于600mm(行业规范规定不大于500mm)，固定片距窗角距离不应大于200mm(以150～200mm为宜)，如图10-3所示。

图10-3 窗框固定

(5) 校正后正式固定

校正好位置标高后，用楔木塞紧，将固定片与周围墙体固定，在门窗框与墙体缝隙填补完成前，不得拔出楔木。

(6) 门窗框与墙体间隙间的填充处理

铝合金门窗框安装固定后进行隐蔽工程验收。验收合格后，及时按设计要求处理门窗框与墙体之间的缝隙。如果设计未要求时，可选用发泡胶(图 10-4)、弹性聚苯保温材料及玻璃岩棉条进行分层填塞。外表留 5～8mm 深槽口填嵌嵌缝油膏或密封胶。也可使用防水砂浆填嵌。

图 10-4 窗框与主体结构缝隙采用弹性密封材料填塞

铝合金窗应在窗台板安装后将上缝、下缝同时填嵌，填嵌时不可用力过大，防止窗框受力变形。

(7) 门窗扇安装

门窗扇应在墙体表面装饰工程完工验收后安装。推拉门窗在门窗框安装固定后，将配好玻璃的门窗扇整体安入框内滑槽。调整好扇的缝隙即可。平开门窗在框与扇格架组安装固定好后再安装玻璃，即先调整好框与扇的缝隙，再将玻璃安装入扇并调整好位置，最后镶嵌密封条及密封胶。

地弹簧门应在门框及地弹簧主机入地安装固定后再安门扇。先将玻璃嵌入门扇格架并一起入框就位，调整好框扇缝隙，最后填嵌门扇玻璃的密封条及密封胶。

(8) 五金配件安装

五金配件与门窗连接用镀锌或不锈钢螺钉。安装的五金配件应结实牢固，使用灵活。

(9) 清理及清洗

在安装过程中铝合金门框表面应有自保护塑料胶纹纸，并要及时清理门窗框、扇及玻璃上的水泥砂浆、灰水、打胶材料及喷涂材料等，以免对铝合金门窗造成污染及腐蚀。

在粉刷等装修工程全部完成准备交工前，将保护胶纸撕去，需进行以下清洗工作：

1) 如果塑料胶纸在型材表面留有胶痕，宜用香蕉水清洗干净。

2) 铝合金门窗框扇，可用水或浓度为 1%～5 %的中性洗涤剂充分清洗，再用布擦干。不应用酸性或碱性制剂清洗，也不能用钢刷刷洗。

3) 玻璃应用清水擦洗干净，对浮灰或其他杂物也要全部清除干净。

冬期施工：门窗框与墙体之间、玻璃与框扇之间缝隙的打胶工程在整个作业期间的环境温度应不小于 5℃。

4. 铝合金门窗安装施工质量控制要求

门窗安装完成后应启闭灵活、无卡滞。

铝合金门窗采用干法施工安装方法时，金属附框宽度应大于 30mm。金属附框的内、外两侧宜采用固定片与洞口墙体连接固定。固定片宜用 Q235 钢材，厚度不应小于 1.5mm，宽度不应小于 20mm，表面应做防腐处理。

金属附框固定片安装位置应满足：角部的距离不应大于 150mm（国家验收规范规定不大于 200mm)，其余部位的固定片中心距不应大于 500mm(国家验收规范规定不大于 600mm)，如图 10-5 所示。

固定片与墙体固定点的中心位置至墙体边缘距离不应小于 50mm(图 10-6)。

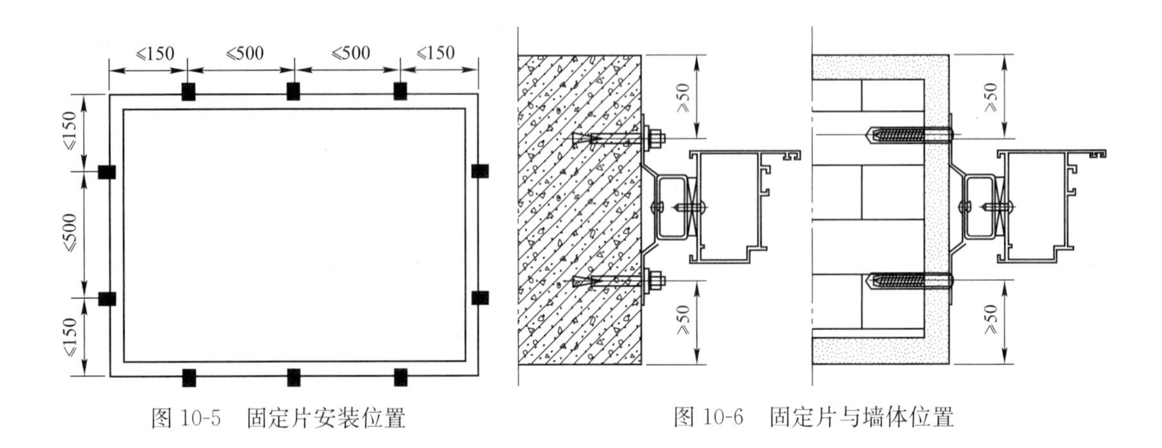

图 10-5　固定片安装位置　　　　图 10-6　固定片与墙体位置

相邻洞口金属附框平面内位置偏差应小于 10mm。金属附框内缘应与抹灰后的洞口装饰面齐平，金属附框宽度和高度允许尺寸偏差及对角线允许尺寸偏差应符合表 10-1 规定。

金属附框宽度和高度允许尺寸偏差及对角线允许尺寸偏差　　　表 10-1

项　目	允许偏差值	检测方法
金属附框高、宽偏差	±3	钢卷尺
对角线尺寸偏差	±4	钢卷尺

铝合金门窗框与金属附框连接固定应牢固可靠(图 10-6)。连接固定点设置应符合图 10-5要求。

铝合金门窗采用湿法安装时，应符合前一项干法施工安装的要求；铝合金门窗框与墙体连接固定点的设置应符合干法安装的要求；固定片与铝合金门窗框连接宜采用卡槽连接方式(图 10-7)。与无槽口铝门窗框连接时，可采用自攻螺钉或抽芯铆钉，钉头处应密封(图 10-8)。

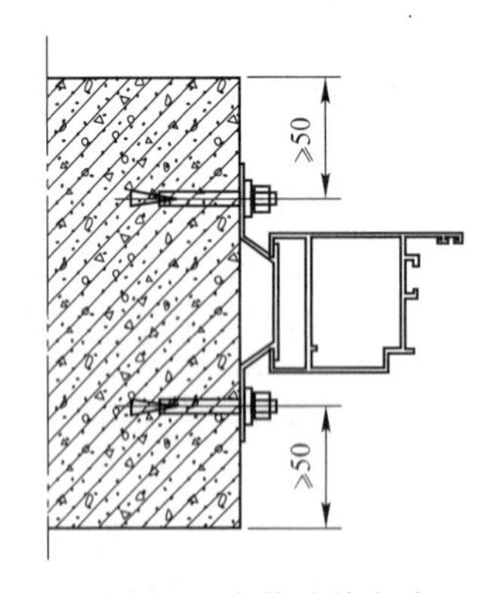

图 10-7　卡槽连接方式

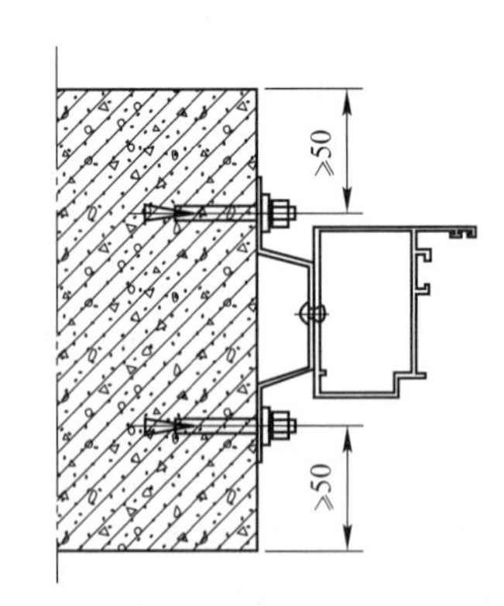

图 10-8　自攻螺钉连接方式

铝合金门窗安装固定时，其临时固定物不得导致门窗变形或损坏，不得使用坚硬物体。安装完成后，应及时移除临时固定物体；铝合金门窗框与洞口缝隙，应采用保温、防潮且无腐蚀性的软质材料填塞密实；亦可使用防水砂浆填塞，但不宜使用海砂成分的砂浆。使用聚氨酯泡沫填缝胶，施工前应清除粘接面的灰尘，墙体粘接面应进行淋水处理，固化后的聚氨酯泡沫胶缝表面应作密封处理；与水泥砂浆接触的铝合金框应进行防腐处理。湿法抹灰施工前，应对外露铝型材表面进行可靠保护。

砌体墙不得使用射钉直接固定门窗。

铝合金门窗安装就位后，边框与墙体之间应作好密封防水处理。应采用粘接性能良好并相容的耐候密封胶；打胶前应清洁粘接表面，去除灰尘、油污，粘接面应保持干燥，墙体部位应平整洁净；胶缝采用矩形截面胶缝时，密封胶有效厚度应大于6mm，采用三角形截面胶缝时，密封胶截面宽度应大于8mm；注胶应平整密实，胶缝宽度均匀、表面光滑、整洁美观。

铝合金门窗开启扇及开启五金件的装配宜在工厂内组装完成。铝门窗开启扇、五金件安装完成后应进行全面调整检查，并应符合下列规定：五金件应配置齐备、有效，且应符合设计要求；开启扇应启闭灵活、无卡滞、无噪声，开启量应符合设计要求。

铝合金门窗框安装完成后，其洞口不得作为物料运输及人员进出的通道，且铝合金门窗框严禁搭压、坠挂重物。对于易发生踩踏和刮碰的部位，应加设木板或围挡等有效的保护措施。铝合金门窗安装后，应清除铝型材表面和玻璃表面的残胶。所有外露铝型材应进行贴膜保护，宜采用可降解的塑薄膜；铝合金门窗工程竣工前，应去除所有成品保护，全面清洗外露铝型材和玻璃。不得使用有腐蚀性的清洗剂，不得使用尖锐工具刨刮铝型材、玻璃表面。

5. 铝合金安装施工安全技术要求

在洞口或有坠落危险处施工时，应佩戴安全带。高处作业时应符合现行行业标准《建筑施工高处作业安全技术规范》JGJ 80的规定，施工作业面下部应设置水平安全网。

现场使用的电动工具应选用Ⅱ类手持式电动工具。现场用电应符合现行行业标准《施工现场临时用电安全技术规范》JGJ 46的规定。

玻璃搬运与安装应符合下列安全操作规定：搬运与安装前应确认玻璃无裂纹或暗裂；搬运与安装时应戴手套，且玻璃应保持竖向；风力五级以上或楼内风力较大部位，难以控制玻璃时，不应进行玻璃搬运与安装；采用吸盘搬运和安装玻璃时，应仔细检查，确认吸盘安全可靠，吸附牢固后方可使用。

施工现场玻璃存放应符合下列规定：玻璃存放地应离开施工作业面及人员活动频繁区域，且不应存放于风力较大区域；玻璃应竖向存放，玻璃面与地面倾斜夹角应为70°～80°，顶部应靠在牢固物体上，并应垫有软质隔离物。底部应用木方或其他软质材料垫离地面100mm以上；单层玻璃叠片数量不应超过20片，中空玻璃叠片数量不应超过15片。

使用有易燃性或挥发性清洗溶剂时，作业面内不得有明火。现场焊接作业时，应采取有效防火措施。

10.1.1.2　钢门窗

建筑中应用较多的钢门窗有：薄壁空腹钢门窗和空腹钢门窗。钢门窗在工厂加工制作后整体运到现场进行安装。

钢门窗现场安装前应按照设计要求，核对型号、规格、数量、开启方向及所带五金零件是否齐全，凡有翘曲、变形者，应调直修复后方可安装。

钢门窗采用后塞口方法安装。可在洞口四周墙体预留孔埋设铁脚连接件固定，或在结构内预埋铁件，安装时将铁脚焊在预埋件上。

钢门窗制作时将框与扇连成一体，安装时用木楔临时固定。然后用线锤和水准尺校正垂直与水平，做到横平竖直，成排门窗应上、下高低一致，进出一致。

门窗位置确定后，将铁脚与预埋件焊接或埋入预留墙洞内，用 1∶2 水泥砂浆或细石混凝土将洞口缝隙填实。铁脚尺寸及间隙按设计要求留设，但每边不得少于 2 个，铁脚离端角距离约 180mm。

大面组合钢窗可在地面上先拼装好，为防止吊运过程中变形，可在钢窗外侧用木方或钢管加固。

砌墙时门窗洞口应比钢门窗框每边大 15～30mm，作为嵌填砂浆的留量。其中：清水砖墙不小于 15mm；水泥砂浆抹面混水墙不小于 20mm；水刷石墙不小于 25mm；贴面砖或板材墙不小于 30mm。

钢门窗的安装精度要求和检验方法见表 10-2。

钢门窗的安装精度要求和检验方法　　表 10-2

项次	项目		允许偏差(mm)	检验方法
1	门窗框两对角线长度差	≤2000mm	5	用钢卷尺检查，量里角
		>2000mm	6	
2	窗框扇配合间隙的限值	铰链面	≤2	用 2×50 塞片检查，量铰链面
		执手面	≤1.5	用 1.5×20 塞片检查，量框大面
3	窗框扇搭接的限值	实腹窗	≥2	用钢针划线和深度尺检查
		空腹窗	≥4	
4	门窗框(含拼樘料)正、侧面的垂直度		3	用 1m 托线板检查
5	门窗框(含拼樘料)的水平度		3	用 1m 水平尺和楔形塞尺检查
6	门无下槛时，内门扇与地面间留缝限值		4～8	用楔形塞尺检查
7	双层门扇内外框，梃(含拼樘料)的中心距		5	用钢板尺检查

10.1.2 塑料门窗

塑料门窗及其附件应符合国家标准，按设计选用。塑料门窗不得有开焊、断裂等损坏现象，如有损坏，应予以修复或更换。塑料门窗进场后应存放在有靠架的室内并与热源隔开，以免受热变形。

塑料门窗在安装前，先装五金配件及固定件。由于塑料型材是中空多腔的，材质较脆，因此不能用螺丝直接锤击拧入，应先用手电钻钻孔，后用自攻螺丝拧入。钻头直径应比所选用自攻螺丝直径小 0.5～1.0mm，这样可以防止塑料门窗出现局部凹隐、断裂和螺丝松动等质量问题，保证零附件及固定件的安装质量。

与墙体连接的固定件应用自攻螺钉等紧固于门窗框上，严禁用射钉固定。将五金配件及固定件安装完工并检查合格的塑料门窗框放入洞口内，调整至横平竖直后，用木楔将塑料框料四角塞牢作临时固定，但不宜塞得过紧以免外框变形。然后用尼龙胀管螺栓将固定件与墙体连接牢固。

塑料门窗框与洞口墙体的缝隙，用软质保温材料填充饱满，如泡沫塑料条、泡沫聚氨酯条、油毡卷条等。但不得填塞过紧，因过紧会使框架受压发生变形。但也不能填塞过松，否则会使缝隙密封不严，在门窗周围形成冷热交换区发生结露现象，影响门窗防寒、防风的正常功能和墙体寿命。最后将门窗框四周的内外接缝用密封材料嵌缝严密。

塑料门窗的安装施工工艺基本与铝合金门窗的安装施工工艺类似。

10.1.3 木制门窗制作安装

木门窗大多由专业的木材加工厂制作。

施工现场主要以安装木门窗框和内扇为主要施工内容。首先应按设计图纸提出木门窗的加工计划，木材加工厂制作，产品进场后应按设计图纸检查门窗的品种、规格、开启方向及组合件，对其外形及平整度进行检查校正，而后进行安装。

门窗的安装有立口(先立门窗框)和塞口(后立门窗框)两种安装方法。

1. 立口安装

在墙砌到地面时立门框，砌到窗台时立窗框。立门窗框前，要看清门、窗框在施工图上的位置、标高、型号、规格、门窗扇开启方向、门窗框是里平、外平或是立在墙中等。立门窗框时要注意拉通线，即在地面(或墙面)画出门(窗)框的中线及边线，而后将门窗立上，用临时支撑撑牢，并用线锤找直，调正校正门窗框的垂直度及上、下槛水平。

立门窗框时要注意门窗的开启方向和墙面装饰层的厚度，各门框进出一致，上、下层窗框对齐。在砌两旁墙时，墙内应砌经防腐处理的木砖。垂直距离 0.5～0.7m 一块，木砖大小为 115mm×115mm×53mm。

2. 塞口安装

是在砌墙时先留出门窗洞口，然后把门窗框装进去，洞口尺寸要比门窗框尺寸每边大20mm，门窗框塞入后，先用木楔固定，经校正无误后，将门窗框钉牢在砌于墙内的木砖上。

3. 木门窗扇的安装

木门窗扇安装前要先测量好门窗框的裁口尺寸，根据所测准确尺寸来修刨门窗扇，使其符合实际尺寸要求。扇的两边要同时修刨。门窗扇冒头的修刨是先刨平下冒头，依此为准再修刨上冒头，修刨时要注意留出风缝。将修刨好的扇放入框中试装合格后，按扇高1/8～1/10，在框上按铰链(合页)大小画线并剔出铰链槽后，将门窗扇装上。门窗扇应开关灵活，不能过紧或过松，不能出现自开和自关的现象。

4. 玻璃安装

清理门窗裁口，在玻璃底面与门窗裁口之间，沿着口的全长均匀涂抹 1～3mm 的底灰，用手将玻璃摊铺平正，轻压玻璃使部分底灰挤出槽口，待油灰初凝后，顺裁口刮平底灰，然后用 1/2～1/3 寸的小圆钉沿玻璃四周固定，钉距 200mm，最后抹表面油灰即可。油灰与玻璃、裁口接触的边缘平齐，四角成规则八字形。

5. 木门窗安装的留缝宽度和允许偏差

木门窗安装的留缝宽度和允许偏差应符合我国相关验收规范的规定。

10.2 抹 灰 工 程

抹灰工程按面层不同分为一般抹灰和装饰抹灰。一般抹灰的砂浆材料有水泥抹灰砂浆、水泥粉煤灰抹灰砂浆、水泥石灰抹灰砂浆、掺塑化剂水泥抹灰砂浆、聚合物水泥抹灰砂浆及石膏抹灰砂浆等，也称抹灰砂浆。装饰抹灰的底层和中层与一般抹灰做法基本相同，其面层主要材料有水刷石、水磨石、斩假石、干粘石、喷涂、滚涂、弹涂、仿石和彩色抹灰等。一般抹灰按照对其质量的要求不一样，又分为普通抹灰和高级抹灰。具体施工时如果设计图纸没有明确一般抹灰采用哪一个等级，一般按普通抹灰的要求施工。

不同抹灰砂浆的品种适用的部位一般按表 10-3 选用：

抹灰砂浆的品种选用　　表 10-3

使用部位或基体种类	抹灰砂浆品种
内墙	水泥抹灰砂浆、水泥石灰抹灰砂浆、水泥粉煤灰抹灰砂浆、掺塑化剂水泥抹灰砂浆、聚合物水泥抹灰砂浆、石膏抹灰砂浆
外墙、门窗洞口外侧壁	水泥抹灰砂浆、水泥粉煤　灰抹灰砂浆
(湿)度较高的车间和房屋、地下室、屋檐、勒脚等	水泥抹灰砂浆、水泥粉煤灰抹灰砂浆
混凝土板和墙	水泥抹灰砂浆、水泥石灰抹灰砂浆、聚合物水泥抹灰砂浆、石膏抹灰砂浆
混凝土顶棚、条板	聚合物水泥抹灰砂浆、石膏抹灰砂浆
加气混凝土砌块	水泥抹灰砂浆、水泥粉煤灰抹灰砂浆、掺塑化剂水泥抹灰砂浆、聚合物水泥抹灰砂浆、石膏抹灰砂浆

10.2.1　一般抹灰工程

10.2.1.1　一般规定

抹灰一般分为三层，即底层灰、中层灰和面层灰。底层灰主要是起与基层粘结、找平、避免空鼓的作用，厚度一般为 5～9mm，要求砂浆有较好的保水性，其稠度较面层大，砂浆的组成材料要根据基层的种类不同选择相应的配合比，抹灰砂浆强度不宜比基体材料强度高出两个及以上强度等级，并应符合下列规定：

1. 对于无粘贴饰面砖的外墙，底层抹灰砂浆宜比基体材料高一个强度等级或等于基体材料强度。

2. 对于无粘贴饰面砖的内墙，底层抹灰砂浆宜比基体材料低一个强度等级。

3. 对于有粘贴饰面砖的内墙和外墙，中层抹灰砂浆宜比基体材料高一个强度等级且不宜低于 M15，并宜选用水泥抹灰砂浆。

4. 孔洞填补和窗台、阳台抹面等宜采用 M15 或 M20 水泥抹灰砂浆。

面层灰起装饰作用，要求涂抹光滑、洁净，强度高的水泥抹灰砂浆不应涂抹在强度低的水泥抹灰砂浆基层上，并不得将水泥砂浆抹在石灰砂浆或混合砂浆上。

抹灰层的平均厚度宜符合下列规定：

1. 内墙：普通抹灰的平均厚度不宜大于 20mm，高级抹灰的平均厚度不宜大于 25mm。

2. 外墙：墙面抹灰的平均厚度不宜大于 20mm，勒脚抹灰的平均厚度不宜大于 25mm。

3. 顶棚：现浇混凝土抹灰的平均厚度不宜大于 5mm，条板、预制混凝土抹灰的平均厚度不宜大于 10mm。

4. 蒸压加气混凝土砌块基层抹灰平均厚度宜控制在 15mm 以内，当采用聚合物水泥砂浆抹灰时，平均厚度宜控制在 5mm 以内；采用石膏砂浆抹灰时，平均厚度宜控制在 10mm 以内。

抹灰应分层进行，水泥抹灰砂浆每层厚度宜为5～7mm，水泥石灰抹灰砂浆每层宜为7～9mm，并应待前一层达到六七成干后再涂抹后一层。即用手指按压砂浆层，有轻微印痕但不沾手即为六七成。

10.2.1.2　施工准备

1. 材料准备

抹灰工程所需用的材料、成品、半成品等应按照材料的质量标准要求，具备材料合格证书并进行现场抽样检测。

（1）水泥：配制强度等级不大于M20的抹灰砂浆，宜用32.5级通用硅酸盐水泥（即硅酸盐水泥、普通硅酸盐水泥、矿渣硅酸盐水泥、火山灰质硅酸盐水泥、粉煤灰硅酸盐水泥和复合硅酸盐水泥）或砌筑水泥（砌筑水泥的强度等级分为12.5和22.5两个等级，只能用于砌筑和抹灰砂浆以及垫层混凝土，不能用于结构混凝土）；配制强度等级大于M20的抹灰砂浆，宜用强度等级不低于42.5级的通用硅酸盐水泥。通用硅酸盐水泥宜采用散装的。水泥应有出厂质量保证书，使用前必须对水泥的凝结时间和安定性进行复验。不同品种、不同质量的水泥不得混用。当对水泥质量有怀疑或水泥出厂超过三个月时，应重新复验，复验合格的，可继续使用。

（2）砂：应采用中砂，质量符合《普通混凝土用砂质量标准及检验方法》JGJ52，含泥量不应大于5%，且不应含有4.75mm以上粒径的颗粒，使用前应过筛。人工砂、山砂及细砂应经试配试验证明能满足抹灰砂浆要求后再使用。

（3）石灰膏：石灰膏应在储灰池中熟化，熟化时间不应少于15d，且用于罩面抹灰砂浆时熟化时间不应少于30d，并应用孔径不大于3mm×3mm的网过滤。磨细生石灰粉熟化时间不应少于3d。沉淀池中储存的石灰膏，应采取防止干燥、冻结和污染的措施。石灰浆表面应保留一层水，以使其与空气隔离而避免碳化。脱水硬化的石灰膏不得使用；未熟化的生石灰粉及消石灰粉不得直接使用。

（4）水：宜用饮用水，当采用其他水源时，水质应符合国家饮用水标准。

2. 抹灰工程的主要机具

主要包括砂浆搅拌机、手推车、筛子、铁锹、灰盘、灰箱、托灰板、抹子、压子、阳角抹子、阴角抹子、捋角器、刮杆、方尺等。

3. 施工现场要求

（1）主体结构已完成，脚手架眼等洞口已堵完。封堵洞口时，应先将缝隙和孔洞内的杂物、灰尘等清理干净，再浇水湿润，然后用C20以上混凝土堵严。门窗框周边缝隙的封堵应符合设计要求，设计未明确时，可用M20以上砂浆封堵严实。主体结构工程验收合格；墙体内预埋管线已完成并验收合格；检查栏杆、预埋件等位置的准确性和连接的牢固性。清除基层表面的浮灰，并宜洒水润湿。

（2）所有材料进场检验完成，达到质量要求；机械设备就位运行正常。

（3）抹灰砂浆施工配合比确定后，在进行外墙及顶棚抹灰施工前，宜在实地制作样板，并应在规定龄期进行拉伸粘结强度试验。检验外墙及顶棚抹灰工程质量的砂浆拉伸粘结强度，应在工程实体上取样检测。抹灰砂浆拉伸粘结强度符合国家相应标准后再大面积施工。

4. 配合比设计

抹灰砂浆配合比应采取质量计量，也可按传统方法按体积比配制，具体要求由设计确定。抹灰砂浆中可加入纤维，掺量应经试验确定。用于外墙的抹灰砂浆的抗冻性应满足设计要求。

抹灰砂浆试配时，应考虑工程实际需求，搅拌应符合现行行业标准《砌筑砂浆配合比设计规程》JGJ 98 的规定，试配强度应按下式确定。

$$f_{m,0}=kf_2 \tag{10-1}$$

式中 $f_{m,0}$——砂浆的试配抗压强度(MPa)，精确至 0.1MPa；

f_2——砂浆抗压强度等级值(MPa)，精确至 0.1MPa；

k——砂浆生产(拌制)质量水平系数，取 1.15～1.25。(注：砂浆生产(拌制)质量水平为优良、一般、较差时，k 值分别取为 1.15. 1.20.1.25。)

查表选取抹灰砂浆配合比的材料用量后，应先进行试拌，测定拌合物的稠度和分层度(或保水率)，当不能满足要求时，应调整材料用量，直到满足要求为止。水泥抹灰砂浆和水泥石灰抹灰砂浆配合比用料分别按表 10-4 和表 10-5 取用：

水泥抹灰砂浆配合比的材料用量(kg/m³) 表 10-4

强度等级	水泥	砂	水
M15	330～380	1m³砂的堆积密度值	250～300
M20	380～450		
M25	400～450		
M30	460～530		

水泥石灰抹灰砂浆配合比的材料用量(kg/m³) 表 10-5

强度等级	水泥	石灰膏	砂	水
M2.5	200～230	(350～400)—C	1m³砂的堆积密度值	180～280
M5	230～280			
M7.5	280～330			
M10	330～380			

注：表中 C 为水泥用量

抹灰砂浆试配时，至少应采用 3 个不同的配合比，其中一个配合比应为按《抹灰砂浆技术规程》JGJ/T 220 查表得出的基准配合比，其余两个配合比的水泥用量应按基准配合比分别增加和减少 10%。在保证稠度、分层度(或保水率)(水泥抹灰砂浆保水率不宜小于 82%，水泥石灰抹灰砂浆保水率不宜小于 88%)满足要求的条件下，可将用水量或石灰膏、粉煤灰等矿物掺合料用量作相应调整。

抹灰砂浆的施工稠度宜按表 10-6 选取。聚合物水泥抹灰砂浆的施工稠度宜为50mm～60mm，石膏抹灰砂浆的施工稠度宜为 50mm～70mm。

抹灰砂浆的施工稠度 表 10-6

抹灰层	施工稠度(mm)	抹灰层	施工稠度(mm)
底层	90～110	面层	70～80
中层	70～90		

10.2.1.3 施工工艺

1. 工艺流程

门窗框四周缝隙及预埋管线沟槽修补→基层清理→不同材料交接处挂加强网→吊垂直、套方、抹灰饼和冲筋→抹底灰→(如是外墙则在此弹分隔线、贴分隔条)→抹面层灰→收光

室内抹灰应先抹顶棚灰再抹墙面灰。

2. 顶棚抹灰施工

混凝土顶棚抹灰前，以楼层+50cm标高线为控制标高，在四周墙上弹出水平线作为控制线，先抹顶棚四周，再圈边找平(图10-9)。

(a)

(b)

图10-9 顶棚抹灰

(a)抹顶棚底灰；(b)用挂杆将顶棚刮平(粗平)

3. 墙面抹灰施工工艺

(1) 门窗框四周缝隙预埋管线沟槽修补

抹灰前先检查门窗框的位置是否正确，与墙连接是否牢固。门窗框四周缝隙应按设计要求材料做法嵌填。

(2) 基层清理及浇水湿润

基层表面要保持平整洁净，为此抹灰前基层宜进行处理。

1) 基层为混凝土墙面

对于混凝土基层，应先将基层表面的尘土、污垢、油渍等清除干净，再采用下列方法之一进行处理：

① 可将混凝土基层凿成麻面，抹灰前一天应浇水润湿，抹灰时基层表面不得有明水。

② 可在混凝土基层表面涂抹界面砂浆，界面砂浆应先加水搅拌均匀，无生粉团后再进行满批刮，并应覆盖全部基层表面，厚度不宜大于2mm。在界面砂浆表面稍收浆后再进行抹灰。

2) 基层为砖砌体

对于烧结砖砌体的基层，应清除表面杂物、残留灰浆、舌头灰、尘土等，并应在抹灰前一天浇水润湿，水应渗入墙面内10～20mm。抹灰时，墙面不得有明水。

对于蒸压灰砂砖、蒸压粉煤灰砖、轻骨料混凝土、轻骨料混凝土空心砌块的基层，应清除表面杂物、残留灰浆、舌头灰、尘土等，并可在抹灰前浇水润湿墙面。

3) 基层为混凝土小型空心砌块

对于混凝土小型空心砌块砌体和混凝土多孔砖砌体的基层，应将基层表面的尘土、污

垢、油渍等清扫干净，并不得浇水润湿。天气炎热时可以少量淋点水。

4）基层为加气混凝土砌块

对于加气混凝土砌块基层，应先将基层清扫干净，再采用下列方法之一进行处理：

① 可浇水润湿，水应渗入墙面内 10～20mm，且墙面不得有明水。

② 可涂抹界面砂浆，界面砂浆应先加水搅拌均匀，无生粉团后再进行满批刮，并应覆盖全部基层墙体，厚度不宜大于 2mm。在界面砂浆表面稍收浆后再进行抹灰。

采用聚合物水泥抹灰砂浆时，基层应清理干净，可不浇水润湿。采用石膏抹灰砂浆时，基层可不进行界面增强处理，应浇水润湿。

对于基层表面凹凸太大的部位要先剔平或用 1∶3 水泥砂浆补齐，表面太光滑的要剔毛，混凝土表面凸出部分剔平，或用掺 10%建筑胶水的 1∶1 水泥浆满刮一层。脚手架眼要先堵塞严密，水暖、通风管道通过的墙洞、凿剔墙后安装的管道必须用 1∶3 水泥砂浆堵严。

（3）不同材料交接处挂加强网

基层处理完后，在砌体与框架柱、梁、构造柱、剪力墙等交接处钉钢丝网或抗碱玻纤网(图 10-10)。钢丝网的规格要符合设计要求，当无设计要求时应满足下列规定：直径不小于 ϕ1.6mm，网眼为 20×20 钢丝网，用钢钉或粘钩每 500～600mm 加固定，钢丝网的宽度不应小于 220mm，与不同基层的搭接宽度每边不少于 100mm，挂网要做到均匀、牢固，挂网可以采用保温钉固定，在砌体上不得用射钉固定(图 10-11)。

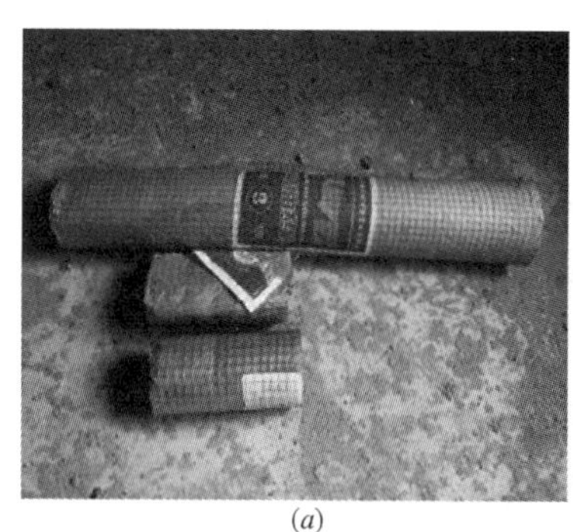

(*a*)

(*b*)

图 10-10　加强网材料

(*a*)镀锌电焊钢丝网；(*b*)耐碱玻纤网

(*a*)

(*b*)

图 10-11　不同基层之间挂网

(*a*)混凝土梁与小砌块墙体之间挂钢丝网；(*b*)混凝土梁、剪力墙与小砌块墙体之间挂耐碱玻纤网

对于混凝土墙面，抹灰饼前完成混凝土表面拉毛处理(图 10-12)，砖墙因表面比较粗糙，可以不做拉毛处理。

(4) 吊垂直、套方、抹灰饼和冲筋

分别在门窗口角、垛、墙面等处吊垂直，横线则以楼层为水平基线或＋500mm 标高线控制，套方抹灰饼，并按灰饼冲筋。

图 10-12　采用喷掺加有环保型 108 建筑胶水的水泥浆对混凝土表面拉毛

1）墙面吊垂直、套方、找规矩、做灰饼

内墙抹灰时，应根据设计要求和基层表面平整垂直情况，用一面墙做基准，进行吊垂直、套方、找规矩，并应经检查后再确定抹灰厚度，抹灰厚度不宜小于 5mm。当墙面凹度较大时，应分层衬平，每层厚度不应大于 7～9mm。抹灰饼时，应根据室内抹灰要求确定灰饼的正确位置，根据所放垂线和水平线，确定抹灰厚度，在每一面墙上抹灰饼(与有门窗口垛角处要补做灰饼)，灰饼厚度即底层抹灰厚度。先抹上部灰饼，再抹下部灰饼，然后用靠尺板检查垂直与平整。灰饼宜用 M15 水泥砂浆抹成 50mm 方形。

2）内墙面冲筋(做标筋)

墙面冲筋(标筋)应符合下列规定：

当灰饼砂浆硬化后，可用与抹灰层相同的砂浆冲筋。冲筋根数应根据房间的宽度和高度确定。当墙面高度小于 3.5m 时，宜做立筋，两筋间距不宜大于 2.0m；墙面高度大于 3.5m 时，宜做横筋，两筋间距不宜大于 2m(图 10-13)。

图 10-13　灰饼

注：墙面抹灰之前先在墙面做灰饼，图中黑圈中箭头所指处即为灰饼。
灰饼采用水泥砂浆，距墙角 300～400mm，灰饼间距不大于 2m，大小为 50mm×50mm。

3）外墙吊垂直、套方、找规矩、做灰饼、冲筋。

外墙抹灰前，应先吊垂直、套方、找规矩、做灰饼、冲筋，外墙找规矩时，应先根据建筑物高度确定放线方法，然后按抹灰操作层抹灰饼。外墙可从楼顶的四角向下悬垂线进行放线，同时在窗口上下悬挂水平通线用于控制水平方向的抹灰。每层抹灰时应以灰饼做基准冲筋。

(5) 抹底灰

用水将墙体湿润，喷水要均匀，不得遗漏，墙体表面的吸水深度控制在20mm左右。甩浆用界面剂：水泥：过筛细砂＝1：1：1.5的水泥砂浆做甩浆液，要使墙壁面布点均匀，不应有漏涂。浇水养护24h，待水泥浆达到一定强度后再抹灰。

基层为混凝土时，抹灰前应先刷或甩素水泥浆一道，起到拉毛的作用；在加气混凝土或粉煤灰砌块基层抹石灰砂浆时，应先刷801胶：水＝1：5溶液一道，抹混合砂浆时，应先刷801胶(掺量为水泥重量的10%～15%)水泥浆一道。

基层抹灰要在界面剂水泥砂浆达到一定强度后(以甩浆48h后为宜)以及冲筋2h后开始抹底灰(先拉毛后做灰饼)。室内墙面、柱面和门洞口的阳角应先抹出护角，当设计无要求时，应采用1：2水泥砂浆做高度不低于2m，每侧宽不少于50mm的暗护角。对外墙窗台、窗楣、雨篷、阳台、压顶和突出腰线等，上面应做成流水坡度，下面做滴水线或滴水槽，滴水槽的深度和宽度均不应小于10 mm，要求整齐一致。底灰应分层涂抹，每层厚度不应大于10mm，必须在前一层砂浆凝固后再抹下一层。当抹灰厚度大于35mm时要采取加强措施，一般采用钢丝网。

在加气混凝土基层上抹底灰的强度宜与加气混凝土强度接近。

板条或钢丝网墙面抹底层灰时，宜用麻刀石灰砂浆或纸筋石灰砂浆，砂浆要挤入板条或钢丝网的缝隙中，各层分遍成活，每遍厚3～6mm，待底灰七至八成干再抹第二遍灰。钢丝网抹灰砂浆中掺用水泥时，其掺量应通过试验确定。

(6) 弹分隔线、贴分隔条(只针对外墙)

为防止抹灰开裂，外墙抹灰时应设分隔格，分隔条位置应根据设计图纸确定。首先应按图纸要求弹线分格，粘分格条注意粘竖条时应粘在所弹竖线的同一侧。条粘好后，当底灰五六成干时可抹面层砂浆(图10-14)。

(*a*)

(*b*)

图10-14 外墙分隔条施工

(*a*)分隔条成品；(*b*)工人埋设外墙分格条

(7) 抹面层灰

底层砂浆抹好后第二天即可抹面层砂浆。面层砂浆配合比为1：2.5水泥砂浆(或内墙采用1：0.3：2.5水泥混合砂浆)，抹灰厚度控制5～8mm，先用水湿润，接着薄薄地刮一层素水泥膏，使其与底灰粘牢，紧跟抹罩面灰与分格条抹平，并用杠刮平尺，用木抹子搓毛，铁抹子收光压实。待表面无明水时，用软毛刷蘸水轻刷一遍，以保证面层灰的颜色一致，避免和减少收缩裂缝。

抹灰的施工顺序：从上往下打底，底层砂浆抹完后，将架子升上去，再从上往下抹面层砂浆。应注意在抹面层以前，先检查底层砂浆有无空、裂现象，如有空裂应剔凿返修后再抹面层灰。另外注意应先清理底层砂浆上的尘土、污垢并浇水湿润后，方可进行面层抹灰。

钢筋混凝土楼板顶棚抹灰前，应用清水润湿并刷素水泥浆一道，抹灰前在四周墙上弹出水平线，以墙上水平线为依据，先抹顶棚四周，圈边找平。在钢筋混凝土楼板抹底灰，铁抹子抹压方向应与模板纹路或预制板缝相垂直，在板条、金属网顶棚上抹底灰，铁抹抹压方向应与板条长度方向相垂直，在板条缝处要用力压抹，使底层灰压入板条缝或网眼内，形成转角以使结合牢固。底层灰要抹得平整。抹面层灰时，铁抹抹压方向宜平行于房间进光方向。面层灰应抹得平整、光滑，不见抹印。

1）滴水线(槽)

在外墙檐口、窗台、窗楣、雨篷、阳台、压顶和突出墙面等部位，其上面应做出流水坡度，流水坡度应保证坡向正确，下面应做滴水线(槽)，不得出现倒坡。做滴水线(槽)时，应先抹立面，再抹顶面，后抹底面，滴水槽的宽度和深度均不应小于10mm(图10-15)。

(*a*)　　(*b*)

图10-15　滴水线槽

(*a*)工人施工外墙挑檐板下的滴水线；(*b*)屋顶构架下部的滴水线成品

2）墙面阴阳角

两墙面相交的阴角、阳角抹灰方法，一般按下述步骤进行：

① 用阴角方尺检查阴角的直角度；用阳角方尺检查阴角的直角度。用线锤检查阴角或阳角的垂直度。根据直角度及垂直度的误差，确定抹灰层厚薄。阴、阳角处洒水湿润。

② 将底层灰抹于阴角处，用木阳角器压住抹灰层并上下搓动，使阴角的抹灰基本上达到直角。如靠近阴角处有已结硬的标筋，则木阴角器应沿着标筋上下搓动，基本搓平后，再用阴角抹子上下抹压，使阴角线垂直。

③ 将底层灰抹于阳角处，用木阳角器压住抹灰层并上下搓动，使阳角触抹灰基本上达到直角。在用阳角抹子上下抹压，使阳角线垂直。

④ 在阴角、阳角处底层灰凝结后，洒水湿润，将面层灰抹于阴角、阳角处，分别用

阴角抹、阳角抹上下压抹，使中层灰达到平整光滑。

阴阳角找方应与墙面抹灰同时进行，即墙面抹底层灰时，阴、阳角抹底层灰找方。

(8) 收光

面层灰应待中层灰凝固后才能进行。先在中层灰上洒水湿润，将面层砂浆(或灰浆)均匀的抹上去，一般应从上而下，自左向右涂抹整个墙面，抹满后，即用铁抹分遍压抹，使面层灰平整、光滑，厚度一致。铁抹运行方向应注意：最后一遍抹压宜是垂直方向，各部分之间应互相垂直抹压。墙面上半部与墙面下半部面层灰接头处应压抹理顺，不留抹印(图 10-16)。

图 10-16　墙面收光

10.2.2　装饰抹灰

装饰抹灰与一般抹灰的主要操作程序和工艺基本相同，主要区别在于装饰面层的不同，即装饰抹灰对材料的基本要求、主要机具的准备、施工现场的要求以及工艺流程与一般抹灰相同，其面层根据材料及施工方法的不同而具不同的形式。装饰抹灰一般有水刷石、干粘石、斩假石等。

1. 水刷石

水刷石多用于外墙面。在底层砂浆终凝后，在其上按要求设计要求弹线、分格，根据弹线安装分格条。木分格条事先应在水中浸透。用以固定分格条的两侧八字形纯水泥浆，应抹成 45°角。

水刷石施工前，应将底层浇水湿润，后用铁抹子满刮水灰比为 0.37～0.40 的素水泥浆一道，以增加与底层的粘结力。面层水泥石粒的配比，使用大八厘为 1∶1(水泥∶石粒，体积比)；中八厘为 1∶1.25；小八厘为 1∶1.5。为避免面层砂浆凝结太快而不便于操作，可在水泥石粒中掺加石膏，其掺量应控制在水泥用量的 50%以内。面层厚度视石子粒径而定，通常为石子粒径的 2.5 倍，水泥浆的稠度以 5～7cm 为宜，用铁抹子一次抹平、压实。

当面层灰浆初凝后达到刷不掉石子的程度时，即可开始喷刷。用毛刷蘸水轻轻刷掉面层灰浆，随即用喷雾器或手压喷浆机喷刷。不仅要将表面的水泥冲掉，还要将石子间的水泥冲出来，使得石子露出灰浆表面，以露出石粒粒径 1/3 为宜。然后用清水从上往下全部冲洗干净。洗净后起出分格条，修补槽内水泥浆。

2. 干粘石

干粘石是将干石子直接粘在砂浆层上的一种装饰抹灰做法。其装饰效果与水刷石相似，但湿作业量少，可节约原材料，又能明显提高工效。其具体做法是：在中层水泥砂浆上洒水湿润，粘分格条后刷一道水灰比为 0.40～0.50 的水泥浆结合层，在其上抹一层 4～5cm 厚的聚合物水泥砂浆粘合层(水泥∶石灰膏∶砂子∶107 胶＝100∶50∶200∶5～15)，随即将小八厘彩色石粒甩上粘结层，先甩四周易干部位，然后甩中间。要做到大面均匀，边角和分格条两侧不露粘，由上而下快速进行。石子使用前应用水冲洗干净并晾干，甩时要用托盘盛装和盛接，托盘底部用窗纱钉成，以便晒净石子中的残留粉末。粘结上的石子随即要用铁抹子将石子拍入粘结层 1/2 深度，要求拍实、拍平。但不得将石浆拍出而影响美观。干粘石墙面达到表面平整、石子饱满，即可将分格条取出，并用小溜子和水泥浆将分格条修补好，达到顺直清晰。待达到一定强度后须洒水养护。

3. 斩假石

斩假石又称剁斧石，是在水泥砂浆基层上涂抹水泥石子浆，待硬化后，在其表面上用斩琢加工，使其类似天然花岗岩、玄武岩、青条石的表面形态，即为斩假石。它常用于公共建筑的外墙和园林建筑等，是一种装饰效果颇佳的装饰抹灰。其施工要点为：在凝固的底层灰上弹线，洒水湿润后粘分格条。待分格条粘牢后，刮一道水灰比为 0.37～0.40 的素水泥浆(内掺水量 3%～5%的 107 胶)，随即抹上 1∶1.25 水泥石子浆，并压实抹干，隔 24h 后，洒水护养。待面层水泥石子浆护养到试剁不掉石屑时，就可以开始斩剁。斩剁前，应在分格条内先用粉线弹出平行部位和垂直部位的控制线，按线操作以免剁纹跑斜，从上而下进行。斩剁时必须保持墙面湿润，剁斧的纹路应均匀，剁纹的方向即深度应一致，一般要斩剁两遍成活。已剁好的分格周围就要起出分格条。全部斩剁完后，清扫斩假石表面。

10.3 饰 面 工 程

饰面工程是指把块料面层镶贴(或安装)在墙柱表面以形成装饰层。块料面层的种类基本可分为饰面砖和饰面板两大类。饰面砖分有釉和无釉两种，包括：釉面瓷砖、外墙面砖、陶瓷锦砖、玻璃、锦砖、劈离砖以及耐酸专等。饰面板包括：天然石饰面板(如大理石、花岗石和青石板等)。人造石饰面板(如预制水磨板，合成石饰面板等)、金属饰面(如不锈钢板、涂层钢板、铝合金饰面板等)、玻璃饰面、木质饰面板(如胶合板、木条板)、裱糊墙纸饰面等。

10.3.1 建筑墙面石材装饰施工

10.3.1.1 天然石材面板镶贴

1. 天然石材饰面板的镶贴

天然石材饰面板的镶贴适用于板材厚为 20～30mm 的大理石、花岗石或预制水磨石板，墙体为砖墙或混凝土墙。

2. 天然石材饰面板的镶贴施工工艺

钻孔剔槽→穿铜丝或镀锌铁丝→弹线→焊钢筋网→刷石材防护剂→基层处理→安装石材板→分层灌浆→擦缝及清理表面

3. 天然石材饰面板的镶贴施工

(1) 钻孔、剔槽

安装前先将饰面板端面打孔。事先应钉木架使钻头直对板材上端面，在每块板的上、下两个面打眼，孔位打在距板宽的两端 1/4 处，每个面各打两个孔，孔径为 5mm，深度为 12mm，孔位距石板背面以 8mm 为宜。如石材板宽度较大时，可以增加孔数。钻孔后用云石机轻轻剔一道槽，深 5mm 左右，连同孔眼形成象鼻眼，以备埋卧铜丝或镀锌铁丝之用。

亦可采用开槽的方法：槽长 30～40mm，槽深 12mm，饰面板背面成“八字”打通；槽一般居中，亦可偏外(以不损坏外饰面为宜)，以便将铜丝卧入槽内与钢筋网绑扎固定。

(2) 穿铜丝或镀锌铁丝

把铜丝剪成长 20mm 左右，一端用木楔粘环氧树脂将铜丝插进孔内固定牢固，另一端将铜丝顺孔槽弯曲并完全卧入槽内。

(3) 弹线

首先将要贴石材的墙面、柱面和门窗套用线坠找出垂直。应根据石板厚度、灌注砂浆的空隙和钢筋网所占尺寸，石材外皮距结构面的厚度以 50～70mm 为宜。找出垂直后，在地面上顺墙弹出石材外廓尺寸线。此线即为第一层石材的安装基准线。在弹好的基准线上面画出石材就位线，每块留 1mm 缝隙(如设计要求拉开缝，则按设计规定留出缝隙)。

(4) 焊钢筋网

剔出墙上的预埋件或安装膨胀螺栓，把墙面清扫干净。在预埋件上先焊接或绑扎竖向φ6 钢筋，并把竖筋用预埋筋弯压于墙面。横向钢筋用于绑扎石板材，第一道横筋在地面以上 100mm 处，与竖筋绑牢，用作第一层板材的下口绑扎固定；第二道横筋绑在比石板上口低 20～30mm 处，用于第一层石板上口绑扎固定；第三道横筋同第二道，依次类推。

(5) 石材防护剂(防碱)处理

石材表面充分干燥(含水率小于 8%，经过试验)后，用石材防护剂进行石材背面及四边切口的防护处理。石材正立面保护剂的使用应根据设计要求，此工序必须在无污染的环境下进行，将石材平放于木方上，用羊毛刷蘸上防护剂，均匀涂刷于石材表面，涂刷必须到位，第一遍涂刷完间隔 24h 后用同样的方法涂刷第二遍石材防护剂。

(6) 基层处理

清理墙体表面，要求墙体无疏松层、无浮土和污垢。

(7) 安装石材板

按部位、编号取石板并就位。先将石板上口外倾，手伸入石板背面把石板下口绑扎丝绑扎在横筋上，绑时不要太紧，可留余量，只要与横筋绑牢即可，然后把石板竖直，绑石板上口绑扎丝，并用木楔子垫稳。

用靠尺检查，用木楔做微调，再绑绑扎丝，依次向另一方进行。第一层石材安装完毕再用靠尺找垂直，用水平尺找平整，用方尺找阴阳角方正。在安装石板时如发现石板规格不准确或石板之间的空隙不符，应用铅皮垫牢，使石板之间缝隙均匀一致，并保持第一层石板上口的平直。

找完垂直、平直、方正后，调制熟石膏成粥状，贴在石板上下和左右之间，使相邻石板相对固定，木楔处亦应贴石膏，防止移位，等石膏硬化后方可灌浆(如设计有嵌缝材料，应在灌浆前塞放好)。

安装柱面石材，其弹线、钻孔、绑扎丝和安装等工与镶贴墙面方法相同。柱面石板可按顺时针方向安装，一般先从正面开始。要注意灌浆前用木方子钉成槽形卡子，双面卡住石材板，以防止灌浆时石板外张。

(8) 分层灌浆

灌浆前，应浇水将饰面板背面及墙体表面湿润，在饰面板的竖向接缝内填塞15～20mm深的麻丝或泡沫塑料条以防漏浆(光面、镜面和水磨石饰面板的竖缝，可用石膏灰临时封闭)。把1∶2.5水泥砂浆放入容器中加水调成粥状，用铁簸箕将砂浆徐徐倒入石材与墙体间隙。注意不要碰到石板，边灌浆边用小铁棍轻轻插捣，使灌入砂浆排气。第一层浇灌高度为150mm且不能超过石板高度的1/3，隔夜再浇灌第二层。第一层灌浆很重要，因为要锚固石材板的下口铜丝又要固定石板，所以要谨慎操作，防止碰撞和猛灌。如发生石材板外移错动，应立即拆除重新安装。若无移位，方可安装上一行板。施工缝应留在饰面板水平接缝以下50～100mm处(图10-17)。

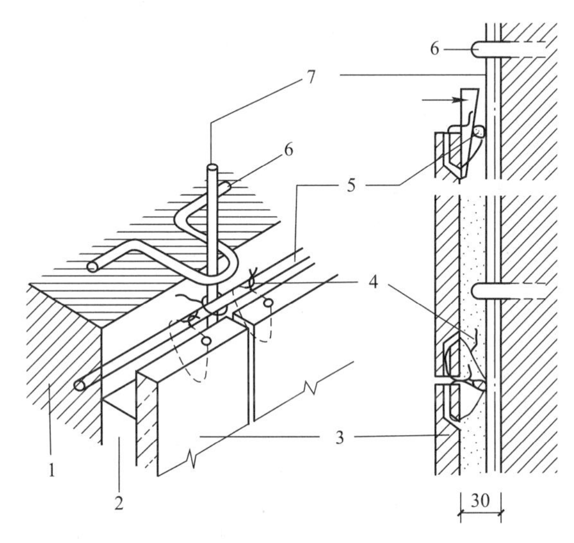

图10-17　饰面板钢筋网片固定及安装方法

1—墙体；2—水泥砂浆；3—大理石板；4—铜丝；5—横筋；6—铁环；7—立筋

(9) 擦缝、清洁表面

全部石板安装完毕后，清除所有石膏和余浆痕迹，用麻布擦洗干净，并按石材板颜色调制色浆嵌缝，边嵌边擦干净，使缝隙密实、均匀、干净、颜色一致。

突出墙面的勒脚饰面板安装，应待墙面饰面板安装完工后进行。

10.3.1.2　天然石材面板干挂施工

干挂法施工，即在饰面板材上直接打孔或开槽，用各种形式的连接件与结构基体用膨胀螺栓或其他架设金属连接而不需要灌注砂浆或细石混凝土。饰面板与墙体之间留出40～50mm的空腔。这种方法适用于30m以下的钢筋混凝土结构基体上石材幕墙，一般不适用于砖墙和加气混凝土墙。

干挂法铺贴工艺的主要优点是：

(1) 在风力和地震作用时，允许产生适量的变位，而不致出现裂缝和脱落。

(2) 冬季照常施工，不受季节限制。

(3) 没有湿作业的施工条件，既改善了施工环境，也避免了浅色板材透底污染以及空鼓、脱落等问题的发生。

(4) 可以采用大规格的饰面石材铺贴，从而提高了施工效率。

（5）可自上而下拆换、维修且无损于板材和连接件，使饰面工程拆改翻修方便。

干法铺贴工艺主要采用扣件固定法，如图 10-18 所示。

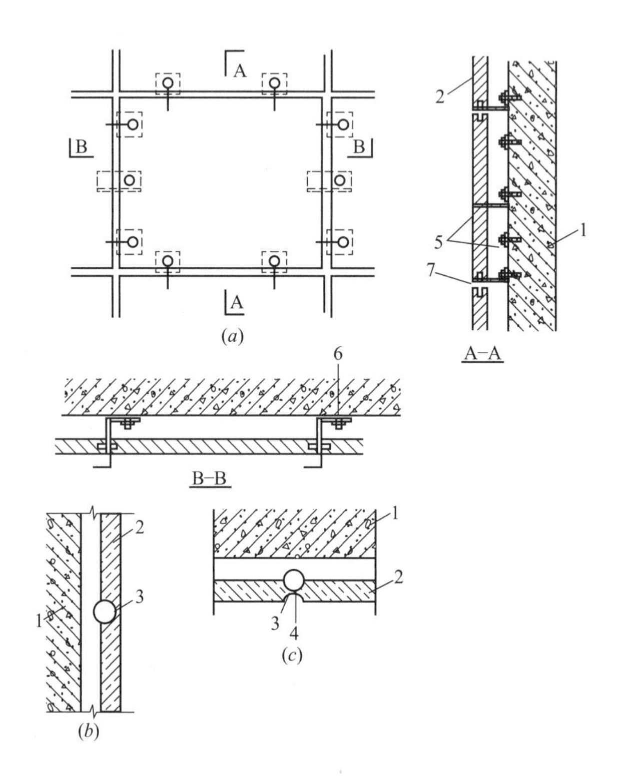

图 10-18　用扣件固定大规格石材饰面板的干作业做法

（a）板材安装立面图；（b）板块水平接缝剖面图；（c）板块垂直接缝剖面图

1—混凝土外墙；2—饰面石板；3—泡沫聚乙烯嵌条；4—密封硅胶；

5—钢扣件；6—胀铆螺栓；7—销钉

1. 干挂法施工条件

安装石材幕墙的主体结构已完工，符合相关结构质量验收规范并验收合格，并完成对主体结构的测量和幕墙施工放线。幕墙预埋件在主体结构施工时已按设计要求埋设牢固、准确，位置偏差不应大于 20mm。对于偏差过大或预埋件漏埋时，应制定处置方案。目前预埋件常在主体结构施工完成后再施工。

幕墙选用石材应符合现行国家和行业标准的规定要求。幕墙石材宜采用花岗岩，石材的吸水率应小于 0.8%，弯曲强度不应小于 8.0MPa。幕墙用石材厚度不小于 25mm，火烧石的厚度不小于 28mm。石材应有物理性能检测报告、放射性检验报告(用于室内时)。

石材幕墙所使用的钢材，包括碳素结构钢、合金结构钢、耐候钢、不锈钢等。钢材的技术要求和性能试验方法应符合现行国家标准和行业标准的规定。碳素结构钢和低合金结构钢应进行有效的防腐处理。当采用热浸镀锌处理时，其膜厚应≥45μm。不锈钢宜采用奥氏体不锈钢材。

挂件与石板间粘结固定宜使用双组分环氧胶粘剂，其性能应符合行业标准《干挂石材幕墙用环氧胶粘剂》JC887 的要求。应有保质期限、质量证明书、国家检测部门出具的其物理力学性能检测报告等。

2. 干挂法施工工艺流程

测量放线→检测结构偏差及修整→精确放线→安装角码连接件→安装钢骨架→链接避雷系统→隐蔽验收→安装保温层→安装防火隔离带→安装挂件→安装石材→嵌缝→清洗→验收

3. 干挂法施工

(1) 检测结构偏差及修整

用经纬仪在外墙各大角(阴角、阳角)投放控制线。以控制线为基准，检测大角、窗口、分格线等部位的偏移量。

用钢尺以±0.000 标志为基准，施放各层的层高线。以层高线为基准，施放檐口、窗口、分格等部位的控制线。

用钢丝拉通线检验墙面平整度。

对于结构的偏移或结构面凹凸，凡是超出 20mm 者，均需按结构处理方式实施处理。若结构处理或修整采用水泥材料，后继作业需注意其养护环境与时间要求。要求各结构外墙面在剔除胀模及修补后，使外墙面距设计轴线误差不大于 10mm。

(2) 测量放线

外墙水平线以设计轴线为基准。以原设计内墙轴线定窗口垂直立线；以各层设计标高+500mm 线，确定窗口上下水平线，弹出窗口井字线；并根据二次设计图纸弹出挂件位置线。每个大角下吊垂线，给出大角垂直控制线。

测量人员应与主体工程测量师配合，检查主体结构轴线与石材幕墙安装线是否吻合，轴线误差大于规定允许偏差时(包括垂直偏差值)，应得到监理、设计人员同意，适当调整石材幕墙的轴线，使其符合幕墙的构造需要。同时，也要与主轴线相互校核，并对误差进行控制、分配消化，以保证幕墙的垂直及立柱位置的正确。对于修改导致的任何改变，必须严格控制实施过程并详细准确地记录。

(3) 金属骨架安装

角码连接件焊接时要采用对称焊，以减少焊接产生的变形。主、次龙骨安装就位后，需进行复测调校使其符合设计要求，确认无误后各节点紧固连接。

幕墙立柱安装标高偏差不应大于 3mm，轴线前后偏差不应大于 2mm，左右偏差不应大于 3mm。相邻两根立柱安装标高偏差不应大于 3mm，同层立柱的最大标高偏差不应大于 5mm，相邻两根立柱的距离偏差不应大于 2mm。

将横梁两端的连接件及垫片安装在立柱的预定位，安装牢固，其接缝应严密。

相邻两根横梁的水平标高偏差不应大于 1mm。同层标高偏差：当一幅幕墙宽度小于或等于 35m 时，不应大于 5mm；当一幅幕墙宽度大于 35m 时，不应大于 7mm。

(4) 连接避雷系统

将幕墙金属龙骨与建筑避雷系统连接。一般采用镀锌圆钢，一端与主龙骨焊接，另一端与建筑防雷系统焊接。每个连接点搭接长度不小于 100mm，采用双面搭接焊，焊缝长度≥120mm，焊缝高度 5mm。

(5) 安装防火隔离带

先安装下层的镀锌钢板，一端用射钉固定在结构上，射钉间距≤300mm；另一端固定在钢骨架上，可点焊或用拉铆钉连接。遇到竖向钢骨架处，钢板应裁剪豁口。两块钢板间搭接不少于 10mm。将岩棉铺装在下层镀锌钢板上，应尽量铺平、紧密，最后安装上层的镀锌钢板。

（6）石材安装

安装时应核对石材品种、规格，并根据翻样图对号使用石材。石材安装必须跟线，每块板先试挂并临时固定，按规格及按层找平、找方、找垂直后，进行注胶、挂板、紧固。

采用丁字扣件固定法的安装施工步骤如下：

1）板材开槽。由于石材自重大，在石材的下部和上部距离端部 1/4 位置处开槽，大规格的板材还需在中间部位加开槽数设置承托扣件以支承板材的自重。

2）板材安装。安装板块的顺序是自下而上进行，在墙面最下一排板材安装位置的上下口拉两条水平控制线，板材从中间或墙面阳角开始就位安装。其平整度以大角垂直控制线和水平线作为控制依据，先安装好第一块作为基准，经校准后加以固定。一排板材安装完毕，再进行上一排扣件固定和安装。板材安装要求四角平整，纵横对缝（图 10-19、图 10-20）。

(*a*)

(*b*)

图 10-19　干挂石材骨架及连接扣件

(*a*)干挂石材前先做好金属骨架（竖向骨架叫立柱，横向骨架叫横梁）；(*b*)采用丁字扣件挂在（或支撑）横梁上。

（7）嵌缝胶

打胶前清理石材缝打胶的部位，并用洁净的布擦拭，达到无尘土、水渍、油渍等。打胶缝隙用泡沫棒塞紧，保证平直，并预留 2.5～3.5mm 的打胶厚度。

图 10-20　干挂石材

10.3.2　内墙瓷砖粘贴施工

1. 施工准备

饰面砖的基层处理和找平层砂浆的涂抹方法与装饰抹灰基本相同。

饰面砖在镶贴前，应根据设计对釉面砖和外墙面砖进行选择，要求挑选规格一致、形状平整方正、不缺棱掉角、不开裂和脱釉、无凹凸扭曲、颜色均匀的面砖及各种配件。按标准尺寸检查饰面砖，分出符合标准尺寸和大于或小于标准尺寸三种规格的饰面砖，同一类尺寸应用于同一层间或同一面墙上，以做到接缝均匀一致。陶瓷锦砖应根据设计要求选择好色彩和图案，统一编号，便于镶贴时依号施工。

墙面镶贴方法，釉面砖的排列方法有“对缝排列”和“错缝排列”两种(图 10-21)。

2. 内墙饰面砖的施工工艺流程

基层处理→抹灰找平→排砖→分格弹线→浸砖→粘贴饰面砖→勾缝与擦缝→表面清理

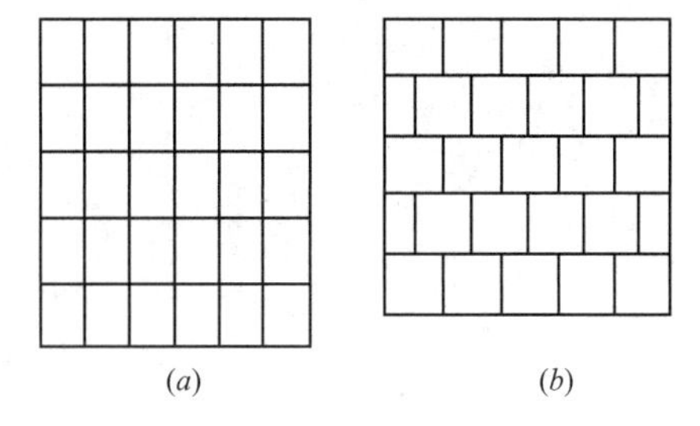

图 10-21　釉面镶贴形式
(*a*)矩形砖对缝；(*b*)方形砖错缝

3. 内墙饰面砖施工工艺

(1) 基层处理

建筑结构墙柱体基层，应有足够的强度、刚度和稳定性。基层表面应无疏松层、无灰浆、浮土和污垢，清扫干净。抹灰打底前应对基层进行处理，不同基层的处理方法不同，具体处理方法详见 10.2 抹灰工程。

(2) 抹灰找平

施工方法同一般抹灰，具体详见 10.2 抹灰工程。

(3) 弹分格线、排砖

抹灰找平层养护至六、七成干时，可按照排砖设计或样板墙，在墙上分段、分格弹出控制线并做好标记。根据设计图纸或砖设计进行横竖向排砖，阳角和门窗洞口边宜排整砖，非整砖应排在次要部位，且横竖均不得有小于 1/2 的非整砖。非整砖行应排在次要部位，如门窗上或阴角不明显处等。但要注意墙面的一致和对称。如遇有突出的管线设备卡件，应用整砖套割吻合，不得用非整砖随意拼凑镶贴。

用碎饰面砖贴标准点，用做灰饼的混合砂浆贴在墙面上，以控制贴饰面砖的表面平整度。垫底尺计算准确最下一皮砖下口标高，以此为依据放好底尺(托板)，要水平、安稳。

(4) 浸砖

将已挑选颜色、尺寸一致的砖，变形、缺棱掉角的砖挑出不用，好的饰面砖放入净水中浸泡 2h 以上，并清洗干净，取出后晾干表面水分后方可使用，以饰面砖表面有潮湿感，但手按无水迹为准(图 10-22)。

(5) 粘贴饰面砖

内墙饰面砖应由下向上粘贴。粘贴时饰面砖粘结层厚度一般为 1∶2 水泥砂浆 4～8mm 厚；1∶1 水泥砂浆 3～4mm 厚；其他化学粘合剂 2～3mm 厚。面砖抹灰应饱满。

先固定好靠尺板，贴最下第一皮砖，面砖贴上后用灰铲柄轻轻敲击砖面使之附线，轻敲表面固定；用开刀调整竖缝，用小杠尺通过标准点调整平整度和垂直度，用靠尺随时找平、找方；在粘结层初凝前，可调整面砖的位置和接缝宽度，初凝后严禁振动或移动面砖。

砖缝宽度应按设计要求，可用自制米厘条控制，如符合模数也可采用标准成品缝卡。

墙面突出的卡件、水管或线盒处，宜采用整砖套割后套贴，套割缝口要小，圆孔宜采用专用开孔器来处理，不得采用非整砖拼凑镶贴(图 10-23)。

(6) 勾缝与擦缝

待饰面砖的粘结层终凝后，按设计要求或样板墙确定的勾缝形式、勾缝材料及颜色进行勾缝。也可用专用勾缝剂或白水泥擦缝。

(7) 清理表面

勾缝时，应随勾缝随用布或棉纱擦净砖面。勾缝后，常温下经过 3d 即可清洗残留在砖面的污垢，一般可用布或棉纱蘸清水擦洗清理。

图 10-22　浸砖及晾干

10.3.3　外墙釉面砖镶贴

1. 作业条件

主体结构已完成且验收完毕。外墙施工脚手架或吊篮已搭设、安装完毕，经项目技术负责人组织验收，符合使用要求和安全规定；外门窗框安装并与墙体之间的缝隙封堵完毕；阳台、护栏、突出墙面的造型以及墙面各种预留洞口、预埋件已处理完毕；高层建筑金属门窗防雷接地验收完毕。

(*a*)

(*b*)

图 10-23　内墙釉面砖铺贴

(*a*)工人采用对缝铺贴墙砖；(*b*)半成品(一般先铺墙面砖，再铺地面砖，先铺整砖，再铺非整砖)

外墙饰面砖镶贴之前必须先按施工方案做样板件，对样板件进行拉拔力检测合格后才能正式施工。

2. 外墙饰面砖施工工艺流程

饰面砖工程深化设计→基层处理→施工放线、吊垂直、套方、抹灰找平→排砖、弹分格线→浸砖→粘贴饰面砖→勾缝和擦缝→表面清理

3. 外墙饰面砖施工工艺

(1) 饰面砖工程深化设计

1) 饰面砖粘贴前，应首先对设计未明确的细部节点进行辅助深化设计。确定饰面砖排列方式、缝宽、缝深、勾缝形式及颜色；防水及排水构造、基层处理方法等施工要点；

并按不同基层做出样板墙或样板件。

2）确定找平层、结合层、粘结层、勾缝及擦缝材料、调色矿物辅料等的施工配合比，做粘结强度试验，经建设、设计、监理各方认可后以书面的形式确定下来。

3）饰面砖的排列方式通常有对缝排列、错缝排列、菱形排列、尖头形排列等几种形式。勾缝通常有平缝、凹平缝、凹圆缝、倾斜缝、山型缝等几种形式。外墙饰面砖不得采用密缝，留缝宽度不应小于 5mm；一般水平缝 10～15mm，竖缝 6～10mm，凹缝勾缝深度一般为 2～3mm。

4）排砖原则定好后，现场实地测量基层结构尺寸，综合考虑找平层及粘接层的厚度，进行排砖设计，条件具备时应采用计算机辅助计算和制图。排砖时宜满足以下要求：

① 阳角、窗口、大墙面、通高的柱垛等主要部位都要排整砖，非整砖要放在不明显处，且不宜小于 1/2 整砖。

② 墙面阴阳角处最好采用异型角砖，如不采用异型砖，宜留缝或将阳角两侧砖边磨成 45°角后对接。

③ 横缝要与窗台齐平。

④ 墙体变形缝处，面砖宜从缝两侧分别排列，留出变形缝。

⑤ 外墙饰面砖粘贴应设置伸缩缝，竖向伸缩缝宜设置在洞口两侧或与墙边、柱边对应的部位，横向伸缩缝可设置在洞口上下或与楼层对应处，伸缩缝应采用柔性防水材料嵌缝。

⑥ 对于女儿墙、窗台、檐口、腰线等水平阳角处，顶面砖应压盖立面砖，立面底皮砖应封盖底平面面砖，可下突 3～5mm 兼作滴水线，底平面面砖向内适当翘起以便于滴水。

(2) 基层处理

建筑结构墙柱体基层，应有足够的强度、刚度和稳定性，基层表面应无疏松层、灰浆、浮土和污垢，清扫干净。灰打底前应对基层进行处理，不同基层的处理方法要采取不同的方法。具体详见 10.2 抹灰工程。

(3) 施工放线、吊垂直、套方、抹灰找平

在建筑物大角、门窗口边、通高柱及垛子处用经纬仪打垂直线，并将其作为竖向控制线；把楼层水平线引到外墙作为横向控制线。以墙面修补抹灰最少为原则，根据面砖的规格尺寸分层设点、做灰饼，间距不宜超过 1.5m，阴阳角处要双面找直，同时要注意找好女儿墙顶、窗台、檐口、腰线、雨篷等饰面的流水坡度和滴水线。

外墙抹灰具体详见 10.2 抹灰工程。

(4) 排砖、弹分格线

抹灰找平层养护至六、七成干时，可按照排砖深化设计图及施工样板在其上分段分格弹出控制线并做好标记。如现场情况与排砖设计不符，则可酌情进行微调。外墙面砖粘贴时每面除弹纵横线外，每条纵线宜挂铅线，铅线略高于面砖 1mm；贴砖时，砖里边线对准弹线，外侧边线对准铅垂线，

图 10-24　处墙砖分格线

四周全部对线后，再将砖压实固定(图 10-24)。

(5) 浸砖

已挑选好的饰面砖放入净水中浸泡 2h 以上，并清洗干净，取出后晾干表面水分后方可使用。以饰面砖表面有潮湿感，但手按无水迹为准。

(6) 粘贴饰面砖

1) 外墙饰面砖宜分段由上至下施工，每段内应由下向上粘贴。粘贴时饰面砖粘结层厚度一般为 1∶2 水泥砂浆 4～8mm 厚；1∶1 水泥砂浆 3～4mm 厚；其他化学粘合剂 2～3mm 厚。面砖卧灰应饱满，以免形成渗水通道，并在受冻后造成外墙饰面砖空鼓开裂。

2) 先固定好靠尺板，贴最下第一皮砖，面砖贴上后用灰铲柄轻轻敲击砖面使之附线，轻敲表面固定。用开刀调整竖缝，用小杠尺通过标准点调整平整度和垂直度，用靠尺随时找平、找方。在粘结层初凝前，可调整面砖的位置和接缝宽度，初凝后严禁振动或移动面砖。

3) 砖缝宽度可用自制米厘条控制，如符合模数也可采用标准成品缝卡。

4) 墙面突出的部件、水管或线盒处，宜采用整砖套割后套贴，套割缝口要小，圆孔宜采用专用开孔器来处理，不得采用非整砖拼凑镶贴。

5) 粘贴施工时，当室外气温大于 35℃应采取遮阳措施。

(7) 勾缝和擦缝

粘结层终凝后，可按样板墙确定的勾缝形式、勾缝材料及颜色进行勾缝。勾缝材料的配合比及掺矿物颜料的比例要指定专人负责控制。勾缝要根据缝的形式使用专用工具。勾缝宜先勾水平缝再勾竖缝，纵横交叉处要过渡自然，不能有明显痕迹。缝要在一个水平面上，连续、平直、深浅一致、表面压光。采用成品勾缝材料的应按产品说明书操作。

(8) 清理表面

勾缝时，应随勾随用棉纱蘸清水擦净砖面。勾缝后，常温下经过 3d 即可清洗残留在砖面的污垢。

10.4 建筑地面工程

所谓建筑地面是指建筑物底层地面与楼层地面的总称，由面层、垫层和基层等部分构成。楼地面根据面层材料的不同分为：土、灰土、三合土、菱苦土、水泥砂浆混凝土、水磨石、马赛克、木、砖和塑料地面等。按面层结构分为：整体面层(如灰土、菱苦土、三合土、水泥砂浆、混凝土、现浇水磨石、沥青砂浆和沥青混凝土、三合土等)、块料面层(如缸砖、塑料地板、拼花木地板、马赛克、水泥花砖、预制水磨石块、大理石板材、花岗石板材等)和涂布地面等。

10.4.1 基层铺设施工

10.4.1.1 基层处理

1. 抄平弹线，统一标高。检测各个房间的地坪标高，并将统一水平标高线弹在各房间四壁上，离地面 500mm 处(即前述的＋500mm 标高)。

2. 楼面的基层是楼板，应做好楼板板缝灌浆、堵塞工作和板面清理工作。

3. 地面的基层多为土。地面下的填土应采用素土分层夯实。土块的粒径不得大于50mm，每层虚铺厚度：用机械压实不应大于300mm，用人工夯实不应大于200mm，每层夯实后的压实系数应符合设计要求。回填土的含水率应按照最优含水量进行控制，太干的土要洒水湿润，太湿的土应晾干后使用，遇有橡皮土必须挖除更换，或将其表面挖松100～150mm，掺入适量的生石灰(其粒径小于5mm，每平方米约掺6～10kg)，然后再夯实。

用碎石、卵石或碎砖等作地基表面处理时，直径应为40～60mm，并应将其铺成一层，采用机械压进适当湿润的土中，其深度不应小于400mm，在不能使用机械压实的部位，可采用夯打压实。

淤泥、腐殖土、冻土、耕植土、膨胀土和有机含量大于8%的土，均不得用作地面下的填土。

地面下的基土，经夯实后的表面应平整，用2m靠尺检查，要求其土表面凹凸不大于10mm，标高应符合设计要求，水平偏差不大于20mm。

10.4.1.2 垫层施工

1. 刚性垫层

刚性垫层指用水泥混凝土、水泥碎砖混凝土、水泥炉渣混凝土和水泥石灰炉渣混凝土等各种低强度等级混凝土做的垫层。

混凝土垫层的厚度不应小于60mm。混凝土强度等级不宜低于C10，粗骨料粒径不应超过50mm，并不得超过垫层厚度的2/3，混凝土配合比按普通混凝土配合比设计进行试配。其施工要点如下：

(1) 清理基层，检测弹线。

(2) 浇筑混凝土垫层前，基层应洒水湿润。

(3) 浇筑大面积混凝土垫层时，应纵横每6～10m设中间水平桩，以控制厚度。

(4) 大面积浇筑宜采用分仓浇筑的方法，要根据变形缝位置、不同材料面层的连接部位或设备基础位置情况进行分仓，分仓距离一般为3～4m。

2. 柔性垫层

柔性垫层包括用土、砂、石、炉渣等散状材料经压实的垫层。砂垫层厚度不应小于60mm，应适当浇水并用平板振动器振实；砂石垫层的厚度不应小于100mm，要求粗细颗粒混合摊铺均匀，浇水使砂石表面湿润，碾压或夯实不少于三遍至不松动为止。

根据需要可在垫层上做水泥砂浆、混凝土、沥青砂浆或沥青混凝土找平层。

10.4.2 整体面层地面施工

10.4.2.1 水泥砂浆地面

水泥砂浆地面面层的厚度应不小于20mm，一般用硅酸盐水泥、普通硅酸盐水泥，水泥标号不低于32.5，用中砂或粗砂配制，配合比应为1∶2(体积比)，强度等级不应小于M15。

面层施工前，先按设计要求测定地坪面层标高，校正门框，将垫层清扫干净洒水湿润，表面比较光滑的基层，应进行凿毛，并用清水冲洗干净。铺抹砂浆前，应在四周墙上弹出一道水平基准线，作为确定水泥砂浆面层标高的依据。面积较大的房间，应根据水平基准线在四周墙角处每隔1.5～2m用1∶2水泥砂浆抹标志块，以标志块的高度做出纵横方向通长的标筋来控制面层厚度。

面层铺抹前，先刷一道含4%～5%的107胶素水泥浆，随即铺抹水泥砂浆，用刮尺赶平，并用木抹子压实，在砂浆初凝后终凝前，用铁抹子反复压光三遍。砂浆终凝后铺盖草袋、锯末等浇水养护。当施工大面积的水泥砂浆面层时，应按设计要求留分格缝，防止砂浆面层产生不规则裂缝。

面层施工后，养护时间不应少于7d，水泥砂浆面层强度小于5MPa之前，不准上人行走或进行其他作业。抗压强度应达到设计要求后，方可正常使用。

10.4.2.2　细石混凝土地面

细石混凝土地面可以克服水泥砂浆地面干缩较大的弱点。这种地面强度高，干缩值小。与水泥砂浆面层相比，它的耐久性更好，但厚度较大，一般为30～40mm。混凝土强度等级不低于C20，所用粗骨料要求级配适当，粒径不应大于16mm，且不大于面层厚度的2/3。用中砂或粗砂配制。

细石混凝土面层施工的基层处理和找规矩的方法与水泥砂浆面层施工相同。

铺细石混凝土时，应由里向门口方向进行铺设，按标志筋厚度刮平拍实后，稍待收水，即用钢抹子预压一遍，待进一步收水，即用铁滚筒滚压3～5遍或用表面振动器振捣密实，直到表面泛浆为止，然后进行抹平压光。细石混凝土面层与水泥砂浆基本相同，必须在水泥初凝前完成抹平工作，终凝前完成压光工作，要求其表面色泽一致，光滑无抹子印迹。

钢筋混凝土现浇楼板或强度等级不低于C15的混凝土垫层兼面层时，可用随捣随抹的方法施工，在混凝土楼地面浇捣完毕，表面略有吸水后即进行抹平压光。混凝土面层的压光和养护时间、方法与水泥砂浆面层同。

10.4.2.3　现制水磨石地面

水磨石地面构造层如图10-25所示。

水磨石地面面层施工，一般是在完成顶棚、墙面等抹灰后进行。也可以在水磨石楼、地面磨光两遍后再进行顶棚、墙面抹灰，但对水磨石面层应采取保护措施。

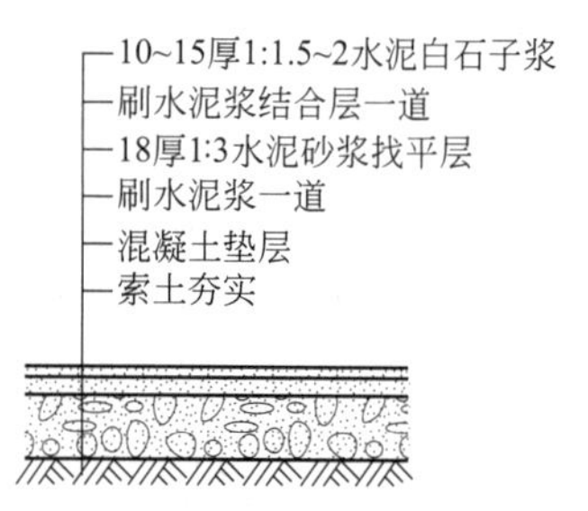

图10-25　水磨石地面构造层次

水磨石面层所用的石子应用质地密实、磨面光亮，如硬度不大的大理石、白云石、方解石或质地较硬的花岗岩、玄武岩、辉绿岩等。石子应洁净无杂质，石子粒径一般为4～12mm。

白色或浅色的水磨石面层，应采用白色硅酸盐水泥，深色的水磨石面层应采用普通硅酸盐水泥或矿渣硅酸盐水泥，其标号不低于42.5号，水泥中掺入的颜料应选用遮盖力强、耐光性、耐候性、耐水性和耐酸碱性好的矿物颜料。掺量不大于水泥用量的12%为宜。

1. 水磨石地面施工工艺流程：

基层清理→找标高、弹水平线、设置标筋→铺水泥砂浆找平层→养护→弹分格线、嵌分格条→刷水泥浆结合层→铺抹水泥石子浆→养护→研磨→打蜡抛光。

2. 水磨石地面施工工艺

(1) 基层处理

将混凝土基层上的杂物清净，不得有油污、浮土。用钢錾子和钢丝刷将粘在基层上的水泥浆皮錾掉铲净。

(2) 找标高、弹水平线、设置标筋

找标高弹水平线：根据墙面上的＋500mm 标高线，往下量测出水磨石面层的标高，弹在四周墙上，并考虑其他房间和通道面层的标高，要相互一致。为了保证找平层的平整度，先抹灰饼(纵横间距 1.5m 左右)，大小约 8～10cm，以灰饼高度为标准，抹宽度为 8～10cm 的纵横标筋，间距 1.5m。

(3) 铺水泥砂浆找平层

根据墙上弹出的水平线，留出面层厚度(约 10～15mm 厚)，抹 1∶3 水泥砂浆找平层。

在基层上洒水湿润，刷一道水灰比为 1∶0.5 的水泥浆，面积不得过大，随刷浆随铺抹 1∶3 找平层砂浆，并用 2m 长刮杠以标筋为标准进行刮平，再用木抹子搓平。

(4) 养护

抹好找平层砂浆后养护 24h，待抗压强度达到 1.2MPa 方可进行下道工序施工。

(5) 弹分格线、嵌分格条

根据设计要求的分格尺寸分格，在房间中部弹十字线，计算好周边的镶边宽度后，以十字线为准弹分格线。如果设计有图案要求时，应按设计要求弹出清晰的线条。

用小铁抹子抹稠水泥浆将分格条固定住(分格条安在分格线上)，抹成 30°八字形，高度应低于分格条顶 4～6mm，分格条应平直(上平必须一致)、牢固、接头严密，不得有缝隙，作为铺设面层的标志。另外在粘贴分格条时，在分格条十字交叉接头处，为了使拌合料填塞饱满，在距交点 40～50mm 内不抹水泥浆(图 10-26、图 10-27)。

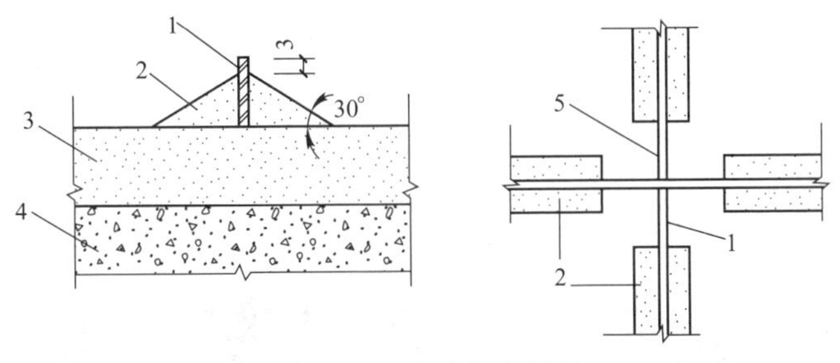

图 10-26　分格嵌条设置

1—分格条；2—素水泥浆；3—水泥砂浆找平层；4—混凝土垫层；5—40～50mm 内不抹素水泥浆

(a)

(b)

图 10-27　分格条设置和水泥石子浆运输

(a)水磨石地面分隔条铺设完成后；(b)分隔条固定水泥浆达到设计要求后开始铺设水泥石子浆

(照片是采用手推车运送水泥石子浆的情况，运送时注意做好保护措施，不要损坏分隔条)

采用铜条时，应预先在两端头下部 1/3 处打眼，穿入 22 号铜丝，锚固于下口八字角水泥浆内。镶条 12h 后开始浇水养护，最少 2d，在此期间房间应封闭，禁止各工序进行。

(6) 刷水泥浆结合层

先用清水将找平层洒水湿润，涂刷与面层颜色相同的水泥浆结合层，其水灰比为 1∶0.5，要刷均匀，亦可在水泥浆内掺加胶粘剂，要随刷随铺拌合料，一次刷的面积不得过大，防止水泥浆层风干导致面层空鼓。

(7) 铺抹水泥石子浆

拌制水泥石子浆的体积比宜采用 1∶1.5～1∶2.5(水泥：石粒)，要求配合比准确，拌合均匀。拌制彩色水磨石拌合料，除彩色石粒外，还更加入耐光耐碱的矿物颜料，其掺入量为水泥重量比的 3%～6%，普通水泥与颜料配合比、彩色石子与普通石子配合比，在施工前都须经试验室试验后确定。同一彩色水磨石面层应使用同厂、同批颜料。

水磨石拌合料的面层厚度，除有特殊要求的以外，宜为 12～18mm，并应按石料粒径确定。铺设时将搅拌均匀的拌合料先铺抹分格条边，后铺入分格条方框中间，用铁抹子由中间向边角推进，在分格条两边及交角处特别注意压实抹平，随抹随用直尺进行平度检查。如局部地面铺设过高时，应用铁抹子将其挖去一部分，再将周围的水泥石子浆拍实抹平。

几种颜色的水磨石拌合料不可同时铺抹，要先铺抹深色的，后铺抹浅色的，待前一种凝固后再铺后一种。

用滚筒滚压前，先用铁抹子或木抹子在分格条两边宽约 10cm 范围内轻轻拍实(避免将分格条挤移位)。滚压时用力要均匀(要随时清掉粘在滚筒上的石渣)，应从横竖两个方向轮换进行，达到表面平整密实、出浆石粒均匀为止。待石粒浆稍收水后，再用铁抹子将浆抹平、压实，24h 后浇水养护(图 10-28)。

(a)

(b)

图 10-28　水泥石子浆抹平压实

(a)工人用抹子将水泥石子浆均匀摊开并搓压密实；(b)水泥石子浆抹平以后采用铁辊子辊压密实

(8) 研磨

试磨：一般根据气温情况确定养护天数，常温下养护 5～7d。温度在 20～30℃时 2～3d 即可试磨，试磨时强度应达到 10MPa，以面层不掉石粒为准。

一般开磨时间见表 10-7。

水磨石面层开磨参考时间表 **表 10-7**

平均温度（℃）	开磨时间(d)	
	机磨	人工磨
20～30	2～3	1～2
10～20	3～4	1.5～2.5
5～10	5～6	2～3

粗磨：第一遍用 60～90 号粗金刚石磨，使磨石机机头在地面上走横“8”字形，边磨边加水(如水磨石面层养护时间太长，可加细砂，加快机磨速度)，随时清扫水泥浆，并用靠尺检查平整度，直至表面磨平、磨匀，分格条和石粒全部露出(边角处用人工磨成同样效果)，用水清洗晾干，然后用较浓的水泥浆(如掺有颜料的面层，应用同样掺有颜料配合比的水泥浆)擦一遍，特别是面层的洞眼小孔隙要填实抹平，脱落的石粒应补齐，浇水养护 2～3d。

细磨：第二遍用 90～120 号金刚石磨，要求磨至表面光滑为止，用清水冲洗干净后，满擦第二遍水泥浆，注意小孔隙要细致擦严密，然后养护 2～3d。

磨光：第三遍用 180～220 号细金刚石磨，磨至表面石子显露均匀，无缺石粒现象，平整、光滑，无孔隙为度。

普通水磨石面层磨光遍数不应少于三遍，高级水磨石面层的厚度和磨光遍数及油石规格应根据设计确定。

(9) 打蜡抛光

为了取得打蜡后显著的效果，在打蜡前磨石面层要进行一次适量限度的酸洗，一般均用草酸进行擦洗。使用时，先用水加草酸化成约 10%浓度的溶液，用扫帚蘸后洒在地面上，再用 280～300 号油石轻轻磨一遍；磨出水泥及石粒本色，再用水冲洗及软布擦干。此道操作必须在各工种完工后才能进行，经酸洗后的面层不得再受污染。

打蜡上光：将蜡包在薄布内，在面层上薄薄涂一层，待干后用钉有帆布或麻布的木块代替油石，装在磨石机上研磨，用同样方法再打第二遍蜡，直至光滑洁亮为止。冬期施工现制水磨石面层时，环境温度应保持+5℃以上。

(10) 水磨石踢脚板

抹水磨石踢脚板拌合料：先将底子灰用水湿润，在阴阳角及上口，用靠尺按水平线找好规矩，贴好靠尺板，先涂刷一层薄水泥浆，紧跟着，抹拌合料，抹平、压实。刷水两遍将水泥浆轻轻刷去，达到石子面上无浮浆。常温下养护 24h 后，开始人工磨面。

第一遍用粗油石，先竖磨再横磨，要求把石渣磨平，阴阳角倒圆，擦第一遍素灰，将孔隙填抹密实，养护 1～2d，再用细油石磨第二遍，用同样方法磨完第三遍，用油石出光打草酸，用清水擦洗干净。人工涂蜡以擦二遍出光成活。

10.4.2.4 板块面层铺设施工

块材地面是在基层上用水泥砂浆或水泥浆铺设块料面层(如玻化砖、预制水磨石板、花岗石板、大理石板等)形成的楼地面(图 10-29)。

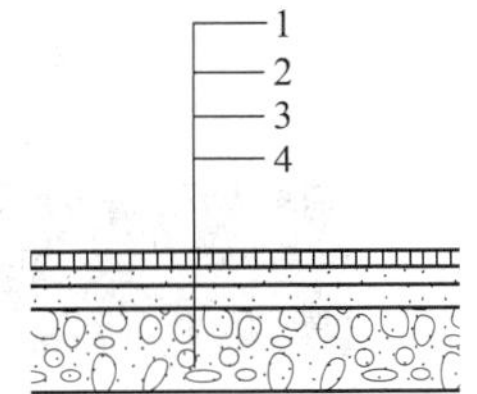

图 10-29 块材地面
1—块材面层；2—结合层；3—找平层；4—基层（混凝土垫层或钢筋混凝土楼板）

1. 施工准备

铺贴前，地面块材的品种、规格、型号应符合设计要求，并且用量一次采购到位。硅酸盐水泥、普通硅酸盐水泥或矿渣硅酸盐水泥，强度不应低于32.5，严禁不同品种、不同强度等级的水泥掺杂使用。水泥进场应有产品合格证和出厂检验报告，进场后应进行试验。砂宜采用干净的中砂。

铺贴前应用水泥砂浆找平。

2. 地砖施工工艺流程

基层处理→弹线找方→试拼→刷水泥浆结合层→铺贴地砖→擦缝→打蜡(天然石材)

3. 地砖铺贴施工工艺

(1) 基层处理

将地面垫层上的杂物清净，用钢丝刷刷掉粘结在垫层上的砂浆并清扫干净。

(2) 弹线

在房间的中间部位弹出相互垂直的控制十字线，作为检查和控制块材的位置，将纵横方向非整砖对称放置在房间四周，十字线可以弹在垫层上，并引至墙面底部，并依据墙面+500mm线，找出面层高在墙上弹好水平线，注意与楼道面层的标高是否一致。

(3) 试拼

在正式铺设前，对每一房间的块材，应按图案、颜色、纹理试拼，另外为检验板块之间的缝隙，核对板块与墙、柱、洞口等相互位置是否符合要求，一般还要进行一次试拼。在房间相互垂直方向铺宽度大于板的砂带，厚度不小于30mm，然后进行试拼，试拼后按两个方向编号排列，然后编号码放整齐。

(4) 铺水泥砂浆结合层

在铺砂浆之前再次将垫层清扫干净，然后用喷壶洒水湿润，刷一层素水泥浆(水灰比0.5)，随刷随铺砂浆。

根据水平线，定出地面找平层厚度、控制线，铺1∶3干硬性水泥砂浆找平层(干硬程度以手捏成团不松散为宜)。砂浆从里往门口处摊铺，铺好后用大杠刮平，再用抹子拍实找平。找平层厚度宜高出石材底面标高3～4mm(图10-30*a*)。

(*a*)

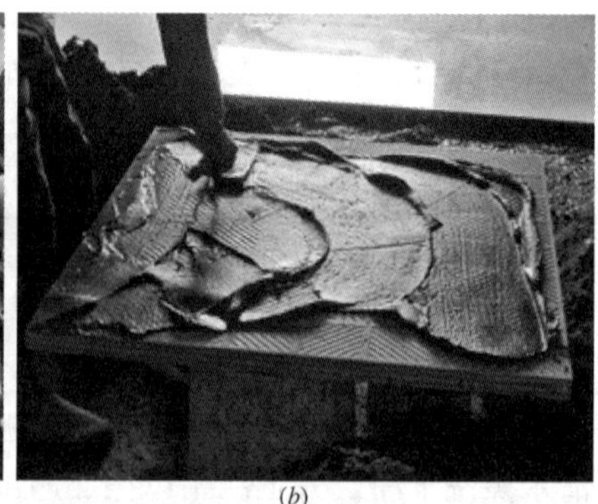

(*b*)

图10-30　地砖结合层铺设

(*a*)铺水泥砂浆结合层(注：图中一次性摊铺砂浆过多，不够规范)；(*b*)在地砖铺贴面抹水泥净浆

(5) 铺石材板块

1) 铺石材前应试拼编号，一般房间应按线位先从门口向里纵铺和房中横铺数条作标

准，然后分区按行列、线位铺砌。亦可先里后外沿控制线进行铺设，即先从远离门口的一边开始，按照试拼编号，依次铺砌，逐步退至门口。当室内有中间柱列时，应先将柱列铺好，再向外延伸。

2）铺前应将板材预先浸湿阴干后备用。先进行试铺，对好纵横缝，用橡皮锤敲击木垫板，振实砂浆至铺设高度后，将块材掀起移至一旁，检查砂浆上表面与板材之间是否吻合，如有空虚之处，应用砂浆填补，然后正式镶铺。

3）正式镶铺时，先在地砖铺贴面上满抹一层水灰比0.5的素水泥浆结合层（图10-30*b*），再铺石材板块，安放时四角同时往下落（图10-31*a*），用橡皮锤轻击木垫板，根据水平线用水平尺找平（图10-31*b*），铺完第一块向侧和后退方向顺序镶铺。石材板块之间，接缝要严，一般不留缝隙。

4）每铺完一块板材，随手用棉纱清理块材表面，用铁抹子将块材侧面的砂浆平着砖侧面切齐，避免侧面砂浆硬化影响后续块材的铺贴。

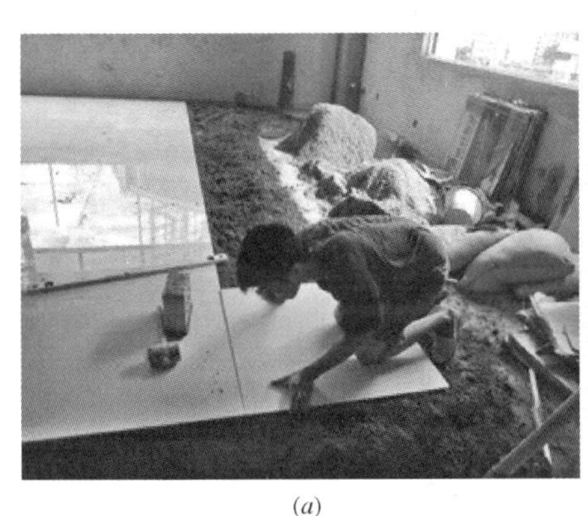

(*a*)

(*b*)

图10-31　地砖铺贴

(*a*)垂直轻放地砖；(*b*)用水平尺检测砖面水平情况

（6）擦缝

每一个房间地面块材铺设完成后，要封闭养护，禁止人员在上面踩踏，一般养护时间不少于7d开始擦缝。根据块材颜色，选择相同颜色矿物颜料和水泥拌合均匀调成1∶1稀水泥浆，用浆壶徐徐灌入块材板块之间缝隙（分几次进行），并用长把刮板把流出的水泥浆向缝隙内喂灰。灌浆1～2h后，用棉纱蘸原稀水泥浆擦缝，与板面擦平，同时将板面上的水泥浆擦净，然后面层加覆盖层保护。

（7）打蜡

如果块材是大理石等天然石材，要对面层石材进行打蜡，以达到光滑洁净。板块铺贴完工，待结合层砂浆强度达到60%～70%即可打蜡抛光，3天内禁止上人走动。打蜡按以下操作要点进行：

1）清洗干净后的石材地面，经晾干擦净。

2）用干净的布或麻丝沾稀糊状的成蜡，涂在石材面上，并应均匀，用磨石机压磨，擦打第一遍蜡。

3）上述同样方法涂第二遍蜡，要求光亮，颜色一致。

4）踢脚板人工涂蜡，擦打二遍出光成活。

(8) 其他

冬期施工：原材料和操作环境温度不得低于＋5℃，不得使用有冻块砂子，板块表面不得有结冰现象，如室内无取暖及保温措施不得施工。

贴块材踢脚板：

1) 根据墙面抹灰厚度吊线确定踢脚板出墙厚度，一般 8～10mm。踢脚板之间的缝宜与地面块材对缝镶贴。

2) 用 1∶3 水泥砂浆打底找平并在表面划纹。

3) 找平层砂浆干硬后，拉踢脚板上口的水平线，把湿润阴干的石材踢脚板的背面刮抹一层 2～3mm 厚的素水泥浆后，往底灰上粘贴，并用木槌敲实，根据水平线找直。

4) 24h 后用同色水泥浆擦缝，并将余浆擦净。

5) 如果是天然石材踢脚线，则与地面石材同时打蜡。

10.4.2.5 木质地面施工

木质地面施工通常有架铺和实铺两种。架铺是在地面上先做出木搁栅，然后在木搁栅上铺贴基面板，最后在基面板上镶铺面层木地板。实铺是在建筑地面上直接拼铺木地板(图 10-32*a*)。

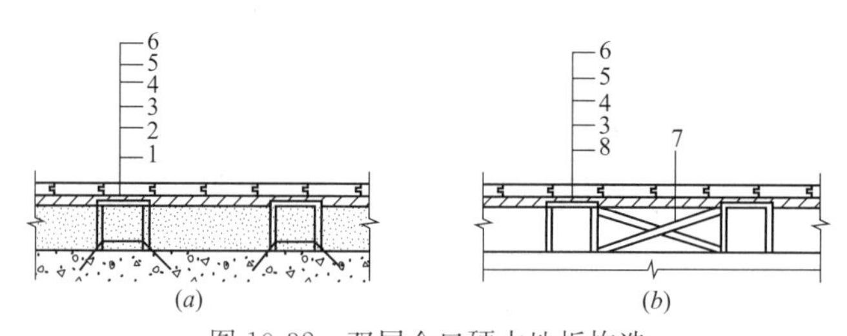

图 10-32 双层企口硬木地板构造

(*a*)实铺法；(*b*)空铺法

1—混凝土基层；2—预埋铁(铁丝或钢筋)；3—木搁栅；4—防腐剂；5—毛地板；6—企口硬木地板；7—剪刀撑；8—垫木

1. 基层施工

(1) 高架木地板基层施工

1) 地垄墙或砖墩。地垄墙应用 42.5 号水泥砂浆砌筑，砌筑时要根据地面条件设地垄墙的基础。每条地垄墙、内横墙和暖气沟墙均需预留 120mm×120mm 的通风洞两个，而且要在一条直线上，以利通风。暖气沟墙的通风洞口可采用缸瓦管与外界相通。外墙每隔 3～5m 应预留不小于 180mm×180mm 的通风孔洞，洞口下皮距室外地坪标高不小于 200mm，孔洞应安设篦子。如果地垄不易做通风处理，需在地垄顶部铺设防潮油毡。

2) 木搁栅。木搁栅通常是方框或长方框结构。木搁栅制作时，与木地板基板接触的表面一定要刨平，主次木方的连接可用榫结构或钉、胶结合的固定方法。无主次之分的木搁栅，木方的连接可用半槽式扣接法。通常在砖墩上预留木方或铁件，然后用螺栓或骑马铁件将木搁栅连接起来。

(2) 一般空铺地板基层施工

采用空铺式时，地板是在楼面上或已有水泥地坪的地面上进行(图 10-32*b*)。

1) 地面处理。检查地面的平整度，做水泥砂浆找平层，然后在找平层上刷二遍防水涂料或乳化沥青。

2）木搁栅。直接固定于地面的木搁栅所用的木方，可采用截面尺寸为 30mm×40mm 或 40mm×50mm 的木方。组成木搁栅的木方统一规格，其连接方式通常为半槽扣接，并在两木方的扣接处涂胶加钉。

3）木搁栅与地面的固定。木搁栅直接与地面的固定常用埋木楔的方法，即用 ϕ16 的冲击电钻在水泥地面或楼板上钻洞，孔洞深 40mm 左右，钻孔位置应在地面弹出的木搁栅位置线上，两孔间隔 0.8m 左右，然后向孔洞内打入木楔长钉将木搁栅固定在打入地面的木楔上。

(3) 实铺木地板的基层要求

木地板直接铺贴在地面时，对地面的平整度要求较高，一般地面应采用防水水泥砂浆找平或在平整的水泥砂浆找平层上刷防潮剂。

2. 面层木地板铺设

木地板铺在基面或基层板上，铺设方法有钉接式和粘结式两种。

(1) 钉接式

木地板面层有单层和双层两种。单层木地板面层是在木搁栅上直接钉直条企口板；双层木地板面层是在木搁栅架上先钉一层毛地板，再钉一层企口板。

双层木地板的下层毛地板，其宽度不大于 120mm，铺设时必须清除其下方空间内的刨花等杂物。毛地板应与木搁栅成 30°或 45°斜面钉牢，板间的缝隙不大于 3mm，以免起鼓。毛地板与墙之间留 10～20mm 的缝隙，每块毛地板应在其下的每根木搁栅上各用两个钉固结，钉的长度应为板厚的 2.5 倍。面板铺钉时，其顶面要刨平，侧面带企口，板宽不大于 120mm，地板应与木搁栅或毛地板垂直铺钉，并顺进门方向。接缝均应在木搁栅中心部位，且间隔错开。木板应材心朝上铺钉。木板面层距墙 10～20mm，以后逐块紧铺钉，缝隙不超过 1mm，圆钉长度为板厚 2.5 倍，钉帽砸扁，钉从板的侧边凹角处斜向钉入(图 10-33)，板与搁栅交处至少钉一颗。钉到最后一块，可用明铺钉牢，钉帽砸扁冲入板内 30～50mm。硬木地板面层铺钉前应先钻圆钉直径 0.7～0.8 倍的孔，然后铺钉。双层板面层铺钉前应在毛板上先铺一层沥青油纸或油毡隔潮。

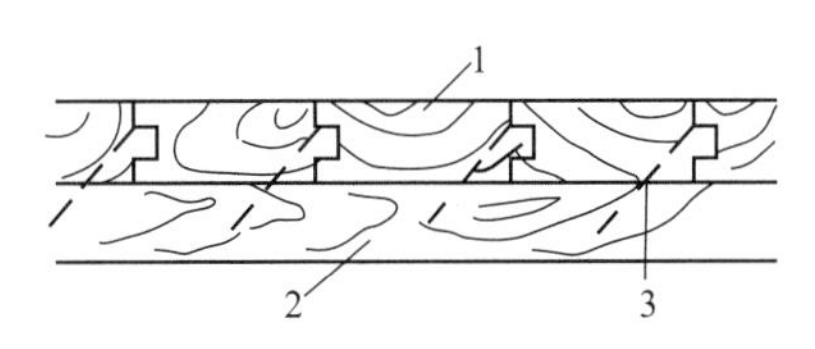

图 10-33　企口板钉设

1—毛地板；2—木搁栅；3—圆钉

木板面层铺完后清扫干净。先按垂直木纹方向粗刨一遍，再顺木纹方向细刨一遍，然后磨光，待室内装饰施工完毕后再进行油漆并上蜡。

(2) 粘结式

粘结式木地板面法，多用实铺式，将加工好的硬木地板块材用粘结材料直接粘贴在楼地面基层上。

拼花木地板粘贴前，应根据设计图案和尺寸进行弹线。对于成块制作好的木地板块材，应按所弹施工线试铺，以检查其拼缝高低、平整度、对缝等。符合要求后进行编号，施工时按编号从房中间向四周铺贴。

1）沥青胶铺贴法。先将基层清扫干净，用大号鬃板刷在基层上涂刷一层薄而匀的冷底子油待一昼夜后，将木地板背面涂刷一层薄而匀的热沥青，同时在已涂刷冷底子油的基层上涂刷热沥青一道，厚度一般为 2mm，随涂随铺。木地板应水平状态就位，同时要用力与相邻的木地板压得严密无缝隙，相邻两块木地板的高差不应超过−1～+1.5mm，缝隙不大于 0.3mm，否则重铺。铺贴时要避免热沥青溢出表面，如有溢出应及时刮除并擦拭干净。

2）胶粘剂铺贴法。先将基层表面清扫干净，用鬃刷在基层上涂刷一层薄而匀的底子胶。底子胶应采用原粘剂配制。待底子胶干燥后，按施工线位置沿轴线由中央向四面铺贴。其方法是按预排编号顺序在基层上涂刷一层厚约 1mm 左右的胶粘剂，再在木地板背面涂刷一层厚约 0.5mm 的胶粘剂，待表面不粘手时，即可铺贴。铺贴时，人员随铺贴随往后退，要用力推紧、压平，并随即用砂袋等物压 6～24h，其质量要求与前述沥青胶粘结法相同。

3. 木踢脚板的施工

木地板房间的四周墙脚处应设木踢脚板，踢脚板一般高 100～200mm，常用 150mm，厚 20～25mm。所用木板一般也应与木地板面层所用的材质品种相同。踢脚板应预先刨光，上口刨成线条。为防止翘曲，在靠墙的一面应开成凹槽，当踢脚板高 100mm 时开一条凹槽，150mm 时开两条凹槽，超过 150mm 时开三条凹槽，凹槽深度为 3～5mm。为了防潮通风，木踢脚板每隔 1～1.5m 设一组通风孔，一般采用 $\phi 6$ 孔。在墙内每隔 400mm 砌入防腐木砖。在防腐木砖上钉防腐木垫块。一般木踢脚板与地面转角处安装木压条或安装圆角成品木条，其构造做法如图10-34所示。

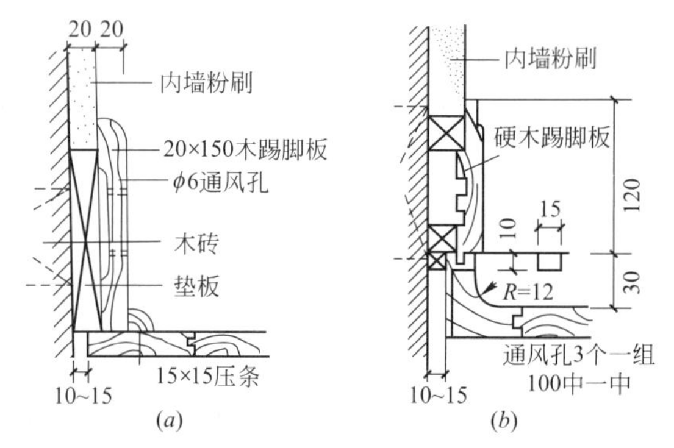

图 10-34 木踢脚板做法示意图

(a)压条做法；(b)圆角做法

木踢脚板应在木地板刨光后安装。木踢脚板接缝处应做暗榫或斜坡压槎，在 90°转角处可做成 45°斜角接缝。接缝一定要在防腐木块上。安装时木踢脚板与立墙贴紧，上口要平直，用明钉钉牢在防腐木块上，钉帽要砸扁并冲入板内 2～3mm。

10.5 吊顶和隔墙工程

10.5.1 吊顶工程

吊顶是采用悬吊方式将装饰顶棚支承于屋顶或楼板下面。

1. 吊顶的构造组成

吊顶主要由支承、基层和面层三个部分组成。

（1）支承

吊顶支承由吊杆(图 10-35*b*)和主龙骨组成。吊顶支承有木支承和金属支承，这里主要介绍金属龙骨吊顶。

金属龙骨吊顶的支承部分。轻钢龙骨与铝合金龙骨吊顶的主龙骨(图 10-36)截面尺寸取决于荷载大小，其间距尺寸应考虑次龙骨(图 10-36)的跨度及施工条件，一般采用 1～

1.5mm。其截面形状较多，主要有U型、T型、C型、L型等。主龙骨与屋顶结构楼板结构多通过吊杆连接，吊杆与主龙骨用特制的吊杆件或套件连接。

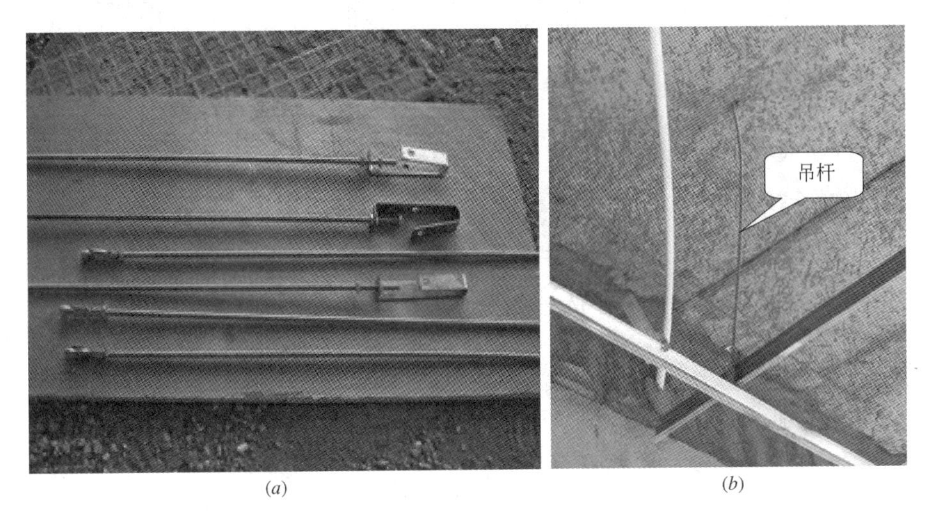

(a)　　(b)

图10-35　吊杆及吊杆与龙骨的连接

(a)带膨胀螺栓的吊杆及吊挂件；(b)吊杆与楼板和龙骨的连接情况(吊挂件尚未调垂直)

(2) 基层

基层用木材、型钢或其他轻金属材料制成的次龙骨组成。吊顶面层所用材料不同，其基层部分的布置方式和次龙骨的间距大小也不一样，但一般不应超过600mm。

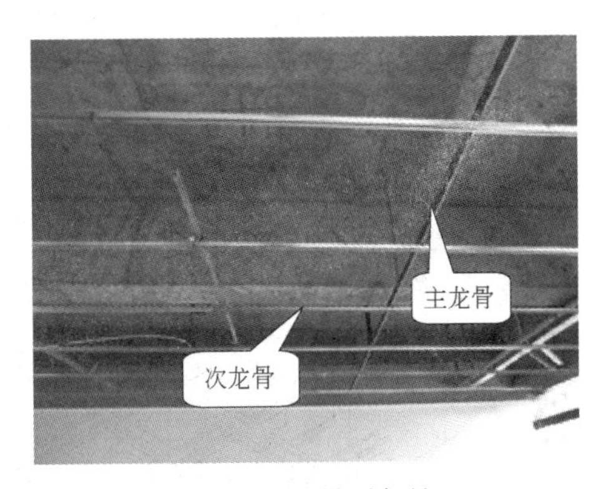

图10-36　吊顶龙骨

吊顶的基层要结合灯具位置、风扇或空调出风口位置等进行布置，留好预留孔洞及吊挂设施等，同时应配合管道、线路等安装工程施工。

(3) 面层

传统的木龙骨吊顶，其面层多用人造板(如胶合板、纤维板、木丝板、刨花板)面层或板条(金属网)抹灰面层。轻钢龙骨、铝合金龙骨吊顶，其面板多用装饰吸声板(如纸面石膏板、钙塑泡沫板、纤维板、矿棉板、玻璃丝棉板等)制作。

2. 吊顶施工工艺

(1) 吊顶施工

1) 弹水平线。首先将楼地面基准线弹在墙上，并以此为起点，弹出吊顶高度水平线。

2) 主龙骨的安装。主龙骨与屋顶结构或楼板结构连接主要有三种方式(图10-37)：用屋面结构或楼板内预埋铁件固定吊杆；用射钉将角铁等固定于楼底面固定吊杆；用金属膨胀螺栓固定铁件再与吊杆连接(图10-35*b*)。

轻钢龙骨装配式吊顶施工。利用薄壁镀锌钢板带经机械冲压而成的轻钢龙骨即为吊顶的骨架型材。轻钢吊顶龙骨有U形和T形两种。

U型上人轻钢龙骨安装方法如图10-38所示。

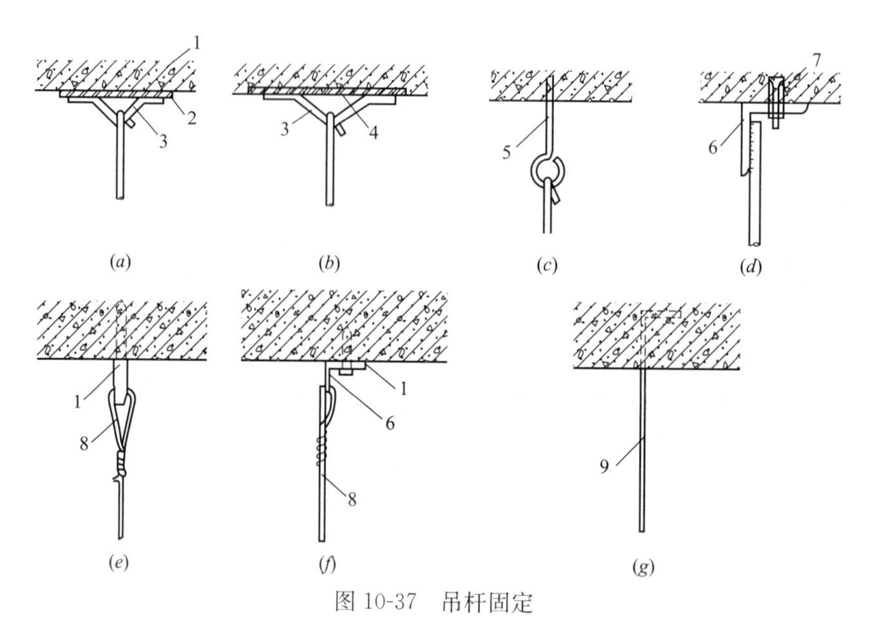

图 10-37 吊杆固定

(a)射钉固定；(b)预埋件固定；(c)预埋 $\phi 6$ 钢筋吊环；(d)金属膨胀螺丝固定；
(f)射钉直接连接钢丝(或 8 号铁丝)；(f)射钉角铁连接法；(g)预埋 8 号镀锌铁丝
1—射钉；2—焊板；3—批 0 钢筋吊环；4—预埋钢板；5—5e6 钢筋；6 角钢；
7—金属膨胀螺丝；8—铝合金丝(8 号、12 号、14 号)；b—8 号镀锌铁丝

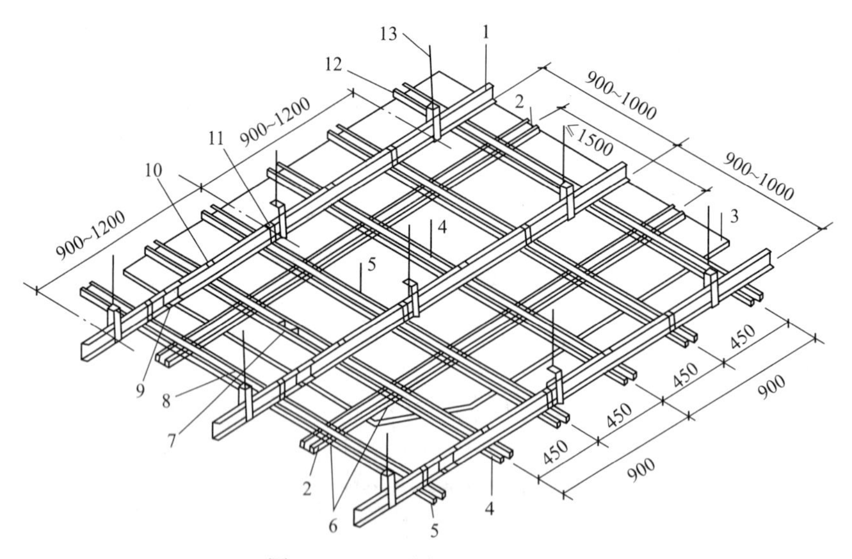

图 10-38 U 形龙骨吊顶示意图

1—BD 大龙内；2—UZ 横撑龙骨；3—吊顶板；4—UZ 龙骨；5—UX 龙骨；
6—UZ_3 支托连接；7—UZ_2 连接件；8—UX_2 连接件；9—BD_2 连接件；10—UX_1 吊挂；
11—UX_2 吊件；12—BD_1 吊件；13—UX_3 吊杆 $\phi 8 \sim \phi 10$

施工前，先按龙骨的标高在房间四周的墙上弹出水平线，再根据龙骨的要求按一定间距弹出龙骨的中心线，找出吊点中心，在楼板底用冲击钻钻孔，将带有膨胀螺栓的吊杆安装固定在楼板混凝土里。吊杆长度要计算好，不能过长。在吊杆的下端用吊挂件将主龙骨固定好，主龙骨的吊顶挂件连在吊杆上校平调正后(图 10-39*b*)，拧紧固定螺母，然后根

据设计和饰面板尺寸要求确定的间距，用吊挂件将次龙骨固定在主龙骨上。主龙骨安装后，沿吊顶标高线安装固定沿墙龙骨(图 10-39*a*)，一般是用冲击电钻在标高线以上 10mm 处墙面打孔，孔内塞入木楔，将沿墙龙骨钉固于墙内木楔上。次龙骨及沿墙龙骨的底边与吊顶标高线齐平，调平调正后安装饰面板。

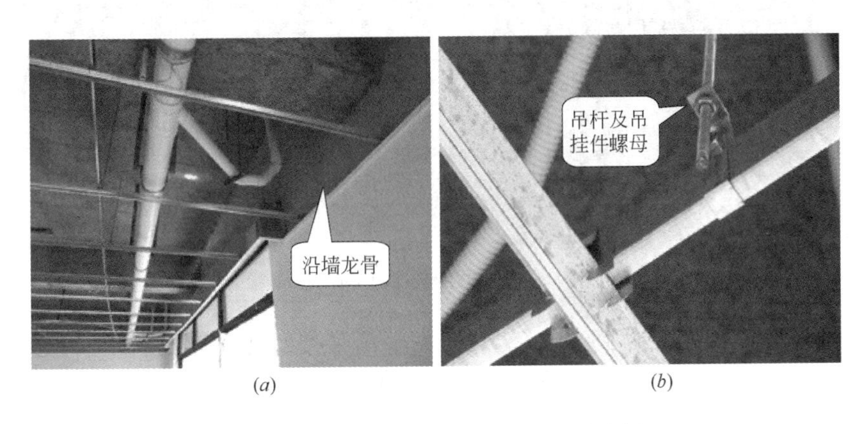

(*a*) (*b*)

图 10-39 沿墙龙骨及主次龙骨连接大样

(*a*)沿墙龙骨与次龙骨；(*b*)吊杆与主龙骨、主龙骨与次龙骨的连接情况(吊挂件尚未调垂直)

3) 吊顶面板的铺钉。吊顶面板可采用人造板(或金属板、纸面石膏板、埃特板等)，应按设计要求切成方形、长方形等。板材安装前，按分块尺寸弹线，安装时由中间向四周呈对称排列，顶棚的接缝与墙面交圈应保持一致。面板应安装牢固且不得出现折裂、翘曲、缺棱掉角和脱层等缺陷。

饰面板的安装方法有：

搁置法：将饰面板直接放在 T 形龙骨组成的格框内。有些轻质饰面板，考虑刮风时会被掀起(包括空调口，通风口附近)，可用木条、卡子固定。

嵌入法：将饰面板事先加工成企口暗缝，安装时将 T 形龙骨两肢插入企口缝内。

粘贴法：将饰面板用胶粘剂直接粘贴在龙骨上。

钉固法：将饰面板用钉、螺丝，自攻螺丝等固定在龙骨上(图 10-40)。

图 10-40 采用自攻螺钉固定吊顶面板

卡固法：多用于铝合金吊顶，板材与龙骨直接卡接固定(图 10-41)。

图 10-41　铝板吊顶采用卡固法固定

4）铝合金龙骨装配式吊顶施工。铝合金龙骨吊顶按罩面板的要求不同分龙骨底面不外露和龙骨底面外露两种形式。按龙骨结构形式不同分 T 形和 TL 形。TL 形龙骨属于安装饰面板后龙骨底面外露的一种(图 10-42、图 10-43)。

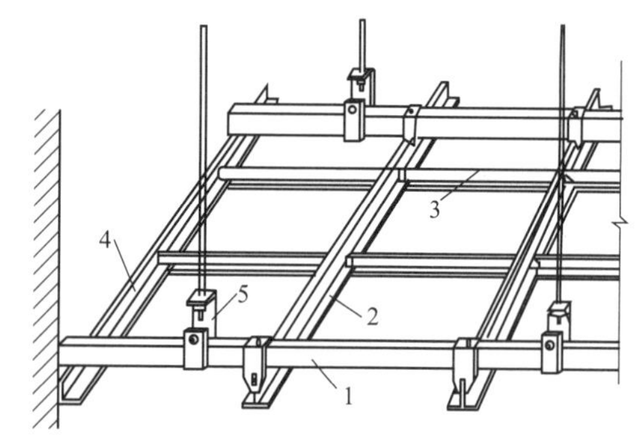

图 10-42　TL 形铝合金吊顶

1—大龙骨；2—大 T；3—小 T；

4—角条(沿墙龙骨)；5—大吊挂件

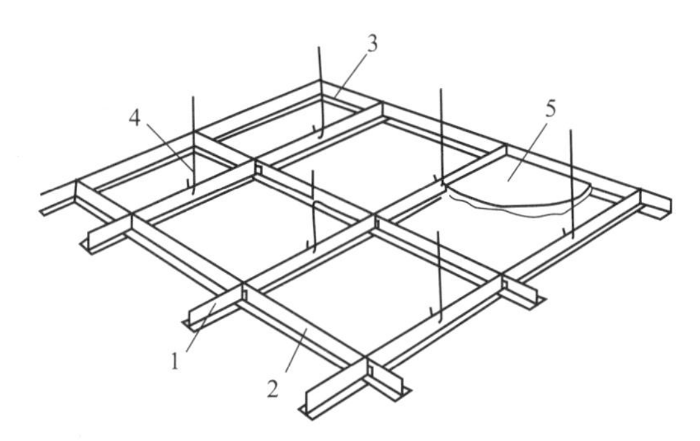

图 10-43　TL 形铝合金不上人吊顶

1—大 T；2—小 T；3—吊件；

4—角条(沿墙龙骨)；5—饰面板

5）常见饰面板的安装。铝合金龙骨吊顶与轻钢龙骨吊顶饰面板安装方法基本相同。石膏饰面板的安装可采用钉固法、粘贴法和暗式企口胶接法。U 形轻钢龙骨采用钉固法安装石膏板时，使用镀锌自攻螺钉与龙骨固定。钉头要求嵌入石膏板内 0.5～1mm，钉眼用腻子刮平，并用石膏板与同色的色浆腻子涂刷一遍。螺钉规格为 M5×25 或 M5×35。螺钉与板边距离应不大于 15mm，螺钉间距以 150～170mm 为宜，均匀布置，并与板面垂直。石膏板之间应留出 8～10mm 的安装缝。待石膏板全部固定好后，用塑料压缝条或铝压缝条压缝。

钙塑泡沫板的主要安装方法有钉固和粘贴两种。钉固法即用圆钉或木螺丝，将面板钉在顶棚的龙骨上，要求钉距不大于 150mm，钉帽应与板面齐平，排列整齐，并用与板面颜色相同的涂料装饰。钙塑板的交角处，用木螺丝将塑料小花固定，并在小花之间沿板边按等距离加钉固定。用压条固定时，压条应平直，接口严密，不得翘曲。钙塑泡沫板用粘贴法安装时，胶粘剂可用 401 胶或氧丁胶浆——聚异氧酸酯胶(10∶1)涂胶后应待稍干，方可把板材粘贴压紧。

胶合板、纤维板安装应用钉固法。要求胶合板钉距 80～150mm，钉长 25～35mm，钉帽应打扁，并进入板面 0.5～1mm，钉眼用油性腻子抹平；纤维板钉距 80～120mm，钉长 20～30mm，钉帽进入板面 0.5mm，钉眼用油性腻子抹平(图 10-44)；硬质纤维板应用水浸透，自然阴干后安装。矿棉板安装的方法主要有搁置法、钉固法和粘贴法。顶棚为轻金属 T 型龙骨吊顶时，在顶棚龙骨安装放平后，将矿棉板直接平放在龙骨上，矿棉板每边应留有板材安装缝，缝宽不宜大于 1mm。顶棚为木龙骨吊顶时，可在矿棉板每四块的交角处和板的中心用专门的塑料花托脚，用木螺丝固定在木龙骨上。混凝土顶面可按装饰尺寸做出平顶木条，然后再选用适宜的粘胶剂将矿棉板粘贴在平顶木条上。

图 10-44　自攻螺钉用腻子抹平
（板与板的接缝用纸带粘贴修补）

金属饰面板主要有金属条板、金属方板和金属格栅。板材安装方法有卡固法和钉固法。卡固法要求龙骨形式与条板配套。钉固法采用螺钉固定时，后安装的板块压住前安装的板块，将螺钉遮盖，拼缝严密。方形板可用搁置法和钉固法，也可用铜丝绑扎固定。格栅安装方法有两种，一种是将单体构件先用卡具连成整体，然后通过钢管与吊杆相连接；另一种是用带卡口的吊管将单体物体卡住，然后将吊管用吊杆悬吊。金属板吊顶与四周墙面空隙，应用同材质的金属压缝条找齐。

3. 吊顶工程质量要求

吊顶工程所用的材料品种、规格、颜色以及基层构造、固定方法等应符合设计要求。罩面板与龙骨应连接紧密，表面应平整，不得有污染、折裂、缺棱掉角、锤伤等缺陷，接缝应均匀一致，粘贴的罩面不得有脱层，胶合板不得有刨透之处，搁置的罩面板不得有漏、透、翘角现象。吊顶罩面板工程质量的允许偏差，应符合表 10-8 的规定。

吊顶罩面板工程质量允许偏差　　**表 10-8**

<table>
<tr><th rowspan="3">项次</th><th rowspan="3">项目</th><th colspan="11">允许偏差(mm)</th><th rowspan="3">检验方法</th></tr>
<tr><th colspan="3">石膏板</th><th colspan="2">无机纤维板</th><th colspan="2">木质板</th><th colspan="2">塑料板</th><th rowspan="2">纤维水泥加压板</th><th rowspan="2">金属装饰板</th></tr>
<tr><th>石膏装饰板</th><th>深浮雕嵌式装饰石膏板</th><th>纸面石膏板</th><th>矿棉装饰吸声板</th><th>超细玻璃棉板</th><th>胶合板</th><th>纤维板</th><th>钙塑装饰板</th><th>聚氯乙烯塑料板</th></tr>
<tr><td>1</td><td>表面平整</td><td colspan="3">3</td><td colspan="2">2</td><td>2</td><td>3</td><td>3</td><td>2</td><td></td><td>2</td><td>用 2m 靠尺和楔形塞尺检查观感平整</td></tr>
<tr><td>2</td><td>接缝平直</td><td>3</td><td colspan="2">3</td><td colspan="2">3</td><td colspan="2">3</td><td>4</td><td>3</td><td></td><td><1.5</td><td rowspan="2">拉 5m 线检查，不足 5m 拉通线检查</td></tr>
<tr><td>3</td><td>压条平直</td><td colspan="3">3</td><td colspan="2">3</td><td colspan="2">3</td><td colspan="2">3</td><td>3</td><td>3</td></tr>
<tr><td>4</td><td>接缝高低</td><td colspan="3">1</td><td colspan="2">1</td><td colspan="2">0.5</td><td colspan="2">1</td><td>1</td><td>1</td><td>用直尺和楔形塞尺检查</td></tr>
<tr><td>5</td><td>压条间距</td><td colspan="3">2</td><td colspan="2">2</td><td colspan="2">2</td><td colspan="2">2</td><td>2</td><td>2</td><td>用尺检查</td></tr>
</table>

10.5.2 轻质隔墙工程

1. 隔墙的构造类型

隔墙依其构造方式，可分为砌块式、立筋式和板材式。砌块式隔墙构造方式与黏土砖墙相似，装饰工程中主要为立筋式和板材式隔墙。立筋式隔墙骨架多为木材或型钢(轻钢龙骨、铝合金骨架)，其饰面板多为人造板(如胶合板、纤维板、木丝板、刨花板、玻璃等)。板材式隔墙采用高度等于室内净高的条形板材进行拼装，常用的板材有：加气混凝土条板、石膏空心条板、碳化石灰板、石膏珍珠岩板等。这种板材自重轻、安装方便，而且能锯、能刨、能钉。

2. 轻钢龙骨纸面石膏板隔墙施工

轻钢龙骨纸面石膏板墙体具有施工速度快、成本低、劳动强度小、装饰美观及防火、隔声性能好等特点，因此其应用广泛，具有代表性。

用于隔墙的轻钢龙骨有 C50、C75、C100 三种系列，各系列轻钢龙骨由沿顶沿地龙骨、竖向龙骨、加强龙骨和横撑龙骨以及配件组成(图 10-45)。

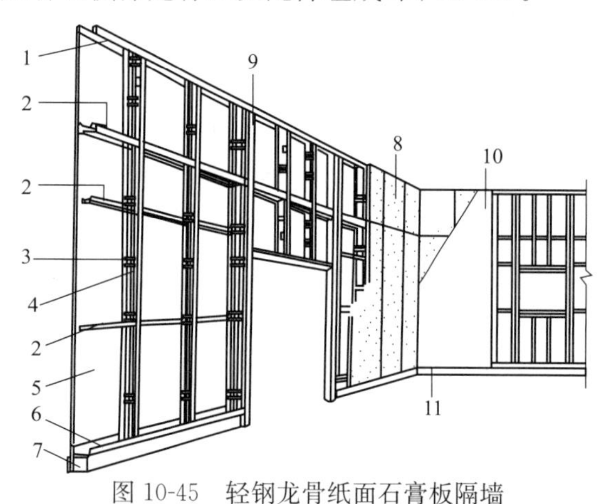

图 10-45 轻钢龙骨纸面石膏板隔墙

1—沿顶龙骨；2—横撑龙骨；3—支撑卡；4—贯通孔；5—石膏板；6—沿地龙骨；
7—混凝土踢脚座；8—石膏板；9—加强龙骨；10—塑料壁纸；11—踢脚板

轻钢龙骨墙体的施工操作工序有：

弹线→固定沿地→沿顶和沿墙龙骨→龙骨架装配及校正→石膏板固定→饰面处理。

(1) 弹线

根据设计要求确定隔墙的位置、隔墙门窗的位置，包括地面位置、墙面位置、高度位置以及隔墙的宽度。并在地面和墙面上弹出隔墙的宽度线和中心线，按所需龙骨的长度尺寸，对龙骨进行划线配料。按先配长料、后配短料的原则进行。量好尺寸后，用粉笔或记号笔在龙骨上画出切截位置线。

(2) 固定沿地沿顶龙骨

沿地沿顶龙骨固定前，将固定点与竖向龙骨位置错开，用膨胀螺栓和打木楔钉、铁钉与结构固定，或直接与结构预埋件连接。

(3) 骨架连接

按设计要求和石膏板尺寸进行骨架分格设置，然后将预选切裁好的竖向龙骨装入沿地、沿顶龙骨内，校正其垂直度后，将竖向龙骨与沿地、沿顶龙骨固定起来，固定方法为用点焊将两者焊牢，或者用连接件与自攻螺钉固定。

（4）石膏板固定

固定石膏板用平头自攻螺钉，其规格通常为 M4×25 或 M5×25 两种，螺钉间距 200mm 左右。安装时，将石膏板竖向放置，贴在龙骨上用电钻同时把板材与龙骨一起打孔，再拧上自攻螺丝。螺钉要沉入板材平面 2～3mm。

石膏板之间的接缝分为明缝和暗缝两种做法。明缝是用专门工具和砂浆胶合剂勾成立缝。明缝如果加嵌压条，装饰效果较好。暗缝的做法首先要求石膏板有斜角，在两块石膏板拼缝处用嵌缝石膏腻子嵌平，然后贴上 50mm 的穿孔纸带，再用腻子补一道，与墙面刮平。

（5）饰面

待嵌缝腻子完全干燥后，即可在石膏板隔墙表面裱糊墙纸、织物或进行涂料施工。

3. 铝合金隔墙施工技术

铝合金隔墙是用铝合金型材组成框架，再配以玻璃等其他材料装配而成。其主要施工工序为：弹线→下料→组装框架→安装玻璃。

（1）弹线

根据设计要求确定隔墙在室内的具体位置、墙高、竖向型材的间隔位置等。

（2）划线

在平整干净的平台上，用钢尺和钢划针对型材划线，要求长度误差±0.5mm，同时不要碰伤型材表面。下料时先长后短，并将竖向型材与横向型材分开。沿顶、沿地型材要划出与竖向型材的各连接位置线。划连接位置线时，必须划出连接部位的宽度。

（3）铝合金隔墙的安装固定

半高铝合金隔墙通常先在地面组装好框架后再竖立起来固定，全封铝合金隔墙通常是先固定竖向型材，再安装横档型材来组装框架。铝合金型材相互连接主要用铝角和自攻螺钉，它与地面、墙面的连接则主要用铁脚固定法。

（4）玻璃安装

先按框洞尺寸缩小 3～5mm 裁好玻璃，将玻璃就位后，用与型材同色的铝合金槽条在玻璃两侧夹定，校正后将槽条用自攻螺钉与型材固定。安装活动窗口上的玻璃，应与制作铝合金活动窗口同时安装。

4. 隔墙的质量要求

（1）隔墙骨架与基体结构连接牢固，无松动现象。

（2）墙体表面应平整，接缝密实、光滑，无凸凹现象，无裂缝。

（3）石膏板铺设方向正确，安装牢固。

（4）隔墙饰面板工程质量允许偏差应符合表 10-9 的要求。

隔断罩面板工程质量允许偏差 **表 10-9**

项次	项　目	允许偏差(mm)				检验方法
		石膏板	胶合板	纤维板	石膏条板	
1	表面平整	3	2	3	4	用 2m 直尺和楔形塞尺检查
2	立面垂直	3	3	4	5	用 2m 托线板检查

续表

项次	项　目	允许偏差(mm)				检验方法
		石膏板	胶合板	纤维板	石膏条板	
3	接缝平直		3	3		拉 5m 线检查，不足 5m 拉通线检查
4	压条平直		3	3		
5	接缝高低	0.5	0.5	1		用直尺和楔形塞尺检查
6	压条间距		2	2		用尺检查

10.6　涂　饰　工　程

10.6.1　涂料工程

涂料敷于建筑物表面并与基体材料很好地粘结，干结成膜后，既对建筑物表面起到一定的保护作用，又能起到建筑装饰的效果。

涂料主要由胶粘剂、颜料、溶剂和辅助材料等组成。涂料的品种繁多，按装饰部位不同有内墙涂料、外墙涂料、顶棚涂料、地面涂料；按成膜物质不同有油性涂料(也称油漆)、有机高分子涂料、无机高分子涂料、有机无机复合涂料；按涂料分散介质不同有溶剂型涂料、水性涂料、乳液涂料(乳胶漆)。

1. 基层处理

混凝土和抹灰表面为：基层表面必须坚实，无酥板、脱层、起砂、粉化等现象，否则应铲除。基层表面要求平整，如有孔洞、裂缝，须用同种涂料配制的腻子批嵌，除去表面的油污、灰尘、泥土等，清洗干净。对于施涂溶剂型涂料的基层，其含水率应控制在 6%以内，对于施涂水溶性和乳液型涂料的基层，其含水率应控制在 10%以内，pH 值在 10 以下。

木材表面：应先将木材表面上的灰尘、污垢清除，并把木材表面的缝隙、毛刺等用腻子填补磨光。

金属表面：将灰尘、油渍、锈斑、焊渣、毛刺等清除干净。

2. 涂料施工方法

涂料施工主要操作方法有：刷涂、滚涂、喷涂、刮涂、弹涂、抹涂等。

(1) 刷涂

刷涂是人工用刷子蘸上涂料直接涂刷于被饰涂面。要求：不流、不挂、不皱、不漏、不露刷痕。刷涂一般不少于两道，应在前一道涂料表面干后再涂刷下一道。两道施涂间隔时间由涂料品种和涂刷厚度确定，一般为 2～4h。

(2) 滚涂

滚涂是利用涂料锟子蘸上少量涂料，在基层表面上下垂直来回滚动施涂。阴角及上下口一般需先用排笔、鬃刷刷涂(图 10-46)。

(3) 喷涂

喷涂是一种利用压缩空气将涂料制成雾状(或粒状)喷出，涂于被饰涂面的机械施工方法。其操作过程为：

图 10-46　滚涂法施工内墙涂料

1）将涂料调至施工所需粘度，将其装入贮料罐或压力供料筒中。

2）打开空压机，调节空气压力，使其达到施工压力，一般为 0.4～0.8MPa。

3）喷涂时，手握喷枪要稳，涂料出口应与被涂面保持垂直，喷枪移动时应与喷涂面保持平行。喷距 500mm 左右为宜，喷枪运行速度应保持一致。

4）喷枪移动的范围不宜过大，一般直接喷涂 700～800mm 后折回，再喷涂下一行，也可选择横向或竖向往返喷涂。

5）涂层一般两遍成活，横向喷涂一遍，竖向再涂一遍。两遍之间间隔时间由涂料品种及喷涂厚度而定，要求涂膜应厚薄均匀、颜色一致、平整光滑，不出现露底、皱纹、流挂、钉孔、气泡和失光现象。

（4）刮涂

刮涂是利用刮板，将涂料厚浆均匀地批刮于涂面上，形成厚度为 1～2mm 的厚涂层。这种施工方法多用于地面等较厚层涂料的施涂。

刮涂施工的方法为：

1）腻子一次刮涂厚度一般不应超过 0.5mm，孔眼较大的物面应将腻子填嵌实，并高出物面，待干透后再进行打磨。待批刮腻子或者厚浆涂料全部干燥后，再涂刷面层涂料。

2）刮涂时应用力按刀，使刮刀与饰面成 50°～60°角刮涂。刮涂时只能来回刮 1～2 次，不能往返多次刮涂。

3）遇有圆、棱形物面可用橡皮刮刀进行刮涂。刮涂地面施工时，为了增加涂料的装饰效果，可用划刀或记号笔刻出席纹、仿木纹等各种图案。

（5）弹涂

弹涂先在基层刚涂 1~2 道底涂层，待其干燥后通过机械的方法将色浆均匀地溅在墙面上，形成 1～3mm 左右的圆状色点。弹涂时，弹涂器的喷出口应垂直正对被饰面，距离 300～500mm，按一定速度自上而下、由左至右弹涂。选用压花型弹涂时，应适时将彩点压平。

（6）抹涂

抹涂先在基层刷涂或滚涂 1～2 道底涂料，待其干燥后，使用不锈钢抹灰工具将饰面涂料抹到底层涂料上。一般抹1～2遍，间隔1h后再用不锈钢抹子压平。涂抹厚度内墙为1.5～2mm，外墙2～3mm。

在工厂制作组装的钢木制品和金属构件，其涂料宜在生产制作阶段施工，最后一遍安装后在现场施涂。现场制作的构件，组装前应先施涂一遍底子油（干油性且防锈的涂料），安装后再施涂。

3. 涂料施工工艺流程

基层处理→墙面抹灰找平→刮腻子、打磨→涂刷封闭底漆→涂刷涂料

4. 涂料施工工艺

（1）基层处理

先将墙面等基层上的起皮、松动及胀模部位等清除凿平，将残留在基层表面上的灰尘、污垢等杂物清除扫净。

（2）墙面抹灰找平

外墙一般采用水泥砂浆，内墙一般采用水泥混合砂浆，抹灰施工详见一般抹灰的施工工艺。

（3）刮腻子、打磨

待抹灰层基层含水率满足施工要求后即可刮腻子。刮腻子的遍数由基层或墙面的平整度来决定，一般情况为三遍。刮腻子具体操作方法为：第一遍用胶皮刮板横向满刮，下一刮板紧接着上一刮板，要有一定的搭接，接头不得留槎，每一刮板最后收头时，要注意收的干净利落。干燥后用1号砂纸打磨，将浮腻子及抹痕磨平磨光，再将墙面清扫干净。第二遍用胶皮刮板竖向满刮，所有材料和方法同第一遍腻子，干燥后用1号砂纸磨平并清扫干净。第三遍用胶皮刮板找补腻子，用钢片刮板满刮腻子，将墙面等基层刮平刮光，干燥后用0号细砂纸磨平磨光，注意不要漏磨或将腻子磨穿。

（4）施涂抗碱封闭底漆

基层刮腻子后，经过干燥和砂纸打磨可涂饰抗碱封闭底漆。封底涂料作用是增强腻子与主涂层的附着力，另外，无论砂浆找平层还是腻子，都具有一定的碱性，这对于涂料而言会出现涂料碱化，因此抗碱封闭底漆可以将涂料与腻子分隔开来。封底涂料的涂饰方法可用喷、刷、滚三种方式，无论用什么涂饰方法都要涂均匀不得漏涂。

（5）涂刷涂料

待抗碱封闭底漆干燥后，可涂刷涂料。先将涂料混合均匀，检查其稠度是否合适，根据样板凹凸状斑点的大小和形状，通过加外加剂水溶液来调整其稠度。

涂刷时应由上而下，分段分片进行。分段分片的部位应选择在门、窗、拐角、水落管等易于遮盖处。

大面积部位可采用滚涂等方法，对于门、窗、拐角、水落管等细部可以采用刷涂的方法。涂刷涂料时，呈W形施涂，前一遍要与后一遍相互垂直，涂刷要均匀，不要出现漏涂、透底、堆积等现象。

具体施工涂料时可以按照涂料厂家提供的施工使用说明书施工。

5. 涂料工程的安全技术

涂料材料和所用设备必须要有经过安全教育的专人保管，设置专用库房。各类储油原料的桶必须封盖。

涂料库房与建筑物必须保持一定的安全距离，一般在 2m 以上。库房内严禁烟火，且有足够的消防器材。

施工现场必须具有良好的通风条件，通风不良时须安置通风设备，喷涂现场的照明灯应加保护罩。

使用喷灯，加油不得过满，打气不能过足，使用时间不宜过长，点火时火嘴不准对人。

使用溶剂时，应做好眼睛、皮肤等的防护，并防止中毒。

思考题

1. 装饰工程的作用及施工特点是什么？

2. 一般抹灰分几级？墙面抹灰的平整度和垂直度的控制措施有哪些？避免抹灰出现空鼓和开裂的措施有哪些？

3. 常用的饰面板(砖)有哪些？如何选用？

4. 简述大理石、花岗石干挂法施工和湿贴施工工艺流程？

5. 试述水磨石面层地面的施工工艺？

6. 试述轻刚龙骨吊顶的构造和施工要点？

7. 试述地砖铺设的施工质量控制要点？

8. 试述铝合金门窗的安装工艺及注意事项。

参　考　文　献

［1］ 建筑施工手册（第五版）. 北京：中国建筑工业出版社，2012.
［2］ 建筑施工手册（第四版）. 北京：中国建筑工业出版社，2003.
［3］ 北京建工集团有限责任公司. 建筑分项工程施工工艺标准（第三版）. 北京：中国建筑工业出版社，2008.
［4］ 危道军. 建筑施工技术. 北京：人民交通出版社，2008.
［5］ 建筑地基基础设计规范 GB 50007—2011. 北京：中国建筑工业出版社，2012.
［6］ 复合地基技术规范 GB/T 50783—2012. 北京：中国计划出版社，2012.
［7］ 建筑地基处理技术规范 JGJ 79—2012. 北京：中国建筑工业出版社，2013.
［8］ 建筑桩基技术规范 JGJ 94—2008. 北京：中国建筑工业出版社，2008.
［9］ 建筑基坑支护规程 JGJ 120—2012. 北京：中国建筑工业出版社，2012.
［10］ 混凝土结构工程施工规范 GB 50666—2011. 北京：中国建筑工业出版社，2012.
［11］ 砌体结构设计规范 GB 50003—2011. 北京：中国建筑工业出版社，2012.
［12］ 抹灰砂浆技术规程 JGJ/T 220—2010. 北京：中国建筑工业出版社，2010.
［13］ 砌体结构工程施工规范 GB 50924—2014. 北京：中国建筑工业出版社，2014.
［14］ 钢筋焊接及验收规程 JGJ 18—2012. 北京：中国建筑工业出版社，2012.
［15］ 建筑施工扣件式钢管脚手架安全技术规范 JGJ 130—2011. 北京：中国建筑工业出版社，2011.
［16］ 混凝土泵送施工技术规程 JGJ/T 10—2011. 北京：中国建筑工业出版社，2011.
［17］ 地下工程防水技术规范 GB 50108—2008. 北京：中国建筑工业出版社，2009.
［18］ 屋面工程技术规范 GB 50345—2012. 北京：中国建筑工业出版社，2012.
［19］ 倒置式屋面工程技术规程 JGJ 230—2010. 北京 中国建筑工业出版社，2011.
［20］ 坡屋面工程技术规范 GB 50693—2011. 北京：中国建筑工业出版社，2011.
［21］ 铝合金门窗工程技术规范 JGJ 214—2010. 北京：中国建筑工业出版社，2011.
［22］ 建筑玻璃应用技术规程 JGJ 113—2009. 北京：中国建筑工业出版社，2009.
［23］ 高层建筑筏形与箱形基础技术规范 JGJ 6—2011. 北京：中国建筑工业出版社，2011.
［24］ 贺跃光，高成发. 工程测量. 北京：人民交通出版社，2007.